AF360388

HISTOIRE NATURELLE

DES

ANIMAUX SANS VERTÈBRES.

TOME CINQUIÈME.

OUVRAGES DE LAMARCK

QUI SE TROUVENT CHEZ J.-B. BAILLIÈRE.

PHILOSOPHIE ZOOLOGIQUE, ou Exposition des considérations relatives à l'histoire naturelle des animaux, à la diversité de leur organisation et des facultés qu'ils en obtiennent, aux causes physiques qui maintiennent en eux la vie et donnent lieu aux mouvemens qu'ils exécutent; enfin à celles qui produisent, les unes le sentiment, et les autres l'intelligence de ceux qui en sont doués; *deuxième édition.* Paris, 1830, 2 vol. in-8.   12 f.

SYSTÈME ANALYTIQUE DES CONNAISSANCES POSITIVES DE L'HOMME restreintes à celles qui proviennent directement ou indirectement de l'observation. Paris, 1830, in-8.   6 f.

MÉMOIRE SUR LES FOSSILES DES ENVIRONS DE PARIS, comprenant la détermination des espèces qui appartiennent aux animaux marins sans vertèbres, et dont la plupart sont figurés dans la collection du Muséum. Paris, in-4. 10 f.

EXTRAIT DU COURS DE ZOOLOGIE du Muséum d'Histoire Naturelle, sur les animaux sans vertèbres. Paris, 1812, in-8.   2 f. 50 c.

IMPRIMÉ CHEZ PAUL RENOUARD, RUE GARANCIÈRE, 5.

HISTOIRE NATURELLE

DES

ANIMAUX SANS VERTÈBRES,

PRÉSENTANT

LES CARACTÈRES GÉNÉRAUX ET PARTICULIERS DE CES ANIMAUX,
LEUR DISTRIBUTION, LEURS CLASSES, LEURS FAMILLES, LEURS
GENRES, ET LA CITATION DES PRINCIPALES ESPÈCES QUI S'Y
RAPPORTENT ;

PRÉCÉDÉE

D'UNE INTRODUCTION

Offrant la Détermination des caractères essentiels de l'Animal, sa Distinction du végétal et des
autres corps naturels; enfin, l'Exposition des principes fondamentaux de la Zoologie.

PAR J. B. P. A. DE LAMARCK,

MEMBRE DE L'INSTITUT DE FRANCE, PROFESSEUR AU MUSÉUM D'HISTOIRE NATURELLE.

Nihil extrà naturam observatione notum.

DEUXIÈME ÉDITION.

REVUE ET AUGMENTÉE DE NOTES PRÉSENTANT LES FAITS NOUVEAUX
DONT LA SCIENCE S'EST ENRICHIE JUSQU'A CE JOUR ;

Par MM.

G. P. DESHAYES ET H. MILNE EDWARDS.

TOME CINQUIÈME.

ARACHNIDES, CRUSTACÉS, ANNELIDES, CIRRHIPÈDES.

PARIS.

J. B. BAILLIÈRE, LIBRAIRE,

RUE DE L'ÉCOLE DE MÉDECINE, N° 13 BIS.

A LONDRES, MÊME MAISON, 219, REGENT STREET.

1838.

HISTOIRE NATURELLE

DES

ANIMAUX SANS VERTÈBRES.

CLASSE SEPTIÈME.

LES ARACHNIDES. (Arachnidæ.)

Animaux ovipares, ayant en tout temps des pattes articulées, ne subissant point de métamorphose, et n'acquérant jamais de nouvelles sortes de parties.

Respiration trachéale ou branchiale : les ouvertures,
pour l'entrée de l'air, stigmatiformes. Un cœur et la circulation ébauchés dans plusieurs. La plupart exécutent
plusieurs accouplemens dans le cours de la vie.

*Animalia ovipara, pedibus articulatis in omni tempore
instructa, ad metamorphoses non subjecta, nec nova par-
tium genera acquirentia.*

*Respiratio trachealis aut branchialis : orificiis pro æris
intromissione stigmatiformibus. Cor circulatioque in pluribus inchoata. Copulationes plures per vitam in plurimis.* (1)

---

(1) La plupart des naturalistes, tout en adoptant la classe
des Arachnides établie par Lamarck, n'admettent pas les limites
que cet auteur y assigne, et la restreignent aux *animaux articu-*

OBSERVATIONS. Tous les naturalistes, tant anciens que modernes, confondaient les **Arachnides**, les uns avec les crustacés, les autres avec les insectes; et Linnæus, dont la classification des animaux fut suivie généralement, réunissait les Arachnides et les crustacés dans le dernier ordre de sa classe des insectes; lorsqu'en 1800, j'établis, dans mon cours public au Muséum, la classe des Arachnides, comme embrassant des animaux qui ne pouvaient appartenir ni à celle des crustacés, ni à celle des insectes.

Dans son Tableau de l'histoire naturelle des animaux, M. Cuvier rangeait encore les Arachnides, ainsi que les Crustacés, parmi les insectes; mais, au lieu de les placer, comme Linnæus, à la fin de leur classe, il en formait sa troisième division des Insectes, les Crustacés occupant la première; nos Myriapodes la seconde; les Araignées, etc., la troisième; les Névroptères la quatrième; et de suite le reste des insectes.

Ainsi, l'on tenait encore tellement à la classification des animaux de Linnæus, que ma classe des Arachnides, dès-lors néanmoins suffisamment motivée, et qui fut publiée dans la première édition de mon *Système des animaux sans vertèbres,* ne fut point admise.

Cependant la nécessité de reconnaître cette classe particulière se fit enfin ressentir; et, en 1810, M. Latreille admit la classe

---

lés, à pieds articulés et à respiration aérienne, dont la tête confondue avec le thorax ne porte pas d'antennes, et dont les pattes sont presque toujours au nombre de huit. On exclut ainsi de ce groupe les Myriapodes et les autres Aptères antennés, qui se rapprochent beaucoup plus des insectes ordinaires, et on rend la classe des Arachnides beaucoup plus homogène. Cette marche n'est cependant pas universellement suivie, et l'auteur le plus récent qui ait traité ce sujet, et qui a contribué, plus que la plupart de ses contemporains, à avancer nos connaissances relatives aux Aranéides, M. Walckenaer, continue à réunir dans une même division, non-seulement les divers animaux articulés que Lamarck y plaçait, mais tous les insectes aptères, à l'exception des Crustacés.   E.

des Arachnides dans son ouvrage intitulé : *Considérations générales sur l'ordre naturel des animaux* [p. 105]. Ce savant vient
encore de la reproduire , mais partiellement, dans la partie dont
il s'est chargé , de l'ouvrage de M. Cuvier , intitulé: *Le Règne
animal distribué d'après son organisation.*

Ce n'est cependant pas tout-à-fait comme résultat des observations anatomiques faites sur ces animaux, dans ces derniers temps , que les Arachnides obtiennent le fondement de
leur distinction particulière ; car la diversité qu'on remarque
dans certaines parties de l'organisation de ces animaux, même
de ceux qui sont entre eux évidemment liés par l'ensemble des
rapports, et les grandes différences à cet égard qu'offrent leurs
diverses familles , ne permettraient nullement d'assigner à leur
classe un caractère anatomique ayant la simplicité nécessaire , à
moins de la réduire aux Araignées et aux Scorpions qui constituent sa dernière famille. Nous allons essayer de le prouver.
 On sait que, parmi les animaux vertébrés, ceux qui ont des
pattes n'en ont jamais plus de quatre, et que , parmi les invertébrés, ceux qui, étant tout-à-fait développés, sont munis de
pattes, n'en ont pas moins de six.

Parmi les invertébrés munis de pattes, les insectes en ont
essentiellement le moindre nombre ; car ceux de tous les ordres
et de toutes les familles, étant parvenus à l'état parfait, n'en
ont jamais plus de six.

Il n'en est pas de même des Arachnides et des Crustacés ; la
plupart ont toujours plus de six pattes. Certains, parmi ces animaux , n'en ont que six au moment de leur naissance; mais,
à mesure qu'ils se développent, leurs autres pattes paraissent (1).
Enfin, parmi eux encore , il s'en trouve un petit nombre
qui n'obtiennent que six pattes ; mais, outre leur caractère
classique qui décide leur rang, l'ensemble de leurs rapports et
l'analogie de leur famille avec celles qui les avoisinent, montrent qu'ils ne sont point des insectes.

---

(1) Voyez à ce sujet des observations intéressantes publiées
par M. Dugès dans les Annales des Sciences naturelles , 2ᵉ série , t. 1.   E.

A cette première considération, qu'il importe de ne pas perdre de vue pour juger les diverses familles des Arachnides, je joins la suivante, comme étant celle qui caractérise principalement la classe de ces différens animaux.

Parmi les animaux articulés qui ne possèdent point un système d'organes pour la circulation, il n'y a absolument que les insectes qui acquièrent, soit de nouvelles formes, soit de nouvelles sortes de parties, qu'ils n'avaient pas en naissant ; et aucune Arachnide n'est nullement dans ce cas (1). Or, comme toutes les Arachnides sont essentiellement distinctes des Crustacés, et qu'elles diffèrent des insectes par la considération que je viens de citer, il en résulte qu'elles constituent un ensemble d'êtres qu'on ne doit pas désunir , quoique ces êtres soient des animaux fort diversifiés en organisation.

Sans doute ces animaux sont singuliers en ce que, parmi eux les uns jouissent d'une circulation évidente , tandis que les autres n'en offrent pas encore l'ébauche ; en ce que les premiers respirent par des poches branchiales, tandis que les seconds ne respirent que par des trachées ; enfin, en ce qu'il y en a qui ont des antennes , et que beaucoup d'autres n'en ont jamais. Mais il paraît que ces singularités tiennent à ce que, dans l'étendue de leur classe, l'organisation de ces animaux subit des changemens rapides. (2)

---

(1) Cette observation est exacte en ce qui concerne les Arachnides proprement dites, mais ne l'est peut-être pas relativement à quelques-uns des insectes aptères que notre auteur range dans cette classe ; certains myriapodes paraissent subir en effet de véritables métamorphoses ; car, suivant M. Savigny, ils sont dépourvus de pieds en naissant, et, par la suite, acquièrent un nombre considérable de ces organes. (Voyez Memorie Scientifiche di Paolo Savi, decade prima.)   E.

(2) Cette diversité dans l'organisation d'animaux appartenant évidemment au même groupe naturel est un des faits les plus importans à signaler pour la théorie des classifications , car elle montre qu'en attachant trop d'importance aux raisonnemens faits *à priori,* on pourrait facilement, tout en paraissant suivre

Après eux, l'on connaît encore beaucoup d'animaux articulés, à peau cornée ou crustacée ; mais ils sont tous de nature ou d'origine aquatique ; aucun d'eux ne respire par des organes trachéaux ; et c'est avec ces animaux aquatiques que la nature termine le mode si remarquable des articulations, à l'égard d'un grand nombre d'animaux qui n'ont point de squelette.

Ainsi, ce mode si particulier parmi les animaux sans vertèbres a commencé avec des animaux qui ne peuvent respirer que l'air libre, tels que tous les insectes, s'est étendu aux Arachnides, qui, toutes, le respirent encore nécessairement, et ne s'est ensuite montré que dans des animaux aquatiques, avec lesquels il s'anéantit et disparaît entièrement.

Au lieu de borner son attention à ne considérer que des différences de parties, tant extérieures qu'internes, si l'on eût ici étudié la nature, dans l'ordre de ses productions, l'on eût saisi cette marche, qui est la sienne, et l'on eût pressenti la cause qui a amené, dans les Arachnides, une succession si rapide de grands changemens d'organisation, même dans des animaux véritablement liés entre eux par un grand ensemble de rapports ; enfin, l'on n'eût pas regardé comme nécessaire de reporter dans une autre classe celles des Arachnides qui sont antennifères, parce que l'on eût senti alors qu'il était impossible de leur y assigner un rang convenable.

La classe des Arachnides, telle que je l'ai établie dans mes

le *principe de la subordination des caractères*, si bien développé par l'illustre Cuvier, se laisser conduire à des résultats inexacts. Une découverte toute récente est venue montrer combien est graduel le passage entre les Arachnides pulmonaires et les vraies Arachnides (exantennées) à respiration trachéenne comme celle des insectes. M. Dugès a constaté que chez certaines Aranéides il existe en même temps des trachées et des poumons ou branchies intérieures, et que, malgré la présence de ces trachées, le système circulatoire est tout aussi développé que chez les Arachnides privées de canaux aérifères. (Voyez les Annales des Sciences naturelles, 2ᵉ série, t. 6, p. 183, et la 3ᵉ édit. du Règne animal de Cuvier, Atlas, Crust. pl. 4, fig. 4.   E.

cours , embrasse cinq ou six petites familles qui semblent très particulières , et cependant dont on ne saurait séparer aucune du cadre commun que je leur ai assigné , sans un grand inconvénient pour celles des classes avoisinantes où on la reporterait.

Si , par exemple, l'on reporte les Arachnides antennifères parmi les insectes, on détruit alors la seule définition simple et raisonnable que l'on puisse donner de ces derniers, et l'on se trouve forcé d'assigner aux animaux que l'on y réunit, un rang tout-à-fait inconvenable : il serait facile de le prouver et de montrer l'impossibilité de placer , dans le voisinage des *coléoptères* , des parasites suceurs tels que les poux et les ricins, etc. (1)

Si , de même , l'on reportait les Arachnides trachéales parmi les Insectes, afin de caractériser la classe de ceux-ci par cette particularité exclusive de ne respirer que par des trachées, tous les insectes ne seraient plus munis d'antennes, et les Faucheurs, ainsi probablement que les Galéodes, etc., seraient séparés classiquement des Araignées. L'inconvenance du rang à assigner à ces singuliers insectes resterait d'ailleurs la même. Le cadre qui embrasse nos Arachnides, soit antennifères, soit exantennées, doit donc conserver son intégrité, si l'on ne veut tomber dans l'inconvénient d'associer aux insectes

---

(1) Les Myriapodes , qui diffèrent plus des Arachnides que des Insectes hexapodes , ne peuvent évidemment rester dans la même classe que les premiers, et il est vrai qu'en les réunissant aux derniers, on détruit, en grande partie, l'homogénéité si remarquable du groupe naturel formé par ces animaux ; aussi, un zoologiste habile, Leach , a-t-il proposé d'en former une classe distincte , qui serait intermédiaire aux Insectes et aux Arachnides , et cette marche a été également suivie par Latreille dans son ouvrage intitulé : *Familles naturelles du règne animal*, et dans son cours d'Entomologie, publié peu de temps avant la mort de ce savant entomologiste. Quant aux parasites suceurs dont Lamarck parle ici, il est vrai qu'on les rapproche à tort des Coléoptères; mais si on les place à la suite des Diptères, on ne violera aucune analogie.   E.

des animaux que la nature en a distingués, et auxquels il n'est pas possible d'assigner un rang dans leur classe, que les rapports ne désavouent.

Une classe peut être très naturelle, convenablement limitée, et offrir, néanmoins, dans les animaux des diverses coupes ou familles qu'elle embrasse, des formes et des parties très différentes. Dans tous les temps de sa vie, un papillon est fort différent d'un scarabé ; l'un et l'autre cependant ne sont-ils pas de véritables insectes ?

Lorsqu'il y a de grandes analogies d'ensemble, les diverses particularités d'organisation que l'on observe quelquefois, ne permettent cependant pas de séparer classiquement les objets qui les offrent. Qu'y a-t-il, en effet, de plus voisin des Araignées que les Faucheurs, les Galéodes, etc. ? Cependant les premières respirent par des poches évidemment branchiales, tandis que les autres ne respirent que par des trachées.

On sait que les Arachnides non antennifères ont, en général, huit pattes ; on sait aussi que les Acarides et les Pycnogonides (1) conduisent naturellement aux Phalangides, c'est-à-dire aux Faucheurs, etc. Or, si ces Acarides sont essentiellement des Arachnides, reportera-t-on dans une autre classe les parasites suceurs, tels que les Poux et les Ricins, qui y conduisent d'une manière évidente, quoiqu'ils aient des antennes? La transition, à cet égard, est tellement préparée, que les Acarides, munies la plupart de huit pattes, comme les autres Arachnides exantennées, offrent cependant plusieurs genres dont les espèces n'ont toujours que six pattes [astomes, leptes et caris. (2)]

***

(1) Les Pycnogonides nous paraissent devoir être rapportées à la série des Crustacés plutôt qu'à celle des Arachnides, dont ils n'ont pas les caractères. En effet, leur respiration, au lieu d'être aérienne, est aquatique, et au lieu de s'effectuer à l'aide de branchies intérieures ou de trachées, a lieu par la surface du corps seulement.　　　　　E.

(2) Il paraîtrait que les petites Arachnides dont il est ici question ne sont que de jeunes individus, dont la quatrième paire de pattes n'était pas encore développée, et qu'à l'état parfait ils sont pourvus du nombre normal de ces organes.　　　E.

Je persiste donc à penser qu'il est nécessaire de conserver la classe des Arachnides telle que je l'ai établie , parce que sa conservation débarrasse celle des insectes d'animaux qu'on n'y pourrait réunir sans de grands inconvéniens, et qui véritablement n'y appartiennent point.

Sans citer de nouveau l'impossibilité d'assigner un rang convenable, parmi les insectes , à des animaux tels que les Parasites , les Thysanoures et les Myriapodes, le plus grand des inconvéniens que je trouve à la réunion de ces animaux aux insectes , est qu'ils en altéreraient le caractère général et vraiment naturel, savoir :

D'offrir, après la naissance , un état de larve très particulier, lequel est singulièrement varié, selon les ordres, dans les formes et les parties de l'animal; et de présenter , en dernier lieu, un état parfait, toujours très distinct de celui de larve , et dans lequel les insectes , si diversifiés dans leur premier état, ont tous généralement six pattes articulées, deux yeux à réseau ou à facettes , et deux antennes.

Bien différentes, à cet égard, de tous les insectes , les Arachnides , même celles qui ont des antennes , éprouvent, comme tout être vivant, des développemens successifs après leur naissance; mais aucune d'elles n'offre un état de larve clairement distinct d'un état parfait ; elles conservent , toute leur vie, non les dimensions , mais la forme et les parties qu'elles avaient en naissant ; et si certaines d'entre elles acquièrent des parties de plus dans leurs développemens , ce n'en sont pas de nouvelles sortes , ce sont des pattes et quelquefois aussi des anneaux en tout semblables aux autres. (1)

Certes , ce n'est pas là le mode que nous offrent les Insectes dans la succession de leurs développemens. Tous, après leur naissance , acquièrent, soit une forme , soit de nouvelles sortes de parties, qu'ils ne possédaient point après leur sortie de l'œuf, et leur état de larve, clairement distinct de leur état parfait, n'est jamais équivoque , sauf les avortemens.

---

(1) Voyez ce qui a déjà été dit touchant les métamorphoses des Myriapodes, page 4   E.

Ainsi, les Arachnides, généralement distinguées des Insectes par leur défaut de métamorphoses, et cependant toutes respirant uniquement l'air libre, même celles en petit nombre qui vivent dans les eaux, sont remarquables par les changemens singuliers et rapides que leur organisation nous offre dans leurs différentes familles. En effet, ces animaux présentent, dans leur ensemble, différens groupes qui offrent entre eux de si grandes dissemblances d'organisation, qu'on pourrait en former autant de classes particulières, ce qui nuirait à la simplicité de la méthode, et serait d'autant plus inconvenable que ces groupes peuvent être liés ensemble par des caractères propres à les embrasser généralement, tels que ceux que j'ai assignés à cette classe.

Quoiqu'il y ait des Arachnides qui possèdent un système d'organes pour la circulation, aucune d'elles ne saurait appartenir à la classe des Crustacés. Bien des motifs s'y opposent, parmi lesquels on doit compter celui-ci, savoir : que les organes respiratoires, trachées ou branchies, sont toujours à l'intérieur du corps dans les Arachnides, tandis qu'ils sont au dehors dans les Crustacés (1). Dans les premières, l'ouverture qui donne entrée au fluide à respirer est stigmatiforme, et elle ne l'est pas dans les seconds.

La seule considération des yeux offre déjà l'indice d'un ordre de choses très particulier dans les Arachnides. En effet, tous les insectes ont des yeux à facettes planes, offrant un réseau très délicat ; dans les Arachnides, au contraire, les yeux sont lisses, soit isolés, comme dans le plus grand nombre, soit groupés plusieurs ensemble, formant des amas dont la surface est granuleuse ou subgranuleuse, et non à facettes planes.

J'ai dû placer les Arachnides après les Insectes, parce que celles de leurs races qui sont plus avancées en organisation exigent ce rang, et qu'elles avoisinent plus les Crustacés que ne le font les insectes. Mais il ne s'ensuit pas que toutes les Arachnides

---

(1) Dans les Crustacés décapodes, les branchies sont renfermées dans des cavités intérieures, mais dont les ouvertures, il est vrai, ne sont pas stigmatiformes. E.

soient supérieures en organisation aux Insectes les plus perfectionnés ; et surtout qu'elles aient reçu leur existence par une
transition de ces derniers aux nouveaux animaux produits,
c'est-à-dire, par une continuité des progrès de l'organisation
dans son perfectionnement : ce serait nous attribuer une erreur
que de croire que nous le supposions ainsi.

Dans l'échelle animale, les Arachnides commencent presqu'en même temps que les Insectes; et, dès leur commence-
ment, elles offrent deux branches séparées, qui néanmoins leur
appartiennent. Ces deux branches sont presque en niveau avec
celle qui amène tous les insectes. Il y a donc, en ce point de
l'échelle animale, après les Epizoaires, trois branches distinctes, savoir :

1° Celle des insectes aptères [les puces] : elle amène successivement tous les autres insectes ;

2° Celle des Arachnides antennées parasites [les poux, les ri-
  cins] : elle amène les Acarides et toutes les autres
  Arachnides exantennées;

3° Celle des Arachnides antennées vagabondes [les Thysanoures, les Myriapodes] : elle fournit la source où les
  Crustacés ont pris leur existence.

Ainsi, de ces trois branches, qui paraissent partir presque
d'un même point, la première est formée d'une suite immense
d'animaux qui offrent tous un état de larve très distinct de l'état
parfait de l'animal. Les deux autres branches appartiennent aux
Arachnides, et embrassent des animaux qui n'offrent nullement
cette distinction constante d'un état de larve et d'un état parfait
pour chaque animal.

Or, si tout insecte acquiert, soit des formes qu'il n'avait
point à sa naissance, soit de nouvelles sortes de parties, qui
sont au moins des ailes, on peut assurer que ce n'est jamais par
suite d'avortemens que les Arachnides sont toujours sans ailes,
et conservent la même forme. En effet, aucune congénère
n'offre d'exception à cet égard; et il est évident que cet ordre
de choses, constant et général dans les Arachnides, résulte
d'un état particulier de l'organisation de ces animaux, qui n'a
point lieu dans les insectes.

Dans les Arachnides les plus perfectionnées, telles que les Araignées et les Scorpions, Cuvier a récemment découvert un cœur musculaire et dorsal, qui éprouve des mouvemens très sensibles de systole et de diastole ; et sous le ventre il a observé plusieurs ouvertures stigmatiformes [deux ou huit] qui conduisent à autant de cavités particulières et en forme de bourse, dans chacune desquelles se trouve un grand nombre de petites lames très déliées. Ces cavités isolées et les petites lames qu'elles renferment sont sans doute l'organe respiratoire des animaux dont il s'agit. M. Cuvier les regarde comme autant de poumons, et moi je les considère comme des cavités branchiales analogues à celles qu'on observe dans les sangsues, les lombrics, etc. ; le propre des branchies étant, premièrement, de pouvoir s'habituer à respirer l'air en nature, comme l'eau qu'elles respirent le plus ordinairement, tandis que le poumon ne saurait respirer que l'air; et, deuxièmement, de n'exister, comme le poumon, que dans des animaux qui possèdent une circulation.

Enfin, du cœur dorsal déjà cité, deux grands vaisseaux partent pour se rendre à chaque cavité respiratoire et se ramifier sur sa membrane. M. Cuvier les regarde, l'un comme une artère, l'autre comme une veine, et suppose que ce sont les vaisseaux pulmonaires. D'autres vaisseaux partent encore du même tronc dorsal pour se rendre à toutes les parties (1). Ce n'est pas

---

(1) Depuis la publication de ce travail, MM. Treviranus, Dugès et quelques autres anatomistes, ont également étudié le système circulatoire des Arachnides, et ont confirmé les résultats généraux énoncés ci-dessus. Chez toutes les Arachnides qui respirent par des branchies intérieures ou poumons, il existe un cœur dorsal tubiforme et des artères qui distribuent le sang aux diverses parties du corps; les veines paraissent être remplacées par les lacunes que les organes laissent entre eux ; mais il existe des vaisseaux bien formés qui établissent la communication entre le cœur et les cavités respiratoires. Quant à la marche du fluide nourricier, les opinions varient : suivant M. Audouin, la circulation se ferait de la même manière que chez les Crustacés, et le sang arriverait des poumons au cœur

tout : dans ces mêmes animaux , ce savant a vu le foie se composer de quatre paires de grappes glanduleuses qui versent leur liqueur dans quatre points différens de l'intestin. (1)

Ainsi, c'est vers la fin des Arachnides que la nature à commencé l'établissement d'un système d'organes particulier pour la circulation des fluides de l'animal ; c'est aussi dans cette classe d'animaux qu'elle a terminé la respiration trachéale par des trachées rameuses, pour y substituer celle du système branchial , système respiratoire très varié , mais qui est toujours local ; enfin c'est encore dans cette même classe qu'elle a commencé à établir la principale des glandes conglomérées (le foie), la formaut d'abord de portions séparées, mais rassemblées sous la forme de grappes , et les réunissant ensuite en masses moins divisées , plus solitaires et plus considérables.

Les bourses respiratoires que Cuvier a vues dans les Araignées et les Scorpions , M. Latreille les a observées dans les Phrynes ; en sorte que les deux dernières familles, savoir : les Arachnides pédipalpes et les Arachnides fileuses , sont liées entre elles par ce grand trait d'organisation , tel qu'une circulation ébauchée et la respiration par des poches branchiales.

Si, dans les Phalangides, ces bourses n'existent pas encore, du moins les trachées aérifères y ont changé de mode, et ne sont plus bicordonnées avec une série de plexus , mais sont seulement rameuses. La même chose paraît avoir lieu dans les Acarides , et cela provient de la réduction du nombre des stigmates et de leur position. Dans les Arachnides antennées, où les stigmates sont plus nombreux et en général latéraux,

---

pour se porter ensuite dans les diverses parties du corps, tandis que M. Dugès pense que ce liquide est envoyé par le cœur aux poumons , aussi bien que dans les autres parties. (Voyez Treviranus, Vermischte Schriften , t. 1. Dugès, Ann. des Sc. Nat. 2ᵉ série. t. 6. Audouin, art. Arachnida , Cyclopedia of Anatomy and Physiology.) Chez les Arachnides trachéennes l'appareil circulatoire n'existe plus.   E.

(1) Analyse des travaux de la classe des sciences de l'Institut, pendant l'année 1810 , p. 44 et 45.

les cordons trachéaux ont autant de plexus que de stigmates, comme dans les insectes ; et ces Arachnides en sont effectivement plus voisines, sans être pour cela des insectes. Ainsi la respiration trachéale a changé peu-à-peu son mode, comme les stigmates ont changé dans leur nombre et leur situation, et, se trouvant de plus en plus réduite, elle a en quelque sorte préparé la respiration branchiale, qui se montre effectivement dès que la circulation se trouve établie.

Il résulte de ces considérations que, malgré les différences d'organisation observées dans les Arachnides de différent familles, ces familles néanmoins sont liées entre elles par des rapports qu'on ne peut méconnaître, et qui ne permettent pas de les séparer ; enfin, qu'elles sont toutes assujéties à un ordre de choses qui les éloigne presque également des Crustacés et des Insectes. On trouve cependant dans l'aspect des Arachnides, en général, quelque chose qui semble les rapprocher un peu plus des Crustacés.

En effet, quoique très distinctes des Crustacés, les Arachnides ont, la plupart, dans leur forme générale, certains traits de ressemblance avec ceux-ci, qui en rappellent l'idée à leur aspect.

Les Cancérides, par leur corps court et leur tête confondue avec le corselet, nous rendent, en quelque sorte, la forme des Araignées ; les écrevisses, la thalassine, nous rappellent, jusqu'à un certain point, la figure des Scorpions ; il n'y a pas jusqu'aux crévettines qui ne semblent offrir une sorte de modèle des Scutigères, etc.

Les Arachnides vivent les unes sur la terre, d'autres, mais en petit nombre, dans les eaux, et d'autres, enfin, sont parasites de différens animaux, dont elles sucent la substance. En général, elles sont carnassières et vivent de proie ou de sang qu'elles sucent ; il n'en existe qu'un petit nombre qui se nourrissent de matières végétales. Aussi plusieurs ont-elles des mandibules qui font les fonctions de suçoir, et d'autres ont-elles un suçoir isolé, quoique accompagné souvent de mandibules et de palpes.

Cette classe d'animaux est très suspecte : beaucoup d'entre eux sont venimeux ; en sorte que leur morsure ou leur piqûre est quelquefois très dangereuse, et toujours malfaisante , même à l'égard de certaines des races qui sont antennifères [les Scutigères, plusieurs Scolopendres].

La plupart des Arachnides sont terrestres, solitaires , **et ont** un aspect hideux ; beaucoup d'entre elles fuient la lumière et vivent cachées. Je partage les animaux de cette classe en trois ordres, et les divise de la manière suivante.

DIVISION DES ARACHNIDES.

ORDRE Ier *Arachnides antennées-trachéales.*

Deux antennes à la tète. Des trachées bicordonnées et ganglionnées pour la respiration.

Ire SECT. *Arachnides crustacéennes.*

Deux yeux composés, granuleux ou subgranuleux à leur surface. Animaux vagabonds, à corps souvent écailleux, et ayant des mandibules propres à inciser et à diviser.

Les Thysanoures.

Les Myriapodes.

IIe SECT. *Arachnides acaridiennes.*

Deux ou quatre yeux lisses. Animaux parasites , à corps jamais écailleux , et ayant à la bouche, soit un suçoir rétractile , soit deux mandibules en crochet pour la fixer.

Les Parasites.

ORDRE IIe *Arachnides exantennées-trachéales.*

Point d'antennes. Des trachées rameuses non ganglionnées pour la respiration. Deux ou quatre yeux lisses.

I^e SECT. Corps, soit sans division, la tète, le tronc et l'abdomen étant réunis en une seule masse, soit divisé en deux, au moins par un étranglement.

Les Acarides.

Les Phalangides.

IIe Sect. Corps partagé en trois ou quatre segmens distincts.

Les Pycnogonides.
Les faux Scorpions.

Ordre III. *Arachnides exantennées-branchiales.*

Point d'antennes. Des poches branchiales pour la respiration. Six à huit yeux lisses.

Ière Sect. *Les Pédipalpes ou les Scorpionides.*

Palpes très grands, eu forme de bras avancés, terminés en pince ou en griffe. Abdomen à anneaux distincts, sans filière au bout.

Scorpion.
Thélyphone.
Phryne.

IIe Sect. *Les aranéides ou les fileuses.*

Palpes simples, en forme de petites pattes : ceux du mâle portant les organes sexuels. Mandibules terminées par un crochet mobile. Abdomen sans anneaux, et ayant quatre à six filières à l'anus.

Araignée.

Atype.
Mygale.
Aviculaire.

[Si l'on restreignait la classe des Arachnides aux deux derniers ordres établis ci-dessus, cette distribution s'accorderait presque entièrement avec la classification adoptée par Latreille et la plupart des entomologistes de nos jours.]

ORDRE PREMIER.

ARACHNIDES ANTENNÉES-TRACHÉALES.

Elles ont deux antennes à la tête, et respirent par des trachées bicordonnées et ganglionnées ou plexifères.

Cet ordre comprend des animaux que l'on a cru pouvoir réunir à la classe des insectes, qui en diffèrent néanmoins par un état de choses dans leur organisation qui amène constamment des résultats dont aucun insecte non altéré n'offre d'exemple, et qui, dans la classe dont il s'agit, ne peuvent trouver nulle part un rang convenable.

Ces animaux sont, à la vérité, plus voisins des insectes par leurs rapports généraux que les autres Arachnides, dont l'organisation est beaucoup plus avancée dans ses progrès; et cependant la nature des uns et des autres n'est pas la même que celle des insectes. En effet, le produit de leur organisation donne lieu pour eux à un ordre de choses qui n'est plus le même que celui auquel tous les insectes sont assujétis, et qu'on ne retrouvera plus dans les animaux des classes suivantes.

Effectivement, aucune de ces Arachnides ne subit de métamorphose réelle; aucune n'offre, après sa naissance, un état de larve tout-à-fait distinct de l'état parfait qui termine ses développemens; toutes conservent la forme et les parties qu'elles avaient en naissant, sans en acquérir aucune sorte nouvelle (1); et si elles n'ont jamais d'ai-

---

(1) Voyez la note de la page 4.

les, c'est que le propre de leur organisation est de ne
leur en point donner, ce qui est opposé à ce qui a lieu à
l'égard des insectes.

Les *arachnides antennées-trachéales* ont toutes la tête
distincte, munie de deux antennes; des yeux lisses, quelquefois isolés, d'autres fois groupés, formant des amas à
surface subgranuleuse; six pattes ou beaucoup davantage.
Certaines, parmi elles, acquièrent, en se développant,
plus d'anneaux et plus de pattes qu'elles n'en avaient d'a-
bord. Toutes sont toujours sans aîles et conservent pendant leur vie les mêmes habitudes.

Je partage cet ordre en deux sections, formant chacune une branche particulière, savoir:

1° Les Arachnides crustacéennes.
2° Les Arachnides acaridiennes.

ARACHNIDES CRUSTACÉENNES.

(Branche qui conduit aux crustacés.)

*Elles sont vagabondes, à corps souvent écailleux, et ont
des yeux composés, granuleux ou subgranuleux.*

Ces Arachnides ne sont assurément point des Crustacés, et encore moins des Insectes. Je leur donne cependant le nom de *crustacéennes*, parce qu'elles constituent
une branche isolée qui paraît être la source où les Crustacés ont puisé leur existence (1). Elles se lient effectivement aux Crustacés par les Cloportides, les Assellotes, etc.,

(1) Nous sommes loin de regarder ces animaux comme offrant, dans un état de simplification, le mode de structure

sans cesser néanmoins d'appartenir à la classe où je les rapporte.

Les Arachnides crustacéennes ne vivent point habituellement, comme parasites, sur certains animaux, ce que j'ai voulu exprimer en les disant vagabondes. Elles offrent deux familles distinctes, savoir: les *Thysanoures* et les *Myriapodes*; en voici l'exposition.

LES THYSANOURES.

Deux antennes; des mandibules; quelquefois des mâchoires et des palpes distincts. Six pattes, et en outre des organes de mouvement, soit sur les côtés de l'abdomen, soit à son extrémité.

M. Latreille a nommé *Thysanoures* [queue frangée] les chnides de cette famille, parce qu'elles ont à l'extrémité de l'abdomen, soit des filets articulés, soit une queue fourchue. Ce sont, selon nous, ces animaux qui commencent la branche véritablement isolée des Arachnides crustacéennes. Les premiers, parmi eux, étant des animaux très petits, ont le corps plus mou qu'écailleux, et néanmoins le luisant ou le brillant qu'il offre dans plusieurs, semble être un indice de sa tendance à le devenir. Dans les derniers animaux de cette famille, les pièces crustacées et luisantes qui couvrent le corps ne sont plus douteuses.

Tous les Thysanoures n'ont jamais que six pattes; mais soit la queue fourchue des uns et qui leur sert à sauter,

---

propre à la classe des Crustacés; la série formée par ceux-ci commence aux Lernées, êtres dont l'organisation est très différente et bien plus simple que celle des Insectes hexapodes aptères ou des Myriapodes.   E.

soit les appendices mobiles qu'ont les autres de chaque côté de l'abdomen en dessous, et qui semblent de fausses pattes, tout indique en eux des rapports qui les rapprochent des *Myriapodes* qui appartiennent à la même branche. Les Thysanoures se divisent de la manière suivante.

(1) Antennes de quatre pièces. Point de palpes distincts. Abdomen terminé par une queue fourchue, repliée sous le ventre dans l'inaction.

> Smynthure.
> Podure.

(2) Antennes multiarticulées. Des palpes distincts; des appendices mobiles de chaque côté de l'abdomen en dessous, et des filets articulés à son extrémité.

> Machile.
> Forbicine.

[Cette division est très naturelle et correspond à celle généralement adoptée par les entomologistes; la première section constitue la famille des Podurelles de Latreille et la seconde celle des Lépismènes du même auteur.   [E.

SMYNTHURE. (Smynthurus.)

Antennes comme brisées, divisées en quatre parties, plus grèles vers leur sommet : à dernier article annelé ou composé. Deux mandibules dentelées au sommet. Palpes non distincts.

Tête séparée. Corps court; abdomen subglobuleux. Queue fourchue, cachée sous le ventre dans l'inaction.

Antennæ subfractæ, in partes quatuor divisæ versùs apicem graciliores : articulo ultimo annulato aut composito. Mandibulæ duæ apice denticulato. Palpi non distincti.

Caput distinctum. Corpus breve ; abdomine subgloboso. Caudâ furcatâ, in quiete infrà ventrem absconditâ.

OBSERVATIONS. — Les Smynthures, que je préférerais nommer Podurelles, sont de très petits animaux que Linné et Fabricius n'ont pas distingués des Podures, qui, en effet, s'en rapprochent beaucoup par leurs rapports, et qui, les uns et les autres, sautent comme des puces, à l'aide de leur queue, lorsqu'on en approche. Néanmoins, ceux dont il s'agit ici ont le corps court, le tronc et l'abdomen réunis en une masse ovale, renflée, subglobuleuse. On les rencontre souvent sur la terre, rassemblés en sociétés nombreuses; on les voit quelquefois marcher sur l'eau comme sur un corps solide.

ESPÈCES.

1. Smynthure brune. *Smynthurus fuscus.*

> *S. globosus, fuscus, nitidus; antennis capite longioribus.*
> *Smynthurus fuscus.* Latr. Gen. 1. p. 166.
> *Podura atra.* Lin.
> Degeer. Ins. 7. pl. 3. f. 7-14.
> * Latreille. Règne anim. de Cuvier. t. 4. p. 343.
> * Guérin. Encyclop. méthod. t. 10. p. 142.
> * Templeton. Trans. of the entom. soc. of London. v. 1. part. 2. p. 37.
> Habite en Europe, sur la terre.

2. Smynthure verte. *Smynthurus viridis.* **Latr.**

> *S. globosus, viridis; capite flavescente.*
> *Podura viridis.* Lin. Geoff. 2. p. 607. n. 2.
> Fab. Ent. syst 2. p. 65.
> * Templeton. Trans. of the ent. soc. v. 1. part. 2. p. 97. pl. 22 fig. 7.
> Habite en Europe, sur les plantes.

3. Smynthure marquée. *Smynthurus signatus.* **Latr.**

> *S. subglobosus, fuscus; abdominis lateribus fulvo-maculatis.*
> *Podura,* n. 1. Geoff. 2. p. 607.
> *Podura signata.* Fab. Ent.
> * Templeton. loc. cit. pl 12. fig. 8.
> Habite en Europe, aux lieux humides.
> Etc.

———

PODURE. (Podura.)

Antennes subfiliformes, quadriarticulées, plus longues que la tête. Deux mandibules. Palpes non distincts.

Tête séparée. Corps allongé, subcylindrique. Queue fourchue, cachée sous le ventre dans l'inaction.

Antennæ subfiliformes, quadriarticulatæ, capite longiores. Mandibulæ duæ. Palpi non distincti.

Caput distinctum. Corpus elongatum, subcylindricum. Cauda furcata, in quiete infrà ventrem abscondita.

OBSERVATIONS. — Les Podures sont sans doute très voisines des Smynthures par leurs rapports, et elles sautent de même en déployant leur queue lorsqu'on s'en approche. Cependant elles ont une forme plus allongée, plus grèle, et leur abdomen n'est point renflé, mais étroit et oblong. Elles ont même le corselet distinctement articulé, et la quatrième pièce des antennes est sans anneaux. Ces animaux sont plus luisans que les Smynthures; quelques-uns même ont de petites écailles que le frottement détache aisément. Ils marchent aussi sur l'eau sans s'y enfoncer, et y sautent aussi facilement que sur la terre.

ESPÈCES.

1. Podure aquatique. *Podura aquatica.*

> *P. nigra, aquatica; antennis corporis sublongitudine.*
> *Podura aquatica.* Lin. Fab.
> Geoff. 2. p. 610. n° 8.
> * Latreille. Règne animal de Cuvier. t. 4. p. 343.
> Degeer. Ins. 7. pl. 11. f. 11—17.
> *Achorutes dubius?* Templeton loc. cit. pl. 12 fig. 5. (Voyez ci-dessous page 22).
> Habite en Europe, près des eaux ou sur les eaux tranquilles.

2. Podure velue. *Podura villosa.*

> *P. oblonga, villosa, fusco nigroque varia.*
> *Podura villosa.* Lin. Fab.
> Geoff. 2. p. 608. n. 4. pl. 20. f. 2.
> * Duméril. Dict. des sciences nat. atlas des insectes. pl. 54 fig. 3.
> Habite en Europe.

3. Podure grise. *Podura plumbea.*

> *P. fusco cœrulea, nitida; capite pedibusque griseis.*
> *Podura plumbea.* Lin. Fab. Lat. Gen. 1. p. 166.
> Degeer. Ins. 7. pl. 3. f. 1. Geoff. 2. p. 610 n. 9.

* Guérin. Encyclop. t. 10. p. 167.
* Templeton et Westwood. Trans. of the entom. soc. of London. t. 1.
  2. part. p. 94. pl. 11. fig. 4.
  Habite en Europe, sous les pierres. Elle a de petites écailles sur le
  corps.
  Etc.
* Ajoutez plusieurs espèces nouvelles décrites et figurées par M. Templeton
dans le premier volume des Transactions de la Société Entomologique de
Londres.

———

[M. Templeton, dans un travail spécial sur les Thysanoures de l'Irlande, inséré dans les Mémoires de la Société entomologique de Londres, a établi deux nouveaux genres qui rentrent dans cette division du groupe des Thysanoures, et les désigne sous les noms d'*Orchesella* et d'*Achorutes*.

Le genre ORCHESELLE *orchesella*. T. a pour caractère: antennes composées de 6 ou de 7 articles filiformes et presque aussi longues que le corps; appendice furculaire bien développé. L'auteur y range deux espèces:

1. *L'Orchesella filicornis*. Templeton. loc. cit. p. 93. pl. 11. fig. 2.
2. *L'Orchesella cincta*. Templeton. loc. cit. pl. 11. fig. 3. *P. vaga?* Fabricius.

Dans le genre ACHORUTE, *achorutes* T. , les antennes, composées de 4 articles, sont plus courtes que la tête, et la fourche est rudimentaire.

Achorutes muscorum. Templ. loc. cit. p. 97. pl. 12 fig. 6.
Achorutes dubius. Templ. loc. cit. p. 96. pl. 12. fig. 3.
L'auteur pense que cet insecte pourrait bien être le jeune de la Podure
aquatique de Lamarck.   E.]

———

MACHILE. (Machilis.)

Antennes filiformes-sétacées, multiarticulées, insérées sous les yeux. Deux mandibules; deux mâchoires, palpes maxillaires très grands, saillans. Les yeux composés, presque contigus postérieurement.

Corps allongé, convexe, à dos arqué. Abdomen conique, terminé par plusieurs soies, dont celle du milieu plus grande. Elles servent à sauter.

Antennæ filiformi-setaceæ, multiarticulatæ, sub oculis insertæ. Mandibulæ maxillæque duæ. Palpi maxillares, maximi exserti. Oculi compositi, posticè subcontigui.

Corpus elongatum, convexum, dorso arcuato. Abdomen conicum, setis terminatum: setâ mediâ longiore. Setæ caules ad saltus idoneæ.

OBSERVATIONS. — Les Machiles forment la transition des Podures aux Forbicines. Plus grands que les Podures, ils ont encore, comme elles, la faculté de sauter, non en déployant une queue fourchue, mais en frappant le plan qui les soutient avec les soies inégales de leur queue. Leur corps est allongé, conique, convexe, comprimé sur les côtés, à dos voûté ou arqué. Il est couvert de petites écailles peu brillantes, et a en dessous, de chaque côté, une rangée d'appendices mobiles, qui paraissent être de fausses pattes.

Les Machiles et les Forbicines ou Lépismes offrent chez la femelle une tarrière qui n'existe pas chez les Podurelles, et qui est logée entre les lames terminales de l'abdomen. Leur organisation extérieure a été étudiée avec soin par Latreille. (Voyez un Mémoire sur les Thysanoures, inséré dans le 1er vol. des nouvelles Annales du Muséum.)   E.

ESPÈCE.

1. Machile polypode. *Machilis polypoda.*

M. saltatrix; corpore cylindraceo-conico; setis caudæ inæqualissimis
Lepisma polypoda. Lin. Fab.
Forbicina teres saltatrix. Geoff. 2. p. 614.
Machilis polypoda. Latr. Gen. 1. p. 165. tab. 6. f. 4.
Habite l'Europe tempérée et australe. Cette espèce est encore la seule

connue ; mais je crois qu'on en a observé d'autres qui sont inédites.
[Deux espèces bien distinctes paraissent avoir été confondues ici.

L'une, ayant les antennes plus longues que le corps, a été nommée *Lepisma annulicornis* par Latreille (Nouv. ann. du Mus. T. 1) et ne diffère pas de la Forbicine cylindrique de Geoffroy; Latreille y rapporte aussi le *Lepisma saccharina* de Villers (Entom. Lin. vol. 4. tab. xi, fig. I). et l'espèce figurée par Rœmer (Gen. insect. pl. 25. fig. 1). .

L'autre , que Latreille nomme *Lepisma brevicornis* (Nouv. ann. du Muséum , t. 1.) , a au contraire les antennes plus courtes que le corps, et parait être le *Lepisma polypoda* de Linné et l'espèce figurée sous le nom de Machilis polypoda par Latreille dans son Genera ; elle vient d'être étudiée avec plus de soin par M. Templeton (Tr. of the Entom. soc. of London, vol. 1. p. 92. tab. xi. fig. 1), et appartient au genre *Forbicine* de Leach, qu'il ne faut pas confondre avec les Forbicines de Lamark.   E.]

[Leach a établi sous le nom de PETROBIUS un nouveau genre qui ne paraît pas devoir être adopté et qui a été réuni par Latreille à ses Machiles : il se compose des Lépismènes, dont les antennes (insérées sous les yeux comme chez les Machiles) sont plus longues que le corps, tandis que chez les Forbicines du même naturaliste (c'est-à-dire les Machiles de Latreille et de Lamarck), ces organes seraient plus courts que le corps. L'espèce d'après laquelle Leach a fondé ce genre est le PETROBIUS MARITIME. *Petrobius maritimus.*

> Leach. Zoological miscellany. vol. 3. p. 63. pl. 145.
> *Machilis maritima.* Latreille. Règne animal de Cuv. 2ᵉ édit. t. 4. p. 341 et nouv. Annales du Muséum. t. 1. p. 178.
> *Petrobius maritimus.* Westwood et Templeton. Trans. of the entom. soc. of London. t. 1. 2. part. p. 92.   E.]

FORBICINE. (Lepisma.)

Antennes sétacées, longues, multiarticulées, à articles très petits. Un labre, deux mandibules, deux mâchoires, quatre palpes et une lèvre distincts.

Corps allongé, aplati, écailleux, muni d'appendices en dessous. Six pattes ; trois filets principaux à la queue.

Antennæ setaceæ , longæ , multiarticulatæ ; articulis minimis. Labrum , mandibulæ , maxillæ , palpi quatuor , labiumque distincta.

Corpus elongatum , depressum, squamosum , subtùs appendiculatum. Pedes sex. Cauda setis tribus principalibus.

OBSERVATIONS. — De tous les Thysanoures , les plus écailleux sont les Forbicines. Ce sont elles qui montrent l'ordre de choses auquel tendait la nature en commençant les Smynthures, l'avançant davantage dans les Podures et les Machiles , enfin le terminant dans les Forbicines, qui indiquent, en quelque sorte, le voisinage des Myriapodes , et , de suite , celui des Cloportes et autres Crustacés qui y succèdent.

Les Forbicines n'ont plus la faculté de sauter , comme les Thysanoures précédens. Leur corps est aplati , écailleux, brillant ; et l'espèce commune, que tout le monde connaît de vue, est un petit animal très remarquable par sa couleur argentine, par sa vivacité à courir, et par l'espèce de ressemblance qu'il a avec un petit poisson. Ses palpes maxillaires, quoique très distincts , ne font point de saillie hors de la bouche , comme dans le Machile ; ses yeux sont granuleux, et ne se joignent pas postérieurement ; enfin, ses pattes ont des hanches très grandes.

De chaque côté , sous l'abdomen , la rangée d'appendices mobiles et articulés à leur base , indique assez que la nature de ces animaux est fort différente de celle des insectes.

[Pour l'organisation extérieure des Forbicines (ou Lépismes), voyez les planches données par M. Savigny dans le grand ouvrage sur l'Egypte, et le Mémoire de Latreille sur les Thysanoures. C'est cette division qui constitue , pour Leach, le genre Lépisme , tandis que les Forbicines sont des Machiles. E.]

ESPÈCES.

1. **Forbicine argentée.** *Lepisma saccharina.*

    L. unicolor, argentea; caudæ setis lateralibus divaricatis.

Lepisma saccharina. Lin. Fab.

Forbicina plana. Geoff. 2. pl. 20. f. 3.

Lepisma saccharina. Lat. Gen. 1. p. 164.

* Ejusdem. Encyclop. insect. pl. 25. fig. 1 ; Règne anim. de Cuvier, 2. édit. t. 4. p. 342 ; et nouv. Ann. du Mus. t. 1.

* Treviranus. Vermischte Schriften. t. 1. p. 11. pl. 2.

* Westwood et Templeton. Trans. of the entom. soc. of London t. 1. p. 92.

Habite en Europe. Commune dans les maisons.

2. Forbicine rayée. *Lepisma lineata.*

L. corpore fusco : vittis duabus albis.

Lepisma lineata. Lin. Fab.

Oliv. Dict. n. 3.

* Duméril. Dict. des sciences naturelles. Atlas ins. pl. 54. fig. 1.

Habite en Suisse.

Etc.

* Ajoutez.

† Le Lépisme doré. *Lepisma aurea.*

Léon Dufour, Ann. des sc. nat. 1re série, t. 22. p. 419. pl. 13. fig. 1.

† Le Lépisme cilié. *Lepisma ciliatæ.*

L. Dufour. loc. cit. p. 420. pl. 13. fig. 2.

C'est à cette espèce que paraît se rapporter un des Lépismes figurés par M. Savigny. (Egypte. Myriap. pl. 1. fig. 7.)

Etc.

LES MYRIAPODES.

Deux antennes ; deux mandibules propres à inciser ou à broyer des alimens ; point de vraies mâchoires ; quelquefois deux faux palpes labiaux.

Tête distincte ; corps allongé, articulé, sans distinction de corselet, et ayant, après sa naissance, toujours plus de six pattes, souvent un très grand nombre.

Les *Myriapodes* constituent la seconde famille des Arachnides crustacéennes, et terminent cette branche isolée de la classe. La plupart sont connus sous le nom de

mille-pieds; et tous ensemble forment une coupe particulière, très distinguée de la précédente, en ce que leur
corps n'offre point de corselet distinct de l'abdomen, et
que, dans beaucoup de races, ce corps dans ses développemens, acquiert progressivement plus d'anneaux et de
pattes, d'une manière presque indéterminée. Aussi ces
Myriapodes, fort allongés, soit sous la forme des Néréides, soit sous celle de petits serpens, offrent-ils souvent
une suite d'anneaux et un nombre de pattes très considérable. Leurs pattes sont terminées par un seul crochet.

La tête de ces animaux présente : 1º deux antennes
courtes en général ; 2º deux yeux, qui sont une réunion
d'yeux lisses, formant des amas subgranuleux, quelquefois
néanmoins presque à facettes ; 3º deux mandibules dentées, divisées transversalement par une suture; 4º une
sorte de lèvre inférieure sans palpes, divisée et composée de plusieurs pièces soudées. M. *Savigny* considère
les pièces réunies de cette lèvre inférieure, comme les a-
nalogues des quatre mâchoires supérieures des Crustacés.
Les deux pattes antérieures de plusieurs de ces animaux
se joignent à la base de cette lèvre, s'appliquent ou se cou-
chent sur elle, et concourent, avec les deux autres pattes
suivantes, à la manducation, tantôt sans changer de
forme, tantôt converties, les unes en deux palpes, les
autres en une lèvre avec deux crochets articulés et mobiles. Ces parties semblent répondre aux pieds-mâchoires des Crustacés. Voyez, dans l'ouvrage de M. *Cuvier*,
intitulé le *Règne animal distribué d'après son organisation,*
vol. 3, pag. 148 et suiv., de plus amples détails sur ces a-
nimaux, donnés par M. Latreille.

Les Myriapodes font leur habitation dans la terre, sous
différens corps placés à sa surface, sous les écorces des
arbres, etc. Ces Arachnides vivent de rapine, et se nouris-
sent de petits insectes ou d'autres petits animaux; quelques-unes vivent de substances végétales ; beaucoup

d'entre elles aiment l'obscurité. Les animaux de cette famille se divisent de la manière suivante.

DIVISION DES MYRIAPODES.

(1) Antennes de quatorze articles ou au—delà, plus grêles vers leur extrémité. Lèvre inférieure double. (Les *Scolopendracées.*)

   (a) Le dessus du corps recouvert de huit plaques , et le dessous divisé
en quinze demi-segmens , portant chacun une paire de pattes.

Scutigère.

   (b) Le corps divisé, tant en-dessus qu'en-dessous , en un pareil nombre
de segmens.

Lithobie.
Scolopendre.

(2) Antennes de sept articles , soit égales dans leur longueur, soit plus
grosses au bout. Lèvre inférieure unique. (Les *Iulacées.*)

   (a) Le corps membraneux, très mou, et terminé par des pinceaux
d'écailles.

Polyxène.

   (b) Le corps crustacé, cylindracé, sans appendices au bout.

Iule.
Gloméris.

[Les deux groupes principaux, des Scolopendracés et
des Iulacés, correspondent aux familles des Chilognates et
des Chilopodes dans la classification de Latreille , et sont
généralement adoptés. E.]

LES SCOLOPENDRACÉES.

*Antennes de quatorze articles et au-delà , plus grêles vers
leur extrémité. Lèvre inférieure double : l'une intérieure ;
l'autre externe, fermant la bouche en dessous , et munie
de deux crochets.*

Cette section comprend les Scolopendres et quelques

genres qui les avoisinent par leurs rapports. Ce sont des animaux à corps un peu aplati, en général fort allongé, submembraneux, recouvert de plaques subcoriaces, et ayant des pattes nombreuses. Chaque anneau de leur corps n'en porte qu'une seule paire. Ces animaux paraissent avoir une double lèvre inférieure: l'une, plus intérieure, a postérieurement deux espèces de palpes grèles, saillans, et que l'on croit résultant des deux pattes antérieures avancées dans la bouche; l'autre, externe, ferme la bouche en dessous, porte les deux crochets à venin, et paraît formée de la deuxième paire de pattes ainsi modifiée.

Les Scolopendracées ont, en général, la morsure malfaisante; mais elle n'est dangereuse que de la part de certaines de leurs races, surtout parmi celles qui habitent des climats chauds. Leur vivacité à courir inquiète lorsqu'on les rencontre, parce qu'on sent qu'il n'est pas toujours facile de s'en rendre maître. Elles fuient la lumière, se cachent sous les pierres, les vieux bois, les écorces, et dans les maisons, derrière les vieux meubles. On rapporte à cette section les trois genres qui suivent.

SCUTIGÈRE. (Scutigera.)

Antennes sétacées, multiarticulées; beaucoup plus longues que la tête. Deux mandibules. Deux palpes grèles, saillans, spinuleux, adhérens à la face postérieure de la lèvre interne. Lèvre postérieure armée de deux crochets forts, arqués, percés d'un petit trou sous leur pointe.

Corps allongé, linéaire, déprimé, couvert en dessus d'environ huit plaques coriaces, subimbriquées, et divisées en dessous en quinze segmens. Trente pattes, à tarses longs, grèles, multiarticulés.

Antennæ setaceæ, multiarticulatæ, capite multò longio-

res. Mandibulæ duæ. Palpi duo, graciles, exserti, spinulosi, ad faciem posticam labii interni adhærentes. Labium posticum biungulatum : ungulis validis arcuatis infrà apicem poro foratis.

Corpus elongatum, lineare, depressum, supernè scutis coriaceis, suboctonis imbricatum; subtùs segmentis quindenis divisum. Pedes trigenta : tarsis longis, gracilibus, multiarticulatis.

OBSERVATIONS. — Le corps des Scutigères étant couvert de plaques dorsales en nombre beaucoup moindre que celui des anneaux inférieurs ou demi-anneaux qui divisent ce corps en dessous, distingue fortement ces Arachnides des Scolopendres avec lesquels on les avait confondues. Elles ont d'ailleurs des pattes longues, quelquefois analogues, sous ce rapport, à celles des Faucheurs, et qui le sont surtout par le caractère de leurs tarses. Elles le sont en outre par cette particularité, savoir : que si on écrase l'animal, elles exécutent encore des mouvemens long-temps de suite, comme celles des Faucheurs.

Les Scutigères sont fort agiles, moins longues, en général, que les Scolopendres, et ont deux yeux composés, presque à facettes.

[Voyez pour l'anatomie des Scutigères les Recherches de M. Léon Dufour insérées dans le 2ᵉ volume des Annales des Sc. nat. (1ʳᵉ série).   E.]

ESPÈCES.

1. Scutigère à longues pattes. *Scutigera longipes.*

> *S. grisea, fusco-fasciata; pedibus longis, gracilibus, fusco albidoque annulatis: posterioribus longioribus.*
> Scolopendre à vingt-huit pattes. Geoff. 2. p. 675. n. 2.
> *An Iulus araneoides?* Pall. Spicileg. zool. 9. p. 85. t. 4. f. 16.
> * *Scutigère aranéoïde.* Duméril. Dict. des Sc. nat. insect. pl. 58. fig. 6.
> Habite à Paris, dans les parties inhabitées des maisons. Je l'ai vue souvent; la figure citée de Pallas la rend assez bien. Cette espèce ne paraît point différer de la *Scutigera coleoptrata.*

2. Scutigère longicorne. *Scutigera longicornis.*

> *S. pedibus utrinque 15 elongatis; corpore scutellato; antennis longissimis flavescentibus.* F.

Scolopendra longicornis. Fab. Ent. 2. p. 390.

Habite à Tranquebar. Est-elle vraiment distincte de la précédente?

3. Scutigère à pattes courtes. *Scutigera coleoptrata.*

S. rufo flavescens; pedibus brevibus utrinque 15.

Scolopendra coleoptrata. Panz. Fasc. 50. t. 12.

* *Cermatia lineata.* Illiger. Faune d'Etrurie, de Rossi. t. 2. p. 199.
* *Scutigera araneoïdes.* Latreille. Genera crust. et insect. t. 1. p. 77. Et Hist. des crust. et des ins. t. 7. 188. etc.
* *Scutigera lineata.* Latreille. nouv. Dict. d'hist. nat. t. 30.
* Léon Dufour. Ann. des Sc. nat. 1re série. t. 2. p. 92.
* Guérin. Encyclop. méthod. t. 10. p. 413.
* *Scutigera araneoïdes.* Dumeril. Dict. des Sc. nat. Atlas insect. pl. 58. fig. 6.
* Savigny. Egypte. Myriap. pl. 1. fig. 6.
* Gervais. Ann. des Sc. nat. 2e série, t. 7. p. 48.

Habite en Europe. Elle est plus petite que les précédentes.

* Le *Cermatia livida* de Leach. (Zool. Miscel. t. 3. p. 38. pl. 136) ne paraît pas devoir constituer une espèce distincte de la précédente.

LITHOBIE. (Lithobius.)

Antennes sétacées, de sept articles et au-delà, un peu plus longues que la tête. Bouche des Scolopendres.

Corps allongé, déprimé, linéaire, également divisé en dessus et en dessous, à plaques dorsales alternativement plus grandes et plus petites.

Antennæ setaceæ, capite paulò longiores; articulis septem et ultrà. Os Scolopendrarum.

Corpus elongatum, lineare, depressum, supernè infernèque æqualiter divisum; scutis dorsalibus alternè majoribus et minoribus.

OBSERVATIONS. — Ce genre, établi par M. Leach, sépare les Scolopendres de Linné et de Fabricius, celles qui ont des plaques dorsales fort inégales, c'est-à-dire, alternativement plus longues et plus courtes, les unes recouvrant en grande partie les autres; ce qui paraît les distinguer suffisamment des vraies Scolopendres, en qui ce caractère n'existe point.

[La structure intérieure des Lithobies a été étudiée avec soin par MM. Tréviranus (*Vermischte Schriften*. t. 2) et *Léon Dufour* (Ann. des Sc. nat. 1re série, t. 2) et M. Gervais vient de publier des observations intéressantes sur les changemens que ces animaux subissent dans le jeune âge. (Ann. des Sc. nat. 2e série, t. 7. p. 58.) E.]

ESPÈCE.

1. Lithobie fourchue. *Lithobius forficatus.*

> L. *rufo-fuscus; pedibus utrinque* 15.
> *Scolopendra forficata.* Lin. Fab. Ent. 2. p. 390.
> Panz. Fasc. 5o. t. 13.
> Scolopendre à trente pattes. Geoff. 2. p. 674. pl. 22. f. 3.
> * *Lithobius forficatus.* Latreille. Règne anim. 2. édit. t. 4. p. 338.
> * *Scolop. forficata.* Treviranus. Verm. Schrif. t. 2. pl. 4. fig. 6. 7. pl. 5.
> * Leach. Encyclop. brit. sup. pl. 22. et Zool. miscell. t. 3. p. 39. p. 137.
> * Duméril. Dict. des sciences nat. Ins. pl. 55. fig. 5.
> * Léon Dufour. Ann. des Sc. nat. 1re série. t. 2. p. 81.
> * Gervais. Ann. des Sc. nat. 2e série. t. 7. p. 49.
> Habite en Europe, sous les pierres.
> * Ajoutez deux espèces nouvelles décrites par Leach dans ses Mélanges zoologiques, et une troisième que M. Gervais vient de faire connaître (Ann. des Sc. nat. 2e s. t. 7. p. 49.). Suivant ce dernier naturaliste, la Lithobie figurée par M. Savigny dans le grand ouvrage sur l'Egypte (Myriap. pl. 1. fig. 3.) serait un jeune individu.

SCOLOPENDRE. (Scolopendra.)

Antennes subulées, un peu plus longues que la tête ; à articles courts, au nombre de quatorze et au-delà. Deux yeux composés, subgranuleux. Deux mandibules. Lèvre inférieure double : l'intérieure subquadrifide ; la postérieure armée de deux crochets forts et arqués en pince.

Corps très long, linéaire, déprimé, également divisé en dessus et en dessous ; à articles nombreux, non imbriqués, portant chacun une paire de pattes.

*Antennæ subulatæ, capite paulò longiores ; articulis bre-
vibus, quatuordecim et ultrà. Oculi duo compositi, subgra-
nulosi. Mandibulæ duæ. Labium duplex : internum sub-
quadrifidum ; posticum ungulis validis chelatim arcuatis
armatum.*

*Corpus prælongum, lineare, depressum, suprà infràque
æqualiter divisum ; articulis numerosis, non imbricatis,
pedum pari unico instructis.*

OBSERVATIONS. — Les Scolopendres constituent le principal
genre de la section qui les comprend, et nous présentent des
animaux dont le mode d'existence et de développement est fort
différent de celui des insectes. Ce sont des Arachnides, la plupart suspectes par leur morsure malfaisante, et fort remarquables par la longueur de leur corps, leurs pattes nombreuses et
courtes, et leur vivacité à courir. On les distingue des Lithobies, parce que les segmens de leur corps sont à-peu-près
égaux entre eux, et ne se recouvrent point ; elles diffèrent des
Scutigères en ce que leur corps est également divisé en dessus
et en dessous. Les unes ont les deux pattes postérieures presque égales aux autres, et dans d'autres ces pattes sont plus longues ; il y a des espèces dont les yeux sont peu distincts ; enfin,
l'on prétend que quelques-unes répandent une lumière phospho-
rique. Ces animaux ont les stigmates latéraux, et leurs pattes
sont terminées par un seul onglet. Ils courent en serpentant. On
les trouve sous les pierres, dans les trous des murailles, etc. La
plupart se nourrissent de petits insectes.

ESPÈCES.

1. **Scolopendre des Indes.** *Scolopendra morsitans.*

> *S. maxima ; pedibus utrinque viginti : posterioribus longioribus sub-
> spinosis.*
> *Scolopendra morsitans*, Lin. Fab. ent. 2. p. 390
> Degeer. Ins. 7. pl. 43. f. 1—5.
> Petiv. Gaz. tab. 13. f. 3.
> * Palissot de Beauvois. Ins. d'Afr. pl. 4. fig. 1.
> * Leach. Zool. miscel. vol. 3. p. 41.
> * Duméril. Dict. des sciences nat. Ins. pl. 55. fig. 4.

* *Scolop. cingulata..* Latreille. Règ. anim de Cuvier. t. 4. p. 339.

* *S. morsitans.* Guérin. Encyclop. t. 10. p. 395.

* Gervais. Ann. des Sc. nat. 2e série. t. 7. p. 50.

Habite aux Antilles , dans l'Inde , etc. La Scolopendre de Brown , Jam. tab. 42. f. 4., n'en paraît être qu'une variété à dix-huit paires de pattes.

* La *Scolopendra alternans* de Leach , (Encyclop. Brit. suppl. t. 1. pl. 22. et Zool. miscel. t. 3. p. 41. pl. 138), ne paraît être qu'une variété de l'espèce précédente.

₂. Scolopendre ferrugineuse. *Scolopendra ferruginea.*

S. pedibus utrinque viginti duo : posterioribus longioribus.
Scolopendra ferruginea. Lin. Fab. ent. p. 391.
Degeer. Ins. 7. tab. 43. f. 6.
Habite en Afrique.

3. Scolopendre ligulaire. *Scolopendra electrica.*

S. fusco-rubens ; corpore lineari perangusto ; pedibus brevibus, pallidis utrinque septuaginta.
Scolopendra electrica. Lin. Fab. ent. p. 391.
Scolopendre n. 4. et n. 5. Geoff. 2. p. 676.
* *Scolopendra fulva.* Treviranus. Vermischte. Schriften. t. 2. p. 33. pl. 7. f. 3-5.
* *Geop'ilus longicornis.* Leach. Zool. miscel. t. 3. pl. 140. f. 3-6.
* *Geophilus electricus.* Koch. Deutschl. Crust., myriap. etc. fasc. 3. n° 4.
* Gervais. Ann. des Sc. nat. 2e série. t. 7. p. 52.
Habite en Europe, sous les pierres. Elle est commune , à corps étroit, ligulaire, rougeâtre.
Etc.
† Ajoutez :
* *Scolopendra subspinipes.* Leach. Zool. miscel. t. 3. p. 41.
* *Scolopendra trigonopoda.* Ejusd. loc. cit.
* *Scolopendra gigas.* Ejusd. loc. cit.
* *Scolopendra brandtiana.* Gervais. Ann. des Sc. nat. 2e série. t. 7. p. 50.
* *Scolopendra fulva.* Ejusd. Loc. cit.
* *Scolopendra marginata.* Say. Journ. de l'Acad. de Philadelphie. t. 2. p. 100.
* *Scolopendra viridipes.* L. Dufour. Ann. des Sc. physiques. t. 6. p. 317, etc. etc.

[Leach a réuni dans son genre Cryptops les Scolopendres qui ressemblent à des Scolopendres proprement dits
par la conformation des antennes et le nombre des pattes;
mais chez lesquels les yeux manquent ou sont peu distincts. Il a fait connaître deux espèces nouvelles ayant ces
caractères, savoir :

> Le *Cryptos hortensis*. Leach. Encyclop. Brit. suppl. pl. 22. et Zool.
> miscel. t. 3. p. 42. pl. 139.
> Et le *Cryptos Savignii*. Ejusd. Zool. miscel. t. 3. p. 42.—*Scolopendra
> germanica*. Koch. Deutschl. Crust. myriap. etc. fasc. IX. n° 2. —
> Gervais. Ann. des Sc. nat. 2ᵉ série. t. 7. p. 51.
> *Crytops hyalinus*. Say. Journ. de l'Acad. des Sc. de Philadelphie. t. 2.
> p. 111. — Gervais, op. cit.
> Etc.

Le genre Geophilus du même auteur se compose de
Scolopendres dont les antennes sont formées de quatorze
articles cylindriques et sont amincies vers le bout, dont
les pattes sont plus nombreuses, et celles de la dernière
paire plus longues; le corps plus allongé et les yeux peu
ou point distincts. Il y range les espèces suivantes :

> 1. *Geophilus carpophagus*. Leach. Zool. misc. t. 3. p. 43 , etc.
> 2. *Geophilus subterraneus*. Leach. op. cit. p. 44. *Scolopendra subter-
> ranea*. Shaw. Transactions of the Linnean societ. vol. 2. p. 7.
> 3. *Geophilus maritimus*. Leach. loc. cit. pl. 140. fig. 1. 2.
> 4. *Geophilus acuminatus*. Leach. loc. cit.
> 5. *Geophilus longicornis*. Leach. loc. cit. pl. 140. fig. 3—6. (Voy
> ci-dessus n° 3.)
> Récemment M. Gervais a augmenté ce genre des espèces suivantes,
> *Geophilus Walckenaerii* (Gerv. Magasin de zoologie. 5ᵉ année cl. IX.
> p. 8. pl. 14, 9.
> *Geophilus simplex*. (ejusd. loc. cit.)
> *Geophilus barbaricus*. (ejusd. loc. cit.)
> *Geophilus maxillaris*. Ejusd. Ann. des Sc. nat, 2e série, t. 7. p. 52.
> Il a constaté aussi que l'on doit rapporter à ce genre le *Cryptops lœ-
> vigatus* de M. Brullé. (expéd. scientif. de Morée.) *Geophilus lœ-
> vigatus*. Gervais. Mag. de zool. t. 5. pl. 137. fig. 2.), ainsi que le
> *Cryptops Gabrielis*, du même (Expédit. de Morée) et l'espèce
> figurée par M. Savigny, sous le n° 4 , dans la planche des my-
> riapodes du grand ouvrage sur l'Égypte.] E.

3.

LES IULACÉES.

Antennes de sept articles, soit égales dans leur longueur, soit plus grosses au bout. Lèvre inférieure unique, sans crochets en pince.

Les *Iulacées* sont des Myriapodes très voisins des précédens par leurs rapports, ayant aussi, comme eux, après leur naissance, plus de six pattes, et la plupart en acquérant un nombre très considérable. Mais, outre qu'elles sont distinguées des Scolopendracées par le caractère de leurs antennes, les pattes de ces Iulacées sont très courtes, en sorte que la locomotion de ces animaux se fait toujours avec lenteur et par des mouvemens ondulatoires. Parmi ceux de leurs segmens qui portent des pattes, on en voit beaucoup qui en ont chacun deux paires. Dans le repos, ces animaux se roulent, les uns en spirale, les autres en boule.

Les deux ou quatre premières pattes des Iulacées sont avancées sur la bouche, réunies à leur base, rapprochées de la lèvre inférieure; elles sont d'ailleurs semblables aux autres.

Ces animaux se nourrissent de substances, soit végétales, soit animales. On n'en connaît aucun dont la morsure soit malfaisante. Quelques-uns ont le corps très mou et membraneux, et tous les autres ont le corps véritablement crustacé, convexe, presque cylindrique. Ce sont ces derniers qui avoisinent le plus les *Crustacés*, et qui terminent cette branche particulière des Arachnides qui paraît offrir une transition naturelle à la classe des *Crustacés*. Nous ne rapporterons aux Iulacées que les trois genres qui suivent.

POLYXÈNE. (Polyxenus).

Antennes très courtes, filiformes, moniliformes, insérées sous le bord antérieur de la tête. Point de palpes.

Corps mou, allongé, déprimé, ayant sur les côtes des faisceaux d'écailles piliformes, et le segment postérieur terminé par un pinceau d'écailles ciliées. Douze paires de pattes.

Antennæ brevissimæ, filiformes, moniliformes, sub capitis margine antico insertæ. Palpi nulli.

Corpus molle, elongatum, depressum, squammulis piliformibus fasciculatis ad latera instructum, segmento postico penicillo squamularum ciliatarum terminato. Pedum pares duodecim.

OBSERVATIONS. — La *Polyxène*, dont M. Latreille a fait le type d'un genre, fut d'abord rangée parmi les Scolopendres; mais elle en est très distincte; elle l'est aussi des autres Iulacées, et néanmoins elle s'en rapproche par les articles de ses antennes, qui sont seulement au nombre de sept. On ne connaît que l'espèce suivante.

ESPÈCE.

1. Polyxène à pinceau. *Polyxenus lagurus.*

    Scolopendra lagura. Lin. Fab. ent. 2. p. 389.
    Scolopendre, n. 6. Geoff. 2. p. 677. pl. 22. fig. 4.
    Polyxenus lagurus. Latr. Gen. 1. p. 77.
    * Leach. Zool. miscel. t. 3. p. 38. pl. 135. B.
    * Duméril. Dict. des scienc. nat. ins. pl. 56. fig. 7.
    * Brandt. Tentaminum quorundam monographicorum chilognata, p. 45.
    * Gervais. Ann. des Sc. nat. 2e série, t. 7. p. 41.
    Habite en Europe, sous les vieilles écorces.
    * M. Say en a décrit une seconde espèce sous le nom de *Polixenus fasciculatus* (Journ. of the acad. of Philadelphia. Vol. 2. p. 112,

IULE. (Iulus).

Antennes courtes, submoniliformes, un peu plus é-
paisses vers leur sommet; à sept articles. Deux mandibules
à sommet tronqué, muni de dents cornées. Point de palpes. Lèvre inférieure aplatie, à bord supérieur subcréne-
lé par des tubercules.

Corps allongé, cylindracé, crustacé; à segmens transverses nombreux, étroits et lisses. La plupart des segmens portent chacun deux paires de pattes.

*Antennæ breves, submoniliformes, versùs apicem paulu-
lò crassiores; articulis septem. Mandibulæ duæ apice trun-
cato-dentatæ, corneæ. Palpi nulli. Labium planulatum,
margine supero tuberculis subcrenatum.*

*Corpus elongatum, cylindraceum, crustaceum; segmen-
tis transversis numerosis, angustis, lævibus. Segmenta plera-
que tetrapoda sunt.*

OBSERVATIONS. — Les rapports des Iules avec les Scolopendres sont si marqués, que de tout temps, les naturalistes les en
ont rapprochées en les plaçant dans la même famille. Elles y forment néanmoins, avec la Polyxène et les Gloméris, une division
particulière très distincte, les animaux de cette division n'ayant
point leur lèvre inférieure armée de deux crochets en pince comme
les Scolopendracées. Leurs antennes d'ailleurs n'ont que sept
articles, ou ne sont point sétacées ou en alène comme celles des
Scolopendres. Comme les Iules n'offrent point de mâchoires libres, on pense que ces parties sont réunies à la lèvre inférieure.

Les Iules ont généralement le corps crustacé, et, dans leurs
développemens, acquièrent plus d'anneaux et plus de pattes.
Quoique assez agiles dans les mouvemens de leurs pattes, elles
ne marchent qu'avec beaucoup de lenteur, parce que ces pattes
sont très courtes. Les premiers et les derniers segmens de leur
corps ne portent chacun qu'une paire de pattes, et même, dans
les mâles, le septième segment n'en a aussi qu'une paire, parce
que, selon les observations de M. Latreille, la place de la
deuxième paire est occupée par l'organe sexuel. Lorsque ces ani-

maux marchent, leurs pattes agissant successivement, leur font exécuter une ondulation non interrompue, comme s'ils rampaient à la manière des serpens.

La plupart des Iules sont terrestres, vivent sous les pierres, sous les écorces, etc. Elles se nourrisent de petits insectes, de substances végétales, de fruits, surtout les petites espèces.

Toutes les Iules ont le corps allongé, linéaire, et se roulent en spirale dans le repos ; mais dans les unes, le corps est cylindracé et sans angles ; tandis que dans d'autres, il est aplati sur les côtés inférieurs, offrant en dessus un rebord anguleux qui règne de chaque côté dans la longueur de ce corps. Ces dernières forment le genre Polydème de M. Latreille.

[Ainsi que nous l'avons déjà dit, les Iules subissent après la naissance des changemens considérables. Suivant Degéer, les petits de l'Iule des sables n'auraient en naissant que trois paires de pattes, et, suivant M. Savi, les jeunes de l'espèce qu'il désigne sous le nom d'*Iulus communis* seraient complètement apodes. C'est en arrière des membres déjà formés, et lors des dernières mues, que les nouvelles pattes apparaissent, et jusqu'au complet développement de l'animal, il reste en avant de l'anus un certain nombre d'anneaux apodes ; enfin M. Gervais a observé aussi que le nombre des yeux augmente avec l'âge. (Voyez à ce sujet Degéer, Mém. pour servir à l'hist. des insectes, t. 7 ; Savi, Memorie scientifiche, p. 70 ; Gervais, Ann. des sc. nat. 2ᵉ série, t. 7, p. 55.) E.

ESPÈCES.

Corps cylindracé, immarginé.

1. **Iule gigantesque.** *Iulus maximus.*

> *I. flavescens, maximus ; pedibus utrinque* 134.
> *Iulus maximus.* Lin. Fab. ent. 2. p. 396.
> Margr. Bras. p. 255.
> Habite l'Amérique méridionale. Sept à huit pouces de longueur. Le anneaux sont bruns postérieurement.

2. **Iule des sables.** *Iulus sabulosus.*

> *I. fusco-cinereus ; lineis duabus longitudinalibus dorsalibus rufescentibus ; pedibus utrinque* 120.

Iulus sabulosus. Lin. Fab. Latr. gen. 1. p. 75.
Iule, n. 2. Geoff. 2. p. 679. pl. 22. f. 5.
* *Iulus sabulosus.* Olivier. Encycl. t. 7. p. 415.
* Leach. Zool. miscel. v. 3. p. 33.
* Duméril. Dict. des sc. nat. ins. pl. 55. fig. 1.
* Gervais. Ann. des Sc. nat. 2e série. t. 7. p. 46.
Habite en Europe, aux lieux sablonneux.

3. Iule terrestre. *Iulus terrestris.*

I. cinereo-cærulescens; pedibus utrinque 100.
Iulus terrestris, Lin. Fab. Lat. gen. 1. p. 75.
Iule, n. 1. Geoff. 2. p. 679.
* *Iulus terrestris.* Olivier. Encyclop. t. 7. p. 415.
* Leach. loc. cit. p. 34.
* Gervais. loc. cit.
Habite en Europe, aux lieux sablonneux.

4. Iule des fraisiers. *Iulus fragariarum.*

I. albidus; corpore gracillimo; stigmatibus purpureis; pedum pari-
bus circiter 50.

* *I. pulchellus.* Leach. Zool. mis. t. 13. p. 35.
* M. Gervais a constaté que ce Myriapode est toujours dépourvu d'yeux
et il l'a pris pour type d'un genre nouveau, auquel il a donné le
nom de *Blaniulus.* (Ann. des sc. nat. 2e série, t. 7, p. 45.)
Habite en France. Commune dans les fraises. Longueur, quinze lignes.
Etc.

[Ajoutez les espèces suivantes:
* *Iulus londinensis.* Leach. Encyclop. brit. supp. vol. 1. pl. 22; et
zool. miscel. vol. 3. p. 33. pl. 133.
* *Iulus punctatus.* Leach. zool. miscel. vol. 3. p. 34.
* *Iulus niger.* ejusdem loc. cit.
* *Iulus pusillus.* ejusd. loc. cit.
* *Iulus americanus.* Palissot de Beauvois. Ins. d'Afr. pl. 4. fig. 3.
* *Iulus fœtidissimus.* Savi. Memorie scientifiche. dec. 1. p. 83. tav. 11.
fig. 24, 25.
* *Iulus communis.* ejusd. op. cit. v. 11. fig. 1—6.
* *Iulus festivus.* Perty, op. cit. pl. 40. fig. 10.
* *Iulus lucifugus.* Gervais. Ann. des Sc. nat. 2e série. t. 7. p. 45.
pl. 4 A. (jeune).
* *Iulus Boveanus.* Ejusd. loc. cit.
Ainsi que quelques espèces nouvelles décrites par M. Risso, dans son
hist. nat. de l'Europe méridionale. t. 5. etc. etc.   E.

Corps marginé, aplati sur les côtés inférieurs. (1)

5. Iule aplatie. *Iulus complanatus.*

I. corpore planusculo ; caudá acutá ; pedibus utrinque 3o.
Iulus complanatus. Fab. Ent. 2. p. 393.

---

(1) Cette division correspond au genre *Polydesmus* de Latreille et comprend les Myriapodes qui sont semblables aux
Iules par la forme linéaire de leur corps et l'habitude de se rouler en spirale, mais dont les segmens sont comprimés sur les
côtés inférieurs avec une saillie en forme d'arête ou de rebord
au-dessus; quelquefois cependant cette carène latérale est très
peu marquée ; le nombre des pattes est presque toujours (sinon
toujours) de 3o paires chez les mâles, de 31 chez les femelles; les anneaux du corps sont au nombre de 20, la tête non
comprise. Enfin les yeux manquent presque toujours, et Leach a
même proposé de ranger dans un genre particulier, sous le nom
de *Craspedosoma*, les espèces pourvues de ces organes. Pour
plus de détails sur la conformation.externe de ces Myriapodes,
on peut consulter une note de M.ᵉGervais insérée dans les Annales de la Société entomologique de France, t. 5. A l'espèce
type mentionnée ci-dessus il faut ajouter :

L'*Iulus pallipes* d'Olivier (Encyclop. méthod. t. 7. p. 416;
Polydesmus pallipes, Gervais, Magasin zoologique, 1835, cl. 8,
n⁰ 135);

L'*Iulus tridentatus* de Fabricius (Entom. syst. t. 2, p. 393.)
Iulus virginiensis, Drury, t. 2. p. 393 ; *Polydesmus virginiensis*,
Palissot de Beauvois, Ins. d'Afrique, pl. 4, fig. 5; Gervais,
Ann. de la soc. entom. t. 5. p. 378; *Fonteria Virginensis* Gray,
Anim. kingd. Ins. pl. 135, fig. 1);

Le *Polydesmus granulosus* de Palissot de Beauvois (pl. 4,
fig. 4).

Trois espèces nouvelles décrites et figurées par Perty dans l'ouvrage de Spix et Martius (le *P. glabratus* Perty, op. cit. pl. 4o. fig.
7.; le *P. conspersus* P. op. cit. pl. 4o. fig. 7, et le *p. scaber* P.
op. cit.);

Deux espèces nouvelles décrites par Eschcholtz, sous les
noms de *Polydesmus rugulosus* (Mém. de Moscou, t. 6. p. 112;

Scolopendre, n. 3. Geoff. 2. p. 675.
Polydesmus complanatus. Lat. Gen. 1. p. 76.
* Leach. Zool. miscel. t. 3. p. 37. pl. 135.
* Brandt. op. cit. p. 44.
* Duméril. Dict. des sciences nat. ins. pl. 55. fig. 2.
* Gervais. Annales de la soc. entomol. de France. t. 5. p. 378.
Habite en Europe.
Etc.

[Dans un travail récent sur les Chilognathes ou *Iulacés,* M. Brandt a établi aux dépens des Iules plusieurs genres nouveaux dont les principaux caractères sont tirés de la conformation des antennes. Ce naturaliste sépare d'abord les espèces dont le pénultième article des antennes est presque arrondi et un peu aminci à sa base, et divise ce groupe en *Iules proprement* dites et en *Spiroboles* suivant

Brandt, op. cit. p. 44); et le *Polydesmus lateralis* (Esch. loc. cit; Brandt. op. cit.)

Enfin le *Polydesmus Blainvillii,* le *Polyd. Rubescens,* le *Polyd. Zebratus* et le *P. Margaritiferus* que M. Gervais vient de faire connaître dans les Annales de la Société entomologique (t. 5. p. p. 379).

Latreille rapporte aussi à ce genre l'*Iulus depressus* et l'*Iulus Stigma* de Fabricius (Entomol. system. t. 2. p. 393 et 4).

Le genre CRASPEDOSOMA de Leach, qui ne paraît pas devoir être séparé du genre *Polydesmus* de Latreille, a pour type deux espèces : le *C. Rawlinsii* (Leach. Encyclop. Brit. suppl. pl. 22; Zool. miscel. t. 3. p. 36. pl. 134. fig. 1-4) et le *C. Polydesmoïdes.* (Leach. Encyclop. Brit. supp. pl. 22; Zool. miscel. t. 3. p. 36. pl. 134. fig. 6, 9. M. Gray en a fait connaître une troisième espèce sous le nom de *Craspedosoma Bechii* (Griffith's animal kingd. Ins. pl. 135, fig. 45.)

Le genre STRONGYLOSOMA de Brandt est aussi très voisin des Polydesmes; de même que chez ces derniers les yeux manquent, mais le corps, au lieu d'être déprimé, est cylindrique et allongé; le type de cette division est l'*Iulus stigmatosus* d'Eichwald (Zool. spec. P. 11. p. 114; *Strongylosomaiuloides* Brandt, op. cit. p. 43.)
E.

que les antennes ont les quatre articles qui suivent le premier allongés et amincis, le second le plus long de tous et le cinquième plus long que le sixième, ou bien que tous ces articles sont courts, presque sphériques et à-peu-près d'égale longueur. Ce dernier groupe se compose de deux espèces nouvelles : le *Spirobolus Olfersii* (Brandt. op. cit. p. 40) et le *S. Bungii* Br. (op. cit. p. 41.) Son genre Iule proprement dit comprend les diverses espèces décrites par Leach sous le même nom générique et plusieurs autres. Les Iulacées qui, avec le même mode d'organisation des anneaux du corps que chez les précédens, ont le pénul-tième article des antennes infundibuliforme ou clavifor-me, et situé à sa base, constituent trois genres nou-veaux, savoir :

1° Le genre Spirostreptus, caractérisé par la confor-mation de la lèvre inférieure, dont la portion médiane est creusée au dessous d'une fossette médiane presque semi-lunaire et ne présente pas de tubercules à sa base (Es-pèces: *Spirostreptus Sebæ* Br. op. cit. p. 41. *Millepeda* Seba Thes. T. 1 tab. 87. fig. 8.—*Spirostreptus Audouinii* Br. loc. cit. Millepeda, Seba, 1. tab. 81 fig. 6 ?)

2° Le genre Spiropœus ayant la portion médiane de la lame inférieure garnie au milieu d'un tubercule ovalaire transversal. (Espèce *Spiropœus Fischerii* Brandt. op.cit.42.

3° Le genre Spirocyclistus ayant cette même portion médiane de la lame inférieure lisse et un tubercule sur la portion basilaire (Esp. *Spirocyclistus acutangulus* Brandt. loc. cit. p. 42).

Enfin M. Gervais vient d'établir, sous le nom de Pla-tyules, un autre genre nouveau pour les Iules, dont les yeux, au lieu d'être réunis en groupes, sont disposés sur deux lignes sur la face supérieure de la tête. (Voyez Ann. des sc. nat. 2ᵉ série, t. 7, p. 48.   E.

GLOMERIS. (Glomeris.)

Antennes très courtes, submoniliformes, de sept articles : le sixième enveloppant le dernier.

Corps allongé-ovale, convexe en dessus, concave en dessous, se contractant en boule, et ayant en dessous, de chaque côté, une rangée de petites écailles. Segmens du corps au nombre de onze ou douze, crustacés : le dernier étant plus grand, concave, semi-circulaire. Seize à vingt paires de pattes.

Antennæ brevissimæ ; submoniliformes ; septem-articulatæ : articulo sexto ultimum obvolvente.

Corpus elongato-ovale, suprà convexum, subtùs fornicatum, in globum contractile, squammularum serie subtùs utroque latere instructum. Corporis segmenta undecim vel duodecim crustacea : ultimo majore fornicato semi-circulari. Pedum pares sexdecim ad viginti.

OBSERVATIONS.—Les Gloméris paraissent véritablement distincts des Iules. Leur corps ne se roule point en spirale, mais se contracte en boule comme celui des Cloportes, et offre en dessous une rangée de petites écailles de chaque côté, qui recouvrent la base des pattes. Les parties de leur bouche ne sont pas encore déterminées, mais il est probable qu'elles sont analogues à celles des Iules.

Ce genre, établi par Latreille, termine les Myriapodes et la branche isolée des Arachnides crustacéennes. Les animaux qu'il comprend sont, les uns, terrestres, et vivent sous les pierres, aux lieux montueux, et les autres vivent dans la mer. Ils semblent conduire aux Cloportes dont ils diffèrent au moins par leurs pattes plus nombreuses et par leur défaut de queue. Nous pensons, comme M. Latreille, que c'est près d'eux qu'il faudrait ranger les Trilobites, si leurs caractères essentiels étaient connus. (1)

---

(1) Cette opinion ne paraît pas fondée ; les animaux dont les Trilobites se rapprochent le plus semblent être les crustacés isopodes.

E.

ESPÈCES.

1. Gloméris ovale. *Glomeris ovalis.*

>*Gl. lutescens ; pedum viginti paribus.*
>*Iulus ovalis.* Lin. Aæmn. acad. 4. p. 253. tab. 3. f. 4.
>*Oniscus.* Gronov. Zooph. n. 995. t. 17. f. 4—5.
>*Glomeris ovalis.* Latr. Gen. 1. p. 74.
>*Iulus ovatus.* Fab.
>Habite l'Océan.

2. Gloméris bordé. *Glomeris limbatus.*

>*Gl. niger; segmentis margine lutescentibus ; pedum sexdecim paribus.*
>*Oniscus zonatus.* Panz. fasc. 9. t. 23.
>*Glomeris limbata.* Lat. Gen. 1. p. 74.
>* *Glomeris marginatus.* Leach. Zool. miscel. t. 3. p. 32. pl. 32.
>* Duméril. Dict. des scienc. nat. insect. pl. 55. fig. 3.
>* Brandt, op. cit. p. 33.
>Habite en France, sous les pierres.

3. Gloméris pustulé. *Glomeris pustulatus.*

>*Gl. ater, rubro-punctatus ; pedum sexdecim paribus.*
>*Oniscus pustulatus.* Fab. Ent. 2. p. 396.
>Panz. Fasc. 9. tom. 22.
>*Glomeris pustulata.* Lat. Genr. 1. p. 74.
>* Gervais. Ann. des Sc. nat. 2e série. t. 7. p.
>Habite la France, l'Allemagne, dans les régions australes.

[Dans la monographie déjà citée de M. Brandt, les Gloméridiens sont divisés en trois genres, et le nom de GLOMERIS est conservé seulement aux espèces dont les yeux (au nombre de 8) sont disposés sur une ligne courte de chaque côté de la tête, et dont les anneaux du corps la tête comprise) sont au nombre de 13. Les espèces dont les yeux plus ou moins nombreux sont réunis en masse commune de chaque côté de la tête, et dont le nombre des anneaux (la tête comprise) s'élève à 14, et dont les antennes sont composées de sept articles composant son genre SPHÆROTHERIUM, qui paraît à-peu-près correspondre à la division proposée par M. Gray, sous le nom de

Zephronia. Enfin **M.** Brandt donne le nom générique de
SPHÆROPOEUS aux espèces dont les yeux sont disposés
comme chez les précédens, mais dont les antennes ne
sont composées que de six articles. M. Gervais, à qui
l'on doit une révision générale des Myriapodes, réunit
les genres Sphærotherium et Sphæropœus de M. Brandt
sous le nom de ZEPHRONIA, déjà employé par M. Gray,
et donne la liste suivante des espèces appartenant soit à
ce groupe nouveau, soit à la division des Gloméris proprement dits.

Genre GLOMERIS.

1. *Glomeris pustulata. Oniscus pustulatus.* Fabr. Entom.
syst. 2. 396.

2. *Glomeris guttata.* Risso. Eur. mérid. 5, 148, sp. 3.

3. *G. Klugii* Brandt. Tentamium monographicorum p.
32. Bull. Moscou 6, 125.

4. *G. tetrasticha* Brandt. loc. cit. p. 34. sp. 6.

5. *G. quadripunctata* Brandt. loc. cit. p. 35 sp. 9.

6. *G. hexasticha* Brandt. ibid. sp. 10.

7. *G. lepida* Eichwald. Zool. specialis part. 2. p. 123.

8. *G. marginata. Onisc. marg.* Will. entom. 4. 187.
tab. 2. f. 15. *Jul. margin.* Olivier. Encycl. méthod. VII.
414. 5; *G. marginata* Leach. Zool. misc. III. 32, pl. 132.

9. *G. limbata. Jul. limb.* Oliv. Encycl. méth. VII. 414. 6.

10. *G. castanea* Risso. Eur. mérid. v, 148, 2.

11. *G. annulata* Brandt. loc. cit. sp. 5.

12. *G. nobilis* Koch. Deutschland Crustaceen, Myriap.
etc. fasc. 4. tab. 1. (peut être une variété de la Glomeris
marginée).

13. *G. transalpina* Koch, ibid. tab. 2.; (peut être
une simple variété de la même espèce que la précédente).

14. *G. marmorea* Gervais. Ann. des sc. nat. 2ᵉ série,

t. 7. p. 42. *Jul. marmoreus* Oliv. Encycl. méthod. vii, 414, 7.

15. *G. marmorata* Brandt. Prod. sp. 4. Ne paraît pas différer de la précédente.

16. *G. plumbea. Jul. plumbeus* Oliv. loc. cit. sp. 3.

Genre ZEPHRONIA.

1. *Zeph. ovalis* T. E. Gray. Anim. Kingdom. insect. pl. 135. f. 5.

2. *Zeph. rotundata* Gervais. loc. cit. *Sphærotherium rotundatum* Brandt. Monogr. p. 36. sp. 1.

3. *Zeph. compressa* Gervais. loc. cit. *Sph. compressum* Brandt. loc. cit. sp. 2.

4. *Zeph. Lichtensteinii* Gervais. loc. cit. *Sphærotherium Lichtensteinii* Brandt. op. cit. p. 37. sp. 3.

5. *Zeph. punctata* Gervais. loc. cit. *Sph. punctatum* Brandt. ibid, sp. 4.

6. *Zeph. elongata* Gervais. loc. cit. *Sph. elongatum* Brandt. ibid. sp. 5.

7. *Zeph. Javanica* Guérin. Iconographie insect. pl. 1, fig. 1. ined.

8. *Zeph testacea* Gervais. loc. cit. *Jul. testaceus* Oliv. Encycl. méthod. vii. 414. sp. 2.

9. *Zeph. Hercules* Gervais. Ann. des sc. nat. 2e série, t. 7. p. 43. *Sphæropœus Hercules*. Brandt. monog. p. 38. Bull. Moscou, vi. p. 200. sp. 1.

10. *Zeph. insignis* Gervais. loc. cit. *Sphær. insignis*. Brandt. ibid. sp. 2.

E.

ARACHNIDES ACARIDIENNES.

(Branche qui conduit aux Acarides.)

Elles sont parasites, à corps jamais crustacé, et un ou deux yeux lisses de chaque côté de la tête. Leur bouche offre, soit un museau renfermant un suçoir rétractile, soit deux mandibules en crochets et deux lèvres.

Ces Arachnides constituent la deuxième branche des antennées-trachéales, celle qui conduit évidemment aux Acarides, et par suite à toutes les autres Arachnides exantennées. En effet, par la pensée, qu'on raccourcisse le corps de ces animaux, qu'on resserre sur le corselet, d'une part la tête, de l'autre l'abdomen, au point de confondre ces parties, on aura à-peu-près la forme générale des Acarides, qui ont aussi des yeux lisses et des habitudes presque toujours analogues à celles des parasites dont il s'agit.

Outre que les animaux de cette section conservent toute leur vie la forme qu'ils avaient à leur naissance, sans acquérir aucune partie nouvelle, la seule considération de leurs yeux lisses montre qu'ils ne sont pas des insectes, quelque peu avancée que soit encore leur organisation. Dans les premiers, parmi eux, la bouche étant à l'extrémité antérieure ou très près de cette extrémité, l'œsophage, pour s'y réunir, traverse une partie de la tête, ce qui n'a pas lieu ainsi dans les insectes où la bouche est plus sous la tête. En effet, quoique ces animaux parasites n'aient que six pattes, et des trachées bicordonnées, ils offrent dans leur organisation, un mode particulier qui, à mesure qu'il se développe, amène des résultats fort différens de ceux que nous montre l'organisation de tous les insectes.

La branche particulière que forment les *Arachnides acaridiennes* paraît commencer à-peu-près dans le même point de l'échelle animale où commence aussi celle qui amène tous les insectes. Mais quelle est la véritable source de ces Arachnides? succèdent-elles à d'autres animaux qui aient préparé leur formation ? en un mot, d'où proviennent ces produits de la nature? Ce sont des questions que je n'ose faire, tant leur solution me paraît difficile. Les faits que j'ai recueillis à leur égard, ceux même que j'ai observés et qui vont jusqu'à embrasser certaines Acarides, telles que les *Mittes*, me conduisent à une conséquence si étonnante, que je préfère suspendre mon jugement sur le sujet dont il s'agit.

Les Arachnides acaridiennes sont parasites des mammifères et des oiseaux : elles terminent le premier ordre de la classe, et ne se divisent qu'en deux genres qui sont les suivans :

POU. (Pediculus.)

Deux antennes filiformes, de la longueur du corselet. Deux yeux lisses, un seul de chaque côté. Bouche à museau terminal très court, ayant un suçoir rétractile.

Tête séparée. Corps ovale, un peu aplati; à abdomen grand, nu, ayant des segmens distincts. Six pattes.

Antennæ duæ, filiformes, longitudine thoracis. Oculi duo simplices : utroque latere unico. Os rostro terminali brevissimo: haustello retractili.

Caput distinctum. Corpus ovatum, subdepressum ; abdomine magno nudo : segmentis distinctis. Pedes sex.

Observations. — Les Poux sont de petits animaux parasites, qui vivent sur différens mammifères, et principalement sur l'homme, surtout dans son enfance. Il paraît que les espèces en sont nombreuses, et que souvent l'individu sur lequel vivent ces parasites, en nourrit plusieurs races différentes. Les générations de ces animaux se succèdent très rapidement, et, dans certaines maladies, on est étonné de la manière extraordinaire avec laquelle ils pullulent. On dit que les mêmes espèces se rencontrent constamment sur les mêmes animaux. Hors de son enfance, les soins, la propreté garantissent l'homme de cette vermine.

Les poux ont le corps transparent, et se meuvent avec une sorte de lenteur. On les croit hermaphrodites; leurs œufs sont connus sous le nom de *lentes*.

ESPÈCES.

1. Pou du corps. *Pediculus corporis.*

> P. *corpore ovali, lobato, albido, subimmaculato; thorace segmentis tribus æqualibus.*
> *Pediculus humanus.* Lin. Fab. Lat. Gen. 1. p. 167.
> Degeer. Ins. 7. pl. 1. f. 7.
> *. Nitzsch. Insecta epizoica. p. 47.
> Habite sur le corps de l'homme et dans ses vêtemens.

2. Pou de la tête. *Pediculus capitis.*

> P. *corpore ovali, lobato, cinereo : utrinque fasciâ nigrâ interruptâ; thorace segmentis tribus æqualibus.*
> *Pediculus humanus capitis.* Degeer. Ins. 7. pl. 1. f. 6.
> Le pou ordinaire. Geoff. 2. p. 597.
> *Pediculus cervicalis.* Lat. Gen. 1. p. 168.
> * Nitzsch. loc. cit.
> Habite sur la tête de l'homme, surtout dans son enfance.

3. Pou du pubis. *Pediculus pubis.*

> P. *thorace brevissimo, vix distincto,; abdomine posticè bicornuto; pedibus validis.*
> *Pediculus pubis.* Lin. Fab. Lat. Gen. 1. p. 168.
> Redi. Exp. t. 19. f. 1.
> Le morpion. Geoff. 2. p. 597.
> * Nitzch. loc. cit.
> Habite sur le pubis de l'homme.
> Etc. Voyez les espèces connues, qui vivent sur des mammifères.

† Ajoutez :
  * *Pediculus sphærocephalus.* Nitzsch. op. cit. p. 47. (vit sur l'écureuil.)
  * *Pediculus eurysternus.* Nitzsch. loc. cit. (sur le bœuf.)
  * *Pediculus crassicornis·* Nitzsch. loc. cit. Redi. Exper. tab. 23. f. sup.
  * *Pediculus urius.* Nitzsch. loc. cit. *P. suis.* Lin. (sur le cochon.)
  Pediculus phocæ. Lucas. Magas. de Zool. t. 4. cl. 9. pl. 121.

[Nitzsch, qui a étudié avec beaucoup de soin les insectes parasites, n'admet pas cet ordre et rapporte les Poux à l'ordre des Hémiptères et les Ricins à l'ordre des Orthoptères ; mais son travail n'est pas accompagné des planches qui seraient nécessaires pour faire bien apprécier la valeur des faits d'organisation sur lesquels il fonde son opinion, et sa classification n'a pas été adoptée par les naturalistes.]

RICIN. (Ricinus.)

Deux antennes très petites, plus courtes que la tête, écartées à leur insertion. Les yeux lisses : un seul ou deux de chaque côté. Deux mandibules en crochet. Bouche inférieure, tantôt sous le sommet de la tête, tantôt presque centrale : l'ouverture en fente, ayant deux lèvres.

Tête séparée. Corps allongé-ovale ; six pattes.

Antennæ duæ, minimæ, capite breviores, sæpè insertioni remotæ. Oculi simplices : utrinque unico vel duobus. Mandibulæ duæ, unciniformes. Os inferum, modò capitis infrà apicem, modò subcentrale ; rimosum ; labiis duobus.

OBSERVATIONS. — Linné et Fabricius n'ont point distingué les Ricins des Poux, et c'est à Degeer et à M. Latreille qu'on doit l'établissement de ce genre. Quelques rapports qu'aient les Ricins avec les Poux, ils en sont très distincts par les caractères de leur bouche. Ils en ont les parties plus composées ; car, outre les deux mandibules en crochet déjà observées, ces animaux, suivant M. Savigny, ont des mâchoires avec un trè

petit palpe sur chacune d'elles, etc. Dans les espèces que M. Latreille a examinées, il a vu, de chaque côté de la tête, deux
yeux lisses, très petits et rapprochés.

L'abdomen des Ricins, comme celui des parasites qui se
nourrissent de sang, est plus grand que le reste du corps de
l'animal. Sauf une espèce qui vit sur le chien, les autres Ricins
connus se trouvent sur le corps des oiseaux; leurs espèces sont
fort nombreuses.

Caput distinctum ; corpus elongato-ovatum ; pedes sex.

ESPÈCES.

[Bouche sous l'extrémité antérieure de la tête.]

1. Ricin du corbeau. *Ricinus corvi.*

> *R. abdomine ovato : margine striato.*
> *Pediculus corvi.* Lin. Fab. Ent. 4. p. 420.
> Degeer. Ins. 7. pl. 4. f. 11.
> Lat. Hist. nat., etc. 8. p. 105.
> * *Philopterus atratus.* Nitzsch. Ins. epiz. p. 32.
> Habite sur le corbeau.

2. Ricin de la mouette. *Ricinus sternæ.*

> *R. capite trigono; abdomine ovato pallido : dorso longitudinaliter*
>   *nigricante.*
> *Pediculus sternæ.* Lin. Fab. Ent. 4. f. 422.
> Degeer. Ins. 7. p. 77. pl. 4. f. 12.
> Habite sur la mouette.

3. Ricin de la cresserelle. *Ricinus tinnunculi.*

> *R. capite sagittato, postice utrinque mucronato.*
> *Pediculus tinnunculi.* Lin. Fab. 4. p. 420.
> * *Liotheum hasticeps.* Nitzsch. op. cit. p. 44.
> Panz.
> Habite sur la cresserelle (*falco tinnunculus*).
> Etc.

[Bouche subcentrale, sous la tête.]

4. Ricin de la poule. *Ricinus gallinæ.*

> *R. capite lunato : angulis acuminatis ; thorace utrinque mucronato.*
> *Pediculus gallinæ.* Lin. Fab. Ent. 4. p. 423.

Geoff. n. 11.

11. Habite en Europe, sur les poules, les perdrix.

5. Ricin du paon. *Ricinus pavonis.*

R. capite globoso maximo ; corpore pallido fuscoque striato.
Pediculus pavonis. Lin. Fab. 4. p. 423.
Ricinus pavonis. Lat. Hist. nat. des fourmis. p. 389.
* *Philopterus falcicornis.* Nitzsch. op. cit. p. 35.
Habite en Europe, sur les paons.

6. Ricin du plongeon. *Ricinus mergi.*

R. albidus; capite flavescente; corpore elongato.
Ricinus mergi serrati. Degeer. Ins. 7. pl. 4. f. 13-14.
Pediculus mergi. Fab. Ent. 4. p. 421.
Habite en Europe, sur le plongeon.
Etc.

[Nitzsch a divisé les ricins en plusieurs genres dont voici les principaux caractères :

(a) Antennes filiformes ou non renflées à l'extrémité; point de palpes maxillaires.

Genre *Philopterus.* Antennes filiformes, composées de cinq articles et insérées sur le bord latéral de la tête; chez le mâle le troisième article de ces organes offre souvent une branche qui forme avec le premier article une pince. Tarse biarticulé et terminé par deux ongles contigus et courbes qui forment pince avec l'extrémité biépineuse de la jambe.

Genre *Trichodectes.* Antennes filiformes, composées de trois articles; tarses armés d'un seul ongle formant pince, comme les précédens.

(b) Antennes plus grosses vers le bout: des palpes maxillaires.

Genre *Liotheum.* Bouche située à la face inférieure de la tête. Mandibules bidentées; des palpes labiaux biarticulés. Tarses terminés par deux ongles divergens.

Genre *Gyropus.* Bouche située à l'extrémité antérieure de la tête. Mandibules non dentelées; point de palpes labiaux; tarses des quatre pattes postérieures armés d'un seul ongle.

(Voyez Darstellung der familien und Gattungen der thierinsekter (insecta epizoica) von C. L. Nitzsch, inséré dans le 3e vol. du magasin d'Entomologie de Germar et Zincken, et imprimé à part in-8. Halle, 1818).

M. Léon Dufour a publié dans le quatrième vol. des Annales de la Société entomologique la description et des figures grossies de plusieurs espèces de Philoptères. Enfin, on trouvera aussi dans un ouvrage posthume du célèbre Lyonnet, publié il y a quelques années dans les mémoires du Muséum, la description et la figure d'un grand nombre de ces divers parasites. (Voyez Recherches sur l'Anatomie et les différentes espèces d'insectes, insérées dans les Mém. du Muséum 1832, et tirées à part, in-4°, Paris, 1832. E.

ARACHNIDES EXANTENNÉES-TRACHÉALES.

Elles n'ont point d'antennes, et respirent par des trachées rameuses, non ganglionnées. Deux ou quatre yeux lisses.

Les Arachnides qui appartiennent à cet ordre sont vériablement moyennes ou intermédiaires entre celles du premier et celles du troisième ordre de la classe. Si les Arachnides du premier ordre sont singulièrement distinguées de toutes les autres par leur tête toujours antennifère, celles du troisième ordre sont pareillement fort distinguées de toutes les autres, étant les seules qui respirent par des poches branchiales et qui possèdent un système d'organes pour la circulation. Comme je l'ai dit, les progrès de l'organisation dans la composition de ses parties sont rapides dans les animaux de cette classe : en sorte que, d'une famille à l'autre, les différences, à cet égard, sont fort grandes.

Ici, les Arachnides n'ont point d'antennes, et cependant, comme celles de l'ordre premier, elles respirent encore par des trachées ; mais les stigmates qui forment l'ouverture au dehors de ces trachées, étant peu nombreux, et plutôt postérieurs ou inférieurs que latéraux, ne donnent plus lieu à ces deux trachées latérales ganglionnées qui se trouvent encore dans les Arachnides du premier ordre. Dans les Arachnides dont il s'agit maintenant, les trachées sont rayonnantes et ramifiées, selon les observations de M. Latreille, s'étendent encore partout, et ne viennent point, de chaque côté, s'ouvrir au dehors par des conduits latéraux.

Dans toutes ou presque toutes les Arachnides de cet ordre, la tête est confondue avec le corselet ; dans un grand nombre même, la tête, le corselet et l'abdomen sont confondus dans la même masse. Leur yeux sont lisses et au nombre de deux ou de quatre. Quant aux pattes, on n'en voit que six dans les Arachnides des trois premiers genres de cet ordre ; mais celles des autres genres en ont huit, et les femelles quelquefois ont deux fausses pattes en surplus.

La bouche varie beaucoup selon les familles et les genres dans les animaux de cet ordre. Elle est quelquefois très simple et n'offre qu'une cavité sans parties différentes ou distinctes ; d'autres fois encore on y observe des mandibules, des mâchoires et des palpes. Ces animaux sont la plupart terrestres et, en général, des suceurs, malgré les diverses compositions de leur bouche. Je les divise en deux sections, de la manière suivante.

DIVISION

DES ARACHNIDES EXANTENNÉES - TRACHÉALES.

1.ère **Sect.** *Corps, soit sans division, la tête, le tronc et l'abdomen étant réunis en une seule masse, soit divisé en deux, au moins, par un étranglement.*

(a) Bouche tantôt en suçoir, sans mandibules distinctes, et tantôt ayant des mandibules d'une seule pièce, en pince ou en griffe.
Le corps en une masse sans division et sans anneaux distincts.

Les Acarides.

(b) Bouche munie de mandibules très apparentes, et coudées ou composées de deux ou de trois pièces : la dernière toujours en pince.
Le corps, soit divisé en deux, soit offrant des apparences d'anneaux.

Les Phalangides.

II.ᵉ **Sect.** *Corps partagé en trois ou quatre segmens dis-*
tincts.

 (a) Corps allongé, sublinéaire, partagé en quatre segmens, sous forme
d'articulations.

Les Pycnogonides.

 (b) Corps ovale ou oblong, partagé en trois segmens, dont l'antérieur,
plus grand, est en forme de corselet.

Les Faux-Scorpions.

LES ACARIDES.

Bouche tantôt en suçoir, sans mandibules distinctes, et tan-
tôt ayant des mandibules d'une seule pièce, soit en pin-
ce, soit en griffe. Téte, corselet et abdomen confondus en
une seule masse. Point d'anneaux distincts.

[M. Dugès, qui a fait de ces animaux une étude très approfondie, leur assigne les caractères suivans: abdomen
(ou *thoracogastre* Dug.) entier et confondu avec le dernier et le pénultième segments du thorax, souvent même
uni de la sorte avec la première portion du thorax (*protode-*
re Dug.) et avec la tête. Lèvre portant des mâchoires et
recouvrant des mandibules.]

Les *Acarides*, selon nous, ne sont que des Poux modifiés et raccourcis. Toutes ont perdu les antennes, et la
plupart ont acquis une paire de pattes de plus. Dans les
Poux et les Ricins, l'abdomen, déjà fort grand, formait la
principale partie du corps, et, dans les Acarides, l'abdomen lui seul forme presque le corps entier. En effet,
leur corselet, très réduit, semble avoir disparu, et leur
tête, qui s'y trouve réunie, paraît située à l'extrémité antérieure de l'abdomen. Comme ceux des Poux, les yeux
sont lisses, très petits, quelquefois même nuls ou avortés,

et de chaque côté, au nombre d'un ou deux seulement, ou rapprochés en dessus.

Les animaux de cette famille sont, en général, très petits, et souvent ne paraissent que comme des points mouvans. Les uns sont, comme les Poux, des parasites de différens animaux, de l'homme même, dans certaines maladies, et pullulent aussi d'une manière extraordinaire; tandis que les autres sont errans, et vivent, soit sur la terre, de matières animales ou végétales putréfiées, soit dans le sein des eaux.

Le corps de ces Arachnides est ovale ou globuleux, très mou en général; et comme il est habitué à se gonfler du sang ou des fluides que l'animal pompe pour sa nourriture, es t souvent moins aplati que celui des Poux. La bouche, située à l'extrémité antérieure et un peu en dessous de ce corps, varie beaucoup selon les races, à raison des progrès rapides de leur organisation, mais plus ou moins avancés dans ces races. Dans les unes, elle n'offre qu'un suçoir formé de lames étroites et réunies, et quelquefois qu'une ouverture sans aucune pièce particulière apparente. Dans les autres, elle est munie de mandibules cachées ou peu saillantes, d'une seule pièce, soit en pince, soit en griffe.

Si, comme il nous le paraît, ces Arachnides ont une origine fort analogue à celle des Poux, et viennent naturellement à leur suite, elles conduisent évidemment aux Phalangides par les Trogules, les Sirons, et de là aux Faucheurs, etc.

Les Acarides, dont Linné n'a formé qu'un seul genre, sous le nom d'*Acarus*, sont très nombreuses, fort diversifiées dans leurs races, et constituent une famille sur laquelle M. Latreille a répandu beaucoup de jour par ses observations délicates : nous les divisons de la manière suivante.

DIVISION DES ACARIDES.

§. *Six pattes, en tout temps, à l'animal.* (1)

    Astome.
    Lepte.
    Caris.

§§. *Huit pattes, dans l'entier développement de l'animal.*

 (1) Pattes simplement ambulatoires (Acarides non aquatiques).
  (a) Un suçoir, avec ou sans palpes. Point de mandibules apparentes.

    Ixode.
    Argas.
    Uropode.
    Smaris.
    Bdelle.

  (b) Des mandibules distinctes, et toujours des palpes.
  * Palpes sans appendices sous leur extrémité. Les mandibules en pince
   (ou didactyles).

    Mitte.
    Cheylète.
    Gamase.
    Oribate.

  ** Palpes subchélifères ; ayant un appendice mobile sous leur extrémité. Mandibules en griffe.

    Érythrée.
    Trombidion.

 (2) Pattes ciliées ou frangées, et propres à nager (Acarides aquatiques).

    Hydrachne.

---

(1) Ainsi que nous l'avons déjà dit, il ne paraît pas y avoir
d'acarien qui, à l'âge adulte, ne présente que six pattes, et il y a
tout lieu de croire que les genres dont il est ici question, ne
devront pas être conservés.   E.

Elays.
Limnocare.

———

[Depuis quelques années l'étude des Acariens a occupé
l'attention de plusieurs naturalistes (parmi lesquels nous
citerons surtout MM. Savigny, Léon Dufour, de Théis,
Audouin et Dugès), et a fait des progrès considérables;
M. Dugès a publié dans les Annales des Sciences naturelles,
une série de mémoires sur la structure et la classification
de ces petites Arachnides, et dans ce moment M. Walcke-
naër se prépare à donner dans son nouvel ouvrage sur
les insectes aptères faisant partie des suites à Buffon (édition de Roret) un travail général sur le même sujet. Nous
regrettons de ne pouvoir profiter ici des résultats obtenus par ce dernier entomologiste, et, pour donner une
idée exacte de l'état actuel de cette partie de la science,
nous croyons ne pouvoir mieux faire que de reproduire
ici le *Synopsis* dans lequel M. Dugès a exposé les bases de
sa classification des Acariens.

ORDRE DES ACARIENS.

§ 1. Palpes ravisseurs (c'est-à-dire renflés vers le milieu, et ayant le second article le plus grand de tous, le pénultième article armé
d'un ou de plusieurs crochets et ayant le dernier article mousse,
plus ou moins pyriforme et constituant un appendice uniquement
destiné au toucher). Pieds ambulatoires, (c'est-à-dire armés de
crochets), yeux latéro-antérieurs.

Famille des Trombidiés.

Genres. Raphignathe.
Pachygnathe.
Tétranique.
Rhyncholophe.
Mégamère.

> Smaridie.
> Trombidion.
> Erythrée.

§ 2. Palpes ancreurs, (c'est-à-dire ayant une forme assez analogue à celle des précédens, mais avec le dernier article aigu ou armé de pointes, et avec le troisième ou le quatrième article plus grand que les autres); corps sans divisions; hanches plates, larges, adhérentes et disposées en 4 groupes séparés par de petites distances et quelquefois contiguës sur la ligne médiane; pieds nageurs (c'est-à-dire ciliés et ayant le dernier article peu différent des précédens); yeux supéro-antérieurs. Aquatiques.

Famille des Hydrachnes.

> Genres. Diplodonte.
> Atace.
> Arrenure.
> Eylaïde.
> Limnochare.
> Hydrachne.

§ 3. Palpes filiformes, incurvés, courts et libres; corps déprimé et sans divisions; pieds unguiculés et souvent armés de caroncules, (c'est-à-dire ayant les griffes en grande partie engagées dans une membrane faisant office de ventouse). Parasites.

Famille des Gamasés.

> Genres. Dermanysse.
> Gamase.
> Uropode.
> Ptéropte.
> Argas.

§ 4. Palpes valviformes, engainant le bec; mandibules triarticulées et ayant le dernier article squammiforme et denticulé; lèvre en forme de cuiller et denticulée; corps entier et recouvert en avant d'une plaque cornée; point d'yeux; pieds unguiculés et caronculés. Parasites.

Famille des Ixodés.

Genre. Ixode.

§ 5. Palpes adhérens à la lèvre et peu développés; mandibules chéliformes; point d'yeux; hanches distantes entre elles; pieds caronculés.

Famille des Acarés.

Genres. Hypope.
Acare.
Sarcopte.

§ 6. Palpes antenniformes (filiformes, allongés et divariqués); mandibules unguiculées ou chéliformes; bec en forme de tête allongée; un corselet, des yeux.

Famille des Bdellés.

Genre. Bdelle.

§ 7. Palpes fusiformes, sans griffes et cachés sous le rostre; mandbule en forme de pince; corps cuirassé et présentant 1 ou 2 sillons transversaux; yeux peu distincts; hanches à peine écartées; pieds marcheurs (c'est-à-dire dont le dernier article offre à-peu-près les mêmes dimensions que ceux qui le précèdent).

Famille des Oribatés.

Genre. Oribate.

[E.]

ASTOME. (Astoma.)

Bouche inférieure, pectorale, très petite : le suçoir et les palpes non apparens.

Corps ovale, arrondi aux extrémités, mou. Six pattes très courtes.

Os inferum, pectorale, perparvum : haustello palpisque inconspicuis.

Corpus ovale, ad extremitates rotundatum, mole. Pedes sex brevissimi.

OBSERVATIONS.—Les Astomes nous paraissent les plus imparfaits des Acarides; sans yeux, n'ayant que six pattes courtes; et la bouche n'offrant qu'une petite ouverture pectorale, ils n'ont encore qu'une organisation peu avancée. Ce sont des parasites d'insectes.

[M. Dugès pense que ces Acarides ne sont que des larves de Trombidies, ce qui en effet paraît être assez probable.   E.]

ESPÈCE.

1. Astome parasite. *Astoma parasiticum.*

> Latr. Gen. 1. p. 162. et hist. nat. etc., 8. p. 55. pl. 7. f. 10.
> Mitte parasite. Degeer. Ins. 7. pl. 7. f. 7.
> Habite sur les mouches et autres insectes. Il est d'un rouge de sang.
> Voyez le *trombidium parasiticum.* Hermann. Apt. p. 48.

LEPTE. (Leptus.)

Bouche ayant un bec avancé antérieurement et des palpes courts. Deux yeux dans plusieurs.

Corps mou, ovale-arrondi. Six pattes.

Os rostro anticè porrecto ; palpis conspicuis brevibus. Oculi duo in pluribus.

Corpus molle, ovato-rotundatum. Pedes sex.

OBSERVATIONS.—Les Leptes, plus avancés en organisation que les Astomes, y tiennent néanmoins par leur corps mou. Leurs pattes sont plus longues, et leur bec est un suçoir avancé, accompagné de palpes. Ces Acarides sont errantes, mais se jettent sur les animaux et souvent sur différens insectes qu'elles sucent.

ESPÈCES.

1. Lepte automnal. *Leptus autumnalis.*

> *L. globoso-ovatus, ruber; abdomine posticè setoso.*
> *Acarus autumnalis.* Shaw. Miscell. zool. 2. pl. 42.
> Habite en Europe, sur les plantes, les graminées, etc.; commun
> en automne, grimpant aux jambes, s'insinuant dans la peau, et
> causant des démangeaisons insupportables.

2. Lepte des insectes. *Leptus insectorum.*

> *L. corpore ovali coccineo; rostro subconico; pedibus subæqualibus*
> *Acarus phalangii.* Degeer. Ins. 7. p.117. pl. 7. f. 5-6.
> *Trombidium insectorum.* Hermann. Apt. p. 46. pl. 1. f. 16.
> *Leptus phalangii.* Latr. Gen. 1. p. 161.
> **Trombidium phalangii.* Dugès. Ann. des Sciences nat. 2. série. zool.
> t. 1. pl. 1. fig. 17-21. (1)
> Habite en Europe, sur des faucheurs, des tipules, etc.

3. Lepte cornu. *Leptus cornutus.*

> *L. cinnabarinus; pedibus subæqualibus pallidis; rostri basi apophysi*
> *utrinque truncatâ setiferâ.*
> *Trombidium cornutum.* Herm. Apt. p. 47. pl. 2. f. 11.
> Habite en Europe, entre les mousses. Espèce errante.

4. Lepte latirostre. *Leptus latirostris.*

> *L. pallidè rubens; pedibus posticis longioribus.*
> *Trombidium latirostre.* Herm. Apt. p. 47. pl. 1. f. 15.
> Habite en Europe, dans les débris, les ordures.
> Etc.

CARIS. (Caris.)

Bouche ayant un bec conique avancé, formé de deux
mâchoires réunies. Deux palpes subconiques, avancés,
quadriarticulés, de la longueur du bec.

Corps arrondi, très plat, à peau écailleuse. Six pattes.

---

(1) M. Dugès a constaté que le parasite des faucheurs, dont on
avait fait le Lepte des insectes, n'est autre chose que la larve
d'une espèce de Trombidion de couleur écarlate.   E.

Os rostro conico, porrecto, è maxillis duabus coalitis composito. Palpi duo subconici, porrecti, quadriarticuli, rostri longitudine.

Corpus suborbiculatum, depressum, cute coriaceâ Pedes sex.

OBSERVATIONS. — Le Caris, qui semble n'avoir été observé, jusqu'à présent, que par M. Latreille, se distingue des Acarides précédentes, par son corps aplati et coriace. Il diffère des Tiques ou Ixodes, par le nombre de ses pattes.

[D'après les observations de M. Audouin, il y a tout lieu de croire que l'Arachnide décrite par Latreille sous le nom de *carios* (dont on a fait depuis caris), n'était autre chose qu'une larve d'Argas. Voyez Annales des Sciences naturelles, 1ʳᵉ série, t. 25, p. 412. E.]

ESPÈCE.

1. **Caris de la chauve-souris.** *Caris vespertilionis.*

> *Car. corpore fusco.*
> La Tique de la chauve-souris? Geoff. 2. p. 627.
> Latr. Gen. 1. p. 161. [Règne anim. 2. éd. t. 4. p. 290. et Ann. des Sc. nat. t. 26. p. 260.]
> Habite sur les chauve-souris.

IXODE. (Ixodes.)

Bouche ayant un bec court, terminal, avancé, trilamellé, tronqué, un peu dilaté au sommet. Deux palpes oblongs, planes, avancés, engaînant le bec. Point d'yeux distincts.

Corps ovale-arrondi, plus étroit antérieurement, coriace. Huit pattes.

Os rostro brevi, terminali, porrecto, trilamellato, truncato apice subdilatato. Palpi duo oblongi, plani, porrecti, haustellum vaginantes. Oculi nulli distincti.

Corpus ovato-orbiculatum, anticè angustius, subcoriaceum. Pedes octo.

Observations.—Les Ixodes, vulgairement appelés *Tiques*, et auxquels d'anciens naturalistes donnaient le nom de *Ricins*, sont des Acarides plus ou moins coriaces, qui se tiennent habituellement dans les bois, les taillis, sur des plantes peu élevées, et qui s'accrochent aux animaux qu'elles rencontrent pour en sucer le sang. Elles attaquent ordinairement le chiens, les bœufs, les chevaux, etc., et engagent tellement leur suçoir dans leur chair, qu'il est difficile de les en arracher. La lame intermédiaire de leur suçoir est dentée en scie, selon les observations de M. Latreille.

[Voyez pour les caractères de ce genre le tableau page 61, et pour plus de détails sur son organisation, les observations de M. Savigny, consignées dans les belles planches du grand ouvrage sur l'Egypte ; celles de M. Audouin, publiées dans les Annales des Sciences naturelles, 1re série, tome 25, et celles de M. Dugès, insérées dans le 2e volume de la seconde série du même recueil. E.]

ESPECES.

1. **Ixode ricin.** *Ixodes ricinus.* **Latr.**

> *I. flavo-sanguineus ; abdominis lateribus marginatis, subvillosis ; palpis liberis.*
>
> *Acarus ricinus.* Lin. Fab. 4. p. 425.
>
> *Acarus reduvius.* Degeer. Ins. 9. pl. 6. f. 1-2.
>
> La Tique des chiens. Geoff. 2. p. 621.
>
> * *I. ricinus.* Latr. Règn. anim. 2. éd. t. 4. p. 288.
>
> * *I. reduvius.* Hahn. loc. cit. p. 66. fig. 152.
>
> Griffith. Anim. Kingd. Ar. pl. 27. fig. 4.
>
> Habite en Europe, dans les bois, sur les chiens, les bœufs, etc.

2. **Ixode réticulé.** *Ixodes reticulatus.* **Latr.**

> *I. suprà cinereus ; maculis lineolisque fusco-rubris variegatus ; palpis subovalibus.*
>
> *Acarus reticulatus.* Fab. Ent. 4. p. 428.
>
> *Acarus reduvius.* Schrank. Ins. austr. n° 1043. t. 3. f. 1-2.
>
> *Cynorhœstes pictus.* Herm. apt. p. 67.
>
> * *Ixodes ophiophilus.* Muller. Nova Acta Acad. nat. Cur. Bonnœ t. 15. 2e partie. p. 236. pl. 67.
>
> * *I. reticulatus.* Latr. Règn. anim. 2e édit. t. 4. p. 288.
>
> Etc. Ajoutez *Acarus ægyptius*, Lin. Herm. Apt. pl. 4. f. 9.

(* Savigny. Exp. d'Égypte. Arach. p. 9. f. 10; Walck. op. cit.
pl. 32. fig. 1.)

Acarus americanus, Lin. etc.

* *Ixodes marginalis.* Hahn, op. cit. p. 63. pl. 56. fig. 153.

* *Ixodes plumbeus.* Dugès. Annales des sciences naturelles. 2ᵉ série.
t. 2. p. 33. pl. 7. fig. 7.

* *Ixodes erinaceus.* Audouin. Ann. des sc. nat. 1ʳᵉ série. t. 25. p. 415.
pl. 14. fig. 2.

* *Ixodes trabeatus.* ejusd. loc. cit. p. 420. pl. 14. fig. 3.
Etc.

ARGAS. (Argas.)

Bouche inférieure; suçoir à découvert; deux palpes coniques, courts, quadriarticulés. Point d'yeux distincts.

Corps ovale-elliptique, déprimé, coriace. Huit pattes.

*Os inferum ; haustello distincto ; palpis duobus brevibus
conicis, quadriarticulatis. Oculi nulli conspicui.*

Corpus ovato-ellipticum, depressum, coriaceum. Pedes octo.

Observations.—L'Argas diffère éminemment des Ixodes par
sa bouche inférieure, et parce que ses palpes, qui n'engaînent
point le suçoir, ont quatre articles. La seule espèce que l'on
connaisse vit sur les pigeons, et souvent en très grande quantité.

[Les Argas paraissent avoir les palpes filiformes comme les
Gamases, mais se rapprochent aussi des Ixodes par la conformation des mandibules et de la lèvre; leurs pieds paraissent
être à peine caronculés. M. Dugès leur assigne les caractères
suivans ; mais, n'ayant pu les observer lui-même, il n'en parle
que d'après les figures de Hermann et de Savigny.

« Famille des Gamasés; genre Argas. Cinquième article des
palpes aussi long que d'autres articles, mais le premier le plus
long de tous; mandibules et lèvre dentelées; rostre inférieur;
hanches subégales; pieds subégaux, unguiculés et sans caroncule, ou n'ayant qu'un caroncule très petit. » E.]

ESPÈCES

1. **Argas. bordé.** *Argas marginatus.*

Latr. Gen. 1. p. 155. tab. 6. f. 3.

Rhyncoprion columba. Herm. Apt. p. 69. pl. 4. f. 10-11.

Acarus marginatus. Fab. 4. p. 427.

* Latr. Règne anim. t. 4. p. 289.

Habite en Europe, dans les colombiers. Il suce le sang des pigeons.

* Ajoutez :

* *Argas persicus.* Fischer. Mém. sur l'argas. in-4. Moscou. 1823. Aud. Explication des planches de M. Savigny. p. 428. Arach. pl. 9. f. 8; Walckenaer Ins. Aptères. pl. 33. fig. 6.

* *Argas Fischeri.* Audouin. Ap. Savigny. Egypte. Arach. pl. 9. f. 6.

* L'Acarien figuré par M. Savigny dans le grand ouvrage sur l'Egypte, (Arach. pl. 9. fig. 13), et désigné par M. Audouin, sous le nom d'*Ixode de Forskaël,* paraît être une larve d'Argas.

C'est à côté des Argas que se place le nouveau genre PTEROPTE *Pteroptus* établi par M. Léon Dufour pour recevoir un Acarien à huit pattes caronculées, à palpes filiformes avec le dernier article le plus long de tous, à corps déprimé, coriace en dessus et sans divisions, sans yeux et vivant en parasite sur les chauve-souris. M. Dugès a adopté ce genre et le place dans la division des Gamasiens.

Esp. *Pteroptus vespertilionis.* Léon Dufour. Ann. d. sc. nat. t. 26. p. 98. et t. 25. pl. 11. fig. 6.

Ajoutez· l'*Argas pipistrellœ.* Audouin. Ann. des scienc. nat. 1e série t. 25. p. 412. pl. 14. fig. 1; Griffith. Anim. kingd. Arach. pl. 27, fig. 5.

L'*Acarus vespertilionis.* Herm. Mem. apterol. p. 84. pl. 1 fig. 14. *Gamasus vespertilionis.* Latreille. Règ. anim.

Etc.   E.]

UROPODE. (Uropoda.)

Bouche s'ouvrant sous le bord antérieur du corps, dans le milieu. Le suçoir et les palpes n'étant point apparens. Point d'yeux distincts.

Corps ovale, arrondi postérieurement; à dos coriace, un peu convexe. Un long filament fixé à l'anus. Huit pattes courtes.

Os infrà corporis marginem anticum medio aperiens: haustello palpisque inconspicuis. Oculi nulli distincti.

5.

*Corpus ovale, posticè rotundatum, dorso coriaceo con-
vexiusculo. Filamentum longum ano infixum. Pedes octo
breves.*

OBSERVATIONS. — Peut-être le long filet, fixé à l'anus de l'a-
nimal, ne devrait-il être considéré que comme une particularité
d'espèce, et, dans ce cas, peut-être encore, devrait-on réunir
à ce genre l'*Acarus spinitarsus* d'Hermann (Apt., p. 85, pl. 6. f. 5)
qui est aussi parasite d'insectes. L'Uropode se fixe sur le corps
de différens Coléoptères par son filet caudiforme.

[M. Dugès a reconnu que le filament dont il est ici question,
est tout-à-fait accidentel et seulement un produit d'excrétion.
Les pattes des Uropodes sont terminées par un caroncule et
deux griffes, et leur bouche, difficile à apercevoir, est pourvue
des palpes filiformes assez courts et de mandibules intérieures en
forme de bras, et comparables à celles des Gamases. E.]

ESPÈCE.

1. Uropode végétante. *Uropoda vegetans.*

> Latr. Gen. 1. p. 158. et Hist. nat., etc., vol. 7. p. 381. et vol. 8.
> p. 67. f. 8.
> Mite végétative. Degeer. Ins. 7. p. 123. pl. 7. f. 15.
> * Dugès. Ann. des scienc. nat. 2ᵉ série. t. 2. p. 29. pl. 8. fig. 33-36.
> Habite en Europe, sur différens Coléoptères. M. Latreille présume
> qu'elle a des mandibules, quoique non aperçues.

SMARIS. (Smaris.)

Bouche terminale, ayant un bec avancé, cylindrique,
plus grêle vers son sommet. Deux palpes avancés, droits,
de la longueur du bec, sans soie au bout. Deux yeux.

Corps ovale, presque rhomboïde, écailleux ou velu.
Huit pattes; les antérieures plus longues.

*Os terminale : rostro porrecto, cylindrico, versùs api
cem graciliore. Palpi duo porrecti, recti, rostri longitudine; setâ terminali nullâ. Oculi duo.*

*Corpus ovatum, subrhumbeum, squamosum aut villosum.
Pedes octo : anticis longioribus.*

OBSERVATIONS.—Les Smaris sont des Acarides errantes, qui ont des rapports avec les Bdelles, mais s'en distinguent principalement par leurs palpes plus courts et sans soies au bout.

[Ces Acariens, remarquables par la grande extensibilité de leur bec, ont été récemment étudiés avec soin par M. Dugès ; ce savant pense que leur place naturelle est à côté des Trombidions, et leur assigne les caractères suivans pour les distinguer des autres genres de la famille des Trombidées.

Palpes courts et portés sur un bec rétractile et protractile, qui, dans l'état de repos, est à peine visible en dessus ; mandibules ensiformes et très aiguës ; corps entier, rétréci en avant ; hanches très éloignées-entre elles, formant quatre groupes bien distincts, et celles de la première paire insérées sous l'avance immobile du corps ; pieds palpeurs ; ceux de la première paire les plus longs ; articles du tarse allongés.   E.

ESPÈCES.

1. Smaris du sureau. *Smaris sambuci.*

S. subvillosus; antice acutiusculo, postice retuso.
Latr. Gen. 1. p. 153.
Acarus sambuci. Schranck, Austr. n° 1085.
Herm. Apter. p. 30. pl. 2. f. 8.
Habite en France, en Autriche, sur les arbres, et par terre sur les feuilles.

2. Smaris miniacé. *Smaris miniatus.*

S. villosus, pallidè miniatus ; corpore utráque extremitate subacuto.
Trombidium miniatum. Herm. Apterol. p. 28. pl. 1. f. 7.
Habite par terre, entre les débris, les ordures.

3. Smaris papilleux. *Smaris papillosus.*

S. miniatus, papillis brevibus obsitus; anticè latiore depresso.
Trombidium papillosum. Herm. Apterol. p. 29. pl. 2. fig. 6.
* *Smaridia papillosa.* Latr. Règn. anim. 2e éd. t. 4. p. 287.
* Dugès. Ann. des sc. nat. 2e série. Zool. t. 1. pl. 1. fig. 13-16.
* Griffith. Anim. kingd. Arach. pl. 22. fig. 6.
Habite en Europe, sur les troncs d'arbres et entre les mousses.

Etc. Ajoutez le *Tr. squamatum*. Herm. pl. 2. fig. 7.

* *Thrombidion. expalpe*. Herm. op. cit. pl. 2. f. 7 et 8. *Smaidia expalpis*. Dugès. Ann. t. 1. p. 16.

Etc.

BDELLE. (Bdella.)

Bouche ayant un bec terminal, avancé, subulé, composé de trois lames. Deux palpes longs, filiformes, divergens, coudés, terminés par deux soies. Quatre yeux.

Corps ovale, arrondi postérieurement. Huit pattes ; les postérieures plus longues.

Os rostro terminali, porrecto, subulato, trilamellato. Palpi duo longi, filiformes, divaricati, fracti, setis duabus terminati. Oculi quatuor.

Corpus ovatum, posticè rotundatum. Pedes octo : posticis longioribus.

Observations. — Les deux grands palpes des Bdelles ressemblent à des bras, et ont porté Geoffroy à former avec la Bdelle commune, une deuxième espèce du genre Pince. Mais les Bdelles n'ont point de mandibules, et constituent un genre particulier établi par M. Latreille. Leur corps est mou, rétréci en pointe antérieurement.

[M. Dugès classe ce genre au rang d'une famille dont nous avons déjà fait connaître les caractères dans le tableau placé page 61, et il y établit deux divisions génériques ; savoir : les Bdelles proprement dites (*Bdella*), qui ont les palpes fléchis, obtus et armés au sommet de longues soies rigides ; les mandibules chéliformes à mordant très petit ; la lèvre triangulaire et de même longueur que les mandibules ; le corps entouré d'un sillon ; quatre yeux, et les hanches écartées. Et les Scirres (*Scirus*), qui ont les palpes antenniformes (longs et divergens) ; les mandibules unguiculées ou chéliformes ; le rostre simulant une tête ; le corps oblong, renflé, et divisé en deux parties par un sillon ; de chaque côté un œil latéro-antérieur bien visible ; enfin les pieds comme chez les Bdelles. Voyez Annales des Sciences naturelles, 2ᵉ série, t. 2 ; p. 42.]   E.

ESPÈCES.

1, Bdelle commune. *Bdella rubra.*

> *B. coccinea ; pedibus pallidis ; palpis quadriarticulatis, bisetis.*
> *Acarus longicornis.* Lin. Fab. Ent. p. 433.
> La Pince-rouge. Geoff. 2. p. 618. p. 20. f. 5.
> *Scirus vulgaris.* Herm. Apt. p. 61. pl. 3. f. 9. et pl. 9. *fig.* S.
> Dugès. Ann. des sc. nat. 2ᵉ série. t. 2. p. 45. pl. 7. fig. 19 et 20.
>
> Habite en Europe, sous les pierres.

2. Bdelle longirostre. *Bdella longirostris.*

> *B. miniata; rostro thorace longiore ; corpore ovali.*
> *Scirus longirostris.* Herm. Apt. p. 62. pl. 6. f. 12.
> Habite en Europe, entre les mousses.
> Etc. Ajoutez les *Scirus latirostris* et *setirostris.* Herm. Apt. p. 62.
> pl. 3. f. 2. et f. 12.
> * M. Dugès sépare ces Acariens des Bdelles et leur conserve le nom
> générique de *Scirus*, employé primitivement par Hermann, pour
> tout le groupe des Bdellés. (Voyez le tableau page 61).

———

MITE. (Acarus.)

Bouche ayant un bec court, terminal ; deux mandibules en pince ; deux palpes de la longueur du bec ou plus courts. Deux yeux apparens.

Corps mou, ovale ou suborbiculé, souvent hérissé de soies. Huit pattes.

Os rostro brevi terminali. Mandibulæ duæ chelatæ. Palpi duo, longitudine rostri vel breviores. Oculi duo conspicui.

Corpus molle, ovatum aut suborbiculatum, sæpè setis hispidum. Pedes octo.

Observations. — Il s'agit ici, non du genre Acarus de Linné et de Fabricius, mais d'un genre établi par M. Latreille, sous le nom de *Sarcopte*, et qui embrasse la Mite de la gale, ainsi que beaucoup d'autres qui sont pour nous les Mites proprement dites. Ces animaux ont une pelotte vésiculeuse à l'extrémité de leurs tarses.

Les Mites sont les plus petites acarides connues; la plupart sont trop petites pour être aperçues à la vue simple. Leur suçoir est un bec court, très fin, qui se compose de deux ou trois lames. Les unes, parasites, vivent dans les ulcères de la gale de l'homme et de quelques animaux; d'autres, parasites encore, vivent sur des oiseaux, et d'autres se nourrissent de diverses substances alimentaires de l'homme. Celle de la gale donne lieu, soit à l'égard de son origine, soit à celui de sa pullulation extraordinaire, à des considérations étonnantes. Celle du fromage est à-peu-près dans le même cas.

[M. Dugès distingue avec raison les Mites ou Acares des Sarcoptes, qui ici se trouvent réunis. Il ne comprend dans le genre Acare *Acarus* que les espèces dont le corps mou et renflé est divisé en deux portions par un sillon transversal, de manière à offrir un corselet bien distinct, et dont les pattes sont toutes caronculées et insérées en deux groupes peu distans; celles de la première paire sont remarquables par leur grosseur et celles de la deuxième paire, les plus petites de toutes.

E.

ESPÈCES.

1. **Mite de la galle.** *Acarus scabiei.*

> *A. subrotundus; pedibus brevibus rufescentibus: posticis quatuor setá longissimá.*
>
> *Acarus scabiei.* Fab. Ent. 4. p. 430.
>
> Degeer. Ins. 7. p. 94. pl. 5. f. 12-13.
>
> Ciron de la gale. Geoff. 2. p. 622.
>
> *Sarcoptes scabiei.* Lat. Gen. 1. p. 152.
>
> * Renucci. Thèse inaugurale sur l'insecte qui produit la contagion de la gale. Paris, 1835. n. 83. pl. 2. fig. 1-3.
>
> * Insecte de la gale. Raspail. Ann. des sc. d'observ. t. 2. p. 445, et bulletin de thérapeutique, t. 7. pl. 1. fig. 1-7.
>
> * Dugès. Ann. des sc. nat. 2ᵉ série. t. 2. p. 38. et t. 3. p. 245. pl. xi. B.
>
> * Rayer. Traité des maladies de la peau, pl. 5. fig. 6 et 7.
>
> * Edwards. Elém. de zoologie. p. 286. fig. 469.

Habite dans les ulcères de la gale. |Selon les observations du docteur

Galès, on trouve dans les ulcères de la gale, une mite d'une forme différente. Y en aurait-il de diverses espèces ?

* L'existence de l'acarus de la gale a été révoquée en doute par quelques naturalistes ; mais des observations récentes sont venues confirmer pleinement l'opinion de Redi, de Degeer et de Galès (1), touchant ce parasite, et on a constaté que sa présence suffisait pour déterminer le développement de la gale. MM. Renucci, Raspail, Dugès, etc. l'ont étudié avec soin, et ont fait voir non-seulement qu'il était bien distinct de la mite du fromage, mais qu'il devait former un genre particulier auquel le dernier de ces naturalistes applique le nom de Sarcopte, déjà employé par Latreille pour la totalité du genre acare. Les caractères assignés par M. Dugès à son genre SARCOPTE sont les suivans : Hanches des quatre pieds de devant très écartées des postérieures ; caroncules campanulées ; corselet engagé. L'espèce unique qu'il y rapporte, *l'acarus de la gale de l'homme,* a le corps déprimé, inégal, subarrondi et labié en avant sur les côtes ; le museau obtus, élargi, aplati en forme de pelle ; les quatre pieds postérieurs très courts, sans caroncules et terminés par une grosse et longue scie. M. Raspail a fait connaître, sous le nom de *Sarcoptes equi* un autre acarien qui se trouve dans les pustules galeuses chez les Chevaux, et qui a les huit pattes caronculées ; l'organisation de la bouche de ce parasite parait différer aussi beaucoup de ce qui se voit chez le Sarcopte de l'homme (Voyez le bulletin général de thérapeutique, t. 7. pl. 2. fig. 3).

2. Mite domestique. *Acarus domesticus.*

A. albus : maculis binis fuscis ; corpore ovato, medio coarctato : pilis longissimis ; pedibus æqualibus.

Degeer. Ins. 7. p. 89. pl. 5. f. 1—4.

Lat. Hist. nat., etc., vol. 7. pl. 66. f. 2—3.

* Lyonnet. Mém. du Mus. t. 18. pl. 14. fig. 8-13.

* Dugès. Ann. des sc. nat. 2ᵉ série t. 2. p. 40. pl. 7. fig. 13—18.

* Griffith. Anim. kingd. Arach. pl. 22. fig. 2.

Habite en Europe, dans les maisons, dans les collections d'insectes, d'oiseaux.

---

(1) Il est cependant à noter que l'acarus figuré par ce dernier auteur, n'est pas l'acarus de la gale ; mais comme l'a très bien fait voir M. Raspail, la Mite du fromage. E.

3. Mite du fromage. *Acarus siro.*

> *A. albidus ; femoribus capiteque ferrugineis, abdomine setoso.*
> *Acarus siro.* Lin. Fab. Ent. 4. p. 430.
> Habite dans le fromage trop long-temps gardé. On se la procure, à
> volonté, avec cette substance, ainsi que la mite de la farine, qu'il
> en faut distinguer. Voyez Degeer. Ins. 7. p. 97. pl. 5. f. 15.
> * Cette espèce a été figurée aussi sous le nom de *Ciron de la gale*
> par M. Galès, dans sa thèse inaugurale, et par M. Patrix, dans
> le Dict. des sc. médicales.
> Etc. Ajoutez l'*acarus passerinus* de Fab. (*Sarcoptes passerinus*,
> Lat.), l'*acarus dimidiatus* d'Herm. Apterol. p. 85. pl. 6. f. 4.
> * Dugès, op. cit. t. 2. p. 41. etc.

---

† Genre Hypope. Hypopus.

Le genre Hypope de M. Dugès se compose de mites
dont le corps est ellipsoide, aplati et sans divisions ; le
suçoir étroit, pourvu de 2 soies rigides dirigées en a-
vant et paraissant composé d'une lèvre soudée aux palpes ;
les mandibules cachées, et les pieds courts, disposés en
deux groupes peu distans et terminés par un caroncule
et des griffes.

† Hypope spinitarse. *Hypopus spinitarsus.*

> Dugès. Ann. des sc. nat. 2ᵉ série. t. 2. p. 37.
> *Acarus spinitarsus.* Herm. Apter. pl. 16. fig. 5.
> Le pou du limaçon de Lyonnet et l'*acarus muscarius* de Degeer (t. pl. 7.
> fig. 2.) paraissent appartenir aussi à ce genre.   E.

CHEYLÈTE. (Cheyletus).

Bouche terminale, deux mandibules en pince. Deux palpes épais, en faulx à l'extrémité, saillans, en forme de
bras. Les yeux apparens.

Corps mou, ovale.

Os terminale : mandibulæ duæ chelatæ. Palpi duo cras-si, apice falcati, exserti, brachiiformes. Oculi conspicui. Corpus molle, ovatum.

OBSERVATIONS. — Parmi les Acarides qui ont des mandibules, M. Latreille distingue comme genre le *Cheylète*, à cause de ses deux gros palpes avancés en forme de bras. C'est une acaride errante, extrèmcment petite.

[Ce genre, établi d'après des figures grossières et des desscriptions incomplètes nécessite de nouvelles observations; les animalcules que l'on y a rangés ne paraissent avoir que six pattes, et dans ce cas ne seraient probablement que des larves. M. Dugès n'a pas cru devoir l'admettre.   E.

ESPÈCES.

1. **Cheylète des livres.** *Cheyletus eruditus.*

> *Acarus eruditus.* Schrank. Austr. n° 1058. tab. 2. fig. 1.
> Ejusd. *pediculus musculi*, ibid., n° 1024. t. 1. f. 5.
> *Acarus eruditus.* Oliv. Encycl. n° 13.
> *Cheyletus eruditus.* Lat. Gen. 1. p. 153.
> Habité dans les collections d'histoire naturelle, dans les livres exposés à l'humidité.

GAMASE. (Gamasus.)

Bouche terminale: deux mandibules en pince. Deux palpes filiformes, soit saillans, soit très distincts, sans appendice mobile sous leur extrémité.

Corps ovale, soit entièrement mou, soit coriace en dessous.

Os terminale. Mandibulæ duæ chelatæ. Palpi duo fili-formes, exserti aut distinctissimi; appendice mobili infrà extremitatem nullo.

Corpus ovatum, modò penitùs molle, modò suprà coriaceum. Pedes octo.

OBSERVATIONS. — Les Gamases diffèrent des Cheylètes par leurs palpes filiformes ; des Érythrées et des Trombidions, parce que ces palpes n'ont pas un appendice mobile sous leur extrémité, et se rapprochent des Oribates par celles de leurs espèces qui ont le dessus du corps coriace.

[M. Dugès restreint le genre Gamase aux Acariens de la famille des Gamasés (Voyez page 60), qui ont le 5ᵉ article des palpes le plus petit ; la lèvre trifide ; les mandibules chéliformes et à griffe denticulée ; le corps entier, obovalaire, aplati, scutigère, et les pattes de la première paire grêles et allongées, tandis que celles de la seconde sont souvent les plus épaisses.   E.

ESPÈCES.

1. Gamase tisserand. *Gamasus telarius*.

> *G. rubicundo-hyalinus ; abdomine utrinque macula fusca.*
> *Acarus telarius.* Lin. Fab. Ent. 4. p. 430.
> Le tisserand d'automne. Geoff. 2. p. 626. nᵒ 13.
> * *Trombidion telarium.* Herm. Man. Apter. p. 82. fig. 15.
> * *Tetranychus telarius* (1). Dugès. Ann. des sc. nat. 2ᵉ série. t. 1. p. 25.
> Habite sur les feuilles de différens arbres, et y forme des toiles très fines.

---

(1) Le genre TETRANYQUE *Tetranychus* a été fondé par M. Léon Dufour, et adopté par M. Dugès dans son travail général sur les Acariens. Cette nouvelle division générique diffère en effet beaucoup de celle des Gamases avec lesquels on avait confondu les Tétranyques. M. Dugès le place dans la famille des Trombidiés et y assigne les caractères suivans : Un suçoir tout semblable à celui des Raphygnathes (voyez page 59) ; mais à deux acicules sans soie et qui ont un peu plus de longueur ; des palpes aussi à crochets fort courts et épars, mais eux-mêmes en totalité gros, courts, conoïdes, appliqués sur une base triangulaire et formant avec elle une sorte de tête obtuse et bifurquée, des yeux latéro-antérieurs, des hanches insérées de chaque côté en deux groupes, un pour les deux antérieures, un pour les deux postérieures ; des pattes

2. Gamase des coléoptères. *Gamasus coleoptratorum.*

> *G. ovatus , rufus ; ano albicante.*
> *Acarus coleoptratorum.* Lin. Fab. Ent. 4. p. 432.
> La mite des Coléoptères. Geoff. 2. p. 623. n° 4.
> *Gamasus coleoptratorum.* Latr. Gen. 1. p. 147.
> * Dugès. Ann. des sc. nat. 2e série. t. 2. p. 25. pl. 8. fig. 26, 27.
> Habite sur les excrémens des bœufs, des chevaux, et s'attache en
> grand nombre sur les Coléoptères qui s'y rendent.

3. Gamase bordé. *Gamasus marginatus.*

> *G. ovatus , brunneus , coriaceus ; abdominis marginibus membrana-*
> *ceis , albidis ; pedibus anticis longioribus.*
> *Acarus marginatus.* Herm. Apterol. p. 76. pl. 6. f. 6.
> *Gamasus marginatus.* Lat. Gen. 1. p. 148.
> * *Macrochelis marginatus.* Lat. Règne anim. t. 4. p. 282.
> * Dugès , loc. cit. t. 2. p. 26.
> Habite sur des fumiers de végétaux ; trouvé par Hermann, sur le
> corps calleux du cerveau d'un homme.
> Etc. Ajoutez : l'*Acarus crassipes.* Herm. Apter. pl. 3. fig. 6 et 8.
> pl. 9. fig. R. — *Gamasus crassipes.* Dugès, loc. cit. t. 2. p. 27.
> * L'*acarus testudinarius.* Herman. op. cit. — *Macrochelis testudina-*
> *rius.* Latreille. Règn. anim. t. 4. p. 282. — *Gamasus testudinarius ,*
> Dugès, loc. cit.
> * *Acarus Savignii.* Audouin. Explic. des planches de M. Savigny.
> (Egypte. Arachnides pl. 9. fig. 4.)
> * *Gamasus cossi.* Dugès, loc. cit. *Pou de la chenille du bois de*
> *saule.* Lyonnet. Mém. du mus. t. 18.

---

dont la partie antérieure est toujours la plus longue et dont la
cuisse ou troisième article offre des dimensions de beaucoup
supérieures à celle des autres articles, terminées enfin par deux
crochets fort petits et fort courbés, attachés à un septième
article de petites dimensions et dépassés par quatre soies raides, grosses et presque droites. »

Le type de ce genre est le TETRANYQUE LINGER *Tetranychus
lintearius,* Léon Dufour (Annales des Sc. nat., 1re série, t. 25.
pag. 281, pl. 9, fig. 4 et 5). M. Dugès a fait connaître aussi plu-
sieures espèces nouvelles (voyez Annales des Sc. nat., 2e série,
t. 1, p. 27).

* *Gamasus tetragonus.* Dugès, loc. cit. ; pl. 8. fig. 28—32.

* *Gamasus gigas*, et plusieurs autres espèces nouvelles décrites par M. Dugès.

---

† Genre DERMANYSSE. *Dermanyssus.* Dugès.

Ce genre nouveau est extrêmement voisin du précédent, dont il se distingue, ainsi que des autres groupes réunis par M. Dugès dans la famille des Gamasés (voyez page 60) par la mollesse de la peau, la forme aiguë de la lèvre et les mandibules perforantes. Ce naturaliste y range les espèces suivantes, qui sont toutes parasites :

1 *Dermanyssus avium.* Dugès. Ann. des sc. nat. 2ᵉ série, t. 2. p. 19. pl. 7, fig. 1—4.

> Cette espèce paraît être la même que : le *Pou de pivoine* et le *Pou d'une sorte d'émérillon* de Lyonnet (Mém. du Muséum t. 18. pl. 5. fig. 11. et 12); l'*Acarus gallinæ* de Degeer (Mém. pour servir à l'Hist. des Insectes. t. 7. pl. 6. fig. 13); l'*Acarus hirudinis* d'Hermann (Apterol. pl. 1. fig. 13); le *Gamasus gallinæ* et le *G. Hirudinis* de Latreille. (Règne animal. f. 4. p. 285); et le *Smaride des petits oiseaux* de M. Duméril (Dict. des sc. nat. t. 49. p. 367. Atlas pl. 52. fig. *A. B.*)

2. *Dermanyssus vespertilionis.* Dugès (loc. cit.) p. 22, pl. 7. fig. 5.

3. *Dermanyssus convolvuli.* Dugès (loc. cit.) p. 24.

4. *Dermanyssus oribati.* Dug. (loc. cit.) p. 24.   E.

ORIBATE. (Oribata.)

Bouche en bec conique. Mandibules en pinces. Palpes très courts, non saillans.

Corps ovale, rétréci en pointe antérieurement; à peau du dos coriace, doux, presque en bouclier. Huit pattes un peu longues.

Os rostro conico ; mandibulis chelatis ; palpis brevissimïs, non exsertis.

Corpus ovatum, anticè angustato-acutum ; cute dorsali coriaceá, durá, subclypeiforme. Pedes octo longiusculi.

OBSERVATIONS. — Les Oribates, qu'Hermann désigna sous le nom de *notaspes*, sont des Acarides très petites, à dos couvert d'une peau dure, qui ressemble à une écaille clypéacée, ou, en quelque sorte, à des Élytres réunies. Ces Acarides sont errantes, marchent lentement, et se trouvent entre les mousses, sur les pierres et sur l'écorce des arbres.

[Dans la méthode de M. Dugès, les Oribates forment une famille particulière qui se lie aux Acarés et aux Bdellés par leurs mandibules et leurs segmentations, et aux Gamasés par leurs cuirasses écailleuses (Voyez pour les caractères de cette famille, le tableau page 61). E.

ESPECES.

1. **Oribate géniculé.** *Oribata geniculata.*

> *O. fusco-castanea, nitida, pilosa ; femoribus subclavatis.*
> *Acarus geniculatus.* Lin.
> *Acarus corticalis.* Degeer. Ins. 7. p. 131. pl. 8. f. 1.
> *Acarus*, n° 11. Geoff. 2. p. 628.
> *Oribata geniculata.* Latr. Gen. 1. p.149.
> *Notapsis clavipes.* Herm. Apt. p. 88. pl. 4. f. 7.
> * Dugès. Ann. des sc. nat. 2e série t. 2. p. 46. pl. 8. f. 40—42.
> Habite en Europe, sur les mousses, les pierres, etc.

2. **Oribate théléprocte.** *Oribata theleproctus.*

> *O. nigra ; dorso clypeato, per circulos concentricos striato.*
> *Notapsis theleproctus.* Herm. Apt. p. 91. pl. 7. f. 5.
> *Oribata theleproctus.* Lat. Gen. 1. p. 149. Oliv. Encyc. n° 6.
> * Griffith. Anim. kingd. Arach. pl. 23, fig. 3.
> Habite en Europe, entre les mousses.
> Etc. Ajoutez les autres espèces indiquées par MM. Latreille et Olivier dans l'Encyclopédie, par Griffith, dans sa traduction du Règne animal de Cuvier, mais surtout l'*Oribates castaneus* de Hermann, dont la structure a été étudiée avec beaucoup de soin par M. Dugès. Voy. Ann. des sc. nat. 2 série. t. 2. pl. 48.]

ERYTHRÉE. (Erythræus.)

Bouche en bec conique. Mandibules en griffe. Deux

palpes allongés, saillans, subchélifères : leur dernier article ayant à sa base un appendice mobile et digitiforme. Deux yeux sessiles.

Corps ovale, non divisé. Huit pattes.

Os rostro conico. Mandibulæ ungulatæ, Palpi duo elongati, exserti, subcheliferi : articulo ultimo appendice mobili digitiformi ad basim instructo. Oculi duo sessiles.

Corpus ovatum, indivisum. Pedes octo.

OBSERVATIONS. — Les Érythrées avoisinent les Trombidions par leurs rapports ; elles leur ressemblent par les mandibules et les palpes ; mais leurs yeux sessiles et leur corps non divisé les en distinguent. Ce sont aussi des acarides errantes.

[Voici les caractères que M. Dugès assigne à ce genre qui prend place à côté des Trombidions, dans la famille des Trombidiés (page 60) ; palpes grands, libres et biunguiculés ; mandibules unguiculées ; corps entier ; hanches contiguës ; pieds coureurs (c'est-à-dire unguiculés, allongés et ayant leur dernier article grêle et très long) ; ceux de dernière paire les plus longs.   E.

ESPÈCES.

1. **Erythrée faucheur.** *Erythræus phalangioides.*

   E. corpore obscurè rubro : fasciá dorsali flavo-aurantiá ; pedibus longis : posticis duobus longioribus.

  Mite faucheur. Degeer. Ins. 7. p. 134. pl. 8. f. 7—8.

  Trombidium phalangioides. Herm. Apterol. p. 33. pl. 1. f. 10.

  Erythræus phalangioides. Lat. Gen. 1. p. 146.

  Habite en Europe, entre les mousses. Elle court assez vite.

  * M. Dugès a constaté que l'on avait confondu ici deux espèces distinctes, et il les sépare l'une et l'autre des *Erythrées*, pour en former un nouveau genre sous le nom de *Rhyncholophe* (1). Il donne à la

---

(1) Le genre RHYNCHOLOPHE *Rhyncholophus* de M. Dugès' prend place dans la famille des Trombidiés entre les Tetranychus et les Smarides, et a pour caractères : palpes grands,

Mite faucheur de Degeer le nom de *Rhyncholophe Degeer* et au *Trombidium phalangoides* de Hermann le nom de *Rhyncholophe Hermann*. (Ann. des sc. nat. 2ᵉ série. t. 1. p. 30.)

2. Erythrée neigeuse. *Erythræus nivosus.*

E. ruber, depressus; pilis albis brevissimis sparsim punctulatus.
Trombidium quisquilarium. Herm. Apt. p. 32. pl. 1. f. 9.
Habite par terre, parmi les ordures amassées.
Etc. Ajoutez le *Trombidium parietinum* d'Herm. pl. 1. f. 12, etc.

[Il paraîtrait, d'après les recherches de M. Dugès, que des trois espèces mentionnées ci-dessus, le *Trombidium parietinum* de Hermann (*Erythræus parietinus* Latreille) est la seule qui présente les traits caractéristiques de ce genre. Il a aussi fait connaître trois espèces nouvelles appartenant à ce genre : l'ERYTHRÉE RURCIOLE Dugès (Ann. des Sc. nat. 2ᵉ série, t. 1, p. 40); l'ERYTHRÉE ISABELLE D. (op. cit. p. 42), et l'ERYTHRÉE CIRRIPÈDE D. (op. cit. p. 43). Enfin il y rapporte également le *Trombidium cornigerum* de Hermann (Apterol. pl. 2, fig. 9). E.

TROMBIDION (Trombidium.)

Bouche ayant deux mandibules courtes, plates, terminés par un ongle crochu. Deux palpes saillans, courbés en dessous, munis d'un appendice mobile sous leur

---

libres ; lèvre pénicilligère ; mandibules ensiformes , très longues; corps entier; hanches très écartées; pieds palpeurs (c'est-à-dire renflés à l'extrémité); celles de la dernière paire les plus longues. Les larves ont six pattes et diffèrent aussi des adultes par la conformation de la bouche. M. Dugès a fait connaître aussi deux espèces nouvelles : le RHYNCHOLOPHE CENDRÉ. *Rhyncholopheus cinereus* Dug. Ann. des Sc. nat. 2ᵉ série. t. 1. pl. 31. pl. 1. fig. 7 à 12, et le R. ROUGISSANT. *R. rubescens* Dug. op. cit. p. 33.

sommet. Quatre yeux pédiculés : deux sur chaque pédicule.

Corps ovale, presque carré, comme divisé en deux par un étranglement au milieu. Huit pattes.

Os mandibulis duabus, brevibus, compressis, ungue uncinato terminatis. Palpi duo exserti, incurvi, appendice mobili infrà apicem instructi. Oculi quatuor, pedunculati : duo utrinque in eodem pedunculo.

Corpus ovatum, subquadratum, medio coarctarum, in duas partes veluti divisum. Pedes octo.

OBSERVATIONS. — Les Trombidions sont des Acarides terrestres, vagabondes, fort agiles dans leurs mouvemens, la plupart d'un rouge éclatant, et les moins petites de cette famille. Quoique souvent assez difficiles à distinguer des Érythrées, et que leur corps soit sans segment réel, l'étranglement de ce corps le partage transversalement en deux parties : l'une, antérieure, plus élevée et plus ferme; l'autre, postérieure, plus molle et moins large, offre un moyen de les reconnaître au premier aspect. Le corps de ces Acarides est velu dans la plupart et un peu déprimé. Les deux premières paires de pattes sont fort écartées de deux paires postérieures.

[Hermann avait fait entrer dans ce genre des espèces fort disparates, mais les caractères que Lamarck y assigne en rendent les limites plus naturelles, et se rapprochent beaucoup de ceux employés par M. Dugès. Ce dernier auteur définit ce genre de la manière suivante : Acarus de la famille des Trombidiés ayant les palpes grands et libres, les mandibules unguiculées; la portion antérieure du corps (nommée *avant-train* par Dugès), mobile, et portant les yeux, la bouche et les deux premières paires de pieds ; la portion postérieure, beaucoup plus grande, velue et renflée, portant les deux dernières paires de pattes; pieds palpeurs (c'est-à-dire renflés à l'extrémité) enfin ceux de la première paire les plus longs. M. Dugès a constaté que, dans le jeune âge, ces Arachnides n'ont que six pattes et sont parasites.   E.

ESPÈCES.

1. Trombidion colorant. *Trombidium tinctorium.*

> *T. ovatum, hirsutum, rubrum, posticè obtusum; tibiis anterioribus pallidioribus.* F.
> *Acarus tinctorius.* Lin.
> *Trombidium tinctorium.* Fab. 2. p. 398.
> *Acarus araneoides.* Pall. Spicil. Zool. fasc. 9. p. 42. t. 3. f. 11.
> *Trombidium tinctorium.* Lat. Gen. 1. p. 145;
> * Ejusd. Règne anim. t. 4. p. 284.
> Habite en Guinée, etc.; ses poils sont barbus sur les côtés.

2. Trombidion satiné. *Trombidium holosericeum.*

> *T. subquadratum, depressum, coccineum, tomentosum; pilis dorsalibus papillaribus.*
> *Acarus holosericeus.* Lin. Geoff. 2. p. 624. n° 7.
> *Trombidium holosericeum.* Fab. Syst. 2. p. 398.
> Lat. Gen. 1. p. 146.
> Herm. Apt. p. 21. pl. 1. f. 2. et pl. 2. f. 1.
> * Latr. Règne anim. t. 4. p. 284.
> Habite en Europe, dans les jardins, les prés, parmi les herbes, sur les arbres. Il est commun au printemps.
> Etc. Ajoutez le *Trombidium fuliginosum*, Herm. Apt. pl. 1. f. 3; le *Tr. bicolor* du même, pl. 2. f. 2; et le *Tr. assimile*, pl. 2. f. 3; le *Tr. curtipes*, pl. 2. f. 4, etc.
> * Ajoutez aussi le *Trombidium elongatum.* Dugès. Ann. des sc. nat. 2ᵉ série. t. 1. p. 39.
> * Le *Tromb. glabrum.* Dugès. loc. cit.
> * *Tr. trimaculatum.* Herm. pl. 1. fig. 6. Hahn. t. 2. p. 64. pl. 66. fig. 155. etc.

[Le genre RAPHIGNATHE *Raphignathus* (Dugès) est un démembrement des thrombidiées de Hermann, et a été établi d'après une espèce nouvelle le *Raph. ruberrimus* D. (Ann. des Sc. nat., 2ᵉ série, t., p. 22), dont le corps est ovale sans division, et terminé en avant par un petit bec conique formé par une lèvre triangulaire et renfermant un double bulbe charnu qui donne insertion à deux aïcules légèrement recourbés, garnis chacun d'une soie raide; les palpes sont fort grands, bien renflés; les deux yeux ne sont pas pédonculés; enfin les hanches sont contiguës. Dans le jeune âge ces Acarus n'ont que six pattes.]

† Genre Mégamère. (*Megamerus*).

Le genre Mégamère de M. Dugès appartient aussi à la famille des Trombidiées et prend place comme le précédent dans la division des Brevitarses. Il présente les caractères suivans : Palpes unguiculés ; mandibules en pinces, longues et libres ; corps rétréci ; hanches distantes ; pieds marcheurs ; leur cuisse très grande et leur 7_e article court. Larve hexapode et semblable à l'adulte.

Esp. — *Megamerus longipes.* Dugès. Ann. des Sc. nat. 2e série. t. 2. p. 51; *Trombidium longipes.* Hermann. Apter.
Megamerus inflatus Dugès. Op. cit.
Megamerus ovatus Dugès. Op. cit. p. 52. pl. 8. fig. 43.
Megamerus celer Dugès. Op. cit. p. 53. pl. 8. fig. 46 ; *Trombidion celer* Hermann. Apterol.
Etc.

enre Pachygnathe. *Pachygnathus.*

Ce genre est très voisin du précédent ; il appartient aussi à la division des Trombidiées Brevitarses, et a également les mandibules en pince, mais s'en distingue par la brièveté des palpes. Voici les caractères que M. Dugès y assigne : Palpes coniques à pièces unguiculés ; mandibules épaisses, chéliformes, corps entier et atténué antérieurement ; hanches distantes ; pieds marcheurs, ayant leur sixième article le plus long, et le septième le plus court ; ceux de la première paire les plus longs et les plus gros. Ce genre ne comprend encore qu'une seule espèce, le Pachygnathe velu. Dugès. Ann. des Sc. nat. 2e série. t. 2. p. 54. pl. 8. fig. 52-54.   E.

ANOSTOME. (Anostoma.)

Les *Acarides aquatiques* semblent ne différer des autres
Acarides que par le milieu qu'elles habitent; car on ne leur
connaît point de caractère général bien tranché qui les en
distingue. Elles pourraient donc rentrer, soit dans les
genres déjà établis pour celles qui vivent dans l'air, soit
dans le voisinage de ces genres, où elles en formeraient
de particuliers. Cependant, comment respirent-elles? vien-
nent-elles de temps en temps à la surface de l'eau repren-
dre de l'air?

Il paraît que, comme les autres, ces Acarides sont fort
nombreuses et très diversifiées. *Muller* en a fait connaître une
cinquantaine, auxquelles il a donné le nom d'*hydrachne*
ou araignée d'eau; mais il ne nous a point donné de détails suffisans sur les caractères de leur bouche. Ces Arachnides ont le corps très mou, en général subglobuleux,
elliptique ou ovale, et paraissent toutes errantes dans les
eaux. Voici les trois coupes génériques formées parmi
elles, par M. Latreille.

[Cette division, désignée par Latreille sous le nom de
Hydrachnelles (Règne anim. t. 4. p. 289), correspond à-
peu-près à la famille des *Hydrachnées* de M. Dugès. Voy.
le tableau page 60.]

HYDRACHNE. (Hydrachna.)

Bouche ou suçoir avancé en bec conique, composé de
trois lames étroites réunies, dont les deux latérales sont
reçues dans l'inférieure. Point de mandibules. Deux palpes
avancés, arqués, subcylindriques, articulés, ayant un appendice mobile sous le dernier article.

Corps mou, globuleux. Huit pattes natatoires.

Os vel haustellum in rostrum conicum porrectum; lamellis tribus angustis coalitis : duabus lateralibus in infimâ receptis. Mandibulæ nullæ. Palpi duo porrecti, inflexo-arcuati, subcylindrici, articulati; appendice mobili infrà articulum ultimum inserto.

Corpus molle, globulosum. Pedes octo natatorii.

OBSERVATIONS. — La bouche des *Hydrachnes* offre un suçoir en bec saillant, et n'a point de mandibules, car les trois lames du suçoir paraissent plutôt le résultat d'une lèvre inférieure modifiée, qui reçoit deux mâchoires qui le sont aussi. Les deux palpes de ces Acarides sont analogues à ceux des Erythrées et des Trombidions, et semblent chélifères.

Les Hydrachnes sont fort petites, difficiles à observer et à étudier. Il y a lieu de croire que plusieurs de celles de Muller pourront se rapporter à ce genre.

[M. Dugès restreint ce genre aux Hydrachnés, qui ont le troisième article des palpes le plus long de tous, un bec de la longueur des palpes et des lames aiguës pour mandibules. Il a étudié avec soin les métamorphoses de ces Acariens, qui, dans l'état de larve, n'ont que six pattes, et vivent librement dans l'eau, puis passent à l'état de larve, et restent pendant ce temps fixés en parasites sur des insectes aquatiques, et, après avoir subi leur dernière métamorphose (sous la peau de la nymphe) muent encore une fois avant que d'arriver à l'état adulte.   E.

ESPÈCES.

1. Hydrachne géographique. *Hydrachna geographica.*

> *H. nigra ; maculis punctisque coccineis.* Lat.
> *Hydrachna geographica.* Mull. p. 59. t. 8. f. 3—5.
> Latr. Gen. 1. p. 159. et Hist. nat. etc. 8. p. 33. pl. 67. f. 2—3.
> *Trombidium geographicum.* Fab. Syst. 2. p. 405.
> * *Hydrachna geographica.* Hahn. Arachniden. v. 2. p. 49. tab. 59.
>   fig. 134.
> Habite dans les eaux douces. Elle est plus grande que les autres.
> * Il paraît que l'Arachnide parasite à six pattes, dont M. Audouin a
>   formé le genre *Aclysia* (Mém. de la soc. d'Hist. nat. de Paris. t. 1.

pl. 5. fig. 2. Lat. Règn, anim. de Cuvier. t. 4. p. 290. etc.) est la nymphe de cette espèce d'*Hydrachne*. (1)

1. Hydrachne ensanglantée. *Hydrachna cruenta*.

H. sanguinea; pedibus æqualibus. Lat.

Hydrachna cruenta. Mull. p. 63. tab. 9. f. 1.

Latr. Gen. 1. p. 159.

Trombidium globator. Fab. Syst. 2. p. 403.

* *Hydrachna globula.* Dugès. Ann. des sc. nat. 2ᵉ série. t. 1. pl. 162. pl 11. fig. 41—56.

* *Hydrachna chrysis.* De Theis. Ann. des sciences nat. 1ʳᵉ série. t. 27. p. 58. pl. 1. fig. 1.

Habite les eaux des fossés, les terrains inondés.

* M. Dugès rapporte à cette espèce le *Hydrachna globulus* de Herm. (Mém. Apterol. p. 56; Hahn. Arach. t. 2. p. 51 .pl. 59. f. 137), mais Hahn l'en distingue de ces Arachnides. pl. 59. fig. 137).

† Ajoutez : *Hydrachna miniata.* Hahn. op. cit. pl. 39. fig. 136.

* *Hydrachna raripes.* Hahn. op. cit. p. 52. pl. 59. fig. 138.

ELAIS. (Elais).

Bouche ayant deux mandibules aplaties, terminées par un ongle crochu et mobile. Deux palpes allongés-coniques, subtriarticulés, arqués et pointus au sommet. Quatre yeux.

Corps arrondi-globuleux. Huit pattes.

Os mandibulis duabus depressis, apice ungue uncinato mobilique instructis. Palpi duo elongato-conici, subtriarticulati, apice arcuati, acuti. Oculi quatuor.

Corpus rotundato-globosum. Pedes octo.

---

(1) Voyez les observations de M. Dugès (loc. cit. p. 196. Il est probable que l'*Aclysia Mannerheimi* (Audouin, Ann. des Sc. nat., 1ʳᵉ série, t. 2. p. 497) est la nymphe de quelque autre espèce de ce genre.

OBSERVATIONS. — Les *Elaïs* ont les mandibules des Trombi-dions ; mais leurs palpes sont sans appendice sous leur extré-mité , et leur corps , presque globuleux , n'est point divisé par un étranglement. Comme les autres Acarides , elles ont la tête , le corselet et l'abdomen confondus, sans distinction d'anneaux. Leur bouche n'offre point de suçoir comme dans les genres hy-drachne et limnochare.

[Ces Acariens ont une peau molle , des palpes terminés par un doigt renflé et épineux , la bouche formée d'un trou rond et cilié situé au milieu de la base de la lèvre, des yeux très rap-prochés , des hanches étroites disposées en quatre groupes fort écartés les uns des autres , et dans lesquels la troisième et la qua-trième hanches ne se touchent que par leur extrémité interne ; enfin la vulve consiste en une fente longitudinale à peine bordée et dépourvue des plaques crustacés qu'on remarque chez les Diplodontes.   E.

ESPÈCES.

1. Elaïs étendue. *Elais extendens.*

> *Hydrachna extendens.* Mull. hydr. p. 62. n° 31. t. 9. f. 4.
> Oliv. Dict. n° 11.
> *Trombidium extendens.* Fab. Syst. 2. p. 406.
> *Elais extendens.* Lat. Gen. 1. p. 153.
> * Dugès. Ann. des sc. nat. 2ᵉ série. t. 1. p. 156. pl. 10. fig. 24—34.
> Habite en Europe , dans les eaux stagnantes. Elle est rouge , a le corps glabre,et ses pattes postérieures restent étendues pendant la natation.
> * Suivant M. Dugès, l'*Hydrachna chryisis* de M. de Théis (Ann. des sc. nat. t. 27. p. 58. pl. 1. fig. 1.) parait appartenir à ce genre.

LIMNOCHARE. (Limnochares.)

Bouche à suçoir court, à peine saillant. Point de man-dibules. Deux palpes courbés, pointus au sommet, dé-pourvus d'appendice.

Corps ovale, déprimé. Huit pattes ; les quatre postérieures écartées.

Os rostro brevi, vix prominulo. Mandibulæ nullæ. Palpi duo incurvati, apice acuti : appendice nullo.

Corpus ovale, depressum. Pedes octo : posticis quatuor remotis.

OBSERVATIONS. — Les *Limnochares*, ayant la bouche plus imparfaite ou moins avancée en développement que celle des Hydrachnes, semblent rentrer dans le voisinage des Smaris. Ils sont, comme ces derniers, sans mandibules, et munis de palpes simples ; mais ils sont aquatiques.

[M. Dugès définit ce genre de la manière suivante : Acariens de la famille des Hydrachnés (Voyez page 60), ayant les palpes très petits, filiformes et terminés par un cinquième article très petit et unguiforme ; bec cylindrique et grand ; corps mou ; yeux rapprochés ; hanches cachées sous la peau ; celles des deux paires antérieures plus grandes que les autres ; pieds armés de deux griffes terminales très grandes et rétractiles ; larves terrestres, parasites et ne ressemblant pas aux adultes.   E.

ESPÈCES.

1. Limnochare satiné. *Limnochares holosericea.*

> *L. corpore ovato rugoso molli ; oculis duobus nigris.* Lat.
> *Acarus aquaticus.* Lin. *Trombidium aquaticum.* Fab.
> Tique rouge satinée aquatique. Geoff. 2. p. 625. n° 8.
> *Limnochares holosericea.* Latr. Gen. 1. p. 160.
> *Hydrachna impressa* ejusd. Hist. nat., etc., 8. p. 36. pl. 67. f. 4.
> * *Limnochares aquaticus.* Dugès, loc. cit. p. 159. pl. 11. f. 33—40.
> Habite en Europe, dans les eaux stagnantes des marais. Il a les pattes
> courtes, et des points enfoncés sur le corps.

2. Limnochare mollasse. *Limnochares flaccida.*

> *L. corpore sanguineo flaccido mutabili ; pedibus longis : posteriori*
> *bus longioribus.*
> *Trombidium aquaticum.* Herm. Apterol. p. 35. pl. 1. f. 11.
> Habite en Europe, dans les eaux stagnantes.
> * M. Dugès regarde cette Arachnide comme ne différant pas spécifi
> quement de la précédente.

---

† Genre ATACE, *Atax*.

Le nom d'*Atax*, primitivement employé par Fabricius pour désigner les Acariens auxquels Muller a donné plus tard le nom d'Hydrachnes, a été conservé par M. Dugès, mais en y donnant une acception plus restreinte. Ce naturaliste range dans le genre Atace, ainsi circonscrit, les Arachnides de la famille des Hydrachnés, ayant le corps ovoïde assez ferme et lisse ; la fente génitale bordée de deux plaques sur chacune desquelles se montrent trois tubercules transparens, lisses, arrondis, assez gros en forme de stemmates ; les hanches antérieures en partie contiguës sur la ligne médiane, serrant la lèvre entre elles et formant ainsi ensemble un groupe unique ; les deux groupes des hanches postérieures écartés ; la quatrième hanche extrêmement large, contiguë à toute la longueur de la troisième ; des palpes dont le quatrième article est fort long, atténué, un peu excavé vers le bout pour recevoir le cinquième article dans l'extrême flexion ; ce cinquième article en forme de doigt pointu ; les mandibules formés d'un corps épais, creux, coupé en bec de plume à son extrémité postérieure, tronqué au bout antérieur, sur lequel s'articule et se fléchit vers le haut un grand et fort crochet ou ongle peu courbé, et fendu ou creusé en canal, pour loger en partie et soutenir cette mandibule ; enfin une lèvre en cuilleron, bifide en avant. M. Dugès rapporte à ce genre les espèces suivantes.

Hydrachna histrionica. Herm. Mém. apter. p. 55. pl. 3. fig. 2. *Atax histrionicus.* Dugès. Ann. des sc. nat. 2e série. t. 1. p. 246. pl. 10. fig. 13. *Hydrachna histrionica.* Hahn. Arach. t. 2. p. 50. pl. 59. fig. 135.

Hydrachna runica. Théis. Ann. des sc. nat. 1re série. t. 27. p. 60. pl. 1. fig. 2.

Hydrachna lutescens? Herm. Apter. pl. 6. fig. 7. *Atax lutescens.*
Dugès, loc. cit.

———

† Genre Diplodonte. *Diplodontus.*

Le genre Diplodonte de M. Dugès est très voisin du
précédent et a pour caractères : des mandibules offrant en
opposition au crochet mobile une dent aiguë, droite et immobile; des palpes dont le quatrième article se termine par
une pointe égalant le cinquième en longueur ; des hanches
peu larges, disposées en quatre groupes séparés et dont les
postérieurs offrent entre la troisième et la quatrième hanche une demi-divergence en dehors; enfin une plaque
génitale, bivalve, granulée et en forme de cône dont la
pointe est dirigée en avant. On trouvera dans le Mémoire
de M. Dugès des détails intéressans sur les mœurs et sur
les métamorphoses d'une espèce de ce genre : le Diplodonte Scapulaire (*D.-Scapularis*, Dug. Ann. des sc. nat.
2ᵉ série, t. 1, p. 150. pl. 10, fig. 5-12). Il décrit aussi deux
autres espèces nouvelles sous les noms de *D. Félipède*
(Dug. loc. cit., p. 148, pl. 10, fig. 1-4), et de *D. Menteur*
(loc. cit., p. 149).

———

† Genre Arrénure. *Arrenurus.*

M. Dugès range dans ce genre les Hydrachnés, dont le
mâle a le corps terminé par une sorte de queue; ils ont la
bouche située en dessous, formée d'une lèvre petite et paraissant être percée d'un trou rond comme chez les Élaïdes
dont ils se distinguent par la brièveté de leurs palpes subchéliformes, par leurs yeux écartés et par plusieurs autres
caractères.

Le type de ce genre est l'*Arrenurus virdes*. Dugès (Annales, t. 1, p. 155, pl. 10, fig. 18-23). M. Dugès y rapporte aussi l'*Hydrachna cuspidator*, Muller (op. cit.); et l'*Hydrachna albator* du même (op. cit.), dont l'*Hydrachna testudo* de Ferussac (Ann. du Museum, t.) paraît être la femelle.   E.

LES PHALANGIDES.

Bouche munie de mandibules très apparentes et coudées ou composées de deux ou trois pièces : la dernière étant toujours didactyle ou en pince. Abdomen segmenté.

Comme les Acarides, les Phalangides ont le tronc et l'abdomen confondus en une seule masse, et leur tête y est intimement réunie. Mais toutes les Phalangides ont des mandibules, et ces parties de leur bouche, au lieu d'être sans articulations ou d'une seule pièce comme celles de certaines Acarides, sont coudées ou composées de deux ou trois pièces dont la dernière est toujours didactyle ou en pince. Ces mêmes mandibules sont tantôt saillantes au-devant du tronc, et tantôt ne forment point de saillie.

Les Phalangides ont deux palpes filiformes de cinq articles, dont le dernier se termine par un petit onglet; deux mâchoires formées par un prolongement de l'article inférieur des palpes; souvent aussi quatre mâchoires de plus, qui sont le produit d'une dilatation de la hanche des deux premières paires de pattes; une lèvre inférieure avec un double pharynx.

Ces Arachnides ont deux yeux distincts; le corps arrondi ou ovale avec des apparences d'anneaux ou de plis sur l'abdomen, au moins en dessous; leurs organes sexuels placés sous la bouche; et toujours huit pattes souvent très longues. La plupart de ces animaux sont agiles, vivent à terre sur les plantes ou au bas des arbres, et quelques-uns se cachent sous les pierres. On les divise de la manière suivante.

(1) Mandibules non saillantes.

Trogule.

(2) Mandibules saillantes.

Ciron.
Faucheur.

TROGULE. (Trogulus.)

Bouche cachée sous un capuchon en saillie antérieurement. Deux mandibules coudées, biarticulées, courtes, chélifères au sommet. Palpes filiformes. Deux yeux presque sessiles, dorsaux, un peu écartés.
Corps ovale-elliptique, aplati. Huit pattes.

Os sub cucullo anticè prominente textum. Mandibulæ duæ breves, geniculatæ, biarticulatæ, apice chelatæ. Palpi filiformes. Oculi duo subsessiles, dorsales, remotiusculi.
Corpus ovato-ellipticum, depressum. Pedes octo.

OBSERVATIONS. — Le *Trogule,* type d'un genre établi par M. Latreille, et dont on ne connaît encore qu'une espèce, est remarquable par l'extrémité antérieure du corps, qui s'avance sous la forme d'un capuchon, et recouvre ou reçoit dans sa cavité les différentes parties de la bouche. Ce capuchon, un peu étroit, s'avance comme un bec obtus ou tronqué.

ESPÈCE.

1. Trogule népiforme. *Trogulus nepæformis.*
Lat. Gen. 1. p. 141. tab. 6. f. 1.

Phalangium tricarinatum. Lin.
Phalangium carinatum. Fab. Syst. **2. p.** 431.
Habite le midi de la France, l'Espagne, sous les pierres.

---

† CÆCULE. (Cæculus.)

M. Léon Dufour a établi sous ce nom un genre nouveau qui prend place auprès des Trogules et qui établit le passage entre ces Arachnides et les Acariens. La bouche des Cæcules est tout-à-fait inférieure et placée dans le chaperon comme chez les Trogules : on y voit une lèvre inférieure demi circulaire et deux mandibules qui paraissent être terminées par un seul crochet; mais on n'y a pas trouvé de palpes. Il n'y a pas d'yeux distincts. Le corps est ovalaire, déprimé, glabre, et garni en dessus d'une plaque qui représente une sorte de corselet. Enfin les pattes, au nombre de huit, sont uniquement ambulatoires, de longueur médiocre et terminées par un tarse uniarticulé, armé de deux ongles simples : le type de ce genre est le CÆCULE PIEDS HÉRISSÉS, *C. Echinipes*, L. Dufour, Ann. des sc. nat. 1re série, t. 25, p. 296, pl. 9, fig. 1-3.   E.

CIRON. (Siro.)

Bouche à découvert. Deux mandibules grêles, biarticulées, saillantes, presque de la longueur du corps, en pince au sommet. Deux palpes très grêles, saillans, à cinq articles. Deux yeux écartés, tantôt pédonculés, tantôt sessiles.

Corps ovale. Huit pattes.

Os detectum. Mandibulæ duæ graciles, biarticulatæ, exsertæ, longitudine ferè corporis, apice chelatæ. Palpi duo gracillimi, exserti, quinque articulati. Oculi duo inter se distantes, modò pedunculo impositi, modò sessiles. Corpus ovatum. Pedes octo.

OBSERVATIONS. — Les *Cirons*, comme les Trogules, appartiennent sans doute aux Phalangides, puisque leurs mandibules sont biarticulées, néanmoins par la forme de leur corps et par leur petite taille, en général, même par leurs pattes de longueur médiocre, ils semblent tenir encore aux Acarides. Les mandibules et les palpes très longs des Cirons les distintinguent facilement des Trogules. Ils ont deux mâchoires étroites.

1. **Ciron rougeâtre.** *Siro rubens.*

> *S. pallidè ruber ; pedibus dilutioribus breviusculis.*
> *Siro rubens.* Latr. Gen. 1. p. 143. tab. 6. f. 2.
> *Ejusd.* Hist. nat., etc., vol. 7. p. 329.
> * *Ejusd.* Règ. anim. t. 4. p. 282.
> Habite en France, au pied des arbres, entre les mousses.

2. **Ciron crassipède.** *Siro crassipes.*

> *S. castaneus; pedibus secundi paris crassioribus.*
> *Acarus crassipes.* Herm. Apterol. p. 80. pl. 3. f. 6 et pl. 9. fig. q.
> * Griffth. Anim. Kingd. arach. pl. 25. fig. 5.
> Habite en Europe, entre les mousses.

3. **Ciron testudinaire.** *Siro testudinarius.*

> *S. castaneus, depressus ; pedibus primi paris longissimis.*
> *Acarus testudinarius.* Herm. apter. p. 80. pl. 9. f. 1.
> * *Gamasus testudinarius* Dugès. Ann. des Sc. nat. 2, série, t. 2. p. 27.
> Habite en Allemagne, sous le lichen d'Islande.

FAUCHEUR. (Phalangium.)

Deux mandibules grêles, coudées, saillantes, plus courtes que le corps, en pince au sommet. Deux palpes filiformes, simples, de cinq articles : le dernier en crochet. Plusieurs paires de mâchoires. Deux yeux posés sur un tubercule commun.

Corps suborbiculaire, à tête, corselet et abdomen réunis, à peine distincts. Huit pattes grèles et fort longues.

*Mandibulæ duæ graciles, fractæ, exsertæ, corpore bre-
viores, apice chelatæ. Palpi duo filiformes, simplices,
quinque articulati : articulo ultimo uncinato. Maxillis
pluribus paribus. Oculi duo dorsales tuberculo communi
impositi.*

*Corpus suborbiculare : capite thorace abdomineque co-
adunatis, vix distinctis. Pedes octo graciles, prælongi.*

OBSERVATIONS. — Par leur aspect, les *Faucheurs* rappellent
l'idée des Araignées, et en ont toujours été rapprochés ; mais
on les en distingue facilement, d'abord par leur corps subglobuleux ou orbiculaire, et parce que leur corselet n'est point
séparé de l'abdomen d'une manière distincte. Ils n'ont d'ailleurs
que deux yeux qui sont fort rapprochés et élevés sur un tubercule qui semble dorsal. Leurs pattes, longues et grèles, donnent encore des signes d'irritabilité quelque temps après qu'on
les a arrachées. Ils ont, en général, leurs tarses grèles et multiarticulés.

Les faucheurs ne filent point, vivent de proie, et se rencontrent par terre, sur les plantes et sur les murs.

[Le genre *Phalangium* a été beaucoup subdivisé par les Entomologistes modernes ; Kirby n'y a conservé que les espèces
dont les palpes sont filiformes et sans épines, les pattes rapprochées et à hanches semblables et contiguës à leur naissance,
le corps ovoïde ou orbiculaire, et l'abdomen lisse. Cette ré-
forme a été adoptée par Latreille et par Perty, qui a publié
dans l'ouvrage de Spix et Martius sur le Brésil, un travail considérable sur les Phalangides.   E.

ESPÈCE.

1. Faucheur des murailles. *Phalangium opilio.*

> *Ph. corpore ovato, griseo-rufescente, subtùs albo; tuberculo oculi-
> fero spinulis coronato.*
> Phalangium cornutum. Lin. Fab. Syst. 2. p. 430. *masc.*
> Phalangium opilio. Lin. Fab. Syst. 2. p. 429. (*femina.*)
> Phalangium opilio. Lat. Gen. 1. p. 137.

Le faucheur. Geoff. 2. p. 627. pl. 20. f. 6. n₀ o. *mas,* p. *femina.*

* Latreille. Biographie des faucheurs. p. 377. — Règne anim. de Cuvier. t. 4. p. 281.

* *Phal. cornutum.* Hermann. Mem. apterol. p. 98. pl. 7. fig. o. P. Q. et pl. 9. f. K; *Ph. parietinum (fem.)* p. 102. pl. 8. f. 6. U. *Treviranus.* Vermischteschriften B. 1. t. 1. f. 1-5.

* Perty. Delectus animalium articulatorum quæ in itinere per Brasiliam collegerunt Spix et Martius. p. 203.

Habite en Europe. Fort commun.

2. **Faucheur rond.** *Phalangium rotundum.*

> Ph. corpore orbiculato-ovali, suprà rufescente, tuberculo oculifero lævi.

Phalangium rotundum. Lat. Gen. 1. p. 139.

Phalangium rufum. Herm. Aptérol. p. 109. pl. 8. f. 1.

* Perty. pl. 203.

Habite en France, dans les bois, les lieux couverts.

3. **Faucheur à quatre dents.** *Phalangium quadridentatum.*

> Ph. corpore ovali, depresso, obscurè cinereo ; tuberculo oculifero basi tantùm spinoso.

Phalangium quadridentatum. Fab. Suppl. p. 293.

Phalangium quadridentatum. Lat. Gen. 1. p. 140.

* * Herb. 3e part. p. 13.

* Léon Dufour. Ann. des Sc. nat. t. 22. p. 388.

* Perty. op. cit. p. 402.

Habite en France, sous les pierres.

Etc.

† Ajoutez plusieurs espèces décrites et figurées par Herbst, par M. Savigny, dans le grand ouvrage sur l'Egypte (Arach. pl. 9.) par Léon Dufour, dans les Annales des Sciences naturelles (1re série, t. 22.) etc. par Griffith dans sa traduction anglaise du Règne animal de Cuvier.

[Plusieurs genres nouveaux ont été établis aux dépens des Arachnides qui, dans la classification de Lamarck, rentreraient dans la division des Faucheurs; tels sont les groupes suivans.

† Genre GONOLEPTE. *Gonoleptis.*

Le genre Gonolepte, établi par Kirby, comprend les Phalangides dont les palpes sont épineux, les pattes postérieures éloignées des autres, et à hanches grandes soudées entre elles, et tantôt épineuses, tantôt mutiques, le céphalothorax triangulaire et épineux en arrière, et enfin l'abdomen caché en entier. Le type de cette division est le :

Esp. *Gonoleptis horridus.* Kirby. Trans. of the Linn. soc. of London. vol. 12. p. 452. pl. 22. fig. 16.

Ajoutez *G. aculeatus.* Kirby. loc. cit.

G. spinipes. Gray ap. Griffith. Anim. Kingd. Arach. pl. 20. fig. 1 ; Perty. p. 205. pl. 39. fig. 12.

G. armatus. Perty. loc. cit. pl. 39. fig. 13.

G. chilensis. Griffith. Op. cit. pl. 20. fig. 2 ; *Faucheur acanthope.* Quoy et Gaim. Voy. de l'Uranie. pl. 82. fig. 2 et 3,

Etc.

---

† Genre GONIOSOME. *Goniosoma.*

Ce genre est caractérisé par des palpes épineux et beaucoup plus longs que chez les précédens ; des pattes très longues et subégales, celles de la dernière paire éloignées des autres et des hanches mutiques ; le céphalothorax est triangulaire ou subtriangulaire, et épineux en arrière et sur les côtés ; abdomen caché en entier.

Esp. *Goniosoma varium.* Perty. p. 208. pl. 10. fig. 4.

G. squalidum. Perty.

Etc.

---

† Genre COSMÈTE. *Cosmetus.*

Perty range dans ce genre les Phalangides qui ont les palpes mutiques et courts ; les mandibules recouvrantes ; les pattes longues, grêles, subégales, celles de la dernière

paire écartées des autres, et les hanches mutiques; enfin
le corps subtriangulaire, un peu convexe, et l'abdomen caché.

Esp. *Cosmetus pictus.* Perty. p. 208. pl. 40. fig. 5.
Etc.

------

† Genre Discosome. *Discosoma.*

Cette division générique établie par le même auteur,
comprend les Phalangides dont les palpes sont courts et
mutiques comme dans le genre précédent; dont les pattes
sont assez longues, égales et à hanches mutiques, et
dont le céphalothorax est orbiculaire et mutique.

Esp. *Discosoma cincta.* Perty. p. 209. pl. 40. fig. 6.

------

† Genre Ostracidie. *Ostracidium.*

Le genre Ostracidium de Perty se compose des Phalangides qui ont les palpes épineux; le céphalothorax déprimé, clypéiforme, rétréci en avant, tronqué et mutique
en arrière; l'abdomen caché en entier par le céphalothorax; les pattes assez courtes, celles de la dernière paire
éloignées des autres, et les hanches renflées et épineuses.

Esp. *Ostracidium fuscum.* Perty. p. 206. pl. 40. fig. 1.
O. succineum. Ejusd. p. 202.

------

† Genre Eusarce. *Eusarcus.*

Les Eusarces du même auteur sont des Phalangides dont les palpes sont épineux comme chez les précédens, mais dont le corps est subovale, convexe et
épais; l'abdomen en partie caché par le céphalothorax,

et épineux ou tuberculeux en arrière, enfin dont les pattes sont inégales, les postérieures éloignées des autres, et les hanches mutiques.

Esp. *Eusarcus grandis.* Perty. op. cit. p. 206. pl. 40. fig. 2.
Eusarcus pumilio. Perty. p. 203.

---

† Genre Stygne. *Stygnus.*

Enfin le genre Stygnus du même offre les caractères suivans : palpes épineux, mandibules grandes et épaisses, pattes inégales, les postérieures éloignées des autres, et les hanches renflées vers le bout et légèrement épineuses ; céphalothorax épineux en arrière, abdomen en majeure partie caché par le céphalothorax.

Esp. *Stygnus armatus.* Perty. p. 207. pl. 40. fig. 3.   E.

LES PYCNOGONIDES.

Corps allongé, partagé en quatre segmens distincts. Huit pattes pour la locomotion dans les deux sexes ; en outre, dans les femelles, deux fausses pattes pour porter les œufs. Quatre yeux lisses, situés sur un tubercule.

Les Pycnogonides forment, parmi les Arachnides exantennées trachéales, une petite famille très singulière, qui tient d'une part aux Faucheurs avec lesquels Linné l'avait réunie, et de l'autre, qui semble se rapprocher par ses rapports, de certains Crustacés, tels que les Cyames et les Chevroles. Effectivement, au lieu d'être intermédiaires entre les Faucheurs et les Faux-Scorpions, les Pycnogonides nous paraissent présenter un rameau latéral, avoisinant les Faucheurs, et qui se dirige vers les Crustacés qui viennent d'être cités ; mais il ne s'ensuit pas que ce soit de ce rameau que les Crustacés tirent leur origine.

Ces singulières Arachnides vivent dans la mer. Leur corps est allongé, linéaire, divisé en quatre segmens distincts, dont le premier, qui tient lieu de tête, se termine par une bouche tubulaire avancée, ayant au moins des palpes et souvent aussi des mandibules. Ce premier segment offre sur le dos un tubercule portant, de chaque côté, deux yeux lisses. Le dernier segment du corps est petit, et se termine en cylindre percé d'un petit trou à son extrémité. Comme ces animaux n'offrent point de stigmates particuliers, c'est probablement par l'extrémité postérieure du corps (1) qu'ils respirent.

[Les Pycnogonides nous paraissent avoir plus d'analogie avec les Crustacés qu'avec les Arachnides, et nous croyons que c'est dans la classe formée par les premiers, qu'il faudrait les ranger. C'est aussi l'opinion de M. Walckenaer, qui a décrit avec soin le structure extérieure de quelques-uns de ces animaux (Voyez ses mémoires sur les animaux sans vertèbres, première partie) , et nous avons signalé une particularité remarquable dans la conformation de leur tube digestif (Voyez le Règne animal de Cuvier, t. 4. p. 277, note). E.

Les Pycnogonides se trouvent parmi les plantes marines, quelquefois sous les pierres près des rivages, quelquefois aussi sur des cétacés. On n'en connaît encore que les trois genres suivans.

NYMPHON. (Nymphum.)

Bouche ayant un tube avancé, cylindracé-conique,

---

(1) Ou plutôt par la peau. E.

tronqué, à ouverture triangulaire. Deux mandibules bi-articulées, terminées en pince. Deux palpes à cinq articles. Quatre yeux.

Corps étroit, linéaire, divisé en quatre segmens. Huit pattes très longues dans les mâles; dix pattes dans les femelles, dont deux fausses et ovifères.

Os tubo porrecto, cylindraceo-conico, truncato ; aperturá triangulari. Mandibulæ duæ biarticulatæ, apice chelatæ, Palpi duo, quinquearticulati. Oculi quatuor.

Corpus angustum, lineare, segmentis quatuor divisum. Pedes longissimi : octo in masculis, decem in feminis, quorum duo spurii, oviferi.

OBSERVATIONS. — Quelque singulière que soit la forme des *Nymphons*, ce sont de véritables Arachnides, ayant de l'analogie avec les Faucheurs, ce qu'indiquent leurs yeux lisses, posés sur un tubercule commun. Comme ces animaux ont des pattes très longues et sont aquatiques, leurs mouvemens ne peuvent être que forts lents.

ESPÈCES.

1. Nymphon grossipède. *Nymphum grossipes.*

 N. corpore glabro ; pedibus longissimis. Lat.
 Phalangium grossipes. Lin.
 Nymphum grossipes. Fab. Syst. ent. 4. p. 417.
 Pycnogonum grossipes. Mull. Zool. dan. tab. 119. f. 5-9.
 Oth. Fab. *Fauna groenl.* p. 229.
 * Nymphon grossipède. Lat. Hist. nat., etc., 7. p. 333. pl. 65. f. 2.
 * *Nymphon grossipes,* Savigny. Mém. sur les animaux sans vertèbres, première partie, p. 55. pl. 5. fig. 2.
 * Sabine. Append. du voyage du cap Parry. p. 47.
 Habite la mer de Norwège (et nos côtes).

OBSERV. Le *nymphum gracile*, Leach. Arach. cephalost., pl. 23. (* zool. miscel. 1. 1. pl. 19. fig. 1. Latreille. Encyclop. pl. 337. fig. 5. Griffith. Anim. kingd. Arach. pl. 21. fig. 4) et son *Ammothea caroliniensis*, ibid. (* zool. miscel., t. 1. pl. 13. Lat. Encyclop. pl. 351, fig. 5) paraissent être deux espèces de notre genre. (1)

---

(1) C'est dans le volume du Zoological miscellany que

PHOXICHILE. (Phoxichilus.)

Bouche ayant un tube avancé, subconique, et à deux mandibules, soit en griffes, soit didactyles. Point de palpes. Quatre yeux lisses.

Corps sublinéaire, divisé en quatre segmens. Huit pattes très longues dans les deux sexes. Dans les femelles deux petites pattes de plus, repliées en dessous.

Os tubo porrecto, subconico, mandibulisque duabus vel uniungulatis, vel chelatis. Palpi nulli. Oculi quatuor simplices.

Corpus sublineare, segmentis quatuor divisum. Pedes octo longissimi in utroque sexu; duo prætereà parvuli spurii subtùs inflexi in feminis.

OBSERVATIONS. — Les *Phoxichiles* ne paraissent différer des Nymphons que parce qu'ils n'ont point de palpes. Ils ont aussi leurs pattes locomotrices fort longues; mais dans les espèces observées, ces pattes sont hérissées de poils ou de spinules. Dans une espèce, peut-être ce qu'on nomme des mandibules ne sont que des palpes; dans ce cas, les Phoxichles offriraient, soit des palpes sans mandibules, soit des mandibules sans palpes, et leur genre serait toujours distinct.

ESPÈCES.

1. Phoxichile spinipède. *Phoxichilus spinipes.*

> *Ph. corpore glabro; mandibulis biarticulatis cheliferis; pedibus longissimis spinosis.*
>
> *Pycnogonum spinipes.* Oth. Fab. *Fauna groenl.* p. 232;

Leach a publié ces deux espèces de Pycnogonides; son genre *Ammothea* diffère de celui des Nymphons, en ce que les appendices chélifères, situés de chaque côté de la bouche, sont plus courts que le bec, et ont le premier article très petit. E

Phalangium aculeatum. Montagu. Act. soc. Linn. 9. p. 100. tab. 5. f. 8.

An nymphum hirtum? Fab. Syst. ent. 4. p. 417.

* Sabine. op. cit. p. 48.

Habite la mer de Norwège, près des rivages. Cette espèce paraît avoir de véritables mandibules sans palpes.

2. Phoxichile monodactyle. *Phoxichilus monodactylus.*

Ph. corpore glabro ; mandibulis articulatis ungulo unico terminatis ; pedibus longis spinosis.

Phalangium spinosum. Mont. Act. soc. Linn. 9. p. 101. tab. 5. f. 7.

Habite l'Océan boréal. Les mandibules ici ont plus de deux articles ne sont point en pince, et semblent palpiformes. Ce ne peut être' un des *nymphum* de Fabricius, d'après son caractère générique.

* Ajoutez le

Phoxichilus proboscideus. Sabine. op. cit. p. 48.

PYCNOGONON. (Pycnogonum.)

Bouche à tube simple, conique, tronqué, avancé; n'ayant ni mandibules, ni palpes distincts. Quatre yeux lisses, rapprochés.

Corps allongé, un peu épais, rétréci postérieurement, divisé en quatre segmens : le dernier plus allongé. Huit pattes pour la locomotion, à peine plus longues que le corps.

Os tubulo simplici conico truncato porrecto ; mandibulis palpisque nullis distinctis. Oculi quatuor simplices congesti.

Corpus elongatum, crassiusculum, posticè angustatum, segmentis quatuor divisum : ultimo longiore. Pedes octo gressorii, corpore vix longiores.

OBSERVATIONS. — Le *Pycnogonon*, qu'on a d'abord regardé comme un pou, que Linné ensuite a rangé parmi ses *Phalan-*, *gium*, ressemble au cyame par son aspect, et appartient néanmoins aux Pycnogonides, parmi lesquelles il constitue un genre très distinct.

ESPECES.

1. Pycnogonon des baleines. *Pycnogonum balænarum.*

Lat. Gen. 1. p. 144.
Fab. Ent. syst. 4. p. 416.
Mull. Zool. dan. 119. 10—12. *femina.*
Leach. Arachn. cephalos. pl. 23.
Phalangium balænarum. Lin.
Habite l'Océan européen, près des côtes, sous les pierres, et se trouve sur les baleines.

LES FAUX-SCORPIONS.

Le dessus du corps partagé en trois segmens, dont l'antérieur est plus grand et en forme de corselet. Abdomen très distinct et annelé. Deux mandibules en pince. Deux palpes très grands, en forme, soit de pattes, soit de bras chélifères.

Les Faux-Scorpions tiennent autant aux Phalangides que les Pycnogonides; mais ils continuent la série, et semblent, par leurs grands palpes, annoncer le voisinage des Pédipalpes dont les Scorpions font partie.

Les Arachnides dont il s'agit se distinguent facilement des Phalangides, parce qu'elles ont l'abdomen bien distinct du corselet. Elles n'ont point, comme les Pycnogonides, le corps linéaire, partagé en quatre segmens, et deux fausses pattes dans les femelles. Leurs yeux sont au nombre de deux ou de quatre.

Ces animaux sont terrestres, courent avec agilité, et ont la morsure venimeuse, ou au moins malfaisante. On n'en connaît que les deux genres suivans.

GALÉODE. (Galeodes.)

Deux mandibules très grandes, avancées, droites, terminées par de grandes pinces. Deux palpes filiformes, pédiformes, plus longs que les mandibules, obtus et sans crochets à leur extrémité. Deux mâchoires. Lèvre infé·rieure ou langue sternale un peu saillante entre les mâchoires. Deux yeux sur un tubercule du corselet.

Corps oblong, mou, velu. Abdomen distinct. Huit pattes : les deux antérieures sans crochets.

Mandibulæ duæ maximæ, porrectæ, subparallelæ, chelis validissimis terminatæ. Palpi duo filiformes, pediformes, mandibulis longiores, apice obtusi exungulati. Maxillæ duæ. Labium (lingua sternalis, Sav.) inter maxillas subexsertum. Oculi duo thoracis tuberculo impositi.

Corpus oblongum, molle, villosum ; abdomine distincto. Pedes octo : duobus anticis apice muticis.

OBSERVATIONS. Le genre des *Galéodes*, établi par Olivier embrasse des Arachnides fort remarquables par les deux mandibules grandes et épaisses qui s'avancent antérieurement, et par leurs palpes, qui ressemblent à des pattes antérieures. A l'aspect de ces animaux, on leur attribuerait dix pattes, dont les quatre antérieures seraient sans crochets ; mais les deux prétendues pattes antérieures sont de véritables palpes. La pince qui termine chaque mandibule est formée de deux doigts cornés, dentés au côté interne. Les pattes de ces animaux sont longues, un peu grêles, et, sauf la première paire, leur tarse est terminé par deux crochets. On observe un stigmate de chaque côté du corps, près de la seconde paire de pattes.

Les Galéodes effraient par leur figure hideuse, et surtout par leur vivacité à courir ; il est probable que leur morsure est très venimeuse. On les trouve dans les lieux sablonneux des pays chauds de l'ancien continent.

ESPECES.

1. **Galéode aranéoïde.** *Galeodes araneoïdes.*

G. villosus, cinereo-flavescens ; abdomine glabro.
Phalangium araneoïdes. Pall. Spicil. Zool. fasc. 9. p. 37. tab. 3. f. 7—9.

Galéode aranéoïde. Oliv. Encycl. n₀ 1.
Lat. Gen. 1. p. 135. et Hist. nat. etc., vol. 7. p. 313. pl. 65. f. 1.
Solpuga araneoides. Fab. Syst. ent. suppl. p. 294.
* Herbst. t. 1. p. 371. fig. 2.
* Audouin. Dict. classiq. d'hist. nat. t. 7. p. 118. pl. 67. fig. 5 et 6.
* Savigny. Arachn. de l'Egypte. pl. 8. fig. 7.
* Hahn. Arachnides. pl. 73. fig. 164 et 74. fig. 165.
* *Solpuga arachnoïde.* Walckenaer. Ins. apt. pl. 26. f. 41.
Habite le Cap de Bonne-Espérance, et dans le Levant. On la dit très venimeuse.

2. Galéode fatale. *Galeodes fatalis.*

G. chelis horizontalibus ; abdomine depresso villoso.
Solpuga fatalis. Fab. Syst. ent. suppl. p. 293.
Herbst. Monogr. solp. t. 1. f. 1.
Habite au Bengale.

3. Galéode chélicorne. *Galeodes chelicornis.*

G. chelis verticalibus cirrhiferis : abdomine lanceolato villosissimo.
Solpuga chelicornis. Fab. Syst. ent. p. 294.
An galeodes setigera ? Oliv. Encyc. n° 2.
Habite l'île d'Amboine.
Ajoutez :

* *Galeodes dorsalis.* Latreille; G. intrépide, Léon Dufour. Ann. des Sc. physiq. de Bruxelles. t. 4. p. 370. pl. 69 fig. 17.
* *Solpuga melanus.* Oliv. Voy. dans l'empire ottoman. pl. 42. fig. 5. Savigny. Arachn. de l'Egypte. pl. 8. fig. 9.
* *Galeodes spinipalpis.* Griffith. Règne anim. Arach. pl. 1. fig. 4. Guérin. Iconogr. Arach. pl. 3. fig. 4.
Et plusieurs espèces figurées par M. Savigny, dans le grand ouvrage sur l'Egypte, par M. Walckenaer dans son Hist. des insectes aptères. p. 27. etc.

PINCE. (Chelifer.)

Mandibules courtes, didactyles au sommet. Deux palpes très longs, à cinq articles, coudés, en forme de bras, chélifères à leur extrémité. Deux mâchoires conniventes. Deux ou quatre yeux placés sur les côtés du corselet.

Corps ovale, rétréci en pointe antérieurement, aplati,

ayant l'abdomen annelé. Huit pattes, à tarses terminés par deux crochets.

Mandibulæ breves, apice didactylæ. Palpi duo longissimi, quinque articulati, fracti, brachiiformes, apice cheliferi. Maxillæ duæ conniventes. Oculi duo aut quatuor thoracis lateribus inserti.

Corpus ovatum, anticè angustato-acutum, depressum; abdomine annulato. Pedes octo, tarsis biungulatis.

OBSERVATIONS. — Les *Pinces* sont de petites Arachnides que l'on placerait parmi les Pédipalpes, si elles respiraient par des branchies. On les prendrait pour de petits Scorpions sans queue, ayant, comme les Scorpions, deux grands bras avancés, terminés en pince. Ces petites Arachnides courent assez vite, et souvent vont de côté ou à reculons comme les crabes. On les trouve sur les pierres, les écorces d'arbres et dans les maisons, entre les vieux papiers, les vieux meubles, où elles se nourrissent d'insectes.

[A l'exemple de Hermann, on a divisé ce genre en deux groupes : les CHÉLIFÈRES proprement dits, qui ont le corps déprimé, deux yeux, les tarses d'un seul article, etc.; et les OBISIES (*Obisium*, Leach) qui ont le corps subcylindrique, quatre yeux, les tarses biarticulés, etc.   E.

ESPECES.

1. Pince cancroïde. *Chelifer cancroides.*

Ch. thorace lineâ transversâ impressâ bipartito; abdomine glabro
   Phalangium cancroides. Lin.

Geoff. 2. p. 618.

Chelifer. Scorpion araignée. Lat. Gen. 1. p. 132. n° 1.

Pince cancroïde. Lat. Hist. nat., etc. 7. p. 141. pl. 61. f. 2.

Scorpio cancroïdes. Fab. Syst. ent. 2. p. 436.

* *Obisie cancroïde.* Walckenaer. Faune. Paris. t. 2. p. 252.

* Treviranus. op. cit. t. 1. pl. 2. fig. 6, 7.

* *Chelifer cancroïdes.* Duméril. Dict. des Sc. nat. Insec. pl. 56. no 47.

* Guérin. Encyclop. t. 10. p. 132.

* De Théis. Ann. des Sc. nat. t. 27. p. 69. pl. 3. fig. 1.

* Griffith. Anim. Kingd. Arach. pl. 25. fig. 2.

Habite en Europe, dans les maisons, etc. Espèce commune.

2. Pince fasciée. *Chelifer fasciatus.*

Ch. thorace lineá transversá subdiviso ; abdomine pilis spatulatis transversè fasciato ; chelis basi turgidis.

Chelifer fasciatus. Leach. Arachn. cephalost. pl. 23.

Scorpio hispidus. Natur. hist. 5. tab, 5. *fig.* F.

* Encyclop. brit. Sup. pl. 22.

* *Chelifer Geoffroy.* Leach. Zool. mis. t. 3. p. 5o. pl. 142. fig. 1.

* Hahn. Arach. t. 2 pl. 6o. fig. 139.

Habite en Europe.

3. Pince cimicoïde. *Chelifer cimicoides.*

Ch. thorace lineá transversá diviso; brachiis mediocribus; chelis ovatis.

Scorpio cimicoides. Fab. Syst. ent. 2. p. 436.

Herm. Aptérol. pl. 7. f. 9.

Chelifer cimicoides. Latr. Gen. 1. p. 135.

* Guérin. Encyclop. t. 10. p. 133.

Habite en Europe, sous les pierres, les écorces.

Etc. **V.** l'*Obisium trombidioides.* Leach. Arach. cephalost. pl. 23. (1) Voyez aussi le *Chelifer trombidioides.* Lat. Gen. 1. p. 133.

† Ajoutez :

* *Chelifer Herm.* Leach. Zool. miscel. t. 3. p. 49. pl. 142. fig. 3.

* *Chelifer Latreillii.* Leach. loc. cit. fig. 5.

* *Chelifer Olfersii.* Leach. loc. cit. pl. 142. fig. 2.

* *Chelifer muscorum.* Leach. loc. cit. pl. 142. fig. 4. — De Theis. Ann. des Sc. nat. 1re série. t. 27. p. 66. pl. 1. fig. 4.

* *Chelifer scorpioides.* De Theïs. loc. cit. p. 73. pl. 3. fig. 2.

* *Chelifer parasita.* Griffith. Anim. Kingd. Arach. pl. 25. fig. 1.

* *Chelifer nepoïdes.* Herm. Apter. p. 116. pl. 5. fig. Q.—De Theis, loc. cit. pl. 3. fig. 3.

* *Chelifer ixoïdes.* Hahn. op. cit. p. 53. pl. 6o. fig. 140.

---

(1) C'est probablement le supplément de l'*Encyclopedia Britannica* que Lamarck a voulu citer ici. Leach a donné plus tard à la même espèce le nom d'*Obisium orthodactylum* (Zool. Miscel. vol. 3. p. 51. pl. 141. fig. 2.) et y rapporte le *Chelifer trombidioïdes* de Latreille, ainsi que le *Chel. ischnocheles* de Hermann (Apterol. p. 118. pl. 6 fig. 14.) M. de Théis a donné une description détaillée de cette espèce dans les Annales des Sciences Naturelles, t. 27, p. 63. (pl. 1, fig. 3.)   E.

ARACHNIDES EXANTENNÉES-BRANCHIALES.

Point d'antennes. Des poches branchiales pour la respira-
tion. Six à huit yeux lisses.

Dans les Arachnides de cet ordre, l'organisation a ob-
tenu un avancement bien plus grand encore que dans celle
des ordres précédens, et la différence est si grande que
l'on pourrait être tenté d'en former une classe. En effet,
non-seulement ces animaux respirent par de **véritables**
branchies, et n'offrent plus de trachées sous quelque forme
que ce soit (1); mais ils possèdent un système de circulation déjà éminemment ébauché, puisqu'on leur observe
un cœur allongé, dorsal et contractile, d'où partent, de
chaque côté, des vaisseaux divers.

Deux à huit ouvertures stigmatiformes, situées sous le
ventre de l'animal, donnent entrée au fluide respiratoire,
qui pénètre dans autant de petites poches particulières;
et comme les parois intérieures de ces poches sont munies
de petites lames saillantes et vasculifères, le sang y vient
recevoir l'influence de la respiration. Ce sont là les branchies de ces Arachnides, et l'on sait que le propre de cet
organe respiratoire, partout si diversifié dans sa forme,

---

(1) Quelquefois il existe chez ces animaux des trachées en
même temps que des poches branchiales. Voyez les Observations de M. Dugès consignées dans la nouvelle édition du Règne
animal de Cuvier. Arachnides. pl. 4.   E.

est de pouvoir s'accommoder à respirer, soit l'eau, soit l'air même.

La bouche des Arachnides exantennées-branchiales offre toujours deux mandibules, deux mâchoires, deux palpes et une lèvre. Leur tête se confond avec la partie antérieure du tronc, et leurs pattes sont au nombre de huit.

Ces animaux vivent de proie, ont un aspect hideux, et leur morsure ou leur piqûre, toujours plus ou moins malfaisante, est, dans certaines espèces, surtout dans les pays chauds, susceptible de produire des accidens graves.

On divise cet ordre en deux sections, qui constituent deux familles particulières, savoir :

Ire SECT. Les Pédipalpes ou les Scorpionides.

IIe SECT. Les Fileuses ou les Aranéides.

Troisième Section.

LES PÉDIPALPES ou SCORPIONIDES.

Deux palpes très grands, en forme de bras avancés, terminés en pince ou en griffe. Abdomen à anneaux distincts, dépourvu de filière. Organes sexuels situés à la base du ventre.

Les Pédipalpes ont été aussi nommés Scorpionides, parce qu'ils comprennent le genre des Scorpions et qu'ils y tiennent par plusieurs rapports. Ces Arachnides, fort remarquables par leurs grands palpes qui s'avancent en forme de bras, paraissent avoisiner les Aranéides par leurs rapports; mais elles s'en distinguent toutes, parce que leurs palpes ne portent jamais les organes sexuels mâles, qu'elles ne filent point, qu'elles manquent effectivement de filière ; enfin, parce que leur abdomen est distinctement annelé. Comme elles ont plus de quatre yeux, on ne les confondra point avec les Faux-Scorpions qui ont, comme elles, des palpes grands et avancés.

Ces Arachnides sont très suspectes, et l'on a lieu de craindre leur morsure ou leur piqûre. Parmi elles, on distingue les genres Scorpion, Thélyphone et Phryné : en voici l'exposition.

SCORPION. (Scorpio..)

Deux palpes grands, épais, en forme de bras, à dernier article plus épais et en pince. Mandibules courtes, droites et aussi en pince. Mâchoires courtes, arrondies. Six ou huit yeux.

Corps oblong, divisé en plusieurs segmens, et muni postérieurement d'une queue allongée, noueuse, terminée par un aiguillon arqué. Deux lames pectinées et mobiles, insérées sous le ventre à la base de l'abdomen. Huit stigmates : quatre de chaque côté. Huit pattes.

Palpi duo magni, crassi, brachia æmulantes : articulo ultimo crassiore, chelato. Mandibulæ breves, rectæ, chelatæ. Maxillæ breves, rotundatæ. Oculi sex aut octo.

Corpus oblongum, segmentis pluribus divisum, posticè caudatum : caudâ elongatâ, nodosâ, aculeo arcuato terminatâ. Laminæ duæ pectinatæ, mobiles, infrà basim abdominis insertæ. Stigmata octo : utrinque quatuor. Pedes octo.

OBSERVATIONS. — Aucun genre n'est plus remarquable que celui des *Scorpions ;* les espèces qu'il comprend sont aux autres Arachnides branchiales ce que les Ecrevisses sont par leur figure aux crustacés brachiures. Aussi, de même que les Aranéides ou les Arachnides fileuses rappellent la figure des crabes, de même les Scorpions rappellent, en quelque sorte, celle des Ecrevisses. Néanmoins, les Scorpions sont des animaux hideux, toujours à craindre, dangereux, surtout dans les climats très chauds, par la piqûre qu'ils peuvent faire avec l'aiguillon dont leur queue est armée. En effet, on observe sous l'extrémité de cet aiguillon deux petits trous servant d'issue à une liqueur venimeuse.

Les Scorpions ont le corps allongé ; le corselet composé de quelques plaques dont l'antérieure, plus grande, est échancrée antérieurement ; l'abdomen annelé ; la queue plus longue et plus étroite que l'abdomen. Leurs yeux sont situés de manière qu'il y en a deux ou trois de chaque côté sur le bord antérieur du corselet, et deux plus gros que les autres, rapprochés et placés sur le milieu de ce corselet. Les deux peignes, situés près de la naissance du ventre, varient dans le nombre de leurs dents, selon les espèces. (1)

Ces animaux sont très carnassiers, saisissent avec leurs serres les cloportes et les insectes qu'ils rencontrent, les piquent avec l'aiguillon de leur queue, et les font passer entre leurs mandibules pour les dévorer. On les trouve à terre, sous les pierres ou d'autres corps et dans l'intérieur des maisons, se cachant sous des meubles, et fuyant la lumière. On n'en voit point dans les pays froids de l'Europe, mais seulement dans ses régions australes et en Afrique, etc.

[Ce groupe naturel a été subdivisé par Leach, et plus récemment par MM. Ehrenberg et Hemprick, d'après le nombre des yeux ; ces naturalistes ne conservent le nom générique de *Scorpions* qu'aux espèces pourvues de six yeux, et donnent le nom de *Buthus* à celles qui en ont huit ; les Scorpionides qui ont dix yeux constituent le genre *Centrarus ;* enfin MM. Ehrenberg et Hemprick désignent sous le nom d'*Androctonus* les espèces portant douze yeux. Ces caractères ne paraissent pas

---

(1) Pour plus de détails sur l'organisation des Scorpions, voyez les Mémoires de Tréviranus (*Vermischte Schriften*) de M. Léon Dufour Journal de Physique, 1817.) etc.　　　　E.

coïncider avec des différences importantes dans l'ensemble de l'organisation, et ne méritent peut-être pas de servir de base pour l'établissement de divisions génériques.   E.

ESPÈCES.

1. **Scorpion d'Afrique.** *Scorpio afer.*

> *S. nigricans ; pectinibus tredecimdentatis ; manibus subcordatis scabris pilosis ; oculis octo.*
>
> *Scorpio afer.* Lin. Fab. syst. ent. 2. p. 434.
> * Roes. Ins. 3. tab. 65. Séba. Mus. 1. t. 70. f. 1. 4.
> Latr. Hist. nat., etc., vol. 7. p. 120. pl. 60. f. 1.
> Ejusd. Encyclop. pl. 262. fig. 1.
> * Règne anim. t. 4. p. 270. etc.
> * Griffith. Anim. Kingd. Arach. pl. 1. fig. 2.
> * Guérin. Iconograph. Arach. pl. 3. fig. 2.
> * *Buthus afer.* Koch. Arachnides (suite de l'ouvrage de Hahn.) t. 3. pl. 17. pl 79. fig. 175.
> Habite en Afrique et dans les Grandes Indes. C'est la plus grande des espèces.

2. **Scorpion d'Europe.** *Scorpio europæus.*

> *S. fuscus ; pectinibus novem dentatis ; manibus ungulatis ; oculis sex.*
> *Scorpio europæus.* Lin. Fab. syst. 2. p. 435.
> Latr. Gen. 1. p. 130.
> * Ejusd. Encyclop. pl. 262. fig. 4. Règne anim. t. 4. p. 270.
> Herbst. naturg. skorp. tab. 3. f. 1-2.
> Habite l'Europe australe.

3. **Scorpion jaunâtre.** *Scorpio occitanus.*

> *S. flavescens ; pectinibus viginti octo dentibus ; caudá corpore longiore, lineis elevatis instructá.*
> *Scorpio occitanus.* Amor. Lat. gen. 1. p. 132.
> *Scorpio tunetanus.* Herbst. nat. skorp. t. 3. f. 3.
> * *Scorpio occitanus.* L. Dufour. Journ. de physiq. 1817.
> * Leach. Edimb. Encycl. t. 7. p. 428.
> * *Buthus occitanus.* Ejusd. zool. mis. t. 3. p. 53. pl. 143.
> Habite l'Europe australe, l'Espagne, la Barbarie. Il n'a que six yeux.

4. Scorpion à bandes. *Scorpio fasciatus.*

S. abbreviatus; dorso fasciis albis fuscisque variegato; pectinibus oc-todentatis, oculis septem; caudâ gracili, abdomine breviore.

Habite aux environs de Cette, en Languedoc. Cette espèce, bien dis-tincte du Scorpion d'Europe, semble avoir des rapports avec le *S. maurus* de Fabricius. L'animal a trois petits yeux en ligne transverse sur le milieu du corselet, et deux de chaque côté. Son dos présente quatorze bandes transverses, les unes très brunes, et les autres blanches; celles-ci sont un peu moins larges. Le corps est blanchâtre en dessous; chaque peigne a huit dents.

Etc.

Ajoutez :

* *Scorpio bahiensis.* Perty. Delectus. p. 200. pl. 39. fig. 11.
* *Buthus palmatus.* Hempr. et Ehrenb. symbol. physica. Animalia ar-ticulata. Arach. pl. 1. fig. 1.
* *Buthus spinifer.* Eorumdem. loc. cit. pl. 1. fig. 2.
* *Buthus filum.* Eorum. loc. cit. pl. 3. fig. 3.
* *Androctonus quinquestriatus.* Eorumdem loc. cit. pl. 1. fig. 5.
* *Androctonus tunetanus.* Eorumd. loc. cit.—*S. tunetanus?* Herbst. 111. fig. 3. *S. occitanus?* Audouin, Savigny. Egypte. Arach. pl. 8. fig. 1.
* *Androctonus macrocentrus.* Hem. et Ehren. loc. cit. pl. 1. fig. 6.
* *Androctonus thebanus.* Eorumdem. loc. cit. pl. 1. fig. 4.
* *Androctonus citrinus.* Eorumdem. loc. cit. pl. 2. fig. 2.
* *Androctonus funestus.* Eorumdem. loc. cit. pl. 2. fig. 3.
* *A. liosoma.* Eorumdem. loc. cit. pl. 2. fig. 6.
* *A. melanophysa.* Eorumdem. loc. cit. pl. fig. 8.
* *A. bicolor.* Eorumdem. loc. cit. pl. 2. fig. 4.. — *S. australis.* Au-douin. ap. Savigny. Eg. Arach. pl. 8. fig. 3.
* *A. scaber.* Hemp. et Ehrenb. loc. cit. pl. 2. fig. 7.
* *A. variegatus.* Guérin. Magas. de zool. t. 2. cl. VIII. pl. 2.

[Le comte Sternberg a découvert récemment dans le terrain houillier des environs de Rodnitz en Bohême, des Scorpions fossiles qui diffèrent à quelques égards des espèces actuelles, et qui ont reçu le nom générique de Cyclophthalmus, à raison de la disposition presque circulaire de leurs yeux, dont le nombre est de 12 comme chez les Androctones (Voyez Actes du musée de Bohême, août 1835, et Buckland. Géol. and Minéral. p. 406. pl. 46'). E.

8.

THÉLYPHONE. (Thelyphonus.)

Deux palpes en forme de bras, plus courts que les pattes, terminés en pince. Mandibules écailleuses, en pince. Deux mâchoires conniventes. Huit yeux.

Corps oblong, corselet ovale ; abdomen annelé, terminé postérieurement par une soie articulée, et caudiforme. Huit pattes.

Palpi duo brachia æmulantes, pedibus breviores, apice chelati. Mandibulæ corneæ, didactylæ. Maxillæ duæ conniventes. Oculi octo.

Corpus oblongum ; thorax ovatus ; abdomen annulatum ; posticè setâ caudiformi, articulatâ terminatum. Pedes octo.

Observations. — Quelques rapports qu'aient les *Thélyphones* avec les Scorpions, ce sont des Arachnides fort différentes. Elles n'ont point de lames pectinées sous le ventre, point d'aiguillon à l'extrémité de leur filet caudiforme. Ces animaux semblent former une transition des Scorpions aux Phrynés. Leurs yeux sont disposés en trois paquets : leurs pattes antérieures sont longues, menues, tentaculaires.

[Chez les Thélyphones, les palpes, en forme de bras, ne présentent pas des organes appartenant par leurs fonctions à l'appareil de la génération. Les pattes de la première paire sont dépourvues d'ongle, et ont le tarse multiarticulé et filiforme, tandis que les autres sont robustes et terminés par deux fortes épines ayant la forme de griffes ; l'abdomen est gros, ovalaire, et porte en dessous, près de sa base, les stigmates qui sont recouverts par une plaque ; enfin les sacs pulmonaires ou branchiaux sont au nombre de quatre ou de huit.

E.

ESPÈCE.

1. Thélyphone proscorpion. *Thelyphonus proscorpio.*
   Phalangium caudatum. Lin.
   Pall. spicil. zool. fasc. 9. p. 30. tab. 3. f. 1-2.
   Tarantula caudata. Fab. Syst. 2. p. 433.

Thelyphonus proscorpio. Lat. Gen. 1. p. 130.

Ejusd. Hist. nat., etc., 7, pl. 132. pl. 60. f. 4.

* Ejusd. Encycl. pl. 344. fig. 3 et pl. 345. fig. 1, 7, 10 et 12.

* *Thelyphonus caudatus.* Ejusd. Anim. t. 4. p. 267. etc.

* Griffith. Anim. Kingd. Arach. pl. 1. fig. 3.

* Guérin. Iconographie. Arach. pl. 3. fig. 3.

* Lucas. Monogr. du genre Thélyphone. Mag. zool. 1835. Cl. VIII. pl. 9. fig. 1.

Habite aux Indes orientales.

Nota. Latreille pense que le Thélyphone des Antilles, que l'on nomme le *Vinaigrier* à la Martinique, parce qu'il répand une odeur acide, est une espèce particulière. Voy. le journal de Physique, juin 1777.

* Un jeune entomologiste attaché au Muséum d'histoire naturelle, M. Lucas, vient de publier de nouvelles observations sur ces Arachnides, et d'augmenter considérablement le nombre des espèces. Il en a décrit 5 sous le nom de *Thelyphonus giganteus* (Lucas. Monogr. du genre Thélyphone, voy. dans le Magas. de zoolog. de M. Guérin, 1835. Cl. 8. pl. 8), de *Thel. rufimanus* (Lucas. loc. cit. pl. 10. fig. 1), de *Thel. rufipes* (Lucas, loc. cit. pl. 9. fig. 2), de *Thel. angustus* (loc. cit. pl. 10. fig. 3), et le *Thel. Spinimanus* (Ejusd. loc. cit. pl. 10. fig. 2).   E.

PHRYNÉ. (Phrynus.)

Deux palpes fort longs, épineux, onguiculés à leur sommet. Mandibules courtes, droites, didactyles. Deux mâchoires divergentes. Lèvre inférieure avancée, fourchue au sommet. Huit yeux.

Corps oblong, déprimé. Corselet réniforme. Abdomen presque pédiculé. Huit pattes. Les deux antérieures presque filiformes.

Palpi duo prælongi, spinulosi, apice unguiculati. Mandibulæ breves, rectæ, didactylæ. Maxiliæ duæ divaricatæ. Labium porrectum, apice furcato. Oculi octo.

Corpus oblongum, depressum. Thorax reniformis. Abdomen subpediculatum. Pedes octo : duobus anticis filiformibus.

Observations. — On sent que les *Phrynés* avoisinent de très près les Aranéides. Elles ont, comme ces dernières, l'abdomen bien séparé du corselet et même presque pédiculé; enfin elles n'ont plus les palpes chélifères. Néanmoins elles ont encore les mandibules didactyles, et leur abdomen est annelé transversalement. Leur défaut de queue et leurs palpes les distinguent des Scorpions et des Thélyphones.

Ces Arachnides ont la tête confondue avec le corselet, le corps glabre, les palpes coudés, les yeux disposés en trois paquets; elles sont probablement très venimeuses.

ESPÈCES.

1. Phryné réniforme. *Phrynus reniformis.*

Ph. palpis spinoso-serratis, corporis longitudine; pedibus anticis longissimis, filiformibus.

Phalangium reniforme. Lin. Pall. Spicil. zool. fasc. 9. p. 33. tab. 3. f. 3-4.

Tarentula reniformis. Fab. Syst. 2. p. 432.

Phrynus reniformis. Lat. Gen. 1. p. 129.

* Ejusd. Encyclop. Méth. ins. pl. 344. fig. 1.

* Griffith. Anim. Kingd. Arach. pl. 1. fig. 1.

* Guérin. Iconogr. Arach. pl. 3. fig. 1.

Habite l'Amérique méridionale, les Antilles.

2. Phryné lunulée. *Phrynus lunatus.*

Ph. palpis corpore subtriplo longioribus, apice spinosis; thorace lunato.

Phalangium lunatum. Pallas. Spicil. zool. fasc. 9. p. 35. tab. 3. f. 5-6. — *Tarentula lunata.* Fab. p. 433.

Phrynus lunatus. Latr. Gen. 1. p. 128.

Ejusd. hist. nat. etc., 7. p. 136. pl. 61. f. 1.

* Ejusd. Encycl. pl. 343. fig. 2.

Habite les Indes orientales, et peut-être aussi l'Amérique. Etc.

† Ajoutez :

* *Phrynus variegatus.* Perty. op. cit. p. 200. pl. 39. fig. 10.

Deuxième Section.

LES ARANÉIDES ou ARACHNIDES FILEUSES.

*Palpes simples, en forme de petites pattes : ceux du mâle
portant les organes fécondateurs. Mandibules terminées
par un crochet mobile. Abdomen sans anneaux, ayant
quatre à six filières à l'anus.*

Les *Aranéides*, fort nombreuses et diversifiées, constituent la dernière famille de la classe des Arachnides. Elles
nous paraissent les plus perfectionnées de cette classe, les
plus éminemment distinctes; et quoiqu'elles se terminent
en cul-de-sac, n'offrant aucune transition à d'autres
classes, elles ont un rapport remarquable avec les crustacés, dans leurs organes sexuels toujours doubles sur les
individus, quoique, néanmoins, ceux-ci ne soient munis
que d'un seul sexe. Leurs organes respiratoires, réduits à
un petit nombre de poches branchiales [deux seulement]
montrent en cela un perfectionnement qui ne peut être le
propre de ceux qui sont plus nombreux.

Ces Arachnides sont distinguées des Scorpionides ou
pédipalpes, parce qu'elles n'ont ni palpes ni mandibules
chélifères ; que leurs palpes, quoique saillans, sont plus
courts que les pattes, et qu'ils sont filiformes, ressemblant à deux petites pattes antérieures; que leurs mandibules sont terminées chacune par un crochet mobile que
l'animal replie, soit transversalement sur le bord antérieur et souvent denté de la mandibule, soit au-dessous;
enfin, parce que, sous l'extrémité supérieure de ce crochet, on aperçoit une petite ouverture pour la sortie du
venin.

Ce qui, en outre, caractérise singulièrement les Aranéides, c'est d'avoir près de l'anus en dessous, quatre à six mamelons qui sont autant de filières par où l'animal fait sortir des fils d'une ténuité extraordinaire, et qui lui servent, soit à envelopper ses œufs, soit à tapisser sa demeure, soit à former des toiles pour tendre des pièges aux insectes, et souvent pour se suspendre.

Les Aranéides ont le corps divisé en deux parties : 1° en tronc ou corselet qui est inarticulé, porte six à huit yeux lisses, et avec lequel la tête est confondue; 2° en un abdomen fixé à la partie postérieure du tronc par un petit pédicule. Cet abdomen est, en général, mou, tandis que le tronc est plus ferme et presque crustacé; il est ordinairement sans anneaux, ou n'offre que des plis. La disposition des yeux, selon les races, varie beaucoup et peut servir avantageusement pour établir des divisions dans cette famille. On a employé cette considération, ainsi que celle des diverses sortes de toiles que font un grand nombre de ces animaux.

Il n'est pas vrai, comme on l'a cru, que ce soit à des Aranéides que soient dues ces masses toujours tombantes de fils très blancs, nommés vulgairement *coton de la vierge*, qu'on aperçoit dans l'atmosphère uniquement dans les beaux jours, où un ciel très clair succède à un brouillard. J'en ai établi les preuves, dans mes ouvrages, par des observations et des faits qui ne peuvent laisser de doute à cet égard. (1)

Nous avons dit que les organes sexuels étaient doubles dans chaque sexe. Effectivement, ceux du mâle sont situés à l'extrémité des palpes, y forment un bouton ou un

---

(1) Latreille a montré que l'opinion de notre auteur n'est pas admissible, et que c'est à des Arachnides qu'il faut attribuer ces fils. Voyez le Règne animal de Cuvier, 2ᵉ édition, t. 4, p. 219.   E.

renflement en massue, et sont renfermés dans une cavité du dernier article de chaque palpe (1). Ceux de la femelle sont pareillement doubles, mais rapprochés; ils sont placés près de la base du ventre, entre les organes respiratoires, et y offrent, pour ouverture au-dehors, deux conduits tubuleux, cachés dans une fente transverse.

Quant aux organes respiratoires des Aranéides, ils consistent en deux poches branchiales situées de chaque côté près de la base du ventre, et dans lesquelles sont de petites lames en saillie et adhérentes aux parois de ces poches (2). Leur ouverture forme en dessous deux stigmates recouverts, la membrane qui les recouvre laissant une fente transverse pour le passage de l'air. Ces poches ne peuvent être considérées comme des poumons : leur caractère ne le permet pas. Elles sont analogues à la poche unique et respiratoire de certains mollusques trachélipodes qui ne respirent que l'eau.

Les Aranéides sont toutes très carnassières, sucent avec leur bouche et à l'aide de leurs mâchoires, les insectes qu'elles peuvent saisir, les retiennent et les tuent avec les crochets de leurs mandibules. Elles sont presque toutes terrestres, courent, la plupart avec agilité, ont une phy-

---

(1) Les palpes remplissent un rôle très important dans la fécondation; mais c'est dans l'abdomen que se trouvent les organes sécreteurs et éjaculateurs des liquides spermatiques; les palpes paraissent servir à exciter les organes femelles et à y introduire la liqueur fécondante que ces appendices recueillent sous l'abdomen après son éjaculation. Voyez à cet égard les observations de Treviranus (Vermischte Schriften), de M. Walckenaer (Hist. des Ins. aptères, t. 1), et surtout de M. Dugès (Annales des Sciences naturelles, 2° série. t. 6).   E.

(2) Voyez pour la disposition de ces organes les planches anatomiques de M. Dugès, publiées dans la troisième édition du Règne animal de Cuvier.   E.

sionomie repoussante, et sont plus ou moins venimeuses. Comme cette famille est extrêmement nombreuse en races diverses, qu'elle offre des caractères assez multipliés et dé différens ordres, on a beaucoup varié dans la manière d'y former des divisions. On n'en formait d'abord qu'un seul genre sous le nom d'*araignée*, et tout le monde effectivement reconnaît et désigne ces animaux sous cette dénomination; mais, maintenant, on les partage en un grand nombre de genres différens. Pour cet objet, il faut consulter les intéressans ouvrages de MM. WALCKENAER et LATREILLE. Quoique profitant toujours des observations de M. Latreille, et de la méthode très naturelle qu'il a établie en dernier lieu, je ne partagerai, néanmoins, les Aranéides qu'en quatre genres, et les diviserai de la manière suivante.

[Depuis la publication de cet ouvrage, les Arachnides ont été le sujet d'un grand nombre de travaux importans; l'organisation intérieure de ces animaux a été étudiée par M. Tréviranus, Dugès, etc., leur développement par M. Hérold, et leur histoire zoologique par Leach, Hahn, M. Savigny, M. Léon Dufour, M. Perty et plusieurs autres naturalistes; enfin, M. Walckenaer, à qui l'on devait déjà tant de recherches sur ce sujet, vient de publier le premier volume d'un traité général sur les Arachnides, auquel nous renverrons le lecteur pour les détails que la nature de l'ouvrage de Lamarck ne nous permet pas d'indiquer ici.

E.

DIVISION DES ARANÉIDES.

(1) Mandibules ayant leur crochet replié en travers sur le bord supérieur interne.

Filières, soit formant toutes peu de saillie, soit saillantes au nombre de quatre.

Araignée.

(2) Mandibules ayant leur crochet fléchi en bas ou en dessous.
Deux filières plus grandes et plus longues que les autres : celles-
ci très petites.
(a) Palpes insérées à la base des mâchoires, sur une dilatation extérieure et inférieure de ces parties.

Atype.

(b) Palpes insérées à l'extrémité des mâchoires.

Mygale.
Aviculaire.

ARAIGNÉE. (Aranea.)

Deux palpes saillans, pédiformes, filiformes, articulés,
arqués, terminés en massue ou par un bouton, dans les
mâles. Mandibules horizontales, ayant à leur sommet externe un ongle ou crochet mobile, subulé; replié transversalement sur le bord interne. Deux mâchoires; une lèvre
inférieure. Six ou huit yeux simples, diversement disposés
sur le corselet.

Corps ovale, partagé en deux parties. Abdomen subpé-
diculé. Quatre ou six mamelons à l'anus. Huit pattes onguiculées.

*Palpi duo exserti, pediformes, filiformes, articulati, ar-
cuati, in maculis clavâ aut capitulo terminati. Mandibulæ horizontales ; apice externo ungulo mobili, subulato,
suprà marginem internam transversim flexo. Maxillæ duæ;
labium. Oculi sex vel octo simplices suprà thoracem varie
dispositi.*

*Corpus ovatum, bipartitum : abdomine subpediculato.
Anus papillis quatuor aut sex textoriis. Pedes octo unguiculati.*

Observations. — Ce genre, comprenant la presque totalité

des Aranéides, semble devoir être divisé en plusieurs autres, comme l'ont fait Latreille et M. Walcknaer. Néanmoins, l'*Araignée*, de quelque espèce qu'elle soit, est si généralement connue sous cette dénomination, et presque toutes les espèces se rapprochent tellement par leur forme générale, que j'ai cru, pour opérer moins de changement dans la nomenclature, devoir conserver le nom d'Araignée à toutes les Aranéides dont l'onglet des mandibules se replie en travers sur le bord interne de ces mandibules. (1)

Les Araignées sont des animaux très communs, très répandus, très multipliés et diversifiés dans leurs espèces ; et la plupart fort remarquables par leurs travaux, leurs habitudes, ainsi que par les manœuvres particulières dont ils font usage.

Comme toutes les autres Aranéides, ces animaux ont la tête confondue avec le corselet, en sorte que leur corps n'offre que deux parties distinctes ; savoir : un corselet sans division, et postérieurement un abdomen qui s'y attache par un pédicule court. Le corselet est presque toujours dur ou ferme, rarement déprimé. Il porte les yeux, et c'est à sa partie inférieure (en dessous) que s'attachent les huit pattes de l'animal. L'abdomen est plus ordinairement mou, sans segmens distincts : il contient presque tous les viscères.

On sait que les yeux des Araignées sont simples, séparés, presque toujours au nombre de huit, rarement de six, et qu'ils varient beaucoup dans leur disposition selon les espèces. On a choisi la considération de la disposition des yeux, pour diviser le genre et faciliter l'étude des espèces. Olivier, à cet égard, a perfectionné la division de Degeer, et a partagé le genre des Araignées en huit sections ou familles. Ici, nous suivrons les six divisions ou tribus de Latreille , comme plus simples encore et naturelles.

Les mâles des Araignées sont très faciles à distinguer des femelles : 1° parce que leur abdomen est beaucoup plus petit , et

---

(1) Cette classification n'est adoptée par aucun entomologiste ; et en effet, les Arachnides réunies ici diffèrent trop entre elles , tant par leur organisation que par leurs mœurs, pour devoir être réunies dans un même genre.   E.

qu'il l'est même quelquefois plus que le corselet ; 2° parce que le dernier article de leurs palpes est renflé en massue ou en bouton, et qu'il contient les organes de la fécondation (1). Ainsi, les femelles ayant leur double partie sexuelle située sous l'abdomen près de sa base, et les mâles ayant la leur à l'extrémité de leurs palpes, l'accouplement de ces animaux ne consiste qu'en plusieurs contacts alternatifs de chacun des palpes du mâle contre la partie du sexe de la femelle, qui est alors dilatée.

Les filières des Araignées sont à l'extrémité de l'abdomen, près de l'anus. Elles consistent en quatre ou six mamelons percés de petits trous par où elles rendent la liqueur singulière qui, en se séchant, constitue le fil avec lequel les unes forment leur toile ou se suspendent, les autres tapissent leur retraite, et toutes enveloppent leurs œufs. Comme les autres Aranéides, toutes sont effectivement des fileuses ; mais toutes ne forment point de toiles pour tendre des pièges.

Les Araignées sont carnassières, très voraces, dévorent ou sucent les insectes qu'elles peuvent saisir, les autres Arachnides plus faibles qu'elles, et même les individus de leur espèce, lorsqu'elles en trouvent l'occasion. Elles ont la faculté de repousser les pattes qu'on leur a arrachées ou qu'elles ont perdues par accident.

Dans la citation du petit nombre d'espèces que les bornes de cet ouvrage me permettent, j'indiquerai les principales divisions que l'on doit faire dans ce genre, ainsi que leurs caractères généraux. Quant aux dernières coupes formées parmi les Araignées, et présentées comme genre, ces coupes ne me paraissent pas offrir, dans les caractères qui leur sont assignés, des différences partout comparatives et suffisantes pour les limiter avec précision, je me contente de les indiquer par leur nom, et ici je renvoie aux ouvrages de Latreille, où l'on en trouvera les détails. Voici le tableau des principales divisions qui partagent ce genre.

----

(1) Voyez la note de la page 121.

DIVISION DES ARAIGNÉES EN SIX TRIBUS.

§ **Araignées sédentaires.** *Les yeux rapprochés dans la largeur de l'extrémité antérieure du corselet, soit au nombre de six, soit au nombre de huit, et dont quatre ou deux au milieu, et deux ou trois de chaque côté.*

> Elles font des toiles, ou jettent au moins quelques fils pour surprendre leur proie, et se tiennent immobiles dans leur piège ou auprès.

Ire **Tribu.** Araignées tapissières (les *tubitèles*. Lat.).

> Elles font des toiles serrées, soit tubulaires, soit en nasse ou en trémie. Quatre filières saillantes, en faisceau. La plupart sont nocturnes.

IIe **Tribu.** Araignées filandières (les *inequitèles*. Lat.).

> Elles font des toiles à réseau irrégulier, à fils, se croisant en tout sens et sur plusieurs plans. Filières peu saillantes, convergentes et en rosettes.

IIIe **Tribu.** Araignées tendeuses (les *orbitèles*. Lat.).

> Elles font des toiles à réseau régulier, composées de cercles concentriques, coupés par des rayons partant du centre où l'animal se tient le plus souvent. Filières comme dans les filandières. Pattes grêles.

IVe **Tribu.** Araignées crabes (les *latérigrades*. Lat.).

> Elles ne font point de toiles, jettent seulement quelques fils pour arrêter leur proie, et se tiennent tranquilles en l'attendant. Les quatre pattes antérieures toujours plus longues que les autres.

§§ **Araignées vagabondes.** *Les yeux, toujours au nombre de huit, s'étendant presque autant, ou plus, dans le sens de la longueur du corselet que dans celui de sa largeur.*

> Elles ne font point de toiles, courent ou sautent après leur proie, et ne tendent point de piège fixe.

Ve **Tribu.** Araignées loups (les *citigrades*. Lat.).

> Elles attrapent leur proie à la course, et ne sautent presque point.

VIᵉ **Tribu.**—Araignées sauteuses (les *saltigrades*. Lat).

Elles courent et sautent sur leur proie, se tenant ou se suspendant par un fil. Elles ont souvent les cuisses des deux pattes antérieures plus grandes.

ESPÈCES.

(ARAIGNÉES SÉDENTAIRES.)

Iʳᵉ **Tribu.** — Les tapissières ou *tubitèles.*
(a) *Segestria.* Lat. (1)

1. Araignée sénoculée. *Aranea senoculata.*

> *A. thorace nigricanti-brunneo; abdomine oblongo griseo : fasciâ longitudinali è maculis nigricantibus.*
> *Aranea senoculata.* Lin. Fab. syst. 2. p. 426.
> Degeer. Ins. 7. p. 258. pl. 15. f. 5.
> *Segestria senoculata.* Lat. Gen. 1. p. 89.
> * Hahn. Arachnides. pl. 1. fig. 2.
> * Griffith. Anim. Kingd. Arachn. pl. 15. fig. 10.
> * Walckenaer. Hist. des ins. apt. t. 1. p. 268.
> Habite en Europe, dans les trous des murailles, etc., dans des tubes de soie.

2. Araignée des caves. *Aranea cellaria.*

> *A. fusco nigra, obscurè cinereo-sericea; mandibulis viridibus; pectore pedumque origine brunneis.*
> *Aranea florentina.* Ross. Faun. étr. 2. p. 133. t. 9. f. 3.

---

(1) **Les Segestries** sont des Araignées pourvues seulement de six yeux placés sur le devant du céphalothorax, ayant les pattes fort allongées, la lèvre allongée et cylindroïde, et portant quatre stigmates, mais seulement deux poches pulmonaires et branchiales; car, ainsi que l'a constaté récemment M. Dugès, il existe chez ces animaux des trachées aussi bien que des poumons, et c'est par les stigmates de la seconde paire que l'air pénètre dans ces tubes respiratoires, disposition qui se rencontre aussi chez les Dysdères.   E.

Segestria cellaria. Lat. Gen. 1. p. 88.

* L. Dufour. Ann. des Sc. nat. 1re série. t. 2. pl. 10. fig. 5.

* Savigny. Arachnides d'Egypte. pl. 1, fig. 2.

* *S. perfida.* Latreille. Règn. anim. t. 4. p. 240; cours d'Entomol. p. 515; etc.

* Walckenaer. Faune. Fran. arach. pl. 10. fig. 5. et Hist. des Ins. apt..t. 1. pl. 267. pl. 6. fig. 3 et 4.

* Griffith. Anim. Kingd. Arachn. pl. 15. fig. 11-15.

* Dugès. Règn. animal de Cuvier, 3e édit. Atl. arach. pl. 4. fig. 4 et pl. 7. fig. 3.

Habite en Europe, dans les fentes de vieux murs, dans les caves.

(b) *Dysdera*. Lat. (1)

3. Araignée érythrine. *Aranea erythrina.*

A. mandibulis thoraceque sanguineo-rubris; pedibus dilutioribus.

Aranea rufipes. Fab. Syst. 2. p. 426.

Dysdera erythrina. Lat. Gen. 1. p. 90. tab. 5. f. 3. Rè gneanim. t. 4. p. 234 ; et cours d'Entomol. p. 512.

* L. Dufour. Ann. des Sc. phys. de Bruxelles. t. 5. pl. 73. fig. 7.

* Hahn. Arachnides. pl. 1. fig. 3.

* Walkenaer. Faune française. Aran. p. 185 ; et Hist. des ins. apt. t. 1. p. 261.

* Dugès. Règ. anim de Cuvier. 3e éd. Atlas. Arach. pl. 5. fig. 4.

Habite en France, sous les pierres. Elle est rouge et n'a que six yeux comme les précédentes.

* Le *Dysdera erythrina* de Savigny. Arach. de l'Egypte. pl. 3. fig. 6. paraît être une espèce distincte de la précédente ; M. Reuss lui a donné le nom de *D. lata.*

---

(1) Les DYSDÈRES se rapprochent des Ségestries par l'existence de quatre stigmates et de trachées, aussi bien que de poumons, par le nombre et la position des yeux, et par la forme du tube soyeux dans lequel ces Aranéides se renferment; ils s'en distinguent par la forme de la lèvre, par la manière dont les yeux sont groupés, etc.

Le genre ARIADNE de M. Savigny (Egypte, Arachn. Expl. de la pl. 1 fig. 3) rentre dans le genre Dysdère (Voyez Walckenaer. Ins. aptères, t. 1, p. 264.   E.

(c) *Clotho.* Walck. et Lat. (1)

4. Araignée de Durand. *Aranea Durandii.*

A. thorace fusco-brunneo, flavo marginato; abdomine nigro: maculis quinque rufis; oculis octo.

Clotho Durandii. Latr. Gen. 4. p. 371. Règne anim. t. 4. p. 237; et cours d'Entom. p. 519.

* *Uroctea quinque maculata.* L. Dufour. Ann. des Sc. phys. de Brux. t. 5. pl. 76. fig. 1.

* *Clotho Durandii.* Latr. Règn. anim. de Cuvier. t. 4. p. 237.

* Walckenaer. Ins. apt. t. 1. p. 636. pl. 14. fig. 3.

* Dugès. Règn. anim. du Cuvier. Atlas. Arachn. pl. 6. fig. 2.

Habite à Montpellier, et fait son nid entre les pierres.

(d) *Aranea domestica.* Lat. *Tegenaria.* Walck. (2)

---

(1) Les CLOTHOS de M. Walckenaer, ou UROCTÉES de M. L. Dufour, ont les yeux au nombre de huit et disposés sur deux lignes transversales plus ou moins courbes, les mâchoires courtes et conniventes, de manière à former un cintre autour de la lèvre, les pattes robustes, longues et presque égales entre elles, le corps trapu et les filières rapprochés en un faisceau dirigé en arrière. Le genre *Enyo* de M. Savigny, rentre dans cette division.

E.

(2) Les ARAIGNÉES PROPREMENT DITES (*Aranea*), de Latreille, qui comprennent les genres *Tegenaria, Agelina* et *Nyssus* de M. Walckenaer, n'ont pas les mâchoires disposées en cintre autour de la lèvre, comme chez les Clothos et les Drassus; leurs yeux sont au nombre de huit, dont les quatre premiers disposés en une ligne courbe, et leurs filières supérieures sont notablement plus longues que les autres.

Les genres LACHÉSIS et ERIGONE de M. Savigny, prennent place dans la section des Tubitèles à côté des Tegenaires et des Drassus auxquels ils ressemblent par leurs mâchoires très inclinées sur la lèvre, mais s'en distinguent par la dilatation de ces organes du côté extérieur au point d'insertion des palpes. Chez les Lachésis, le crochet des mandibules est très court, aigu, recourbé et saillant dans le repos, et leur article basilaire n'est pas denté en dessous; enfin les yeux sont inégaux, et

5. Araignée domestique. *Aranea domestica.*

A. griseo-fusca; abdomine nigricante : fasciâ dorsi longitudinali maculosâ; pedibus elongatis.

Aranea domestica. Lin. Fab. syst. 2. p. 412.

Lat. Gen. 1. p. 96.

* *Tegenaria domestica.* Savigny. Descript. de l'Egypte. Arachn. pl. 1. fig. 5.

* Griffith. Anim. Kindg. Arachn. pl. 11. fig. 11 et 12.

* *Aranea domestica.* Dugès. Atlas du Règne anim. de Cuvier. Arachn. pl. 8. fig. 3.

Habite en Europe. Commune dans les maisons, faisant son nid et ses toiles horizontalement, dans les angles des fenêtres et des murs. Elle a huit yeux.

(e) *Drassus.* Walck et Lat. (1)

6. Araignée lucifuge. *Aranea lucifuga.*

A. mandibulis nigricantibus; thorace pedibusque obscurè-brunneis; abdomine murino nigro sericeo.

Drasse lucifuge. Walck. Tab. des ar. p. 45.

Drassus melanogaster. Lat. Gen. 1. p. 87.

Schæff. Ic. ins. pl. 101. f. 7.

* Hahn. Arachniden. pl. 41. fig. 102.

---

disposés quatre au milieu et deux de chaque côté, de manière à représenter deux lignes courbes, à-peu-près parallèles, dont la concavité serait dirigée en avant (exemple chez le *Lachésis perversa*, Savigny, Egypte, Arachn. pl. 1, fig. 4; — Latreille, Cours d'Entomol. p. 521. — Walcken. Ins. apt. pl. 17. fig. 1.)

Les Erigones ont les yeux disposés à-peu-près de même que chez les précédentes, mais plus égaux, et chez le mâle, l'article basilaire des mandibules présente du côté extérieur une rangée d'épines. (Voy. Savigny, op. cit. pl. 1. fig. 9. — Latreille, Cours d'Entomol. p. 522. — Walck. op. cit. pl. 17. fig. 2.)   E.

(1) Les Drasses se rapprochent des Clothos par la disposition générale des yeux et des mâchoires; mais ces derniers organes, au lieu d'être courts et arrondis en haut, sont allongés et tronqués obliquement à leur extrémité, et les mandibules au lieu d'être très petites comme chez les Clothos, sont robustes et saillantes.   E.

* *Filistata femoralis.* Reuss et Wider. Mus. Senckenbergianum. pl. 14. fig. 5.
* *Drassus lucifugus.* Walckenaer. Faune. p. 155. et Ins. apt. t. 1. p. 613.
* *D. melanogaster.* Dugès. Règne anim. de Cuvier. atlas. Arach. pl. 5. fig. 4.

Habite en France, sous les pierres. Elle se renferme dans des cellules de soie. Huit yeux sur deux rangs.

(f) *Clubiona.* Lat. (1)

7. Araignée lapidicole. *Aranea lapidicola.*

A. thorace mandibulis pallidè rufescentibus; pedibus dilutioribus ; abdomine cinerascente.

Clubiona lapidicola. Lat. Gen. 1. p. 91. ·

Clubione lapidicole. Walckenaer. Tab. des ar. p. 44.

* Hahn. Arachniden. pl. 40. fig. 100.
* Walck. Ins. apt. t. 1. p. 598.

Habite aux environs de Paris, sous les pierres.

8. Araignée soyeuse. *Aranea holosericea.* ·

A. elongata, cinereo-murina; thorace pallido-virescente ; abdomine rubro-nigricante: vellere murino.

Aranea holosericea. Lin. Degeer. pl. 15. f. 13.

Clubiona holosericea. Lat. Gen. 1. p. 91.

* Hahn. Monogr. pl. 4. fig. A; Arachnid. pl. 29. fig. 84.
* Walckenaer. Faune française. Aran. pl. 7. fig. 8. Hist. des ins. apt. t. 1. p. 590.

---

(1) Les CLUBIONES ne diffèrent guère des précédentes, qu'en ce que les filières extérieures sont à-peu-près d'égale longueur, et que la ligne formée par les quatre yeux antérieurs, est à-peu-près droite.

Le genre ANYPHOENA de Sundeval (conspectus Arachnidum, p. 20) rentre dans le genre Clubione.

Le genre DESIS de M. Walckenaer établit à certains égards un passage entre les Dysdères et les Clubiones, mais diffère des uns et des autres par l'existence de 3 griffes aux tarses comme chez les Tégénaires, les Epéires, etc.; les yeux, au nombre de 8, sont disposées à-peu-près comme chez les Clubiones. (Voyez Walckenaer; Hist. des Ins. apt. t. 2. p. 611).

* Griffith. Anim. Kingd. Arachn. pl. 11. fig. 8.
Habite en Europe, sous l'écorce des arbres.

(g) *Argyroneta*. Lat. (1)

9. Araignée aquatique. *Aranea aquatica.*

A. nigricante-brunnea ; abdomine nigro velutino : punctis aliquot impressis dorsalibus.

Aranea aquatica. Lin. Fab. Syst. 2. p. 418.
Degeer. Ius. 7. p. 303. pl. 19. f. 5.
Geoff. 2. p. 644. n. 7.
Argyroneta. aquatica. Lat. Gen. 1. p. 94. Règne anim. p. 242; et cours d'Entomol. p. 523.
* Hahn. Arachniden. pl. 49. fig. 118.
* Dugès. Atlas du Règne anim. de Cuvier. Arachn. pl. 9. fig. 3.
* Walckenaer. Ins. apt. pl. 22. fig. 4.
Habite en Europe, dans les eaux douces. Son abdomen est enveloppé dans une bulle d'air. Elle forme dans l'eau, une coque ovale, tapissé de soie et remplie d'air. Il en part des fils dirigés en tout sens et qui s'attachent aux herbes.

IIe TRIBU. Les filandières ou *inéquitèles*.

(a) *Scytodes*. Lat. (2)

10. Araignée thoracique. *Aranea thoracica.*

A. pallido-rufescenti-albidá, nigro-maculata ; thorace magno, gibboso; abdomine subglobosu.
Scytodes thoracica. Lat. gen. 1. p. 99.

---

(1) Les ARGYRONÈTES sont des Aranéides aquatiques qui ont, comme les Tégénaires, les yeux presque égaux, mais disposés autrement; quatre de ces organes occupent le milieu de la partie antérieure du chaperon et représentent un carré, et de chaque côté on trouve deux yeux très rapprochés entre eux, et placés sur une éminence spéciale. Les mâchoires sont inclinées sur la lèvre dont la forme est triangulaire.   E.

(2) Les SCYTODES ressemblent aux Dysdères et aux Ségestries par le nombre de leurs yeux ; mais ces organes sont situés par paires en avant et sur les côtés du céphalothorax. Elles ont les mâchoires étroites, cylindroïdes et très inclinées sur la lèvre

Scytode thoracique. Walck. Tab. des ar. p. 79.

* Savigny. Arachn. de l'Egypte. pl. 5. fig. 1 et 2.

* Griffith. Anim. Kingd. Arachn. pl. 2. fig. 3.

* Guérin. Iconog. Arachn. pl. 1. fig. 3.

* Walckenaer. Hist. des ins. aptér. t. 1. p. 271. pl. xi. fig. 3.

* Dugès. Atlas du Règne anim. de Cuvier. Arachn. pl. 9. fig. 4.

Habite aux environs de Paris, dans les maisons.

(b) *Theridium.* Lat. (1)

11. Araignée sisyphe. *Aranea sisyphia.*

A. rufa; abdomine globoso : vertice variegato, lineolis albis ra-
diato.

Araignée sisyphe. Lat. Hist. nat., etc. vol. 7. p. 229.

Theridium sisyphum. Lat. Gen. 1, p. 97.

Walck. Tabl. des ar. p. 74.

* Hahn. Arachnides. pl. 58. fig. 138.

* Griffith. Anim. Kindg. Arachn. pl. 10. fig. 4 et 5.

---

qui est bombée et triangulaire, les pattes fines, etc.; enfin elles tendent des fils lâches qui se croisent en tous sens et sur plusieurs plans.

M. Walckenaer rapproche de ces Arachnides son genre Uf-
tiotes qui a pour caractères principaux : six yeux disposés sur trois lignes, mâchoires droites, courtes et recouvrant la lèvre qui est triangulaire, pattes fortes et renflées (Voy. Ins. aptères, t. 1, p. 277). E.

(1) Les Théridions ont comme les Argyronètes huit yeux, dont les deux latéraux situés de chaque côté sur une éminence commune, et les quatre du milieu disposés en carré. Mais les deux antérieurs de ces derniers sont placés sur une petite éminence; les pattes antérieures et ensuite les postérieures, sont les plus longues; enfin le corselet est en forme de cœur renversé, et l'abdomen est mou et volumineux. E.

Le genre Latrodectus de M. Walckenaer est très voisin des Théridions dont ils se distinguent cependant par la disposition des yeux, qui sont presque égaux et rangés sur deux lignes écartées et légèrement divergentes. C'est à cette division qu'appartient le *Malmignatte* du midi (Walck. Ins. apt. pl. 14. fig. 4.)

Habite en Europe, sous les corniches et autres saillies des bâtimens.

12. Araignée couronnée. *Aranea redimita.*

A. flavescente albida ; abdomine ovato, annulo dorsali roseo.
Aranea redimita. Lin.
Degeer. Ins. 7. pl. 14. f. 4.
Theridium redimitum. Lat. gen. 1. p. 97.
Habite en Europe, sur les arbres. Elle fait son nid dans une feuille qu'elle plie en rapprochant et retenant les bords avec des fils.
Etc. Ajoutez l'*aranea* 13-*guttata* de Fabricius. Sa morsure est très dangereuse.

(c) *Episinus.* Lat. (1)

13. Araignée tronquée. *Aranea truncata.*

A. oculis octo, suprà eminentiam impositis ; thorace angusto.
Episinus truncatus. Lat. Gen. 1. p. 97.
* Walckenaer. Ins. apt. pl. 21. fig. 1.
Habite dans le Piémont.

(d) *Pholcus.* Lat. (2)

14. Araignée phalangiste. *Aranea phalangioides.*

A. pallido livida ; abdomine elongato, mollissimo, obscurè cinereo ; pedibus longissimis.

---

(1) Les Episines ressemblent aux Théridions par les proportions de leurs pattes et le nombre des yeux ; mais ils ont ces derniers organes rapprochés sur une élévation commune, et leur corselet est étroit et presque cylindrique.　　E.

(2) Les Pholcus ont la seconde paire de pieds plus longue que la quatrième, leurs yeux sont répartis en trois groupes, dont l'un médian et antérieur, composé de deux yeux placés sur une ligne transverse, et dont les deux latéraux composés chacun de trois yeux disposés en triangle.　　E.

Le genre Artéme de M. Walckenaer prend place à côté des Pholques, et se fait remarquer par la disposition singulière des mandibules qui, portés sur un prolongement antérieur du corselet, donnent à la tête quelque ressemblance avec celle du Charançon. (Hist. nat. des Ins. aptères, t. 1. p. 656. pl. 15. fig. 1.)

Araignée domestique à longues pattes. Geoff. *. p. 65r.

Aranea phalangioïdes. Fourc. Entom. Paris. *. p. 2r3.

Pholcus phalangioïdes. Lat. Gen. 1. p. 97.

* Ejusd. Règne animal. t. 4. p. 244.

* Griffith. Anim. Kindg. Arachn. pl. r3. fig. 6.

* Dugès. Altas du Règne anim. de Cuvier. Arachn. pl. 9. fig. 6.

* Walckenaer. Ins. apt. pl. 8. fig. 3.

Habite en France, dans les lieux inhabités des maisons, aux angles des murs. Elle fait vibrer son corps, comme les Tipules.

IIIe Tribu. — Les tendeuses ou *orbitèles.*

(a) *Linyphia.* Lat. (1)

15. Araignée triangulaire. *Aranea triangularis.*

A. pallido-rufescente-flavescens; thorace lineâ dorsali nigrâ antice, bifidâ; abdomine maculis fasciisque angulatis, fuscis et albis.

Araignée renversée sauvage. Degeer. 7. pl. 14. f. 13.

Araignée triangulaire. Lat. Hist. nat., etc. 7. p. 242.

Linyphia triangularis. Lat. Gen. 1. p. 100.

* Griffith. Anim. Kingd. Arachn. pl. 12. fig. 1.

Habite en Europe, dans les haies, les buissons, sur les genêts, où elle fait une toile horizontale, et tend des fils au-dessus.

(b) *Uloborus.* Lat. (2)

16. Araignée de Walckenaer. *Aranea Walckenæria.*

A. elongata, flavo-rufescens; thorace abdomineque sericeis, dorso albis; abdominis villis fasciculatis.

---

(1) Les Linyphies ont aussi les pieds de la première paire et ensuite ceux de la seconde paire les plus longs, et les yeux au nombre de huit, dont quatre au milieu formant un trapèze, et deux de chaque côté; les yeux, formant le côté postérieur de ce trapèze, sont beaucoup plus gros que les autres.   E.

(2) Les Ulobores ont les quatre yeux postérieurs disposés à intervalles égaux sur une ligne transversale droite, et les antérieurs représentant une légère courbe dont la concavité est dirigée en avant; leurs mâchoires s'élargissent un peu au dessus de leur base et se terminent en forme de palette ou de spatule; les tarses des trois dernières paires de pattes se terminent par un seul onglet. Enfin, le corps est allongé et presque cylindrique.   E.

Uloborus Walcknœrius. Latr. Gen. 1. p. 110.

* Hahn. Arachniden. pl. 35. fig. 92.

* Dugès. Atlas du Règne anim. de Cuvier. Arachn. pl. 10. fig. 4.

* Walckenaer. Ins. apt. pl. 20. fig. 1.

Habite près de Bordeaux, dans les bois, où elle fait sur les pins des toiles horizontales.

(c) Tetragnatha. Lat. (1)

17. Araignée patte-étendue. *Aranea extensa.*

A. abdomine longo, argenteo fuscoque virescente ; pedibus longitudinaliter extensis.

Aranea extensa. Lin. Fab. Syst. 2. p. 407.

Aranea. Geoff. 2. p. 642. n° 3.

Degeer. Ins. 7. p. 236. n° 10.

Tetragnatha extensa. Lat. Gen. 1. p. 101.

* Hahn. Arachn. pl. 56. fig. 129.

* Giffith. Anim. Kingd. Arachn. pl. 12. fig. 6.

* Dugès. Atlas du Règne anim. de Cuvier. Arachn. pl. 10. fig. 5.

Habite en Europe, dans les bois, les lieux humides. Ses pattes antérieures sont étendues en avant. Elle fait des toiles verticales.

(d) Epeira. Walck. Lat. (2)

2. Araignée diadème. *Aranea diadema.*

A. griseo-rufescens ; abdomine, globoso-ovato, rubro-fusco : cruce albo punctatá.

Aranea diadema. Lin. Fab. Syst. 7. p. 415.

---

(1) Les **Tetragnathes** ont les yeux presque égaux, et situés quatre par quatre, sur deux lignes presque parallèles, et séparées par des intervalles presque égaux, les mâchoires longues, étroites et élargies seulement à leur extrémité supérieure; enfin, les mandibules sont longues, surtout chez le mâle. Ce groupe est le même que le genre **Eugnate** de M. Savigny.   E.

(2) Dans le genre **Épéire** les quatre yeux latéraux sont rapprochés par paires, et presque contigus, tandis que les quatre autres forment au milieu un quadrilatère; les mâchoires se dilatent dès leur base, et forment une palette arrondie; enfin la lèvre est presque demi circulaire. Les **Argyopes** de M. Savigny sont des Épéires ayant les yeux latéro-antérieurs plus petits que les autres.   E.

Rœsel. Ins. 4. pl. 35-40. Geoff. 2. p. 647.
Degeer. Ins. 7. p. 218. pl. 11. f. 3.
Epeira diadema. Lat. Gen. 1. p. 106.
* Hahn. Arachnides. pl. 45. f. 110.
* Griffith. Anim. Kingd. Arachn. pl. 14. fig. 9.
Habite en Europe , dans les jardins. Très commune en automne
Elle fait des toiles verticales. (Voyez pour l'anatomie de cette es-
pèce, le travail de Treviranus. Verm. Schrift. t. 1.)

IV⁰ Tribu. — Araignées crabes ou *latérigrades.*

(a) *Micrommata.* Lat. (1)

19. Araignée émeraudine. *Aranea smaragdula.*

> *A. lætè viridis; abdomine fasciâ dorsali longitudinalique inten-*
> *siore.*

Le genre Acrosoma de Perty est une subdivision des Epéires
de Latreille et de M. Walckenaer, comprenant les espèces dont
le corps est membranéo-corné, l'abdomen épineux, mutique et
très rarement clypéiforme; le céphalothorax plus étroit que
l'abdomen, et les yeux, au nombre de 8 , savoir : 4 disposés en
carré au milieu, et 2 de chaque côté. L'auteur de cette division
nouvelle y range un assez grand nombre d'espèces déjà connue et plusieurs Arachnides nouvelles trouvées au Brésil par
Spix et Martius. (Voy. Delect. p. 195. pl. 8. fig. 7, 8, 9, 10 et 11
Voyez aussi Hahn. Arachnides. pl. 43.)   E.

(1) Le genre Micrommate de Latreille ou Sparassus de
M. Walckenaer se distingue des autres divisions de la même
tribu par ses mâchoires droites, parallèles et arrondies au bout,
et par ses yeux égaux disposés quatre par quatre, sur 2 lignes
transverses dont la postérieure est la plus longue, et arquée en
arrière. Les pieds ont la même longueur relative que chez les
précédens.   E.

Le genre Celastes de M. Walckenaer établit le passage entre
les Micrommates et les Olios; de même que chez ceux-ci, les
mâchoires sont articulées presque horizontalement, et s'avancent à la partie antérieure du corselet, les mandibules sont
très allongées et obliques, les yeux presque égaux entre eux et

Aranea smaragdula. Fab. Syst. 2. p. 412.

Lat. Hist. nat., etc. vol. 7. p. 278.

Araignée toute verte. Degeer. Ins. 7. p. 252. pl. 18. f. 6.

Sparasse. Walckn. Tab. des ar. p. 39.

Micrommata smaragdina. Lat. Gen. 1. p. 115.

 * *Mirommate argelas.* L. Dufour. Ann. des Sc. phys. t. 5. p. 306. pl. 95. fig. 1.

 * Latreille. Règne animal. 2e édit. t. 4. p. 252.

 * *Smaragdina.* Hahn. Arachniden. pl. 33. fig. 89.

 * *Sparassus smaragdulus.* Walck. Ins. apt. t. 1. p. 582.

 * Dugès. Atlas du Règne anim. Arachn. pl. 11. fig. 4.

Habite en France, dans les bois. Elle se tient sur les feuilles, guette sa proie, et court après.

Nota. Après ses micrommates, M. Latreille place le genre *Selenopa* (1) (de Dufour) qui est encore inédit. Ici, il y a six yeux de front sur une ligne, et deux autres, situés, un de chaque côté, derrière les extrêmes de la ligne précédente. Une espèce se trouve en Espagne, et une autre à l'Ile-de-France.

(b) *Thomisus.* Walck. et Lat. (2)

A. corpore griseo, nigro maculato; abdomine plano, rhomboidali; pedibus tertiis posticis longioribus.

---

placés sur deux lignes, dont l'antérieure droite et la postérieure très courbe en avant. Enfin, les pattes sont très allongées et très inégales entre elles. Hist. des Ins. aptères, t. 1. p. 577.)

(1) Les SÉNÉLOPES diffèrent des Micrommates par les proportions des membres aussi bien que par la disposition des yeux; les pattes de la seconde et ensuite celles des deux paires suivantes, dépassent en longueur celles de la paire antérieure. L'espèce type de ce genre est le *Selenops omalosome* (L. Dufour. Ann. des Sc. phys. t. 5. p. 69. fig. 4. — Latreille, Règne anim. t. 4. p. 253. Walcken. Ins. apt. t. 1. p. 544. Dugès. Atlas du Règne animal. Arach. pl. 12. fig. 1.)

(2) Les THOMISES ont les yeux placés sur deux lignes, en croissant, les mâchoires allongées et conniventes, les mandibules courtes, et les pattes des deux dernières paires sensiblement plus courtes que celles de la paire antérieure. Les yeux latéraux sont souvent portés sur des éminences.

Le genre DELÈNE, *Delena* de M. Walckenaer est un démem-

Araignée tigrée. Degeer, Ins. 7. p. 302. pl. 18. f. 25.
Aranea lævipes. Lin. Fab. Syst. 2. p. 413.
Thomisus tigrinus. Walck. Latr. Gen. 1. p. 114.

brement de ses Thomises; il y assigne pour caractères : « yeux hauts, presque égaux entre eux, sur deux lignes, rapprochées sur le devant de la tête, et dilatées transversalement. Lèvre large, carrée, échancrée, ou coupée en ligne droite, à son extrémité. Mâchoires droites, ou légèrement écartées et divergentes à leurs côtés internes, inclinées sur la lèvre arrondie. Pattes de longueur inégale ; les antérieures les plus longues. » Il rapporte à ce genre le *Thomisus cancerides*. Walck. (Tab. des Aranéides, pl. 4. fig. 29 et 30), l'*Épeira hastifera* de M. Percheron (Mag. de Zoolog. de Guérin, cl. 8, pl. 4), et plusieurs espèces nouvelles (Voyez Hist. des Ins. apt. t. 1. p. 490).

Le genre ARKYS, du même auteur, prend place à côté du précédent, et offre les caractères suivans : « yeux, 8, presque égaux, placés sur deux lignes occupant le devant du corselet; les quatre intermédiaires formant un quadrilatère; les latéraux écartés sur les côtés de la tête, et rapprochés entre eux. Lèvre courte, arrondie à son extrémité, légèrement resserrée à sa base. Mâchoires allongées, inclinées sur la lèvre, cylindroïdes, arrondies à leur extrémité, légèrement creusées sur le côté interne; pattes allongées, étendues latéralement; les deux paires antérieures beaucoup plus grosses et plus allongées que les postérieures. La première paire la plus longue, la seconde ensuite, la troisième la plus courte. » (Voyez Hist. des Ins. aptères, t. 1, p. 497).

Le genre ERIPUS de M. Walckenaer est également un démembrement des Thomises, et se reconnaît à la disposition des yeux qui sont groupés autour de deux tubercules verticaux, et a quelques autres caractères, il se compose d'une seule espèce : le *Thomisus heterogaster* figuré comme type du genre Thomise, par M. Guérin dans son Iconog. du Règne animal. Arach. pl. 1. fig. 4 (voyez Walck. Hist. des Ins. apt. t. 1. p. 541.)

Enfin, son genre OLIOS est encore un démembrement des Thomises et se rapproche des Philodromes et des Micrommates plus que de toutes les autres Aranéides. Ces animaux ont les

20. Araignée tigrée. *Aranea tigrina*,

> * *Philodromus tigrinus*. Walck. Ins. apt. t. 1. p. 551. (1)
> Habite en Europe, sur les arbres. Elle court très vite.

21. Araignée à crête. *Aranea cristata*.

> *A. corpore pallido-griseo-rufescente ; abdomine suborbiculato, su-*
> *prà brunneo : fasciâ dorsali pallidiore; lateribus dentatâ.*
> *Aranea cristata.* Lat. Hist. nat., etc. 7. p. 286.
> Clerck. Aran. pl. 6. tab. 6.
> *Tomisus cristatus.* Lat. Gen. 1. p. 111.
> * M. Walkenaer rapporte à cette espèce.
> * Le *Thomisus ulmi.* Hahn. Monogr. der Aran. pl. 2. fig. A ; et die
>   Arachn. pl. 10. fig. 30.
> * Le *T. lateralis.* Hahn. Monog. der Aranea et Arachn. pl. 10. fig. 31.
> * Le *T. Pini.* Hahn. Arachniden. pl. 8. pl. 23.
> * Le *T. sabulosus.* Du même. op. cit. pl. 8. fig. 24.
> * Le *T. viaticus.* Du même, pl. 8. fig. 29.

---

yeux étalés sur deux lignes parallèles, dont l'antérieure est de beaucoup plus courte; la lèvre large, quadriforme ou tronquée; les mâchoires écartées droites ou inclinées, et disjointes ou divergentes à leur extrémité; les mandibules allongées et cylindroïdes, et les pattes presque égales entre elles, allongées et fortes. Ils sont de grande taille, et par leur aspect, rappellent un peu les Mygales.

(1) Latreille range aussi dans la tribu des araignées latérigrades le genre PHILODROME de M. Walckenaer, division qui a été formée aux dépens des Thomises; il le distingue par ses mandibules allongées et cylindriques, et par la longueur des pieds de la dernière paire ou même des deux dernières paires qui ne diffère pas sensiblement de celle des pieds des deux paires antérieures. Les uns ont le corps large et aplati, avec l'abdomen très court, les autres ont le corps allongé et l'abdomen souvent cylindrique. Enfin, leurs yeux sont disposés comme chez les Thomises, si ce n'est que ceux situés sur les côtés, ne sont jamais portés sur des tubercules ou des éminences.

Le genre *Thaumasia* de Perty (Delect. Anim. p. 192), rentre dans le genre Philodrome de M. Walckenaer.

F.

* Le *Xysticus audax*. Kock. contin. de Panzer fasc. 129. fig. 16. 17.
* Le *X. viaticus*. Koch. loc. cit. fasc. 130. fig. 13. 14.
* Le *X. mordax*. Du même, loc. cit. fig. 19.
* Le *Thom. Clerkii*. Audouin. Savigny. Arachn. d'Egypte. pl. 6. fig. 13.
* Et le *Thom. lituratus*. Walck: Faune française. Arachn. p. 83.

Habite en Europe. Commune en France, dans les jardins, et se trouve souvent à terre.

22. Araignée citron. *Aranea citrea.*

A. citrino-lutea; abdomine magno, suborbiculato, utrinque fasciâ ferrugineâ.

Araignée citron. Geoff. 2. p. 642. no 2. pl. 21. f. 1.

Schœff. Ins. ic. tab. 19. f. 13.

Tomisus citreus. Lat. Gen. 1. p. 111.

* Hahn. Arach. pl. 11. fig. 32.
* *Th. quadrilineatus.* Ejusd. Monog. pl. 3. fig. 6.
* *Th. calycinus.* Ejusd. op. cit. pl. 1. fig. B.
* *Th. citreus.* Sundev. p. 219.
* Walck. Ins. apt. t. 1. p. 528.
* Dugès. Atlas du Règne anim. pl. 12. fig. 4.

Habite en Europe, sur les plantes.

Et autres, soit indigènes de l'Europe, soit exotiques.

LES PHYLLIDIENS.

Ve TRIBU. — Araignées loups ou *citigrades.*

(a) *Ctenus.* Walck. Lat. (1)

23. Araignée unicolore. *Aranea unicolor.*

A. rufescens, griseo-sericea; lineæ tertiæ oculis lateralibus minoribus; thoracis dorso medio postico lineolâ albidâ nigro-marginatâ.

Ctenus unicolor. Lat. Catal. mus.

* *Dolomedes concolor.* Perty. op. cit. pl. 39. fig. 4.

---

(1) Les CTÈNES ont pour caractères principaux : huit yeux inégaux, dont les 4 antérieurs figurent un carré, et les autres forment avec le côté postérieur de celui-ci une ligne courbe dirigée en arrière; les mandibules droites, écartées et coupées

* *Ctenus unicolor*. Walck. Ins. apt. t. 1. p. 366.
* Habite le Brésil. De la Lande fils. Pattes longues, garnies de petites épines noires.

(b) *Oxyopes*. Lat. (1)

24. Araignée bigarrée. *Aranea variegata*.

A. corpore villoso, griseo, rufo nigroque vario; pedibus pallido-rufescentibus, fusco maculatis.

Sphasus heterophthalmus. Walck. Tableau des ar. p. 19. ejusd. hist. des Ar. fasc. 3. t. 8.

Oxyopes variegatus. Lat. gen. p. 116. Et Encyclp. n° 1.

---

obliquement ; les pattes allongées et fortes, celle de la première paire, la plus longue.

M. Walckenaer fait rentrer dans ce groupe le genre Phoneutria de Perty (Delect. Anim. articul. quæ in itin. per Brasil. collig. Spix. et Martius, p. 196.) Exemple : *Ctenes Oudinotii*, Walck. Ins. apt. t. 1. p. 368. pl. 11. fig. 4.   E.

(1) Les Oxyopes de Latreille, ou Sphases de M. Walckenaer ont les yeux rangés deux par deux, sur quatre lignes transversales, les pattes allongées et fines, les mâchoires étroites, cylindriques et droites. Le genre Idiope de Perty ne paraît pas devoir en être distingué.

Le genre Hersilie de M. Savigny, est, à plusieurs égards, intermédiaire entre les Oxyopes et les Dolomèdes; il a pour caractères principaux : 8 yeux inégaux rassemblés sur une éminence du corselet, et disposés sur deux lignes transversales recourbées en arrière; mâchoires petites, convergentes et très inclinées; pattes allongées, etc. Exemple : *Hersilia caudata*, Savigny, Arachnides d'Egypte, pl. 1. fig. 8. Lucas, Magasin de zool. Cl. VIII. pl. 12. fig. 1-7. — Walck. Ins. apt. t. 1. p. 371. pl. 9. fig. 1.

C'est aussi à côté des Oxyopes que prend place le genre Megamyrmoekion de M. Reuss, ou genre Dyction de M. Walckenaer; cette division ne se compose que d'une seule espèce, le *Megamyrmœkion caudatum* Reuss. (Mus. Senckenbergianum, t. 1. p. 217. pl. 18. fig. 12; — *Dyclion Reuss*. Walck. Ins. apt. t. 1. p. 380.), et se rapproche des Clubiones par la forme géné-

* Hahn. Arachnides. pl. 52. fig. 121.

*Koch. op. cit. pl. 131.

* Dugès. Atlas du Règne anim. Arachn. pl. 12. fig. 6.

* *Sphasus heterophthalmus.* Walck. Ins. apt. t. 1. p. 373.

Habite la France méridionale. Ses pattes ont des piquans très longs.

Etc. Ajoutez l'Oxyope rayé et l'Oxyope indien. Latr. Encycl.

(c) *Dolomèdes.* Lat. (1)

25. Araignée admirable. *Aranea mirabilis.*

> *A. cinereo-rufescens, tomentosa; abdomine ovato, apice acuto, dorso fusco.*

---

rale du corps, des Drasses, par la structure de la bouche, et des Oxyopes par la disposition des yeux.

Le genre DOLOPHONE de M. Walckenaer se rapproche aussi des précédens par quelques caractères, mais s'éloigne de toutes les autres Aranéides par la forme de son abdomen qui constitue une espèce de chaperon arrondi au-dessus du corselet, et par la disposition des yeux qui, au nombre de 8, inégaux entre eux, sont rangés sur 4 lignes, savoir : deux paires très rapprochées, et situées sur les parties latérales antérieures du front, et deux paires plus grosses, forment au milieu du front un petit trapèze, situé beaucoup en avant des précédentes.　　　　　E.

(1) Les DOLOMÈDES se rapprochent beaucoup des Lycoses, mais s'en distinguent en général facilement par la forme allongée de leur abdomen, et par la longueur relative des pattes; il est aussi à noter qu'à l'époque de la ponte, ces arachnides construisent une toile pour y placer leur cocon, tandis que les Lycoses portent leurs cocons attachés à l'anus. M. Savigny a donné, dans le grand ouvrage sur l'Égypte, de très belles figures de Dolomèdes, genre dont ses OCYALES sont un démembrement. C'est près des Dolomèdes et des Ctènes que M. Walckenaer range le nouveau genre qu'il a établi sous le nom de *Storena.*

Les STORÈNES ont 8 yeux presque égaux, occupant le devant et les côtés du corselet, et disposés sur 3 lignes, deux en avant, quatre au milieu, et deux après, rapprochés l'un de l'autre, en arrière; les mâchoires allongées, cylindriques et inclinées; les

Aranea mirabilis. Lat. Hist. nat., etc. 7. p. 296. Clerck. Aran, suec.
pl. 5. tab. 10.

Aranea obscura. Fab. Syst. 2. p. 419.

Dolomedes mirabilis. Lat. Gen. 1. p. 117.

Walck. Tableau des ar. p. 16. n° 4.

* Ejusd. Faune française. Arach. pl. 4. fig. 1 ; et Hist. des ins, apt.
t. 1. p. 356.

* Hahn. Arachniden. pl. 51. fig. 120.

* Griffith. Anim. Kingd. Arachn. pl. 26. fig. 1.

* *Ocyale mirabilis.* Sandeval. p. 198. f. 1.

Habite en Europe, dans les bois.

(d) *Lycosa.* Lat. (1)

Les Lycoses sont presque toutes terricoles, se retirant dans des trous,
ou sous des pierres, d'où elles sortent pour chasser et 'attraper
leur proie.

26. Araignée tarentule. *Aranea tarentula.*

> *A. suprà cinereo-fusca, subtùs atra ; abdominis dorso maculis tri-*
> *gonis nigris ; pedibus nigro-maculatis.*

---

pattes, de longueur médiocre etc. ; la seule espèce est le *Storena cyanea*, Walck. Tab. des Aranéides, pl. 9. fig. 85 et 86,
et Hist. des Ins. apt. t. 1. p. 361.   E.

(1) Les Lycoses se reconnaissent à leurs yeux, au nombre
de 8, très inégaux entre eux, et représentent un parallélo-
gramme allongé sur le devant, et les côtes du céphalothorax ;
à leur lèvre carrée, à leurs mandibules plus hautes que larges
et dilatées vers le milieu ; à leurs pattes allongées et fortes, et à
quelques autres caractères. Le nombre des espèces appartenant
à ce genre est très considérable ; M. Walckenaer en décrit 63.
(Voyez son Histoire des Insectes aptères, t. 1. p. 280.)

C'est aussi dans la tribu des Araignées-loups que Latreille a
placé son genre Myrmecie, remarquable par les deux étranglemens qui séparent le thorax en trois portions, par sa brièveté,
par les yeux disposés sur trois lignes en trapèze, et par plusieurs autres caractères. Le type de ce genre est la *Myrmecia
fulva*. Latreille. Ann. des Sc. nat. 1re série, t. 3. pl. 2. fig. 1-8 ;
Walck. Ins. apt. pl. 9. fig. 2.   E.

Aranea tarentula. Lin. Fab. Syst. 2. p. 423.

Araignée tarentule. Lat. Hist. nat., etc. t. 7. p. 289. pl. 62. f. 3.

Lycosa tarentula. Lat. Gen. 1. p. 119.

Lycose tarentule. Walck. Tableau des ar. p. 11.

* Suivant M. Walckenaer, on aurait confondu sous ce nom plusieurs espèces; il distingue : 1_0 la *L. tarentule apullienne* (Imperato. Hist. nat. p. 775.— Albin. Nat. hist. of Spiders. tab. 39.—Hahn. Arach. pl. 23. fig. 73.— Guérin. Iconog. arach. pl. 1. fig. 6 ; Walck. Ins. apt. pl. 7. fig. 3). 2° la *L. tarentule narbonnaise* (*L. melanogaster.* Latr. Nouv. dict. d'hist. nat. t. 18. p. 291.—Hahn. Arachn. pl. 26. fig. 76 ; Walck. op. cit. pl. 8. fig. 1). 3° la *L. tarentule hellénique* (*L. tarentula.* Brullé. expéd. de Morée.— *L. hellenica.* Koch. pl. 81. fig. 181;) 4o la *L. tarentule hispanique* (*L. tarentula.* L. Dufour. Ann. des Sc. nat. , 2e série, t. 3. pl. 5. fig. 1). etc.

Habite l'Europe australe. Cette araignée, l'une des plus grosses de l'Europe, est célèbre par l'opinion répandue , que la musique peut arrêter ou anéantir les effets de sa morsure. Quoiqu'on ne puisse nier l'influence réelle de l'imagination sur notre physique, il est néanmoins probable que la médecine peut offrir des moyens curatifs plus assurés, pour les maux que cause le venin de cette araignée. Les effets vénéneux des Tarentules paraissent être très faibles, et on ne peut ajouter foi à ces récits merveilleux, que quelques auteurs anciens ont rapportés à ce sujet.

27. Araignée à sac. *Aranea saccata.*

A. fusca, fuliginosa, villosa; pedibus livido-rufis, fusco annulatis.

Aranea saccata. Lin. Fab. Syst. 2. p. 421.

Araignée loup. Geoff. 2. p. 649. no 14.

Aranea littoralis. Degeer. 7. pl. 15. f. 23. (* *Lycosa paludicola.* Walck. Ins. apt. t. 1. p. 333.)

Lycosa saccata. Latr. Gen. 1. p. 120.

* Walcken. Hist. des Ins. apt. p. 326.

Habite en Europe, dans les jardins, les champs, par terre.

VIe TRIBU. — Araignées sauteuses ou *saltigrades.*

(a) *Eresus.* Walck. Lat. (1)

28. Araignée rouge. *Aranea cinnabarina.*

A. nigra; abdomine suprá cinnabarrino : punctis quatuor aut sex nigris.

____

(1) Les ERÈSES ont les yeux inégaux et disposés de manière

Aranea 4-guttata. Rossi Faun. etr. 2. p. 135. pl. 1. f. 8-9.

Coqueb. Illustr. ic. dec. 3. tab. 27. f. 12.

Eresus cinnabarinus. Walc. tab. des ar. p. 21.

Lat. Gen. 1. p. 21.

* Hahn. Monogr. des Spinn. 2ᵉ partie. pl. 2. fig. A.

* *Eresus annulatus.* Ejusd. loc. cit. fig. 3 ; et Arachniden, pl. 12. fig. 35 et 36.

* *E. cinnabarinus.* Walck. Faune française. Aran. pl. 4. fig. 7 et 8 et Hist. des ins. apt. t. 1. p. 395. pl. 11. fig. 7.

* Griffith. Anim. Kingd. Arachn. pl. 24. fig. 5.

* *Eresus Audouini.* Brullé. Expéd. scient. de Morée. pl. 28. fig. 10.

Habite en France, en Italie, etc.

(b) *Salticus.* Lat. (1)

29. Araignée à chevrons. *Aranea scenica.*

> *A. saliens, nigra ; abdomine utrinque lineis tribus albis, ad angulum acutum coeuntibus,* G.

à représenter deux carrés, dont l'un, très petit, est renfermé dans l'autre; leur lèvre est allongée et triangulaire; leurs mâchoires droites, allongées, dilatées et arrondies à leur extrémité, et leurs pattes grosses et de longueur médiocre.

Le genre CHERSIS de M. Savigny, qui correspond au genre PALPIMANE de M. L. Dufour, et au genre PLATYSCELUM de M. Audouin, se rapproche des Erèses par l'ensemble de son organisation, et tient aussi au genre Atte par la conformation de ses mâchoires ; les yeux, comme chez les Erèses, forment deux carrés renfermés l'un dans l'autre, mais les mâchoires sont larges, dilatées et conniventes à leur extrémité. Exemple : 1° *Chersis gibbulus.* Walk. Ins. apt. t. 1. p. 390.—*Palpimanus gibbulus.* L. Dufour. Ann. des Sc. phys. t. 4. pl. 69. fig. 5. — *Palpimanus hæmatinus.* Koch. op. cit. pl. 80. fig. 178 et 179.

2° *Chersis Savigny.* Walck. op. cit. p. 391. pl. 10. fig. 1 et 2. —*Platyscelum Savigny* : Audouin. Expl. des pl. de la descript. de l'Egypte. Arach. par M. Savigny. pl. 7. fig. 6 et 7.   E.

(1) Les SALTIQUES de Latreille ou ATTES de M. Walckenaer ont 8 yeux inégaux, dont quatre sur une ligne transversale en

Aranea, n₀ 16. Geoff. 2. p. 650.

Aranea scenica. Lin. Fab. Syst. 2. p. 422.

Salticus scenicus. Lat. Gen. 1. p. 123.

* Hahn. Arach. pl. 15. fig. 43 et 44.

* *Aran. cinereus.* Lister. de Aran. p. 87. fig. 31.

* *Attus scenicus.* Walck. Faune française. Aran. pl. 5. fig. 11-12; Hist. des ins. apt. t. 1. p. 406.

30. Araignée fourmi. *Aranea formicaria.*

A. elongata, thorace anticè nigro, posticè rufo ; abdomine fusco : maculâ utrinque albâ.

Araignée fourmi. Degeer. Ins. 7. pl. 18. f. 1-2.

Salticus formicarius. Lat. Gen. 1. p. 124.

* Griffith. Anim. Kingd. Arachn. pl. 24. fig. 9 et 10.

* Walckenaer. Ins. apt. pl. 11. fig. 5 et 6.

Habite en Europe, sur les plantes et les murs.

Etc.

ATYPE. (Atypus.)

Palpes saillans, plus courts que les pattes, et insérés sur une dilatation externe de la base des mâchoires. Mandibules fortes, saillantes, sans râteau, à crochet subulé, fléchi en-dessous. Deux mâchoires. Lèvre inférieure, tantôt très petite, tantôt linéaire et saillante entre les mâchoires. Huit yeux.

Corps oblong, divisé en deux parties, comme dans les araignées. Huit pattes.

---

avant, et les autres sur deux autres lignes, près des bords latéraux, de façon à représenter une parabole ou un carré ouvert postérieurement ; elles diffèrent aussi des Erèses par leurs tarses qui ne sont armés que de deux crochets, tandis que chez les Erèses, il en existe trois. Ce genre est extrêmement nombreux ; on trouve dans l'ouvrage de M. Walckenaer la description de 145 espèces.

Les genres HELIOPHANUS et ENOPHRYS de Koch (ap. Shæffer. Deutsche insecten), rentre dans le genre Atte, tel que M. Walckenaer le circonscrit. E.

10.

Palpi exserti, pedibus breviores, maxillarum dilatationis externæ basi inserti. Mandibulæ validæ , exsertæ, rastello destitutæ : ungula subulatá, subtùs inflexâ. Maxillæ duæ. Labium modò minimum, modo lineare, inter maxillas exsertum. Oculi octo.

Corpus oblongum , ut in araneis bipartitum. Pedes octo.

Observations. — Les *atypes*, dont il s'agit ici, ont les crochets des mandibules fléchis en dessous, comme dans les mygales et les aviculaires; mais leurs palpes ne s'insèrent point à l'extrémité des mâchoires, considération qui les rapproche plus araignées.

L'atype de M. Latreille et son *éridon* (1) offrant également ces caractères, je les réunis ici pour plus de simplicité. Dans le premier, néanmoins, la lèvre inférieure est très petite, comme dans les aviculaires ; tandis que dans le second, cette lèvre s'avance entre les mâchoires. En outre, il y a entre eux quelques autres différences notables.

Nos atypes sont terricoles et mineuses; au moins l'espèce des environs de Paris se trouve dans ce cas.

ESPÈCES.

1. **Atype de Sulzer.** *Atypus Sulzeri.*

   A. *niger, nitidus ; mandibulis validissimis; thorace subquadrato, anticè elevato, posticè plano.*

   Atypus Sulzeri. Lat. gen. 1. p. 85. tab. 5. f. 2.

   Et Hist. nat., etc. vol. 7. p. 168.

   Aranea picea. Sulz. abg. gesch. tab. 30. f. 2.

   Olétère difforme. Walck. Tableau des Ar. p. 7. pl. 1. f. 8.—10.

   * *Atypus Sulzeri.* L. Dufour. Ann. des Sc. physiques de Bruxelles, t. 5. pl. 73. fig. 6.

   * Hahn. Monog. des Spinn. 2e partie. pl. 1. et Arachniden. pl. 31. fig. 88.

---

(1) Le genre Atype de Latreille correspond au genre *Oletera* de M. Walckenaer, et le genre *Eriodon* du premier au genre *Missulena* du second de ces auteurs.   E.

* Griffith. Anim. Kingd. Arachn. pl. 9. fig. 4.
* Dugès. Règne animal de Cuvier. 3ᵉ édit. atlas. arachn. pl. 5. fig. 2.
* *Oletera atypa*. Walckenaer. Faune française. Aranéides. pl. 2. fig. 3; et Hist. des Ins. aptèr. t. 1. p. 243. pl. 1. fig. 5.

Habite en France, près de Paris, etc. Elle se creuse, dans la terre, un nid cylindrique, profond.

2. Atype herseur. *Atypus occatorius*.

A. mandibularum articulo primo infrà apicem dentibus asperato ; labio exserto.

Eriodon occatorius. Lat. Gen. 1. p. 86.

Missulène herseuse. Walckenaer. Tableau des ar. p. 8. pl. 2. f. 11—14.

* *Eriodon occatorius*. Latreille. Règne anim. de Cuvier. 2ᵉ édition t. 4. p. 233.
* Griffith. Anim. Kingd. Arachn. pl. 9. fig. 9.
* Guérin. Iconographie du Règne animal. Arachn. pl. 1. fig. 1.
* *Missulena occatoria*. Walckenaer. Hist. des Ins. aptèr. t. 1. p. 252. pl. 1. fig. 6.

Habite la Nouvelle-Hollande. *Péron*.

Le genre FILISTATE de Latreille paraît établir le passage entre les Atypes et les Dysdères; suivant Latreille et M. Walckenaer. il se composerait d'arachnides à quatre poches respiratoires, mais M. Dugès assure que ces animaux n'en ont que deux (v. Ann. des Sc. nat. 2ᶜ série, t. 6. p. 160.) Les yeux des Filistates sont au nombre de 8, groupés entre les mandibules, sur une petite élévation du céphalotorax; leurs mandibules sont petites, horizontales, et à mouvement vertical; leur lèvre allongée, pointue et entourée par les mâchoires qui sont arquées et disposées en manière de cintre; enfin, leurs filières sont au nombre de six. On n'en connaît qu'une espèce. Le *Filistata bicolor* (Walck. Faune française, Aran. pl. 6. fig. 1 et 2; et Hist. des Ins. apt. t. 1. p. 254; Latreille. Règne animal. t. 4. p. 235; et Cours d'Entomol. p. 512.— Dugès, Atlas du Règne anim. de Cuvier. Arachn. pl. 6. fig. 1).

MYGALE. (Mygale.)

Palpes saillans, allongés ; pédiformes, insérés à l'extrémité des mâchoires. Mandibules ayant leur crochet fléchi en dessous ou sur le côté inférieur, et munies d'un râteau à leur sommet. Deux mâchoires allongées. Lèvre inférieure très petite. Huit yeux.

Port des araignées. Huit pattes. Point de brosses à l'extrémité des tarses et des palpes. Elles construisent dans la terre un nid cylindrique fermé par un opercule.

Palpi exserti , elongati pediformes, ad apicem maxillarum inserti. Mandibulæ margine supero in rastellum dentato : ungulá terminali subtùs aut infero latere inflexâ. Maxillæ duæ elongatæ. Labium minimum. Oculi octo.

Habitus araneurum. Pedes octo. Tarsorum palporumque apices scopulis nullis. Sub terrá nidum cylindricum operculo clausum struunt.

OBSERVATIONS. — Je partage l'opinion d'Olivier , et je pense que les *mygales*, qui sont des aranéides mineuses ou cuniculaires, doivent constituer un genre particulier ; le caractère et les habitudes de ces aranéides autorisant cette distinction. Leurs palpes sont plus longs, plus pédiformes que ceux des aviculaires. La première pièce de leurs mandibules a son sommet denté en forme de rateau, ce que les aviculaires n'offrent point. Enfin, les *mygales* se creusent dans la terre , des galeries ou des nids cylindriques, qu'elles tapissent d'une couche de soie, et en ferment l'entrée par un opercule qui adhère d'un côté, comme par une charnière. (1) Elles en sortent pour chasser et attaquer leur proie.

[La plupart des entomologistes réunissent dans un même genre les mygales et les aviculaires ; qui, en effet, diffèrent fort

---

(1) Voyez à ce sujet un mémoire de Latreille, inséré dans les Mém. du Muséum, t. 8 ; et le mémoire de M. Audouin, publié dans les Annales de la Société entomologique, t. 2, etc.   **E.**

peu entre eux. Le groupe ainsi formé est caractérisé de la manière suivante par M. Walckenaer : yeux au nombre de 8 presque égaux entre eux, groupés et ramassés sur le devant du corselet, entre les mandibules ; trois de chaque côté, formant un triangle irrégulier dont l'angle le plus aigu est en avant ; les deux autres yeux situés entre les précédens, sur une ligne transversale. Lèvre petite, presque nulle, insérée entre les mâchoires. Mâchoires allongées, cylindroïdes, divergentes, creusées longitudinalement à leur côté interne. Palpes allongés, pédiformes, insérés à l'extrémité des mâchoires. Pattes allongées, fortes, peu inégales entre elles. Cet auteur les divise en trois familles (les plantigrades, les digitigrades inermes et les digitigrades mineuses), et donne la description de 37 espèces, dont plusieurs sont nouvelles (voy. Hist. nat. des insectes aptères, t. 1).

Le genre Némésie de M. Savigny rentre dans ce groupe (voy. Arachnides de l'Egypte, pl. 1).   E.

ESPÈCES.

1. Mygale maçonne. *Mygale cœmentaria.*

> *M. obscurè ferruginea ; mandibulis nigricantibus : dentibus quinque elongatis validis.* Oliv.
>
> *Migale cœmentaria*, Lat. Gen. 1. p. 84. (*Oculli*, t. 3. f. 2).
>
> *Ejusd.* Hist. nat., etc. vol. 7. p. 164. pl. 63. f. 1—6.
>
> **Walck.** Tableau des ar. p. 5.
>
> **Oliv.** Encycl. vol. 9. p. 86.
>
> * Dorthès. Trans. of the Linnean society. vol. 2. pl. 17. fig. 6.
>
> * L. Dufour. Ann. des Sc. phys. de Bruxelles. t. 5. pl. 73. fig. 5.
>
> * Latreille. Règne anim. de Cuvier. 2ᵉ édit. t. 4. p. 231.
>
> * Griffith. Anim. Kingd. Arach. pl. 2. fig. 2.
>
> * Walckenaer. Faune française, aranéides. p. 2. n. 1. Ejusd. Hist. nat. des insectes. apter. t. 1. p. 235.
>
> * Dugès. Règne animal de Cuvier. atlas. arach. pl. 1.
>
> **Habite** le midi de la France.

2. Mygale pionnière. *Mygale fodiens.*

> *M. obscurè brunnea ; mandibulis dentibus quatuor brevibus inæqualibus.* Oliv.
>
> *Mygale Sauvagesii.* Lat. Gen. 1. p. 84.

Ejusd. Hist. nat., etc. 7. p. 165. pl. 63. f. 7. 10.
Mygale pionnière. Walck. Tableau des ar. p. 5.
Oliv. Encycl. n° 2.
 * *M. Sauvagesii.* L. Dufour. Ann. des Sc. phys. t. 5. pl. 73. fig. 3.
 * Latr. Mém. de la soc. d'hist. nat. p. 125.
 * Rossi. Fauna etrusca. t. 3. p. 10. fig. 11.
 * *M. pionnière.* Audouin. Ann. de la soc. entomolog. t. 2. pl. 14.
 * Walckenaer. Faune française. Aranéides, pl. 2. fig. 2 et 3.
 * Ejusdem. Hist. des ins. aptèr. t. 1. p. 237. pl. 5. fig. 2.
Habite en Italie et en Corse.
Etc. Voyez Olivier et M. Walckenaer pour trois autres espèces.

AVICULAIRE. (Avicularia.)

Palpes saillans; plus courts que les pattes, insérés à l'extrémité des mâchoires. Mandibules sans râteau, ayant leur crochet fléchi en dessous ou sur le côté inférieur. Deux mâchoires. Lèvre inférieure presque nulle. Huit yeux, disposés en croix de Saint-André.

Corps très grand, ayant le port des araignées. Huit pattes fortes : le dernier article de leurs tarses ayant une brosse tomenteuse sous son sommet. Elles se retirent dans diverses cavités qu'elles rencontrent.

Palpi exserti, pedibus breviores, ad apicem maxillarum inserti. Mandibulæ rastello nullo : ungulá terminali subtùs aut infero latere inflexâ. Maxillæ duæ. Labium subnullum Oculi octo situ crucem Andreæam simulantes.

Corpus maximum, aranearum habitu. Pedes octo, validi, tarsorum articulo ultimo scopula tomentosa infrà apicem instructo. In cavitates varias secedunt.

Observations. — Sous plusieurs rapports, les *aviculaires* se rapprochent des mygales, et néanmoins nous croyons qu'il est convenable de les en séparer. En effet, une taille énorme, des habitudes particulières, et plusieurs caractères tranchés les en distinguent éminemment. Ces grandes aranéides sont très velues, et ont des brosses de poils à l'extrémité de leurs pattes et de leurs palpes, qui rendent cette extrémité obtuse; elles n'ont point la première pièce de leurs mandibules terminées par des dents en râteau. Ce sont des chasseuses, presque vagabondes, qui se retirent dans des trous, des fentes à terre, ou dans les cavités des arbres, et qui ne se construisent point de nids particuliers comme les mygales. Elles dévorent les fourmis, et sucent quelquefois les petits oiseaux dans leur nid.

ESPÈCES.

1. Aviculaire crabe. *Avicularia canceridea.*

A. hirsutissima, nigro-fusca; pilis elongatis; palpis pedibusque apice ferrugineis.

Aranea avicularia. Lin. Fab. Syst. 2. p. 424.

Mygale aviculaire. Lat. Hist. nat. etc. 7. p. 152. pl. 62.f.

Ejusd. gen. 1. p. 83 (*Oculi,* pl. 3. f. 1).

Walck. Tableau des ar. p. 4.

Habite l'Amérique méridionale, les Antilles. Vulgairement Araignée crabe. Il paraît que plusieurs espèces ont été confondues sous ce nom (* voyez à ce sujet l'ouvrage déjà cité de M. Walckenaer, t. 1. p. 214. 217).

2. Aviculaire de le Blond. *Avicularia Blondii.*

A. oblonga, hirsuto-ferruginea; pedum unguiculis vix prominulis.

Mygale de le Blond. Lat. hist. nat., etc. 7. p. 159.

Et Gen. 1. p. 83. tab. 5. f. 1.

* Palisset de Beauvois. Insectes d'Afrique. pl. 3. fig. 2.

* Hahn. Monog. des Spinn. pl. 1; et die Arachniden, t. 1. p. 25. pl. 7.

* Griffith. Anim. Kingd. Arach. pl. 6.

* Walckenaer. Hist. des insect. aptèr. t. 1. p. 210.

Habite à Cayenne.

3. Aviculaire fasciée. *Avicularia fasciata.*

A. abdomine fasciâ latâ, longitudinali : marginibus sinuatis.

Mygale fasciée. Lat. Hist. nat., etc. 7. p. 160.

Et Gen. 1. p. 83. Règn. anim. t. 4. p. 229.

Séba. Mus. 1. pl. 69. f. 1.

* Hahn. Monog. des Spinn. p. 15. pl. 3; et die Arachn. t. 2. p. 63. pl. 57. fig. 187.

* Walckenaer. Hist. des ins. aptèr. t. 1. p. 209.

Habite l'île de Ceylan.

M. Walckenaer a établi sous le nom de Sphodros un nouveau genre très voisin des Mygales, mais qui s'en distingue par les pattes grosses, courtes et renflées, la lèvre étroite et allongée, et quelques autres caractères (voyez Ann. de la Soc. Entom., t. 2. p. 439, et Hist. des Ins. aptères, t. 1, p. 246). La division générique proposée par M. Lucas, sous le nom de Pachiloscelis (Ann. de la Soc. entom. t. 3. p. 361) et le genre Actinopus de M. de Perty (Delect. Anim. articul. quæ Spix et Martius colleger. p. 198) doivent y rentrer.   E.

CLASSE HUITIÈME.

LES CRUSTACÉS. (Crustacea.)

Animaux ovipares, articulés, aptères; à peau crustacée, plus ou moins solide; ayant des pattes articulées, des yeux, soit pédiculés, soit sessiles, et des antennes le plus souvent au nombre de quatre, à bouche maxillifère, rarement en forme de bec; les mâchoires en plusieurs paires superposées; la lèvre inférieure presque nulle. Point d'ouvertures stigmatiformes pour la respiration. Cinq ou sept paires de pattes. (1)

Une moelle longitudinale ganglionnée, terminée antérieurement par un petit cerveau. Un cœur et des vais-

---

(1) Quelquefois moins et quelquefois aussi davantage. Ainsi dans la Limnadie on en compte jusqu'à soixante paires, dans l'Apus vingt-deux paires, et dans les Cypris on en distingue que trois paires.   E.

seaux pour la circulation. Respiration branchiale : à
branchies externes, tantôt cachées sous les côtés de
l'écaille du corselet ou enfermées dans des parties saillantes,
tantôt à découvert au dehors, et en général adhérentes à
certaines pattes ou à la queue. Chaque sexe le plus souvent double.

*Animalia ovipara, articulata, aptera ; tegumento crus-
taceo, plus minusve solido , pedibus articulatis; oculis vel
pediculatis vel sessilibus; antennis sœpiùs quaternariis;
ore maxilloso, rariùs rostrato : maxillis pluribus paribus
superpositis; labio inferiore subnullo; aperturis stigmatiformibus pro respiratione nullis. Pedum paribus quinque
vel septem.*

*Medulla longitudinalis gangliis nodosa, encephalo parvo
antice terminata. Cor vasculaque circulationi inservientia.
Respiratio branchialis: branchiis externis, modò sub testá
thoracis ad latera opertis, vel in partibus prominentibus
inclusis, modò nudis et universè pedibus certis vel caudá
adhurentibus. Sexus quisque sœpiùs duplex.*

Observations. — Les *crustacés* sont les derniers animaux
qui aient le corps et les membres articulés, et dont la peau offre
partout une indurescence ou une solidification propre à four-
nir des points d'appui aux attaches musculaires. Ils viennent
donc nécessairement, dans la marche que nous suivons, et même
dans l'ordre de leur production par la nature, après les arachnides.

En effet, ces animaux articulés et essentiellement aptères,
paraissent prendre leur source dans les derniers genres de la
première branche des arachnides antennifères , auxquelles j'ai
donné le nom d'*arachnides crustacéennes*, parce qu'elles seraient
des crustacés, si leur organe respiratoire n'était intérieur et
trachéal, et si elles possédaient un système de circulation.

Plus éloignés encore des insectes que les arachnides, sous
le rapport du mouvement de leurs fluides et sous celui de
leur respiration, les *crustacés* offrent, dans leur organisation
intérieure, de grands perfectionnemens obtenus, puisque les

deux modes nouveaux, commencés seulement vers la fin des arachnides, savoir : la circulation des fluides et la respiration par des branchies, sont ici devenus généraux pour toutes les races, et de plus en plus développés. Effectivement, le système d'organes spécial pour la circulation des fluides, se montre dans les crustacés de tous les ordres où il a été possible de l'observer, et présente, dans les crustacés décapodes, des perfectionnemens remarquables (1). Il en est de même des branchies, qu'on ne trouve que dans les deux dernières familles des arachnides, où elles ne sont encore qu'ébauchées. On les retrouve ici partout (2), sous des formes et dans des lieux très variés, et elles reçoivent de grands développemens dans les crustacés des derniers ordres. Enfin, dans ces animaux, on ne voit plus de véritables stigmates pour l'entrée du fluide respiratoire.

La considération des articulations du corps et des pattes des *crustacés* a, depuis Linné, fait regarder ces animaux comme de véritables insectes par presque tous les naturalistes; et, dans ce cas, on les rangeait dans l'ordre des aptères, ainsi que les arachnides. Or, d'après la distribution alors généralement admise des animaux, les arachnides et les crustacés se trouvaient à la fin de la classe des insectes, c'est-à-dire, après des animaux dont l'organisation est moins composée que la leur ; ce qui était déjà très connu.

Enfin, les zoologistes reconnaissant qu'à l'égard des animaux, la considération de l'organisation intérieure est la plus importante pour la détermination des rapports et des rangs, on fut obligé de reporter les arachnides en avant des insectes, et les crustacés en avant des arachnides; mais on tenait toujours à re-

____

(1) Voyez à ce sujet les recherches que nous avons publiées en commun avec M. Audouin, dans les Annales des Sciences naturelles, t. 11, p. 283.   E.

(2) Presque tous les crustacés ont en effet des branchies proprement dites ou des organes modifiés dans leur structure, de manière à devenir des instrumens spéciaux de respiration; mais dans quelques espèces telles que les Mysis, les Phyllosomes et les Cyclops, on ne voit rien de semblable, et c'est par la surface générale du corps que cette fonction semble s'exercer.   E.

garder les animaux de ces deux divisions comme de véritables insectes. En effet, M. *Cuvier*, dans son tableau élémentaire des animaux, plaça les crustacés et les arachnides à la tête de la classe des insectes, et en forma la première division de cette classe.

Je ne partageai point l'opinion de ce savant; et attribuant plus d'importance aux motifs qui lui faisaient reporter les crustacés en avant des insectes, je crus devoir les en séparer entièrement; et dans mon cours de l'année 1799, j'en formai une classe particulière. Ce ne fut que l'année suivante que j'établis celle des arachnides, avant même de savoir que le nouvel ordre de choses observé, depuis long-temps, dans l'organisation des crustacés, était déjà commencé en elles. Ainsi le rang des animaux de ces deux classes est maintenant fixé, et est bien supérieur à celui que l'on doit accorder aux insectes.

Quoique très distincts entre eux, les arachnides et les crustacés se rapprochent tellement par quantité de rapports, que probablement l'on sentira toujours que les deux classes qu'ils constituent, doivent s'avoisiner. Il y en a même un grand nombre parmi eux, qui ont des rapports très marqués dans leur forme générale et dans leur aspect; tels, par exemple, que la plupart des *crustacés décapodes*, qui semblent être des araignées marines.

Quelques citations pourront suffire pour montrer le fondement des rapports dont je viens de parler.

Indépendamment de plusieurs traits de ressemblance observés dans la forme générale de différens animaux de ces deux classes, on voit, dans presque toutes les arachnides exantennées, la tête immobile et tout-à-fait confondue avec le corselet; or, la même chose s'observe dans la plupart des crustacés, surtout dans les décapodes.

On voit de même, dans un grand nombre des arachnides exantennées, soit des palpes, soit des mandibules chélifères, or, dans un grand nombre de crustacés, on trouve non-seulement des pattes chélifères, mais souvent des palpes qui le sont aussi. Qui ne croirait voir, effectivement dans les palpes chélifères des scorpions, de véritables pattes d'écrevisses ou de crabe!

On a vu aussi, dans plusieurs de ces arachnides exantennées, les yeux soutenus par des tubercules et même portés sur des pédicules quoique immobiles ; or, dans un grand nombre de crustacés, les yeux sont élevés sur des pédicules, mais mobiles.

Enfin, on a vu, dans les scorpions et les araignées, les organes sexuels évidemment doubles ; or, il est très connu qu'ils le sont aussi dans la plupart des crustacés.

On ne saurait donc méconnaître les rapports nombreux qui existent entre les crustacés et les arachnides, quoique ces animaux appartiennent à deux classes très distinctes.

Si l'on considère les *animaux articulés*, en général, et si l'on examine ce qu'ils sont les uns par rapport aux autres, on pourra penser que, pour leur donner successivement l'existence, la nature n'a suivi qu'un seul plan, tant ils tiennent les uns aux autres par des analogies nombreuses. Bientôt, malgré cela, on remarquera que ce plan a reçu, presque dès son origine, des déviations dans la direction de son exécution, par l'influence de certaines circonstances ; car son produit a donné lieu à plusieurs branches bien distinctes, et non à une succession suivie d'objets formant une série simple.

Comme nous l'avons dit, à l'entrée de la classe des arachnides, la branche qui embrasse tous les insectes, nous a paru commencer par ceux qui sont essentiellement aptères [les puces] ; une direction particulière du plan cité ci-dessus a amené les nombreux animaux dont il s'agit.

Mais le même plan ayant reçu une autre direction presque en même temps, a dû donner lieu à une autre branche, à celle des arachnides ; et celle-ci s'est elle-même immédiatement partagée en deux branches particulières ; savoir : 1° celles des arachnides antennées parasites [les *poux* et les *ricins*] qui ont amené les acarides et ensuite les autres arachnides exantennées ; 2° celle des arachnides antennées crustacéennes qui ont fourni la source où tous les *crustacés* ont puisé leur existence.

Si ces considérations sont fondées, il ne serait pas vrai que les arachnides fussent une continuation naturelle des derniers insectes produits [des coléoptères], ni que les *crustacés* en fussent une des dernières arachnides [des aranéides], comme les rangs, justement assignés à ces trois classes, semblent l'indiquer.

Ayant déterminé la source des *crustacés*, dans notre manière de juger ce qui les concerne, disons maintenant un mot de leurs généralités.

Les *crustacés*, un peu plus nombreux que les arachnides, mais beaucoup moins que les insectes, sont en général remarquables par leurs tégumens solides, quelquefois même très durs, comme lorsque les molécules calcaires, dont ils sont empreints, dominent la matière cornée qu'ils contiennent ; mais, selon les familles et les genres, les molécules calcaires diminuant en quantité, la matière cornée de leurs tégumens devient dominante, et ces tégumens à la fin ne sont plus que simplement membraneux, comme dans beaucoup de crustacés branchiopodes.

Ces animaux sont presque tous munis d'antennes qui sont articulées, sétacées, et presque toujours au nombre de quatre. Dans plusieurs, la tête est intimement unie au corselet et tout-à-fait confondue avec lui. Ce corselet, qui couvre le thorax, forme alors une grande pièce, assez dure, à laquelle on donne le nom de *test*. Dans les autres, la tête est distincte, mais le thorax ou le corps est ordinairement partagé en sept segmens qui, en dessous, donnent attache aux pattes. Ce corps est souvent terminé postérieurement par une queue, composée elle-même de plusieurs anneaux. Les pattes, en général au nombre de dix à quatorze, sont composées de six articulations. Souvent les deux pattes antérieures, et quelquefois les deux ou les quatre suivantes, sont terminées en pince; d'autres fois elles sont, soit toutes, soit certaines d'entre elles, terminées par de simples crochets ; et il s'en trouve qui sont uniquement propres à la natation.

Les crustacés ont deux yeux, tantôt élevés sur des pédicules mobiles, et tantôt tout-à-fait sessiles. Ces yeux sont ordinairement composés ou à réseau. Dans plusieurs branchiopodes, les deux yeux sont réunis en un seul.

La bouche de ces animaux offre, en général deux mandibules, une languette au-dessous, et trois à cinq paires de mâchoires. On a donné à la première paire ou aux trois premières (1), le nom de *pieds-mâchoires*, parce que l'on suppose,

---

(1) En comptant d'arrière en avant. E.

d'après les observations de M. *Savigny*, que ces mâchoires sont formées par les deux ou les six pattes antérieures de l'animal qui, devenues très petites et rapprochées de l'intérieur de la bouche, ont été modifiées, et ont cessé d'être propres à la locomotion. Il résulterait de cette considération très ingénieuse de M. de Savigny, que le nombre total ou naturel des pattes des crustacés serait de seize; ceux qui ont quatorze pattes propres à la locomotion, n'ayant que deux pieds-mâchoires, et ceux qui n'ont que dix pattes, ayant six pieds-mâchoires. (1)

------

(1) La théorie de M. Savigny nous paraît devoir s'étendre non-seulement aux mâchoires et aux pattes thoraciques, mais à toute la série appendiculaire des Crustacés; chez ces animaux le nombre normal des anneaux constituans des corps, nous paraît être de vingt-et-un, et la tendance de la nature est de donner à chacun de ces segmens une paire de membres ou appendices, dont les formes et les usages peuvent varier dans les diverses parties du corps chez un même animal, ou dans les mêmes parties chez des espèces différentes. La première paire de ces appendices, lorsqu'elle existe, appartient aux organes des sens, et constituent les pédoncules oculaires; les deux paires suivantes constituent les antennes, et la quatrième paire les mandibules; les appendices des deux paires suivantes sont presque toujours spécialement affectés à l'appareil buccal; chez quelques Crustacés tels que les Thysanopodes, les huit paires d'appendices qui font suite aux six paires dont il vient d'être question, constituent toutes des pattes locomotrices, mais chez les Edriophthalmes, la première de ces paires de membres, et chez les Décapodes, les trois premières sont transformées en mâchoires auxiliaires; et chez les Siphonostomes, ces trois paires de membres constituent des pattes ancreuses destinées à fixer l'animal sur sa proie. Les membres de la quinzième paire et deux des paires suivantes, sont en général désignés sous le nom de fausses pattes, et varient également dans leurs fonctions; chez les Isopodes, les cinq premières paires de ces appendices deviennent des lamelles respiratoires, et la sixième paire des organes protecteurs des premières; chez

Les branchies des *crustacés* sont extérieures, quoique souvent cachées, et en général sont adhérentes à certaines pattes. Quelquefois néanmoins elles sont placées au-dessous de la queue. Le fluide à respirer, soit l'eau, soit l'air libre, n'y parvient point par des ouvertures en forme de stigmates, comme dans les arachnides et les insectes; caractère dont je me suis servi dans mes cours, pour faciliter la distinction des animaux de cette classe.

Le perfectionnement des crustacés, surtout de ceux du second ordre, est si peu hypothétique, que ces animaux, dans notre marche, sont les premiers en qui l'organe de l'ouïe ait été aperçu, et sont les derniers dans une marche contraire. Ainsi, quoique les insectes et les arachnides soient clairement doués des sens de la vue et du tact, aucun d'eux n'a encore offert le sens de l'ouïe d'une manière distincte.

Les *crustacés* ne se nourrissent que de matières animales. La plupart vivent dans les eaux soit marines, soit fluviatiles; mais quelques races vivent habituellement sur la terre, et respirent l'air libre avec leurs branchies.

Relativement à l'ordre et à la division des crustacés, je tiens beaucoup à ce qu'il y a d'essentiel dans la distribution de ces animaux, telle que je l'ai publiée, d'après mes cahiers, dans le petit *Extrait de mon cours*, p. 89 à 93; mais j'y vois un renversement à faire dans la distribution générale, afin de commencer par les plus imparfaits de ces animaux, et plusieurs redressemens et additions à opérer, d'après les savans ouvrages que M. *Latreille* a publiés en dernier lieu sur cette classe d'animaux.

---

les Amphipodes, ces six paires de membres sont toutes affectées à la locomotion; mais les trois premières sont des fausses pattes natatoires, et les trois dernières constituent en général un organe de saut. Enfin, chez les Décapodes supérieurs, ces mêmes appendices servent comme auxiliaires de l'appareil de la génération, et constituent chez le mâle des organes excitateurs, et chez la femelle des tiges ovifères (Voyez à ce sujet notre Hist. nat. des Crustacés, t. 1, p. 40, et la planche 4 de l'atlas de la nouvelle édition du Règne animal de Cuvier.)   E.

En conséquence, je divise, comme auparavant, les *crustacés* en deux ordres qui me paraissent très naturels et très distincts, savoir :

1° En *crustacés hétérobranches*, dont les branchies, sous le corps, sont très diversifiées dans leur forme et leur situation, n'adhèrent point à des pieds-mâchoires, et ne sont jamais cachées sous les bords latéraux d'une carapace qui couvre tout le corps ;

2° En *crustacés homobranches*, dont les branchies en pyramides et composées de lames empilées, adhèrent aux derniers pieds-mâchoires, et sont toujours cachées sous les bords latéraux d'une carapace ou d'un test qui couvre tout le corps, excepté la queue.

[La grande division des Crustacés homobranches est parfaitement naturelle, et correspond à l'ordre des crustacés décapodes tel que les auteurs les plus récens l'admettent, mais l'ordre des crustacés hétérobranches est un groupe tout-à-fait artificiel, et qui ne peut être admis. La diversité de l'organisation est telle dans cette classe d'animaux, que, pour représenter les grandes modifications de structure, on est obligé de multiplier davantage les coupes de premier degré, et de séparer les crustacés en trois sous-classes, savoir : les Xyphosures, les Crustacés suceurs et les Crustacés maxillés, lesquels se subdivisent en plusieurs groupes secondaires ; voici le tableau de la classification que j'ai proposé pour ces animaux, dans mon Histoire naturelle des Crustacés (t. 1, p. 231).

A. Sous-classe des CRUSTACÉS MAXILLÉS.

Bouche armée de mandibules et de mâchoires lamelleuses, propres à diviser des alimens plus ou moins solides (presque jamais parasites).

1re Légion. PODOPHTALMES.

Yeux portés sur des pédoncules mobiles ; pattes thoraciques rigides et plus ou moins cylindriques ; presque toujours des branchies proprement dites (1) ; une carapace recouvrant la totalité ou la majeure partie de la tête et du thorax.

---

(1) Nous entendons par branchies proprement dites, dés

Ordre des Décapodes.

Branchies fixées sur les côtés du thorax, et renfermées
dans des cavités respiratoires spéciales. Presque toujours cinq paires de pattes thoraciques ambulatoires
ou préhensiles.

Ordre des Stomapodes.

Branchies extérieures et en général fixées sous l'abdomen,
quelquefois nulles; en général sept ou huit paires de
pattes natatoires ou préhensiles.

II° Légion. EDRIOPHTALMES.

Yeux sessiles, au nombre de deux ; en général point de branchies
proprement dites; mais certains appendices des membres conformés de manière à en remplir les fonctions. Point de carapace.
Pattes thoraciques, toujours rigides, plus ou moins cylindriques ,
et en général au nombre de sept paires.

Ordre des Amphipodes.

Branche externe ou appendice flabelliforme des pattes
thoraciques vésiculeux et servant à la respiration. Abdomen très développé et terminé par un appareil lo-
comoteur (servant au saut ou à la nage) composé des
trois dernières paires de fausses pattes , dont la forme
diffère toujours de celle des trois premières paires.

Ordre des Loemipodes.

Appendices flabelliformes des pattes thoraciques vésiculeux , et servant à la respiration ; abdomen rudimentaire.

---

organes spéciaux de respiration aquatique qui ne sont pas de
simples modifications de quelques organes détournés , pour ainsi
dire, de ses usages ordinaires, comme des pattes par exemple.

E.

11.

Ordre des Isopodes.

Appendices flabelliformes des pattes thoraciques nuls ou
impropres à la respiration ; fausses pattes abdominales
des cinq premières paires terminées par des lames
membraneuses faisant fonctions de branchies. Abdomen très développé, mais ne servant que peu à la locomotion.

IIIᵉ Légion. ENTOMOSTRACÉS.

Yeux sessiles et en général réunis en une seule masse médiane de
manière à paraître unique. Point de branchies proprement dites.
Pattes pas lamelleuses, rigides, en général biramées et ne portant
pas d'appendices conformés de manière à paraître propres à servir
spécialement à la respiration.

Ordre des Copépodes.

Corps divisé en anneaux bien distincts et ne portant ni
carapace ni enveloppe bivalve ; pattes thoraciques en
général au nombre de 4 ou 5 paires, et natatoires
mais jamais membraneuses.

Ordre des Ostrapodes.

Corps sans divisions annulaires bien distinctes, et renfermé en entier sous un grand bouclier dorsal ayant
la forme d'une coquille bivalve. En général 2 ou 3
paires de membres thoraciques.

IVᵉ Legion. BRANCHIOPODES.

Yeux en général sessiles. Point de branchies proprement dites, mais
des pattes thoraciques lamelleuses qui en tiennent lieu.

Ordre des Cladocères.

Pattes peu nombreuses, ordinairement au nombre de
cinq paires ; corps renfermé dans une carapace bivalve. Un seul œil.

Ordre des Phyllopodes.

Pattes très nombreuses. Thorax, tantôt nu, tantôt caché sous une carapace simple ou bivalve. Deux yeux.

B. Sous-classe des CRUSTACÉS XYPHOSURES.

Bouche conformée pour la mastication, mais dépourvue de mandibules et de mâchoires proprement dites et entourée de pattes ambulatoires, dont la base tient lieu de mâchoires. (Un seul genre.)

C. Sous-classe des CRUSTACÉS SUCEURS.

Bouche conformée pour la succion, tubuleuse et armée seulement de stylets ou de crochets. (En général parasites.)

Ordre des Aranéiformes.

Pattes rigides, cylindriques, grèles, simples, au nombre de 4 ou 5 paires. Corps grèle et cylindrique.

Ordre des Siphonostomes.

Pattes rigides, en partie ancreuses et en partie lamelleuses et natatoires. Corps déprimé.

Ordre des Lernéoïdiens.

Pattes rudimentaires ou nulles; corps déformé à l'âge adulte.

Les Trilobites appartiennent aussi à la classe des crustacés, et paraissent établir le passage entre les Isopodes et les Branchiopodes qui se lient aussi avec les Xyphosures. L'ordre des Suceurs aranéiformes se compose des Nymphons et des Pycnogonons qui, dans la méthode de Lamarck et de Latreille, sont rangés parmi les Arachnides (Voy. p. 100). Les Lernées sont placées par notre auteur parmi les vers. (Voy. t. 3.)   E.

ORDRE PREMIER.

CRUSTACÉS HÉTÉROBRANCHES.

Branchies externes, diversement situées, mais placées ailleurs que sous les bords latéraux d'une carapace. Elles sont, soit sous le ventre ou sous la queue ; soit adhérentes aux pattes ou confondues avec elles. Les yeux le plus souvent sessiles et immobiles.

Comme dans notre marche, nous nous élevons toujours du plus imparfait vers ce qui nous paraît plus perfectionné sous tous les rapports, nos *crustacés hétérobranches* embrassent les quatre derniers ordres des Crustacés de M. Latreille, et comprennent effectivement les crustacés les moins parfaits, les plus petits, les plus diversifiés dans leurs formes et leurs caractères, ceux qui ont en général les tégumens les moins solides, en un mot, presque tous ceux que j'avais déjà réunis comme formant un ordre distinct, dans l'extrait de mon Cours (p. 91), publié en 1812.

Ces crustacés si diversifiés entre eux, quelquefois même si singuliers, comme ceux qui appartiennent à la première section (les branchiopodes ou entomostracés), forment un contraste très remarquable avec les crustacés du second ordre qui sont si perfectionnés sous tous les rapports, qui ont tant d'analogie entre eux, et qui offrent une si grande ressemblance dans la nature et la situation de leurs branchies. Aussi sentira-t-on probablement que ces deux coupes, principales et naturelles, doivent être conservées pour l'intérêt de la science.

Les *crustacés hétérobranches* ont les branchies tantôt attachées seulement aux pattes qui servent à la locomotion, ou réunies à ces pattes, tantôt situées sous la queue, soit dans des écailles, soit à nu ; et tantôt placées sous le ventre, et fixées à la base des pattes ou de certaines pattes, et renfermées dans des corps vésiculaires. Jamais ces branchies ne sont adhérentes à des pieds-mâchoires.

Leur bouche varie beaucoup dans sa forme et ses caractères : tantôt elle présente une espèce de bec et n'est propre qu'à sucer, et tantôt elle offre des mâchoires; mais ces mâchoires, en y comprenant les auxiliaires, ne sont jamais au nombre de six paires, comme dans les crustacés du second ordre.

Les femelles de ces animaux portent leurs œufs après la ponte, enfermés, soit dans des bourses suspendues derrière l'abdomen ou sous cet abdomen, soit dans des sacs sous le ventre, soit enfin dans des écailles aussi sous le ventre.

PREMIÈRE SECTION.

DES CRUSTACÉS HÉTÉROBRANCHES.

1ʳᵉ Sect. Les *Branchiopodes.*

> Mandibules sans palpes ou nulles. Yeux le plus souvent sessiles, quelquefois réunis. Des pattes branchiales qui ne servent qu'à nager et auxquelles ou à certaines desquelles les branchies sont attachées. Un bec dans les uns et des mâchoires dans les autres, mais dont les deux inférieures sont sans articulations et en feuillets simples.

2ᵉ SECT. LES *Isopodes.*

> Mandibules sans palpes. Yeux sessiles. Des pattes uniquement pro-
> pres à la locomotion ou à la préhension. Des mâchoires dans tous
> et dont les deux inférieures, en forme de lèvre, recouvrent la
> bouche. Les branchies situées sous le ventre ou sous la queue. (1)
> La tête souvent distincte du tronc.

---

(1) Nous croyons important de ne pas confondre les instrumens de respiration dont il est ici question avec les branchies
proprement dites. Chez quelques crustacés, la respiration paraît
s'effectuer par toute la surface du corps, et il n'existe aucune
partie dont la conformation soit modifiée de manière à la rendre
essentiellement propre à devenir le siège de cette fonction;
mais chez la plupart des animaux de cette classe, la respiration
est plus ou moins complètement localisée, et on remarque deux
degrés dans cette division du travail physiologique. Ce sont
d'abord des parties déjà existantes qui sont plus ou moins dis-
traites de leurs fonctions ordinaires, et modifiées dans leur structure pour servir à la respiration; puis ce sont des organes spéciaux créés *ad hoc*, qui en sont spécialement chargés. Nous réservons à ces derniers le nom de *branchies proprement dites,* et
nous ne les rencontrons guère que chez les Stomapodes et les
Décapodes. Les premiers, que l'on pourrait appeler des *branchies adventives*, sont certains appendices des membres thoraciques ou abdominaux, dont l'existence est indépendante de
leurs fonctions comme instrumens de respiration, mais dont la
texture est restée molle et membraneuse, au lieu d'acquérir une
consistance cornée, comme cela arrive lorsqu'elles doivent servir à d'autres usages. Chez les Amphipodes, ce sont les mêmes
appendices qui, chez les Isopodes proprement dits, forment la
poche ovifère des femelles, et qui, chez les Décapodes, constituent les lames cornées connues sous le nom de *fouet* des pattes
ou des pattes-mâchoires; chez les Isopodes, ce sont les lames
terminales des fausses pattes abdominales qui représentent les
branchies, et ces mêmes parties modifiées dans leur structure,
deviennent chez les Amphipodes des organes de locomotion,
et chez certains Décapodes des instrumens accessoires de la

3ᵉ Sᴇᴄᴛ. Les *Amphipodes*.

Mandibules palpigères. Yeux sessiles. La tête distincte du tronc. Branchies vésiculeuses situées à la base intérieure des **pattes** ou de certaines pattes, en partant de la deuxième paire.

4ᵉ Sᴇᴄᴛ. Les *Stomapodes*.

Mandibules palpigères. Les yeux pédiculés. La tête en grande partie reculée sous un corselet antérieur non pédifère. Branchies à **nu** et en panache sous le ventre au-delà des pattes.

Première Section.

CRUSTACÉS BRANCHIOPODES. (1)

Mandibules sans palpes ou nulles. Des pattes branchiales qui ne servent qu'à nager et à respirer, les branchies y étant attachées ou à certaines d'entre elles. Un bec

---

génération. Ce sont encore des appendices analogues qui servent à la respiration chez les Branchiopodes proprement dits, et on peut toujours les reconnaître à la simplicité de leur structure, et à leur conformation vésiculeuse, ou foliacée, tandis que les branchies proprement dites, à moins d'être réduites à un état rudimentaire, sont d'une structure très compliquée, et offrent une multitude de lamelles ou de cylindres parallèles fixées par une de leurs extrémités seulement.　　　　E.

(1) Cette division se compose des élémens les plus hétérogènes, et ne peut être conservée aujourd'hui que l'on connaît mieux la structure des animaux que notre auteur y réunit; elle comprend les Siphonostomes, les Xyphosures et les deux groupes auxquels nous avons réservé les noms de Branchiopodes et d'Entomostracés.　　　　E.

dans les uns et des mâchoires dans les autres, mais dont les deux inférieures, sans articulations, sont en feuillets simples.

M. Latreille, dans le travail qu'il a fait pour le dernier ouvrage de *Cuvier* sur les animaux, donne la nom de Branchiopodes aux entomostracés de *Muller*, c'est-à-dire à un assemblage de crustacés singulièrement diversifiés par leur forme, leurs caractères et leur taille. Il est en effet fort difficile d'assigner aux animaux dont il s'agit, un caractère général moins composé que celui que nous présentons ici, d'après M. Latreille.

Les uns, effectivement, ont des antennes, et c'est le plus grand nombre; tandis que quelques autres en sont dépourvus. Il y en a qui ont les deux yeux bien séparés, sessiles dans la plupart, quelquefois pédiculés; beaucoup d'autres ont ces deux yeux très rapprochés; souvent même réunis ou confondus en un seul œil sessile. Enfin, presque tous ont la tête soudée ou réunie au corselet, et néanmoins la tête est distincte ou séparée dans quelques autres.

Si l'on en excepte quelques-uns, comme les cyclopes, les branchipes, etc., les autres ont une sorte de test clypéacé, corné, souvent membraneux, soit univalve, soit bivalve, recouvrant ou renfermant le corps.

Les mâles ont les organes sexuels doubles, situés tantôt à l'extrémité postérieure de la poitrine ou à l'origine de la queue, et tantôt aux antennes (1), comme dans les araignées. C'est toujours à l'origine de la queue, en dessous,

----

(1) Nous ne connaissons aucun crustacé qui offre un pareil mode d'organisation. Les Cyclopes mâles dont notre auteur a probablement voulu parler ici, se servent, il est vrai, de leurs antennes pour s'accrocher aux femelles, mais ces appendices ne logent en aucune façon les organes de la génération.

que sont placés les organes sexuels de la femelle (1), et ses œufs sont renfermés dans une ou deux enveloppes qui, comme deux petits sacs, pendent postérieurement.

La bouche des branchiopodes est tantôt composée de deux mandibules, qui n'ont point de palpes, et de deux paires de mâchoires, en feuillets inarticulés, et tantôt elle est en forme de bec, et n'est propre qu'à sucer.

Les pattes de ces animaux, ou au moins certaines d'entre elles, sont en nageoires et portent les branchies. (2)

Les *branchiopodes* sont des animaux aquatiques, vivant les uns dans la mer, et beaucoup d'autres dans les eaux douces. Ils nagent très bien, et la plupart sont extrêmement petits, microscopiques même et transparens. Cependant plusieurs sont d'une assez grande taille; il s'en trouve même qui sont des géans à l'égard des autres. Il y en a qui subissent une sorte de métamorphose, plusieurs de leurs organes ne paraissant que successivement et à mesure que les divers changemens de peau s'exécutent. Cela n'empêche pas que, parmi les animaux dépourvus de *circulation* et qui ne respirent que par des *trachées*, les insectes ne soient les seuls qui subissent de véritables métamorphoses.

Ces animaux, quoique véritables crustacés, ont des rapports avec les arachnides. Ils nous paraissent former dans la classe, un rameau latéral, isolé, qui semble naître du voisinage des *stomapodes*.

Tous les *branchiopodes* sont carnassiers : plusieurs sont des suceurs et vivent en parasites, se fixant sur d'autres animaux aquatiques qu'ils sucent. Comme ils nous semblent les moins perfectionnés des crustacés, c'est-à-dire,

---

(1) Ou bien vers le milieu du thorax. L'existence de sacs ovifères n'est pas constant.   E.

(2) Voyez la note page 168.

les moins avancés en développement, nous les plaçons en tête de leur classe, quoique nous pensions que tous les crustacés tirent réellement leur source', par les isopodes, de la branche des arachnides antennées qui amène les myriapodes.

Nous diviserons les branchiopodes de la manière suivante. (1)

DIVISION DES BRANCHIOPODES.

§ *Pattes natatoires, mutiques , menues, soit simples, soit branchues ; la plupart sétifères, jamais dilatées en lames , et ne servant ni à la préhension, ni à marcher (Branchiopodes frangés).*

  (1) Test bivalve, enveloppant tout le corps.·

Cypris.
Cythérine.
Daphnie.
Lyncée.

  (2) Test, soit nul, soit d'une seule pièce et fort court.

Cyclope.
Céphalocle.
Zoë.

§§. *Pattes ; soit lamelleuses et ciliées, soit distinguées en deux sortes pour les usages : les unes, antérieures à crochets simples ou doubles, servant à la préhension ou à marcher; et les autres, postérieures, étant seulement natatoires.*

  (1) Les yeux pédiculés; toutes les pattes lamelleuses (Branchiopodes lamellipèdes).

-----

(1) Cette division, comme nous l'avons déjà dit ne paraît pas naturelle.   E.

Branchipe.
Artémis.

(2) Les yeux sessiles (pattes de deux sortes).

(a) Bouche en forme de bec plus ou moins distinct, renfermant un suçoir (Branchiopodes parasites).

Dichélestion.
Cécrops.
Argule.
Calige.

(b) Bouche non en forme de bec. Des mandibules sans palpes ou aucune; des mâchoires ou des pieds-mâchoires (Branchiopodes
géans).

Limule.
Polyphème.

BRANCHIOPODES FRANGÉS.

*Pattes natatoires, au nombre de six à douze, mutiques,
menues, simples ou branchues, jamais dilatées en lames,
la plupart sétifères, et ne servant ni à la préhension ni à
marcher.*

Les *branchiopodes frangés* ou les lophyropes de
M. Latreille, sont les plus petits des crustacés connus; la
plupart sont des animaux presque microscopiques. Leur
tête est presque toujours confondue avec l'extrémité antérieure du tronc, et dans le plus grand nombre les deux
yeux sont réunis en un seul œil. Les uns sont sans test
ou n'en ont qu'un fort court et d'une seule pièce; les autres ont un test comme bivalve qui enveloppe leur corps.
Ces petits crustacés sont transparens ou demi transparens ainsi que leur test. Ils vivent dans les eaux douces
et tranquilles, et néanmoins quelques-uns habitent les

eaux marines. On rapporte à cette division les genres Cypris, Cythérine, Daphnie, Lyncée, Cyclope, Céphalocle et Zoë, qui suivent.

CYPRIS. (Cypris.)

Deux antennes droites, simples, en pinceau au sommet. Un seul œil. Tête cachée. Test bivalve, renfermant le corps. Quatre pattes.

Antennæ duæ, rectæ, simplices, apice penicillatæ. Oculus unicus. Caput conditum. Testa bivalvis corpus recondens. Pedes quatuor.

OBSERVATIONS. — Les *Cypris* ont beaucoup de rapports avec les Cythérines; mais leurs antennes sont terminées en pinceau, c'est-à-dire, par un faisceau de poils assez longs, et on ne leur voit que quatre pattes. Leur test s'ouvre et se ferme longitudinalement d'un côté, comme les deux valves d'une conchifère. Ces Entomostracés microscopiques changent de peau et à-la-fois de test, ce qui prouve que ce test n'est qu'une dépendance de leur peau. Ils habitent les eaux douces et stagnantes des marais, des fossés aquatiques, et nagent avec vitesse. Ils ont une queue qui se renferme dans le test avec le corps. De très petits filets articulés et à pointes crochues ont été observés entre les deux paires de pattes.

[Depuis la publication de cet ouvrage, il a paru deux travaux très remarquables sur les petits crustacés dont il est ici question : le premier est l'histoire des Monocles, par Louis Jurine, le second est le mémoire sur les Cypris par M. Straus-Durkheim. Ce dernier naturaliste s'est attaché surtout à faire connaître la structure de ces animaux, tant par des figures que par une description détaillée. Voici les principaux résultats de ces observations. Le corps des Cypris est confondu avec la tête, et ne présente aucune trace de segmens; une queue molle, reployée et garnie de deux soies à son extrémité le termine, et un test bivalve à charnière dorsale l'enveloppe complètement. Un gros

œil noir et sphérique est situé à la partie supérieure et antérieure de leur corps, et surmonte immédiatement les antennes
qui sont longues, sétacées et au nombre de deux seulement. La
bouche, située vers la partie antérieure de la face inférieure du
corps, est garnie d'un labre armée d'une sorte de lèvre inférieure,
d'une paire de mandibules palpifères et de deux paires de mâchoires; une lame flabelliforme fixée à la base du palpe mandi-
bulaire, est considérée par M. Straus, mais peut-être sans motifs
suffisans, comme étant une branchie. Les pattes sont au nombre
de 3 paires dont deux seulement paraissent au-dehors du test;
celles de la première paire, plus fortes que les autres, s'insèrent
au-dessous des antennes, et se dirigent en avant ; celles de la seconde paire sont situées derrière la bouche, et dirigées en bas ;
enfin, celles de la troisième paire sont grêles, relevées de chaque côté du corps sous le test, et terminées par deux petits crochets. C'est au moyen de leurs antennes et de leurs pattes antérieures que ces petits crustacés nagent ; ils ne paraissent pas subir de métamorphoses, et il est à remarquer que tous les individus que l'on a observés jusqu'ici étaient pourvus d'œufs logés
sous la partie dorsale de leur test. M. Straus a proposé de former avec les Cypris et les Cythérines un ordre particulier qu'il
désigne sous le nom d'*Ostrapodes* (voy. Mém. du Muséum. t. 7).

ESPÈCES.

1. Cypris pubère. *Cypris conchacea.*

> *C. ovata, tomentosa.* Lat.
> *Cypris pubera.* Mull. Entomostr. p. 56. tab. 5. f. 1–5.
> *Monoculus conchaceus.* Lin. Fab. Syst. 2. p. 496.
> Encyclop. pl. 266. f. 27–30.
> *Monoculus.* n° 3. Geoffr. 2. p. 657.
> *Cypris conchacea.* Latr. Gen. 1. p. 18.
> Habite en Europe, dans les eaux pures ou claires des fossés, etc.
> * Trois espèces de Cypris paraissent être confondues ici, savoir:
> 1° La CYPRIS A DUVET. *Cypris pubera.* Muller; *Monoculus puber.*
> Jurine. Monocles. p. 171. pl. 18. fig. 1 et 2. — *Cypris puber.* Oli-
> vier. Encyclop. t. 6. p. 253. — Desmarets, Consid. sur les crust.
> p. 383.

2° La CYPRIS BLANCHE LISSE. *Cypris conchacea.* — *Monoculus con-chaceus.* Linné. Fauna. suec. n° 2050. — *Monoculus ovato-conchaceus.* Degeer. Mém. pour servir à l'hist. des Ins. t. 7. p. 176. — *Cypris delecta.* Muller. Entom. p. 50. pl. 3. fig. 1-3. — Olivier. Encyclop. t. 6. p. 251. pl. 266. fig. 15-17, d'après Muller. — *Monoculus conchaceus.* Jurine, Monocles. p. 171. pl. 17. f. 7 et 8. — *Cypris conchacea.* Desmarets, Consid. sur les crust. p. 383.

3° La CYPRIS BRUNE. *Cypris fusca.*

Poisson nommé détanche. Joblot. Obs. d'hist. nat. t. 1, 2° partie. p. 104. — Puceron en forme de rognon. Ledermuller. Amuse-mens microscop. p. 58. pl. 73. — *Cypris fusca.* Straus. Mém. du Muséum. t. 7. p. 59. pl. 1. fig. 1-16. — Desmarets. Consid. sur les crustacés. p. 384. pl. 55. fig. 1.

2. Cypris ornée. *Cypris ornata.*

C. ovata , anticè subtùs sinuata, albo viridi fulvoque variegata.

Cypris ornatus. Mull. entomost. 51. p. 10. t. 3. f. 4-6.

* Olivier. Encyclop. méth. t. 6. p. 251. pl. 266, fig. 18-21. d'après Muller.

Monoculus ornatus. Fab. Syst. 2. p. 495.

Encycl. pl. 266. f. 18-21.

* Jurine. Hist. des Monocles. p. 170. pl. 17. fig. 1-4.

* *Cypris ornata.* Desmarest. Consid. sur les Crust. p. 383.

Habite en Danemark, dans les eaux stagnantes.

3. Cypris lisse. *Cypris lœvis.*

C. ovato–globosa, glabra, virescens.

Cypris lœvis. Mull. Entomost. p. 52. tab. 3. f. 7-9.

Monoculus. Geoff. 2. p. 658. n° 5.

Monoculus lœvigatus. Fab. 2. p. 495.

* Ajoutez la Cypris peinte (*Cypris picta.* Straus. Mém. du Mu-séum. t. 7. p. 59. pl. 1. fig. 17-19; — Desmarets. op. cit. p. 385). Cypris bordée. (*Cypris marginata.* Straus. Mém. du Mus. t. 7. pl. 59. pl. 1. fig. 20-22. — Desmarest. op. cit. p. 384). La Cypris veuve (*Cypris vidua.* Muller. Entomost. pl. 55. pl. 4. fig. 7-9. *Monoculus vidua.* Jurine. Monocl. p. 175. pl. 19. fig. 5-6. *Cypris vidua.* Desmarets. Consid. sur les Crust. p. 385. pl. 55. fig. 4). La Cypris à une bande (*Cypris unifasciata. Cypris fasciata?* Mull. Entomost. p. 53. pl. 4. fig. 1-3. *Monoculus unifasciatus.* Jurine. Monocl. p. 176. pl. 19. fig. 9 et 10. *Cypris unifasciata.* Desmarets. Consid. sur les crust. p. 386. pl. 55. fig. 5 et 6).

Et un grand nombre d'autres espèces décrites par Jurine, dans son ouvrage sur les Monocles.

Etc. Voyez le *Cypris nephroïdes* de M. Leach. Crust. angul. pl. 20.

Il existe dans les terrains tertiaires de l'Auvergne, et dans quelques autres formations des fossiles qui ont la plus grande analogie avec la Carapace conchyforme des Cypris, et qui appartiennent à quelque animal voisin de ces crustacés, ou des Limnadies, tels sont : la *Cypris faba* (Desmarets, Bullet. de la Soc. Philom. 1813. pl. 4. fig. 8 : et Hist. des crustacés foss. p. 141. pl. 11. fig. 8 ; — Lyell, Principles of Geology. vol. 3. p. 310, et vol. 4. p. 97).

Et la *Cypris scoto-burdigalensis* (Hibbert on the limestone of Burdie-House. Trans. of the Phil. Soc. Edinb. vol. 13. p. 179.)

CYTHÉRINE. (Cytherina.)

Deux antennes velues dans leur longueur. Un seul œil, tête cachée. Test bivalve, renfermant le corps. Huit pattes.

Antennæ duæ per longitudinem pilosæ. Oculus unicus. Caput conditum. Testa bivalvis corpus recondens. Pedes octo.

OBSERVATIONS. — Ayant donné le nom de Cythérée à un genre de conchifères, je suis obligé de changer la terminaison du nom de celui-ci. Les Cythérines ont des rapports avec les Cypris; mais le nombre de leurs pattes et leurs antennes simplement pileuses les en distinguent. Elles n'ont point de queue, et vivent dans la mer. (*Ces crustacés ont une analogie très grande avec les Cypris, mais ne sont encore que très imparfaitement connus.)

ESPÈCES.

1. **Cythérine verte.** *Cytherina viridis.*

C. testâ viridi, reniformi, tomentosâ.
Cythera viridis. Mull. Ent. p. 64. t. 7. f. 1-2.
Latr. Gen. 1. p. 19 et Hist. nat. 4. p. 252.
Monoculus viridis. Fab. Syst. 2. p 494.
Encycl. pl. 266. f. 4-5. (* D'après Muller).
* Desmarets. Consid. sur les Crustacés p. 387.
Habite les mers du nord, parmi les fucus.

2. Cythérine jaune. *Cytherina lutea.*

C. lutea ; testâ reniformi ; glabrâ.
Cythera lutea. Mull. Entomost. p. 65. tab. 7. f. 3. 4.
Monoculus luteus. Fab. 494.
Encycl. pl. 266. f. 6, 7. (* D'après Muller).
 * Desmarets. Consid. sur les crust. p. 388. pl. 55. fig. 8.
Habite les mers du nord, entre les plantes marines.
Etc.

† Ajoutez.
 * *Cythera flavida.* Muller. Entom. p. 66. pl. 7. fig. 5-6. —Olivier.
 Encyclop. t. 6. p. 256. pl. 266. fig. 10. 11. (d'après Muller). —
 Desmarets. op. cit. p. 388.
 * *Cytherea gibba.* Muller. loc. cit. pl. 7. fig. 7-9.—Olivier. loc. cit.
 pl. 266. fig. 12-14. (D'après Muller.) — Desmarets. loc. cit.
 Cytherea gibbera. Muller. loc. cit. pl. 7. fig. 10-12. — Olivier. loc.
 cit. —Desmarets. loc. cit.

––––––––––

[Il existe d'autres crustacés marins qui ressemblent beaucoup aux Cypris par la conformation générale de leur corps, qui ne peuvent rentrer ni dans l'un ni dans l'autre des deux genres dont il vient d'être question. Tels sont les Ostrapodes que nous désignerons sous le nom de CYPRIDINES ; ils ont deux yeux assez éloignés de la ligne médiane et situés vers le milieu de leur test bivalve, et l'abdomen terminé par une nageoire caudale composée de deux lames cornées insérées sur une base commune, et armées, sur leur bord postérieur, d'épines disposées comme des dents de peigne. Je me propose d'en donner une description détaillée dans le troisième volume de mon Histoire naturelle des Crustacés.   E.

––––––––––

DAPHNIE. (Daphnia.)

Deux antennes rameuses, à rameaux sétifères (1). Un seul œil. Tête saillante. Test subunivalve, s'ouvrant longitudinalement d'un côté. Huit à douze pattes.

Antennæ duæ ramosæ ; ramis setiferis. Oculus. unicus. Caput exsertum. Testa subunivalvis, uno latere longitudinaliter dehiscens. Pedes octo ad duodecim.

OBSERVATIONS. — Parmi les Entomostracés presque microscopiques, les *Daphnies* sont ceux qui ont été le plus observés et qui sont les mieux connus. Ils sont fort remarquables par la forme de leurs antennes, et leur test, quoique bivalve, semble d'une seule pièce qui s'ouvre du côté du ventre par la seule flexibilité de ce test au dos de l'animal. Leur tête est saillante et s'avance un peu d'un côté, souvent en forme de museau. Mais la bouche, au lieu d'offrir nn suçoir, a, dit-on, deux mandibules sans dentelures et une soupape qui fait passer les alimens entre ces pièces et deux palpes articulés. La transparence des tégumens permet de voir les mouvemens du cœur, qui se contracte deux cents fois par minute. Les sexes sont séparés ; un seul accouplement suffit pour la fécondation de six générations successives, ce qui, je crois, signifie pour la fécondation des œufs de six pontes différentes.

Les *Daphnies* vivent dans les eaux douces, nagent avec célérité, et se servent de leurs pattes et de leurs antennes pour exécuter leurs mouvemens dans les eaux. On en connaît neuf ou dix espèces.

[Les Daphnies, les Lyncées, les Céphalocles de Lamarck ou Polyphèmes de Muller, les Limnadies, les Branchippes, les Arthémises, les Apus (ou Limules de Lamarck) les Nébalies, et quelques autres petits crustacés, nous paraissent former un groupe naturel caractérisé par la structure de l'appareil buccal et des

---

(1) Suivant M. Straus, ces organes ne sont pas des antennes mais les pieds antérieurs ; et en effet, ils paraissent s'insérer en arrière de l'appareil buccal. E.

pattes thoraciques, et ce sont les seuls auxquels nous croyons devoir conserver le nom des Branchiopodes. Ce groupe se divise en deux ordres : les CLADOCÈRES, dont les pattes ne sont qu'au nombre de quatre ou cinq paires, et les PHYLLOPODES, dont les pattes sont au nombre de huit à douze paires, ou même davantage.

Les Daphnies, dont la structure a été étudiée avec soin par Schœffer, Rhamdor, Jurine, et M. Straus, appartiennent au premier de ces groupes. Leur tête, très distincte du corps, surtout en dessous, porte immédiatement au-dessous de l'œil une paire d'antennes (ou *petits barbillons* Jurine) très courtes. La bouche, placée à la base du bec, est garnie 1° d'un labre caréné ; 2° de deux grandes mandibules dentées ; et 3° d'une paire de mâchoires dirigées horizontalement en arrière. De chaque côté du cou s'insèrent les pattes antérieures (ou *grandes antennes* de Muller et Jurine, *antennes* de Lamarck), qui sont dirigées en avant, et ont la forme de grandes rames natatoires à deux branches garnies de longues soies plumeuses ; l'une de ces branches se compose de trois articles, l'autre de quatre. En arrière de la bouche, on trouve cinq autres paires de pattes, ayant toutes leur second article vésiculeux ; celles des quatre premières paires se terminent par une lame natatoire, ciliée sur les bords ; la première sert principalement à la préhension ; celles de la seconde, de la troisième et de la quatrième paires portent en dehors un appendice lamelleux qui paraît représenter le fouet, et servir à la respiration ; enfin, les deux dernières ont une forme très différente des précédentes, et sont désignées par Rhamdor, sous le nom de serres. L'abdomen est grêle, allongé, recourbé en avant, composé de huit anneaux, et terminé par deux petits crochets dirigés en arrière. Entre le dessus du corps et la portion dorsale de la carapace conchiforme se trouve une cavité servant à loger les œufs ; les ovaires occupent les côtés de l'abdomen ; le cœur est situé dans les régions dorsales antérieures ; enfin les organes mâles paraissent aboutir près de la dernière paire de pattes. Il est aussi à noter que ces petits crustacés naissent avec la forme qu'ils doivent conserver, et n'éprouvent pas de métamorphoses comme les Cyclopes, etc.   E.

ESPÈCES.

1. Daphnie puce. *Daphnia pulex.*

D. caudâ inflexâ ; testâ posticè mucronatâ. Lat.

* *Pulex aquaticus arborescens.* Swammerdam. Hist. gen. des Insectes. p. 68. pl. 1.

Biblia. nat. pl. 31.

* *Animaletti aquatici.* Redi. Observat. pl. 16. Les deux dernières figures.

* *Grunen arm-polypen.* Scheffer. Geschwänzer-Zackiger-Wasserfloh.

* *Branchipus conchiformis primus.* Ejusdem. Elem. Entom. pl. 29. fig. 3, 4 ; et Icones insectorum. t. 2. pl. 150. fig. 5.

* *Perroquet d'eau.* Geoff. Hist. des Ins. t. 2. p. 656.

* *Puceron.* Ledermuller. Amusem. microscop. t. 1. p. 65. pl. 75. fig. 2.

* *Daphnia pulex.* Muller. Zool. Danica prod. n° 2,400.

Daphnia pennata. Mull. Entomost. p. 82. t. 12. f. 4-7.

Monoculus pulex. Lin. Fab. S. 2. p. 491.

* *Pulex arborescens.* Goeze Natur. Forscher. 1775. p. 102.

* Eichhon. Beytrage zur Naturgeschichte. p. 51. pl. 5. fig. II.

* *Monoculus pulex.* Cuvier. Tab. élém. p. 455.

* Manuel. Encycl. p. 722. pl. 265. f. 1-4.

Geoff. 2. p. 655. n° 1.

Daphnia pulex. Lat. Gen. 1. p. 18. et Hist. nat. 4. p. 223. pl. 33. f. 2. 3.

* Jurine. Bull. de la Soc. philomatique. t. 3. p. 33.

* *Daphnia pennata.* Bosc. t. 2. p. 283. pl. 18. fig. 1-3.

* *Daphnia pulex.* Straus. Mém. du Mus. t. 5. p. 392. pl. 29. fig. 1 et 20; et t. 6. p. 158.

* Desmarets. Consid. sur les crustacés. p. 372. pl. 54. fig. 3.

Habite en Europe, dans les eaux douces. Elle est d'un rouge de sang.

2. Daphnie longue-épine. *Daphnia longispina.*

D. caudâ inflexâ ; testâ posticè aculeatâ : aculeo serrato.

* Schœffer. Die grünen. arm-polypen. p. 59. pl. 2. fig. 1.

Daphnia longispina. Mull. Entom. p. 88. tab. 12. f. 8-10.

Monoculus longispinus. Fab. p. 492.

* Manuel encycl. pl. 265. f. 5-7.

* Degeer. Mém. t. 7. p. 442. pl. 27. fig. 1-4.

* Bosc. Hist. des Crust. t. 2. p. 283.
Daphnia longispina. Lat. Hist. nat. 4. p. 226.
* *Daphnia longispina.* Straus. Mém. du Muséum. t. 5. pl. 29. fig.
   23 et 24. t. 6. p. 160.
* Desmarets. Consid. sur les Crust. p. 372.
Habite en Europe, dans les eaux claires. Elle nage sur le dos.
Etc.

† Daphnie camuse. *Dalphnia simia.*

D. cauda inflexa; testâ ovali muticâ, flavescens.
Schœffer. Polypen. p. 299. pl. 1. fig. 9.
Daphne vetula. Muller. Zool. dan. prod. n° 2399.
Daphnia sima. Mull. Entomost. p. 91. pl. 12. fig. 11 et 12.
Sulzer. Insect. p. 266. pl. 30. fig. 10. c.
Monoculus expinosus. Degeer. Mém. t. 7. 457. pl. 27. fig. 9-11.
M. Simus. Manuel. Encyclop. p. 723.
Daph. Sima. Bosc. Crust. t. 2. p. 283.
Daphnia vetula. Straus. Mém. du Muséum t. 6. p. 160.
Daphnia simia. Gruithuisen. Mém. des curieux de la nat. de Bonn.
   t. 14. 399. pl. 24.
Desmarets. Consid. sur les crust. p. 373.
Habite nos eaux douces.
† Ajoutez la Daphnie géant (*Daphnia magna*). Tremblay. Mém.
   pour servir à l'hist. des polypes. p. 91. pl. 6. fig. 3. p. et 11.
   Daphnia pulex. Oth. Fabricius Fauna Groen. p. 263. *Daphnia
   magna.* Straus. Mém. du Muséum. t. 5. pl. 29. fig. 21 et 22, et
   t. 6. p. 159. Desmarets. op. cit. p. 373.
La Daphnie arrondie (*Daphnia rotunda*). *Daphnia rotunda.* Straus.
   Mém. du Muséum. t. 6. p. 161. t. 5. pl. 29. fig. 27 et 28.
La Daphnie à gros bras (*Daphnia branchiata*). Joblot. Observ. d'hist.
   nat. faites avec le microscop. t. 1. p. 10. pl. 18. f. P. Q. R.
   Monoculus brachiatus. Jurine Monoc. p. 131. pl. 12. fig. 3 et
   4. *Daphnia macropus.* Straus. Mém. du Muséum. t. 6. p. 161.
   t. 5. pl. 29. fig. 29 et 30. *Daphnia brachiata.* Desmarets. Con-
   sid. sur les crust. p. 373.
Et plusieurs autres espèces décrites par Jurine et par M. Desmarets
   (voy. Jurine, Hist. des Monocles, et Desmarets, Consid. sur les
   Crustacés).

LYNCÉE. (Lynceus.)

Deux ou quatre antennes simples, velues ou terminées en pinceau. Deux yeux distincts. (1)

Tête exsertile, souvent saillante. Corps ovale, renflé, enfermé dans un test bivalve. Huit pattes sétifères.

Antennæ duæ vel quatuor simplices, villosæ aut apice penicillatæ. Oculi duo distincti.

Caput exsertile, sæpè prominulum. Corpus ovatum, turgidum, testá bivalvi inclusum. Pedes octo setiferi.

OBSERVATIONS. — Les *Lyncées* ressemblent beaucoup aux Daphnies; mais ils ont deux yeux distincts, quoique rapprochés, et leurs antennes sont plutôt simples que branchues. Leur test est transparent, et a une échancrure antérieure par où la tête sort et rentre au gré de l'animal. Des écailles barbues ou branchiales accompagnent souvent les pattes de ces crustacés. On trouve les Lyncées dans les eaux stagnantes où ils nagent avec beaucoup de vitesse. Leur tête est un peu conformée en bec.

[Les Lyncées ont l'abdomen infléchi et les pattes antenniformes ou rames, divisées en deux branches comme chez les Daphnies; mais suivant M. Straus, la tige pédonculaire est très courte, et les branches sont composées d'un plus grand nombre d'articles que dans les genres voisins.   E.

ESPÈCES.

1. Lyncée queue-courte. *Lynceus brachyurus.*

> *L. antennis quatuor; testá globosá; caudá deflexá.* Lat.
> *Lynceus brachyurus.* Mull. Entom. p. 69. tab. 8. fig. 1–12.
> Lat. Gen. 1. p. 17. et Hist. n. 4. p. 204. pl. 32. fig. 1–12.
> *Monoculus brachyurus.* Fab. Syst. 2. p. 497.
> Habite en Europe, dans les marais, au printemps.

---

(1) Situés tous les deux sur la ligne médiane; l'un assez grand l'autre très petit et placé au-devant du précédent.   E.

2. **Lyncée trigonelle.** *Lynceus trigonellus.*

L. antennis quatuor; testâ anticè gibbâ; caudâ inflexâ, seratâ.
Lynceus trigonellus. Mull. Entom. p. 74. tab. 10. f. 5. 6.
Latr. Hist. nat., etc. 4. p. 205. pl. 33. f. 1.
Monoculus trigonellus. Fab. S. 2. p. 498.
* *Monoculus laticornis.* Jurin. Mon. p. 151. pl. 15. f. 6 et 7.
* Desmarets. Consid. p. 376.
Habite en Danemark, dans les fossés aquatiques.

3. **Lyncée sphérique.** *Lynceus sphœricus.*

L. antennis duabus; testâ goblosâ; cauda inflexâ.
Lynceus sphœricus. Mull. Entom. p. 71. t. 9. f. 7-9.
Latr. Gen. 1. p. 17. et Hist. nat. 4. p. 207.
Monoculus sphœricus. Fab. S. 2. p. 497.
* *Chydorus Mulleri.* Leach. Dict. des sc. not. t. 14. p. 541.
* *Lynceus sphericus.* Straus. Mém. du Muséum. t. 6.
* Desmarets. Consid. sur les crust. p. 373.
Habite en Europe, dans les eaux stagnantes.
Etc.

[M. Straus-Durckheim a donné le nom de SIDA à un genre de l'ordre des Cladocères, comprenant des Crustacés très voisins des Daphnies, mais qui ont l'abdomen recourbé en haut au lieu d'être infléchi; les rames ou pattes antenniformes de ces animaux sont également divisées en deux branches dont l'une est composée de deux articles, l'autre de trois. Ce naturaliste y rapporte une seule espèce.

Le SIDA CRISTALLIN, *Sida cristallina.* Straus. Mém. du Muséum. t. 6.
p. 157. — *Daphnia cristallina.* Mull. Entom. pl. 14. f. 1 et 4.
— *Mono. elongatus.* Degeer. Mém. t. 7. p. 470. pl. 29. f. 1-4.—
M. cristallinus. Manuel encyclop. t. 724. pl. 265. f. 15-18. —
Daphnia cristallina. Latreille. Hist. des crust. et des Ins. t. 4.
p. 230.

Le genre LATONE de M. Straus est une autre division de la famille naturelle dont les Daphnies constituent le type, et comprend les espèces dont l'abdomen est réfléchi comme dans le genre Sida, et dont les rames antenniformes présentent trois branches d'un seul article.

Exemple :

Latone stylifère. *Latona stylifera.*

> Straus. Mém. du Muséum. t. 6. p. 456.
> *Daphnia setifera.* Mull. Entomost. pl. 14. f. 5-7.
> *Monoculus setifer.* Manuel encyclop. meth. art. Monocles. p. 724.
>   pl. 266. f. 1-3.
> — Bosc. Crust. t. p. 284.
> *Daphnia setifer.* Lat. Hist. nat. des Crust. Ins. t. 4. p. 231.

E.

† Limnadie. (*Limnadia.*)

M. Adolphe Brongniart a donné ce nom à un nouveau genre de Crustacés branchiopodes qui a pour type le *Daphnia gigas* de Hermann. Le corps de cet animal se compose d'une série de plus de vingt anneaux, mais est entièrement renfermé entre les deux valves d'une carapace conchiforme assez semblable à celle des Cypris. La tête est pourvue de deux yeux et de quatre antennes dont deux petites et simples et deux grandes terminées, chacune, par deux filets multiarticulés; la bouche est armée de deux mandibules et de deux mâchoires foliacées dont la réunion forme une sorte de bec. Les vingt-deux anneaux qui suivent la tête portent chacun une paire de pattes lamelleuses, dont la structure a la plus grande analogie avec celle des pattes branchiales des Branchippes; les pattes de la 11e et 12e paires présentent au côté externe de leur base un appendice flabelliforme qui remonte dans la cavité située entre le dos de l'animal et la carapace et servant à fixer les œufs. Enfin, le corps se termine par un anneau dépourvu de pattes, mais portant à son extrémité deux filets divergens qui constituent une sorte de nageoire caudale.

On ne connaît qu'une espèce de Limnadie, savoir :

La **Limnadie de Hermann** *Daphnia gigas.* Hermann. Mémoire aptérologique, p. 134, pl. 5.—*Limnadia Her-*

manni. Ad. Brongniart, Mém. du Muséum, *t.* 6, pl. 13.
—Desmarets, Consid. sur les crust. p. 380, pl. 56, fig. 1 ;
—Latreille, Règne animal, t. 4, page 172), qui a environ 4 lignes de long et se trouve dans les mares.

---

† Le genre CYZIQUE de M. Audouin établit le passage entre les Limnadies, les Lyncées et les Apus et ne paraît pas différer du genre Esthérie de MM. Ruppell et Straus. Ce sont des crustacés dont la carapace a la forme d'une coquille bivalve et dont les pattes non moins nombreuses que chez les Limnadies sont également membraneuses, mais présentent une structure plus compliquée. M. Audouin a signalé deux espèces de ce genre sous les noms de *Cyzicus Bravaisii* et de *Cyzicus tetracerus* (Ann. de la soc. entomologique. Bulletin 1837, p. 10), et MM. Ruppell et Straus ont décrit et figuré avec beaucoup de soin, sous le nom d'*Estheria dahalacensis* (Muséum senekenbergianum, t. 2, p. 119, pl. 7) un crustacé auquel il faudra peut-être rapporter l'une des deux espèces précédentes.   E.

CYCLOPE. (Cyclops.)

Deux ou quatre antennes, simples, sétifères. Un seul œil sur le dos du premier segment.

Corps allongé, insensiblement rétréci vers la partie postérieure, divisé en segmens transverses dont le premier est le plus grand. Queue terminée par deux pointes sétacées. Six à douze pattes sétifères.

Antennæ duæ vel quatuor, simplices, setigeræ. Oculus unicus in dorso primi segmenti.

Corpus elongatum, sensim posticè angustatum, segmentis pluribus transversis divisum : segmento primo majore. Cauda biseta. Pedes sex ad duodecim, setiferi.

OBSERVATIONS. — Les *Cyclopes* sont de très petits crustacés presque microscopiques, qui font partie du genre *Monoculus* de Linné. Ils n'ont point de test, à moins qu'on ne prenne leur premier segment pour un test court. Leur corps est allongé, atténué postérieurement, et terminé par deux soies. Le mâle, dit-on, a ses parties sexuelles cachées vers le milieu de l'une de ces antennes. Ce fait, observé dans quelques espèces, est singulier, si toutefois l'on n'a pas pris pour antennes, deux pattes antérieures, dirigées en avant (1). Les femelles portent leurs œufs renfermés dans un sac membraneux, en forme de grappe ovale, et pendant sous le ventre, à l'origine de la queue.

[La plupart des Cyclopes vivent dans les eaux douces. Leur taille est si petite, qu'on prétend que nous sommes souvent exposés à en avaler lorsque nous buvons.

Les genres *Anonyme* et *Nauplie* de Muller ne sont que des larves de Cyclope, selon M. de Jurine.

[Les Cyclopes se rapprochent un peu des Cypris par la structure de leurs pattes, qui ne sont en aucune façon branchiales comme chez les Daphnies et les Lyncées. Ils n'ont pas de carapace, mais les divers segmens de la partie antérieure de leur corps sont en général confondus en une seule pièce qui en offre jusqu'à un certain point l'aspect; à cette espèce de tête élargie succèdent quatre ou cinq anneaux thoraciques, et en arrière, le corps se termine par un abdomen étroit, composé d'un nombre variable d'anneaux, et garnis à l'extrémité de deux appendices natatoires divergens et ciliés. En arrière des antennes, on trouve à la surface inférieure du corps, la bouche qui est garnie d'une paire de mandibules à bords dentés, et portant un barbillon ou tige palpiforme plus ou moins développée, d'appendices représentant les mâchoires, et d'une paire de pattes-mâchoires formées chacune d'une portion pédonculaire très courte portant

---

(1) Les antennes servent au mâle pour saisir la femelle pendant l'accouplement, mais ne peuvent être considérés comme renfermant les parties sexuelles. Les organes de la génération paraissent être logés comme d'ordinaire, vers la base de l'abdomen, et s'y terminer par deux petits appendices coniques situés sur les côtés du deuxième anneau abdominal.   E.

deux branches dont l'externe est reployée sur elle-même, en manière de mains ; ces appendices sont dirigés en avant, et appliqués contre la bouche ; les pattes qui suivent sont au contraire dirigées en bas et ordinairement en arrière ; elles sont composés chacune d'un pédoncule très large, et de deux branches divisées en plusieurs articles, et garnies de soies penniformes ; on en compte quatre paires, et en arrière de ces organes, on trouve fixée au dernier anneau du thorax, une cinquième paire d'appendices plus ou moins développés, dont la forme varie suivant les espèces et les sexes.

On doit à Jurine des observations pleines d'intérêt sur le développement de ces petits crustacés. Lorsqu'ils sortent de l'œuf, ils ne ressemblent pas du tout à leurs parens, et sont loin de posséder tous les organes qu'ils auront par la suite ; ils subissent, par conséquent, de véritables métamorphoses. Lorsqu'ils sortent de l'œuf, leur corps est presque circulaire, et on ne voit rien qui ressemble à l'abdomen ni aux pattes thoraciques ; ils ne sont alors pourvus que de trois paires de membres pédiformes qui représentent les antennes et les pattes-mâchoires. Quelque temps après, les divers anneaux du thorax se montrent, et ils acquièrent les dernières paires de pattes thoraciques ; enfin, leur abdomen se développe, et peu après, ils prennent la forme de leurs parens. C'est dans les premiers temps de la vie, lorsqu'ils n'ont que trois paires de membres bien distincts, qu'ils ont été nommés *amymones*, par Muller, et ces mêmes animaux, ayant acquis une paire de pattes de plus, constituent son genre *Nauplius*.   E.

ESPÈCES.

1. Cyclope quadricorne. *Cyclops quadricornis.*

> *C. antennis quatuor; caudâ rectâ, bifidâ.*
> *Monoculus quadricornis.* Lin. Fab. syst. 2. p. 500.
> Monocle à queue fourchue. Geoff. 2. p. 656. pl. 21. f. 5.
> *Cyclops quadricornis.* Mull. Entom. p. 109. t. 18. f. 1–14.
> Lat. Gen. 1. p. 19.
> * Monocle. Degeer. Mém. pour servir à l'hist. des Ins. t. 7. pl. 29.
>   f. 11 et 12.

* *Monoculus quadricornis rubens.* Jurin. Hist. des monoc. p. 1:
pl. 1. f. 1-1. pl. 2. f. 19.— Var. *albidus* ejusd. p. 44. pl. 2. f. 10-
11. — Var. *viridis* ejusd. p. 46. pl. 3. f. 1 :— Var. *Fuscus* ejusd.
p. 47. pl. 3. f. 2 ; — Var. *prasinus* ejusd. p. 49. pl. 3. f. 5.
* *Cyclops vulgaris.* Leach.
* Desmarets. Consid. sur les Crust. p. 362. p. 53. f. 1-4.
Habite en Europe, dans les eaux douces. Il est blanchâtre.

2. Cyclope nain. *Cyclops minutus.*

C. albidus ; caudâ bisetâ, longitudine corporis.
Cyclops minutus. Mull. Entom. p. 101. t. 17. f. 1-7.
Encyl. pl. 263.
Monoculus minutus. Fabr. Syst. 2. p. 499.
* *Monoculus staphylinus.* Jurin. Hist. des mon. p. 74 pl. 7. f. 1, 2 et 3.
* Desmarets. Consid. sur les Crust. p. 363 pl. 53. f. 6.
Habite en Europe, dans les eaux stagnantes.

3. Cyclope longicorne. *Cyclops longicornis.*

C. antennis duabus longissimis ; caudâ bifidâ.
Cyclops longicornis. Mull. Entom. p. 115. t. 19. f. 7-9.
Lat. Gen. 1. p. 20 et Hist. nat. 4. p. 266.
Monoculus longicornis. Fab. syst. 2. p. 501.
Habite la mer de Norvège.
† Ajoutez le CYCLOPS CASTOR. *Cyclops cœruleus.* Mull. Entom. pl. 15.
f. 1-19, *Cyclops rubens,* Ejusd. pl. 16. f. 1-3 et *Cyclops lacinia-
tus.* pl. 16. f. 4-6.
* *Monoculus cœruleus.* Fab. Syst. Entom. t. 2. p. 500. et *M. Rubens*
Ejusd. loc. cit.
* *Monoculus castor.* Jurin. Hist. des Monoc. p. 50. pl. 4, 5 et 6.
* *Cyclops castor.* Desmarets. Cons. sur les Crust. p. 363. pl. 13. f. 5.
Habite les eaux douces.
Cette espèce paraît devoir se rapporter au genre *Calenus* de Leach,
division qui ne diffère de celle des Cyclopes, proprement dits, que
par l'absence des deux antennes postérieures et par le grand al-
longement des antérieures. (1)
Etc.

---

(1) Voy. Desmarets, Considérations sur les crustacés, p. 364.
Le type de ce genre est *Cyclops finmarchianus* de Muller (Zool.
Dan. Prod. 2415; — *Calanus finmarchianus.* Leac. loc. cit.)

[Le genre PONTIE *Pontia* a beaucoup d'analogie avec celui des Cyclopes, et doit prendre place dans la même division naturelle; il s'en distingue principalement par la conformation des appendices qui correspondent aux antennes inférieures et aux pattes-mâchoires. La tête se termine antérieurement par une espèce de rostre mobile; les antennes antérieures sont longues, sétacées et multi-articulées; les appendices, qu'on peut considérer comme les antennes de la seconde paire (mais qui, peut-être, sont dans la réalité, les analogues des pattes-mâchoires antérieures), sont dirigés en bas, et constituent des appendices natatoires composés chacun d'un article pédonculaire, et de deux branches ciliées au bout, dont l'externe est plus longue que l'interne, et terminées par un article lamelleux, élargi en forme de rame; les mandibules sont très grandes, fortement armées, et portent une grande tige palpiforme, aplatie, composée de deux articles lamelleux, disposés en manière de pinces didactyles. En arrière de ces organes, on trouve deux paires de mâchoires lamelleuses, et deux paires de pattes-mâchoires, dont l'une très grande, large, aplatie, terminée par deux rames, et garnie d'un grand nombre de poils plumeux. Quatre paires de pattes natatoires, divisées en deux rames, comme chez les Cyclopes, suivent ces pattes mâchoires, et sont fixées aux quatre anneaux thoraciques que précèdent le dernier; celui-ci porte une paire de membres dont la forme varie beaucoup suivant les espèces et suivant les sexes; quelquefois l'un de ces appendices se termine par une grosse main subchéliforme; enfin l'abdomen, beaucoup plus étroit, même à sa base que ne l'est le thorax, se compose de deux ou trois articles, et se termine par une nageoire formée de 2 lames horizontales.

L'espèce qui a servi de type à ce genre a reçu le nom de PONTIE DE SAVIGNY, *Pontia Savignii* (Edwards. Ann. des Sc. nat. t. 13. pl. 14, f. 1) et se trouve sur nos côtes.

Une seconde espèce auquel nous donnerons le nom de PONTIE DE REYNAUD, *Pontia Reynaudii*, a été recueillie dans l'Océan Atlantique boréal par le Dr Reynaud, et se fait remarquer par les cornes qui terminent latéralement le thorax et par la forme bizarre de l'antenne supérieure et de la dernière patte du côté droit, chez les individus mâles.

Les crustacés fossiles, dont on a formé le genre EURYPTÉRUS paraissent avoir beaucoup d'analogie avec les Cyclopes et semblent établir, à quelques égards, le passage entre ces animaux et les Isopodes; ils ont les deux yeux réniformes et sont remarquables par l'existence d'une paire de pattes aplaties et très larges en forme de palettes natatoires. Les géologues en ont signalé trois espèces, savoir :

L'*Eurypterus remipes*. Dekay. Ann. du Lycée de New-York. t. 1. p. 375. pl. 29. — Harlan medical and physical Researches, p. 297. — Bronn. Lethæa geognostica. p. 109. pl. 9. fig. 1.

L'*Eurypterus lacustris*. Harlan op. cit. p. 298. pl.

L'*Eurypterus Scouleri*. Hibbert on the Limestone of Burdie-House. Trans. of the Phil. Soc. of Edinb. t. 13. p. 281. pl. 12. fig. 1-15.

Le fossile dont M. Scouler a formé le genre EIDOTHEA (Edinb. Journ. of Nat. and Geogr. Science, new. series. 1831. t. 3. p. 352. pl. 10; — Bronn. Lœthea. p. 109. pl. fig. 2) est la tête de la 3e espèce d'Eurypterus, mentionnée ci-dessus (voy. Hibbert. loc. cit.).

Le genre SAPPHIRINA de M. Thompson est également intermédiaire entre les Cyclopes et les Isopodes; il a pour type un petit crustacé dont le corps est à-peu-près ovalaire, et aplati au point d'être tout-à-fait foliacé, et divisé en neuf segmens; le premier de ces segmens beaucoup plus grand que les autres, porte une paire d'antennes et les appendices de la bouche; les quatre segmens suivans portent chacun en dessous une paire de petites pattes biramées semblables à celles des Cyclopes, mais moins développées; enfin, le dernier segment abdominal donne insertion à deux petits appendices lamelleux et ovalaires qui se dirigent en arrière.

ESPÈCE.

Sapphirine brillante. *Saphirina fulgens.*
Oniscus fulgens. Telesius. Neue. Ann. Wetterausch. 1. pl. 213.
fig. 24. — *Sapphirina: indicator.* Thompsom. Zool. Researches.
pl. 8. fig. 2. — *Sapphirina fulgens.* Templeton. Trans. of the Entomol. Soc. of London. vol. 1. part. 3. p. 194. pl. 21. fig. 8.

E.

CÉPHALOCLE. (Cephaloculus.)

Point d'antennes connues. Bouche.... Un œil grand,
globuleux, ressemblant à une tête distincte du corselet.

Corps transparent, presque crustacé. Corselet ovale;
abdomen sessile, ovale, déprimé. Queue formée par un
filet terminé par deux soies, se repliant sous l'abdomen.
Dix pattes, dont deux antérieures, sont beaucoup plus
grandes, divergentes, fourchues au sommet, et ressemblant à des rames.

*Antennæ nullæ cognitæ. Os.... Oculus unicus magnus,
globosus, caput à thorace distinctum æmulans.*

*Corpus pellucidum, subcrustaceum. Thorax ovatus. Ab-
domen sessile, ovatum, depressum. Filamentum terminale,
apice bisetosum, caudam abdomini inflexam efformans.
Pedes decem : duobus anticis multò majoribus, apice furcatis, ad latera divaricatis, remiformibus.*

OBSERVATIONS. — Le nom de Polyphème que l'on donne
maintenant à l'animal singulier de ce genre, parce qu'il n'a
qu'un œil, me parut, dans le temps, appartenir plutôt au genre
qui renferme les géans des entomostracés, et que Linné dési-
gnait aussi sous le nom spécifique de Polyphème, n'en distin-
guant qu'une espèce. Il en résulte que mes Polyphèmes sont actuellement des Limules pour différens auteurs. Au reste, quelque dénomination que l'on donne à l'animal dont il s'agit ici
il n'en est pas moins très singulier par ses caractères.

A la place où se trouve ordinairement la tête, le *Céphalocle* présente une sphère noirâtre, brillante, laquelle est un œil, résultant peut-être de la réunion de deux yeux, et qui est propre à recevoir de toute part l'impression de la lumière et la vue des objets.

Ce petit animal, qu'on a pris d'abord pour une larve, mais qui ne change jamais de forme, habite dans l'eau des étangs et des marais, où on le rencontre en grandes troupes. Il nage sur le dos, et se sert de ses deux pattes antérieures en place de rames. Sa queue, qui se réfléchit sous l'abdomen, est alors en dessus.

[Le genre Polyphème ou Céphalocle est très voisin des Daphnies, et appartient à la même division naturelle.   E.

ESPÈCE.

1. Céphalocle des étangs. *Cephaloculus stagnorum.*

Monoculus pediculus. Lin. Entom. Fauna Tunica. Fab. t. 4. p. 173.

Polyphemus oculus. Mull. Entom. p. 119. pl. 20. f. 1–5.

(* Entom. Syst. t. 2. p. 502).

* *Monocle à queue retroussée.* Geoff. Ins. t. 2. p. 656.

Latr. Gen. 1. p. 20 et Hist. nat. vol. 4. p. 287. pl. 30. f. 3–5.

* *Monoculus oculus.* Manuel Encyclop. t. 7. p. 818. pl. 263. f. 1.

* — Bosc. Crust. t. 2. p. 285. pl. 18. f. 516.

* — Cuvier. Tab. élément. p. 456.

* *Polyphemus pediculus.* Straus. Mém. du Muséum. t. 6. p. 156.

* *Polyphemus stagnorum.* Desmarets. Consid. sur les Crust. p. 365.

Habite en Europe, dans les étangs, les eaux des marais.

ZOE. (Zoea.)

Quatre antennes insérées au-dessous des yeux : les intérieures simples, les externes bifides. Bouche inconnue.

Tête sessile, à peine distincte, ou se terminant en un long bec subulé, perpendiculaire. Deux yeux grands, sessiles, latéraux, situés à la base du bec. Le premier segment du corps formant un grand corselet, à dos chargé d'une longue épine, courbée en arrière. Queue aussi longue que le corselet, divisée en cinq segmens : le dernier étant épineux ou en forme de nageoires. Plusieurs pattes très courtes, cachées sous le corselet, mais les deux dernières plus longues et natatoires.

Antennæ quatuor infrà oculos insertæ : interioribus simplicïbus ; externis bifidis. Os ignotum.

Caput sessile, vix distinctum, aut in rostrum longum subulatum perpendiculare desinens. Oculi duo magni, sessiles, laterales, ad basim rostri. Corporis segmentum primum thoracem magnum efformans : dorso in spinam longam retrò-curvatam producto. Cauda thoracis longitudine, quinque articulata : articulo ultimo spinoso vel pinniforme. Pedes plures brevissimi : duobus posticis longioribus, natatoriis.

OBSERVATIONS. — Les *Zoës* sont des crustacés marins, très petits, transparens, fort singuliers par leur conformation, et surtout par les changemens qu'ils paraissent éprouver en se développant ou à mesure qu'ils changent de peau. Leurs caractères sont encore peu connus, et surtout ceux des parties de leur bouche ne le sont nullement. Nous avons suivi ceux indiqués par MM. Bosc et Latreille, le premier en ayant observé une espèce dans la mer Atlantique, loin des côtes. Lorsqu'on voit cet animal dans l'eau, sa transparence fait que l'on n'en aperçoit que les yeux qui sont d'un bleu très brillant, et qu'une tache qui se trouve à la base de l'épine dorsale. Il paraît qu'il existe plusieurs espèces de ce genre, et que le *monoculus taurus* de Slaber doit y être rapporté.

[Il n'est peut-être aucun Crustacé sur lequel les zoologistes aient émis des opinions aussi divergentes que sur le petit animal à forme bizarre, découvert par Bosc en haute mer, entre l'Europe et l'Amérique, et nommé par cet auteur Zoé. Bosc le rangea dans la division des Sessiliocles de Lamarck, entre les Branchiopodes et les Crevettes; Latreille, dans la première édition du Règne animal de Cuvier, le relègue dans son ordre des Branchiopodes, entre les Polyphèmes et les Cyclopes, tout en émettant l'opinion qu'il pourrait bien appartenir à la tribu des Décapodes shizopodes. Cette dernière opinion est aussi celle du docteur Leach, qui a eu l'occasion d'étudier des Zoés recueillies par Crank pendant le voyage du capitaine Tuckey au Zaïre ; il les place à la fin de la légion des Podophthalmes, à côté des Nébalies ; mais il ne fait pas connaître les raisons qui l'y ont déterminé ; aussi, son exemple n'a pas entraîné les zoologistes, et M. Desmarets a continué à les ranger dans l'ordre des Branchiopodes à côté des Branchipes, et Latreille, dans la seconde édition du Règne animal, place ces animaux dans la division des Monocles. Enfin, à cette incertitude sur la place que les Zoés doivent occuper dans la série naturelle des Crustacés, sont venues s'ajouter de nouvelles difficultés : car un naturaliste anglais, M. Thompson, a annoncé, il y a quelques années, que ces singuliers animaux ne sont autre chose que des espèces de larves du Crabe commun de nos côtes, dont les jeunes éprouveraient de véritables métamorphoses avant que de parvenir à l'état parfait (Zoological researches, vol. I, Corck, 1830), opinion qui a été repoussée par la plupart des zoologistes, et fortement combattue par M. Westwood.

D'après l'examen que nous avons eu l'occasion d'en faire, nous sommes porté à adopter une partie des vues de M. Thompson, et à considérer les Zoés comme des crustacés décapodes dont le développement n'est pas achevé, mais nous pensons que ce sont des jeunes de quelques espèces de la section des Anomoures plutôt que des larves d'un Cancérien proprement dit. Il serait trop long d'exposer ici les raisons sur lesquelles nous fondons cette opinion, et nous nous bornerons à envoyer pour plus de détails à l'article Zoé, dans le second volume de notre Histoire naturelle des Crustacés.　　　　　　E.

ESPÈCE.

1. **Zoé pélagique.** *Zoe pelagica.*

　　Zoe pelagica. Bosc. Hist. nat. des Crust. 2. p. 135. pl. 15. f. 3. 4.
　　Latr. Gen. 1. p. 21 et Hist. nat. 4. p. 298. pl. 35. f. 1. (* Règne anim.
　　de Cuvier. t. 4. p. 152.)

13.

* Desmarets. Consid. sur les Crust. p. 395.
* Thompson. Zoological. Resear. t. 1. pl. 1. f. 3.
* Edwards. Hist. nat. des Crust. t. 2. p. 437.
Habite l'Océan Atlantique. *Bosc.*

* Le Zoé a masse. *Zoea clavata.* Leach (appendice au voyage du capitaine Tuckey, pl. 18 f. 5; et Journal de physique, 1818, p. 304. fig. 4. — Latreille. Encyclop. pl. 354. f. 5. (d'après Leach). — Desmarets. Consid. sur les Crust. p. 395. — Thompson, op. cit. pl. 1. f. 5. — Edwards loc. cit.) diffère peu du précédent, seulement les prolongemens spiniformes de la carapace se terminent par un bouton arrondi.

* M. Thompson a décrit et figuré avec soin plusieurs Zoés dans son intéressant mémoire sur les métamorphoses des Crustacés (1), et dans un travail plus récent, dans lequel il assure que les jeunes du Carcin menade passent par la forme des Zoés et des Megalops avant que d'arriver à l'état parfait. (On the double metamorphosis in the Decapodous Crustacea, Trans. of. the phil. soc. 1835, 2e partie, p. 359, pl. 5. f. 1, 2.)

* Enfin M. Westwood a donné le nom de *Zoea gigas* (On the supposed existence of metamorphoses in Crustacea; of the Philos. soc. 1835, part. 2, p. 312, pl. 4, A) à un autre animal très voisin des précédens.

BRANCHIOPODES LAMELLIPÈDES.

Ces branchiopodes sont singuliers en ce qu'ils sont les seuls de cette section qui aient les yeux pédiculés. Toutes leurs pattes sont natatoires, branchiales et dilatées en lames ciliées. On ne distingue parmi eux que les deux genres qui suivent :

BRANCHIPE. (Branchipus.)

Antennes sétacées, au nombre de deux ou de quatre. Deux yeux composés, pédiculés, mobiles. Deux cornes mobiles, situées sur le front, unidentées au côté externe, fourchues au sommet. Bouche offrant une papille en bec crochu, accompagné de quatre petites pièces.

(1) Zoological researches, 1 vol. (in-8, Corck 1830), pl. 1 et 2.   E.

Tête distincte du tronc. Corps allongé, mou, transparent, divisé en onze segmens. Queue subcylindrique, longue, articulée, diminuant insensiblement, et terminée par deux nageoires ciliées. Pattes lamelleuses, ciliées, natatoires, et au nombre de onze paires.

Antennæ setaceæ, duæ aut quatuor. Oculi duo, stipitati, compositi, mobiles. Frons corniculis duobus, mobilibus, latere externo unidentatis, apice furcatis. Os papillá rostriformi hamulatá, corpusculisque quatuor suffultá instructum.

Caput à trunco distinctum. Corpus elongatum, molle, hyalinum, segmentis undecim divisum. Cauda subcylindrica, longa, articulata, sensìm angustata, pinnis duabus ciliatis terminata. Pedes lamellosi, ciliati, natatorii, branchiales; undecim paribus.

OBSERVATIONS. — D'accord avec M. Latreille, je donne maintenant le nom de *branchipes* aux singuliers crustacés dont il s'agit, que j'avais nommés *branchiopodes* auparavant, afin de conserver cette dernière dénomination à la section des crustacés dont ils font partie.

Les *branchipes* sont véritablement singuliers dans leur forme et leurs caractères, et il est fort remarquable de leur trouver des yeux latéraux, pédiculés et mobiles. Leurs sexes sont séparés, doubles et situés sous le second anneau de l'abdomen. Le nombre des antennes, tantôt de deux, tantôt de quatre, distingue probablement les sexes. Ces crustacés n'ont point de test, point de pattes à crochets, et ont le corps allongé, assez étroit, très mou. Les œufs, après leur sortie du corps, restent suspendus dans un sac situé près des deux ouvertures sexuelles de la femelle; la transparence de ce sac permet d'apercevoir la belle couleur bleue de ces œufs.

Il paraît que les branchipes prennent, pendant leurs développemens successifs, des figures différentes; ce qui est peut-être cause qu'on en a distingué de diverses espèces. On trouve ces crustacés dans les fossés remplis d'eau. Je ne citerai que l'espèce qui suit :

ESPÈCES.

1. **Branchipe stagnal.** *Branchipus stagnalis.*

> *Branchiopoda stagnalis.* Syst. des anim. sans vert. p. 161.
>
> Latr. Gen. 1. p. 22. et Hist. nat. des Crust. 4. p. 319. pl. 36 et 37.
> *Cancer stagnalis.* Lin.
> *Gammarus stagnalis.* Fab. Syst. 2. p. 518.
> * *Apus pisciformis.* Schœffer. Monog. in-4. Ratisbonne. 1752 et
> 1757.
> * Desmarets. Consid. sur les Crust. p. 389.
> * Herbst. Krabben. t. 2. pl. 35. f. 3 à 10.
> † Ajoutez : le Branchippe des marais. *B. paludosus.*
> *Cancer paludosus.* Mull. Zool. danica. t. 2. pl. 48.
> Herbst Krabben. t. 2. pl. 35. f. 3–5.
> *Chirocephalus d'xphanus.* Bénédict Prevost. Journal de Physique
> an 11 et dans l'histoire des Monoc. de Jurin. p. 201. pl. 20, 21
> et 22.
> *Banchipus paludosus.* Latreille. Règne anim. t. 4. p. 177. etc.
> Desmarets. Consid. sur les Crust. p. 389. pl. 56. f. 2–5.
> Cette espèce diffère de la précédente par la disposition filiforme de
> ses nageoires caudales, la direction des cornes du mâle, etc. On
> trouve dans le mémoire de Bénédict Prevost, des observations
> très intéressantes sur les métamorphoses que ce crustacé éprouve
> dans le jeune âge.
> Habite en Europe, dans les fossés aquatiques.

ARTÉMIS. (Artemisus.)

Deux antennes courtes, subulées. Deux yeux subpédon-culés. Bouche..... sous le bord antérieur.

Corps ovale, à tête non séparée, et postérieurement caudifère. Queue longue, terminée en pointes. Dix paires de pattes lamelleuses, natatoires, ciliées, terminées par une soie.

Autennnæ duæ, breves, subulatæ. Oculi duo, subpedon-culati. Os..... infrà marginem anticum.

Corpus ovale, posticè caudatum; capite non distincto.

Cauda longa, apice acuta Pedum paria decem ; pedibus lamellosis, natatoriis, ciliatis , setá terminatis.

OBSERVATIONS. — Je nomme *Artémis* un branchiopode dont on prétend que M. *Leach* a fait un genre sous le nom d'*Arthemisia*, dénomination que l'on sait être consacrée à un beau genre de plante. L'Artémis paraît avoir des rapports avec le Branchipe, mais il en est très distinct génériquement. Je n'ai en vue que d'en faire une simple mention, en attendant que ses caractères soient bien connus.

ESPÈCES.

1. Artémis des eaux salines. *Artemisus salinus.*

   Cancer salinus. Lin.
   * Schlosser. Observ. périodiques sur la physique etc. de Gautier 1756.
   Gammarus salinus. Fab. Syst. ent. 2. p. 518.
   Cancer salinus (*Rachett). Trans. soc. Linn. vol. XI. p. 205. tab. 14.
     f. 8. 9. 10.
   * *Artemia salina.* Leach.
   * Desmarets. Consid. sur les Crust. p. 393.
   * Payen et Audouin. Ann. des Sc. nat. 2ᵉ série. t. 6. p. 219 et 226.
   Habite les eaux salines, en Angleterre, etc. Animal très petit.

[Le genre EULIMÈNE de Latreille paraît devoir prendre place auprès des Arthémises et des Branchipes. Il se compose d'un petit crustacé de la Méditerranée , dont le corps dépourvu de carapace est linéaire et annelé dans toute sa longueur, la tête pourvue de quatre antennes courtes presque filiformes et de deux yeux pédonculés ; les pattes, au nombre de onze paires , lamelleuses ou membraneuses et simples ; enfin , l'abdomen semiglobuleux et portant un filet terminal qui a l'apparence d'un tube ovifère. On n'en connaît qu'une espèce : l'EULIMÈNE BLANCHATRE (*Eulimene albida.* Latreille. Règne anim. de Cuvier, 1ʳᵉ édit., t. 3, p. 68; nouveau dict. d'hist. nat.

t. 10, p. 333, etc.; — Desmarets. Consid. sur les crust.
p. 394).

BRANCHIOPODES PARASITES.

Ceux-ci sont fort remarquables par leur bouche en
forme de bec et qui n'est propre qu'à sucer, et par leurs
habitudes de se fixer sur les branchies, les lèvres ou d'autres parties du corps des poissons où ils vivent en parasites. Ils ont deux sortes de pattes : les unes antérieures
et à crochets pour se fixer ; les autres postérieures et natatoires. On distingue parmi eux les genres Dichélestion,
Cécrops, Argule et Calige, dont voici l'exposition :

[Cette division correspond à la famille des Siphonostomes de Latreille (Règne anim. de Cuvier, 2ᵉ édit., t. 4,
p. 189), et se lie étroitement à celle des Lernées que
notre auteur laisse parmi les Épizoaires ; elle entre dans
la grande section des crustacés suceurs et a pour caractères principaux l'existence d'un suçoir, de pattes ancreuses et de pattes natatoires. De même que chez les Cyclopes
et les autres entomostracés proprement dits, la femelle porte
ses œufs enfermés dans une ou deux poches plus ou moins
tubiformes, suspendues à la base de l'abdomen, et les petits subisssent des changemens considérables. On connaît
aujourd'hui un nombre assez considérable de ces petits
crustacés parasites, dont quelques-uns présentent les
formes les plus bizarres et dont d'autres ressemblent beaucoup à des Cyclopes. M. Burmeister les a très convenablement divisés en trois familles, qu'il désigne sous les noms
de *Ergasilina*, *Caligina* et *Argulina*.(Voyez Beschreibung
einiger neuen schmarotzerkrebse. Act. acad. Cæs. Leop.
Carol. nat. cur. vol. 17.)   E.

DICHELESTION. (Dichelestium.)

Deux antennes sétacées. Bouche en forme de bec. Deux palpes [ou bras] avancés, chélifères.

Corps subcylindrique, insensiblement plus grêle vers son extrémité postérieure, divisé en sept anneaux ; sans test. Deux pattes antérieures à crochets, et quatre autres crochues et dentées au premier segment ; quatre pattes terminées par des doigts dentelés au second segment ; le troisième portant de chaque côté un corps ovale. Deux tubercules à l'extrémité du dernier, portant souvent deux filets articulés. (1)

Antennæ duæ setaceæ. Os rostriforme. Palpi (vel brachia) duo porrecti, apice chelati.

Corpus subcylindricum, versùs extremitatem posticam sensìm gracilius, segmentis septem divisum ; testá nullá. Pedes antici duo unguiculati et alii quatuor uncinati, dentati, in segmento primo ; pedes quatuor alii digitis denticulatis terminati in segmento secundo ; corpus ovale, in utroque latere, ad segmentum tertium ; ultimo apice bituberculato sæpeque filamentis duobus articulatis instructo.

OBSERVATIONS. — Le *Dichélestion*, observé par Hermann, est peut-être plus dans le cas d'être rapporté aux Épizoaires que le Cécrops. Des observations ultérieures décideront à cet égard, surtout n'étant pas certain qu'il ne puisse y avoir des animaux à pattes articulées et propres à la locomotion, dont l'organisation intérieure soit inférieure même à celle des insectes. On ne nous dit point si cet animal a des yeux.

[Le premier segment du corps est ovalaire et porte comme d'ordinaire les antennes, l'appareil buccal et les pattes ancreuses à l'aide desquelles l'animal se fixe. Ces derniers organes sont

---

(1) Les filets, dont il est ici question, sont de tubes ovifères.

E.

au nombre de trois paires, comme chez la plupart des Siphonostomes ; mais ceux de la première paire sont rejetés bien plus en avant que d'ordinaire et naissent entre les antennes, aussi quelques auteurs les désignent-ils sous le nom d'antennes chéliformes. Entre les pattes ancreuses de la seconde paire, se trouve le suçoir qui a la forme d'un tube conique dirigé en arrière, et paraît représenter le labre et la lèvre inférieure des crustacés broyeurs ; dans son intérieur, se trouve une paire d'appendices analogues aux mandibules, mais allongés en forme de stylets dentés vers le bout ; et de chaque côté, on voit deux paires d'appendices rudimentaires, qui nous semblent devoir être considérés comme les représentans des mâchoires. Le second anneau est très petit et presque caché entre le segment céphalique, et le troisième anneau qui est ovalaire transversalement ; chacun de ces deux anneaux post-céphaliques, porte en dessous une paire de petites pattes natatoires assez éloignées de la ligne médiane, et composées chacune d'un article basilaire à-peu-près carré, et de deux branches lamelleuses. Le troisième anneau thoracique, donne insertion à une paire d'appendices ovalaires qui paraissent représenter une troisième paire de pattes. Les quatrième, cinquième et sixième segmens, sont apodes seulement chez les femelles. Le dernier de ces anneaux donne attache aux filamens ovifères. Enfin, le corps se termine par un petit article qui représente l'abdomen, et qui porte à son bord postérieur une paire d'appendices lamelleux.   E.

ESPECE.

1. Dichélestion de l'esturgeon. *Dichelestium sturionis.*

Herm. Apterol. p. 125. pl. 5. f. 7. 8.

* Desmarets. Consid. sur les Crust. p. 337. pl. 50. f. 6.

* Latreille. Règne anim. t. 4. p. 200 ; Encyclop. pl. 335 f. 1 et 2.

* Nordmann mikrographisce. Beitrage. t. 2 p. 41.

* Griffith. Anim. Kingd. crust. pl. 21. fig. 9.

* Burmeister. Mém. des Curieux de la nat. de Bonn. t. 17. p. 328.

Habite sur les branchies de l'esturgeon.

[Le genre NÉMÉSIS de M. Risso se rapproche des Dichélestions, plus que tout autre crustacé, par sa forme
générale, mais tient davantage des Pandares par les détails de sa structure : la tête n'est guère plus développée
que les segmens suivans du thorax, et porte une paire
d'antennes sétacées, un suçoir conique et trois paires de
pattes ancreuses dont les premières sont petites. Le premier segment thoracique résulte de l'union de deux anneaux et porte en dessous deux paires de pattes ; celles de
la première paire sont grèles et simples, celles de la seconde paire écartées entre elles et composées chacune
de deux petites rames rudimentaires, fixées sur un grand
article basilaire. Les deux anneaux suivans portent chacun une paire de pattes natatoires semblables à ces derniers,
et le thorax se termine par un anneau quadrilatère comme
les précédens qui donnent naissance, par des angles postérieurs, à deux appendices sphériques et à deux longs
tubes ovifères, entre lesquels se voit un abdomen conique, court, composé de plusieurs articles et terminé par
deux petits appendices. L'espèce d'après laquelle ce genre
a été établi vivait en parasite sur les branchies du *Lamna
cornubicus* et a reçu le nom de *Nemesis lamna*. Risso, hist.
nat. de l'Eur. Mérid. t. 5, p. 139, pl. 5, fig. 25 ; — Roux,
Crust. de la Méditerranée, pl. 20, fig. 1-9). M. Roux en a
décrit une seconde espèce sous le nom de *Nemesis car-
chariarum*. (Crust. de la Médit. pl. 20, fig. 10-11).

Le genre LAMPROGLÈNE de M. Nordmann se rapproche
également des Dichélestions, mais conduit vers les Lernées à raison de l'état rudimentaire de toutes les pattes
thoraciques. La tête est petite obscurément divisée en 7
lobes ; on y remarque en dessus un œil médiane et en
avant une paire d'antennes très rapprochées de la ligne
médiane, et en dessous de ces organes se trouve une
paire d'appendices styliformes qui ressemblent à une se-

conde paire d'antennes, mais qui nous paraissent être plutôt les analogues des pattes ancreuses de la première paire. Autour de la bouche, on voit deux autres paires de pattes ancreuses qui sont assez grosses. Les quatre premiers segmens thoraciques sont réunis en une seule pièce et ne se distinguent entre eux que par des étranglemens ; ils portent chacun une paire de pattes rudimentaires situées près de leur bord latéral et terminées par les vestiges de deux rames. Le dernier anneau thoracique est beaucoup plus petit que les précédens et présente deux orifices, générateurs entre lesquels se voient deux tubercules qui paraissent représenter les membres de ce segment. Enfin l'abdomen est très long et bifurqué à son extrémité. On en connaît trois espèces : le *Lamproglena pulchella* (Nordmann mikrographische beitrage, t. 2, pl. 1, fig. 1-9) ; le *Lamproglena lichiæ* ejusd. (op. cit. page 134); et *Lamproglena Hemprichii* (ejusd. loc. cit.).

Les Nicothoés ressemblent assez à de petits Cyclopes, dont les côtés du corps se seraient prolongés de façon à former deux immenses poches et dont les pattes seraient réduites à un état presque rudimentaire. Ils ont deux yeux écartés entre eux ; deux antennes latérales courtes et sétacées, un bec conique et des pattes-mâchoires ancreuses servant à les fixer sur leur proie. A peu de distance en arrière de la bouche, on trouve quatre paires de petites pattes biramées et en arrière du segment que porte les deux grands prolongemens latéraux ; est un anneau d'où naissent deux grands sacs ovifères ; enfin, le corps se termine par un abdomen conique, très court, mais composé de quatre anneaux et garni de soies à son extrémité. On n'en connaît qu'une espèce qui vit en parasite sur les branchies du Homard et a été nommé pour cette raison *Nicothoé astaci.* (Audouin et Edwards, Mém. sur le Nicothoé. Ann. des Sc. nat. t. 9, pl. 49, fig. 1-9);

—Latreille, Règne anim. de Cuv. t. 4, p. 201;—Burmeister, Acta acad. nat. cur. t. 17. p. 327.   E.

CÉCROPS. (Cecrops.)

Deux antennes très petites. Bouche en bec court, subpectoral.

Corps ovale, obtus aux extrémités, couvert de quatre écailles inégales, échancrées postérieurement. Point de queue saillante. Pattes très courtes, de deux sortes : les antérieures terminées en alène et comme onguiculées ; les postérieures dilatées, membraneuses, natatoires.

Antennæ duæ minimæ. Os rostriforme, breve, subpectorale.

Corpus ovatum, extremitatibus obtusum, squammis qua - tuor inæqualibus posticè emarginatis obtectum. Cauda nulla exserta. Pedes brevissimi, è duobus generibus: antici subulato-unguiculati ; postici dilatato-membranacei, natatorii.

OBSERVATIONS. — Le *Cécrops*, dont je ne connais encore que des figures publiées par M. *Leach*, est-il bien un crustacé ? A la vérité, il paraît avoir des rapports avec les crustacés à bec, dont il s'agit ici ; mais peut-être découvrira-t-on, par l'étude de son organisation intérieure, qu'il confirme, ainsi que quelques autres que l'on rapporte aussi aux crustacés, le groupe des *épizoaires* que j'ai établi entre les vers et les insectes. Ses trois paires de pattes antérieures, que M. *Latreille* appelle des pieds-mâchoires, et dont la seconde paire paraît très courte, ne me paraissent avoir rien de commun avec les parties de la bouche, quoique la première paire soit très voisine du bec; elles servent à fixer l'animal. On dit que la dernière paire des membraneuses sert à recouvrir les œufs.

[Le genre Cécrops établit, à quelques égards, le passage entre les Caliges et les Lernées.]

ESPÈCE.

1. **Cécrops de Latreille.** *Cecrops Latreilli.*

> *Cecrops Latreilli*, Leach. Crust. angul. pl. 20. f. 1-8. (* Nous ne
> connaissons aucun ouvrage de Leach, ayant ce titre et nous pen-
> sons que c'est quelque travail inédit qui aura été communiqué à
> Lamarck par l'auteur.)
> * Leach. Encyclop. brit. supplem. t. 7. pl. 20. f. 2.
> * Desmarets. Considér. sur les Crust. p. 338. pl. 50. f. 2.
> * Latreille. Règne animal. de Cuvier t. 4. p. 199. Encyclop. pl. 335.
> fig. 3-10.

ARGULE. (Argulus.)

Quatre antennes très petites. Deux yeux séparés. Un bec
conique, dirigé en bas, à angle droit.

Corps oblong, recouvert par un bouclier large, arro̓n-
di-ovale, membraneux, un peu aplati, demi transparent,
échancré postérieurement. Douze pattes, de trois genres:
les deux antérieures tubuleuses, subhémisphériques,
propres à se fixer sur les corps; celles de la deuxième
paire bionguiculées; les autres natatoires, ayant à leur
sommet deux lobes ciliés sur les côtés. Queue courte, terminée par deux lobes.

*Antennæ quatuor minimæ. Oculi duo, distincti. Os
haustello rostriformi conico, ad angulum rectum infrà
porrecto.*

*Corpus oblongum, testá clypeiformi obtectum; clypeo
ovato-rotuntado, planulato, membranaceo, semi-pellucido,
posticè emarginato. Pedes duodecim, è tribus generibus:
duo antici tubulosi, subhemisphœrici, corporibus affigen-
dis idonei; pedes secundi paris biunguiculati; alii natatorii,
apice lobis duobus utrinque ciliatis. Cauda brevis, apice
biloba.*

OBSERVATIONS. — *L'argule*, qu'auparavant nous nommions

Ozole, avec M. Latreille, est un parasite qui vit dans les eaux douces, sur les têtards des grenouilles, sur les Épinoclhes et sur d'autres poissons. C'est un petit animal aplati, arrondi-ovale, demi transparent, d'un vert jaunâtre et qui n'a qu'environ deux lignes et demie de longueur. Ses antennes, au nombre de quatre, sont très petites et insérées au-dessus des yeux : les deux antérieures sont plus courtes, triarticulées ; les deux autres ont quatre articles. Dans les unes et les autres, le premier article a une épine crochue ou au moins une petite dent. Le bec est un fourreau qui renferme un suçoir exsertile. L'anus est situé à la naissance de la queue. Dans la femelle, il reçoit l'organe du mâle et sert de passage aux œufs. Cet animal subit diverses variations de forme, à mesure qu'il se développe et change de peau. On ne connaît encore qu'une seule espèce de ce genre.

ESPÈCE.

1. **Argule foliacé.** *Argulus foliaceus.*

> * *Monoculus cauda foliaceâ plenâ.* Lœfling. Act. soc. Upsal. 1744-50 pl. 11.
> * Pou du gastéroste, etc. Baker. Micros. t. 2. pl. 14.
> * *Monoculus foliaceus.* Linné. Fann. succ.
> * *Monoculus piscinus* ejusd. Syst. nat.
> *Monoculus argulus.* Fab. Syst. 2. p. 489.
> *Binoculus gasterostei.* Lat. Gen. 1. p. 14.
> Le binocle du gastéroste. Geoff. 2. p. 661.
> * *Argulus delphinus* et *A. Charon.* Muller. Entomost. p. 123. pl. 20. (jeune âge.)
> * *Monoculus gyrini.* Cuvier. Tabl. élém. p. 454.
> Ozole du gastéroste. Latr. Hist. nat. etc. 4. p. 128. pl. 29. f. 3-7.
> *Argulus foliaceus.* Jurine, Ann. du Mus. vol. 7. p. 431. pl. 26.
> * Desmarets. Consid. sur les Crust. p. 332. pl. 50. f. 1.
> Habite dans les ruisseaux des environs de Paris.

CALIGE. (Caligus.)

Deux antennes très petites, sétacées. Deux yeux écartés, situé sur le bord antérieur du bouclier. Bouche formant un suçoir en bec conique, fléchi en dessous, pectoral.

Corps allongé, déprimé, comme divisé en deux parties; l'antérieure recouverte par un bouclier d'une seule pièce; la postérieure ovale ou oblongue, abdominale, se terminant par deux filets longs, et souvent ayant à son extrémité des appendices lamelliformes. Dix à quatorze pattes de deux sortes : les antérieures étant munies de crochets, et les postérieures étant en lames natatoires, divisées, pectinées et branchifères.

Antennæ duæ, minimæ, setaceæ. Oculi duo distantes, in margine antico clypei. Os haustello rostriformi, conico deflexo, pectorali.

Corpus oblongum, depressum, in duas partes subdivisum: anticâ parte, clypeo monophyllo tectâ; posticâ ovatâ vel oblongâ, filamentis duobus longis terminatâ, prætereàque ad extremitatem appendicibus lamelliformibus sæpè instructâ. Pedes decem ad quatuordecim, ex duobus generibus : anticis unguiculatis; posticis lamellosis, divisis, pectinatis, natatoriis et branchialibus.

OBSERVATIONS. — Les *Caliges* ne sont pas sans rapports avec nos Limules; ils paraissent en avoir aussi avec nos Polyphèmes; mais ce sont des suceurs et de véritables parasites. Ils ont un suçoir en forme de bec, que l'on dit formé de deux lèvres et de deux petites mandibules réunies. Ces crustacés s'attachent, au moyen de leurs pattes à crochets, sur des cétacés, des poissons, des têtards de grenouilles, dont ils sucent le sang.

Ces habitudes leur ont fait attribuer des rapports avec les Lernées, rapports néanmoins qui nous paraissent assez éloignés. Leur bouclier est aplati, ne recouvre que la partie antérieure du corps, et forme le corselet de l'animal. L'autre partie de leur corps est moins large, allongée, et paraît en constituer l'abdomen. Elle offre à son extrémité deux longs filets articulés, que l'on a regardés comme deux ovaires, mais qui ont toujours paru vides. M. *Risso* dit que les femelles du Calige prolongé, paraissent renfermer quelques œufs dans un sac qui est placé au bas du ventre. Ainsi, les filets de la queue ne sont point des ovaires. (1)

[Les entomologistes les plus récens s'accordent à restreindre davantage les limites du genre Calige, et à n'y laisser que les crustacés suceurs, dont la tête est scutiforme et pourvue de deux yeux et de deux antennes montées sur une pièce frontale distincte, dont la bouche est entourée de trois paires de pattes ancreuses, dont le thorax est très peu développé et pourvu de quatre paires de pattes, parmi lesquelles les trois premières sont natatoires, biramées et libres, et dont l'abdomen est très petit et inséré entre deux longs tubes ovifères. E.

ESPÈCES.

[*Bouclier court, orbiculaire.*]

1. Calige des poissons. *Caligus piscinus.*

C. corpore brevi ; caudâ bifidâ monophyllâ. Lat.
Monoculus piscinus. Lin. Fab. Syst. 2. p. 489.
Caligus curtus. Mull. Entom. tab. 21. f. 1. 2.
Caligus piscinus. Lat. Gen. 1. p. 12 et Hist. nat. etc. 4. pl. 31. f. 1.
* *Caligus piscinus.* Desmarèts Consid. sur les Crust. p. 341.
Habite l'Océan, sur les poissons.

2. Calige prolongé. *Caligus productus.*

C. corpore elongato ; caudâ imbricatâ tetraphylla. Lat.
Caligus productus. Mull. Entom. tab. 21. f. 3. 4.
Latr. Gen. 1. 1. p. 13. et Hist. nat. etc. 4. p. 31. f. 2.
Monoculus salmoneus. Fab. Syst. 2. p. 489.
* *Dinemoura producta.* Latreille. Règne anim. t. 4. p. 197.
* *Dinematura producta.* Burmeister. Mém. de l'acad. des cur. de la nat. de Bonn. t. 17. p. 331.
Habite, comme le précédent, sur les poissons marins.
* Ajoutez plusieurs espèces nouvelles, décrites par M. Nordmaun dans l'ouvrage déjà cité.

---

(1) Ce sont des tubes ovifères analogues aux poches ovifères des Cyclopes, etc. E.

[Bouclier oblong , plus large postérieurement.]

3. Calige bicolore. *Caligus bicolor.*

*C. oblongo-ovatus, maculosus; caudá non imbricatá; clypeo cu-
neato posticè truncato.*

Pandarus bicolor (1). Leach , *Crust. angulosa.* tab. 20.

* Leach. Encyclop. Brit. Supp. pl. 20. f. 1 et Dict. des sc. nat. t. 14.
p. 535.
* Desmarets. Consid. sur les Crust. p. 339 pl. 50.
* Latreille. Règne anim. t. 4. p. 497.
* Burmeister. Act. nat. cur. t. 17. p. 331.
  2. Var ? *Pandarus Boscii.* Leach. ibid.
* Leach. Edinb. Encyclop. pl. 20.
* Desmarets. Consid. sur les Crust. p. 539.
Habite.....

4. Calige de Smith. *Caligus Smithii.*

*C. anticè attenuatus; caudá squamis imbricatis obvolutá; clypeo
elliptico.*

Anthosoma Smithii. Leach. *crust. angulosa.* tab. 20.

* Leach. Edinb. Encyclop. Supp. t. 7. pl. 20. et Dict. des sc. nat.
t. 14. p. 533.

---

(1) Le genre PANDARUS de Leach se compose de quelques crustacés parasites voisins des Caliges, qui ont le thorax recouvert
d'écailles plus ou moins grandes, formées par le prolongement de
diverses pièces de l'arceau dorsal de deux ou trois des anneaux
de cette partie du corps, et qui présentent en dessous, à la suite
des pattes-mâchoires ancreuses, une série de quatre paires de
pattes natatoires, dont deux au moins sont réunies à leur base
de façon à constituer, pour chaque paire, une lame transversale
unique. M. Burmeister a proposé récemment la division de ces
animaux en deux genres, à l'un desquels il conserve le nom
de Pandarus, et à l'autre desquels il donne le nom de Dinematura. Voyez, pour plus de détails, l'article Pandare dans l'ouvrage de M. Desmarets sur les crustacés, un mémoire que nous
avons inséré dans les Annales des Sciences naturelles, t. 28.
et le travail de M. Burmeister publié dans les Actes de l'académie des curieux de la nat. de Bonn., t. 17.   E.

* Desmarets. Consid. sur les Crust. p. 335. pl. 5o. f. 3.
* Latreille. Rég. anim. t. 4. p. 198. Et Encyclop. p. 335. fig. 11-16.
* Griffith. Anim. Kingd. crust. pl. 21. fig. 2.
* Burmeister. op. cit. p. 331.
Habite.....
* Ce crustacé, l'un des plus singuliers que l'on connaisse a été trouvé fixé à un squale, sur les côtes de l'Angleterre et constitue le genre Anthosoma du Dr Leach. La partie antérieure de son corps est recouverte par une petite carapace ovalaire, et présente antérieurement une paire de petites antennes, un suçoir en forme de bec et trois paires d'appendices constituant des pattes-mâchoires-ancreuses ; la moitié postérieure de son corps est enveloppée par huit grandes lames ovalaires qui sont dirigées en arrière et se recouvrent mutuellement de façon à constituer une sorte de cornet dont la partie évasée, dirigée en arrière, laisse passer le dernier anneau thoracique et l'abdomen qui est rudimentaire et terminé par deux petites cornes au dessous desquelles se fixent deux longs tubes ovifères.

5. Calige imbriqué. *Caligus imbricatus.*

C. oblongus, luteo-virescens; abdomine utrinque squamis imbricato ; clypeo conico ; filamentis caudæ brevissimis.
Caligus imbricatus. Risso. Hist. nat. des crust. p. 162. pl. 3. f. 13.
Habite sur les branchies ou sur les lèvres du requin.
* Ce crustacé est trop imparfaitement connu pour qu'on puisse décider à quel genre il appartient.

Le genre Nogagus de Leach est très voisin des Caliges et des Pandares et a pour caractères une carapace ovalaire portant en avant deux lobes frontaux terminés latéralement par de petites antennes sétacées, un suçoir conique et trois paires de pattes-mâchoires ancreuses ; quatre paires de pattes thoraciques lamelleuses et biramées, celles de la première et de la dernière paires isolées. Dernier anneau thoracique grand, quadrilatère et présentant de chaque côté deux prolongemens coniques, mais apodes ; abdomen très court, composé d'un seul article dont le bord postérieur donne insertion à deux appendi-

14.

ces lamelleux biarticulés. On ne connaît qu'une seule espèce, le NOGAGUS DE LATREILLE, *Nogagus Latreillii*. Leach.
(Dict. des Sc. nat. t. 14, p. 536;—Desmarets. Consid. sur
les crust. p. 340). — Latreille considère ce genre comme
pouvant bien ne pas différer de celui qu'il nomme *Ptéry-
gopode*. (Règne anim. de Cuvier, t. 4. p. 197).

M. Nordmann a donné le nom de LEPEOPTHEIRUS à
des Crustacés parasites qui ressemblent un peu aux Caliges par leur forme générale, mais qui ont un œil unique
au milieu du front, et qui n'ont pas, comme les précédens,
un appendice frontal impair. Le type de ce genre est le
Lernea pectoralis de Muller (Zool. Danica. t. 1, pl. 33,
fig. 7; *Lepeophtheirus pectoralis*, Nordmann, op. cit. t. 2,
p. 30;—Burmeister, op. cit. p. 330).

———

Le genre CHALIMUS de M. Burmeister se distingue des
Caliges par l'allongement considérable de l'abdomen, l'existence d'un seul œil et d'un petit appendice au milieu du
front. (Voyez le Mémoire déjà cité de ce naturaliste, inséré
dans le 17e volume des Actes de l'acad. des cur. de la
nat. de Bonn).

———

Le genre BOMOLOCHUS du même se rapproche beaucoup
du précédent, mais s'en distingue par la conformation
des appendices qui entourent la bouche et par la disposition des antennes. Deux espèces s'y rapportent : le *B. par-
vulus* et le *B. bellones*. (Burmeister, Mémoire des cur. de
la nat. t. 17, pl. 14. fig. 1-6;—Nordmann, op. cit. p. 135).

———

Le genre ERGASILIUS de M. Nordmann établit le passage entre les Caliges et les Cyclopes, car il se rapproche
beaucoup des derniers par la conformation générale du

corps, l'existence d'un œil médiocre, la disposition des antennes et des pattes thoraciques, et tient des Caliges par la structure des pattes ancreuses qui sont situées au devant de la bouche. On en connaît deux espèces : l'*Ergasilius Sieboldii*. Nordmann. Mikrograph. Beitrage, t. 2, pl. 2, fig. 1 et l'*Ergasilius gibbus* ejusd. (op. cit. pl. 3, fig. 1-6).

BRANCHIOPODES GÉANS.

Ces Branchiopodes terminent la section, et sont en général les plus grands de ceux qu'elle embrasse. Ils sont assez remarquables par le grand bouclier qui couvre tout leur corps, et par la queue qui le termine postérieurement. J'y rapporte les deux genres qui suivent :

[Ce groupe n'est pas naturel et ne peut être adopté; des deux genres dont il se compose, l'un appartient réellement à la division des Branchiopodes, l'autre s'éloigne de tous les autres crustacés par un grand nombre de caractères de la plus haute importance et doit former à lui seul un ordre particulier auquel Latreille a donné le nom de Xyphosures.]   E.

LIMULE. (Limulus.)

Deux antennes courtes, simples. Trois yeux sessiles, simples : deux plus grands rapprochés et le troisième postérieur plus petit. Un labre distinct. Deux mandibules fortes, sans palpes. Deux paires de mâchoires. Une languette bifide.

Tête confondue avec le corselet. Corps mou, couvert d'un bouclier subcrustacé, mince, arrondi, ovale échancré postérieurement. Pattes très nombreuses (cinquante à soixante paires), branchiales, foliacées : les deux antérieures plus grandes, rameuses, à soies articulées. Queue articulée, courte, terminée par deux filets longs.

Anntenæ duæ breves. Oculi tres, sessiles, simplices : duobus majoribus approximatis, tertio postico minore. Labrum distinctum. Mandibulæ duæ validæ, nudæ. Maxillæ quatuor, per paria dispositæ. Lingula bifida.

Caput a thorace non distinctum. Corpus molle, clypeo subcrustaceo, tenui, rotundato, subovale, posticèque emarginato tectum. Pedes numerosissimi, quinquaginta ad sexaginta circiter paria, branchiales, foliacei; duobus anticis majoribus, ramoso-setosis ; setis articulatis. Cauda brevis, articulata, setis duabus longis instructa.

OBSERVATIONS. — Comme *Muller*, j'ai donné le nom de *Limule* à des Entomostracés ou Branchiopodes que les entomologistes désignent actuellement sous le nom d'*Apus* (1), et que **Linné** confondait parmi ses *Monoculus*. Ce sont, après nos polyphèmes, les plus grands Branchiopodes connus.

Les *Limules* constituent un genre presque isolé parmi les Branchiopodes. Leur corps est couvert d'un grand bouclier corné, très mince, débordant, d'une seule pièce, arrondi-ovale, ayant une échancrure profonde postérieurement (2). Leur tête est confondue avec le tronc, et leurs antennes sont très courtes. Leurs yeux sont lisses, sessiles, rapprochés : on en compte trois : deux en devant, et un plus petit, situé derrière. La bouc he est garnie d'une lèvre supérieure à-peu-près carrée, de

---

(1) Le nom d'*Apus* est généralement adopté pour ce genre, tandis que celui de Limule est donné par tous les auteurs contemporains au genre suivant, appelé Polyphème par **Lamarck**.   E.

(2) Ce bouclier céphalique, qui représente la carapace, recouvre le thorax; mais n'y adhère pas; les anneaux thoraciques **situés au dessous sont complets.**   E.

deux grandes mandibules minces et voûtées, d'une lèvre inférieure bifide, et de deux paires de mâchoires lamelleuses. Leurs pattes sont très nombreuses : les deux antérieures, beaucoup plus grandes, sont branchues, en forme de rames, et terminées par des soies articulées qui ressemblent à des antennes. Les autres pattes (*au nombre de soixante paires environ), sont beaucoup plus courtes, diminuant progressivement de taille de devant en arrière ; elles sont foliacées, natatoires, branchifères, ciliées d'un côté à leur base, et toutes rapprochées à leur naissance. On leur observe, sur un côté, une lame branchiale, avec un sac ovalaire et vésiculeux en dessous. Toutes ces pattes et leurs lames sont presque continuellement agitées par un mouvement assez rapide. Celles de la moyenne paire sont pourvues d'une capsule à deux valves qui renferme des œufs. Enfin, l'abdomen est dépourvu d'appendices autres que deux longs filets terminaux.

Ces crustacés vivent dans les eaux douces, les fossés pleins d'eau, les mares, les eaux tranquilles. On les y trouve en grand nombre et comme en société; ils se nourrissent principalement de tétards. On n'en connaît encore que deux espèces.

ESPÈCES.

1. Limule cancriforme. *Limulus cancriformis.*

> *L. carinâ dorsali posticè non mucronatâ ; laminâ [nullâ inter setas caudales.*
>
> *Limulus palustris.* Mull. Entomostr. p. 127.
>
> * Schœffer. Abhand. von insecten. t. 2.
>
> *Binoculus.* Geoff. 2. p. 660. pl. 21. f. 4.
>
> *Monoculus apus.* Fab. Suppl. p. 305.
>
> *Apus vert.* Bosc.
>
> *Apus cancriformis.* Latr. Gen. 1. p. 15.
>
> Ejusd. Hist. nat. etc. vol. 4. p. 193. pl. 19 et 20. (* Copiées d'après Schœffer.)
>
> * Savigny. Mém. sur les anim. sans vert. p. 63. pl. 7.
>
> * Desmarets. Consid. sur les Crust. p. 360. pl. 52. fig. 1.
>
> * Latreille. Règne anim. de Cuvier. 2e édit. t. 4. p. 181.
>
> Habite en France, en Allemagne, dans les fossés remplis d'eau.

2. **Limule prolongée.** *Limulus productus.*

> *L. carinâ dorsali in spinam productâ ; laminâ inter setas caudales.*
> *Monoculus apus.* Linn.
> Limule serricaude. Herm. Apterol. p. 130. p. VI.
> *Apud productus.* Latr. Gen. 1. p. 16.
> Ejusd. Hist. nat. etc. vol. 4. p. 195. pl. 28.
> * *Lepidurus productus.* Leach.
> * Desmarets. Consid. sur les Crust. p. 360. pl. 52. f. 2.
> Habite en Europe, dans les fossés aquatiques. Il est plus petit que
> le précédent. La lame qui est placée entre les deux filets, à l'ex-
> trémité de la queue, est dentelée.
> * Ajoutez : *Apus Montagui.* Leach. Edinb. Encyclop, supplém. t. 1.
> pl. 20.

———————

POLYPHÈME. (Polyphemus.)

Antennes nulles. Bouclier très grand, crustacé, arrondi
antérieurement, un peu convexe en dessus, concave en
dessous, divisé en deux parties inégales par une suture
transverse : la partie postérieure moins large, plus aplatie,
en scie sur les côtés, et échancrée à l'extrémité. Deux
yeux composés, sessiles, écartés, en demi-lune. La bouche, les palpes, les pattes maxillaires, et des lames branchiales disposés sous le bouclier.

Deux palpes rapprochés à leur insertion, biarticulés,
didactyles au sommet. Dix pattes maxillaires, disposées
par paires articulées, chélifères, ayant à leur base interne des appendices comprimés, ou crêtes très épineuses
au bord interne. La bouche entre les pattes maxillaires et
cachée.

Cinq ou six lames transverses, cornées, un peu divisées,
subnatatoires, recouvrant alternativement les branchies,
et disposées dans la cavité postérieure du bouclier. Queue
longue, subulée, trigone.

Antennæ nullæ. Scutum maximum, crustaceum, anticè
rotundatum, suprà convexiusculum, subtùs concavum, su-

turá transversá inæqualiter bipartitum; parte posteriore minore, planiore, lateribus serratá, extremitate emarginatá. Os, palpi, maxilli-pedes laminæque branchiales infrà scutum dispositi. Oculi duo, compositi, sessiles, distantes, lunati suprà scutum.

Palpi duo, insertione approximati, biarticulati, apice didactyli. Pedes maxillosi decem per paria digesti, articulati, apice chelati; basi interná appendicibus compressis, cristatis margine interno spinosissimis. Os intrà pedes maxillares occultatum.

Laminæ quinque vel sex, transversæ, corneæ, subdivisæ, natatoriæ, branchias alternatim tegentes, in scuti postici cavitate receptæ. Cauda longa, subulata, trigona.

Observations. — Parmi des animaux aussi petits que la plupart des Entomostracés ou Branchiopodes, les *Polyphèmes* sont extraordinaires par leur taille, et ce sont véritablement les géans de cette division. Aussi Linné, en donnant à la seule espèce qu'il ait connue le nom de *M. polyphemus*, a-t-il convenablement désigné la taille gigantesque de cet animal. Depuis on a donné le nom de Polyphème à un animalcule de nos marais (notre Céphalocle), et l'on a préféré, pour les grands Entomostracés dont il s'agit ici, le nom de *Limulus* que Muller donna à un genre vaguement déterminé, qui embrassait des Entomostracés de genres différens.

Les *Polyphèmes* sont des crustacés marins qui ont quelquefois deux pieds de longueur. Ils sont larges et arrondis antérieurement, et n'offrent en dessus qu'un grand bouclier crustacé, divisé en deux segmens inégaux par une suture transverse, et muni postérieurement d'une queue en stylet trigone. C'est seulement sous ce bouclier que l'on distingue : 1° Deux palpes en avant, plus petits que les pattes maxillaires, et insérés sur un tubercule qui tient lieu de lèvre supérieure; ils remplacent les mandibules, si l'on ne veut leur en donner le nom ; 2° Cinq paires de pattes maxillaires, didactyles, mais dont celles de la première paire, dans les mâles, n'ont qu'un doigt; 3° Cinq ou six lames transverses subincisées, et entre lesquelles sont situées les branchies sous la forme de feuillets empilés. Les sexes sont séparés ; leurs organes sont placés derrière la dernière paire des pattes maxillaires , à la base d'une lame transversale, en sa face postérieure. L'anus est à la racine de la queue qui termine le corps.

Ces crustacés vivent dans les mers des pays chauds. On n'en connaît encore que très peu d'espèces, qui sont même médiocrement distinctes.

[Les Limules proprement dits, que Lamarck décrit ici sous le nom de Polyphèmes, constituent, comme nous l'avons déjà dit, une sous-classe particulière à laquelle on peut conserver le nom de Xyphosure, déjà employé par Gronovius, pour les désigner ; suivant M. Straus-Durckheim, ces animaux devraient même être exclus de la classe des Crustacés, et prendre place parmi les Arachnides. Mais cette opinion ne nous paraît pas suffisamment motivée, et nous pensons que c'est à la suite des Crustacés ordinaires qu'il faut les ranger.

Un des traits les plus remarquables de l'organisation des Xyphosures, est le mode de conformation de leur appareil masticateur ; la bouche n'est armée ni de mandibules, ni de mâchoires proprement dites ; mais est placé au milieu des pattes dont l'article basilaire est muni en dedans d'un lobe denté qui remplit les fonctions de mâchoires. A la suite de cette double série de pattes préhensiles, se trouve une paire d'appendices lamelleux réunis à leur base, qui portent à leur face postérieure les organes sexuels. Le second segment du corps qui paraît représenter l'abdomen, porte cinq paires de fausses pattes lamelleuses semblables aux appendices dont nous venons de parler, et garnies à leur face postérieure des branchies qui paraissent composées de fibres très nombreuses et serrées les unes contre les autres sur un seul plan. Suivant M. Cuvier, le cœur est un gros vaisseau qui règne le long du dos comme chez les Squilles et donne des branches des deux côtés. L'œsophage remonte en avant et conduit dans un estomac très charnu , dont les parois sont hérissées de tubercules; et l'intestin est large et droit; le foie verse la bile dans l'intestin par deux canaux de chaque côté; enfin, le test est rempli en grande partie par les organes de la génération.   E.]

ESPÈCES.

1. **Polyphème des Moluques.** *Polyphemus gigas..*

P. maximus, carinâ mediâ scuti antici medi inermi; caudâ supernè per totam longitudinem serratâ.

Monoculus polyphemus. Lin.

Limulus polyphemus. Fab. Syst. 2. p. 487.

Limulus moluccanus. Lat. Gen. 1. p. 11. et Hist. nat. 4. pl. 16. 17.

Polyphemus gigas. Lam. Syst. des anim. sans vert. p. 168.

Cancer perversus. Rumph. Mus. tab. 12. f. *a, b.*

* *Cancer moluccanus.* Clusius. Exot. p. 128.

* Schœffer. Monog. pl. 7. f. 4–5.

* *Limulus polyphemus.* Savigny. Mém. sur les anim. sans vertèbres, pl. 8.

* *Limulus moluccanus.* Desmarets. Consid. sur les Crust. p. 355.

* *Limulus tridentatus ?* Leach. Dict. des sc. nat. t. 14. p. 357.

Habite l'Océan des Grandes-Indes. On le nomme vulgairement le crabe des Moluques. Ses épines caudales sont petites et fréquentes.

2. **Polyphème occidental.** *Polyphemus occidentalis.*

P. scuto tenuiusculo; carinâ mediâ scuti antici spinulis tribus, caudâ supernè rarò denticulatâ.

Polyphemus occidentalis. Lam. Syst. des anim. sans vert. p. 168.

Limulus polyphemus Latr. Gen. 1. p. 11.

Limulus cyclops. Fab. Syst. 2. p. 488 et Supp. p. 371.

* *Arana carafecho* Parra. Descr. de difer. piezas de hist. nat. pl. 56. f. 1 et 2.

* *Limulus americanus.* Leach. Dict. des sc. nat. t. 14. p. 537.

* *Limulus polyphemus.* Say. Crustacea of the United states. Journ. of the acad. of sc. of Philadelphia. vol. 1. p. 435.

* Desmarets. Consid. sur les Crust. p. 354. f. 51.

* *Limulus americanus.* Buckland. Geology and mineralogy. pl. 45. fig. 1.

Suivant M. Say le *Limulus Sowerbii* de Leach (Zool. miscel. t. 2. pl. 84) est un jeune individu de cette espèce.

Habite l'Océan américain, les mers de la Caroline méridionale. Il devient moins grand que celui des Moluques, et a sa queue presque inerme.

Etc. Sous le nom de *Limulus heterodactylus*, M. Latreille en indique une espèce, qui vit dans les mers de la Chine. (* Ce crustacé, dont les quatre parties antérieures sont terminées au moins dans l'un des sexes, par un seul doigt, constitue le genre Tachypile de Leach. (1)

* Ajoutez quelques autres espèces décrites par Leach dans le dictionnaire des sciences naturelles, mais imparfaitement connues.

* M. Desmarets a donné le nom de Limule de Walch (2) à un crustacé fossile qui se rencontre dans le calcaire de Solenhofen et qui appartient évidemment à ce genre. M. Buckland en a figuré une autre espèce trouvée dans le minerai de fer de Coalbrook Dale, et nommée *Limulus trilobitoïdes.* (3) Enfin, d'après ce naturaliste il faudrait aussi y rapporter l'*Entomolitus monoculites* trouvé dans le terrain carbonifère du comté de Derby en Angleterre et figuré par Martin dans son *Petrefacta Derbiensia.* pl. 45. f. 4. (4)

† TRILOBITES.

C'est entre les Branchiopodes et les Isopodes que paraissent devoir prendre place un nombre considérable d'animaux connus à l'état fossile seulement et désignés généralement sous le nom de Trilobites. Pendant longtemps, il a régné une grande confusion dans l'histoire de ces débris organiques et une divergence d'opinion non moins grande touchant leurs affinités naturelles. Quelques naturalistes considéraient ces fossiles comme des coquilles à trois lobes; d'autres pensaient que c'étaient des

---

(1) *Tachyplius.* Leach. Dict. des Sc. nat. — Desmarets, Considér. sur les Crust. p. 356. — Latreille. Règne anim. de Cuvier. t. 4. p. 188.

(2) *Cancer perversus* Walch et Knorr. Monumens du déluge, t. 1, p. 136, pl. 14, fig. 2 ;—*Limulus Walchii*, Desmarets. Crustacés fossiles, p. 139, pl. 11, fig. 6 et 7. — Konig Ic. fos. sel. pl. 2, fig. 28.

(3) Voyez Buckland, Geology and mineralogy considered with reference to natural theology, tab. 46. fig. 3.

(4) Buckland, op. cit. p. 395.

animaux voisins des Oscabrions; enfin, la plupart des auteurs les plus récens les regardent comme étant des Crustacés, et cette dernière opinion acquiert chaque jour
plus de force.

Les Trilobites qu'on a appelés d'abord *Entomolites*, et
qu'un auteur récent (M. Dalman) propose de nommer
Palœades, sont des animaux articulés, dont le corps se
compose d'une série d'anneaux et dont la forme générale
rappelle beaucoup celle de plusieurs Isopodes. De même
que chez ces derniers crustacés, ils présentent trois parties plus ou moins distinctes : une tête, un thorax et un
abdomen. La tête (appelée bouclier par M. Brongniart à
qui on doit le premier travail approfondi sur ces animaux)
est grande, clypéiforme, ordinairement arrondie en avant,
tronquée ou concave en arrière, bombée en dessus et en
général divisée en trois lobes plus ou moins distincts par
deux dépressions ou sillons longitudinaux. Chez plusieurs,
on voit sur la face supérieure de la tête, des tubercules qui
ressemblent beaucoup aux yeux lisses des Apus, et chez
d'autres il existe deux yeux réticulés qui, par leur disposition, rappellent exactement ceux des Séroles et de quelques autres Isopodes. On ne voit aucune trace d'antennes,
et jusqu'ici on n'a rien découvert de bien positif relativement à la disposition de l'appareil buccal ; il paraîtrait cependant, d'après quelques observations de MM. Dekay,
Stokes et Sars, que la bouche occupe la face inférieure de
la tête, et présente en avant une lame bifurquée, assez
semblable à l'espace compris entre la lèvre supérieure
et les bords du cadre buccal chez les Décapodes brachiures, ce qui porterait à faire soupçonner l'existence de
pattes-mâchoires lamelleuses. Le thorax (ou abdomen
Brongniart) qui fait suite au bouclier céphalique, se compose d'un nombre variable d'anneaux bien distincts et
présente presque toujours deux sillons longitudinaux qui

divisent chaque anneau en trois lobes, dont un médian ou dorsal et deux latéraux désignés sous le nom de flancs. Cette division du thorax en trois lobes est si remarquable qu'elle a frappé tous les observateurs et a valu à ces animaux leur nom de Trilobites; elle manque quelquefois cependant (comme dans l'*Asaphus armadillo* de Dalman) et ne les distingue pas essentiellement de tous les animaux de l'époque actuelle, comme le pensait M. Brongniart; car une disposition analogue se voit chez un grand nombre d'Isopodes; seulement chez ceux-ci la pièce médiane ou tergale est très grande et les pièces latérales ou épimériennes sont très petites, tandis que chez les Trilobites, c'est le contraire qui a ordinairement lieu. Souvent il n'existe aucune limite naturelle entre le thorax et la portion postérieure ou abdominale du corps (postabdomen Brongniart) et celle-ci se compose d'anneaux semblables à ceux dont nous venons de parler, mais dont les dimensions diminuent progressivement; d'autres fois, l'abdomen (ou *Pygidium* Dalman) est bien distinct du thorax et se compose d'anneaux d'une forme différente qui sont quelquefois réunis par une expansion marginale d'apparence membraneuse, ou bien il ne consiste qu'en un seul bouclier semblable à celui formé par la tête et analogue à l'abdomen des Sphéromes, et enfin on voit quelquefois à la suite de cet abdomen un appendice étroit et allongé ou lamelleux qui constitue une espèce de queue ayant quelque ressemblance avec celle des Limules ou formant une sorte de nageoire caudale. Jusqu'ici, on n'est point parvenu à découvrir des traces bien certaines de pattes chez aucun trilobite; et tout porte à croire que ces appendices étaient membraneux et lamelleux comme chez les Apus.

Les Trilobites étaient des animaux marins et plusieurs d'entre eux avait la faculté de se replier en boule comme les Sphéromes de nos mers. On en trouve dans diverses parties de l'Europe, dans l'Amérique-Septentrionale, dans l'Amérique du Sud et à l'extrémité méridionale de l'Afrique, mais ils ne se rencontrent que dans les roches stratifiées les plus anciennes et ils ont été tous détruits avant le dépôt des couches qui sont postérieures à la formation carbonifère.

On en connaît aujourd'hui un très grand nombre et les différences de structure qu'ils offrent sont si grandes qu'on a senti la nécessité de les subdiviser en plusieurs genres ; M. Brongniart est le premier qui ait présenté une classification de ces fossiles, et ses divisions forment encore la base de la méthode adoptée par la plupart des naturalistes. On a proposé depuis peu un nombre assez considérable de genres nouveaux, mais la plupart de ces groupes ne paraissent pas devoir être adoptés.

A l'exemple de M. Dalman, nous diviserons cette classe de crustacés fossiles en deux sections, savoir :

Les TRILOBITES PROPREMENT DITS (*Palœades genuinœ* Dal.) qui ont la tête semilunaire et le thorax divisé en plusieurs anneaux distincts ;

Et les TRILOBITES DOUTEUX ou BATTOÏDES qui ont la tête suborbiculaire, l'abdomen de même forme et le thorax peut-être caché sous ces boucliers ou peut-être membraneux, mais toujours détruits.

TRILOBITES PROPREMENT DITS.

Cette section comprend presque toutes les espèces connues. C'est à ces fossiles qu'est spécialement applicable tout ce que nous avons dit de l'organisation de ces animaux en général, et peut-être devraient-ils former à eux seuls le groupe des Trilobites, car la nature des Battoïdes est encore un peu problématique. M. Dalman les divise en deux familles : les Trilobites oculés et les Trilobites typhiens.

§ *a*. TRILOBITES OCULÉS.

Yeux réticulés bien distincts et élévés, situés sur la surface supérieure du bouclier céphalique. Corps contractile, pouvant se reployer plus ou moins complètement en boule.

† Genre **CALYMÈNE**. *Calymene.*

Les Calymènes sont des Trilobites dont le corps est ellipsoïde, épais et bombé; leur tête est semi-circulaire et son lobe moyen ou saillie frontale (appelé *glabella* par Dalman), est convexe et garni latéralement de trois paires de lobules ou tubercules séparés par des sillons transversaux; leurs yeux ont la forme de tubercules réticulés et sont situés vers le niveau du milieu du front; enfin, de chaque côté de la face supérieure de la tête une ligne de suture qui part du front, se dirige en arrière, passe devant les yeux, puis se recourbe brusquement en-dehors, et va se terminer près des angles postérieures du bouclier céphalique. Les anneaux du thorax et de l'abdomen ne diffèrent que peu entre eux et ne peuvent quelquefois être distingués; les uns et les autres sont trilobés et ont leurs bords entiers. Les premiers sont au nombre de 10 à 14 et ont les côtes ou arcs costaux des lobes latéraux (ou flancs) aplaties de devant en arrière et paraissent se terminer en lames. Les anneaux de l'abdomen ressemblent aux segmens thoraciques par la disposition de leur lobe dorsal; mais les arcs costaux des lobes latéraux semblent avoir été coriacés ou même membraneux vers le bout et sont bifurqués vers leur extrémité, mode de conformation qui ne se retrouve pas dans les genres voisins; enfin, il est aussi à noter que les anneaux abdominaux ne sont jamais réunis en une lame clypéiforme comme cela a lieu chez beaucoup d'autres Trilobites, et que le corps ne présente à son extrémité postérieure ni extension ni prolongement membraneux.

Espèces ayant les angles postérieurs de la tête arrondis.
1. Calymène de Blumenbach. *Calymene Blumenbachii.*

> *C. capite subtriangulari, glabella utrinque trituberosa; oculis eminentibus, loborum glabella pari intermedio proximis.*
>
> *Petrified insect.* Littleton. Phil. Trans. 1750, pl. 47 et 48.
>
> *Concha trilobos.* Knorr. Monum. du déluge. t. 4. sup. pl. 9. f. 1.
>
> Parkinson. Organic remains. vol. 3. pl. 17. f. 11-14.
>
> *Trilobitus tuberculatus.* Brünnich. Nouv. mém. de la Soc. roy. de Danemark. t. 1 (1781), p. 389.
>
> *Entomostracitus tuberculatus.* Wahlenberg. *Petrificata telluris suecanæ.* Nova acta. Règ. Soc. scien. upsaliensis. t. 8. p. 31; et Journ. de Physique, t. 91. .p. 35. fig. 6.
>
> *Nova acta soc. Upsaliensis.* vol. 8. p. 31. et Journal de physique. t. 91. p. 35.
>
> *Trilobites paradoxus.* Schlotheim. Petrefactenkund. p 38.
>
> *Calymene Blumenbachii.* Brongniart. Hist. des Crust. foss. p. 11. pl. 1. fig. 1. A. B. C. D.
>
> *Trilobites Blumenbachii.* Schlotheim. Nachträgen. t. 2. p. 33.
>
> *Calymene Blumenbachii.*Var. Rasomousky. Ann. des Sc. nat. 1re série t. 8. p. 190. pl. 28. f. 4.
>
> *Calymene Blumenbachii.* Dalman. Mém. de l'Ac. des sc. de Sockholm. 1826. t. 2. p. 226. pl. 1 f. 2. et 3.
>
> — Paylon. Trilobites of Dudley, brochure in-4. Londres 1827. contenant 14 figures de ce Calymène.
>
> —Harlan. Critical notices of various organic remains discovered in North America : Med. and phys. researches p. 300.
>
> — Buckland. Geology and mineralogy. pl. 46. f. 1-3.
>
> — Bronn Lethæa geognostica. p. 110. pl. 9. fig. 3.

M. Dalman distingue plusieurs variétés de cette espèce qu'il caractérise de la manière suivante :

Var. 1. (TUBERCULATA) *segmentis trunci (thoracis) 12, pygidii (abdominis) circiter 7 ; corpore versus latera punctis elevatis, confertissimis sed obsoletioribus obsito.*

Var. 2.(BLUMENBACHII vera ? *Segmentis trunci 13, pygidii circiter 8.*

A. — *(tuberculosa) corpore supra lævi, ad latera subtiliter alutaceo, segmentis rachidis apice tuberculosis.*

*B. (pulchella) corpore undique punctis elevatis sparsis aspero ;
rachidis segmentis vix tuberculosis.*

Trouvée dans le calcaire de transition de Dudley, de Gothland, de la
Bohême et de l'Ohio, etc.

2. Calymène de Tristan. *Calymene Tristani.*

*C. capite fornicato, genis inflatis, oculis exsertis, rugis tribus in
fronte, lateralibus, obliquis, rotundis; corpore scabro.*

Tristan. Journal des mines. t. 23. p. 21.
Calymeni Tristani. Brongniart. op. cit. p. 12. pl. 1. f. 2.
Trilobites Tristani. Schlotheim Nachtr. 2. p. 33.
Calymeni Tristani. Dalman. op. cit. p. 264.

Trouvée dans un schiste argileux aux environs de Nantes et dans
des phyllades du Cotentin.

3. Calymène gentil. *Calymene bellatula.*

*C. capite semilunari antice marginato, margine orali ascendente ;
prominentia frontali utrinque triloba, loboque supra-orali maximo;
oculis prominulis loborum pari antico proximis.*

Dalman. loc. cit. p. 228. pl. 1. f. 4.
Calcaire de transition de l'Ostrogothie.

4. Calymène polytome. *Calymene polytoma.*

*C. capite brevi transverso, glabella utrinque triloba, sulcoque recto a
genis distincta, oculis parvis valde remotis ; segmentis trunci una
cum pygidii 23.*

Dalman. op. cit. p. 229. pl. 1. f. 1.
Calcaire de transition de l'Ostrogothie.

5. Calymène actinure. *Calymene actinura.*

*C. oculis in genis? — laevis, capite antice rotundato prominentia
frontali utrinque trituberosa; scuti caudalis laciniis radiantibus
(utrinque 5) acuminatis, intermediis conniventibus, scuto anali
triplo longioribus.*

Entomostracites actinurus. Dalman. Acta Reg. Acad. Scient. Holm.
1824. p. 370. pl. 14. f. 1.
Calymene actinura. Ejusdem. Mém. de l'Acad. de Stockholm 1826.
t. 2. p. 231.
Même gisement.

6. Calymène large-front. *Calymene latifrons.*

*C. fronte inflata, latissima, subverticali, trapezoidea et (integumento
exteriore sublato) punctis elevatis obsoletis numerosis sparsa; gena*

utraque oculata, mucrone destituta, inflata, annulorum impresso-
rum densorumque seriebus subarcuatis cruciatis undique notata ;
extremitate corporis lævigati utraque ambitu congruente, obtuso-
rotundato.

Bronn. Uber Zwei neu Trilobiten. Zulschrift. fur mineralogie von
    Leonhard. 1825. t. 1. p. 318. pl. 2. f. 1-4.
Dalman, op. cit. p. 267.
Grauwacke de l'Eifel.

7. Calymène de Schlotheim. *Calymene Schlotheimii.*

C. fronte supra basin anteriorem retractam protuberante, non rugosa,
superne depressa, lata, ad angulos laterali-posticos in mucronem
producta, punctis convexis inæqualibus inæqualiter dispositis nu-
merosis undique notata ; gena utraque oculata, punctorum æqua-
lium elevatorum, superne complanatorum, media supertusorum
seriebus densis cruciata; corporis lævigati extremitatibus rotun-
datis, postica angustiore et in parte corporis inferiore concava
reposita.

Bronn. Journal de Leonhard. 1825. t. 1. p. 319. pl. 2. f. 5-8.
Dalman. op. cit. p. 267.
Grauwacke de l'Eifel.

8. Calymène sclerops. *Calymene sclerops.*

C. capite semilunari convexo, genis sulcis duobus transversis ; oculis
valde elevatis, granuloso-reticulatis, operculo angustato depresso-
que; segmentis trunci 11; pygidio sulcis radiantibus.

Dalman. op. cit. p. 232. pl. 2. f. 1.
Calcaire de transition de l'Ostrogothie.

9. Calymène macrophthalme. *Calymene macrophthalma.*

C. capite antice, caudaque postice attenuatis, oculis magnis, exser-
tis ; rugis tribus in fronte lateralibus obliquis ; segmentis trunci 12
vel 13.

Brongniart. Crust. fossiles. p. 15. pl. 1. f. 5.
Sternberg Verhandl. der Gesellschatt des vaterl. Museums in Bohemen
    11. helf. p. 75 pl. 1. fig. A. B.
Trilobites macrophthalmus. Schlotheim. Nachträgen p. 34.
Calymene macrophthalmus. Dalman. op. cit. p. 266.
— Hœninghaus. Isis d'Oken 1824, IV. p. 464. pl. 5. f. 1-4.
— Buckland. Mineralogy and geology. pl. 46 f. 4 et 5.
— Bronn. Lethæa. p. 110. pl. 9. fig. 4.
Trouvé dans le calcaire de transition? de Coal-Brook Dale en An-
    gleterre. M. Dalman croit devoir distinguer au moins comme une

variété le Trilobite figuré par M. Brongniart sous le même nom que le précédent (pl. 1. f. 5. A. B.) et indiqué comme ayant été trouvé à Hunaudière en Normandie.

Il paraît que les fossiles décrits par M. Green sous le nom de *Calymene bufa* et de *C. rana*, sont des variétés de cette espèce. (Voy. Harlan op. cit. p. 301).

10. Calymène ponctué. *Calymene punctata.*

C. trunco lævi, scuto caudali verrucarum serie triplici.

Entomostracites punctatus. Wahlenberg. Mém. d'Upsal. t. 8. p. 32. pl. 2. f. 1. et journal de Physique. t. 91. p. 35. f. 5.

    Entomolithus n. 2. Linné. Mém. de Stockholm. 1759. p. 22. pl. 1. f. 1. (l'abdomen).

Lehmann. Nov. comm. Petrop. t. 10. pl. 12. f. 10. (l'abdomen).

Trilobites punctatus. Brongniart. op. cit. p. 36. pl. 3. f. 4.

— Schlotheim. Nachträgen. t. 2. f. 37.

Calymene punctata. Dalman. op. cit. p. 233.

Gothland.

11. Calymène agréable. *Calymene concinna.*

C. capite semilunato, margine antico incrassato, glabella eonvexa integra, pone oculos transversim impressa et utrinque tuberculo aucta; trunco segmentis 10; pygidio majusculo.

Dalman. op. cit. p. 234. pl. 1. f. 5.

Calcaire de transition du Gothland.

12. Calymène arachnoïde. *Calymene arachnoïdes.*

C. capite antice attenuato, verrucoso; glabella lata, oculis magnis corpore verucoso, costis in spinis elongatis.

Hœninghaus. Lettre lithographiée sur le Calymène arachnoïde. Crefeld, 1835, avec figure.

Cette espèce diffère beaucoup des Calymènes ordinaires, et paraît se rapprocher à quelques égards des Paradoxides et de quelques Asaphes (tels que l'A. mucroné). On n'y voit pas de limites distinctes entre le thorax et l'abdomen, et elle devrait peut-être former le type d'une division particulière.

§§. *Espèces ayant les angles postérieurs de la tête allongés et amincis.*

13. Calymène variolaire. *Calymene variolaris.*

C. capite rotundato, lobis inflatis valde tuberculatis, angulis externoposticis in mucronem productis.

Parkinson. Organic remains. t. 3. pl. 17. f. 16 (la partie antérieure
   seulement).

Calymene variolaris. Brongniart. op. cit. p. 14. pl. 1. f. 3. A. B. C.

Trilobites variolatus? Schlotheim Nachträgen. t. 2. p. 34.

Calymene variolaris. Dalm. op. cit. p. 263.

Calcaire de transition de Dudley.

14. Calymène remarquable. *Calymene speciosa.*

C. *capite semi-circulari, angulis spiniformibus ; fronte valde convexo
   utrinque trilobo; postico lobo tuberculari, genis punctis impressis
   numerosis ; linea fasciali valde extrorsum flexa.*

Sars. Mém. sur les Trilobites, Isis, 1835. p. 339. pl. 9. fig. 7.

Calcaire de transition de la Norvège.

15. Calymène front-enflé. *Calymene clavifrons.*

*Plurimi caracteres. C. speciosæ, sed fronte multo majore et maxime
   prominente, fere globoso.*

Sars. op. cit. p. 339. pl. 9. fig. 8.

Même gisement.

Ajoutez le *Calymene callicephalla.* Green. Monographie des Trilobites, accompagnant une collection de modèles en plâtre, p. 30;
   Harlan op. cit. p. 300. (Ohio).

Le *Calymene selencephala.* Green. op. cit. p. 320.—Harlan. op. cit.
   p. 300. (New-York.)

Le *Calymsne platyps.* Green. op. cit. p. 325. — Harlan. loc. cit.
   (Montagnes de Helderberg, dans le New-York.

Le *Calymene diops.* Green. op. cit. p. 37 et 38. fig. 2 ; Harlan op.
   cit. p. 301.

Le *C. odontocephata.* Green. Journ. de Silliman. t. 25. p. 334.

C. decipiens. König Icones fossiiiums elutis, pl. 3. fig. 32.

Etc.

Le Genre TRIMERUS de Green ne paraît différer que
fort peu des Calymènes, et ne s'en distingue guère que
par l'absence de sillons transversaux sur le front, de la
petitesse et de la position des yeux, la petitesse des lobes
latéraux, et quelques autres caractères peu importans ; on
n'en connaît qu'une espèce :

Le *Trimerus delphinocephalus.* Green. Monographie des Trilobites.
   p. 82. fig. 1.—Harlan. op. cit. p. 305.—Bronn, Lethæa. p. 113.
   pl. 9. fig. 5.

† Genre Asaphe. *Asaphus.*

Le genre Asaphe tel qu'il a été établi par M. Brongniart et adopté par Dalman, comprend un grand nombre de Trilobites, dont les uns se lient d'une manière étroite aux Calymènes, et dont d'autres s'en éloignent beaucoup. Les caractères les plus remarquables de ces animaux consistent dans la disposition des yeux réticulés, en général semblable à celle qui existe chez les Calymènes et dans la conformation de l'abdomen, dont les anneaux ne sont pas bifurqués latéralement, et sont tantôt confondus en un grand bouclier souvent aussi grand que la tête, tantôt réunis par une bordure membraneuse ou suivis d'un prolongement caudiforme. Le corps de ces Trilobites est en général plus aplati que chez les Calymènes, mais peut également se rouler en boule; leur tête est semi-circulaire et souvent les angles postérieurs se prolongent en pointes plus ou moins larges; les yeux sont saillans, réticulés, et en général semi-lunaires; tantôt ils sont placés près du milieu du front, tantôt près des bords latéraux de la tête; la ligne de suture qui se voit sur les côtés de la face supérieure de la tête est plus éloignée de la ligne médiane, et se recourbe moins en dehors vers sa partie postérieure. Le thorax est toujours bien distinct de l'abdomen, et se compose de six à dix anneaux seulement; quant aux proportions des diverses parties du corps, elles sont très variables.

Plusieurs naturalistes ont cru devoir pousser les divisions génériques plus loin que ne l'avait fait M. Brongniart, et ont formé, aux dépens des Asaphes divers genres, nouveaux; mais ces innovations n'ont pas été admises par la plupart des auteurs, et en effet, elles ne paraissent pas reposer en général sur des bases suffisantes. Les différences qu'on remarque dans l'organisation de ces Trilobites sont cependant si grandes, que, malgré les passages graduels

qui se remarquent entre les divers types les plus distincts
réunis dans ce groupe, on sent la nécessité de les séparer.
Nous croyons qu'on ne devrait pas ranger dans ce genre,
comme l'a fait M. Dalman, les espèces dont le thorax n'est
pas trilobé, ni celles dont la tête n'est pas semi-circulaire
antérieurement; enfin, on pourrait diviser les autres espèces
en deux groupes, suivant que leur abdomen se compose
d'anneaux distincts, et en apparence mobiles, ou bien que
les divers segmens de cette partie du corps sont soudés
entre eux et confondus en une seule pièce clypéiforme.
De ces deux dernières divisions, la première comprend la
plupart des espèces auxquelles le nom générique d'Asaphe a été premièrement donné, et pourra le conserver; la
seconde correspond à-peu-près au genre CRYPTONYME
de M. Eichwald; enfin, les espèces dont le bord antérieur
de la tête n'est pas arqué, constituent les sous-genres des
ASAPHES LICHASES et des ASAPHES AMPHYX de M. Dalman, et celles qui diffèrent de tous les autres Trilobites
connus par l'absence des sillons longitudinaux d'où résulte la division des anneaux thoraciques en trois lobes
constituant le sous-genre des ASAPHES NILEUS du même
auteur; groupes qu'il serait peut-être convenable d'élever au rang de genres comme l'a proposé M. Sars.

Quoi qu'il en soit, nous continuerons à laisser tous ces
Trilobites dans le genre Asaphe, et nous nous bornerons à
employer les divisions indiquées ci-dessus comme des coupes propres à faciliter la distinction des espèces.

Première Section. ASAPHES ARTICULÉS,

*Anneaux thoraciques trilobes; tête semi-circulaire; abdomen composé
d'un nombre considérable d'anneaux distincts dans toute leur longueur, probablement mobiles les uns sur les autres et ne paraissant
être réunis que par une membrane marginale.*

§ *A. Extrémité de l'abdomen prolongé en pointe ou garnie d'un appendice caudal.*

1. Asaphe caudigère. *Asaphus caudatus.*

A. capite semi lunari angulis posticis extensis ; oculis conicis valde elevatis granuloso reticulatis ; — scuto caudali costato plicato in caudam continuam producto.

Parkinson. Organic Remains. t. 3. pl. 17. fig. 17 (abdomen).

Trilobus caudatus. Brünnich. Nouv. mém. de la Soc. roy. de Danemark (1781, t. 1. p. 392. n. 3. fig.

Asaphus caudatus. Brongniart. Crust. foss. p. 22. pl. 2. f. 4. A. B. C. D.

Trilobites caudatus. Schlotheim. Nachtr. t. 2. p. 35.

Asaphus caudatus. Dalman. op. cit. p. 236. pl. 2.

Buckland. Geology and Mineralogy. pl. 45. fig. 9–11. et pl. 46. f. 11. et 12.

Fossile du calcaire de transition de Dudley et de Gothland, etc.

2. Asaphe mucroné. *Asaphus mucronatus.*

A. capite semi-lunari, angulis posticis in spinam extensis ; glabella lata, utrinque 4-incisa ; oculis granulosis loborum tertio pari proximis ; pygidio costis bifidis mucroneque spiniformi.

Entromostracites caudatus. Wahlenberg. loc. cit. p. 28. pl. 2. f. 3 ; et Journ. de Physique. t. 91. p. 34. fig. 3.

Asaphus mucronatus. Brongniart. op. cit. p. 24. (d'après Wahlenberg).

Trilobites mucronatus. Schlotheim. Nachtr. t. 2. p. 37.

Asaphus mucronatus. Dalman. op. cit. p. 236. pl. 2. fig. 3.

Calcaire de transition de l'Ostrogothie, de la Scanie, etc.

§. AA. *Extrémité de l'abdomen arrondie.*

3. Asaphe de Debuch. *Asaphus buchii.*

A. corpore ovato, antice obtuso ; pars caudæ membranacea ad marginem longitudinaliter striata.

Parkinson. Organic remains. vol. 3. pl. 17. f. 13.

Asaphus Debuchii. Brongniart. Crust. foss. p. 21. pl. 2. f. 2. A. B. C.

Trilobites de Buchii. Schlotheim. Nacthr. 2. p. 34.

Asaphus Buchii. Dalman. p. 274.

Trouvé dans du Psammite dans le pays de Galles.

4. Asaphe de Hausmann. *Asaphus Hausmanni.*

A. cauda rotunda, cuto coriaceo tuberculis minimis, spinulosis tecá.

Brongniart. op. cit. p. 21. pl. 2. fig. 3. A. B. (l'abdomen seulement).

Trilobites Hausmanni. Schloltheim Nachr. t. 2. p. 20.

Sternberg. Verhand. der Gesellschaft des Vaterl. Museums in Boehmen III Heft. p. 77. pl. 2. f. 3. A. B. C. D.

Trilobites cornigeri-cauda. Schlotheim. Journal de Leonhard. t. 4. pl. 1. f. 4. ?

Asaphus Hausmanni. Dalman. op. cit. p. 270.

Calcaire de transition de la Moldavie et de la Bohême.

Suivant M. Brongniart, la membrane caudale serait arrondie, tandis que suivant Sternberg, elle serait prolongée en pointe.

5. Asaphe frontal. *Asaphus frontalis.* ·

A. capitis angulis posticis rotundatis ; prominentia frontali bisbi-impressa, oculis distantibus ; pygidio rotundato, costis utrinque sex radiantibus obtusatis.

Dalman. op. cit, p. 242.

Du calcaire rougeâtre de l'Ostrogothie.

6. Asaphe de Brongniart. *Asaphus Brongnartii.*

A. clypeo semi-circulari utrinque in angulis brevibus et obtusis producto, fronte laevi, subconvexo, capite et genis conniventibus marginato ; oculis lateralibus ; thoracis (abdominis) articulis duodecim ? Post abdomine (pygidio) unipartito, sulcis transversis exarato.

De Lonchamps. Mém. de la Soc. Linnéenne du Calvados 1825. t. 2, p. 312. pl. 19. f. 1-7. et pl. 20. f. 1.

Du grès quartzeux de May, près de Caen.

7. Asaphe de Fischer. *Asaphus Fischerii.*

A. capitis parte intermedia utrinque ad latera et antico margine sulcis duobus profundis incisa, a lateralibus partibus divisa; linea divisionis per oculorum tubera vix exserta sub angulo flexa decurrente has denuo dividente. Segmentorum trunci intermedia parte lateralibus triplo fere brevioribus. Cauda (abdomen) articulata, intermediis partibus brevissimis, lateralibus longissimis, tenuissimis.

Eichwald. Geognostico-zoologicæ per Igriam marisque Baltici provincias observationes. (Cassan 1825) p. 52. pl. 3. f. 2.

Trouvé dans le calcaire des environs de St-Petersbourg.

Les espèces suivantes sont encore trop imparfaitement connues pour pouvoir être caractérisées d'une manière satisfaisante , mais paraissent devoir prendre place dans cette subdivision du genre Asaphe.

Asaphus gemmuliferus. Phillips. (Geol. of Yorkshire. t. 2. p. 339. pl. 22. f. 11.)

On ne connaît que la moitié postérieure du corps de ce Trilobite; chaque lobe est garni de six rangées longitudinales de tubercules circulaires et bien circonscrits, et l'abdomen est garni d'une membrane marginale ondulée par le prolongement des sillons interannulaires. Ce fossile, trouvé dans les environs de Dublin, paraît appartenir à la même espèce que le Trilobite indéterminé figuré par M. Brongniart, sous le n. 12 de la 2e planche de son ouvrage sur les crustacés fossiles. Peut-être faudra-t-il aussi y rapporter le *Trilobites pustulatus* de Schlotheim (Nagträgen 11, p. 42, pl. 22. fig. 6). M. Buckland a reproduit la figure donnée par M. Phillips dans l'atlas de son ouvrage sur la zoologie et la minéralogie considérées dans leurs rapports avec la théologie naturelle (pl. 46. fig. 10).

Asaphus seminiferus. Phillips. (Geol. of. Yorkshire. vol. 2. p. 240. pl. 22. f. 10.)

Dans cette espèce, chaque segment abdominal est orné d'un grand nombre de petits points élevés et arrondis, disposés par rangées transversales; la membrane marginale n'est pas striée, et la tête est granulée. Du calcaire de transition du comté de Derby.

Asaphus globiceps. Phillips. (Geol. of Yorkshire. t. 2. p. 22. f. 16-20.

Cette espèce, qui se rapproche beaucoup des Calymènes par la forme générale du corps, est remarquable par le renflement et l'élévation du front. M. Phillips fait observer qu'elle a beaucoup d'analogie avec le Trilobite figuré par Martin sous le nom d'*Entomol.! Derbiensis* (pl. 45. fig. 1). du calcaire du Yorkshire.

Asaphus quadriiimbatus. Phillips. (Geol. of. Yorkshire. t. 2. p. 239. pl. 22. f. 1 et 2.)

Asaphus? grypturus. Green (Trans. of the Geolog. soc. of Pensylvania. vol. 1. p. 37. pl. 6.

Grande espèce, dont les segmens abdominaux sont lisses, bombés, et ont les lobes latéraux obtus et plus de moitié moins larges que le lobe moyen, trouvée dans du minerai ferrugineux, dans le schiste de transition de la nouvelle Ecosse.

Etc.

Deuxième Section. ASAPHES ANCHYLOURES.

Anneaux thoraciques trilobés; tête semicirculaire; abdomen composé d'une seule pièce clypéiforme résultant de la soudure de tous les anneaux post-thoraciques; point de membrane marginale distincte.

§ *B. Bouclier abdominal trilobé et ayant le lobe moyen subannelé tandis que les lobes latéraux n'offrent au plus que des vestiges de sillons transversaux interannulaires.*

8. Asaphe dilaté. *Asaphus dilatatus.*

*A. corpore breviter ovato, margine lævi; capite magno, angulis post-
icis acuminatis; pygidio rotundato costis paucioribus (7-8) evanescentibus.*

Trilobus dilatatus. Brünnich. Nouv. mém. de la Soc. roy. de Dane-
mark (1781) t. 1. p. 393.
Asaphus de Buchii, Var. Brongniart. Crust. foss. p. 21.
Asaphus dilatatus. Dalman. op. cit. p. 272.
* Sars. Mém. sur les Trilobites. Isis. 1835. p. 336. pl. 8. fig. 5.
Terrain de transition de la Norwège. N'est peut-être qu'une variété
de l'*As. Buchii.*

9. Asaphe front étroit. *Asaphus angustifrons.*

*A. capite plusquam semiorbiculari, angulis posticis haud extensis;
oculis subverticalibus valde approximatis; linea fasciali antice acu-
minata, postice introrsum flexa; tuberculo pone singulum oculum.*
Dalman. op. cit. p. 239. pl. 3. f. 2.
Calcaire gris de l'Ostrogothie.

10. Asaphe cornigère. *Asaphus cornigerus.*

*A. capite semilunari convexo, lævi, angulis posticis rotundatis;
sulco subbasali transverso profundoque; linea fasciali (postice)
oblique extrorsum decurrente, tandem intus flexa; — Pygidio
semiorbiculari, costis obsoletis.*

Entomostracites expansus. Wahlenberg. Nouv. act. d'Upsal. t. 8.
p. 25, et Journ. de Physiq. t. 91, p. 32- fig. 13.
Entomolithus paradoxus. a. expansus. Linné. Itiner. Oeland. p. 147.
fig. .
Trilobites cornigerus. Schlotheim, Leonhard. Mineral. Taschenbuch.
vol. 1. p. 1. pl. 1. f. 1—3? et Petrefactenkunde. p. 381, Nach-
träge. t. 2. p. 34.
Asaphus cornigerus. Brongniart. Crust. foss. p. 18. pl. 2. f. 1. A. B.
et pl. 4. f. 10.
Asaphus expansus. Dalman. p. 241. pl. 3. f. 3 et 4.
— Bronn. Lethæa. pl. 114. pl. 9. fig. 7.
Très commun dans le calcaire de transition de la Suède.

11. Asaphe de Lichtenstein. *Asaphus Lichtenstenii.*

*A. capite semilunari margine antico rotundato limboque parvo, an-
gulis posticis elongatis sed rotundatis; oculorum tubera haud
adeo exserta medio fere capiti inserta; pygidio semiorbiculari; intermedia pigidii parte majore profunde tranverse sulcata, ad apicem fere decurrente, attenuata.*

Cryptonymus Lichtenstenii, Eichwald. Geognostico-zoologicæ per
Igriam marisque Baltici provincias obs. p. 47. pl. 2. f. 3.
Environs de St. Pétersbourg. Ce Trilobite est très voisin de l'Asaphe
cornigère et devrait peut-être ne constituer qu'une simple variété
de cette espèce.

12. Asaphe de Weiss. *Asaphus Weissii.*

*A. margine capitis antico utrinque sinuato exciso, medio acuminato,
postico transverso sulco insigni; oculis postice sitis pedunculatis;
caudæ parte intermedia prominula transverse sulcata apicem
versus parum attenuata.*

Cryptonymus Weissii. Eichwald. op. cit. p. 46. pl. 2. f. 2.
Calcaire des environs de St.-Pétersbourg. Paraît ne différer que fort
peu de l'Asaphe cornigère.

Le Trilobite de Tzarsko-selo de M. Razomowsky (Ann. des Sc.
nat. 11e série. t. 8. p. 187. pl. 28. fig. 1-3) n'est pas un Calymène comme l'auteur le pense, mais un Asaphe appartenant à
cette subdivision. Il se rapproche de l'Asaphe cornigère par la conformation des anneaux thoraciques, du bouclier abdominal, et par la
forme arrondie des angles postérieurs du bouclier céphalique,
mais en diffère par la forme générale plus triangulaire de ce même
bouclier. Nous sommes porté à croire que c'est la même espèce qui
a été décrite par M. Eichwald, sous le nom de *Cryptonymus
Weissii.*

§. B. B. *Bouclier abdominal sans lobes bien distincts et dépourvu de sillons
interannulaires.*

13. Asaphe de Schlotheim. *Asaphus Schlotheimii.*

*A. capite semicirculari latissimo, at brevissimo, fronte angusto; ocu-
lorum tuberibus longe pedunculatis; pygidio capite angustiore,
intermedia parte ad apicem fere prominula, transverse quodam-
modo sulcata.*

Cryptonymus Schlotheimii. Eichwald. op. cit. p. 45. pl. 4. f. 2.
Calcaire de St.-Pétersbourg.

14. Asaphe læviceps. *Asaphus læviceps.*

*A. capite amplo semicircularis lævissimo; oculis distantibus subde-
pressis, plica inferiore; linea faciali postice extrorsum flexa; —
rachide pleuris latiore.*

Dalman. op. cit. p. 243. pl. 4. f. 1. *a, b, c, d.*
Calcaire de l'Ostrogothie.

15. Asaphe gigantesque. *Asaphus gigas.*

A.capite sub triangulari, lobis rachidis latioribus; pygide subtriangulari.

Isotelus gigas. Dekay. Annals of the lyceum of New-York. vol. 1. p. 176. pl. 12. f. 1 et pl. 13. f. 1.

Asaphus gigas. Dalman. op. cit. p. 276.

Brongniartia Isotela. Eaton. Geolog. texte Book.

Asaphus gigas. Bronn. Lethæa. p. 115. pl. 9. fig. 8.

Trouvé à Trenton Falls dans le Canada ; long. 6 à 12 pouces.

L'*Isotelus planus* du même auteur, ne paraît être qu'une variété du jeune âge de l'espèce précédente (*voyez* Ann. of the Lyc. of New-York. t. 1. pl. 178. pl. 13. f. 2.)

16. Asaphe palpébral. *Asaphus palpebrosus.*

A. capite semi circulari ; linea faeciali pone oculos brevi extrorsum ducta ; oculis subalteralibus magnis, exsertis, plica palpebrali basali magna ; fronte valde convexa, tumida.

Dalman. op. cit. p. 245. pl. 4. f. 2. *a, b, c, d, e.*

Calcaire de transition supérieur de l'Ostrogothie.

17. Asaphe étendu. *Asaphus extenuatus.*

A. subellipticus, oculis subverticalibus, capite sub-sagittato, sutura faciali ad basin intus reflexa; angulis posticis elongatis acuminatis, pygidii basin attingentibus.

Entomostracites extenuatus. Wahlenberg. Mém. d'Upsal. t. 8. p. 295. pl. 7. f. 4.

Asaphus extenuatus. Dalman. p. 237. pl. 2. f. 5.

Calcaire de transition de l'Ostrogothie.

18. Asaphe grand. *Asaphus grandis.*

Fronte distincta convexa, anticè rotundata, medio coarctata linea, faciali basi inflexa; pigidio longissimo ; rachide caudali coarctata longa; costis evanescentibus. Cœteris cum A. extenuatot maximam habet similitudinem.

Sars. Isis. 1835. p. 337. pl. 9. fig. 6.

19. Asaphe à queue courte. *Asaphus brevicaudatus.*

A. clypeo semi-elliptico, in angulis longis, latis obtusis lateraliter producto; fronte depressa, capitio et genis conniventibus marginato ; oculis lateralibus ; post abdomine unipartito brevi, lœvi.

Delongchamps. Mém. de la Soc. Linnéenne du Calvados. t. 2. p. 315. pl. 20. f. 2-4.

Grès intermédiaire de May.

20. Asaphe queue épaisse. *Asaphus crassicauda.* .

*A. trunco 10-articulo, capite maximo semicirculari gibboso; an-
gulis posticis rotundatis; linea fasciali arcu antico amplissimo
postice brevi ac subrecta; oculis parvis ad capitis tempora.*

Entomostracites crassicauda. Wahlenberg. p. 27. pl. 2. f. 56. et
p. 294. pl. 7. f. 56; Journal de Physique, t.91, p. 33. fig. 2.

Trilobites Esmarckii. Schlotheim, Isis. 1827. III. p. 315. pl. 1. f. 8.

Asaphus (illænus) crassicauda. Dalman. op. cit.p. 250.pl. 5, fig. 2.

— Bronn. Lethœa. p. 115. pl. 9. fig. 9.

Suivant M. Beck les Trilobites décrits par Eichwald sous les noms
de *Cryptonymus Rudolphii* (Eichw. Per Igriam marisque Baltici
provincias Obs. p. 50. pl. 2. f. 1.), de *Cryptonymus Rosenbergii* (op.
cit. p. 48. pl. 3. f. 3), de *Cryptonymus Parkinsonii* (op. cit. p. 51.
pl. 4. f. 1.) et de *Cryptonymus Wahlenbergii* (op. cit. p. 50.
pl. 4. f. 3), ne seraient que des variétés de l'*Asaphus crassicauda.*

21. Asaphe centrote. . *Asaphus centrotus.*

*A. trunco 9-articulato; capite maximo semiorbiculari convexo, an-
gulis posticis extensis; oculis parvis temporalibus; linea fasciali
antrorsum amplissima, pone oculos extrorsum arcuata.*

Asaphus (illænus) centrotus. Dalman. op. cit. p. 248. pl. 5. f. 1.

Calcaire de transition de l'Ostrogothie.

22. Asaphe large queue. *Asaphus laticauda.*

*A. capite truncato valde convexo; oculis ad latera capitis convexissi-
mi; linea fasciali pone oculos oblique extrorsum tendente; pygidio
suborbiculari, limbo latissimo planissimoque, costis radiantibus.*

Entomostracites laticauda. Wahlenberg. op. cit. p. 28. pl. 2.
fig. 7. 8; et Journal de Physique. t.91, p. 34. fig. 2.

Asaphus laticauda. Brongniart. Crust. foss. p. 24. pl. 3. f. 8.

Trilobites crassicauda. Schlotheim. Nachträg. II. p. 3.

Asaphus (illænus) laticauda. Dalman. op. cit. p. 251.

Calcaire de transition de la Dalécarlie.

Le *Trilobites marginatus* de Razomowsky (Ann. des Sc.
nat., 1re série, t. 8, p. 191, pl. 28, fig. 7-8) est le bouclier
abdominal de quelque espèce d'Asaphe de cette subdivision. Il paraît ressembler à l'*Asaphus dilatatus* et à l'*Asaphus angustifrons* plus qu'à tout autre, mais s'en distingue par la manière dont le bord de ce bouclier se relève
tout autour. On l'a trouvé à Nikolsk en Russie.

Troisième Section. — ASAPHES ONISCOIDES.

Corps dépourvu de sillons longitudinaux et n'offrant par conséquent pas les trois lobes qui se voient chez tous les autres trilobites (sous-genre NILEUS Dalman.)

23. Asaphe armadille. *Asaphus (nileus) armadillo.*

A. corpore in globo contractili brevi convexo brevissimo absque sulcis dorsali longitudinalibus; capite sublunato pone oculos exciso ; oculis sublateralibus maximis, absque plica palpebrali. Pygidio brevi integerrimo , absque costis.

Dalman. op. cit. p. 246. pl. 4. f. 3. *a, b, c, d.*

Calcaire de transition de l'Ostrogothie.

Le genre DEPLEURA de Green paraît se rapprocher des Asaphes onisioïdes par l'absence et l'obscurité des divisions longitudinales des corps. Voici les principaux caractères qui y ont été assignés. Corps contractile, peu déprimé et légèrement rétréci postérieurement. Tête verruqueuse, trilobée ; joues saillantes ; yeux circulaires, très écartés et obliques ; thorax sans lobes distincts et composé de onze segmens ; côtes doubles; bouclier abdominal arrondi et sans articulations. L'espèce unique d'après laquelle cette division générique a été etablie est le :

Depleura Dekagi. Green. Monographie. p. 79. fig. 8. — Harlan. op. cit. p. 304. — Bronn. Lethæa Geognostica, p. 113. pl. 9. fig. 6 et 7.

Trouvé à Lockport et dans plusieurs autres localités, aux Etats-Unis.

L'un des fossiles d'après lesquels M. Eaton a établi le sous-genre *Nuthinia* (Geological textbook p. 32) paraît être le bouclier céphalique de quelque grande espèce d'Asaphe.

Le genre CERAURUS de Green paraît établir le passage entre les Asaphes articulés et les Paradoxides; il ressemble à ces derniers par la forme générale et l'aplatissement

du corps, mais s'en distingue par l'existence d'yeux circulaires bien distincts quoique petits , situés ves le milieu
des joues. Le corps est très aplati, un peu rétréci postérieurement et non rétractile; la tête est très large et a ses angles postérieurs prolongées en forme de cornes dirigées en
arrière; le thorax se compose de douze segmens dont le lobe
moyen est très petit et les lobes latéraux ou côtes grands; enfin l'abdomen se termine par une paire de prolongemens
semblables aux cornes postérieures des Paradoxides.

La seule espèce connue est le
Ceraurus pleurexanthemus. Green. Monog. p. 84. fig. X.

TRILOBITES TYPHLIENS.

Point d'yeux réticulés ; tubercules oculiformes peu ou
point distincts. Corps en général très aplati et ne se roule
pas en boule.

---

† Genre **AMPHYX**. *Amphyx.*

Ce petit groupe , établi d'abord par Dalman , comme
un sous-genre de ses Asaphes et élevé avec raison par
M. Sars au rang de genre, est facile à distinguer par
la disposition singulière de la tête qui est triangulaire et
a le front avancé en forme de rostre ou de corne conique
et pointue. Il n'y a point d'yeux ; le thorax est très court
et composé seulement de cinq ou six anneaux; l'abdomen
est clypéiforme et entier; enfin le corps peut se rouler
en boule.

1. Ampyx nasillard. *Ampyx nasutus.*

*A. segmentis trunci 6, capite triangulari prominentia frontali maxi-
ma , subpyriformi, elevata, ultra marginem oralem producta.*

Asaphus (Ampyx) nasutus.
Dalman. op. cit. p. 253. pl. 5. f. 3.
— Bronn. Lethæa p. 16. pl. 9. fig. 2.
Du calcaire de transition de l'Ostrogothie.

2. Ampyx rostral. *Ampyx rostratus.*

Fronte triangulari-conicá, in spinam teretem longam tenuissimam protracta; pygidio marginato, rachide caudali seriebus 6 punctorum minimorum, lateribus sulcis 2.
Sars. Isis. 1835. p. 334. pl. 18. fig. 3.

3. Ampyx mammelonné. *Ampyx mammilatus.*

Fronte rotundato-conicá, ad basin utrinque eminentiá oblonga parum convexa sulco medio insignita; pygidio triangulari margine crasso striato, lateribus sulco unico.
Sars. loc. cit. p. 335. pl. 8. fig. 4.

4. Ampyx incertain. *Ampyx incertus.*

A. clypeo triangulari in angulis brevibus incurvatis lateraliter producto; fronte magno, convexo, antice acuto, postice bituberculato; genis parvis; oculis lateralibus.
Asaphus incertus. Delonchamps. Mém. de la Soc. Lin. du Calvados. t. 2. p. 316. pl. 20. fig. 5.

---

† Genre **CONOCÉPHALE** (*Conocephalus*).

Le genre CONOCÉPHALE de Zenker semble établir le passage entre les Asaphes, les Ogygies et les Paradoxides; l'espèce unique dont il se compose n'a pas d'yeux réticulés placés comme chez les Asaphes, vers le milieu des joues, mais présente de chaque côté près de l'angle antérieur du lobe frontal un tubercule oculiforme arrondi. La tête, de même que chez les Ogygies et les Paradoxides, est grande, beaucoup plus large que le thorax et prolongée postérieurement en deux grandes cornes qui se dirigent en arrière; le front est étroit, triangulaire et creusé de chaque côté par trois petits sillons obliques; les joues sont grandes et divisées obliquement par une ligne qui s'étend de chaque côté des tubercules oculiformes vers l'angle du bouclier céphalique. Le tronc est aplati et elliptique ; il se compose d'une quinzaine d'anneaux bien distincts, suivis d'un petit bouclier abdominal arrondi, trilobé et subannelé au milieu ; le lobe moyen des anneaux thoraciques étroit, et les lobes latéraux très longs, recourbés en arrière dans leur tiers externe , bifurqués ou trifurqués vers le bout et contigus dans presque toute leur étendue.

Le *Conocephalus costatus* de Zenker (Beyträge zur naturgeschichte, der Urwelt, p. 49, pl. 5, fig. G. H. I. K) qui a servi à l'établissement de ce genre, se trouve dans le calcaire de transition de la Bohême.

Le *Trilobites Sulzeri* de Schlotheim (Nachträgen zur Petrefactenkunde, 2ᵉ partie, p. 34. pl. 22, fig. 1), ressemble beaucoup à l'espèce précédente par la position des tubercules oculiformes et la conformation du tronc, mais ne paraît pas avoir les angles postérieurs du bouclier céphalique prolongé en manière de cornes ; il provient également de la Bohême et suivant M. Bronn ne différerait pas spécifiquement du *C. costatus* (Lethæa Geognostica. pl. 121. pl. 9 fig. 15).

------

† Genre OGYGIE *Ogygia*.

Le genre Ogygie de M. Brongniart se compose d'un petit nombre de Trilobites qui sont remarquables par l'aplatissement de leur corps ; leur forme générale est celle d'une ellipse allongée, terminée en pointes à peu-près égales à ses deux extrémités. Le bouclier céphalique beaucoup plus large que le thorax, se prolonge postérieurement en deux cornes libres et pointues qui longent les côtés du thorax. On remarque sur sa partie antérieure un sillon longitudinal médian qui ne se voit pas dans les autres Trilobites , et sur les côtés, deux sillons arqués ; le lobe frontal est saillant, mais ne présente ni sillons transversaux ni tubercules ; enfin, de chaque côté, vers le

milieu du bouclier, se trouve une protubérance oculiforme qui ne présente du reste ni structure réticulée , ni
l'espèce de rebord palpébral qui entoure la cornée chez
les Asaphes et les Calymènes. Le thorax se compose de
huit anneaux dont la surface est striée. L'abdomen est
formé d'une dizaine d'anneaux dont les lobes latéraux paraissent être semi-membraneux vers le bout et ne dépassent pas la membrane marginale qui semble les unir ;
ceux des derniers segmens se dirigent de plus en plus en
arrière, de façon que le rachis ou portion moyenne de l'abdomen n'occupe qu'environ les deux tiers de la longueur de cette partie du corps ; enfin, M. Brongniart
pense qu'il existe quelquefois sur les côtés du corps des
traces indicatives de l'existence de poches ovifères analogues à celles de divers entomostracés. Mais l'apparence qui
donne naissance à cette opinion pourrait bien avoir été
produite par l'une des paires d'appendices abdominaux,
laquelle aurait été foliacée et aurait débordé l'abdomen
en dessus comme cela se voit chez quelques Isopodes.

ESPÈCES.

1. Ogygie de Guettard. *Ogygia Guettardi.*

> *Corpore depresso ovato, utrinque acuminato capite antice subbifido;*
> *postice in duobus mucronibus corporis fere longitudine , elongato.*

Bronguiart. Crust. foss. p. 28. pl. 3. f. 1. A. B.

Trilobites Guettardi. Schlotheim. Nachtr. 2. p. 35.

Ogygïa Guettardi. Dalman. op. cit. p. 279.

Buckland. Mineral. and geol. pl. 46. f. 9.

Bronn. Lethæa. p. 120. pl. 9. fig. 19.

Schiste ardoise d'Angers.

2. Ogygie de Desmarest. *Ogygia Desmarestii.*

> *Corpore depresso ovato ; antice obtuso; capite angulis posticis in duo-*
> *bus mucronibus brevibus desinente.*

Brongniart. op. cit. p. 28. pl. 3. f. 2.

Trilobites Desmarestii. Schlotheim. Nachtr. 2. p. 35.

Ogygia Desmarestii. Dalman. op. cit. p. 279.

Même gisement.

16.

Le genre Otarion de M. Zenker ne paraît pas différer beaucoup du genre Ogygie de M. Brongniart, et devrait peut-être y rentrer. Il se compose de Trilobites aplatis et dépourvus d'yeux, dont le corps est obovalaire, le bouclier céphalique grand et cornigère, les lobes latéraux larges, contigus et obtus à leur extrémité, le front court et arrondi en avant, et séparé des joues par deux petits tubercules oculiformes. Les lobes latéraux du thorax sont composé de segmens très grands et entiers. Enfin l'abdomen est petit et composé de segmens plus ou moins confondus entre eux. Il est à noter qu'on n'aperçoit pas sur le devant du front un sillon médian comme chez les Ogygies. Voici du reste les caractères que Zenker assigne aux deux espèces dont il compose ce genre.

Otairon diffractum.

Corpus parvum. Pinnæ (paria decem) convexæ, obtusæ, approximatæ, ultimæ (caudales) minimæ, conglutinatæ; scuta caudalia oblonga, minutissima.

Zenker. Beitrage. p. 44. pl. 4. f. O, P. L. Q. R.

Bronn. Lethæa. p. 123. pl. 9. fig. 17.

Calcaire de transition de Beraun en Bohême.

Octarion squarosum.

Corpus magnum. Pinnæ depressæ, acutæ; ultimæ squarro-distantes; scuta caudalia suborbicularia.

Zenker. op. cit. p. 47. pl. 4. f. 4. S. M. N.

Même gisement.

Le genre Cryptolithus de Green, se rapproche beaucoup des Otarions de Zenker, mais s'en distingue par l'absence des tubercules oculiformes et par quelques caractères; le corps est contractile, la tête semilunaire, convexe et entourée d'une bordure assez longue, sculptée en réseau; le front est très saillant et avance plus que les joues; le thorax est aplati, trilobé et composé de six à dix anneaux sillonnés; enfin, l'abdomen est beaucoup plus petit que la tête et sans divisions.

Le type de ce genre est le

Cryptolithus tessellatus. Green. Monog. p. 73. fig. 4.—Harlan. op. cit. p. 304. — Bronn. Lethæa. p. 118. pl. 9. fig. 13.

Si l'on adopte ce genre, il faudra probablement y rapporter ainsi que l'a fait M. Green, l'*Entomostracites granulatus* de Wahlenberg (Mém. d'Upsal, t. 8, p. 30, pl. 2, fig. 4 et journal de Physiq. t. 91. p. 34 fig. 4) que M. Brongniart a laissé parmi les *incertæ sedis* (Crust. fossil. p. 36, fig. 3, pl. 3) et que M. Dalman range dans le genre Asaphe (Mém. de Stockh, p. 228, pl. 2, figure 6). Ce Trilobite singulier a les cornes postérieures du bouclier céphalique plus longues que le corps, le thorax composé de six anneaux, et l'abdomen formé d'une seule lame clypéiforme lisse et arrondie (1); il se trouve dans le schiste argileux supérieur des montagnes d'Alleberg dans la Westrogothie.

La *Nuttainia concentrica* de M. Eaton paraît apparte- à ce groupe.

---

† **PARADOXIDES**. *Paradoxides.*

Les Paradoxides ont le corps très déprimé et peu ou point contractile; leur bouclier céphalique ne porte ni yeux réticulés, ni tubercules oculiformes bien circonscrits, et n'offrent pas de sutures jugales comme chez les Asaphes et les Calymènes ; son bord antérieur est semi-circulaire et son lobe moyen plus ou moins sillonné en haut, est bien distinct des lobes latéraux. Le tronc est large et déprimé et il n'existe pas de limites bien tranchées entre le thorax et l'abdomen ; le lobe moyen des divers anneaux est en général étroit, mais les lobes latéraux sont très allongés et se terminent par des prolongemens

---

(1) Le fragment décrit par M. Brongniart comme étant l'abdomen de cette espèce n'y appartient pas.

spiniformes dirigés en arrière; vers l'extrémité postérieure du corps, ces cornes sont très longues et ne sont jamais réunies par une membrane marginale. Enfin, le corps se termine par un petit bouclier abdominal qui, en général, est très étroit et semble être formé seulement par le lobe tergal du dernier segment du corps. M. Dalman a substitué au nom de Paradoxide employé par M. Brongniart celui d'*Olenus*.

1. Paradoxide de Tessin. *Paradoxides Tessini.*

> P. *capite semilunari, angulorum cornibus validis, corporis medium attingentibus; prominentia frontali turbinata, trisulcata; scuto anali subquadrato, laciniis caudalibus triplo breviore.*
>
> *Entomolithus paradoxus.* Linneus. Mus. Tessinianum. p. 98. pl. 3. f. 1.
>
> *Entomostracites paradoxissimus.* Wahlenberg. Mém. d'Upsal. t. 8. p. 34. pl. 1. f. 1; et Journ. de Phys. t.   t. 36. fig. 9.
>
> *Paradoxides Tessini.* Brongniart. Crust. foss. p. 31. pl. 4. f. 1.(d'après Wahlenberg).
>
> *Trilobites Tessinii.* Schlotheim. Nachtrogen, 2. p. 35.
>
> *Olenus Tessini.* Dalman. op. cit. p. 254. pl. 6. f. 3.
>
> *Paradoxides Tessini.* Buckland. Mineral. and Geology. pl. 46. f. 8.
> — Bronn. Lethæa. p. 120. pl. 9. fig. 16.
>
> Schiste alumineux de Westrogothie.

Le Paradoxide figuré sous le nom de *Trilobites Tessini* par Sternberg (p. 83, pl. 1, fig. 4.) et trouvé dans le schiste argileux de la Bohême, paraît différer de l'espèce précédente par la conformation de l'extrémité caudale; M. Dalman rapporte à cette variété ou espèce distincte l'*Entomolithus paradoxus* de Born (Lithophilacium Bornianum 2. p. 6.) et de Kinsky (Acta soc. Bohem. t. 1. p. 246, pl. 7, fig. 4 et pl. 8, fig. 5 et 7).

2. Paradoxide spinuleux. *Paradoxides spinulosus.*

> P. *capite transverso semilunari, angulis posticis spiniformibus; prominentia frontali oblonga convexa; trunco subtriangulari basi latissimo; costis in spinis retrorsum flexis, desinentibus; scuto anali parvo, rotundato.*
>
> *Entomolithus paradoxus.* Linné. Act. Holm. 1759. p. 22. pl. 1. f. 1.

Entomostracites spinulosus. Wahlenberg. Mém. d'Upsal. t. 8. p. 38. pl. 1. f. 3; et Journ. de Physique, t. 91 p. 31. fig. 9.
Paradoxus spinulosus. Brongniart. Crust. foss. p. 32. pl. 4. f. 2 et 3.
Trilobites spinulosus. Schlotheim. Nachtr. 2. p. 36.
Olenus spinulosus. Dalman. op. cit. p. 256. pl. 5. f. 4.
Schiste alumineux de la Westrogothie et de la Scanie.

3. Paradoxide longicaude. *Paradoxides longicaudatus.*

P. corpore lato, magno ; cornibus scuti capitalis trunci dimidio bre-
vioribus ; lobo frontali obpyriformi ; trunco 20-articulato ; costis
in spinis elongatis retrorsum flexis, tertia pari ceteri parum lon-
giori, ultima longissima.

Olenus paradoxides. Zenker Beyträge zur Naturgeschichte des Urwelt. p. 37. pl. 5. f. A–F.
Trouvé dans la Grauwacke, près de Horzowicz en Bohême.

4. Paradoxide pyramidal. *Paradoxides pyramidalis.*

P. corpore parvo angusto ; cornibus scuti capitalis trunco dimidio
longioribus, lobo frontali obpyriformi cum parvo acumine. Trunco
obpyramidale angusto ; costis in spinis elongatis retrorsum fle-
xis, tertia pari longissima, corniculata.
Olenus pyramidalis. Zencker. op. cit. p. 40. pl. 4. f. T. U. V.
Même gisement que le précédent.

5. Paradoxide large. *Paradoxides latus.*

P. corpore parvo, lato ; cornibus scuti capitalis dimidio trunci longi-
tudine ; lobo frontalis obpyriformi, obtuso , antico subrotundato ;
trunco obovato , lato : pinnis tertiis (vel secundis ?) longissimis ,
corniculatis.
Olenus latus. Zenker. op. cit. p. 42. pl. 4. f. W. X.

6. Paradoxide bucéphale. *Paradoxides bucephalus.*

P. capite antrorsum subgloboso emittente cornua extrorsum diver-
gentia, subulata.
Entomostracites bucephalus. Wahlenberg. p. 37. pl. 1. f. 6.
Schlotheim. Nachtr. 11. p. 37.
Olenus bucephalus. Dalman. op. cit. p. 255.
Schiste alumineux de Westrogothie. Mal connu ?

7. Paradoxide forficule. *Paradoxides forficula.*

Capite semi-circulari angulis spiniformibus ; lineâ faciali flexuosa ,
spatio a prominentia frontali distincta ; pygidio semi-circulari mar-

*gïnato, rachide caudali segmentis 5-6, lateribus sulcis duobus pro-
fundis, posticè spinis 2 longissimis.*

Olenus forficula. Sars. Mém. sur les Trilobites. Isis. 1835. **p. 333.**
pl. 8. fig. 1.

Norwège.

8. Paradoxide scaraboïde. *Paradoxides scaraboides.*

*P. capite hemisphærico, antice rotundato; fronte subovato antrorsum
angustiore; trunco angusto, rachide pluris latiore; scuto anali
magno utrinque tridentato.*

Entomostracites scarabæoïdes. Wahlenberg. Mém. d'Upsal. t. 8.
p. 41. pl. 1. f. 2.

Paradoxides scarabæoïdes. Brongniart. op. cit. p. 34. pl. **3. f. 5.**

Trilobites scarabæoïdes. Schlotheim. Nachtr. 2. p. 36.

Bromell. Act. litt. Upsal. 1729. p. 525. cum icone.

Olenus scarabæoïdes. Dalman. op. cit. p. 257.

Paradoxides scarabæoïdes. Harlan. pl. f. 7.

Dans le schiste alumineux des terrains de transition de la Suède.

Jusqu'à ces derniers temps, on pensait que ce Trilobite, ainsi que les
deux espèces suivantes, n'avaient pas, comme les précédentes, les
angles postérieurs du bouclier céphalique prolongé en forme de
corne, mais d'après les observations récentes de M. Sars, il parai-
trait que, dans les échantillons bien conservés, ce caractère se retrouve ici et dans l'espèce suivante. (Voy. le Mag. d'Hist. nat. de
Christiania, 1827).

9. Paradoxide gibbeux. *Paradoxides gibbosus.*

*P. capite transverso antice truncato, planiusculo; prominentia fron-
tali oblonga, gibbosa, carinaque transversali; scuto caudale subtriangulari utrinque bidentato.*

Entomolithus paradoxus B. Cantharidum. Linneus. Act. Acad.
Holm. 1759. pl. 1. f. 4.

Entomostracites gibbosus. Wahlenberg. Mém. d'Upsal. t. 8. p. 39.
pl. 1. f. 4; et Journ. de Physique. t. 91 p. 37. fig. 10.

Paradoxides gibbosus. Brongniart. Crust. foss. p. 35. pl. **3. f. 6.**

Trilobus truncatus. Brunnich. Nouv. Mém. de Danemark. p. 391.

Trilobites gibbosus. Schlotheim. Nachtr. 2. p. 36.

Olenus gibbosus. Dalman. op. cit. p. 257.

Schiste alumineux des terrains de transition de la Suède.

10. Paradoxide triarthre. *Paradoxides triarthrus.*

P. Corpore subrotundato brevi; capite hemispherico, antice rotundato, prominentia frontali latissima 5-sulcata, scuto caudali margine rotundato.

Harlan. Medical and physical researches. p. 401. f. 5.

Schiste carbonifère d'Utica, province de New-York.

Le *paradoxides arcuatus* de Harlan (op. cit. p. 402 , fig. 1-3) dont on ne connaît que le bouclier céphalique , ne paraît différer de l'espèce précédente que par la forme des lobes latéraux qui sont d'abord très étroits , puis se dilatent brusquement en une éminence presque circulaire vers le niveau de l'espace compris entre le premier et le second sillon du front ; mais dans les divers échantillons figurés par l'auteur, la disposition de cette partie varie un peu et les particularités que nous venons de signaler comme devant faire distinguer ces fossiles de l'espèce précédente, ne dépendent peut-être que de la manière dont les échantillons ont été dégagés de la gangue pierreuse dont ils étaient environnés.

Le *Triarthrus Bechii* de M. Green (Monogr. p. 37, fig. 6.—Harlan, op. cit. p. 305 et 402, figure 6. — Bronn Lethæa. p. 117. pl. 9. fig. 10) est très voisin des précédens dont il ne paraît différer que par la direction des sillons frontaux des deux paires antérieures qui sont concaves en avant, tandis que le chez *P. arcuatus* et le *P. triarthrus*, leur cavité est dirigé en arrière. M. Harlan a fait voir que le genre TRIARTHRUS de M. Green ne pouvait être admis et avait été caractérisé d'une manière tout-à-fait fausse par ce dernier auteur.

M. Razomowsky a fait connaître des fragmens d'un Trilobite qui se rapproche beaucoup des Paradoxides , mais qui est pourvu d'un petit bouclier abdominal , terminé par un long appendice flexible et impair qui ressemble beaucoup aux espèces de cornes latérales des anneaux précédens. Il considère ce fossile comme devant constituer un genre nouveau, mais n'y donne pas de nom. (Voyez Ann. des Sc. nat. t. 8, p. 193, pl. 28, fig. 11.)

Le genre ELLEIPSOCEPHALUS de Zenker ne paraît différer que fort peu des Paradoxides dépourvus de cornes
céphaliques cet auteur le caractérise par la phrase suivante :

*Corpus oblongum, exacte ellipticum. Scutum capitale
ecorne ; caput sublineari-ellipticum integerrimum ; cristæ,
alares, oculi nulli. Pennæ convexæ. Scutum caudale semi-
lunare, parvum ; rachis caudalis integerrima.*

Espèce *Eleipsocephalus ambiguus* Zencher (op. cit.
p. 51. pl. 4, fig. G. H. I. K.) trouvé dans la Granwacke
en Bohême.

Il nous paraît impossible de rapporter à aucun des
genres précédens le Trilobite décrit par M. Walhenberg
sous le nom d'*Entomostracites laciniatus* (Nouv. mém.
d'Upsal, t. 8, p. 34 pl. 2, fig. 2). M. Brongniart le considère
comme un Paradoxide (*Paradoxides laciniatus*, Brong. op.
cit. p. 35, pl. 3, fig. 3), et M. Dalman le place dans le genre
Asaphe où il constitue un sous-genre particulier appelé
LICHAS (Dalm. op. cit. p. 251). L'abdomen de cet animal
se termine par une espèce de nageoire caudale assez semblable à celle des écrevisses et composée de cinq lames
foliacées, disposition qui ne se voit chez aucun autre trilobite. Le bouclier céphalique présente aussi une forme singulière ; il est rectangulaire antérieurement et présente de
chaque côté un lobe triangulaire. On ne connaît pas la
structure du thorax de ce Trilobite dont on n'a trouvé que
des fragmens dans le schiste argileux de la Westrogothie.

Quant au genre BRONGNIARTIA de M. Eaton, il ne nous
paraît pas avoir été caractérisé avec assez de détails pour
être reconnaissable. (Voy. Eaton, Geological text book
et Bronn Lathæa. p. 118).

TRILOBITES ANORMAUX ou BATTOIDES.

Les fossiles rangés dans cette section diffèrent considérablement des trilobites ordinaires et ne sont encore qu'imparfaitement connus. Ce sont de petits boucliers presque circulaires que M. Brongniart considère comme ayant recouvert tout le corps de l'animal et que M. Dalman regarde comme étant seulement des portions du corps et comme ayant appartenu, les uns, à la tête, les autres à l'abdomen d'un Trilobite, dont le thorax aurait été réduit à un état rudimentaire ou membraneux. Ils ne forment qu'un seul genre auquel M. Brongniart a donné le nom

d'**AGNOSTE**. *Agnostus.*

M. Dalman a cru devoir substituer à ce nom celui de *Battus*, mais nous ne voyons aucun motif suffisant pour adopter cette innovation. L'espèce unique dont ce genre se compose se rencontre en quantité innombrable dans un calcaire lamelleux de la Suède. Chaque bouclier est à-peu-près de la grosseur d'un pois et représente une ellipse tronquée, dont le bord arrondi est précédé d'une petite gouttière, et dont la surface est divisée par deux sillons longitudinaux en trois lobes; le lobe moyen est moins long que les lobes latéraux qui se joignent entre eux dans une partie de leur longueur; enfin le lobe moyen présente à sa base deux tubercules et est creusé de quelques sillons dont la disposition varie un peu. Ces boucliers, quoique se ressemblant d'une manière générale, offrent aussi d'autres différences et appartiendraient suivant M. Brongniart, à deux variétés, mais paraissent être plutôt, ainsi que le pense Dalman, des parties différentes d'un même animal; l'un d'eux un peu plus grand que l'autre et offrant une ligne médiane entre la portion des lobes latéraux qui dépassent le lobe moyen, paraît être le bouclier céphalique et celui qui ne présente pas cette ligne semble avoir dû être le bouclier abdominal, dont la disposition ne s'éloignerait que peu de celle de la même partie chez les Asaphes anchiloures.

Ces fossiles singuliers et dont la nature est encore problématique, ont été décrits sous les noms d'*Entomlithus pisiformis* par Linné (syst. nat. id XII, III p. 160); d'*Entosmostracites* par Walenberg (Mém. d'Upsal, t. 8, p. 42, pl. 1, fig. 5. et journal de physique, t. 91, p. 37, fig. 12); d'*Agnostus pisiformis* par M. Brongniart (Crustacés fossiles p. 38, pl. 4, fig. 4; et de *Battus pisiformis* par M. Dalman (Mém. de Stockh. 1826, p. 258, pl. 6. fig. 5.)

E.

DEUXIÈME SECTION.

CRUSTACÉS ISOPODES.

Mandibules sans palpes (1). *Deux paires de mâchoires et des pieds-mâchoires réunis ou rapprochés en forme de lèvre inférieure, recouvrant la bouche. Les yeux sessiles. Pattes uniquement propres à la locomotion ou à la préhension. Les branchies situées sous l'abdomen, soit antérieurement, soit à son extrémité postérieure, au-delà des pattes. La tête le plus souvent distincte du tronc.*

---

(1) C'est à tort que Lamarck, Latreille, et la plupart des auteurs assignent ce caractère aux Isopodes, car chez un grand nombre de ces crustacés, les mandibules sont pourvues d'une tige palpiforme, tout-à-fait semblable à celle qui se voit chez la plupart des Amphipodes.   E.

Les *isopodes*, selon nous, sont réellement les premiers crustacés produits par la nature; ils viennent en effet très naturellement à la suite de la première branche des *arachnides antennées*, qui se termine par les myriapodes, et en sont probablement originaires. Nous avons néanmoins été forcés de présenter avant eux, et comme première section, les *branchiopodes;* parce que ces crustacés, hors de rang et formant un rameau latéral, ne pouvaient être placés ailleurs.

Le corps des *crustacés isopodes* est ovale ou oblong, souvent déprimé, annelé ou divisé en segmens transverses, et a presque généralement la tête distincte du tronc. Ce corps offre un tronc divisé en sept anneaux crustacés, ayant chacun une paire de pattes. Il se termine par une queue (1) formée d'un nombre variable d'anneaux, et garnie en dessous de lames ou de feuillets servant à la natation, et dans plusieurs portant ou recouvrant les branchies (2). Dans les uns, en effet, les branchies sont postérieures, situées sous la queue; tandis que dans les autres, elles sont placées sous l'abdomen antérieurement, dans des corps vésiculaires qui adhèrent aux pattes ou à

---

(1) On donne généralement le nom de thorax à la portion du corps des crustacés qui est située entre la tête et l'anne au qui suit les ouvertures des organes de la génération du mâle, et on appelle abdomen celle que notre auteur désigne ici sous le nom de queue.   E.

(2) Les lamelles respiratoires situées sous l'abdomen ne sont presque jamais des branchies, proprement dites, mais seulement l'une des branches des fausses pattes devenue membraneuse et vasculaire, comme cela se voit aussi pour l'un des appendices des pattes thoraciques chez les Amphipodes. La femelle de l'Ione fait cependant exception, car elle porte de chaque côté de l'abdomen des branchies rameuses.   E.

certaines d'entre elles, ou qui sont à la place de celles qui manquent. (1)

Les organes sexuels de ces crustacés sont séparés : ils sont doubles dans les mâles où on a pu les découvrir, et sont placés sous les premiers feuillets de la queue, s'y annonçant par des filets ou des crochets. Les femelles portent leurs œufs sous la poitrine, soit entre des écailles, soit dans une poche. (2)

Les crustacés isopodes sont, les uns, terrestres, se tenant sous les pierres ou sous les écorces, ou dans les fentes des murs, et toujours dans des lieux sombres et humides, où ils rongent différentes matières; tandis que les autres sont aquatiques, vivant, soit dans l'eau douce, soit dans les eaux marines. Tous ceux qui sont aquatiques se nourrissent de substances animales, et plusieurs d'entre eux s'attachent aux cétacés ou à divers poissons pour en sucer le sang.

Nous diviserons les *isopodes* en deux coupes principales, qui embrassent quatre petites familles, savoir les Cloportides, les Asellides, les Ionelles, les Caprellines.

DIVISION DES ISOPODES.

Isopodes proprement dits.

1re Coupe. *Branchies situées sous la queue.*

* Branchies non à nu, ni dendroïdes. Elles sont, soit entre des écail-

---

(1) Les crustacés dont les appendices respiratoires sont placés sous le thorax (que Lamarck appelle ici l'abdomen) ne doivent pas rester dans l'ordre des Isopodes; ceux dont il est ici question constituent un ordre particulier auquel Latreille a donné le nom Loemipodes. E.

(2) Cette poche est formée par les appendices flabelliformes des pattes thoraciques devenus foliacés et relevés contre le sternum. E.

les, soit sur des écailles vasculaires, soit dans l'épaisseur de certaines écailles, comme dans des bourses aplaties. (Ptérygibranches. Latr.)

(a) Deux antennes apparentes. *Les Cloportides.*

Armadille.

Cloporte.

Philoscie.

Ligie.

(b) Quatre antennes apparentes. *Les Asellides.*

Aselle.

Idotée.

—

Sphérome.

Bopyre.

** Branchies à nu, et dendroïdes ou en forme de tiges plus ou moins divisées. (Phytibranches. Latr.) *Les Ionelles.*

Typhis.

Ancée.

Pranize.

Apseude.

Ione.

2ᵉ Coupe. *Branchies situées sous la partie antérieure de l'abdomen entre les pattes.*

Elles sont présumées dans des corps ovoïdes, vésiculaires, placés de chaque côté sur le second, troisième et quatrième anneaux, ou seulement sur le deuxième et le troisième. (Cystibranches. Latr.) *Les Caprellines.*

Leptomère.

Chevrolles.

Cyame.

[Les Isopodes, proprement dits, sont des crustacés édriophthalmes dont l'abdomen n'est jamais rudimentaire et porte en dessous cinq paires de fausses pattes branchiales, ayant toutes à-peu-près la même forme et les mêmes fonctions; les appendices du pénultième anneau (ou fausses pattes de la sixième paire) ont une forme et des usages différens de celles des précédens. Le thorax, composé en général de 7 anneaux, mais n'en offrant quelquefois que 5, porte presque toujours sept paires de pattes, lesquelles sont souvent garnies d'un palpe foliacé, servant à protéger les œufs et les petits, mais ne portent presque jamais un appendice vésiculaire propre à la respiration comme cela a lieu chez les Amphipodes et les Lœmipodes. Enfin, la conformation de leur appareil buccal varie et c'est à tort que la plupart des auteurs leur assignent pour caractère d'avoir les mandibules dépourvues d'appendices palpiformes.

Ces crustacés forment trois familles naturelles ; les Idotéidiens, les Cymothoadiens et les Cloportidiens, qu'on peut distinguer de la manière suivante :

A. Pattes mâchoires operculiformes et dépourvues de tige palpiforme où n'en offrant que des vestiges.

> * Pattes thoraciques ambulatoires; dernier segment de l'abdomen, plus petit, que les précédens; antennes internes. rudimentaires.

Famille des Cloportidiens.

> * Pattes thoraciques ancreuses, dernier segment de l'abdomen, presque toujours beaucoup plus grand que les précédens; antennes internes en général bien développées.

Famille des Cymothoadiens.

AA. Pattes-mâchoires palpiformes. Dernier anneau abdominal, beaucoup plus développé que les précédens; toutes ou presque toutes les pattes ambulatoires.

Famille des Idotéidiens.

Dans cette classification, la famille des Cloportides ou Cloportidiens a les mêmes limites que dans la méthode adoptée par Lamarck et comprend les Isopodes terrestres. La famille des Cymothoadiens se compose des Isopodes parasites et comprend les Cymothoa de Lamarck, les

Bopyres, les Iones, les Ancées et les Typhis; enfin, la famille des Idotéidiens se compose des Isopodes marins non parasites et comprend les genres Idotée, Sphérome, Anthure, Aselle, etc.

LES CLOPORTIDES.

Deux antennes apparentes. Les deux intermédiaires étant plus petites, cachées, presque imperceptibles.

Les *Cloportides* nous paraissent les premiers crustacés formés par la nature; ils font en quelque sorte suite aux Gloméries et aux Iules qui terminent les Arachnides myriapodes, et ensuite amènent successivement tous les autres crustacés.

Ces premiers crustacés ont le corps ovale, aplati en dessous, convexe en dessus, divisé en segmens transverses dont les sept premiers portent chacun une paire de pattes, et les six autres forment une espèce de queue. C'est sous cette queue et dans certaines des écailles dont elle est garnie, que se trouvent les organes respiratoires de ces animaux, et c'est Latreille qui les a découverts et qui a vu qu'ils étaient renfermés dans l'intérieur de ces écailles.

Les *Cloportides* ont deux yeux sessiles et composés. Leur bouche offre un labre, une sorte d'épiglotte, deux mandibules, deux paires de mâchoires, et deux pièces inférieures subarticulées, formant une lèvre inférieure, et qui sont des pieds mâchoires ou des mâchoires auxiliaires, selon M. *Savigny*. Ces animaux sont la plupart terrestres, et plusieurs d'entre eux se roulent en boule dans le danger. Ils sont divisés en quatre genres.

[Voyez pour plus de détails sur la structure extérieure des Cloportides, les belles planches publiées par M. Savigny dans la *Description de l'Égypte*.　　　　E.

ARMADILLE. (Armadillo.)

Deux antennes extérieures, très apparentes, de sept articles et insérées sous le bord antérieur de la tête : les intermédiaires non distinctes. Deux yeux sessiles.

Corps ovale, convexe en dessus, couvert de segmens crustacés transverses, se mettant en boule. Les appendices de la queue non saillans. Quatorze pattes.

Antennæ externæ duæ distinctissimæ, septem-articulatæ, sub margine antico capitis insertæ : intermediis non conspicuis. Oculi duo sessiles.

Corpus ovatum, supernè convexum, segmentis crustaceis transversis tectum, in globum contractile. Appendices caudæ non prominulæ. Pedes quatuordecim.

OBSERVATIONS. — Les *Armadilles* tiennent de très près aux cloportes, ne s'en distinguent même, au premier aspect, que parce que les appendices de leur queue ne sont point saillans, et se roulent plus facilement et plus ordinairement en boule lorsqu'ils craignent quelque danger. Leurs anneaux sont plus convexes en dessus que ceux des Cloportes. Selon les observations de Latreille, les écailles branchiales et supérieures du dessous de leur queue ont une rangée de petits trous donnant passage à l'air.

ESPÈCES.

1. Armadille commune. *Armadillo vulgaris.*

> *A. grisco-plumbeus ; segmentis margine postico albicantibus.* Lat.
> *Oniscus armadillus.* Lin.
> Cuv. journ. d'hist. nat. 2. p. 23. pl. 26. f. 14. 15.
> *Armadillo vulgaris.* Lat. Gen. 1. p. 71.
> * Ejusd. Règne Anim. de Cuvier. t. 4. p. 144.
> (B) Var. *Oniscus cinereus.* Panz. fasc. 62. t. 22.
> * Desmarest. Consid. sur les Crust. p. 323.
> * *Armadillidium Zenckeri.* Brandt. Conspectus p. 23. (1)

---

(1) M. Brandt donne le nom générique d'ARMADILLIDIUM aux Armadilliens qui ont l'article terminal externe des appen-

* *Armadillo pustulatus.* Duméril. Dict. des Sc. nat. t. 3. p. 116.
Insectes. pl. 58. f. 1.

* Desmarest. op. cit. p. 323. pl. 49; f. 6 et 7.

* Griffith. Anim. Kingd. Crust. pl. 8. fig. 8.

Habite en Europe, sous les pierres, sur les murs, etc.

2. Armadille mélangée. *Armadillo variegatus.*

A. segmentis nigris; albo marginatis; dorso variegato. Lat.
Oniscus variegatus. Will. Entom. 4. p. 188. tab. 11. 16.
Oniscus pulchellus. Panz. fasc. 62. t. 21.
Armadillo variegatus. Latr. Gen. 1. p. 72.
Habite en Europe.

CLOPORTE. (Oniscus.)

Quatre antennes, insérées sous le bord antérieur de la tête; deux extérieures très apparentes, sétacées, coudées, de sept à huit articles; deux intermédiaires très petites, non distinctes. Deux yeux sessiles.

Corps ovale, couvert de segmens crustacés, transverses, subimbriqués. Deux appendices saillans à l'extrémité de la queue. Quatorze pattes.

Antennæ quatuor, basi capitis margine antico insertæ: externis duabus distinctissimis, setaceis, fractis, septem vel octo articulatis intermediis minimis vix aut non conspicuis. Oculi duo sessiles.

Corpus ovatum, segmentis crustaceis transversis subim-

---

dices postérieur de l'abdomen, inséré sur le sommet de l'article basilaire, triangulaire ou tétragonal et tronqué au bout, tandis qu'il réserve le nom d'ARMADILLE aux espèces qui ont ce même article très petit, et inséré sur le milieu du bord interne de l'article basilaire, qui ont les pièces latérales des anneaux thoraciques simples, et quelques autres particularités de structure de peu d'importance que distinguent ces Isopodes des deux genres nouveaux, établi par le même auteur, sous les noms de CUBARIS et de DIPLOEXOCHUS.   E.

bricatis tectum. Cauda appendicibus duabus prominulis ad apicem. Pedes quatuordecim.

OBSERVATIONS. — Les *Cloportes* sont de petits crustacés bien connus et assez communs dans nos maisons, qui courent avec célérité lorsqu'on veut les saisir. Ils sont un peu convexes en dessus, aplatis en dessous, et ont sept paires de pattes courtes qui tiennent aux sept premiers anneaux de leur corps. On n'aperçoit que deux de leurs antennes, qui sont assez grandes et coudées.

Ces crustacés, surtout les Armadilles, avoisinent par divers rapports les *Gloméris* qui terminent les arachnides myriapodes, et paraissent réellement en provenir et commencer la classe à laquelle ils appartiennent. Ceux parmi eux qui n'ont que sept articles aux antennes apparentes, sont les Porcellions de Latreille.

Les *Cloportes* femelles ont sous le ventre une poche formée par une pellicule mince, dans laquelle l'animal fait passer ses œufs lorsqu'il les pond (1). Quant aux organes respiratoires de ces animaux, c'est dans les quatre premières écailles qui sont sous la queue, que Latreille les a découverts. Ce sont de petites poches branchiales situées dans l'épaisseur des lames que je viens de citer.

Ces animaux se tiennent dans les lieux frais et un peu humides, recherchent l'obscurité, et se nourrissent de différentes matières, soit animales, soit végétales, qu'ils rongent.

ESPÈCES.

1. **Cloporte commun.** *Oniscus asellus.*

> *O. supra obscure cinereus, scaber maculis seriatis lateribusque flavescentibus.*

---

(1) Les jeunes restent pendant un certain temps sous le thorax de leur mère, et ne présentent, dans les premiers temps de la vie que six paires de pattes distinctes, il est aussi à noter que leur corps est alors d'une forme bien plus allongée que chez l'adulte.　　　　　　　　　　　　　　E.

Oniscus asellus. Lin. Latr. Gen. 1. p: 70.

* *Oniscus asellus.* Desmarest. Consid. sur les Crust. p. 320. pl. 49. fig. 5.

Oniscus murarius. Fab. Suppl. p. 300.

Cuv. Journal d'hist. nat. 2. p. 22. pl. 26. f. 11-13.

Cloporte ordinaire. Geoff. 2. p. 670. pl. 22. f. 1.

* *Oniscus murarius.* Brand. op. cit. p. 20.

Habite en Europe, sous les pierres, le bois pourri, sur les murs, etc.

2. Cloporte granulé. *Oniscus granulatus.*

O. *antennis septem-articulatis; corpore supra scabro granulato.*

Porcellio scaber. Latr. Gen. 1. p. 70.

* *Porcellio scaber.* Desmarest. Consid. sur les Crust. p. 321.

* Brandt. Conspectus. Monogr. Onisc. p. 14.

Oniscus asellus. Fab. Suppl. p. 300. Panz. fasc. 9. t. 21.

Habite en Europe, sur les murs, etc.

3. Cloporte lisse. *Oniscus lævis.*

O. *antennis septem-articulatis; corpore lævi.*

Porcellio lævis. Latr. Gen. 1. p. 71.

Cloporte ordinaire, var. B. Geoff.

* *Porcellio lævis.* Desmarest. op. cit. p. 321.

Habite en Europe, sur les murs, sous les pierres, etc.

Etc.

M. Brandt a établi, sous les noms de Trichoniscus et de Platyartrhus, deux genres nouveaux qui ne diffèrent des Cloportes que par le nombre des articles du filet terminal des antennes, lequel est de six seulement; chez les Trichonisques, ce filet est sétacé et l'article précédent est cylindrique et grèle, tandis que chez les Platyarthres, les articles dont ce filet se compose, sont coniques et l'article qui le précède est oblong, dilaté et comprimé. (Voyez la monographie des Oniscoïdes. Insérée dans le Bulletin de la Soc. des Nat. de Moscou.) E.

PHILOSCIE. (Philoscia.)

Deux antennes externes très apparentes, de huit articles, nues à leur base ; les intermédiaires non distinctes. Deux yeux sessiles.

Corps ovale à segmens crustacés transverses, rétréci vers la queue. Quatre appendices styliformes, presque égaux et saillans à la queue. Quatorze pattes.

Antennæ externæ duæ distinctissimæ, octo-articulatæ, basi nudæ : intermediis non conspicuis. Oculi duo sessiles.

Corpus ovatum, ad caudam angustatum, segmentis crustaceis transversis : cauda appendicibus quatuor styliformibus subæqualibus, prominulis. Pedes quatuordecim.

OBSERVATIONS. — Les *Philoscies* ne diffèrent des Cloportes que parce que les antennes externes sont découvertes à leur insertion, et que les appendices saillans qui terminent leur queue sont au nombre de quatre, et presque égaux. Néanmoins, les deux appendices extérieurs sont un peu plus longs.

ESPÈCE.

1. Philoscie des mousses. *Philoscia muscorum.*

> Latr. Gen. 1. p. 69. et Hist. nat. 7. p. 43.
> *Oniscus silvestris.* Fab. Syst. 2. p. 397.
> Coqueb. illustr. ic. dec. 1. p. 27. tab. 6. f. 12.
> *Oniscus muscorum.* Cuv. Journal d'hist. nat. 2. p. 21. pl. 26. f. 6-8.
> * *Philoscia muscorum.* Desm. Consid. sur les Crust. p. 319.
> Habite en France, sous les feuilles tombées et pourries.
> * Ajoutez plusieurs espèces nouvelles décrites par M. Brandt, dans sa monographie des Oniscoïdiens (Bullet. des Nat. de Moscou.)

LIGIE. (Ligia).

Deux antennes externes très apparentes, ayant leur dernière pièce composée d'un grand nombre de petits articles; les intermédiaires non distinctes. Deux yeux sessiles.

Corps ovale, à segmens transverses. Deux appendices bifides à l'extrémité de la queue. Quatorze pattes.

Antennæ externæ duæ distinctissimæ, articulo ultimo è pluribus aliis minoribus composito , intermediis occultatis. Oculi duo sessiles.

Corpus ovatum; segmentis dorsalibus transversis. Appendices duæ bifidæ ad extremitatem caudæ. Pedes quatuordecim.

OBSERVATIONS. — Les *Ligies* ressemblent aux Cloportes par leur aspect; mais elles sont ordinairement un peu plus grandes, plus aplaties et en sont distinguées par leurs antennes, qui semblent composées d'un grand nombre d'articles. Les deux appendices qui forment une saillie à l'extrémité de leur queue sont courts et bifides.

Ces crustacés sont agiles , et la plupart vivent dans les eaux au bord de la mer.

ESPÈCES.

1. Ligie océanique. *Ligia oceanica.*

>*L. appendicibus caudæ brevibus latiusculis bifidis : stylis setaceis.*
>*Oniscus oceanicus.* Lin. Oliv. encycl. vol. 6. n. 15.
>*Ligea oceanica.* Fab. Suppl. p. 301.
>*Ligea occanica.* Lat. Gen. 1. p. 68. et Hist. nat. 7. p. 59. f. 1.
>* Ejusd. Règne anim. de Cuv. t. 4. p. 142.
>* *Ligia oceanica.* Desm. Consid. sur les Crust. p. 317. pl. 49. f. 3 et 4.
>* Griffith. Anim. Kingd. Crust. pl. 8. fig. 6.
>* Brandt. Conspec. monograph. Oniscoid. p. 10.
>Habite en Europe , aux bords de la mer.

2. Ligie italique. *Ligia italica.*

>*L. antennis corporis fere longitudine ; caudá elongatá bifidá : stylis bifidis.*
>*Ligia italica.* Fab. Suppl. p. 302.
>Latr. gen. 1. p. 67.
>* Risso. Crust. de Nice. p. 152.
>* Desm. Op. cit. p. 348.

* Savigny. Descrip. de l'Egypte. Crust. p. 18. fig. 7.
Roux. Crust. de la Méditer. pl. 13. f. 5.
Habite la Méditerranée, au bord de la mer.

3. Ligie des hypnes. *Ligia hypnorum.*

L. antennarum articulo secundo appendiculifero; setis caudæ inæqualibus: duabus internis longioribus.

Oniscus hypnorum. Cuv. Journal d'hist. nat. 2. p. 19. pl. 26. f. 3. 4. 5.
Fab. suppl. p. 300.
* *Oniscus agilis.* Panzer Fauna German. Fasc. 9. f. 24.
Ligia hypnorum. Latr. Gen. 1. p. 68.
* Ejusd. Règne anim. de Cuv. t. 4. p. 141.
* Desm. Op. cit. p. 318.
Habite en France, sous les mousses, et sur les côtes de l'Océan.
Etc

* Ajoutez quelques espèces nouvelles figurées par Roux dans son ouvrage sur les Crustacés de la Méditerranée. pl. 13 et par Party dans sa description des animaux articulés, recueillis au Brésil, par Spix et Martius, ainsi que celles décrites par M. Brandt.
Le genre LIGIDIUM de M. Brandt ne diffère des Ligies proprement dites, que par quelques particularités de forme dans les appendices postérieurs de l'abdomen. (*Voyez* Conspectus monographiæ Crustaceorum oniscoïdorum Latreillii auct. p. 11 * Brandt. Mosquæ. 1833.)

Le genre TYLOS, établi par Latreille, mais connu principalement par les figures que M. Savigny en a données, se rapproche beaucoup des Armadilles par la forme générale du corps, et ressemble aux Ligies par le nombre considérable des articles de la portion terminale des antennes externes; ce qui le caractérise surtout, c'est la conformation de l'abdomen : le dernier segment de cette portion du corps est demi circulaire et remplit exactement l'échancrure formée par l'anneau précédent. Enfin, les appendices abdominaux de la dernière paire sont très petits et entièrement cachées sous l'abdomen. (Voyez Latreille, Règne anim. de Cuvier, t. 4, p. 141 et Audouin, Explication des planches de M. Savigny, dans la description de l'Égypte, p. 286.)

On ne connaît qu'une espèce de ce genre, savoir :

Le *Tylos armadillo*, Latreille, loc. cit. ; *Tylos Latreillii*
Audouin apud Savigny, Égypte, crust. pl. 13, fig. 1. E.

Le genre Doto de M. Guérin rentre dans cette division
de l'ordre des Isopodes, et se rapproche beaucoup des
Tylos et des Cloportes. Les caractères que ce naturaliste
y assigne sont les suivans : « Antennes de garticles, dont
les quatre derniers forment une tige beaucoup plus courte
que le précédent, et composé d'articles inégaux ; corps
ne paraissant pouvoir se contracter que très imparfaitement en boule ; appendice ou styles postérieurs s'avançant au-delà du dernier segment. »

Doto a épines. *Doto echinata.* Guérin. Mag. de Zoologie. cl. 7.
pl. 21.

LES ASELLIDES.

Quatre antennes apparentes ; les deux intermédiaires plus
courtes.

Dans l'ordre de la nature, les *Asellides* suivent immédiatement les Cloportides ; aussi plusieurs parmi elles fu-
rent confondues avec les cloportes mêmes par différens
naturalistes. On les en distingue par leurs quatre antennes apparentes, sauf le singulier genre du Bopyre qui n'en
offre point, et par le dernier segment de la queue qui est
souvent plus grand que ceux qui le précèdent. C'est encore sur des écailles ou dans l'intérieur de certaines écailles qui sont sous cette queue, que se trouvent les branchies de ces animaux.

Toutes les *Asellides* sont aquatiques, ont quatorze pattes et les yeux sessiles lorsqu'ils existent. Plusieurs parmi
elles sont parasites des poissons.

Ainsi que nous l'avons déjà dit, p.   ces Isopodes diffèrent beaucoup entre eux par leur structure et par leurs mœurs, et nous paraissent devoir être divisés en deux familles naturelles.

ASELLE. (Asellus.)

Quatre antennes apparentes, sétacées, inégales, pluriarticulées : deux supérieures plus courtes, quadriarticulées ; deux inférieures beaucoup plus longues, à cinq articles. Plusieurs paires de mâchoires. Deux yeux sessiles, simples.

Corps oblong, déprimé ; à tête distincte ; à segmens crustacés, transverses. Queue d'un seul segment, ayant deux appendices au bout. Quatorze pattes.

Antennæ quatuor, conspicuæ, setacæ, inæquales, pluriarticulatæ : duabus superis quadriarticulatis brevioribus ; duabus inferis multò longioribus quinque articulatis. Maxillæ pluribus paribus. Oculi duo sessiles, simplices.

Corpus oblongum, depressum ; capite distincto ; segmentis crustaceis transversis. Cauda segmento unico ; appendicibus duabus ad apicem. Pedes quatuordecim.

OBSERVATIONS. — Les *Aselles* sont des crustacés aquatiques que Linné confondait avec les Cloportes, que Geoffroy a le premier distingués, et qui diffèrent principalement des quatre genres qui précèdent, parce que leurs quatre antennes sont apparentes. Elles n'ont point de nageoires sur les côtés de la queue, mais le dessous offre deux grandes écailles qui recouvrent les branchies, et au bout, il y a deux appendices quelquefois fourchus ou qui portent deux styles. Leurs pattes sont terminées par un crochet. Les femelles portent leurs œufs renfermés dans une poche membraneuse qui occupe une grande partie du dessous de leur corps. (1)

------

(1) On doit d'intéressantes observations sur le développement des jeunes, à M. Rathke. (Voy. Abhandlungen zur Bildungs und

Ces crustacés se nourrissent d'animalcules qu'ils cherchent à saisir. Une espèce commune vit dans les eaux douces; mais il paraît qu'il en existe dans la mer, qui offrent des particularités dont on pourrait se servir pour les distinguer si cela devenait utile. Voyez les genres *Janire* et *Jæra* de M. Leach. (1)

Le genre Gæra de Leach se reconnaît à l'existence de deux tubercules à la place des stylets terminaux de l'abdomen et à quelques autres particularités de structure; on n'en connaît aussi qu'une seule espèce; le *Jæra albifrons* (Leach. Edinb. Encyclop. sup. t. 7. p. 434; Desmarest. op. cit. p. 316 ; Latreille. Règne anim. t. 4. p. 141.   E.

ESPÈCE.

1. **Aselle ordinaire.** *Asellus vulgaris.*

> Aselle d'eau douce. Geoff. 2. p. 672. pl. 22. f. 2.
> *Asellus vulgaris.* Latr. Gen. 1. p. 63.
> * Ejusd. Règne anim. t. 4. p. 140.
> *Oniscus aquaticus.* Lin,
> *Squilla asellus.* Degeer. Ins. 7. p. 496. pl. 31. f. 1.
> *Idotea aquatica.* Fab. Supp. p. 303.
> * *Asellus vulgaris.* Desmarets. Consid. sur les Crust. p. 314. pl. 49. fig. 1 et 2.
> * *Oniscus aquaticus.* Rathke Abhand. t. 1. pl. 1. et Ann. des Sc. nat. 2e série. t. 2. pl. 11. C.
> Habite en Europe, dans les eaux douces, les mares, etc.

Entwitkelungs, etc. t. 1. p. 3 ; et *Annales des Sciences naturelles*, 2ᵉ série, t. 2, p. 139).

(1) Les Janires de Leach ou Oniscodes de Latreille diffèrent des Aselles par le rapprochement de leurs yeux, leurs antennes supérieures plus courtes que le pédoncule des antennes externes et par les crochets bifides de leurs tarses ; la seule espèce connue est le *Janira maculosa*. (Leach. Edinb. Encyclop. Suppl. t. 7. p. 434 ; et Trans. Soc. Linn. t. 11, p. 373 ; — Desmarest, Consid. sur les Crust. p. 315. — *Oniscoda maculosa*, Latreille. Règne anim. t. 4. p. 141.

IDOTÉE. (Idotea.)

Quatre antennes apparentes, inégales : les deux externes beaucoup plus grandes, pluriarticulées. Deux yeux sessiles.

Corps oblong et allongé ; à segmens crustacés transverses ; à tête distincte. Queue à deux ou trois segmens, nue, n'ayant aucun appendice au bout. Quatorze pattes.

Antennæ quatuor, conspicuæ, inæquales : duabus externis multò majoribus, pluriarticulatis. Oculi duo sessiles.

Corpus oblongum vel elongatum ; segmentis crustaceis transversis ; capite distincto. Cauda nuda ; segmentis duobus vel tribus ; apice appendicibus nullis. Pedes quatuordecim.

OBSERVATIONS. — Les *Idotées* sont des crustacés marins dont la queue n'a point de nageoires latérales, ni d'appendices au bout. Par ce dernier caractère, elles diffèrent des Aselles. Elles ne se mettent point en boule comme les sphéromes qui d'ailleurs ont à la queue des nageoires latérales.

Sous la queue des Idotées, deux grandes écailles allongées, étroites et parallèles, en recouvrent d'autres ainsi que les branchies.

Ces crustacés se nourrissent de petits animaux marins ; on soupçonne qu'ils sucent aussi des poissons.

ESPÈCES.

1. Idotée entomon. *Idotea entomon.*

I. ovata ; segmentis ad latera prominulis ; caudá elongatá conicá.
Oniscus entomon. Lin. Pallas spicil. zool. fasc. 9. p. 64. tab. 5. f. 1–6.
Cymothoa entomon. Fab. S. 2. p. 5o5.
* *Squilla entomon.* Degeer. Mém. t. 7. pl. 32. fig. 1 et 2.
Idotea entomon. Lat. Gen. 1. p. 64.
Ejusd. Hist. nat. vol. 6. p. 361. pl. 58 f. 2. 3.
* Desmarest. Consid. sur les Crust. p. 289.
* Eichwald Per Ingriam marisque Baltici provincias obs. pl. 5. fig. 1.
Habite l'Océan d'Europe.

2. **Idotée tridentée.** *Idotea tridentata.*

> *I. linearis; caudá apice tridentatá; antennis externis corporis longitudine*
>
> *Idotea tridentata.* Latr. Gen. 1. p. 64.
>
> *Oniscus tridens.* Scop. entom. carn. n° 1141.
>
> Cloporte tridenté. Oliv. encycl. 6. p. 26.
>
> Habite l'Océan d'Europe.

3. **Idotée marine.** *Idotea marina.*

> *I. sublinearis, semicylindrica; caudá obtuso-acutá, sub-emarginatá.*
>
> *Oniscus balthicus.* Pall. spicil. zool. fasc. 9. p. 66. tab. 4. f. 6.
>
> *Idotea marina.* Fab. Suppl. p. 308.
>
> Habite la mer Baltique.

4. **Idotée étique.** *Idotea hectica.*

> *I. lineari-depressa; antennis externis corporis sublongitudine.*
>
> *Oniscus hecticus.* Pall. spicil. zool. fasc. 9. p. 61. tab. 4. f. 10.
>
> Aselle étique. Oliv. Encycl. vol. 4. n_0 13.
>
> Habite l'Océan Atlantique. * Cette espèce entre dans la division des sténosomes de M. Leach. (1)

5. **Idotée ungulée.** *Idotea ungulata.*

> *I. sublinearis; caudá oblongá, apice truncato-bidentatá; antennis externis corpore brevioribus.*
>
> *Oniscus ungulatus.* Pall. spicil. zool. fasc. 9. p. 62. tab. 4. f. 11.
>
> * *Oniscus linearis.* Pennant. Brit. zool. t. 4. pl. 18. fig. 2.
>
> *An idotea linearis ?* Fab. Suppl. p. 304.
>
> * *Stenosoma lineare.* Leach. Trans. Linn. Soc. t. 11: p. 366.
>
> * Desmarets. Consid. sur les Crust. p. 290. pl. 46. fig. 12.
>
> Habite la mer de l'Inde.
>
> Etc. Voyez les idotées de M. Risso. Hist. nat. des Crust. p. 134. Voyez aussi les Sténosomes de M. Leach.

[Le genre LEPTOSOME (*Leptosoma*) de M. Risso ne diffère guère des Idotées que par la soudure complète de

---

(1) Le genre STENOSOME de M. Leach ne diffère guère des Idotées proprement dites que par la longueur des antennes qui dépassent la moitié de celle du corps.   E.

tous les anneaux abdominaux en une seule pièce qui est grande et pointue.

Esp. *Leptosoma appendiculata*. Risso. Hist. nat. de l'Eur. méridion t. 5. p. 107. pl. 5. fig. 23.

Le genre ZENOBIA, du même auteur, ne paraît se distinguer aussi des Idotées proprement dits que par l'existence de cinq anneaux parfaitement distincts à l'abdomen.

Esp. *Zenobia prismatica*. Risso. op. cit. t. 5. p. 110. pl. 5. fig. 24.

† Genre **ANTHURE**. *Anthura*.

Les Anthures de Leach se rapprochent aussi un peu des Idotées par la conformation de leur abdomen, car les fausses pattes de la dernière paire sont très grandes et enveloppent les bords du segment terminal ainsi que les fausses pattes branchiales et constituent ainsi une espèce de cavité respiratoire, analogue à celle des Idotées ; mais ces appendices, au lieu d'être simples et d'adhérer au segment terminal, sont libres et composés chacun de deux grandes lames foliacées. Le corps de ces Isopodes est vermiforme et leurs antennes très courtes ; enfin les pattes de la première paire sont terminées par une petite main subchéliforme et les suivantes sont toutes grèles et de longueur médiocre.

ESPÈCE.

Oniscus gracilis. Montagu. Trans. of the Linn. Soc. vol. 9. pl. 5. fig. 6. — *Anthura gracilis*. Leach. Edinb. Encyclop. Suppl. t. 7. p. 404. et Trans. Lin. Soc. t. 11. p. 366. — Desmarest. Consid. sur les Crust. p. 291. pl. 46. fig. 13.—Latreille. Règne aním. t. 4. p. 138.—Milne Edwards. Hist. nat. des Crust. pl. 31. fig. 3 et 4.

† Genre **ARCTURE**. *Arcturus*.

Le genre Arcture de Latreille est une des divisions les plus remarquables de la famille des Idotéides ; il se compose de crustacés qui se rapprochent des Sténosomes par la forme générale de leur corps, par la disposition de leurs antennes et par l'existence d'appendices operculiformes recouvrant en dessous les fausses pattes branchiales de l'abdomen, mais qui diffèrent des Isopodes ordinaires par la conformation singulière des pattes thoraciques; celles de la première paire et des trois dernières sont grêles, cylindriques et onguiculées comme d'ordinaire, tandis que celles de la 2e, de la 3e et de la 4e paires sont terminées par un long article barbu et au lieu d'être ambulatoires comme les autres sont évidemment natatoires.

> L'*Anthurus tuberculatus* (Lat. Règne anim. de Cuv. t. 4. p. 139). qui a servi à l'établissement de ce genre, et qui provient des mers polaires, nous paraît être la même espèce que l'*Idotea Baffini*, découvert par M. Sabine sur la côte ouest de la baie de Baffin, à la latitude de 71° (Sabine. Append. to capt. Parry's voyage, p. 50. tab. 1 fig. 4 et 6 ; Edw. Hist. nat. des Crustacés, pl. 31. fig. 1.)

Le genre LEACHIA de M. Johnston ne diffère que fort peu du précédent et nous semble pouvoir y être réuni sans aucun inconvénient; le principal caractère qui l'en distingue consiste dans l'allongement extrême du quatrième anneau thoracique qui occupe à lui seul plus de la moitié de la longueur du corps.

> *Leachia lacertosa.* Johnston. Contributions to British. Fauna Edimb. Phil. journ. vol. 13. p. 219.   E.

SPHÉROME. (Sphæroma.)

Quatre antennes apparentes, petites, inégales ; les deux externes un peu plus longues. Deux yeux sessiles.

Corps oblong, convexe, à segmens transverses subimbriqués, se contractant en boule. Queue à deux segmens, munie de chaque côté, sur le dernier, d'une nageoire pédiculée, formée de deux écailles. Quatorze pattes.

*Antennæ quatuor, conspicuæ, exiles, inœquales : exter-
nis longioribus. Oculi duo sessiles.*

*Corpus oblongum, convexum, in globum contractile : seg-
mentis transversis subimbricatis. Cauda segmentis duobus :
ultimo utroque latere squamis duabus natatoriis pedunculo
communi insidentibus instructo. Pedes quatuordecim.*

Observations. — Les *Sphéromes* sont en quelque sorte des
Armadilles marines, et se contractent aussi en boule ; mais ces
sphéromes ont quatre antennes apparentes et leur queue est munie de nageoires latérales, ce que les Armadilles n'offrent point.
Leurs antennes sont menues, sétacées, multiarticulées.

M. *Latreille* associe aux Sphéromes les genres *Campecopea
næsa*, *cymodoce* et *dynamene* de M. Leach.

[Les Sphéromes et quelques petits genres voisins forment une
tribu très naturelle qui se range dans la famille des Idotéides, et
se reconnaît du premier coup-d'œil à la forme générale du
corps et de la structure de l'abdomen ; ces Isopodes n'ont jamais le corps grêle et linéaire comme les Idotées ou les Rhoés,
ni rétréci aux deux extrémités, comme chez la plupart des Cymothoadiens, mais très large partout, et comme tronqué aux
deux bouts. Les pattes sont en général toutes grêles, courtes et
conformées pour servir à la marche seulement ; les antennes
sont très rapprochées les unes des autres, grêles et dirigées horizontalement en dehors ; les mandibules sont pourvues d'une
tige palpiforme, grêle et ciliée ; les premiers anneaux de l'abdomen sont plus ou moins confondus en une seule pièce, et le
sixième segment présente des dimensions très considérables, et
est creusé en dessous d'une cavité destinée à loger les fausses
pattes branchiales ; enfin, les appendices de ce dernier segment
sont grands, lamelleux et placés de chaque côté du bouclier abdominal, de façon à constituer une sorte de nageoire caudale. Presque tous les auteurs les plus récens s'accordent à diviser, à l'exemple de Leach, cette tribu en plusieurs genres (1), et restrei-

____

(1) Les caractères sur lesquels ces genres reposent sont cependant loin d'avoir toute la précision et l'importance desirables, et il serait à souhaiter que l'on fit une révision approfondie

gnent le genre Sphérome aux espèces dont les appendices postérieurs de l'abdomen ont leurs deux lames terminales, saillantes, à découvert, et à-peu-près égales entre elles, le corps susceptible de se rouler en boule, et l'abdomen à découvert.   E.]

---

de cette partie de la classification des crustacés. Voici du reste
la définition que Leach a donné de ces divers genres.

Les Zuzares ressemblent aux Sphéromes , par la faculté
de se rouler en boule et par l'existence de deux lames
saillantes de chaque côté de l'extrémité postérieure de
l'abdomen ; mais la lame externe de ces appendices , au
lieu d'avoir la même forme que l'interne, est plus grande
et convexe en dessus.

> *Zuzara semipunctata.* Leach. Dict. des Sc. nat. t. 12. p. 344. —
> Desmarest. Consid. sur les crust. p. 299.
> *Zuzara diadema.* Leach. loc. cit. — Desm. loc. cit.

Les Dynamènes ne peuvent se rouler en boule comme
les précédens auxquels ils ressemblent du reste par l'existence de deux lames saillantes aux appendices terminaux
de l'abdomen ; enfin, l'abdomen, au lieu d'avoir son
dernier article entier présente une simple fente à son extrémité.

> *Dynamena Montagai.* Leach. Dict. des Sc. nat. t. 12. p. 344. —
> Desmarest. Consid. p. 298.
> *Dynamena viridis.* Leach. loc. cit.

Les Cymodocées ressemblent aux Dynamènes par la
disposition des appendices et par l'impossibilité de se rouler en boule, et s'en distinguent par l'existence d'une petite lame au milieu de l'échancrure située à l'extrémité du
dernier segment abdominal.

> *Cymodocea Lamarckii.* Leach. Dict. des Sc. nat. t. 12. p. 343. —
> Desmarest. Consid. sur les crust. p. 297. pl. 48 fig. 4.
> *Cymodocea bifida.* Leach. loc. cit.

ESPÈCES.

1. Sphérome cendré. *Sphæroma cinerea.*

> *S. lœvis ; segmento ultimo rotundato : appendicibus laminis acutis, margine denticulatis.*
>
> *Sphæroma cinerea.* Latr. Gen. 1. p. 65. et Hist. nat. vol. 7. p. 16.
>
> Sphérome cendré. Bosc. Hist. nat. des crustacés. vol. 2. p. 186.
>
> *Oniscus globator.* Ball. Spicil. zool. fasc. 9. p. 70. t. 4. f. 18.
>
> *Cymothoa serrata.* Fab. Syst. 2. p. 510.
>
> * *Spheroma cinerca?* Risso. Crust. de Nice. p. 146.
>
> * *Spheroma serratum.* Leach. Dict. des Sc. nat. t. 12. p. 346.
>
> * Desmarets · Consid. sur les Crust. p. 301. pl. 47. fig. 3.
>
> Habite l'Océan d'Europe, sous les pierres des rivages.

Les Cilicées, les Nésées et les Campécopées diffèrent des Sphéromes et des genres précédens par la conformation des appendices postérieurs de l'abdomen, dont la lame extérieure seule est saillante.

Les Cilicées ont tous les anneaux du thorax d'égale longueur et la lame terminale de l'appendice caudal droit est assez longue.

> *Cilicæa Latreillii.* Leach. op. cit. p. 342 — Desmarest. op. cit. p. 296. pl. 48. fig. 3.

Les Nésées ont l'avant-dernier article du thorax plus grand que le dernier et la lame terminale de l'appendice caudal droite.

> *Nesea bidentata.* Leach. op. cit. p. 342— Desmarest. op. cit. p. 395. pl. 47. fig. 2. *Oniscus bidentatus.* Adams. Trans. of the Linn. Soc. vol. 8. pl. 2. fig. 3. *Spheroma dydima.* Tristan. ann. du Muséum, t. 13, p. 371, pl. 27, fig. 1-5.

Enfin, les Campecopées ont également le pénultième anneau thoracique plus grand que le précédent ; mais la lame terminale des appendices postérieurs est courbée et très allongée.

> *Campecopea hirsuta.* Leach. Dict. des Sc. nat. t. 12. p. 341.—*Oniscus hirsutus.* Montagu. Trans. Linn. Soc. v. 7. pl. 6. fig. 8.

2. Sphérome épineux. *Sphæroma spinosa.*

S. segmento altimo spinoso pileato ; appendicibus acutis ciliatis.

Sphæroma spinosa. Risso. Hist. nat. des crust. p. 147. pl. 3. f. 14.

Habite.... la Méditerranée ? entre les zostères auxquelles il se cramponne.

Etc. Voyez-en quelques autres espèces dans l'ouvrage de M. Risso. (Ainsi que l'article Cymothoadés de Leach , dans le 12e volume du Dict. des Sciences naturelles ; les planches de Crustacés par M. Savigny , dans le grand ouvrage sur l'Égypte, etc.)

[Nous croyons devoir distinguer des divers genres déjà établis dans la tribu des Sphéromiens un petit crustacé appartenant à la collection du Musée britannique où il a été étiqueté par M. Leach *Næsea depressa..* En effet cet Isopode, tout en ayant la forme générale des Nesées, en diffère , ainsi que de tous les autres Sphéromiens, par la conformation des pattes des deux premières paires qui sont terminées par une main subchéliforme, tandis que les pattes suivantes sont, comme d'ordinaire, simplement ambulatoires. Nous proposerons de désigner cette nouvelle division générique sous le nom de NAESIDIE. *Næsidia.*

Le genre PTERELAS de M. Guérin se rapproche de la division précédente et du genre Æga de Leach. Voici les caractères qui y sont assignés. Yeux très visibles ; composés d'un grand nombre de facettes; antennes supérieures plus courtes que les inférieures , insérées sur le bord antérieur de la tête, ayant leurs deux premiers articles grands , aplatis et larges et le filet terminal inséré en arrière du deuxième article, composé de plusieurs petites articulations ; antennes inférieures deux fois plus longues que les supérieures, insérées au dessous d'elles et ayant leurs trois premiers articles courts, transversaux, les deux suivans grands, aplatis et larges, et le filet terminal composé d'environ dix articles cylindriques et allant en diminuant; mandibules allongées, terminées par un lobe triangulaire et portant une palpe plus longue quelles, de deux articles cylindriqués. Pattes de la première paire, terminées par un ongle fort et très crochu. Celles des deuxième et troisième paires en pince didactyle. Les quatre paires suivantes plus grèles, à articles plus allongés et terminés par un simple onglet peu crochu. Abdomen composé de six segmens distincts; appendices latéraux du dernier segment, composé de deux feuillets aplatis et ne dépassant pas ce dernier segment en longueur.

Pterelas Webbii. Guérin. Mag. Zool. cl. vii, pl. 20.

† Genre **LIMNORIE**. *Limnoria.*

Les Limnories sont intermédiaires entre les Sphéromes et les Cymothoa et sont remarquables par les ravages qu'elles occasionnent en perforant les piliers des constructions sous-marines, à la manière des Tarets. Ces petits crustacés se rapprochent des Sphéromes par la disposition de leurs antennes, de leur appareil buccal et de leurs pattes, mais s'en distinguent par leur abdomen composé de six anneaux distincts dont le pénultième porte une paire d'appendices styliformes, et les autres des fausses pattes branchiales. On n'en connaît qu'une espèce,

Le *Limnoria terebrans.* Leach. Trans. of the Linn. Soc. v. 11. p. 370; Edimb. Encyclop. suppl. t. 7. p. 433. et Dict. des Sc. nat. t. 12. p. 353. — Desmarets. Consid. sur les crust. p. 312. — Latreille. *Règne anim.* t. 4. p. 135. — Coldstream, *Edimb. New philos. journal.* vol. 16. (1834) p. 316. pl. 6. fig. 1–18. — Thompson. *Edimb. New. phil. journal.* janv. 1835.

CYMOTHOA. (Cymothoa.)

Quatre antennes apparentes, sétacées, pluriarticulées, un peu courtes: les externes plus longues. Deux yeux sessiles.

Corps ovale-oblong, un peu convexe, à plusieurs des segmens transverses comme appendiculés aux extrémités latérales. Queue à six segmens, dont le dernier plus grand porte de chaque côté une nageoire de deux écailles. Quatorze pattes à crochets forts.

Antennæ quatuor, conspicuæ, setaceæ, pluriarticulatæ, breviusculæ : externis paulò longioribus. Oculi duo sessiles.

Corpus ovato-oblongum, subconvexum; segmentorum tranversorum pluribus ad extremitates laterales subapendiculatis. Cauda segmentis sex : ultimo majore, utrinque pinnâ diphyllâ instructo. Pedes quatuordecim : unguibus validis.

OBSERVATIONS. — Parmi les crustacés isopodes, les *Cymothoas* sont remarquables par des habitudes qui paraissent leur être particulières : ce sont des parasites des poissons sur lesquels ils se cramponnent et dont ils sucent le sang. On les a désignés sous les noms de *poux de mer, d'asile, d'œstre de poisson*. Leurs branchies sont des espèces de bourses ou de vessies situées, sur deux rangées, le long du dessous de la queue. On en connaît déjà un assez grand nombre d'espèces. Latreille réunit à ce genre les *Limnoria, Eurydice* et *Éga* de M. LEACH.

[Le genre Cymothoa tel qu'il a été établi par Fabricius et adopté par Lamarck correspond à-peu-près à la tribu des Cymothoïdes des auteurs plus récens, laquelle se compose des Isopodes de la famille des Cymothoadiens qui ont l'abdomen terminé par une nageoire horizontale garnie latéralement de deux paires de lames ou de stylets déprimés, et les appendices buccaux cachés en entier sous la tête. Ces crustacés se ressemblent tous beaucoup par la forme générale de leur corps, ainsi que par leurs mœurs, mais présentent dans la disposition de leurs antennes, de leurs yeux, de leurs pattes et de leur abdomen, des différences telles qu'on doit nécessairement les diviser en plusieurs genres; aussi est-ce la marche suivie par tous les auteurs,et on s'accorde assez généralement à ne laisser dans le genre Cymothoa, proprement dit, que les espèces dont les antennes sont très courtes et insérées sous la tête, les yeux peu ou point apparens, les pattes armées de griffes puissantes, les hanches des pattes des 4 dernières paires très dilatées inférieurement, et le dernier segment abdominal très grand et à-peu-près carré transversalement. Dans le jeune âge, ces parasites ont des formes assez différentes de celles qui les caractérisent à l'âge adulte (Voy. *Ann. des Sc. nat.* 2e série, t. 3.)   E.

ESPECES.

1. **Cymothoa asile.** *Cymothoa asilus.*

> *C. capite posticè trilobo; segmentis posticis, ultimo excepto, retrorsùm arcuatis; isto semi-elliptico.*
> *Cymothoa asilus.* Fab. Suppl. p. 3o5.
> Latr. Gen. 1. p. 66. et Hist. nat. 7. p. 23. pl. 58. f. 9. 10.
> *Oniscus asilus.* Lin. Pall. Spicil. zool. fasc. 9. t. 4. f. 12.
> Habite l'Océan de l'Europe.

2. **Cymothoa œstre.** *Cymothoa œstrum.*

> *C. ovato-oblonga; ultimo segmento transverso.*
> *Cymothoa œstrum?* Fab. Syst. 2. p. 5o5.
> Latr. Gen. 1. p. 66.
> *Oniscus œstrum.* Lin. Pal. spicil. zool. fasc. 9. t. 4. f. 13.
> * *Cymothoa œstrum.* Leach. Dict. des Sc. nat. t. 12. p. 352.
> * Desmarest. Consid. sur les Crust. p. 3o9. pl. 47. fig. 6 et 7.
> Habite l'Océan de l'Europe.

3. **Cymothoa rosacé.** *Cymothoa rosacea.*

> *C. ovata, rosacea; caudâ semi-lunatâ; pedibus posterioribus spinosis.*
> *Cymothoa rosacea.* Risso. Hist. nat. des crust. p. 140. pl. 3. f. 9.
> Habite la Méditerranée, sur l'Apogon rouge. L'*Æga emarginata* de M'. Leach, *Crust. annul. malacostraca*, pl. 21, paraît avoir des rapports avec cette espèce.
> Etc.

* *Cymothoa trigonocephala.* Leach. Dict. des Sc. nat. t. 12. p. 353;
Desm. op. cit. p. 309. — Edwards. Ann. des Sc. nat. 2ᵉ série.
t. 3. pl. 14. fig. 1–5.
* *Cymothoa parallela.* Otto. nov. acta. Cur. nat. Bonn. t. 14. pl.
22. fig. 3 et 4.

[Le genre LIVOCÈNE de Leach diffère des Cymothoa
proprement dits, par la conformation des appendices postérieurs de l'abdomen, dont les lames terminales, au lieu
d'être styliformes sont larges, foliacées et à-peu-près égales.

> *Livocena Redmannii.* Leach. Dict. des Sc. nat. t. 12 p. 352. —
> Desmarest. Consid. sur les crust. p. 308.

Les NEROCILES du même auteur ne paraissent pas devoir être distinguées génériquement des Livocènes, car ils
n'en diffèrent réellement que par l'allongement un peu
plus considérable des pièces latérales des anneaux thoraciques, lesquelles, au lieu d'être obtuses sont spiniformes
Latreille les a réunis dans un seul genre auquel il a donné
le nom d'*Ichthyophilus.* (Voyez le Règne animal de Cuvier
t. 4, p. 133).

> *Nerocila Blainvillii.* Dict. des Sc. nat. t. 12. p. 352. — Desmarest,
> op. cit. p. 307.

Les OLONCEIRES ont, comme les précédens, les pieds
armés de griffes courbes très puissantes et les antennes
insérées sous le front, mais les hanches des quatre dernières paires ne sont pas dilatées inférieurement ; les appendices postérieurs de l'abdomen sont conformés de la
même manière que chez les Cymothoa, mais très petits ;
enfin, les pattes postérieures sont graduellement plus
longues que les antérieures et le dernier segment de
l'abdomen est très long et pointu.

> *Oleneira Lamarckii.* Leach. Dict. des Sc. nat. t. 12. p. 351 ; Des-
> marest. op. cit. p. 307.

Les ANILOCRES ont aussi les ongles forts et très recourbés, la tête saillante en avant, au dessus des antennes, et

les hanches sans dilatation notable en dessous, mais leurs pattes sont toutes d'égale longueur et les appendices postérieurs de l'abdomen terminés par deux lames allongées, pointues et très inégales, dépassent de beaucoup le dernier segment abdominal qui est à-peu-près quadrilatère.

> *Anilocra capensis.* Leach. loc. cit. ; Desmarest. op. cit. p. 306. pl. 48. fig. 1.
>
> *Anilocra mediterranea.* Leach. loc. cit. ; Desmarest. loc. cit. Edwards. Ann. des Sc. nat. 2ᵉ série. t. 3. pl. 14. fig. 6-8.
>
> *Anilocra Cuvieri.* Leach. loc. cit. Desm. loc. cit. ; *Cymothoe....* Savigny. Egypte Crust. pl. 11. fig. 10.

Les CANOLIRES de M. Leach ne diffèrent guère des Anilocres que par la conformation des appendices postérieurs de l'abdomen dont les deux lames sont ovalaires et à-peu-près de même longueur, caractère qui est de très peu d'importance et qui ne nous paraît pas suffisant pour motiver une distinction générique.

> *Canolira Rissoniana.* Leach. Dict. des Sc. nat. t. 12. p. 350 ; Desmarest. Consid. sur les Crust. p. 305

Les ÆGA, les CONILÈRES et les ROCINELES du même auteur ont les ongles des pattes des 2ᵉ, 3ᵉ et 4ᵉ paires très courbés, mais ceux des pattes suivantes à peine arqués et leur tête n'est pas saillante au-dessus de la base des antennes. Les Æga se distinguent par la forme élargie et comprimée des deux premiers articles des antennes supérieures (Exemple. *Æga emarginata* Leach, op. cit. p. 349 ; Desmarest. op. cit. p. 305, pl. 47 fig. 4 et 5). Les Rocinèles du même auteur ont au contraire ces deux articles très grands et convergens antérieurement (Esp. *Rocinella danmoniensis*, Leach. loc. cit. — Desm. op. cit. p. 304). Enfin les Conilères ressemblent aux précédens par leurs antennes, mais ont les yeux petits, écartés et nullement proéminens (Esp. *conilera Montagui.* Leach. op. cit. p. 348 ; Desmarest. op. cit. p. 304.)

Le genre NELOCIRE (*Nelocira*) de Leach, s'éloigne davantage des Cymothoa et se rapproche un peu des Sphéromeïdes ; ici, les ongles de tous les pieds sont faibles ou médiocres et peu arqués, les pattes sont grèles, plus ou moins épineuses ou ciliées et ambulatoires plutôt qu'ancreuses ; les antennes inférieures sont assez longues , les yeux granulés et l'abdomen composé de cinq segmens distincts et les lamelles terminales des appendices postérieurs élargis et à-peu-près de même grandeur.

> *Nelocira Swainsoni*. Leach. Dict. des Sc. nat. t. 12. p. 347; Desmarest. Consid. sur les Crust. p. 302. pl. 48. fig. 2.

Les EURYDICES du même auteur ne diffèrent des précédens que par les yeux qui sont lisses au lieu d'être granulés.

> *Eurydice pulchra*. Leach. Dict. des Sc. nat. t. 12. p. 347, et Trans. Linn. Soc. t. xi. p. 370; Desm. op. cit. p. 302.

Enfin, les CIROLANES ressemblent aux Nélocires par tous les caractères énumérés ci-dessus, si ce n'est par le nombre des segmens abdominaux qui est de six.

> *Cirolana Cranchii*. Leach. Dict. des Sc. nat. t. 12. p. 347 ; Desmarest. op. cit. p. 303.

† Genre **SEROLE**. *Serolis*.

Les Séroles sont des Cymothoïdes très remarquables par l'élargissement de leur corps et la position de leurs yeux qui occupent la face supérieure de la tête et sont placés à distance à-peu-près égale de la ligne médiane du front et du bord latéral de la tête; disposition qui rappelle ce qui se voit chez les Trilobites. Les antennes s'insèrent au bord antérieur du front, près de la ligne médiane; celle de la première paire sont médianes, mais les secondes sont très grandes; les pattes de la première paire sont terminées par une petite main subchéliforme et les suivantes sont ambulatoires et terminées par un ongle à-peu-près droit et non préhensile. Les trois premiers segmens de l'abdomen sont très petits et refoulés au fond de l'échancrure profonde formée par le bord postérieur du dernier segment thoracique, enfin le dernier segment abdominal est grand et porte deux appendices terminés par des lames très petites.

> *Cymothoa paradoxa*. Fabricius. Supplem. Ent. syst. p. 304. *Serolis Fabricii*. Leach. Dict. des Sc. nat. t. 12. p. 340; — Desmarest. Consid. sur les Crust. p. 293 ; — Buckland. Geology and mineralogy. pl. 45. fig. 6-8.   E.

BOPYRE. (Bopyrus.)

Point d'antennes. Point d'yeux distincts. Bouche comme bilabiée, située sous le bord du segment antérieur; à suçoir qui paraît sortir entre les lèvres.

Corps ovale, rétréci postérieurement, aplati, presque membraneux, à queue petite et très courte. Sept pattes fausses, très petites, contournées, inarticulées de chaque côté, insérées sous les bords latéraux du corps.

Antennæ nullæ. Oculi nulli distincti. Os subbilabiatum, sub margine segmenti antici dispositum ; haustello intrà labia emergente.

Corpus ovatum, posticè attenuatum, planum, submembranaceum; caudâ parvâ, brevissimâ. Pedes spurii, minimi, contorti, inarticulati, utrinque septem, infrà marginem corporis inserti.

OBSERVATIONS.—J'avais placé le *Bopyre* parmi les Epizoaires, et depuis j'ai déféré au sentiment de *Latreille* qui le regarde comme un crustacé. Malgré le misérable état où le réduit l'imperfection de ses parties, ce savant lui trouve de l'analogie avec les Cymothoas.

Le *Bopyre* est un petit animal fort plat, presque membraneux, et qui vit en parasite sur les Alphées, les Palémons, en s'introduisant sous l'écaille de leur corselet, et les suçant. Sa forme est celle d'une petite Sole. Il n'a qu'environ quatre lignes et demie de longueur. Il a de petites lames membraneuses au-dessus des pattes, et deux rangées de petites écailles sous la queue.

[Les Bopyres et les Iones doivent prendre place dans la famille des Cymothoadiens, mais y forment une petite tribu particulière caractérisée par la petitesse du dernier segment de l'abdomen, l'absence d'appendices articulés de chaque côté de cet anneau, la brièveté des pattes et leur structure subchéliforme. Ces crustacés vivent tous en parasites sur d'autres animaux de la même espèce, et sont remarquables par la grande différence qui existe entre les mâles et les femelles ; ces derniers ont le corps ovalaire, et en apparence déformé, tandis que les mâles, beaucoup plus petits que les femelles, sont grêles, ressemblent assez à des Idotéides.

Les Bopyres mâles aussi bien que les femelles paraissent manquer d'antennes, mais on leur voit deux petits yeux situés sur la face supérieure de la tête ; leur corps est ovalaire, allongé et parfaitement symétrique ; le thorax se compose de sept segmens à-peu-près égaux entre eux, et cachant complètement les pattes ; enfin l'abdomen porte en dessous des appendices lamelleux qui sont également cachés sous sa face inférieure. La femelle est contournée de côté, et les anneaux thoraciques inégaux et beaucoup plus larges que la tête ou l'abdomen ; à la surface inférieure du thorax, on voit les pattes qui sont d'une brièveté extrême, contournées et ancreuses, et qui, pour la plupart, donnent naissance, par leur base, à de grandes lames membraneuses, lesquelles se reploient en dedans et en arrière, de manière à constituer une poche servant à loger les œufs ; sous l'abdomen on trouve 5 paires de lamelles blanches et molles ; enfin, la bouche est recouverte par deux pattes-mâchoires operculiformes, disposées comme des volets.　　　　　E.

ESPECES.

1. **Bopyre des chevrettes.** *Bopyrus squillarum.*

　　B. pallidè lutescens ; caudâ subacutâ.

　　Bopyrus squillarum. Latr. Gen. 1. p. 67. et Hist. nat., etc., 7. p. 50. pl. 59. fig. 2-4.

Monoculus crangorum. Fab. Syst. Suppl. p. 3o6.

  * *Bopyrus squillarum.* Desmarest. Consid. sur les Crust. p. 385.
pl. 49. fig. 8-13.

Habite sous l'écaille du Palémon squille.

2. Bopyre des palémons.   *Bopyrus palemonis.*

  B. luteo-virescens, varius ; caudâ rotundatâ.

  Bopyrus palemonis. Risso. Hist. nat. des crust. p. 148.

  * Desmarest. op. cit. p. 3a6.

Habite la Méditerranée, sous l'écaille thoracique des Palémons.

LES IONELLES.

Deux ou quatre antennes. Deux yeux sessiles. Dix ou qua-torze pattes. Les branchies à nu sous la queue, et en forme de tiges plus ou moins divisées.

Les *Ionelles* constituent une petite famille nouvellement établie par M. Latreille sous le nom de *phytibranches.* Elle est fort remarquable par le caractère des branchies qui sont à nu sous la queue ; et c'est principalement par ce caractère que ces crustacés isopodes se distinguent des Asellides. Il est très curieux de voir que, dans ces crustacés, les branchies commencent par être situées sous la queue de l'animal, qu'ensuite elles se trouvent transportées sous la partie antérieure de l'abdomen, adhérant à certaines pattes, ou toujours sous l'abdomen, variant dans leur situation, selon les familles, et qu'elles finissent dans les décapodes, par être cachées sous les bords latéraux de l'écaille du corselet, ayant de l'adhérence avec la base extérieure des pieds-mâchoires.

Toutes les *Ionelles* sont aquatiques et marines ; certaines d'entre elles ont toutes leurs pattes natatoires ; d'autres n'ont pour la natation que leurs pattes postérieures. Ces animaux, probablement nombreux, sont encore peu connus.

[Cette division ne nous paraît pas naturelle et ne nous semble pas devoir être adoptée.   E.]

TYPHIS. (Typhis.)

Deux antennes très petites. Deux yeux petits, sessiles.

Corps oblong, convexe, courbé, divisé en segmens transverses, et muni de chaque côté, de deux lames mobiles, oblongues, pointues au sommet. De petites écailles à l'extrémité de la queue. Dix pattes, dont les quatre antérieures sont didactyles.

Antennæ duæ minimæ. Oculi duo, parvi, sessiles.

Corpus oblongum, convexum, incurvum, segmentis transversis divisum; utroque latere laminis duabus mobilibus oblongis apice acuminatis instructum. Squamæ parvæ ad apicem caudæ. Pedes decem : quatuor anticis didactylis.

OBSERVATIONS. — Les *Typhis* sont de petits crustacés marins, assez singuliers par leurs caractères, et par leurs habitudes de se courber en bas, et même de se contracter presqu'en boule, en inclinant leur tête, courbant leur queue sous leur corps, et cachant toutes leurs parties inférieures, à l'aide de leur quatre lames foliacées qui se ferment comme des valves. Ils se tiennent ordinairement sur des fonds sablonneux, et viennent de temps en temps nager à la surface de l'eau pour saisir de petites Équorées dont ils font leur nourriture.

[Les Typhis appartiennent à l'ordre des Amphipodes, et à la famille des Hypéridiens. Ils ont quatre antennes; celles de la première paire sont grosses, coudées et courtes, celles de la seconde paire très longues, grêles, cylindriques et reployées trois fois sur elles-mêmes, de manière à se cacher sous les côtés de la tête. La bouche est conformée comme chez les Hypérines, les Phronimes, etc. Les pattes des quatre premières paires sont grêles et cylindriques; celles des deux premières paires sont courtes, appliquées contre la bouche et terminées par une petite main plus ou moins complètement didactyle, tandis que celles de la troisième et de la quatrième paires sont assez longues et monodactyles; les pattes de la cinquième et de la sixième paires ont une conformation tout-à-fait anomale;

c'est leur article basilaire qui constitue les valves lamelleuses qu'on voit de chaque côté, et qui recouvrent tout le dessous du corps, comme les battans d'une porte ; les articles suivans de ces pattes sont grèles et cylindriques ; enfin, les pattes de la septième paire sont très petites, et réduites presque entièrement à une lame cornée cachée sous les précédentes. Les appendices vésiculaires fixées sous le thorax, en dedans de la base des pattes, et servant à la respiration, sont au nombre de six paires, comme chez la plupart des Amphipodes. Enfin, l'abdomen se compose de sept segmens, dont les trois premiers sont très grands, et portent chacun une paire de fausses pattes natatoires, ciliées, et dont les quatre derniers forment avec les appendices lamelleux des trois dernières paires, une sorte de nageoire caudale. (Voy. l'article Typhis du Dictionnaire classique d'histoire naturelle, t. 16, p. 449.)   E.

ESPÈCE.

1. **Typhis ovoïde.** *Typhi ovoid es.*

> Risso. Hist. nat. des crust. p. 122. pl. 2. fig. 9.
>
> * Ajoutez :
>
> * Desmarest. Consid. sur les crust. p. 282. pl. 46. fig. 5 (d'après Risso).
>
> * Latreille. Encyclop. Ins. pl. 33. fig. 36 (d'après Risso) ; Règne anim. t. 4. p. 124 , etc.
>
> * Le *typhis ferus.* Edw. Ann. des Sc. nat. 1re série. t.   p.   pl. 11. fig. 8.
>
> * Le *typhis rapax.* Epw. loc. cit.

ANCÉE. (Anceus.)

Quatre antennes sétacées. Deux yeux sessiles, composés. Deux cornes avancées, arquées en faux, pointues, mandibuliformes, sur le front des mâles.

Corps oblong, déprimé. Queue à plusieurs segmens transverses, terminée par des lames natatoires. Cinq paires de pattes monodactyles.

Antennæ quatuor, setaceæ. Oculi duo, sessiles, compo-

siti. Frons masculorum cornubus duobus porrectis falcatis, acutis, mandibuliformibus instructa.

Corpus oblongum, depressum. Cauda segmentis pluribus transversis divisa, lamellisque natatoriis terminata. Pedes decem, omnes monodactyli.

Observations.—Le genre *Ancée*, établi par M. Risso, et rapporté par Latreille à la division des Crustacés isopodes, qui ont des branchies à nu sous la queue, est remarquable par les deux grandes saillies en forme de mandibules avancées que les mâles ont au-devant de la tête. Aucune de leurs pattes n'est terminée en pinces. Ces crustacés sont marins, vivent entre les plantes marines ou se cachent dans les interstices des coraux, des madrepores.

[Les Ancées nous paraissent devoir constituer une tribu particulière dans la famille des Cymothoïdiens; leur bouche est recouverte d'une paire de pattes-mâchoires operculiformes; et au-dessous de leur abdomen se trouvent des fausses pattes branchiales.

E.

ESPÈCES.

1. Ancée forficulaire. *Anceus forficularius.*

> *A. pedum paribus tribus anticis antrorsùm versis ; caudá laminis tribus terminatá.*
>
> *Anceus forficularius.* Risso. Hist. nat. des crust. p. 52. pl. 2. fig. 10.
>
> * Desmarest. Consid. sur les Crust. p. 283. pl. 46. fig. 7.
>
> Habite la Méditerranée, entre les coraux.

2. Ancée maxillaire. *Anceus maxillaris.*

> *A. pedibus æqualiter patentibus, monodactylis ; caudá subciliatá, apice laminis destitutá.*
>
> *Cancer maxillaris.* Montag. trans. soc. Linn. 7. p. 65. t. 6. f. 2.
>
> * Desmarest. Consid. sur les Crust. p. 285. pl. 46. fig. 6. (et non 7, comme l'indique la légende.)
>
> * Latreille. Encyclop. Insect. pl. 336. fig. 25.
>
> Habite l'Océan britannique.
>
> (* Cette espèce nous paraît avoir été mal caractérisée ; car elle ne nous paraît pas différer d'un Ancée que nous avons trouvé sur les côtes de la Manche, et qui a l'abdomen terminé par une nageoire composée de cinq lames comme celle des Macroures.)

PRANIZE. (Praniza.)

Quatre antennes inégales. Deux yeux sessiles.

Corps allongé, divisé en trois segmens, dont les deux premiers fort étroits, et le troisième très grand. Dix pattes : les quatre antérieures attachées aux deux premiers segmens ; les six autres au segment postérieur. Des appendices en feuillets à la queue.

Antennæ quatuor, inæquales. Oculi duo, sessiles.

Corpus elongatum, segmentis tribus divisum : duobus primis per angustis ; tertio posteriore maximo. Pedes decem : antici quatuor segmentis angustis affixi : alii sex segmento posteriore. Appendices foliaceæ ad caudam.

OBSERVATIONS. — Les *Pranizes*, établies comme genre par M. *Leach*, sont remarquables par la grandeur du troisième segment de leur corps. Elles n'ont que dix pattes, dont aucune n'est terminée en pince. Leur queue est divisée en cinq ou six segmens, dont le dernier est garni latéralement d'écailles natatoires.

Les Pranizes nous paraissent devoir prendre place dans la famille des Isopodiens, et y constituer une tribu particulière facile à distinguer par le nombre des anneaux du thorax réduit à cinq seulement ; les segmens que portent les deux premières paires de pattes sont confondus avec la tête et ces deux paires d'appendices, quoique conformés à-peu-près de même que les pattes des cinq paires suivantes, sont extrêmement petits et appliqués contre la bouche. Chez les mâles, les cinq anneaux du thorax sont bien distincts ; et c'est chez la femelle seulement que les trois derniers paraissent réunis en une masse ovoïde.   E.

ESPÈCE.

1. Pranize bleuâtre. *Praniza cærulata.*

  * *Oniscus marinus.* Slabber. Physicalische belustigungen. p. 37. pl. 9. fig. 1 et 2.

  Oniscus cærulatus. Montagu. Trans. soc. Lin. vol. XI. p. 15. t. 4. fig. 2.

* *Praniza cærulea*. Leach. Trans. Linn. soc. t. 11. pl. 4. fig. 2.

* Latreille. Encyclop. pl. 336. fig. 28 (d'après Montagu) et pl. 329. fig. 24 et 25. (d'après Slabber); Règne anim. t. 4. p. 125. ; etc.

* Desmarest. Consid. sur les Crust. p. 284. pl. 46 fig. 8. (d'après Montagu).

* Westwood. Ann. des Sc. nat. 1re série. t. 27. p. 326. pl. 6. fig. 3.

* Ajoutez :

* *Praniza maculata*. Westwood. Ann. des Sc. nat. t. 27. p. 326. pl. 6. fig. 4-25.

* *Praniza Montagui*. Ejusd. loc. cit.

* *Praniza Bramhialis*. Otto Nova acta Acad. nat. curios. Bonnæ. t. 16.

* *Praniza fusca*. Johnston. Magazine of nat. Hist. vol. 5. p. 520. fig. ; Westwood. loc. cit. p. 330. pl. 6. fig. 26.

Habite l'Océan Européen.

APSEUDE (Apseudes.)

Quatre antennes : les deux externes plus longues, sétacées, multiarticulées. Deux yeux sessiles.

Corps allongé, terminé postérieurement par deux soies. Quatorze pattes : les deux antérieures chélifères ; les deux ou quatre dernières natatoires.

Antennæ quatuor : duobus externis longioribus, setaceis, multiarticulatis. Oculi duo sessiles.

Corpus elongatum, posticè setis duabus terminatum. Pedes quatuordecim : duobus anticis cheliferis ; duobus aut quatuor ultimis natatoriis.

OBSERVATIONS.— Le genre des *Apseudes*, établi par M. LEACH, comprend des crustacés isopodes qui sont nageurs et ambulateurs, puisqu'ils ont des pattes à crochets et d'autres qui sont natatoires. Les deux pattes antérieures sont terminées en pince ; et la queue est munie de deux longues soies. Ces crustacés vivent entre les plantes marines.

[Les Apseudes, à en juger par la figure que Montagu en a

publiée, et par les descriptions que MM. Leach, Desmarest et Latreille en ont données, seraient des crustacés tout-à-fait anomaux, et ne pourraient, à raison de la structure singulière de leur abdomen, prendre place dans aucune des familles naturelles dont se compose la grande division des Edriophthalmes. Aussi, ont-ils jusqu'ici beaucoup embarrassé les classificateurs; mais ces prétendues anomalies n'existent réellement pas ; en effet, l'examen de l'individu même qui a servi aux observations de Montagu et de Leach, et qui, étiqueté de la main de ce dernier, est conservé dans le Musée Britannique, nous a fait voir que l'Apseude taupe a tous les caractères généraux de nos genres Rhoe et Tanaïs, et qu'il doit former avec ces crustacés une petite tribu particulière dans la famille des Idotéides. Chez tous, la forme générale du corps est à-peu-près la même que chez les Idotées et l'abdomen se compose de cinq à sept segmens dont la conformation ne présente rien de particulier, seulement les appendices abdominaux au lieu d'être lamelleux et de servir d'opercules pour les fausses pattes branchiales, sont styliformes et constituent une espèce de queue à l'extrémité postérieure du corps. Un autre caractère qui leur est commun, et qui les distingue des autres Isopodes en même temps, qu'il les rapproche des Amphipodes, c'est que leurs pattes antérieures se terminent par une main à pince didactyle parfaitement bien conformée.

Les Apseudes ont les antennes internes moins longues que le pédoncules des antennes externes dont le premier article est très grand ; les pattes de la seconde paire grandes, aplaties et terminées par un article large, obtus et spinifère ; l'abdomen composé de cinq anneaux très courts, et d'un dernier segment aussi grand que tous les autres réunis; enfin, les appendices de la dernière paire simples et terminés chacun par une longue soie.

E.

ESPÈCES.

1. **Apseude taupe.** *Apseudes talpa.*

> *A. antennis articulo ultimo plumosis ; pedibus secundi paris apice dilatatis , compressis ; dentatis.*
>
> *Cancer gammarus talpa.* Montag. **Trans. soc. Linn.** vol. 9. p. 98. tab. 4. fig. 6.

Apseudes. Latr.

* *Apseudes talpa.* Leach. Trans. of the Linn. soc. t. 11. p. 372; etc.
* Latreille. Encyclop. méthod. pl. 336. fig. 26; Règne anim. t. 4
  p. 124, etc.
* *Eupheus talpa.* Desmarest. Consid. sur les Crust. p. 285. pl. 46.
  fig. 9.

Habite l'Océan européen.

* Toutes les figures citées ci-dessus sont des copies de celles de Montagu, et sont tout-à-fait inexactes en ce qui concerne l'abdomen.

2. Apseude ligioïde. *Apseude, ligioides.*

A. antennis inferioribus brevissimis; setis caudæ nudis.

Eupheus ligioides. Risso. Hist. nat. des Crust. p. 124. tab. 3.
  fig. 7.

* Desm. op. cit. p. 285.

Habite la Méditerranée, entre des fucus. La deuxième paire de
  pattes n'est point dilatée à son extrémité.

* A en juger par la figure donnée par M. Risso, ce petit crustacé
  n'aurait en tout que cinq paires de pattes : ce qui n'est pas probable. Il nous paraît devoir se rapporter à notre genre Tanaïs.

Le genre RHOE ne diffère guère des Apseudes que par
la conformation des antennes; celles de la première paire
sont très grandes et terminées par deux filets multiarticulés, tandis que celles de la seconde paire sont grèles et
de longueur médiocre ; les pattes de la seconde paire sont
grandes et dilatées comme dans le genre précédent; enfin
les appendices terminaux de l'abdomen sont bifides.

Nous ne connaissons qu'une seule espèce de ce genre
à laquelle nous avons donné le nom de

Rhoea Latreillii. Edw. Ann. des Sc. nat. t. 13. p. 288 pl. 13 A.
  fig. 1-8.

Le genre TANAIS. Edw. diffère des deux précédens par
la conformation des pieds de la seconde paire qui sont
grèles et cylindriques comme les suivans; par la petitesse
des antennes et par quelques autres caractères.　　E.

Tanais costæ. Edw. Précis d'Entomol. pl. 29. fig. 1.

Tanais Dulongii. Edm. Ms. — *Gammarus Dulongii*. Audouin. Explication des planches de M. Savigny; Egypte. Crust. pl. 11. fig. 1.

Gammarus heteroclitus. Viviani Phosphorentia maris. p. 9. pl. 2. fig. 11 et 12.

IONE. (Ione.)

Antennes courtes, subulées. Corps ovoïde, plus large et obtus antérieurement, entièrement formé d'un grand corselet. Queué courte, à quatre segmens transverses, terminée par deux languettes spatulées. Quatorze pattes sans onglets, en languettes spatulées, natatoires, diminuant insensiblement de longueur postérieurement.

Antennæ breves, subulatæ. Corpus obovatum, anticè latius et obtusum, thorace maximo penitùs compositum. Cauda brevis, segmentis quatuor transversìm divisa, appendicibus binis lingulato-spatulatis terminata. Pedes quatuordecim, natatorii, lingulato-spatulati, posticè sensìm breviores ; unguiculis nullis.

Observations. — L'*Ione* forme un genre remarquable, dont les caractères sont assez bien tranchés. C'est un crustacé nageur, d'une forme assez particulière, son corps, comme sans anneaux, paraissant n'offrir qu'un grand corselet. La figure qui le représente ne montre que deux antennes; apparemment parce que les deux antérieures sont fort courtes. Sous la queue de cet animal, des branchies à nu, pédiculées, et rameuses ou dendroïdes, sont bien apparentes.

[Les Iones, très imparfaitement étudiées par Montagu, le seul auteur qui en ait parlé *de visu*, ont été encore plus mal caractérisés par les auteurs systématiques, qui ont jusqu'en ces derniers temps complètement négligé le mâle pour établir la définition du genre d'après la femelle seulement. Ces crustacés doivent comme nous l'avons déjà dit, prendre place à côté des Bopyres dans une division particulière de la famille des Cymothoadiens (voy. p.   ); mais ils diffèrent de ces parasites par l'existence de deux paires d'antennes, et par le grand développement des appendices des divers segmens abdominaux qui, chez le mâle, ont la forme de cylindres membraneux simples, et chez la femelle sont ramifiés et très touffus; les pattes sont aussi beaucoup plus longues que chez les Bopyres, et se terminent toutes par une main ovalaire armée d'une griffe mobile ; enfin chez le mâle, le thorax est étroit, et les pattes simples; mais chez la femelle, le thorax est ovalaire, et les pattes portent chacune du côté interne de leur base, une grande lame ovalaire qui se dirige horizontalement en dedans, et concourt à la formation d'une poche incubatoire; il existe aussi à la base des pattes des deux ou trois premières paires un grand appendice vésiculaire analogue à celui qu'on voit chez les Amphipodes.   E.

ESPÈCE.

Ione thoracique. *Iona thoracica.*

> *Oniscus thoracicus.*Montag. Trans. soc. Linn. vol. 9. p. 103. tab. 3.' fig. 3.
>
> *Ione.* Latr. Cuv. Règne anim. 3. p. 54. (* et Encyclop. méthod. Ins. pl. 336. fig. 46.)
>
> * Desmarest. Consid. sur les Crust. p. 286. pl. 46. fig. 10.
>
> * Audouin et Edwards. Ann. des Sc. nat. 1.ᵉ série. t. 9. pl. 49. fig. 10 et 11.
>
> (* Toutes les figures citées ci-dessus sont copiées d'après celles de Montagu , et sont très mauvaises.
>
> Habite l'Océan Européen.
>
> * Habite en parasite dans la cavité branchiale de la Callianasse souterraine.

LES CAPRELLINES.

Quatre antennes inégales. Deux yeux sessiles, composés. Corps le plus souvent linéaire. Branchies dans des corps vésiculaires, situées sous la partie antérieure de l'abdomen, adhérentes à la base externe de certaines pattes ou occupant leur place.

Nos *Caprellines*, réduites, d'après les caractères ci-dessus, sont les *cystibranches* de Latreille, et constituent la dernière famille des Isopodes. Ce sont des crustacés marins, de petite taille, et en général d'une forme singulière. Leur corps est ordinairement linéaire, avec des pattes grèles et longues, au nombre de dix ou de quatorze. Ce qui les rend très remarquables, ce sont les corps vésiculaires, ovoïdes, et très mous, que l'on présume renfermer leurs branchies, et qui sont placés sur les second, troisième et quatrième segmens, quelquefois seulement sur le second et le troisième, en adhérant aux pattes qui s'y trouvent.

Ces animaux se trouvent parmi les plantes marines, et certains d'entre eux sont parasites des baleines ou de quelques poissons.

[Cette division correspond à l'ordre des Læmipodes et se distingue facilement des autres Edriophthalmes par l'etat rudimentaire de l'abdomen qui est réduit à un simple tubercule. Elle se subdivise en deux petites familles naturelles : les Caprelloidiens ou Læmipodes filiformes et les Cyamoidiens ou Læmipodes ovalaires.   E.

LEPTOMERE. (Leptomera.)

Quatre antennes sétacées; les supérieures ou postérieures plus longues. Deux yeux sessiles.

Corps linéaire, à articles longitudinaux, le premier se confondant avec la tête. Queue très courte. Dix ou quatorze pattes disposées en série continue, et toutes onguiculées.

Antennæ quatuor, setacæ : duabus superioribus vel posterioribus longioribus. Oculi duo sessiles.

Corpus lineare ; articulis longitudinalibus : primo a

capite non distincto. Cauda brevissima. Pedes decem aut quatuordecim in serie continuá dispositi, omnes unguiculati.

OBSERVATIONS. — Sous cette dénomination générique, je réunis les Leptomères et les Protons de Latreille ; ne connaissant pour Proton que le *Gamarus pedatus* de Muller que Latreille indique comme synonyme, et qui a évidemment quatorze pattes.

Nos *Leptomères* ne paraissent différer des Chevrolles que parce que la deuxième et la troisième paire de pattes n'avortent point. Au reste, ces crustacés sont encore très peu connus, et leurs espèces surtout attendent de nouvelles observations pour être convenablement déterminées.

ESPÈCES.

1. **Leptomère rouge.** *Leptomera rubra.*

> *L. pedibus quatuordecim setaceis : secundi paris tibiis clavatis.*
> *Squilla ventricosa.* Mull. zool. dan. p. 20. tab. 56. fig. 1–3. *fem.*
> *Leptomera* ex D. Latr.
> Herbst. canc. t. 36. f. 11.
> * Desmarest. Consid. sur les Crust. p. 276.
> Habite l'Océan boréal, entre les fucus, les conferves.

. **Leptomère pédiaire.** *Leptomera pedata.*

> *L. pedibus quatuordecim ; quatuor primis subchelatis; ultimis quatuor aliis longioribus.*
> *Gammarus pedatus.* Mull. zool. dan. p. 33. tab. 101. f. 1. a.
> *An proton ?* Latr. Leach.
> * *Proton pedatum.* Desmarest. Consid. sur les Crust. p. 276. pl. 46. fig. 3.
> Habite. . . . l'Océan boréal ?

CHEVROLLE. (Caprella.)

Quatre antennes : les deux supérieures plus longues ; leur dernière pièce composée de très petits articles nombreux. Deux yeux sessiles, composés.

Corps allongé, linéaire ou filiforme, divisé en articles

inégaux. Queue très courte. Dix pattes onguiculées; à paires disposées en une série interrompue.

Antennæ quatuor : superioribus duabus longioribus : ultimo articulo aliis minimis numerosisque composito. Oculi duo sessiles, compositi.

Corpus elongatum, lineare, subfiliforme, articulis inæqualibus divisum. Cauda brevissima. Pedes decem unguiculati : paribus serie interruptâ dispositis.

OBSERVATIONS. — Le genre *Chevrolle*, maintenant réduit, se rapproche beaucoup des Leptomères, et semble annoncer le voisinage des Crevettes, etc. Ces crustacés isopodes sont singuliers et remarquables par leur corps grèle, presque filiforme, à segmens inégaux, plutôt longitudinaux que transverses, et à paires de pattes inégalement disposées, formant une série interrompue. Le second et le troisième anneaux du corps n'ont que de fausses pattes : mais ils soutiennent quatre appendices subovales, susceptibles de gonflement, qui contiennent probablement les organes de la respiration. Les femelles portent leurs œufs renfermés dans un sac attaché sous le troisième anneau du corps.

Les *Chevrolles* se tiennent parmi les plantes marines, marchent à la manière des chenilles arpenteuses, se redressent en faisant vibrer leurs antennes, et nagent en courbant en bas les extrémités de leur corps.

ESPÈCES.

1. **Chevrolle scolopendroïde.** *Caprella scolopendroides.*

> *C. manibus secundi tertiique paris didactylis ; uno maximo falcato altero minimo, subrecto.*
>
> *Gammarus quadrilobatus.* Mull. Zool. dan. t. 114. f. 1. 2. *fem.*
>
> Bast. op. subs. 1. tab. 4. f. 2, *a. b. c.*
>
> *Oniscus scolopendroides.* Pall. Spicil. zool. fasc. 9. t. 4. f. 15.
>
> *An cancer linearis ?* Linn.
>
> *Squilla quadrilobata ?* Mull. zool. dan. t. 56. f. 4. 5. 6. *mas.*
>
> * *Caprella linearis.* Latr.
>
> * Desmarest. Consid. sur les Crust. p. 278.
>
> Habite l'Océan d'Europe boréal.

2. **Chevrolle phasme.** *Caprella phasma.*

> *C. pedibus secundi paris manu subdidactylá; corporis segmentis primis dorso mucronatis.*
>
> *Cancer phasma.* Montag. trans. soc. Linn. 7. p. 66. t. 6. f. 3.
>
> * *Caprella phasma.* Desmarest. op. cit.
>
> Habite l'Océan d'Europe.
>
> Etc. Voyez les *cancer atomus* et *filiformis* de Linné. Dans ce genre, les distinctions spécifiques laissent encore beaucoup à desirer.
>
> * Ajoutez aussi quelques espèces décrites par Latreille (Nouv. Dict. d'Hist. nat.); par Leach et M. Desmarest (Voyez Consid. sur les Crust. p. 277); et par M. Templeton , Transactions of the Entomolog. Soc. of London. vol. p. 191. pl. 20. fig. 6. et pl. 21. fig. 7. ,

---

CYAME. (Cyamus.)

Quatre antennes inégales : les deux supérieures plus longues, sétacées, de quatre articles. Un labre échancré; deux mandibules à sommet bifide ; quatre mâchoires réunies en deux pièces transverses; une lèvre inférieure formée de deux palpes articulés, onguiculés, réunis par leur base.

Tête en cône obtus, petite , non distincte du premier segment. Corps ovale, déprimé, à six segmens transverses, celui de la tête excepté. Un tubercule à l'extrémité postérieure, formant une queue très courte. Deux yeux composés , sessiles, sur les bords latéraux et antérieurs de la tête ; deux petits yeux lisses , sur son vertex. Huit pattes onguiculées et articulées. Deux paires de fausses pattes, sur les second et troisième segmens , auxquelles adhèrent des vésicules branchiales.

Antennæ quatuor , inæquales : duabus superioribus longioribus setaceis, quadriarticulatis. Labrum emarginatum. Mandibulæ duæ, apice bifidæ. Maxillæ quatuor, in duas partes aut laminas transversas connatæ. Labium è palpis duobus articulatis et unguiculatis basi connatis compositum.

Caput obtusè conicum, parvum, a segmento primo non distinctum. Oculi duo compositi, sessiles, ad latera antica capitis. Ocelli duo in vertice. Corpus ovatum, depressum, segmentis sex transversis divisum (segmento capitis excluso). Pedes octo articulati unguiculati : pedes spurii quatuor, in segmento secundo tertioque, quibus vesiculas branchiales adhærent. Cauda tuberculo minimo terminali.

Le *Cyame*, que Linné rangeait parmi les Cloportes, est effectivement un véritable crustacé ; mais, quoique parasite, il appartient à la famille des Caprellines (des Cystibranches de Latreille). Il a moins de rapports qu'on ne pense avec le Pycnogonon, qui est une arachnide, quoiqu'il en ait un peu l'aspect et presque les habitudes.

Des quatorze pattes du Cyame, les deux premières fort petites, ne servent point à la marche, et sont transformées en palpes qui, par l'union de leur base, forment une lèvre inférieure à la bouche. Les quatre fausses pattes sont mutiques, inarticulées et ont à leur base les vésicules respiratoires. Dans les femelles, quatre écailles arrondies, concaves, placées sous le deuxième et le troisième segmens, servent à renfermer les œufs.

On trouve les *Cyames* cramponnés en grand nombre sur le corps des baleines, ce qui les a fait nommer *poux de baleine* par le vulgaire.

ESPÈCE.

1. Cyame de la baleine. *Cyamus ceti.*

Oniscus ceti. Lin. Pall. Spicil. zool. fasc. 9. t. 4. f. 14.
Mull. Zool. dan. tab. 119. f. 13-17.
Cyamus ceti. Latr. Gen. 1. p. 60.
Larunda ceti. Leach. Crust. annulos. pl. 21.
* *Panope ceti.* Leach. Edimb. Encyclop. t. 7. p. 364.
* *Cyame.* Savigny. Mém. sur les Anim. sans vertèb. 1. fasc. pl. 5. fig. 1.
* Treviranus. Verm. Schrif. (Anatom. und Physiol. inhalts. B. 2. h. 1.)
* *Cyamus ceti.* Desmarest. Consid. sur les Crust. p. 280. pl. 46. fig. 4.

    * Edwards. Ann. des Sc. nat. 2e série. t. 3. p. 328. pl. 14. fig. 13
et 14.

    * *Cyamus ovalis.* Roussel de Vauzème. Ann. des Sc. nat. 2e série.
t. 2. p. 259. pl. 8. fig. 1–3.

Habite l'Océan de l'Europe, sur les baleines, etc.

Nota. Une autre espèce, très petite, des Indes orientales, et encore
inédite, est connue de Latreille.

    * Suivant M. Roussel de Vauzème, on aurait confondu sous le nom
de *Cyamus ceti*, trois espèces de Cyames qui vivent toutes sur la
baleine; mais ce naturaliste ne paraît pas avoir fait assez d'attention aux changemens de forme que l'âge amène chez ces animaux.
(Voyez Ann. des Sc. nat. 2e série. t. 2.)

Deuxième Section.

CRUSTACÉS AMPHIPODES.

*Mandibules palpigères ; deux ou quatre antennes ; la tête
distincte du tronc ; les yeux sessiles, des branchies vésiculeuses, situées à la base intérieure des pattes, sauf
celles de la paire antérieure.*

Les *Amphipodes* sont les premiers crustacés dont les
mandibules sont palpifères, celles des précédens en étant
généralement dépourvues. Mais leurs yeux sont sessiles et immobiles, et leur tête est distincte du tronc.
Leur troisième et dernière paire de mâchoires représente
une lèvre inférieure, à l'aide de deux palpes ou deux
petites pattes réunies à leur base. (1)

Le corps de ces animaux est plus membraneux que
crustacé, oblong, le plus souvent arqué et comprimé

---

(1) Ce caractère se retrouve aussi chez plusieurs Isopodes.

sur les côtés. Il est divisé en sept anneaux portant chacun une paire de pattes dont les quatre premières sont ordinairement dirigées en avant. A la base intérieure de chaque patte, en commençant à la seconde paire, on aperçoit un corps ovale et vésiculeux qui paraît être une branchie. Postérieurement, le tronc se termine par une queue de six à sept articles, offrant en dessous cinq paires de filets divisés en deux branches articulées (1). Ces filets, très mobiles, sont regardés comme des pattes natatoires, et semblent néanmoins analogues aux pattes branchiales des Stomapodes.

Les antennes des *Amphipodes* sont quelquefois au nombre de deux, mais plus souvent il s'en trouve quatre. Leur bouche offre un labre; deux mandibules portant chacune un palpe filiforme; une languette, deux paires de mâchoires; et au-dessous deux pieds-mâchoires, formant une lèvre inférieure, avec deux palpes.

Les *Amphipodes* nagent et sautent avec agilité; c'est toujours sur le côté qu'ils se posent (2). Les uns habitent les eaux douces des ruisseaux et des fontaines, les autres vivent dans les eaux salées. Les femelles portent leurs œufs rassemblés sous leur poitrine, et recouverts par de petites écailles.

---

(1) Le nombre des fausses pattes abdominales est de six paires; celles des trois premières paires sont très mobiles et terminées par deux lames longues, étroites et ciliées sur les bords; les autres sont réunies en une espèce de queue, et constituent tantôt une nageoire terminale, tantôt un organe de saut; dans le premier cas, elles sont terminées par des lames ovalaires, dans le dernier, par des appendices styliformes.   E.

(2) Cette remarque ne s'applique guère qu'aux genres dont notre auteur parle; plusieurs amphipodes qui ne lui étaient pas connus, n'ont pas le corps comprimé et nagent dans la position ordinaire.   E.

DIVISION DES AMPHIPODES.

* Deux antennes.

Phronime.

** Quatre antennes.

(1) Les quatre antennes presque semblables pour la forme, les inférieures n'imitant pas des espèces de pattes.

(a) Antennes supérieures plus longues que les autres.

Crevette.

(b) Antennes supérieures plus courtes que les autres.

Talitre.

(2) Antennes inférieures subonguiculées au bout, et imitant des pattes.

Corophie.

[Les Amphipodes forment deux familles naturelles savoir :

1o Les Crévettiniens qui ont le corps grêle et allongé; la tête petite et les pattes-mâchoires recouvrant toute la bouche et formant une espèce de lèvre inférieure terminée par quatre grandes lames cornées et deux longues tiges palpiformes et qui ne sont point parasites.

Genres Crevette, Talitre, Corophie, etc.

2° Les Hyperiniens qui sont plus ou moins parasites et ont en général le corps gros et bombé; la tête forte et les pattes-mâchoires très petites, recouvrant seulement la base des autres appendices buccaux, terminées par trois lames cornées et dépourvues de tiges palpiformes ou n'en présentent que des vestiges.

Genres Hypérée, Phronime, Tiphis (p. 285), etc.   E.

PHRONIME.(Phronima.)

Deux antennes courtes, de trois articles. Deux yeux sessiles.

Tête grosse, sessile, ayant antérieurement une saillie conique en forme de bec, inclinée en bas. Corps mou, allongé; le tronc demi-cylindrique, divisé en six anneaux; la queue étroite, partagée en cinq segmens : le dernier terminé par quelques appendices styliformes. Dix pattes; la troisième paire fort longue, à mains didactyles (1).

Antennæ duæ breves, triarticulatæ. Oculi duo sessiles.

Caput magnum, sessile, anticè eminentiâ conicâ rostriformi subtùs inflexâ terminatum. Corpus molle, elongatum : trunco semi-cylindro, segmentis sex diviso ; cauda angustata, segmentis quinis : ultimo appendicibus aliquot styliformibus instructo. Pedes decem : tertio pari longissimo, manibus didactylis.

OBSERVATIONS. — Les *Phronimes* dont le genre fut reconnu et déterminé par Latreille, semblent les Amphipodes les plus rapprochés des Chevrolles qui paraissent leur servir de transition. Ces singuliers crustacés ont l'habitude de s'emparer de certaines radiaires mollasses, telles que des Béroës ou certaines Médusaires, et de se faire un domicile de leur corps, avec lequel ils nagent. Ils viennent quelquefois à la surface de l'eau, et se nourrissent des animalcules qu'ils peuvent saisir.

[Ces crustacés éprouvent, par les progrès de l'âge, des changemens considérables dans la forme générale de leur corps, et surtout dans la conformation de leur tête et de leurs pattes (Voyez les Ann. des Sc. nat. 2ᵉ série, t. 3). E.

---

(1) C'est à tort qu'on a attribué aux Phronimes seulement six anneaux thoraciques, cinq anneaux abdominaux et cinq paires de pattes; ils ont sept paires de pattes insérées chacune à un anneau thoracique distinct, et ce sont les pattes de la cinquième paire qui sont terminées par une main didactyle; l'abdomen se compose de sept anneaux dont le cinquième et le sixième sont plus ou moins confondus en un seul tronçon, et dont le dernier est lamelleux. E.

ESPÈCES.

1. Phronime sédentaire. *Phronima sedentaria.*

> *Ph. corpore margaritaceo, cum punctis rubris. Ex D.* Risso.
> *Phronima sedentaria.* Latr. Gen. 1. p. 56. tab. 2. f. 2. 3. et Hist. nat. vol. 6. p. 289.
> *Cancer sedentarius.* Forsk. Faun. arab. p. 95.
> Herbst. canc. tab. 36. f. 8.
> Risso. Hist. nat. des crust. p. 120.
> ** Phronima sedentaria.* Desmarest. Consid. sur les crust. p. 257. pl. 45. fig. 1. (d'après le P. custos de Risso.)
> * Griffith. Anim. Kingd. Crust. pl 22. fig. 1.
> * Edwards. Ann. des Sc. nat. 1e série. t. 20. p. 394. et 2e série: t. 3. p. 329. pl. 14. fig. 9 et 10.
> Habite la Méditerranée.

2. Phronime sentinelle. *Phronima custos.*

> *Ph. corpore lineari albissimo.*
> *Phronima custos.* Risso. Hist. nat. des crust. p. 121. pl. 2. f. 3.
> Habite la Méditerranée. Cette Phronime est-elle bien distincte de la précédente ?

* Le *Phronima atlantica* de M. Guérin (Mag. de Zoologie, cl. vii, pl. 18, fig. 1), diffère du Phronime sédentaire par la forme des pattes de la 5e paire, mais pourrait bien ne pas constituer une espèce distincte et en être seulement un jeune individu.

† Genre **HYPERIE.** *Hyperia.*

Le Genre HYPERIE de Latreille se compose de quelques Amphipodes parasites, à corps trapu et renflé et à grosse tête, qui ont quatre antennes courtes et styliformes insérées sur la face antérieure de la tête, sept anneaux thoraciques et sept paires de pattes toutes simples, non préhensiles et à-peu-près de même forme et de même grandeur; les trois premiers anneaux de l'abdomen très grands et portant chacun une paire de fausses pattes semblables à celles des Crevettes, et les quatre anneaux suivans sont très petits et constituant une sorte de nageoire caudale, garnie latéralement de trois paires d'appendices grêles et allongés, terminés chacun par deux lamelles lancéolées d'une petitesse extrême.

ESPÈCES.

HYPÉRIE DE LATREILLE. *Hyperia Latreillii.*
Oniscus medusarum? Othon Fabricius Fauna Groenlandia. p. 275;
Marflue. Strom. Sondmor. vol. 1. tab. 1. fig. 12 et 13.
Hyperia Suerii. Phronima. Latr. Encyclop. méthod. Ins. pl . 328.
    fig. 17 et 18. (d'après Strom.)
Hyperia Suerii? Ejusd. Règne anim. t. 4. p. 117;
Desmarest. Consid. sur les crust. p. 258.
Hyperia Latreillii. Edwards. Ann. des Sc. nat. t. 20. p. 388. pl. 11.
    fig. 1–7.
Hiella Orbignii. Straus. Mém. du Muséum. t.   pl.
HYPÉRIE DES CYANÉES. *Hyperia cyaneæ.* Edw. op. cit. *Talitrus
    cyaneæ* Sabine. App. to cap. Parry's voyage. pl. 1. fig. 2–8.
HYPÉRIE PÉLAGIQUE. *Hyperia pelagica.* Edw. op. cit.
Lanceola pelagica. Say. Journ. of the Acad. of Sc. of Philadelphia.
    t. 1. p. 218.
Etc.

———

[Le genre PHORCUS se distingue des Hypéries par ses antennes bifides, fusiformes et pourvues d'un appendice styliforme, par l'état rudimentaire des antennes inférieures et par la conformation des pattes ; celles des quatre premières paires sont courtes, les cinquièmes sont très longues, mais filiformes et ne peuvent guère servir à la locomotion, tandis que celles de la sixième paire, encore plus longues, sont au contraire très fortes, et celles de la septième paire sont rudimentaires.

Phorcus Regnaudii. Edw. Ann. des Sc. nat. 1re série. t. 20. p.

Le genre LESTRIGON est également très voisin des Hypéries et s'en distingue par la conformation des antennes qui sont toutes très longues et terminées par une tige subulée et multiarticulée très grèle et aussi longue que le corps. La tête très grosse et renflée ; le premier segment du thorax rudimentaire; l'abdomen plus grand que le thorax et aucune patte n'est préhensile, mais celles de la seconde paire présentent une espèce de petite main formée par l'antépénultième article.

Lestrigon Fabrei. Edwards. Ann. des Sc. nat. t. 20. p. 392 et Hist. des Crust. pl. 30. fig. 17.

Le genre Daira est voisin du précédent, mais en diffère par l'existence d'une seule paire d'antennes lesquelles sont presque rudimentaires et par la conformation des pattes des deux premières paires dont l'antépénultième article constitue une main terminée par une pince didactyle à doigt mobile biarticulé.

Daira Gabertii. Edwards. Ann. des Sc. nat. 1_{re} série. t. 20. p.

Dans le genre Themisto de M. Guérin, la conformation générale du corps est à-peu-près la même que chez les Hypéries et celle des pattes des deux premières paires comme dans la division précédente, mais les pattes de la troisième et quatrième paires, au lieu d'être grèles et cylindriques, portent une espèce de main triangulaire formée par l'antépénultième article, sur le bord duquel s'infléchit une griffe formée par les deux derniers articles ; les pattes de la cinquième paire sont grèles et excessivement longues.

Esp. Themisto de Gaudichaud. *Themisto Gaudichaudii.* Guérin. Mém. de la Soc. d'hist. nat. de Paris, t. 4. p. 379. pl. 12 C. fig. 1-17

Le genre Dactylocère de Latreille se rapproche également des Hypéries, mais ressemble aussi un peu aux Phronimes par la forme de la tête et la disposition des antennes, dont la paire supérieure est représentée seulement par deux petits tubercules cornés et celles de la seconde paire sont styliformes et presque ru-

Tome V.

dimentaires. Le thorax est divisé en six segmens ; les pattes
des deux premières paires sont courtes , grêles et adactyles ; celles des quatre paires suivantes sont terminées par
une main assez semblable à celles des Crevettes ; les pattes de la septième paire sont presque rudimentaires ; mais
de même que celles des deux paires précédentes , elles ont
leur premier article lamelleux et clypéiforme ; enfin, les
appendices abdominaux des trois dernières paires , au lieu
d'être grêles et presque styliformes comme chez les Hypéries , les Phronimes et les genres voisins , ont la forme
de grandes lames membraneuses ovalaires.

Esp. *Dactylocera Nicæ.* Edw. Ann. des S. nat. 1re série. t. 20. p. 393,
et Hist. nat. des Crust. pl. 30. fig. 18. Le *Phrosina semilunata* de
M. Risso (Hist. nat. de l'Eur. mérid. t. 5. pl. 3 fig. 10-12) paraît
appartenir aussi à ce genre, comme l'a très bien remarqué Latreille
(Règne anim. t. 4. p. 117).

Le genre Hieraconyx de M. Guérin est extrêmement
voisin des Dactylocères, mais s'en distingue par l'existence
de quatre antennes terminées chacune par un petit filet
multiarticulé, par l'absence d'une main subchéliforme aux
pattes de la sixième paire , etc.

Esp. Hieraconyx raccourci. *Hieraconyx abbreviatus.* Guérin. Magasin
de zoologie. cl. VII. pl. 17-fig. 2.

Le genre Primno de M. Guérin paraît être intermédiaire entre les Dactylocères , les Hypéries et les Phronimes; la tête est conformée à-peu-près comme chez ces
derniers et ne porte aussi qu'une seule paire d'antennes
styliformes ; les pattes des quatre premières paires sont
médiocres , grêles vers le bout et non chéliformes ; celles
de la cinquième paire sont très grandes et leur antépénultième article est très large et très épineux sur le bord antérieur , tandis que les deux derniers articles sont grêles
et cylindriques ; les pattes de la sixième paire sont aussi
très longues, mais très grêles excepté vers leur base , et

celles de la septième paire sont filiformes dans presque
toute leur longueur; enfin les appendices abdominaux
des trois dernières paires sont lamelleux et simples.

> Esp. Primno à grands pieds. *Primno macropa.* Guérin. Mag. de zoo-
> logie. cl. vii. pl. 17. fig. 1.

Dans le genre ANCHYLOMÈRE la forme générale du corps
est à-peu-près la même que chez les Hypéries, mais l'article basilaire des pattes des trois dernières paires est lamelleux et extrêmement grand ; les pattes de la cinquième
paire se terminent par une grande main subchiliforme
dirigée en arrière, tandis que celles des deux paires suivantes ne sont pas préhensiles ; les antennes sont très
courtes et styliformes ou nulles, et les appendices abdominaux des trois dernières paires sont foliacés et ovalaires.

> Esp. Anchylomère de Blosseville. *Anchylomera Blossevillii.* Edw.
> Ann. des Sc. nat. t. 20. p. 394.
> Anchylomère de Hunter. *Anchylomera Hunteri.* Edw. loc. cit. et
> Hist. des crust. pl. 30. fig.

Le genre PRONOÉ de M. Guérin établit, à quelques
égards, le passage entre les Hypéries, les Dactylocères et
les Typhis ; il se rapproche de ces derniers par la conformation singulière et la position des antennes de la seconde
paire et par la disposition des appendices abdominaux et
par la forme lamelleuse du premier article des pattes des
trois dernières paires , mais s'en distingue par le développement peu considérable de ces lames, par la
longueur et la forme des autres articles des pattes de
la cinquième paire et par quelques autres caractères.

> Esp. Pronoé à grosse tête. *Pronoe capito.* Guérin. Mag. de zoologie.
> cl. vii. pl. 17. fig. 3.

Le genre OXYCEPHALE prend également place dans la famille des Hypérimiens et se rapproche aussi des Typhis par
la conformation des antennes de la seconde paire qui sont

insérées à la face inférieure de la tète, près de la bouche, et disposées de manière à se reployer plusieurs fois sur elles-mêmes ; mais ces crustacés sont faciles à reconnaître par la forme allongée et lancéolée de la tête ; le corps est grèle ; les pattes des deux premières paires sont courtes et terminées par une pince didactyle, et celles des trois dernières paires ont leur premier article ovalaire, mais sont grèles et cylindriques dans le reste de leur étendue et diminuent successivement de longueur.

> Esp. Oxycéphale pêcheur. *Oxycephalus piscatorius.* Edw. Ann. des Sc. nat. 1re série. t. 20. p. 3g6 et Hist. des Crust. pl. 3o. fig. 10. Oxycéphale océanique. *Oxycephalus oceanicus.* Guérin. Magasin de zoologie. cl. vii. pl. 18. fig. 2.

Le genre VIBILIE établit le passage entre les Hypéries et les Crevettes, tant par la conformation générale du corps que par la structure de l'appareil buccal ; ici la tête est petite et tronquée en avant, les antennes supérieures sont grosses, courtes, non subulées et arrondies au bout ; celles de la seconde paire courtes et styliformes, le thorax est divisé en sept segmens ; les pattes de la seconde paire sont terminées par une petite main imparfaitement didactyle dont le doigt mobile est formé par les deux derniers articles ; enfin les pattes suivantes sont grèles et ambulatoires et celles de la septième paire très courtes.

> Esp. Vibilie de Péron. *Vibilia Peronii.* Edwards. Ann. des Sc. nat. t. 20. p. 386 et Hist. des crust. pl. 3o. fig. 1.
> Le *Thaumalea depilis* de M. Templeton (Trans. of the Entomol. Soc. of London. vol. 1. p. 186. pl. 20. fig. 2.) paraît devoir appartenir à ce genre. E.

CREVETTE. (Gammarus.)

Quatre antennes inégales, sétacées, articulées, disposées sur deux rangs ; les supérieures étant plus longues. Deux yeux sessiles, composés. Un labre ; deux mandibules palpigères; quatre mâchoires libres; deux fausses mâchoires réunies en lèvre inférieure, ayant deux palpes onguiculées.

Corps allongé, un peu arqué, souvent aplati sur les côtés, à segmens crustacés transverses. Quatorze pattes. Des appendices bifides à la queue.

Antennæ quatuor, inæquales, setaceæ, articulatæ, ordinibus duobus dispositæ superioribus longioribus. Oculi duo, sessiles, compositi. Labrum; mandibulæ duæ palpigeræ; maxillæ quatuor liberæ; alteræ duæ spuriæ, in labium connatæ: palpis duobus unguiculatis.

Corpus elongatum, subarcuatum, lateribus sæpè depressum; segmentis crustaceis transversis. Pedes quatuordecim. Appendices bifidæ ad caudam.

OBSERVATIONS. — Parmi les Amphipodes, les *Crevettes* constituent un genre très naturel et assez nombreux en espèces; mais comme ces espèces offrent nécessairement des diversités dans leurs parties externes, quoique non essentielles, on s'empresse maintenant de saisir tous les moyens de distinction, pour démembrer ce genre et en former une multitude de petits. Cette marche est loin d'être utile à la science; et même si nous distinguons les talitres, c'est par l'intérêt qu'inspirent les observations de *Latreille*.

Les Crevettes sont des crustacés aquatiques, qui vivent, les uns dans les eaux salées de la mer, les autres dans les eaux douces des fontaines, des rivières et des marais. Leurs pattes antérieures sont dirigées en avant, tandis que les autres ont une autre direction. Elles sont accompagnées de lames minces et perpendiculaires qui leur servent à nager et à sauter. En effet, ces petits crustacés sont fort agiles, et la plupart sautent comme des puces lorsqu'on les met à sec sur la terre.

[Les Crevettes forment le type d'une tribu particulière de la famille des Crevettiniens que nous avons désignés sous le nom des *Crevettiniens sauteurs*, et que l'on reconnaît facilement au mode d'organisation de la partie postérieure de l'abdomen. Ce groupe renferme aussi les Talitres et quelques genres nouveaux.

E.

ESPÈCES.

Antennes à trois articles dont le dernier est une soie articulée. (1)

1. **Crevette des ruisseaux.** *Gammarus pulex.*

> G. *pedibus quatuor anticis breviusculis , manu unguiculifero termi-natis.*
> *Gammarus pulex.* Fab. Syst. 2. p. 516.
> *Cancer pulex.* Lin.
> Crevette des ruisseaux. Geoff. 2. p. 667. pl. 21. fig. 6.
> *Gammarus pulex.* Lat. Gen. 1. p. 58. et Hist. nat. 6. pl. 57. fig. 1.
> * Montagu. Trans. of the Linn. soc. vol. 9. pl. 4. fig. 2.
> * Desmarest. Consid. sur les crust. p. 267. pl. 55. fig. 8.
> * Gervais. Ann. des Sc. nat. 2ᵉ série. t. 4. p. 127.
> Habite en Europe , dans les eaux des fontaines et des ruisseaux.

2. **Crevette épineuse.** *Gammarus spinosus.*

> G. *pedibus anticis manu destitutis ; dorsi segmentis posterioribus acuminato-spinosis.*
> *Cancer gammarus spinosus.* Montag. Trans. Soc. Lin. vol. xi. p. 3. tab. 2. fig. 1.
> *Dexamine spinosa.* Leach. Trans. Soc. Linn. vol. xi. p. 358. (2)
> * Desmarest. Consid. sur les crust. p. 263. pl. 45. fig. 6.
> Habite l'Océan britannique.

3. **Crevette crochue.** *Gammarus articulosus.*

> G. *pedibus anticis duobus chelatis , secundi paris manu majusculo : dactylo reflexo ; caudâ apice incurvâ.*
> *Cancer articulosus.* Montag. Trans. Soc. Linn. vol. 7. p. 71. tab. 6. f. 6.

---

(1) Chez tous ces crustacés les antennes supérieures sont composées d'un pédoncule formé de trois articles et d'un filet terminal multi-articulé; le pédoncule des antennes inférieures présente un article de plus.   E.

(2) Le genre DEXAMINE de Leach est trop imparfaitement connu pour pouvoir être adopté; il paraît devoir rentrer dans la division des Amphitoës.   E.

Leucothoe articulosa. Leach, Trans. Soc. Linn. xi. p. 358.

* Desmarest. Consid. sur les crust. p. 263. pl. 45. fig. 5.

* Latreille. Règne anim. de Cuvier. t. 4. p. 122. et Encyclop. Ins. pl. 336. fig. 3o.

* Edwards. Ann. des Sc. nat. t. 20. p.

Habite l'Océan britannique.

Antennes de quatre articles, le dernier articulé.

4. Crevette palmée. *Gammarus palmatus.*

G. *corpore nigricante ; pedum pari secundo manu dilatato compresso.*

Cancer palmatus. Montag. Trans. Soc. Linn. 7. p. 69.

Melita palmata. Leach. Crust. annul. pl. 21. (2)

* Desmarest Consid. sur les Crust. p. 264. pl. 45. fig. 7.

* Latreille. Encyclop. Ins. pl. 336. fig. 31 ; et Règne anim. t. 4. p. 121.

Habite l'Océan britannique, sous les pierres des rivages.

---

(1) Le genre LEUCOTHOÉ diffère beaucoup des Crevettines ordinaires par la conformation des pattes et par quelques autres caractères ; le pénultième article des pattes de la première paire constitue une espèce de doigt mobile qui se termine par une griffe recourbée et s'applique sur le bord supérieur d'un long prolongement de l'anté-pénultième article, de façon à représenter une pince didactyle. Les antennes sont simples comme chez les Amphitoës, mais plus courtes, et les mandibules garnies d'une tige palpiforme. La seule espèce bien connue appartenant à cette division est le *Lycesta furina* de M. Savigny (Descr. de l'Egypte, Crust. pl. 11. fig. 2 ; Edw. Ann. des Sc. nat. t. 20, p. 381). Le *Gammarus articulosus* de Montagu (Linn. Trans. t. 7. pl. 6. fig. 6.) paraît être aussi un Leucothoé. E.

(2) Les Crevettines dont Leach a formé le genre Mélite ne diffèrent des Crevettes que par la direction suivant laquelle l'article terminal des pattes de la seconde paire s'infléchit sur l'article précédent; chez les Crevettes, cette griffe s'applique sur la tranche de la main, tandis que chez les Mélites, elle se reploie contre le milieu de la surface interne de cet article ; mais ce caractère n'a presque aucune importance, et nous pensons que c'est avec raison que Lamarck s'est refusé à l'adoption de ce genre nouveau. E.

5. Crevette grosse-main. *Gammarus grossimanus.*

G. pedum paribus duobus anticis manuferis ; caudâ apice nudâ.
Cancer gammarus grossimanus. Montag. Trans. Soc. Linn. 9. p. 97.
    tab. 4. f. 5.
Mœra grossimana. Leach. Trans. Soc. Linn. XI. p. 359. (1)
* Desmarest. Consid. sur les crust. p. 265.
* Latreille. Encyclop. Ins. pl. 336. fig. 45.
Habite les rivages de l'Océan britannique.

6. Crevette fucicole. *Gammarus pherusa.*

G. cireneus, rubro varius ; pedibus anticis manu oblonga termi-
    natis.
Pherusa fucicola. Leach. Trans. Soc. Linn. XI. p. 360. (2)
Ejusd. crust. annul. pl. 21.
* Desm. Consid. sur les crust. p. 268. pl. 45. fig. 10.
Habite les rivages de l'Océan britannique, entre les fucus.
    Elle n'a point d'appendice à la base du quatrième article des
    antennes.
Etc. Le *gammarus rubricatus.* Montagu. Trans. Soc. Linn. 9. p. 99.
    tab. 5. fig. 1. est encore de ce genre. *Amphitoe.* (3) Leach.
* Ajoutez un grand nombre d'espèces nouvelles décrites ou figurées
    par Montagu. Linn. Trans. vol. 9 ; Leach. Edimb. Encyclop. t. 7;
    Desm. Consid. p. 267 ; Say. Jour. of the acad. of Philad. vol. 1 ;
    Savigny. Egypte. Crust. pl. 11; Edwards. Ann. des Sc. nat.
    t. 20 , etc.

---

(1) Le genre Mœra de Leach doit également être rejeté, car
suivant ce naturaliste, il ne diffère des Crevettes et des Amphitoés que parce que la main de la seconde paire est comprimée
et dilatée chez le mâle au lieu d'être de même forme dans les
deux sexes.   **E.**

(2) Les Phéruses doivent être réunies aux Amphitoés dont
elles ne diffèrent que par un peu moins d'élargissement dans
les mains.   **E.**

(3) Le genre Amphitoé de Leach se distingue des Crevettes
par l'absence du filet multi-articulé accessoire à l'extrémité du
pédoncule des antennes supérieures. On en connaît un grand
nombre d'espèces (voyez les Annales des Sciences naturelles,
t. 20. pl. 375.)   **E.**

Nous avons donné le nom générique d'Is.ÆA à des Amphipodes qui sont très voisins des Crevettes, mais qui ont toutes les pattes subchéliformes (voyez Ann. des Sc. nat. t. 20, pag. 380, et Hist. des Crust. pl. 29, fig. 11).

Dans notre genre LYSIONASSE il n'est au contraire aucune patte qui ait ce mode d'organisation (voyez le *Lysionassa costæ*. Edwards, Ann. des Sc. nat. t. 20, pl. 10, fig. 17).

Le genre PHLIAS de M. Guérin ne diffère du précédent que par l'absence du filet multiarticulé, accessoire des antennes supérieures. (Esp. le *Phlias serratus*, Guérin, Mag. de zool. cl. VII, pl. 19).

TALITRE. (Talitrus.)

Quatre antennes inégales, sétacées, articulées ; les supérieures étant plus courtes ; deux yeux sessiles ; bouche comme dans les Crevettes. (1)

Corps allongé, semi-cylindracé ; à segmens crustacés transverses. Quatorze pattes. Port des Crevettes.

Antennæ quatuor, inæquales, setaceæ, articulatæ : superioribus brevioribus. Oculi duo sessiles. Os ut in Gammarellis.

Corpus elongatum, semi cylindraceum ; segmentis crustaceis transversis. Pedes quatuordecim. Habitus Gammarorum.

OBSERVATIONS. — Les *Talitres* ressemblant aux Crevettes par leur aspect et leurs habitudes, on pourrait ne les en point séparer ; cependant, le caractère des antennes inférieures qui sont plus longues que les supérieures est si remarquable, que nous

------

(1) Excepté que les mandibules ne portent que des vestiges d'une tige palpiforme.

avons suivi, *Latreille* qui les a distingués. On peut néanmoins les diviser encore, comme l'a fait M. *Leach*. En effet, dans les uns, la tête ne forme point de saillie en devant, et avec ceux-là, M. Leach forme ses Talitres et ses Orchesties ; tandis que dans les autres, le devant de la tête se prolonge en forme de bec, comme dans les Phronimes ; et ces derniers constituent les Atyles du zoologiste anglais.

[Les auteurs les plus récens s'accordent à séparer génériquement ces trois groupes, et à conserver le nom de Talitres aux espèces dont les antennes supérieures sont plus courtes que le pédoncule des antennes inférieures, et dont les pattes de la seconde paire ne se terminent point par une main subchéliforme.   E.]

ESPÈCES.

1. Talitre sauterelle. *Talitrus locusta.*

> *T. pedibus omnibus monodactylis ; antennis superioribus brevissimis.*
> * *Squilla saltatrix.* Klein. Rem. sur les crust. fig. D–F.
> *Cancer locusta.* Lin.
> *Gammarus locusta.* Fab.
> *Oniscus locusta.* Pal. Spicil. zool. fasc. 9. tab. 4. f. 7.
> * *Astacus locusta.* Pennant. Brit. zool. vol. 4.
> *Talitrus locusta.* Lat. Gen. 1. p. 58.
> * Ejusd. Encyclop. Ins. pl. 336. fig. 4. (d'après Montagu.)
> *Cancer gammarus saltator.* Montag. Soc. Lin. trans. 9. p. 94. tab. 4. f. 3.
> * *Talitrus locusta.* Leach. Trans. of the Linn. Soc. vol. XI. p. 356. (le mâle) et *Talitrus littoralis.* Ejusd. Edinb. Encyclop. vol. 7. p. 402 (la femelle.)
> * Desmarest. Consid. sur les crust. p. 260. pl. 45. fig. 2.
> * Griffith. Anim. Kingd. pl. 22. fig. 1.
> * Edwards. Ann. des Sc. nat. t. 20. p. 364.
> Habite l'Océan d'Europe.

2. Talitre gammarelle. *Talitrus gammarellus.*

> *T. pedibus omnibus monodactylis : secundi paris manu magná sub compressa.*
> *Oniscus gammarellus.* Pall. Spicil. zool. fasc. 9. t. 4. f. 8.
> *Talitrus gammarellus.* Latr. Gen. 1. p. 57.

Cancer gammarus locusta? Montag. Trans. Soc. Lin. 9. p. 92. tab. 4
f. 1. *Orchestia.* Leach. (1)
* *Orchestia littorea.* Leach. Edinb. Encyclop. et Trans. of the Linn. Soc. vol. XI. p. 356.
* Desmarest. Consid. sur les crust. p. 261 .pl. 45. fig. 3.
* Edw. loc. cit.
Habite l'Océan d'Europe, près des rivages.

3. Talitre cariné. *Talitrus carinatus.*

T.. capite rostro descendente ; abdomine segmentis quinque ultimis carinatis , posticè acutè productis.
Atylus carinatus. Leach. Trans. Soc. Linn. XI. p. 557. (2)
* Ejusd. zoological miscellany. t. 2. pl. 69.
Gammarus carinatus. Fab. Syst. 2. p. 515.
* *Atylus carinatus.* Desmarest. Consid. sur les crust. p. 262. pl. 45. fig. 4.
Habite.....
Etc.

COROPHIE. (Corophium.)

Quatre antennes inégales : les deux inférieures plus longues, plus épaisses, pédiformes, articulées , subonguiculées au bout.

Le reste comme dans les Crevettes.

Antennæ quatuor , inæquales : inferis duabus longio-

---

(1) Le genre ORCHESTIE diffère principalement des Talitres proprement dites par l'existence d'une grande main subchéliforme aux pattes de la seconde paire ; on doit y rapporter aussi les Amphipodes figurées par M. Savigny sous les numéros 7 et 8 dans la 11ᵉ planche des crustacés du grand ouvrage de l'Egypte; l'*Orchestia Fischerii*, Edw. (Ann. des Sc. nat. t. 20, p. 363), etc.
E.

(2) Le genre ATYLE doit prendre place dans la tribu des Corophioïdes ou Crevettiniens marcheurs et se distingue par ses antennes non pédiformes , et ses mains de la seconde paire très petites et à griffes simples. E.

ribus , crassioribus , pediformibus, articulatis, apice subun-guiculatis.

Cætera ut gammaris.

OBSERVATIONS. — Les *Corophies* ayant les antennes inférieures plus longues, plus épaisses et comme onguiculées au bout, sont en cela très remarquables, et se servent probablement de ces parties, comme de bras ou de pattes, pour saisir leur proie. D'après ces habitudes particulières, Latreille a eu raison de les distinguer.

[Les Corophies forment le type d'une tribu de la famille des Crevettiniens que nous avons désignés sous le nom de Crevettiniens-marcheurs, et qui se distinguent des Crevettiniens sauteurs par la forme grèle de leur corps, par le peu de développement des lames épimériennes des quatre premiers anneaux thoraciques et par la conformation de l'espèce de queue formée par les appendices abdominaux des trois dernières paires qui n'est point ici un organe de saut comme chez les Crevettes, les Talitres, etc. Les Corophies se distinguent des autres genres de la même division par leurs antennes inférieures pédiformes par l'absence d'un filet aux antennes supérieures et par la conformation des pattes de la seconde paire, lesquelles ne sont ni didactyles ni préhensiles. Dans le jeune âge les antennes inférieures ne sont pas plus grosses que chez les Crevettes.   E.

ESPECE.

1. Corophie longicorne. *Corophium longicorne.*

> *C. corpore lateribus depresso ; antennis inferis quadriarticulatis corpore longioribus.*
>
> *Cancer grossipes.* Lin.
>
> *Gammarus longicornis.* Fab.
>
> *Oniscus volutator.* Pall. Spicil. zool. fasc. 9. t. 4. f. 9.
>
> *Corophium longicorne.* Lat. Gen. 1. p. 59.
>
> * D'Orbigny (père). Journ. de physique. t. 93. p. 194.
>
> * Leach. Trans. of the Linn. Soc. vol. XI, etc.
>
> * Desmarest. Consid. sur les crust. p. 270. pl. 46. fig. 1.
>
> * Griffith. Anim. King. Crust. pl. 2.

* Edwards. Ann. des Sc. nat. t. 20. p. 384, et Hist. des Crust. pl. 29. fig. 16,

Habite l'Océan d'Europe.

Etc. Rapportez aux Corophies les genres *Podocera* et *Jassa* de M. Leach.

***

Les JASSES et les PODOCÈRES de Leach diffèrent des Corophies en ce que leurs quatre pattes antérieures sont terminées par une grosse main subchéliforme; elles ne diffèrent entre elles que par l'allongement un peu plus considérable du filet terminal des antennes supérieures chez les premiers et par quelques autres caractères également peu importans.

Le genre UNCIATA de Say doit prendre place auprés des genres précédens, mais s'en distingue par l'existence de deux tigelles multiarticulées à l'extrémité des antennes supérieures.

Le genre CÉRAPODE (*cerapus*) de Say a également les mains de la seconde paire subchéliforme, mais la griffe de ces organes, au lieu d'être simple, est composée de deux articles et les pattes de la première paire sont petites et non préhensiles. Ces crustacés singuliers vivent dans des tubes cylindriques, à la manière des Larves de Friganes.

> ESP. *Cerapus tubularis*. Say. Journ. of the acad. of Science of Philadelphia. vol. 1. p. 49. pl. 4. fig. 7-11. — Desmarest. Consid. sur les Crust. p. 261. pl. 46. fig. 2. — Latreille. Règne anim. t. 4. — Edw. Ann. des Sc. nat. t. 20. p. 383.
>
> *Cerapus abditus*. Templeton. Trans. of the Entomol. soc. vol. 1. p. 188. pl. 20. fig. 5.

Enfin, notre genre ERICTHONIE établit le passage entre ces Crustacés et les Leucothoés; la conformation générale du corps est la même que chez les précédens, mais les antennes ne sont pas pédiformes et les pattes de la seconde paire sont terminées par une longue main imparfaitement didactyle dont la griffe est biarticulée. (voyez Ann. des Sc. nat. t. 20, p. 382, et Hist. nat. des Crust. pl. 29. fig. 12).

Quatrième Section.

CRUSTACÉS STOMAPODES.

Mandibules palpigères (1). Les yeux pédiculés. La tête en grande partie reculée sous un corselet antérieur non pédigère. Branchies à nu et en panache sous le ventre, au delà des pieds (2).

Les *Stomapodes* connus sont encore peu nombreux ; on n'en a même fait qu'un seul genre, sous le nom de *Squilla ;* mais maintenant Latreille en forme deux. Ces Crustacés sont les derniers des Hétérobranches, et semblent, par leur forme allongée et leurs yeux portés sur des pédicules mobiles, former une transition aux Crusta-cés homobranches, par les Macroures; leur caractère est particulier et fort éminent. En effet, parmi les Crustacés à mandibules palpigères, les Stomapodes sont les seuls qui aient les branchies à nu et en panache sous le ventre. Ces branchies sont suspendues à la base d'écailles ou de lames articulées qui sont des pattes natatoires.

La tête, loin d'être distincte, me paraît ici en grande partie reculée sous un corselet antérieur non pédifère. La bouche, occupant le dessous de ce corselet antérieur, a

---

(1) Ce caractère n'est pas plus constant ici que chez les Edrio-phthalmes, et n'a pas l'importance que notre auteur semble y attribuer.   **E.**

(2) Quelquefois les branchies, en forme de panaches ramifiées sont suspendues sous le thorax, et d'autresfois elles manquent complètement; mais elles ne sont jamais renfermées dans des cavités comme chez les Décapodes.   **E.**

reculé l'attache des pattes sous une partie postérieure,
comme aux dépens de l'abdomen. Ainsi, je distingue le
corselet en partie antérieure et en partie postérieure. La
première, sous la forme d'un corselet ordinaire, est avancée au delà des pattes, et se divise en deux portions:
l'une, antérieure, très petite, porte les yeux et les antennes intermédiaires (1), tandis que l'autre, fort grande et
déprimée, soutient les antennes extérieures (2). La seconde partie du corselet est pédifère, et souvent se compose de trois segmens étroits, assez semblables aux autres
segmens de la queue.

La bouche des Stomapodes a un labre; deux mandibules dentées et pourvues d'un palpe filiforme ; une languette
double; deux paires de mâchoires portant des palpes, et
deux paires de pieds-mâchoires, dont la dernière est très
grande, en forme de bras, qui se terminent chacun par
une grande griffe mobile, dentée ou pectinée d'un
côté. (3)

Les pattes ambulatoires sont seulement au nombre de
trois paires; mais sous la queue l'on compte cinq paires
de pattes lamelleuses ou natatoires, ce qui ferait les
seize pattes naturelles aux crustacés. Cependant, à cause
des deux derniers pieds-mâchoires qui forment les deux
bras, on ne devrait trouver que quatre paires de pattes
natatoires.

---

(1) Cette portion de la tête se compose ordinairement de
deux anneaux distincts, dont l'un porte les yeux et l'autre les
antennes internes.   E.

(2) C'est cette portion du corps qui constitue la carapace des
Stomapodes.   E.

(3) Ces caractères et les suivans ne sont pas applicables à un
grand nombre de crustacés que l'on range aujourd'hui dans l'ordre des Stomapodes, mais qui n'étaient que peu ou point connus à l'époque de la publication de cet ouvrage.   E.

Les *Stomapodes* sont allongés comme les crustacés macroures ; leur queue se termine par des appendices qui accompagnent une pièce moyenne, à bord denté. Ils ont le test peu épais et peu solide, et se tiennent dans la mer à une certaine profondeur, dans les endroits à fond sablonneux ou fangeux ; ils nagent plus qu'ils ne se traînent avec leurs trois paires de pattes. On les divise en *Squilles* et en *Erichthes*.

[L'ordre des Stomapodes doit comprendre tous les crustacés podophthalmes qui sont dépourvus de branchies thoraciques logées dans des cavités intérieures du corps et se compose d'un nombre d'anneaux beaucoup plus considérable que dans la méthode de Lamarck. On le divise en trois familles, savoir : les Unicuirassés, les Bicuirassés et les Caridioïdes ; et le premier de ces groupes correspond à l'ordre entier des Stomapodes, tel que notre auteur le restreignait.

La FAMILLE DES UNICUIRASSÉS se compose, en effet, de tous les Spomapodes hétéropodes, tandis que les deux autres familles de cet ordre comprennent les espèces qui ont toutes les pattes similaires et natatoires. Chez les Unicuirassés, les membres qui chez les Edriophthalmes constituent les pattes-mâchoires, sont très allongés et ne paraissent pas appartenir à l'appareil buccal ; les membres qui correspondent aux pattes antérieures des Edriophthalmes et aux pattes-mâchoires de la seconde paire chez les Décapodes, constituent de grandes pattes ravisseuses ; les pattes des trois paires suivantes sont appliquées contre la bouche et terminées chacune par une petite main subchéliforme, et les pattes des trois dernières paires sont grèles et natatoires. La plupart des anneaux du thorax sont complets et distincts. Enfin l'abdomen est très développé. Cette famille, quoique peu nombreuse, doit être subdivisée en deux tribus qui correspondent à-peu-près aux deux genres que Lamarck y mentionne.   E.

La famille des Bicuirassés se compose des *Phylloso·
mes* et celle des *Caridoïdes* des Mysis, des Leucifères, des
Thysanopodes, etc.   E.

SQUILLE. (Squilla.)

Quatre antennes triarticulées : deux intermédiaires un
peu plus longues, terminées par trois soies; deux externes simples, ayant à leur base externe une écaille foliacée oblongue.

Corselet postérieur, divisé en trois segmens étroits et
pédigères.

*Antennæ quatuor, triarticulatœ : duabus intermediis
sublongioribus, apice trisetis ; externis simplicibus squamâ
foliaceâ oblongâ ad basim externam annexâ.*

Thorax posticus segmentis tribus pedigeris.

OBSERVATIONS. — Les *Squilles* ou Mantes de mer constituent
un genre fort remarquable par leur singulière conformation, et
par la situation de leurs branchies. Les deux derniers pieds-
mâchoires forment comme deux grands bras avancés, terminés
chacun par une griffe mobile, dentée ou pectinée en son côté
interne, ce qui leur donne l'aspect des insectes du genre des
Mantes. Leur corselet antérieur ne s'avance point postérieurement jusqu'au dessus des trois paires de pattes ambulatoires,
comme dans le genre des Erichthes, en sorte que les trois segmens qui portent ces pattes ne semblent plus appartenir au corselet. Ils lui appartiennent cependant, puisqu'ils portent des
pattes. La queue est grande, longue, composée de six segmens,
dont le dernier est garni d'appendices en éventail; les trois segmens pédifères ne sont point comptés.

[Cette division correspond au genre *Squilla* de Fabricius et à
notre tribu des Squilliens, et comprend les trois groupes génériques établis par Latreille sous les noms de Squilles proprement dites, de Gonodactyles et de Coronis. Tous les crustacés
dont elle se compose ont entre eux la plus grande ressemblance,

TOME V.   21

et les différences d'après lesquelles ces genres sont établis n'ont peut-être pas autant d'importance qu'on l'avait d'abord pensé. Ils se distinguent des Érychthiens par la structure de leur carapace qui est divisé longitudinalement, en trois lobes, par deux sillons, et porte sur son bord antérieur une plaque frontale mobile, par le grand développement des branchies et par plusieurs autres caractères. Chez les SQUILLES proprement dites, l'appendice latéral des pattes thoraciques des trois dernières paires est long, grèle et styliforme, et la griffe des pattes ravisseuses est lamelleuse, et fortement dentée sur le bord préhensile; chez les GONODACTYLES, cette griffe est au contraire, renflée à la base, et peu ou point dentelée en dedans; enfin, dans le genre CORONIS de Latreille, l'appendice latéral des six dernières pattes thoraciques est lamelleux, membraneux, et presque orbiculaire. (Voyez Latreille. Règne animal. t. 4, et Encyclop. t. 10. p.467; et notre Hist. nat. des Crustacés, t. 2.)   E.

ESPÈCE.

1. Squille mante. *Squilla mantis.*

> *S. corpore suprá lineis octo longitudinalibus elevatis ; vollicibus falcatis, semi-pectinatis quinque ad octo dentatis.*
>
> *Cancer mantis.* Linn.
>
> *Squilla mantis.* Fab.
>
> Latr. Gen. 1. p. 55.
>
> Herbst. cauc. tab. 33. f. 1.
>
> * *Squilla mantis.* Latreille. Encyclop. t. 10. p. 471. pl. 295. fig. 1. et pl. 324.
>
> * Desmarest. Consid. sur les Crust. p. 250. pl. 41. fig. 2.
>
> * Edwards. Hist. des Crust. t. 2. p. 520.
>
> (B) *Var. major ; pollicibus octo-dentatis.*
>
> *Squilla raphidea.* Fab. Suppl. p. 416.
>
> *Squilla arenaria.* Seba. mus. 3. tab. 20. f. 2.
>
> * *Squilla raphidea.* Latreille. Encyclop. t. 10. p. 471. pl. 324.
>
> * Edwards. op. cit. t. 2. p. 524.
>
> Habite la Méditerranée et l'Océan Indien.
>
> * L'auteur regarde comme de simples variétés deux espèces qui sont parfaitement distinctes.

2. Squille tachetée. *Squilla maculata.*

S. grandis; corpore suprà lœvi; brachiorum pollice falcato hinc pec-
tinato; segmento postico ultimo rotundato, submutico.
Squilla maculata. Fab. Syst. 2. p. 511.
Cancer arenarius. Rumph. Mus. tab. 3 f. E.
* Herbst. t. 2. p. 96. pl. 33. fig. 2.
* Latreille. Encyclop. t. 10. p. 470. pl. 323.
* Desmarest. Consid. sur les Crust. p. 250.
* Edwards. Hist. des Crust. t. 2. p. 518.
Habite l'Océan des Grandes-Indes. *Mus.*

3. Squille queue-rude. *Squilla scabricauda.*

S. thorace brevi, subcordato quadrisulcato; corpore lœviusculo;
caudâ punctis numerosis scabrâ; brachiorum pollicibus octo-
dentatis.
Mus. nº.
* Latreille. Encyclop. t. 10. p. 471. pl. 325. fig. 1.
* Edw. op. cit. t. 2. p. 219.
Habite...... l'Océan Indien. Quatre des pieds-mâchoires ont les
mains arrondies, comprimées, ciliées.

4. Squille glabriuscule. *Squilla glabriuscula.*

S. corpore suprà lœviusculo; caudâ glabrâ; brachiorum pollicibus
quinque dentatis; maxilli-pedum manibus sex rotundato-com-
pressis.
Mus. nº.
* Latreille. Encyclop. t. 10. p. 470.
Habite l'Océan Indien? Espèce voisine de la précédente, mais
distincte.

5. Squille de Desmarest. *Squilla Desmaresti.* R.

S. corpore dorso lœvi; lineis utrinque duabus lateralibus longitudi-
nalibus elevatis; pollicibus quinque-dentatis.
Squilla acanthura. Lam. Mus.
Squilla Desmaresti. Risso. Hist. nat. des Crust. p. 114. pl. 2.
fig. 8.
* Desmarest. Consid. sur les Crust. p. 251.
* Roux. Crust. de la Méditerranée. pl. 40.
* Edw. op. cit. t. 2. p. 523. pl. 1 fig. 1.
Habite la Méditerranée. Taille petite.

6. Squille scyllare. *Squilla scyllarus.*

> *S. corpore suprà lævi ; caudæ segmento penultimo sexplicato ; pollicibus basi ventricosis subbidentatis.*
>
> *Cancer scyllarus.* Lin.
> *Squilla scyllarus.* Fab.
> *Squilla chiragra.* Ejusd. (1)
> Rumph. Mus. tab. 3. fig. F.
> * *Gonodactylus scyllarus.* Latreille. Encyclop. t. 10. p. 473.
> * Edwards. Hist. des Crust. t. 2. p. 529.
> Habite l'Océan Indien et près de l'Ile-de-France. Mus.

7. Squille stylifère. *Squilla stylifera.*

> *S. minor ; corpore suprà lævi ; pollicibus angustis compressis bidentatis ; pedibus styliferis.*
>
> * Latreille. Eucyclop. t. 10. p. 472.
> * Guérin. Iconographie du Règne anim. Crust. pl. 24. fig. 1.
> * Edwards. Hist. des Crust. t. 2. p. 526.
> Mus. nº.
> Habite..... Le doigt des bras n'est nullement ventru.
> Etc.
> * On connaît plusieurs autres espèces de Squilles dont les caractères sont indiqués dans le 2ᵉ volume de notre Histoire naturelle des Crustacés.

ÉRICHTHE. (Erichthus.)

Antennes, yeux et bouche comme dans les Squilles.

Corselet postérieur et pédifère non distinct de l'antérieur et point divisé en anneaux. (2)

Antennæ, oculi, os ut in squillis.

------

(1) Lamarck réunit ici deux espèces qui sont parfaitement distinctes.   E.

(2) Notre auteur se trompe lorsqu'il dit que les trois derniers anneaux du thorax ne sont pas distincts ; leur disposition est la même que chez les Squilles, seulement la carapace étant en général plus développée, les recouvre en dessus.   E.

Thorax posticus et pedifer à thorace antiquo non distinctus segmentisque non divisus.

OBSERVATIONS. — Ici le corselet antérieur s'avance postérieurement jusqu'au dessus des trois paires de pattes ambulatoires; ainsi ces pattes ne sont plus attachées à trois anneaux particuliers ; ce qui montre que, dans les Squilles, les trois anneaux pédifères sont un corselet postérieur.

[Les Erichthes et deux genres nouveaux qui en sont très voisins, constituent une petite tribu de Stomapodes unicuirassés qui se distingue de celles des Squilles par la forme de la carapace et par plusieurs autres caractères. Le bouclier dorsal n'est jamais divisé longitudinalement en trois lobes, comme dans le groupe précédent; il se termine antérieurement par un rostre grêle, allongé et immobile; et se prolonge postérieurement, plus ou moins loin, au-dessus des deux anneaux thoraciques, ou même des premiers anneaux de l'abdomen; les deux premiers anneaux de la tête sont moins distincts que chez les Squilles; les pattes thoraciques des trois dernières paires sont petites ou même rudimentaires, et les branchies fixées aux fausses pattes de l'abdomen, sont en général rudimentaires. Les Erichthes proprement dites se distinguent des autres crustacés de la même tribu par l'état rudimentaire de ces derniers organes, par la forme de la griffe des pattes ravisseuses qui est droite et non dentelée; et par le grand développement de la carapace qui recouvre l'anneau ophthalmique et la base des yeux en avant, et s'étend en arrière plus ou moins loin au-dessus de l'abdomen.

E.

ESPÈCE.

1. **Érichthe vitré.** *Erichthus vitreus.*

> *Squilla vitrea.* Fab. Syst. ent. 2. p. 5t3.
> * *Erichthus vitreus.* Latreille. Règne anim. de Cuv. 1ᵣₑ édit. t. 3. p. 43. et 2ᵉ édit. t. 4. p.   ; Encyclop. t. 10. pl. 354. fig. 7.
> * *Smerdis vulgaris.* Leach. Voy. du Cap. Tuckey. Appen. pl. 18. fig. 6; et Journ. de Physique. t. 96. p. 305, fig. 6.
> * *Erichthus vitreus.* Desmarest. Consid. sur les Crust. p. 252 pl. 44. fig. 2.

* Edwards. Hist. des Crust. t. 2. p. 5o1.

Habite l'Océan Atlantique. La griffe des bras n'est point dentée au côté interne. Ce genre a été établi par Latreille, dans l'ouvrage qu'il a fait pour Cuvier.

———

[Nous avons donné le nom de SQUILLERICHTHE a une petite division générique de la tribu des Erichthiens qui est caractérisée par l'existence de branchies rameuses très développées, par la forme courbe et les dentelures de la griffe des pattes ravisseuses , la forme renflée de la carapace, etc.

Exemple. Squillerichthe type. *Squillerichthus typus.* Edw. Hist. nat. des Crust. t. 2. p. 499. pl. 27. fig. 1-8.

Le genre ALIMÉ de Leach est également très voisin des Erichthes dont il ne diffère guère que par quelques particularités dans la forme de la carapace ; le bouclier est très allongé et ne recouvre ni l'anneau ophthalmique , ni la base des yeux et ne s'étend pas au dessus de l'abdomen.

ESPÈCES. Alime hyalin. *Alima hyalina.* Leach. Expédition du capit. Tuckey au Zaire. Append. pl. 18. fig. 8. et Journ. de Physique. t. 18. p. 3o5. fig. 7. — Desmarest. Consid. sur les Crust. p. 253 pl. 44. fig. 1. — Latreille. Encyclop. t. 10. p. 475. pl. 354. fig. 8. — Edwards. Hist. des Crust. t. 2. p. 5o7.

Etc. etc.

† Genre **PHYLLOSOME**. *Phyllosoma.*

Le genre Phyllosome, établi par Leach , est un des plus remarquables que l'on connaisse. Il se compose d'animaux dont tout le corps est tellement aplati, qu'il existe à peine un intervalle entre les tégumens des surfaces supérieure et inférieure , et qu'on comprend difficilement comment des viscères peuvent s'y loger. Ce corps lamelleux se divise en trois parties distinctes : la tête, le thorax et l'abdomen.

La tête a la forme d'un disque mince ou d'une feuille
ordinairement ovalaire, et n'adhère au thorax que par sa
portion centrale, de façon que ses bords sont libres tout
autour. Cette espèce de bouclier est large et horizontal ; à
son extrémité antérieure elle donne insertion aux yeux
et aux antennes. Les yeux naissent près de la ligne médiane
et sont globuleux ; ils sont portés sur des pédoncules
grêles, cylindriques et très longs. Les antennes internes
naissent également du bord de la carapace, immédiatement en dehors des pédoncules oculaires ; elles sont très
petites et présentent un pédoncule composé de trois articles cylindriques, et deux petits filets terminaux. Les antennes de la seconde paire naissent en dehors des précédentes, et varient beaucoup par leur forme : tantôt elles
sont très longues, grêles, cylindriques, et composées de
plusieurs articles distincts; d'autres fois elles sont courtes,
lamelleuses, sans divisions apparentes, et ne semblent être
que des prolongemens de la carapace. La bouche est située vers le milieu ou même vers le tiers postérieur de la
carapace, et ne se compose que d'un labre, d'une paire
de mandibules, d'une lèvre inférieure et d'une paire de
mâchoires. Les mandibules sont grandes, arrondies en
dehors, et armées en dedans de deux bords tranchans et
d'une petite dent. La lèvre inférieure est grande, très apparente et profondément bilobée; enfin, les mâchoires
sont petites, membraneuses et terminées chacune par
deux lobes ou lames dirigées en dedans, et armées de
quelques épines vers leur sommet. Les appendices qui représentent les mâchoires de la seconde paire, et les premières pattes-mâchoires sont rudimentaires et n'entrent pas
dans la composition de l'appareil buccal ; on les trouve
rejetées plus ou moins loin en arrière, et fixés au bord du
bouclier thoracique comme les pattes. Les mâchoires de la
seconde paire sont représentées par une lame qui est quel-

quefois assez grande et ovalaire, d'autres fois tout-à-fait rudimentaire. Enfin une paire de tubercules, situés un peu en arrière de ces derniers appendices, sont les seuls vestiges des membres qui d'ordinaire constituent les pattes-mâchoires de la première paire. Le thorax est lamelleux comme la carapace, et constitue un second bouclier, dont la portion antérieure seulement est couverte par le premier de ces disques foliacés. Il est en général plus large que long, et strié en travers, mais ne présente aucune trace de division en anneaux. Les pattes s'insèrent tout autour de ce disque. Celles de la première paire sont très petites et cachées sous la carapace; elles sont grêles, cylindriques et unguiculées au bout; tantôt elles sont dépourvues d'appendices, d'autres fois elles donnent naissance, par l'extrémité de leur premier article, à un palpe flabelliforme. Les pattes des cinq ou même des six paires suivantes sont très longues et assez semblables entre elles; de même que les précédentes, elles sont cylindriques et très grêles, et elles naissent chacune sur un prolongement cylindrique du bord de la grande lame thoracique. Leur premier article est très long, et porte à son extrémité un palpe flagelliforme, composé d'un article cylindrique et d'une tigelle multiarticulée, garnie de poils nombreux. Les articles suivans de la branche principale des pattes ne présentent rien de remarquable, mais se détachent très facilement, de façon qu'en général on ne les trouve pas, et que les pattes paraissent terminées par l'appendice cilié dont nous venons de parler. Les pattes de la première paire se terminent par un article grêle et allongé, tandis que celles des quatre ou cinq paires suivantes sont terminées par un ongle assez fort; celles de la dernière sont tantôt semblables aux précédentes, d'autres fois rudimentaires, et dépourvues de palpe flabelliforme. Enfin, on trouve souvent à la base des pattes antérieures, ou

même de tous ces organes , de petits appendices vésiculaires qui paraissent être des vestiges du fouet ou branche
externe de ces membres. Le disposition de l'abdomen
varie : tantôt il est allongé , divisé en anneaux bien distincts, et parfaitement séparé du thorax, qui en recouvre
la base; d'autres fois il est confondu avec ce bouclier, et
semble n'en être qu'un prolongement. Dans ce dernier cas,
il varie encore, car tantôt il est très large à sa base, et
occupe tout l'espace compris entre les pattes postérieures ;
tandis que d'autres fois il est rudimentaire et logé au fond
de l'angle rentrant , formé par le bord de la lame thoracique. Presque toujours on peut y distinguer six ou sept
anneaux , dont le dernier forme, avec les appendices du
segment suivant, une nageoire caudale plus ou moins développée. Quant aux fausses pattes , fixées sous l'abdomen ,
leur nombre varie , et elles sont en général rudimentaires.

On connaît un assez grand nombre de ces crustacés
singuliers et on les a rangés en trois sous-genres d'après
la disposition de l'abdomen , des antennes externes , etc.
On peut prendre comme exemples de ces subdivisions les
espèces suivantes.

§ 1. PHYLLOSOMES ORDINAIRES.

Phyllosome commun. *Phyllosoma communis.*
Leach. Journal de physique. 1818. p. 307. fig. 11. et Appendice du
voyage du capitaine Tuckey au Zaïre. p. 19. pl. 18. fig. 6. —
Latreille. Nouv. Dict. d'Hist. nat. et Encyclop. méthod. t. X. p.
119. pl. 354. fig. 1. — Desmarest. Consid. sur les Crust. p. 255.
p. 44. fig. 5.— Guérin. Magasin zoologique. cl. VII. pl. 8. fig. 1.
—Edwards. Hist. nat. des Crust. t. 2. p. 477.

§ 2. PHYLLOSOMES BUVICAUDES.

Phyllosome laticorne. *P. laticornis.*
Cancer cassideus. Forster. Nachtricht von einen neuer Insekten,
Naturforscher. n° 17. 1782. pl. 5. — *Phyllosoma laticornis.*
Leach. Voyage du capitaine Tuckey. Suppl. p. 20. pl. 18. fig. 10.

et Journal de Physique. 1818. — Latreille. Encyclop. méthod. t. X. p. 119. pl. 354. fig. 4. — Desmarest. Considérations sur les Crustacés. p. 255. pl. 44. fig. 7. — Guérin. Voyage de la Coquille. Crustacés. pl. 5. fig. 1. et Magasin zoologique. cl. VII. pl. 9. fig. 2. — Edwards. Hist. des Crust. t. 2. p. 481.

§ 3. Phyllosomes laticaudes.

Phyllosome de la Méditerranée. *P. Mediterranea.*
Chrysoma Mediterranea. Risso. Hist. nat. de l'Europe mérid. t. V. p. 88. pl. 3. fig. 9. *Phyllosoma Mediterranea.* Guérin. Magasin zoologique. cl. VII. pl. 13. fig. 2. — Roux. Crustacés de la Méditerranée. pl. 25. — Edwards. op. cit. t. 2. p. 485.
Pour les autres espèces, voyez le mémoire déjà cité de M. Guérin, et le 2ᵉ volume de notre Hist. nat. des Crustacés.

Le genre Amphyon appartient comme les Phyllosomes à la famille des Stomapodes bicuirassés et a également toute la portion céphalothoracique du corps foliacée et les pattes natatoires, mais s'en distingue facilement par le développement de la carapace qui s'étend jusqu'à la base de l'abdomen, par la structure des antennes et des pièces de la bouche et par le grand développement de l'abdomen dont la conformation est la même que chez les Décapodes macroures.

Esp. Amphyon de Reynaud. *Amphyon Reynaudii.* Edwards. Ann. de la Soc. Entomol. de France. t. 1. p. 336. pl. 12. A. et Hist. nat. des Crust. t. 2. p. 485. pl. 18. fig. 8.

La famille des Caridioïdes qui, dans notre méthode de classification, doit prendre place dans l'ordre des Stomapodes, établit le passage entre les crustacés dont nous venons de parler et les Décapodes macroures ; c'est donc ici que nous devrions en traiter, mais le genre Mysis qui constitue le type de ce groupe étant décrit plus loin par notre auteur, nous renverrons à l'article relatif à ce genre ce que nous avons à dire de la famille tout entière.   E.

ORDRE SECOND.

CRUSTACÉS HOMOBRANCHES.

Branchies cachées sous les bords latéraux d'une carapace couvrant le corps de l'animal, à l'exception de la queue. Mandibules toujours palpigères (1); les yeux pédiculés ; la tête confondue avec le tronc ; dix pattes propres à la locomotion. (2)

Les *Crustacés homobranches,* que j'appelais Cryptobranches [*Extrait du cours*, etc. p. 89], embrassent les Décapodes de Latreille, et sont les plus nombreux et les plus connus de la classe. Ils comprennent les plus grands des crustacés, ceux qui sont les plus cuirassés, c'est-à-dire qui ont la peau la plus dure, la plus solide, ceux enfin qui ont l'organisation la plus perfectionnée ; car c'est parmi eux seulement que l'organe de l'ouïe a pu être aperçu.

Leur corps ne paraît composé que de deux parties principales, le tronc et la queue ; car la tête est intimement unie au tronc, et se confond avec lui , ou ne se montre qu'en partie et sans mouvement propre. Ce tronc, qui

---

(1) Ce caractère n'est pas constant et est loin d'avoir l'importance que notre auteur paraît y attacher.   E.

(2) Chez quelques crustacés de cet ordre les pattes-mâchoires externes s'allongent au point de devenir des organes de locomotion, et chez d'autres , la dernière paire de pattes thoraciques manque complètement; néanmoins dans l'immense majorité des cas le nombre de ces organes est de cinq paires.   E.

embrasse la poitrine et l'abdomen réunis (1) est recouvert par une carapace ou une sorte de cuirasse, à laquelle on donne le nom de test. Or, la carapace dont il s'agit, est ordinairement très dure, d'une seule pièce, non divisée en segmens transverses, et paraît composée d'un mélange de matière cornée ou animale, et de molécules calcaires plus ou moins abondantes; c'est une pièce particulière aux animaux de cet ordre (2). Cette même carapace a ses bords repliés en dessous, surtout en devant, pour former avec les hanches des pattes, qui sont réunies et soudées, l'enveloppe commune du corps, à l'exception de la queue. Aussi sait-on que le système musculaire de ces crustacés, se borne aux mouvemens de la queue, des pattes, des organes de la manducation, des antennes, et des pédicules • qui portent les yeux (* et de l'estomac).

A l'extrémité antérieure du test, on aperçoit effectivement deux yeux situés chacun sur un pédicule mobile, qui s'insère en général dans une cavité particulière. L'espace supérieur compris entre les yeux s'avance tantôt en forme de chaperon, et tantôt en forme de bec, mais qui est immobile (3). Les antennes, presque toujours au nombre

---

(1) Les zoologistes s'accordent généralement à désigner sous le nom d'*abdomen* la portion du corps comprise entre le dernier anneau qui porte des pattes ambulatoires, et le segment dans lequel l'anus est situé (c'est-à-dire la *queue*, suivant Lamarck), et on appelle *thorax* la portion moyenne du corps comprise entre l'abdomen et la tête.   E.

(2) Cette opinion n'est pas exacte; la carapace des Décapodes (ou Homobranches de Lamarck) est essentiellement la même que le bouclier dorsal des Stomapodes, et ne paraît être autre chose que l'anneau dorsal de l'un des anneaux de la tête développé au point d'avoir chevauché sur les anneaux voisins. Voyez à ce sujet mon *Hist. des Crust.* t. 1. p. 24.   E.

(3) Excepté chez les Salicoques, dont nous avons formé le genre Rhyncocinète (Voyez Ann. des Sc. nat. 2e série. t. 7. E.

de quatre, se montrent aussi à cette extrémité antérieure du tronc. Elles sont insérées au dessous des pédicules des yeux, tantôt sur une seule ligne, et tantôt sur
deux. Les latérales sont ordinairement plus grandes que
les intermédiaires ; quelquefois celles-ci sont repliées et
cachées dans des cavités propres à cet objet. En général,
les antennes sont d'autant plus longues que le corps de
l'animal est plus étroit et plus allongé.

Les branchies sont pyramidales, feuilletées ou en plume,
et disposées sous les bords latéraux de la carapace ou du
test. Elles ont de l'adhérence avec les derniers pieds mâchoires et avec les autres pattes. Ainsi chacun de ces
pieds-mâchoires et chacune des vraies pattes adhère,
par sa base externe, à une branchie cachée. (1)

La bouche est composée : 1° d'un labre représenté par
une pièce charnue, saillante entre les mandibules ; 2° de
deux mandibules osseuses, transverses, élargies triangu-
lairement ou en cuiller, plus ou moins dentées à leur extrémité antérieure, et portant (* presque toujours) un palpe
inséré sur leur côté supérieur ; 3° d'une languette entre
laquelle et les mandibules, le pharynx se trouve placé ;
4° de deux paires de mâchoires qui ressemblent à des feuillets et qui sont divisées ou ciliées à leurs bords ; 5° de trois
paires de pieds-mâchoires dont les deux antérieurs sont
encore en feuillets divisés, leur lobe supérieur ayant la
forme d'un palpe sétacé, et les quatre postérieurs adhérant chacun, par leur base externe, à une branchie.

Il y a donc en tout, pour former la bouche de ces
crustacés, six paires de mâchoires, ou d'espèces de mâchoires ; car les deux mandibules portant chacune un
palpe flagelliforme, peuvent être considérées comme

____

(1) La plupart des branchies sont fixées au bord inférieur de
la voûte des flancs ou même à des ouvertures particulières pratiquées dans cette cloison latérale.   E.

deux mâchoires antérieures, plus fortes que les autres. Enfin les trois paires postérieures, qui ne sont que des mâchoires auxiliaires et qu'on a nommées *pieds-mâchoires,* ne paraissent, comme l'a dit M. Savigny, que les six pattes antérieures de l'animal, qui se trouvant avancées sur la bouche, ont été modifiées, et ne servent plus à la locomotion. En les ajoutant aux dix pattes vraies de l'animal, on retrouve les seize pattes qui sont propres aux crustacés.

Les Crustacés homobranches ont généralement dix pattes propres à la locomotion, indépendamment des fausses pattes que l'on trouve à la queue de certains de ces animaux (1). Dans la plupart, les deux pattes antérieures sont grandes et terminées en pince; quelquefois celles de la deuxième et de la troisième paires, quoique moins grandes, sont aussi terminées en pince. La pince dont il s'agit se compose de deux doigts en opposition, dont l'un est toujours fixe et sans mouvement propre, tandis que l'autre, auquel on donne le nom de pouce, est mobile.

Parmi ces crustacés, les uns ont les pattes antérieures en pince et propres à la préhension, tandis que leurs autres pattes ne sont qu'ambulatoires et se terminent par un ongle pointu. D'autres ont aussi des pattes à pince, et des pattes ambulatoires, mais en outre leurs pattes postérieures sont natatoires et terminées par une pièce aplatie en lame. Enfin il y en a dont toutes les pattes sont natatoires.

La queue de ces animaux est la deuxième partie distincte de leur corps; c'est celle qui n'est pas recouverte par la

---

(1) Chez tous ces Crustacés, il existe un certain nombre d'appendices abdominaux, mais leur forme varie, et ils ne ressemblent à des fausses pattes ordinaires que chez les Macroures
                                        E.

carapace. Elle ne contient point les viscères (1) mais seulement la partie postérieure du canal intestinal, et offre des segmens transverses, qui sont ordinairement au nombre de sept. Tantôt cette queue est au moins aussi longue que le tronc, étendue dans tous les temps , mais plus ou moins courbée à son extrémité; et tantôt elle est plus courte que le tronc, et on la voit ordinairement repliée et appliquée sous cette partie du corps, ne paraissant point postérieurement. Dans ceux en qui elle est grande, étendue ou découverte , la queue est presque toujours garnie au bout d'appendices ou de lames natatoires; mais dans les autres, elle est nue ou presque nue, et moins épaisse. Les femelles portent leurs œufs à nu , sous leur queue, attachés à des filets.

Ainsi , les Crustacés Homobranches sont très distingués de ceux du premier ordre, en ce que leur tronc embrasse la poitrine et l'abdomen réunis , contient tous les viscères , et qu'il est recouvert par une carapace d'une seule pièce, sous les bords latéraux de laquelle les branchies sont cachées. Quoique fort nombreux et diversifiés entre eux, leur plan d'organisation est dans tous évidemment analogue.

Je partage cet ordre en deux grandes sections qui , chacune, embrassent plusieurs familles, savoir :

1° Les Homobranches macroures;

2° Les Homobranches brachyures.

[La division des crustacée décapodes (ou Homobranches, Lamarck) en deux sections : les Macroures et les Brachyures, est celle adoptée par presque tous les zoologistes, mais elle ne nous paraît pas suffisante pour rendre la classification de ces animaux naturelle; et, d'après des considé-

---

(1) Le foie et les organes de la génération y sont souvent logés en partie.   E.

rations anatomiques qu'il serait trop long d'énumérer ici, nous avons cru devoir proposer l'établissement d'une troisième division intermédiaire entre ces deux sections. Cette marche permet de rendre tous ces groupes bien plus homogènes et d'y assigner des caractères plus importans et plus précis. Nous réservons le nom de *Brachyures* aux Décapodes à abdomen rudimentaire, dont les orifices générateurs de la femelle sont situés sur le plastron sternal; la section des *Macroures* comprend les Décapodes essentiellement nageurs, dont l'abdomen très développé se termine par une large nageoire caudale, composée de cinq lames disposées en éventail et porte en dessous une double série de fausses pattes natatoires; enfin nous réunissons dans la section des *anomoures* les Décapodes dont les orifices générateurs femelles sont situés dans l'article basilaire des pattes de la troisième paire comme chez les macroures, et dont l'abdomen, moins bien conformé pour la natation que chez ces derniers, ne se termine point par une nageoire de cinq lames disposées en éventail ou ne porte pas en dessous une double série de fausses pattes natatoires. Un grand nombre d'autres caractères coïncident avec ces différences de structure et ne permettent pas de confondre nos Anomoures, soit avec les Brachyures, soit avec les Macroures parmi lesquels on les avait répartis. (Voyez recherches sur l'organisation et la classification naturelles des crustacés Décapodes. *Ann. des Sc. nat.* 1re série, t. 25 et *Hist. nat. des Crust.* t. 1, p. 246, et. t. 2, p. 163.)   E.

HOMOBRANCHES MACROURES.

Queue en général, aussi longue ou plus longue que le tronc, n'étant jamais entièrement repliée et cachée au-dessous dans l'état de repos, mais en partie ou totalement à découvert. Tantôt elle offre au bout une nageoire lamelleuse, en éventail, tantôt elle n'a que quelques appendices particuliers rejetés sur les côtés, et tantôt elle est nue, simplement ciliée.

Parmi les crustacés dont les branchies sont cachées sous les bords latéraux du test, ceux de cette première section sont très faciles à distinguer des crustacés brachyures qui composent notre seconde section, et l'ont toujours été effectivement. Ces *Crustacés Macroures*, ou à grande queue, sont en général plus allongés que les *Brachyures*, et n'ont jamais, comme ces derniers, le corps transverse, c'est-à-dire plus large que long. Leur test est presque toujours moins dur, moins calcaire, quoique véritablement crustacé ; et, dans le plus grand nombre, leur queue, fort grande et terminée en nageoire, est toujours plus ou moins étendue, en partie ou tout-à-fait à découvert, même dans l'état de repos, et ne s'applique point exactement dans une cavité sous le tronc de l'animal.

La plupart de ces *macroures* sont remarquables par des antennes fort longues, surtout les extérieures ; et le plus souvent ces antennes sont multiarticulées. Celles qui sont intermédiaires, quoique plus courtes que les autres, sont presque toujours saillantes et rarement cachées, comme dans beaucoup de Brachyures. Leurs pieds-mâchoires extérieurs ou inférieurs sont généralement étroits et allongés. Enfin, leurs branchies sont des pyramides, comme celles des brachyures, mais imitant des brosses ou des barbes de plumes.(1)

Comme, parmi les productions de la nature, convenablement rangées, tout se nuance, au moins dans les classes ou les familles naturelles, les *stomapodes* qui forment notre dernière section des Hétérobranches, présentent une transition évidente, par leur grande queue, aux *homobranches macroures*, dont il s'agit ici. De même notre dernière famille de ceux-ci [les Paguriens] en offre aussi aux *Brachyures* ; car ces crustacés singuliers, ayant leur queue plus courte que les autres macroures, et munie seulement de quelques appendices sans véritables nageoires, avoisinent de plus en plus les Brachyures, et sont effectivement les derniers macroures.

Les *Homobranches Macroures* sont fort nombreux en races diverses, ressemblent plus ou moins aux écrevisses par leur aspect général, et sont quelquefois d'une taille énorme. Dans la plupart, le dessous de la queue est muni de fausses pattes, que nous ne citons point dans l'exposition des caractères des genres. Nous les diviserons en quatre familles de la manière suivante.

-----

(1) Chez la plupart des Macroures, les branchies sont lamelleuses comme chez les Brachyures et les Anomoures ; ces organes ne sont composés de cylindres disposés en brosse que chez les Ecrevisses, les Langoustes, les Scyllares et quelques genres voisins.

E.

DIVISION
DES HOMOBRANCHES MACROURES.

§ Les pattes plus ou moins profondément bifides. (Les *fissipes*.)

> Nébalie.
> Mysis.

§§ Aucune patte véritablement bifide.

(a) Des lames natatoires accompagnant le bout de la queue, et s'ouvrant en éventail pendant la natation.

(b) Les quatre antennes insérées comme sur deux rangs, les latérales étant placées au-dessous des intermédiaires et ayant à leur base une grande écaille. (Les *salicoques*.)

> Crangon.
> Nika.
> Pandale.
> Alphée.
> Pénée.
> Palémon.

(bb) Les quatre antennes presque sur un seul rang. Point d'écailles la base des latérales. (Les *astaciens*.)

> Langouste.
> Scyllare.

> Galathée.
> Écrevisse.
> Thalassine.

(aa) Point de lames natatoires formant un éventail avec le bout de la queue, celle-ci étant, soit nue, soit ciliée, soit garnie de quelques appendices rejetés sur les côtés. (Les *paguriens*.)

> Hermite.
> Hippe.
> Rémipède.
> Albunée.
> Ranine.

[Les crustacés que notre auteur range dans la division des Macroures Fissipes ne doivent pas rester dans l'ordre des Homobranches (ou Décapodes), et les genres dont il forme la division des Paguriens appartiennent au groupe des Décapodes anomoures; la section des Macroures, telle que nous avons cru devoir la restreindre (1), ne comprend donc que les Salicoques et les Astaciens de Lamarck. Quant à la subdivision de ce groupe, nous avons adopté en partie la marche suivie par notre auteur et nous avons conservé sans changemens la famille des Salicoques, mais nous avons divisé les autres Macroures en trois familles. Voici le tableau de cette classification.

§. Les antennes externes portant au-dessus de leur pédoncule une lame mobile.

A. Cette lame très grande et ovalaire ou triangulaire ; branchies lamelleuses.

FAMILLE DES SALICOQUES.

(a) Antennes insérées sur deux rangs; point de mains subchéliformes ; pattes grèles et portant presque toujours à leur base un appendice lamelleux plus ou moins développé; celles de la troisième paire souvent didactyles.

* Rostre en général petit ou nul; abdomen extrèmement long et comprimé.

TRIBU DES PÉNÉENS.

Genres :   Acète.
Sergeste.
Pasiphée.
Éphyre.
Oplophore.
Euphème.
Sicyonie.
Pénée.
Stérope.

(1) Voy. p. 336.

(bb) Pattes robustes et ne présentant presque jamais de vestiges d'appendice flabelliforme ni de palpes.

(c) Rostre grand et lamelleux , comprimé et dentelé; pattes
des deux premières paires en général didactyles , mais de
grosseur médiocre; celles des trois dernières paires toujours
monodactyles.

TRIBU DES PALÉMONIENS.

Palémon.
Lysmate.
Pandale.
Rhynchocinète.
Hippolyte.
Gnathophyle.

(cc) Rostre très petit et plus ou moins aplati ; pattes des trois
dernières paires monodactyles, mais celles de l'une des
trois premières paires très fortes.

TRIBU DES ALPHÉENS.

Hyménosome.
Caridine.
Atye.
Nika.
Automnée.
Pontonie.
Athanase.
Alphée.

(aa) Antennes internes insérées sur la même ligne que les externes;
pattes de la première paire terminées par une main subchéliforme.

TRIBU DES CRANGONIENS.

Crangon.

AA. Cette lame très petite et hastiforme ; branchies en brosse.

FAMILLE DES ASTACIENS.

Ecrevisse.
Homard.
Nephrops.

§§ Les antennes externes n'ayant pas de lame mobile au dessus de leur pédoncule.

   D. Sternum linéaire; corps allongé; abdomen grèle et très long.

FAMILLE DES THALASSINIENS.

   d. Ayant des appendices branchiaux accessoires fixés aux fausses pattes abdominales.

TRIBU DES GASTROBRANCHIDES.

Callianide, etc.

   dd. N'ayant pas d'appendices branchiaux accessoires sous l'abdomen.

TRIBU DES CRYPTOBRANCHIDES.

Thalassine.
Gébie.
Axie.
Callianasse.
Glaucothoé.

   DD. Plastron sternal très large; corps déprimé; abdomen court ou médiocre.

FAMILLE DES MACROURES CUIRASSÉS.

   e. pattes de la cinquième paire semblables aux précédentes, et non reployées au dessus d'elles.

      f. Toutes les pattes monodactyles; celles de la première paire quelquefois imparfaitement subchéliformes.

         g. Antennes externes cylindriques et de forme ordinaire.

TRIBU DES LANGOUSTIENS.

Langoustes.

gg. Antennes externes très longues et foliacées.

TRIBU DES SCYLLARIDES.

Scyllare.
Ibacus.
Thêne.

ff. pattes des trois premières paires terminées par une pince didactyle.

TRIBU DES ÉRYONS.

Éryons.

ee. Pattes de la cinquième paire très grêles, non ambulatoires, et reployées au-dessus de la base des précédentes.

TRIBU DES GALATHÉIDES.

Galathée.
Grimothée.   E.

LES FISSIPES.

Les *Fissipes*, ou les Schizopodes de Latreille, forment la première division des Macroures; ce sont de petits crustacés nageurs, à corps mou, allongé, et d'une forme analogue à celle des Salicoques. Ils offrent cette particularité remarquable d'avoir toutes les pattes ou plusieurs pattes plus ou moins profondément bifides. Ces pattes sont uniquement propres à la natation. Les femelles portent leurs œufs dans une capsule bivalve, à l'extrémité postérieure de la poitrine. On y rapporte les deux genres qui suivent.

NÉBALIE. (Nebalia.)

Quatre antennes : les deux latérales beaucoup plus longues, situées au-dessous des intermédiaires, abaissées et pédiformes. Deux yeux très rapprochés, sessiles, mais mobiles,

Un test couvrant le tronc; son extrémité antérieure offrant un bec avancé, pointu. Queue étendue, fourchue au bout; ses deux appendices terminés chacun par une soie. Quelques fausses pattes courtes, insérées sous la poitrine. Dix autres pattes parfaites, presque semi-bifides.

Antennæ quatuor lateralibus duabus multò longioribus, infrà intermedias insertis, inflexis, pediformibus. Oculi duo, valdè approximati, sessiles, mobiles.

Testa truncum obtegens : extremitate anticâ rostro acuto porrecto terminatâ. Cauda extensa, apice furcata; appendicibus setâ terminatis.

OBSERVATIONS. — Le genre *Nebalia*, établi par Leach, porte sur un crustacé qui a tout-à-fait l'aspect d'un Branchiopode, qui semblerait même avoisiner nos Limules (les *apus* pour d'autres); nous fondons le même genre d'après les caractères de l'espèce que Oth. Fabricius a décrite. Ses yeux mobiles, quoique paraissant sessiles, et n'étant point posés sur le test, nous semblent autoriser le rang de ces crustacés parmi les homobranches. L'animal a quelques pattes natatoires sous la queue. Il retient ses œufs à nu sous la poitrine, entre ses fausses pattes.

[Les Nébalies n'ont pas de branchies proprement dites, et ne doivent pas être placées dans l'ordre des Décapodes (ou Homobranches de Lamarck), mais se rapprochent des Apus, des Branchippes et des autres Branchiopodes. En arrière de l'appareil buccal, on trouve sous la carapace de ces petits crustacés, une série de huit paires de pattes lamelleuses et branchiales qui sont serrées les unes contre les autres, et insérées à huit anneaux thoraciques parfaitement distincts et fixés sous le bouclier qui les recouvre; à la suite de ces anneaux thoraciques, on trouve

8 segmens plus développés, dont les 4 premiers portent chacun une paire de fausses pattes natatoires, analogues à celles fixées aux trois premiers anneaux abdominaux des Amphipodes; deux paires de membres se voient sur les cinquième et sixième anneaux abdominaux; le pénultième segment ne porte pas d'appendices; enfin, le dernier donne insertion à deux lames caudales triangulaires (voy. deux notes à ce sujet, insérées dans les *Annales des Sciences naturelles*, t. 13. p. 297, et 2e série. t. 3. p. 309).

E.

ESPÈCES.

1. Nébalie glabre. *Nebalia glabra.*

> *N. antennis pedibus caudáque glabris.*
> *Cancer bipes.* Oth. Fabr. Fauna groenland. p. 246. t. 1. f. 2.
> Habite les rives de l'Océan boréal, à l'embouchure des fleuves.

2. Nébalie ciliée. *Nebalia ciliata.*

> *N. antennis pedibus caudáque ciliatis.*
> *Monoculus rostratus.* Montag. Trans. Soc. Lin. vol. XI. p. 14. t. 2. f. 5.
> *Nebalia Herbstii.* Leach. Trans. Linn. vol. XI. p. 351.
> Habite l'Océan Européen.
> * Ajoutez : *Nebalia Geoffroyi.* Edwards. Ann. des Sc. nat. 1re série. t. 13. p. 297. pl. 15. et 2e série. t. 3. p. 309.

MYSIS. (Mysis.)

Quatre antennes sétacées; les latérales plus longues, insérées au-dessous des intermédiaires, ayant une grande écaille à leur base; les intermédiaires bifides. Deux yeux pédiculés.

Corps allongé, mou; un test presque membraneux couvrant le tronc. Queue étendue, ayant à son extrémité des lames natatoires. Quatorze pattes, profondément bifides, paraissant former quatre rangées.

Antennæ quatuor setaceæ: lateralibus longioribus infrà

intermedias insertis; intermediis bifidis. Oculi duo pedun-
culati.

Corpus elongatum, molle. Testa submembranacea, trun-
cum obtegens. Cauda extensa; extremitate lamellis aliquot
natatoriis. Pedum paria septem: pedibus profundè bifidis,
seriebus quatuor simulantibus.

OBSERVATIONS. — Le genre *Mysis*, établi par Latreille, est
bien tranché et fort remarquable par la conformation des pattes
des crustacés qui y appartiennent. Ces petits crustacés, à corps
mou et allongé, n'ont que deux rangées de pattes, et semblent
en avoir quatre, chaque patte étant profondément divisée en
deux. Aucune de ces pattes n'est terminée en pince. Ils tiennent
aux Crangons et à quelques autres crustacés macroures, par l'é-
caille oblongue et ciliée qui est à la base de leurs antennes latérales.

Les Mysis ressemblent beaucoup aux Salicoques par la forme
générale de leur corps, mais manquent complètement de branchies et sont pourvus de six paires de pattes natatoires; ils établissent le passage entre les Salicoques et les Phyllosomes, et
constituent le type d'une famille particulière qui prend place
dans l'ordre des Stomapodes, et a été désignée sous le nom de
Caridioides. (Voyez, pour plus de détails sur la structure de ces
crustacés, un mémoire de M. Thompson imprimé à Cork, dans
un recueil intitulé *Zoological Researches*, et le second volume de
notre *Hist. nat. des Crustacés.*) E.

ESPÈCE.

1. **Mysis sauteur.** *Mysis saltatorius.*

> *M. caudâ spinis duabus brevibus terminatâ foliolisque duobus lon-*
> *gioribus ciliatis incumbentibus.*
> *Cancer pedatus.* O. Fabr. Fauna groenl. p. 243.
> *Mysis saltatorius.* Latr. Gen. 1. p. 56.
> *An mysis spinulosus?* Leach. Trans. Soc. Linn. XI. p. 350.
> * *Mysis spinulosus.* Desmarest. Consid. sur les Crust. p. 242.
> * *Mysis Leachii.* Thompson. Zoological Researches. t. p. 27.
> * *M. spinulosus.* Edwards. Hist. des Crust. t. 2. p. 457.
> Habite la mer du Groenland.

2. Mysis oculé. *Mysis oculatus.*

> *M. caudá flexuosá muticá tetraphyllá : lamellis duabus majoribus rotundatis ciliatis.*
>
> *Cancer oculatus.* O. Fabr. F. groenl. p. 245. tab. 1. f. 1. A. B.
>
> Habite la mer du Groenland.

3. Mysis ondulé. *Mysis flexuosus.*

> *M. caudá flexuosá muticá apice hexaphyllá ; antennis longissimis.*
>
> *Cancer flexuosus.* Mull. Zool. Dan. p. 34. tab. 66.
>
> Habite la mer du Nord. Muller ne dit point qu'il ait des pattes bifides.
>
> † Ajoutez :
>
> * *Mysis vulgaris.* Thompson. Zoological Researches. p. 30. pl. 4. fig. 1-12. — Edwards. Hist. nat. des Crust. t. 2. p. 459.
>
> * *Mysis longicornis.* Edwards. loc. cit. pl. 26. fig. 7-9.
>
> Etc.

[Le genre CYNTHIA de M. Thompson se rapproche extrêmement des Mysis, mais s'en distingue par l'existence d'un appendice branchial, fixé à la base des fausses pattes abdominales, et par la conformation des membres qui, d'ordinaire, constituent les pattes-mâchoires de la seconde paire et qui ici s'allongent de façon à devenir des pattes natatoires, ne différant que fort peu des suivantes; le nombre total de ces organes est, par conséquent, de sept paires.

> Esp. *Cynthia Thompsonii; Cynthia.* Thompson. Zool. Researches. p. 57. pl. 6 ; Edw. Hist. des Crust. t. 2. p. 462.
>
> *Cynthia armata.* Edw. Hist. des Crust. t. 2. p. 463.

Notre genre THYSANOPODE se rapproche des Cynthies par la conformation générale du corps et par la structure des pattes; mais le nombre de ces organes est de huit paires, et il existe à la base de chacun d'eux une branchie rameuse qui ressemble à celles des Squilles et qui flotte à l'extérieur.

> Esp. *Thysanopoda tricuspida.* Edw. Ann. des Sc. nat. 1re série. t. 19. p. 386. pl. 19 et Hist. nat. des Crust. t. 2. p. 463. pl. 26. fig. 1.

Le genre PODOPSIS de M. Thompson paraît devoir appartenir aussi à la tribu des Mysiens, mais est trop imparfaitement connu pour que l'on puisse le caractériser. (Voyez Thompson, op. cit. pag. 59 et Edw. Hist. des crust. T. 2. p. 467.)

Enfin le genre LUCIFER, bien qu'il s'éloigne des Mysis par l'absence d'appendices analogues au palpe ou au fouet, appartenant aux pattes thoraciques, par le nombre de ces pattes qui est de quatre paires seulement et par la forme générale du corps, paraît devoir rentrer dans la même famille et y constituer le type d'une tribu particulière. L'un des traits les plus remarquables de l'organisation de ces Crustacés est la longueur excessive de la portion antérieure de la tête, la brièveté extrême de la partie du corps occupée par la bouche et constituant le thorax, et le grand développement de l'abdomen.

Esp. *Lucifer typus.* Thompson. Zool. Resear. pl. 7. fig. 2. — Edw. Hist. nat. des Crust. t. 2. p. 469.
Lucifer Reynaudii. Edwards. loc. cit. pl. 26. fig. 10.

LES SALICOQUES.

Ces crustacés macroures tiennent beaucoup aux Astaciens par leur aspect; mais ils en sont très distincts et constituent une famille naturelle, dont le caractère est d'avoir les quatre antennes disposées comme sur deux rangs (1), les latérales ou extérieures étant situées au dessous des intermédiaires, et ayant à leur base une écaille grande et oblongue, qui recouvre ou dépasse leur pédoncule. Ces antennes sont toujours avancées, les intermédiaires sont terminées par deux ou trois filets, et les latérales, toujours sétacées, sont fort longues.

---

(1) Excepté chez les Crangons où ces organes sont insérés à-peu-près sur la même ligne transversale.   E.

Le corps des Salicoques est ordinairement arqué, comme bossu. Leur test a en général moins de solidité que celui des Astaciens, offre souvent, comme eux, antérieurement, un bec immobile, comprimé, caréné, plus ou moins long (1). Ceux des Salicoques qui ont des pinces, ne les ont jamais larges. On rapporte à cette famille les six genres qui suivent. (*Voyez pour les caractères et les subdivisions de cette famille les additions de la page 340.)

CRANGON. (Crangon.)

Quatre antennes: deux intermédiaires supérieures, courtes, bifides; deux latérales inférieures, longues, sétacées, ayant une écaille oblongue adhérente à leur base. Saillie antérieure du test fort courte.

Corps et queue des écrevisses. Dix pattes onguiculées; les deux antérieures à pince submonodactyle: le doigt immobile étant très court.

Antennæ quatuor: intermediis duabus superioribus brevibus bifidis; lateralibus inferis longis setaceis: squamâ oblongâ pedunculo annexâ. Processus anticus testæ brevissimus.

Corpus caudaque astacorum. Pedes decem unguiculati. Antici duo chelâ submonodactylâ; digito immobili brevissimo.

OBSERVATIONS. — Les *Crangons* ont le corps subcylindrique, atténué en cône postérieurement, et sont remarquables tant par leur rostre fort court, que par les pinces presque monodactyles de la première paire de leurs pattes. On n'en connaît encore qu'un petit nombre.

---

(1) C'est ce prolongement qu'on désigne sous le nom de *Rostre.*   F.

ESPÈCES.

1. Crangon boréal. *Crangon boreas.*

C. thoracis lateribus dorsique carinâ aculeatis.
Cancer boreas. Phipps. It. bor. p. 194. pl. XI. f. 1.
Herbst. canc. tab. 29. f. 2.
Crangon boreas. Fab. Suppl. p. 409.
* Latreille. Hist. des Crust. t. 6. p. 267. Règne anim., etc.
* Sabine. Append. au voyage du cap. Parry. p. 57.
* Edwards. Hist. des Crust. t. 2. p. 342.
Habite l'Océan boréal.

2. Crangon vulgaire. *Crangon vulgaris.*

C. testa lœvi ; rostro brevi edentulo. Lat.
Crangon vulgaris. Fab. Suppl. p. 410.
Latr. Gen. 1. p. 54. et Hist. nat., etc. ; 6. p. 267! pl. 55. f. 1. 2.
Herbst. Canc. tab. 29. fig. 3. 4.
* *Astacus crangon.* Pennant. Brit. Zool. t. 4. pl. 15. fig. 30.
* Olivier. Encyclop. t. 6. p. 348. pl. 294. fig. 4 à 7.
* *Crangon vulgaris.* Leach. Edinb. Encyc. sup. t. 7. pl. 221. et Ma-
lacos. Pod. Brit. pl. 37. B.
* Desmarest. Consid. sur les Crust. p. 218. pl. 38. fig. 1.
* Edwards. Hist. des Crust. t. 2. p. 341.
Habite l'Océan européen, près des côtes.

3. Crangon épineux. *Crangon spinosus.*

C. thorace tricarinato : carinis trispinosis.
* *Cancer catapractus.* Oliv. Zool. Adriat. pl. 3. fig. 1.
Leach. Trans. Soc. Linn. XI. p. 346.
* *Egeon loricatus.* Risso. Hist. nat. de l'Europe mérid. t. 5. pl. 1.
fig. 3.
* Desmarest. Consid. sur les Crust. p. 219.
* *Crangon catapractus.* Edw. op. cit. p. 343.
Habite les côtes méridionales de l'Angleterre.

[M. Eudes Deslongchamps a découvert dans le calcaire jurassique des environs de Caen deux crustacés fossiles qui paraissent être très voisins des Crangons. (Voyez Deslongch. mémoire de la Soc. Linéenne de Normandie t. 5 p. 42. pl. 2 fig. 1-3 et Edw. Histoire des Crust. t. 2 p. 345.)

Un des Crustacés fossiles dont Germar a formé le genre MECOCHIRUS, paraît établir le passage entre les précédens et les écrevisses; il est caractérisé principalement par les pattes antérieures d'une longueur excessive et terminées par une pince didactyle très grêle, et par les pattes dés deux paires suivantes qui sont courtes et terminées par une petite main subchéliforme, aplatie, et très semblable à celle des Crangons (Voyez Brown. Lethæa, p. 476, pl. 27, fig. 16). Cet auteur rapporte à la même division générique le Crustacé fossile figuré par Bajer (Oryctogr. Norica. tab. 8, fig. 4, 9; reproduit par M. Desmarest, Crust. foss. pl. 5, fig. 10; et par Brown. op. cit. pl. 27, fig. 1), et plusieurs autres espèces. (Voyez Lethæa, p. 475.)

† Genre **ATYE** (*Atya*).

Les Crustacés, dont Leach a formé le genre Atye, sont très remarquables par la grosseur des pattes des trois dernières paires, et la conformation singulière de celles des deux paires antérieures. Leur forme générale est à-peu-près la même que celle des écrevisses (aux pinces près), la carapace est un peu comprimée et armée d'un petit rostre horizontal; les yeux sont très courts, mais ne sont pas recouverts par la carapace, comme cela a lieu dans le genre Alphée. Les pattes thoraciques des deux premières paires qui sont très courtes, et terminées par une petite main ovalaire didactyle, qui est fendue dans toute sa longueur, et articulée avec le carpe par le milieu de son bord inférieur. Les pattes de la troisième paire sont grandes et extrêmement grosses jusqu'au haut; le tarse qui les termine est fort, mais excessivement court, et loge entre deux épines de l'article précédent. Les pattes des deux paires suivantes ont la même forme, mais sont plus courtes et moins grosses Toutes, à l'exception de celles de la 5ᵉ paire, portent au côté externe de leur article basilaire un petit appendice lamelleux. Enfin l'abdomen est gros et trapu.

On ne connaît qu'une espèce.

L'ATYE ÉPINEUSE. *Atya scabra.*

Athys scabra. Leach. Trans. of the Linn. Soc. v. XI. p. 345.
Atya scabra. Ejusd. Zool. Miscel. v. III. pl. 131.
Desmarest. Consid. sur les Crust. p. 217. pl. 37. fig. 2.
Roux. Salicoques. p. 27.
Edw. Hist. nat. des Crus. t. 2. p. 378. pl. 24. fig. 15-19.
Habite les côtes du Mexique.   E.

NIKA. (Nika.)

Quatre antennes : deux intermédiaires supérieures bifides ; deux latérales inférieures simples, très longues, ayant une écaille étroite à leur base. Saillie antérieure du test courte, à trois pointes.

Corps et queue comme dans les écrevisses. Dix pattes : une seule de la première paire didactyle.

Antennæ quatuor : intermediis duabus superis bifidis ; lateralibus inferis simplicibus longissimis : squamá angustá basi annexá. Processus anticus testæ brevis, tricuspidatus.

Corpus et cauda ut in Astacis. Pedes decem ; primi paris unico didactylo.

OBSERVATIONS. — Les *Nikas,* publiés par M. Risso, sont singuliers en ce qu'ils n'ont qu'une seule des deux pattes antérieures qui soit terminée en pince. Leach donne au même genre le nom de *Processe,* et cependant ne l'a point inséré dans sa distribution des crustacés publiée dans le XIe volume des *Transactions de la Société linéenne.* Il paraît que l'anomalie des deux pattes antérieures des *Nikas* est constante, et appartient à des habitudes particulières de ces crustacés.

ESPÈCE.

1. Nika comestible. *Nika edulis.*

> *N. glaberrima, rubro carnea, luteo punctata; manibus brevibus
> compressis : unicâ didactyla.*
>
> *Nika edulis.* Risso. Hist. nat. des Crust. p. 85. pl. 3. f. 3.
> * Desmarest. Consid. sur les Crust. p. 230.
> * *Processa edulis.* Latr. Règne anim. t. 4. p. 95.
> * *Nika edulis.* Roux. Crust. de la Méditerranée. pl. 43.
> * Edw. Hist. des Crust. t. 2. p. 364.
> Habite la Méditerranée, près des rivages.
> Etc.
> Voyez les *N. variegata* et *N. sinuolata* du même auteur.

PANDALE. (Pandalus.)

Antennes et corps comme dans les Alphées. Dix pattes ; la deuxième paire seulement didactyle.

*Antennœ, corpus ut in Alpheis. Pedes decem; pari se-
cundo chelato.*

OBSERVATIONS. — Il paraît que les Pandales avoisinent beaucoup les Alphées par leurs rapports, et que, pour les pattes qui
sont chélifères, l'article qui précède la pince est aussi muni de
ligues transverses et composé de plusieurs autres petits articles.

[Les Pandales se rapprochent des Païémons bien plus que des
Alphées ou d'aucun autre Salicoque. La forme générale de leur
corps, la disposition de leur rostre, et d'autres caractères ne
permettent pas de les éloigner des premiers, mais ils s'en distinguent par le nombre de filets terminaux des antennes supérieures qui est de deux seulement, et par la conformation de
leurs pattes dont les deux antérieures sont monodactyles; celles
de la seconde paire se terminent par une petite main didactyle,
mais sont filiformes et ont le carpe multi-articulé. E.

ESPÈCES.

1. **Pandale annulicorne.** *Pandalus annulicornis.*

> *P. rostro multidentato ascendente apice emarginato ; antennis inferis rubro annulatis , internè spinulosis.*
>
> *Pandalus annulicornis.* Leach. Trans. Soc. Linn. XI. p. 346.
> Ejusd. Malacostr. Pod. Britan. tab. 40.
> * Latr. Encyclop. Ins. t. 10. pl. 322. fig. 1 à 4.
> * Desmarest. Consid. sur les Crust. p. 220. pl. 38. fig. 2.
> * Edw. Hist. des Crust. t. 2. p. 384.
> Habite la mer Britannique et nos côtes.
> Etc.
> Voyez *Cancer narval.* Herbst. canc. pl. 28. f. 2.

ALPHÉE. (Alpheus.)

Quatre antennes : deux intermédiaires supérieures bifides ; deux latérales inférieures sétacées, ayant une grande écaille annexée à leur base. Saillie antérieure du test avancée en bec.

Corps et queue des écrevisses. Dix pattes ; les quatre antérieures terminées en pince.

Antennæ quatuor: intermediis duabus superioribus bifidis , lateralibus inferis setaceis ; squamâ magnâ basi annexâ. Processus anticus testæ in rostrum prorectus.

Corpus caudaque Astacorum. Pedes decem : quatuor anticis chelatis.

OBSERVATIONS. — Les *Alphées* ont le corps cylindracé-conique et un rostre comme les Palémons. Ce qui les distingue des Pénées, c'est principalement parce qu'ils n'ont que les quatre pattes antérieures qui soient munies de pinces. Le carpe ou l'article qui précède immédiatement la pince, est, dit M. Latreille, strié transversalement et comme divisé en plusieurs petits articles.

[Les Alphées n'ont que fort peu d'analogie avec les Pénées, et se rapprochent davantage des Crangons. Un caractère qui les distingue de tous les autres Macroures consiste dans la manière dont la carapace se prolonge au-delà des yeux, et constitue au-dessus de chacun de ces organes une petite voûte. Leur rostre ne ressemble pas à celui des Palémons, mais est très petit et droit; les pattes de la première paire sont grosses et terminées par une forte main didactyle; celles de la deuxième paire, également didactyles, sont au contraire grêles et filiformes.   E.

ESPÈCES.

1. Alphée avare. *Alpheus avarus.*

A. chelis inæqualibus, difformibus; rostro brevi subulato. F.
Alpheus avarus. Fab. Suppl. p. 404. Lat. Gen. 1. p. 53.
Habite aux Indes orientales, dans les mers.
* Cette Alphée nous paraît devoir appartenir à la même espèce que l'Alphée brévirostre décrit par Olivier sous le nom de Palémon. Voyez notre Hist. nat. des Crust. t. 2. p. 350.

2. Alphée monopode. *Alpheus monopodium.*

A. testa lævi; primi paris pedibus inæqualissimis : manu dextrâ maximâ.

Crangon monopodium. Bosc. Hist. nat. des Crust. 2. p. 96. pl. 13. fig. 2.
Habite la mer des Indes. Cet animal paraît avoir beaucoup de rapports avec l'Alphée avare.

3. Alphée marbré. *Alpheus marmoratus.*

A. rostro ascendente, apice fisso, suprà sexdentato, subtùs quadridentato, hirto; palpis posticis porrectis, chelis longioribus.

Palæmon marmoratus. Oliv. Encycl. no 22.
* *Hippolyte marmoratus.* Edwards. Hist. nat. des Crust. t. 2. p. 379. pl. 25. fig. 8.
Habite les mers de la Nouvelle-Hollande.
Péron. Mus. no
Etc.
Voyez d'autres espèces dans Fabricius. Latreille rapporte à ce genre l'*Hippolyte* de M. Leach. (1)

---

(1) Le genre Hippolyte de Leach se rapproche beaucoup

Ajoutez :

* *Palemon bidens.* Olivier. Encycl. t. 8. p. 663 ; *Alpheus bidens*
  Edw. Hist. nat. des Crust. t. 2. p. 353. pl. 24. fig. 11 et 12.
* *Alpheus dentipes.* Guérin. Expéd. scient. de Morée par M. Bory
  St-Vincent. p. 39. pl. 27. fig. 3.

Etc., etc.

·+Genre Pontonie. *Pontonia.*

Les Salicoques, dont Latreille a formé cette division
générique, ressemblent aux Alphées par la forme générale de leur corps, mais n'ont pas les yeux cuirassés comme
chez ces animaux, et les grosses pattes didactyles qu'on
leur remarque sont celles de la seconde paire au lieu
d'être celles de la première paire. Les antennes supérieures
sont terminées par deux filets multi-articulés. Par divers
détails de leur organisation, ils se rapprochent aussi beaucoup des Palémons.

Exemple Pontonie : *Cancer custos?* Forskael. Descript. anim. p. 94.
Astacus tyrrhenus. Petagna. Ent. pl. 5. fig. 5. (Cité d'après M. Risso.)

----

des Palémons, et se compose de Salicoques qui ont également
le front armé d'un grand rostre lamelleux, relevé et dentelé,
et les pattes des deux premières paires didactyles, mais qui, de
même que les Alphées, ont les antennes supérieures terminées seulement par deux filets multi-articulés, distincts ; les pattes de la
première paire sont courtes et assez grosses, et celles de la seconde paire filiformes, et à carpe multi-articulé. On connaît un
grand nombre d'espèces appartenant à ce genre. (Voyez pour rpus
de détails e second volume de notre Hist. nat. des Crustacés).

Le genre Rhynchocinète ne diffère des Hippolytes que par
la conformation anormale du rostre qui est articulé par ginglyme
sur le front, et peut s'élever ou s'abaisser. On n'en connait
qu'une espèce, le *Rhynchocenetes typus.* Edwards. Ann. des Sc.
nat. 2. série. t. 7. pl. 4 C. et Hist. nat. des Crust. t. 2. p. 383).

E.

Alpheus tyrrhenus Risso. Crust. de Nice. pl. 2. fig. 2.

Gnatophyllum tyrrhenus. Desmarest. Consid. sur les Crust. p. 229.

Alpheus pinnophylax. Otto. Mém. de l'Acad. des cur, de la nat. de
    Bonn. t. XIV. pl. 21, fig. 1. et 2.

Pontonia tyrrhena. Latreille. Encycl. pl. 326. fig. 10. (d'après Risso)
    et Règne anim. de Cuvier, 2e édit. t. 4. p. 96.

Callianassa tyrrhenus. Risso. Hist. nat. de l'Europe mérid. t. 5.
    p. 54.

Pontonia custos. Guérin. Expéd. de Morée de M. Bory de Saint-Vin-
    cent. partie zool. p. 36. pl. 27. fig. 1.

Pontonia tyrrhena. Edw. Hist. des Crust. t. 2. p. 360.

Etc.

[Le genre Autonomée, établi par M. Risso, et adopté par Latreille et par M. Desmarest, paraît avoir beaucoup d'analogie avec les Pontonies, dont il se distingue par l'absence de pinces aux pattes de la seconde paire. (Voyez Risso. Crust. de Nice, p. 166; Desmarest, Consid. sur les Crust., p. 231, etc.)

+ Genre **CARIDINE**. *Caridina*.

Cette petite division générique établit le passage entre les Pontonies et les Atyes, et paraît avoir de l'analogie avec les Hyménocères. Par l'ensemble de leur organisation, ces Crustacés ressemblent extrêmement aux Pontonies, mais ils en diffèrent par la conformation anormale de leurs mains. Les pattes antérieures sont très courtes, et leur carpe à-peu-près triangulaire se termine antérieurement par un bord concave, qui reçoit la base de la main fixée à son angle inférieur ; enfin la main est courte, et terminée par deux *doigts* lamelleux profondément creusés en cuiller. Les pattes de la seconde paire sont plus longues et plus grèles ; la carpe est de forme ordinaire, mais la main est conformée comme celle de la patte précédente. Enfin les pattes des trois dernières paires sont grêles et à-peu-près de même longueur.

Esp. *Caridina typus.* Edw. Hist. des Crust. t. 2. p. 363. pl. 25 bis. fig. 4 et 5.

† Genre HYMÉNOCÈRE *Hymenocera.*

Le genre HYMÉNOCÈRE de Latreille paraît se rapprocher aussi des Alphées, mais ne nous est que très imparfaitement connu. Le caractère le plus remarquable de cette division est tiré de la conformation des pieds; ceux de la première paire sont terminés par un long crochet, bifide au bout, et à divisions très courtes; les deux suivans sont fort grands : leurs mains et leur doigt mobile sont dilatés, membraneux et comme foliacés. Les pattes-mâchoires externes sont pareillement foliacées et recouvrent la bouche. Enfin les antennes supérieures se terminent par deux filamens, dont le supérieur est membraneux, dilaté et foliacé. (Voyez Règne anim. de Cuvier, t. 4, p. 95, etc.)

† Genre GNATHOPHYLLE. *Gnathophyllum.*

Le genre Gnathophylle de Latreille ou *Drimo* de M. Risso se compose de Salicoques qui ressemblent aux Hippolytes par la forme générale de leur corps, la structure des antennes, et l'existence de deux paires de pattes didactyles, mais qui n'ont pas le carpe des pattes de la seconde paire multi-articulé, et qui se distinguent de tous les autres Palémoniens par les pattes-mâchoires qui, au lieu d'être allongées, grêles et subpédiformes, sont foliacées et operculiformes à-peu-près comme chez les Callianasses.

Esp. Gnatophile élégante.

Alpheus elegans. Risso. Crust. de Nice. pl. 2. fig. 4.

Gnatophyllum elegans. Latreille. Règne anim. t. IV. p. 96.

Desmarest. Consid. sur les Crust. p. 228.

Drimo elegans. Risso. Hist. nat. de l'Europe mérid. t. 5. p. 71. pl. 1. fig. 4.

Roux. Salicoques. p. 28.

Gnatophyllum elegans. Edw. Hist. des Crust. t. 2. p. 369.   E.

PÉNÉE. (Penœus.)

Quatre antennes : deux intermédiaires supérieures bifides ; deux latérales inférieures simples, ayant une écaille annexée à leur base. Saillie antérieure du test avancée en bec.

Corps et queue des écrevisses. Dix pattes : les six antérieures terminées en pince.

Antennæ quatuor : intermediis duabus superioribus bifidis ; lateralibus inferis simplicibus : squamâ basi annexâ. Processus anticus testæ rostriformis.

Corpus caudaque astacorum. Pedes decem : anticis sex didactylis.

Observations. — Les *Pénées* ressemblent aux Alphées et aux Palémons par la forme de leur corps, par la saillie de leur rostre, etc.; mais ils ont les six pattes antérieures terminées en pince, et leurs antennes intermédiaires n'ont que deux filets.

[Les Pénées sont remarquables par la longueur et l'aplatissement latéral de leur abdomen, et par le petit appendice lamelleux qui est fixé à la base de leurs pattes, et qui représente le palpe ou branche moyenne des membres thoraciques des Mysis, etc. Du reste, les pattes et les fausses pattes sont conformées de la manière ordinaire. E.

ESPÈCES.

1. Pénée monodon. *Penœus monodon.*

    P. rostro porrecto ascendente , suprà serrato, subtùs tridentato.
    Penœus monodon. Fab. Supp. p. 408.
    Lat. Gen. 1. p. 54.
    * Desmarest. Consid. sur les Crust. p. 225.
    * Edw. Hist. des Crust. t. 2. p. 416.
    Habite l'Océan Indien.

2. Pénée sillonné. *Penœus sulcatus.*

    P. thorace trisulcato ; rostro serrato, subtùs subtridentato , antennarum squamis breviore.

Palœmon sulcatus. Oliv. Encycl. n₀ 7.

Squilla. Rond. *de pisc. lib.* 18. *cap.* 8. p. 547.

* *Cancer kerathurus.* Forskael. Descrip. anim. quæ in itinere observ. p. 95.

* *Palemon sulcatus.* Oliv. Encycl. t. VIII. p. 661.

* *Peneus sulcatus.* Latreille. Encycl. t. X. p. 51. et Règne anim. de Cuv. t. IV. p. 92.

* *Alpheus caramote.* Risso. Crust. de Nice. p. 90.

* *Penæus caramote.* Desmarest. Consid. sur les Crust. p. 225.

* Risso. Hist. nat. de l'Eur. t. V. p. 57.

* Edwards. Règne anim. de Cuvier. atlas Crust. pl. 50. fig. 1. e Hist. nat. des Crust. t. 2. p. 413. pl. 25. fig. 1.

Habite la Méditerranée.

Etc.

(* Voyez pour les autres espèces notre Hist. nat. des Crust. t. 2. p. 413. , etc.)

---

† Genre SICYONIE. *Sicyonia.*

Le genre que nous avons établi sous le nom de Sicyonie est très voisin des Pénées auxquels il ressemble par la conformation générale du corps, par la structure des antennes et des pattes, etc. Mais il s'en distingue par l'existence d'une seule lame natatoire à chacune des fausses pattes, fixées aux 5 premiers anneaux de l'abdomen, par l'absence d'appendices lamelleux à la base des pattes thoraciques, par le nombre des branchies, etc. Il est aussi à noter que les tégumens de ces crustacés sont plus durs que chez la plupart des Salicoques.

Esp. Sicyonie sculpté. *S. sculpta.*

Edwards. Ann. des Sc. nat. 1ʳᵉ série. t. 19. p. 339. pl. 9. fig. 1–8 ; et Hist. nat. des Crust. t. 2. p. 409. — *Cancer carinatus ?* Oliv. Zool. Adriat. pl. 3. fig. 2.

SICYONIE CARÉNÉ.

Palemon carinatus. Olivier. Encyclop. t. VIII. p. 667.

Sicyonia carinata. Edwards. Annales des Sc. nat. 11ᵉ série. t. XIX. p. 344. pl. 9. fig. 44. et Hist. des Crust. t. 2. p. 410.

Etc.

Le Crustacé fossile, désigné par Schlotheim sous le nom de *Macrourites fuciformis* (Petrefacten Nachtr. pl. 2. fig. 2), nous paraît être intermédiaire entre les Sicyonies, les Palémons et les Hippolytes, mais devoir prendre place dans la tribu des Pénéens. La carapace est très courte, et surmontée d'une crête médiane dentelée qui en occupe toute la longueur, et qui se termine antérieurement par un petit rostre infléchi et dentelé en dessus. L'abdomen paraît être également caréné en dessus : enfin, les pattes des trois premières paires sont grêles, tandis que celles de la seconde paire sont très grosses, quoique de longueur médiocre. Il devra probablement former le type d'un genre particulier.

† Genre **STENOPE**. *Stenopus.*

Les Sténopés ressemblent aussi aux Pénées par l'existence de pinces didactyles aux pattes des trois premières paires; mais s'en distinguent par la forme moins aplatie de leur corps; par le grand développement des pattes de la troisième paire, par la structure multi-articulée des deux derniers articles des pattes de la quatrième et de la cinquième paire qui sont filiformes, par la longueur extrême des filets antennaires et par l'absence d'appendices lamelleux à la base des pattes.

Esp. Stenope hispide, *S. hispidus.*

Squilla groenlandica. Seba. Mus. t. III. pl. 21. fig. 6 et 7. (individu mutilé.)

Cancer astacus longipes. Herbst. Krabben. t. 2. pl. 31. fig. 2.

Palemon hispidus. Olivier. Encyclop. t. VIII. p. 666.

Stenopus hispidus. Latreille. Règne anim. de Cuvier. 2e édit. t. ɔ. p. 9³.

Desmarets. Consid. sur les Crust. p. 227.

Roux. Salicoques. p. 23.

Edwards. Atlas du Règne anim. de Cuv. 3e édit. Crust. pl. 50. fig. 2

† Genre **PASIPHÉE**. *Pasiphœa.*

Le genre Pasiphée , fondé par M. Savigny, comprend des Crustacés qui établissent à plusieurs égards le passage entre les Pénées et les Sergestes, et qui sont remarquables par l'aplatissement latéral de leur corps. Leur rostre est très court ou même rudimentaire, et la carapace beaucoup plus étroite en avant qu'en arrière. Les mandibules sont fortement dentées et dépourvues de tige palpiforme. Les pattes-mâchoires externes sont très longues, grèles et pédiformes; à leur base se trouve un palpe lamelleux et cilié, semblable à celui des Pénées. Les pattes thoraciques portent aussi suspendu au côté externe de leur article basilaire un appendice lamelleux assez long et de même forme, mais membraneux et peu ou point cilié. Les pattes des deux premières paires sont assez grosses, à-peu-près de même longueur, armées d'épines sur leur troisième article , et terminées par une main didactyle, dont les pinces sont grèles et garnies d'une série d'épines acérées sur le bord préhensile. Les pattes des trois paires suivantes sont très grèles, monodactyles, et plus ou moins natatoires; en général, sinon toujours celles de l'avant-dernière paire, sont de beaucoup les plus courtes. Enfin , l'abdomen est très long et fort comprimé.

Esp. Pasiphée Sivado.
Alpheus sivado. Risso. Crust. de Nice. p. 94. pl. 3. fig. 4.
Pasiphœa sivado. Desmarest. Consid. sur les Crust. p. 240.
Latreille. Règne anim. de Cuv. t. 4. p. 99.
Risso. Hist. nat. de l'Europe méridionale. t. 5. p. 81.
Roux. Salicoques.
Edwards. Hist. nat. des Crust. t. 2. p. 426.
Etc.

† Genre. **SERGESTE**. *Sergestes.*

Les Sergestes sont remarquables par l'état presque rudimentaire de leurs pattes postérieures, et le grand déve-

loppement de leurs pattes-mâchoires externes qui constituent de véritables pattes ambulatoires. Le corps de ces Crustacés est grêle et un peu aplati; la carapace présente antérieurement une petite épine qui tient lieu de rostre. Les
yeux sont fort saillans, et les antennes sont extrêmement
longues; les supérieures portent, outre le filet terminal
principal, deux filamens rudimentaires. Les pattes-mâchoires de la seconde paire sont presque pédiformes, et
ne portent ni palpe ni appendice flabelliforme; elles sont
longues, grêles, reployées sur elles-mêmes, et appliquées
sur la bouche. Les appendices qui correspondent aux
pattes-mâchoires externes n'offrent rien qui puisse les
faire distinguer des pattes thoraciques ordinaires; elles
sont minces, très longues, ciliées et terminées par un article styliforme très grêle. Les pattes des quatre paires suivantes ont la même forme générale; elles sont grêles,
filiformes, garnies de beaucoup de poils, et ne présentent à leur base ni appendice flabelliforme, ni vestige de
palpe; celles de la seconde et de la troisième paire sont
pourvues à leur extrémité d'un article rudimentaire, mais
mobile, et disposé de manière à constituer une pince mi-
croscopique. Les pattes de l'avant-dernière paire sont
très courte, et celles de la dernière paire sont presque
rudimentaires. L'abdomen ne présente rien de remarquable, si ce n'est que les lames latérales des anneaux ne
descendent pas de façon à encaisser la base des fausses
pattes comme chez les Salicoques ordinaires.

Esp. Sergeste atlantique. *Sergestes atlanticus.* Edwards. Ann. des Sc.
nat. t. 19. pl. 10. fig. 1–9. et Hist. nat. des Crust. t. 2. p. 428.

† Genre **ACETE**. *Acetes.*

Nous avons établi ce genre d'après un Crustacé fort
singulier, qui par l'ensemble de sa conformation a la plus
grande analogie avec les Sergestes, mais qui s'éloigne de

tous les animaux du même ordre par l'absence des deux dernières paires de pattes. Les pattes thoraciques ne sont, par conséquent, qu'au nombre de trois paires; mais, de même que chez les Sergestes, les pattes-mâchoires externes acquièrent une longueur excessive, et remplissent les mêmes usages que les pattes ordinaires.

Esp. Acète indien. *Acetes indicus*. Edwards. Ann. des Sc. nat. t. 16. p. 35o. pl. 11. et Hist. des Crust. t. 2. p. 43o.

† Genre **OPLOPHORE**. *Oplophorus.*

Ce genre se rapproche beaucoup des Pasiphées par divers détails de l'organisation, mais ressemble davantage par le *facies* aux Palémons. Le corps est arrondi en dessus et armé en avant d'un rostre long, styliforme et dentile sur les deux bords; la lame qui recouvre la base des antennes externes est triangulaire, allongée et épineuse en dehors comme en dedans; les pattes des deux premières paires sont courtes et terminées par une petite main didactyle, tandis que celles des trois paires suivantes sont monodactyles; toutes portent à leur base un palpe lamelleux plus ou moins allongé et un petit appendice flabelliforme qui remonte entre les branchies; enfin l'abdomen est médiocre, armé en dessus de fortes épines et du reste assez semblable à celui des Hippolytes.

Oplophore type. *Oplophorus typus*. Edwards. Hist. nat. des Crust. t. 2. p. 424. pl. 25. fig. 6.

Le genre EPHYRE de Roux paraît être très voisin du précédent, mais a le corps très comprimé, l'abdomen très long et caréné; du reste, il n'est encore qu'imparfaitement connu. (Voyez Roux. Mém. sur les Salicoques, p. 24; et Edw. Hist. nat. des Crust. t. 2. p. 422.)

† Genre **EUPHÈME**. *Euphema.*

Pattes des trois premières paires didactyles; celles des deux paires suivantes monodactyles et natatoires; toutes garnies à leur base d'un palpe lamelleux très allongé, et d'un petit appendice flabelliforme, à-peu-près comme chez les Palémons.

Esp. Euphème armé. *Euphema armata.* Edwards. Hist. nat. des Crust. t. 2. p. 421.　　E.

PALÉMON. (Palæmon.)

Quatre antennes: deux intermédiaires supérieures, à trois filets, deux latérales inférieures, simples, plus longues, ayant une écaille oblongue attachée à leur base.

Port des écrevisses. Corps subcylindrique, courbe. Test terminé antérieurement par un bec caréné, denté, très saillant. Des lames natatoires à la queue. Dix pattes onguiculées; les quatre antérieures terminées en pince. (* Celles de la seconde paire plus longues et plus fortes que celles de la première paire et n'ayant pas le carpe multi-articulé.)

Antennæ quatuor: intermediis duabus superis, trisetis; lateralibus inferis, longioribus, simplicibus; earum basi squamâ oblongâ affixâ.

Habitus Astacorum. Corpus subcylindricum, incurvum. Testa anticè rostro carinato serrato productoque terminata. Lamellæ natatoriæ ad caudam. Pedes decem unguiculati; anticis quatuor apice chelatis.

OBSERVATIONS. — Les *Palémons* avoisinent les Alphées et sont assez nombreux en espèces. On les distingue facilement des autres Salicoques, en ce que leurs antennes intermédiaires sont terminées par trois filets. Ils ont antérieurement un bec très saillant, caréné en crête, denté en scie, décurrent sur le dos du test.

ESPÈCES.

1. Palémon carcin. *Palæmon carcinus.*

P. rostro ascendente , suprà subtùsque serrato , antennarum squamis longiore.

Cancer carcinus. Lin.

Palæmon carcinus. Fab. Suppl. p. 402.

Rumph. Mus. tab. 1. fig. B.

Herbst. canc. t. 28. fig. 1.

Palæmon carcinus. Oliv. Encycl. n°

* Latreille. Hist. nat. des Crust. et des Ins. t. 6. p. 260.

* Desmarets. Consid. sur les Crust. p. 237.

* Edwards. Hist. des Crust. t. 2. p. 395.

Habite la mer des Indes.

2. Palémon de la Jamaïque. *Palæmon Jamaicensis.*

P. rostro suprà serrato , subtùs tridentato, antennarum squamas æquante.

Palæmon jamaicensis. Oliv. Encycl. n° 2.

Sloan. Jam. 2. tab. 245. f. 2.

Seba. mus. 3. t. 21. f. 4.

Herbst. canc. tab. 27. fig. 2.

* Leach. Zool. Miscel. t. 2. pl. 92.

* Desmarest. Consid. sur les Crust. p. 237.

* Edwards. op. cit. p. 398.

Habite l'Amérique méridionale , les Antilles, dans les fleuves.

3. Palémon squille. *Palæmon squilla.*

P. rostro suprà serrato , subtùs tridentato, antennarum squamis longiore.

Cancer squilla. Lin.

Palæmon squilla. Fab. Suppl. p. 403.

Squilla fusca. Bast. op. subs. 2. tab. 3. f. 5.

* *Crevette?* Belon. de la nat. des poissons. p. 364.

* *Caramot* ou *Squilla gibla ?* Rondelet. t. II. p. 395.

* Klein. Obs. sur les Crust. p. 66. fig. A.

* *C. squilla ?* Othon Fabricius. Fauna groenlandica. p. 237.

* *Astacus squilla.* Fabricius. Entom. syst. t. 2. p. 485.

* *Palemon squilla.* Bosc. t. II. p. 105.

* Latreille. Hist. des Crust. et des Ins. t. VI. p. 257. et Règne anim. de Cuv. t. IV. p. 98 , etc.

* Oliv. Encycl. méth. t. VIII. p. 662.
* Leach. Malacostr. pod. Britan. pl. 43. fig. 11–13.
* Desmarest. Consid. sur les Crust. p. 235.
* Roux. Salicoques. p. 15.
* Guérin. Iconog. du Règne anim. Crust. pl. 22.
* Edwards. Hist. des Crust. t. 2. p. 390.

Habite l'Océan Européen, sur les côtes. Espèce commune, vulgairement appelée la *Salicoque*.

4. Palémon hirtimane. *Palæmon hirtimanus.*

P. rostro porrecto, brevi, suprà serrato, subtùs bidentato; chelis muricatis: sinistrá majore. Oliv.

Palæmon hirtimanus. Oliv. Encycl. n° 14. (pl. 318. fig. 2.)

* Edwards. op. cit. t. 2. p. 400.

Habite la mer des Indes. *Péron.*

Etc. Voyez le Palémon orné. Oliv. Encycl. n° 5. Il a beaucoup de rapport avec le Palémon de la Jamaïque.

* Ajoutez un grand nombre d'autres espèces dont les caractères sont indiqués dans le deuxième volume de notre Hist. nat. des Crust.

† Genre LYSMATE. *Lysmata.* Risso.

Les Lysmates ressemblent beaucoup aux Palémons, et établissent le passage entre ces Salicoques et les Hippolytes. Ils ont un rostre long, relevé et dentelé, les antennes supérieures terminées par trois filets sétacés comme les Palémons, et les pattes des deux premières paires terminées par une main didactyle; mais de même que chez les Hippolytes la dernière de ces deux paires est filiforme et a le carpe multi-articulé.

Esp. Lysmate queue soyeuse. *Lysmata seticauda.*

Melicerta seticaudata et *Lysmata seticaudata.* Risso. Crust. de Nice. p. 110. pl. 2. fig. 1.

Desmarest. Consid. sur les Crust. p. 239.

Latreille. Règne anim. t. 4. p. 98.

Roux. Crust. de la Méditerranée. pl. 37. et Mém. sur les Salicoques p. 17.

Edwards. Hist. des Crust. t. 2. p. 386. pl. 25. fig. 10.

† Genre **ATHANASE**. *Athanas.* Leach.

Par leur forme générale, les Athanases ressemblent assez à de petites écrevisses; mais, par leur organisation elles se rapprochent davantage des Lysmates, dont elles ne diffèrent guère que par la petitesse de leur rostre, la grosseur de leurs pattes antérieures et la conformation de leurs mandibules. La carapace de ces petits Crustacés ne s'élève pas en carène à la base du rostre, comme chez les précédens, et ce prolongement n'est pas dentelé sur les bords; mais les antennes internes se terminent par trois filets multi-articulés, disposés comme chez les Palémons. Comme chez ces derniers Crustacés, les pattes-mâchoires externes sont grèles et courtes. Les pattes de la première paire sont au contraire longues et très fortes; elles sont inégales entre elles, et se terminent par une grosse main didactyle, dont les pinces sont courtes et robustes. Les pattes de la seconde paire sont filiformes, et ordinairement reployées en deux; leur carpe est très allongé et multiarticulé, et elles se terminent par une main didactyle très petite et très faible. Les pieds des trois paires suivantes sont monodactyles, et ne présentent rien de remarquable. On ne connaît qu'une espèce de ce genre.

> L'Athanase luisant. *A. nitescens.* Leach. Malacostr. Podoph. Brit. tab. 44.
> Desmarest. Consid. sur les Crust. p.
> Latreille. Règne.anim. t. IV. p. 99.
> Edwards. Hist. des Crust. t. 2. p. 366.   E.

LES ASTACIENS.

Les *Astaciens*, ainsi nommés parce qu'ils embrassent le genre des écrevisses, ont effectivement avec elles des rapports très marqués; ce sont les plus éminens des Macroures, et c'est parmi eux que se trouvent les crustacés de plus grande taille.

Ils sont bien distingués des Salicoques en ce que leurs quatre antennes sont insérées presque sur un seul et même rang, que les latérales sont réellement extérieures et non situées sous les intermédiaires, et qu'elles n'ont point à leur base une grande écaille allongée, qui couvre ou dépasse leur pédoncule.

Le corps des *Astaciens* est allongé, à test en général solide, quelquefois même fort dur, scabre ou raboteux; à queue grande, plus longue que le test, articulée, toujours découverte, ayant à l'extrémité une nageoire en éventail, formée par des lames latérales qui accompagnent le bout. On divise ces crustacés en deux sections, savoir :

1° Ceux dont les pattes, presque semblables, n'ont point de bras avancés, point de véritables pinces : les Langoustes, les Scyllares; 2° ceux qui ont deux grands bras avancés, terminés chacun par de grandes pinces : les Galathées, les Écrevisses, les Thalassines.

[Cette division ne nous paraît pas naturelle, et les caractères que notre auteur assigne à ses Astaciens ne sont pas toujours applicables à ces Crustacés. (Voyez pour la distribution des genres le tableau, page 342.)   E.

LANGOUSTE. (Palinurus.)

Quatre antennes inégales : deux intermédiaires plus courtes, à dernier article bifide; les externes très longues, subulées, hérissées inférieurement. Les yeux disposés sur une éminence commune transverse.

Corps grand, oblong, subcylindrique; à test muriqué. Queue des écrevisses. Dix pattes, presque semblables, onguiculées, sans pinces parfaites ; la fausse main des pattes antérieures à doigt mobile, très petit.

Antennæ quatuor, inæquales : intermediis duabus brevioribus, articulo ultimo bifidis ; externis longissimis subulatis, infernè hirtis. Oculi in eminentiâ communi transversâ dispositi.

Corpus magnum, oblongum, subcylindricum ; testa muricata. Cauda astacorum. Pedes decem, subsimiles, unguiculati ; chelis perfectis nullis ; manu spuriâ pedum anticorum digito mobili minimo.

OBSERVATIONS. — Le genre des *Langoustes* est naturel , très beau, bien diversifié en espèces, comprend de grands crustacés, dont quelques-uns acquièrent une taille énorme, et qui, en général, ressemblent assez aux écrevisses par leur aspect ; mais leurs pattes sont dépourvues de pinces, quoique dans quelques-uns, les antérieures soient terminées par une fausse main, ayant outre l'ongle terminal, un doigt mobile, écarté, fort court, et comme avorté. Dans quelques espèces, le dernier article des pattes est muni de poils serrés qui imitent des brosses.

Le test des *Langoustes* est plus ou moins hérissé de tubercules épineux. Il y en a surtout deux constamment placés derrière les yeux et au-dessus, ayant leur pointe arquée et dirigée en devant.

Ces beaux crustacés ont la plupart des couleurs brillantes assez vives, habitent dans la mer, entre les rochers, et sont assez recherchés sur nos tables : citons-en quelques espèces.

ESPÈCES.

Segmens de la queue divisés par un sillon transversal.

1. Langouste commune. *Palinurus vulgaris.*

> *P. rufus ; testâ aculeatâ ; caudâ albo-maculatâ ; spinis ocularibus subtùs dentatis.*
>
> Καράϐος Aristote. — *Locusta.* Suétone. (voyez Cuvier. Dissertation critique sur les espèces d'Ecrevisses connues des anciens.)
>
> * *Locusta.* Belon. Poissons. p. 354 et 356. fig. 1.
>
> * Rondelet. Poissons. t. II. p. 385.

* Aldrovande. De Crust. p. 102.
* *Astacus elephas?* Fabricius. Entom. syst. t. II. p. 479.
Palinurus vulgaris. Lat. Gen. 2. p. 48.
Palinurus quadricornis. Fab.
Cancer astaous elephas. Herbst. Canc. tab. 29. f. 1.
Palinurus locusta. Oliv. Encycl.
Penn. Zool. brit. 4. t. 11. f. 22.
* *Palinurus quadricornis.* Latreille. Hist. des Crust. t. 6. p. 193.
   pl. 52. fig. 3. (sous le nom de Langouste ordinaire.)
* *Palinurus locusta.* Olivier. Encycl. t. 8. p. 672.
* *Palinurus vulgaris.* Latr. Annales du Muséum. t. III. p. 391. et
   Règne anim. de Cuvier. t. IV. p. 8.
* Leach. Malac. Pod. Brit. pl. 30.
* Desmarets. Consid. sur les Crust. p. 185. pl. 2. fig. 1.
* Risso. Crustacés de Nice. p. 64. et Hist. nat. de l'Europe mérid.
   t. 5. p. 45.
* Edwards. Atlas du Règne anim. de Cuvier. Crust. pl. 46. fig. 1.
   et Hist. des Crust. t. 2. p. 292.
Habite la Méditerranée et l'Océan européen. Sa chair est estimée
   Le sillon qui divise chaque segment de la queue, est interrompu
   au milieu par une saillie quelquefois incomplète.

2. Langouste mouchetée. *Palinurus guttatus.*

P. *viridis; testá muricatá; caudá maculis albis rotundis sparsis or-
natá; spinis frontalibus binis.*
* *Squilla crango americana altera.* Seba. t. 3. p. 54. pl. 21.
   fig. 5.
Palinurus homarus. Fab. Suppl. p. 400.
Palinurus guttatus. Lat. Ann. du Mus. 3. p. 392.
Oliv. Encycl. Palinure. n° 2.
* Desmarest. Consid. sur les Crust. p. 185.
* Edwards. Hist. des Crust. t. 2. p. 297. pl. 23. fig. 1.
Habite les mers de l'Ile-de-France, l'Océan Asiatique; ses taches
   sont petites.

3. Langouste argus. *Palinurus argus.*

P. *rubescens aut cœrulescens; thorace aculeato; spinis frontalibus
quaternis; caudá maculis ocellaribus albis raris serialibus.*
Palinurus argus. Latr. Ann. du Mus. 3. p. 393.
Palinurus argus. Oliv. Encycl. n° 5.
* Desmarest. op. cit. p. 185.
* Edwards. op. cit. t. 2. p. 300.
Habite l'Océan du Brésil. *Lalande*

Segmens de la queue non divisés ou sans sillon transversal.

4. Langouste ornée. *Palinurus ornatus.*

> *P. viridis; testá granulatá aculeatáque; caudæ segmentis lœvibus
> maculá fuscá transversá notatis; pedibus viridi et albo variis.*
> *Palinurus ornatus.* Fab. Suppl. p. 400.
> *Palinurus ornatus.* Oliv. Encycl. nº 3. (* pl. 316,)
> * *P. Homarus.* Herbst. Krabben. pl. 31. fig. 1.
> * *P. ornatus.* Desmarest. Consid. sur les Crust. p. 185.
> * Edw. Hist. des Crust. t. 2. p. 296.
> Habite l'Océan indien et près de l'Ile-de-France. M. Mathieu. L'in-
> dividu du Muséum est d'une taille énorme.

5. Langouste versicolore. *Palinurus versicolor.*

> *P. viridis albido-maculatus; testá granulatá, subaculeatá; seg-
> mentis caudæ lœvibus immaculatis; pedibus longitudinaliter
> lineatis.*
> *Palinurus versicolor.* Mus. nº
> (b) Var ? *Astacus penicillatus.* Oliv. Encycl. n. 3.
> Habite les mers de l'Ile-de-France. M. Mathieu. Voyez le *palinurus
> penicillatus.* Oliv. Encycl. n. 7. La variété B. que je possédais,
> est passée dans la collection de M. Leach. Sa taille est très gran-
> de, et ses pattes sont remarquables par les brosses de leur som-
> met.

6. Langouste rubanée. *Palinurus tœniatus.*

> *P. subfulvus; testá fusco-maculatá, tuberculatá et muricatá; seg-
> mentorum caudæ margine postico tœniato.*
> *Palinurus versicolor.* Lat. Annal. du Mus. 3. p. 394.
> Habite les mers de la Nouvelle-Hollande. Mus. nº   Les indivi-
> dus sont de petite taille, mais probablement il en existe de plus
> grands.
> Etc.
> * Ajoutez quelques autres espèces dont les caractères sont indiqués
> dans le second volume de notre Hist. nat. des Crust.

[On a trouvé, dans le calcaire marneux du Monte-
Bolca, un grand Crustacé fossile qui appartient évidemment à ce genre, et qui est à-peu-près de la taille de la

Langouste commune, mais qui n'a pas été rencontré en assez bon état de conservation pour qu'il soit possible d'y assigner des caractèr es précis (Voy.Desmarest.Crust. fos. p. 131.)

M. Desmarest rapporte aussi à ce genre deux autres espèces de Crustacés fossiles ; mais nous ne partageons pas l'opinion de ce zoologiste relativement aux affinités naturelles de ces animaux. Le *Palinurus reglianus* (Desmarest, Foss. pl. 11. fig. 3) nous paraît avoir plus d'analogie avec les Néphrops qu'avec tout autre Macroure, et constitue le type du genre GLYPHEA de M. Meyer, groupe auquel se rapportent plusieurs autres espèces fossiles. (Voyez Lethæa geognostica de Bronn. p. 177.

Le *Palinurus Suerii* de M. Desmarest diffère aussi des Langoustes par la disposition des régions de la carapace, par la forme du rostre, et l'existence de pinces ; M. Meyer en a formé le genre PEMPHIX. Il se trouve dans le Muschelkalk (Voy. Desmarets. op. cit. p. 132. pl. 10. fig. 8 et 9. — Meyer, Nova acta Physico-medica acad. Cæsar. Leopoldino-Carolinæ natur. curios. Bonnæ, 1833, t. XVI, pl. 2. p. 517. pl. 38. Bronn. Lethæa geognostica, p. 184. pl. 13. fig. 12.)

Nous croyons devoir ranger aussi dans la famille des Macroures cuirassés le *Macrourites pseudoscyllarus*, de Schlotheim, Petref. Nachtr. pl. 12. fig. 5. Crustacé fossile, dont la structure paraît avoir été très singulière. La carapace est courte, épineuse, et terminée en avant par un petit rostre aplati ; les antennes sont grèles et à pédoncule allongé. Les pattes de la première paire sont très grosses et épineuses dans les deux tiers de leur longueur, mais paraissent terminées par une petite main didactyle presque filiforme. Les pattes suivantes sont courtes, grèles et monodactyles. Enfin l'abdomen est grand, et conformé à-peu-près comme chez les Langoustes. M. le comte de Munster a proposé de donner à ce fossile le nom générique d'Orphea (Bronn Lethæa, page 477). Un des Macroures fossiles figurés par Bajer, Oryctogr. Norica. pl. 8. fig. 7. se rapproche beaucoup du précédent.   E.

SCYLLARE. (Scyllarus.)

Quatre antennes très dissemblables. Les deux intermédiaires filiformes, à dernier article bifide. Les latérales sans filament; leur pédoncule ayant ses articles dilatés, aplatis, en crête. Les yeux très écartés.

Corps oblong. Test grand, large, un peu convexe. Queue étendue, demi cylindrique, un peu courbée vers le bout, terminée par une nageoire lamelleuse, en éventail. Dix pattes onguiculées, presque semblables, sans pince.

Antennæ quatuor, dissimillimæ. Intermediæ duæ filiformes ; articulo ultimo bifido. Laterales filamento nullo; pedunculo articulis dilatatis, planis, cristatis. Oculi remotissimi.

Corpus oblongum. Testa magna, lata, convexiuscula. Cauda extensa, semi-cylindrica, versùs extremitatem subincurva ; pinnâ natatoriâ lamellosâ flabelliformi terminali. Pedes decem, ferè consimiles, unguiculati, chelis nullis.

Observations.—Les *Scyllares*, parmi les crustacés macroures, constituent un genre des plus remarquables, surtout par la singularité des antennes extérieures de ces animaux. On croirait que ces crustacés n'ont que deux antennes, savoir : les deux intermédiaires. En effet, les deux latérales ou extérieures, manquant de filament, n'ont plus que leur pédoncule dont les articulations forment des lames foliacées, en crête, et ne ressemblent nullement à des antennes. Leur corps est gros, peu allongé, plus ou moins scabre; leurs pattes sont sans pinces. On les appelle vulgairement Cigales de mer.

[D'après la position des yeux, la forme générale du corps et quelques autres caractères, on a divisé ce groupe en trois genres : les Scyllares, les Ibacus et les Thènes.   E.

ESPÈCES.

1. Scyllare ours. *Syllarus arctus.*

> S. *testá anticè trifariæ dentatá; antennarum externarum squamis crenatis ciliatis.*
> Cancer arctus. Lin.
> *Scyllarus arctus.* Fab. Suppl. p. 398.
> Lat. Gen. 1. p. 47.
> * Encyclop. pl. 287. p. 5.
> Herbst. cauc. t. 30. f. 3.
> * Desmarest. Consid. p. 182.
> * Risso. Crust. de Nice. p. 61. et Hist. nat. de l'Eur. mérid. t. 5. pl. 3.
> * Roux. Crust. de la Méditerranée. pl. XI.
> * Edw. Atlas du Règne anim. de Cuvier. Crust. pl. 45. fig. 1. et Hist. des Crust. t. 2. p. 282.
> Habite l'Océan de l'Europe, la Méditerranée. Cigale de mer. Rondelet.

2. Scyllare orchette. *Scyllarus latus.*

> S. *antennarum externarum squamis superioribus rotundatis : margine snbintegro.*
> *Scyllarus latus.* Latr. Gen. 1. p. 47.
> L'orchetta. Rond. Hist. des Poissons. liv. 18. chap. 5.
> Gesn. Hist. anim. 3. p. 1097.
> * Savigny. Egypte. Crust. pl. 8. fig. 1.
> * Desmarest. op. cit. p. 182.
> * Guérin. Iconog. Crust. pl. 17. fig. 1.
> * Edw. Hist. des Crust. t. 2. p. 284.
> Habite la Méditerranée. Il est peu scabre, et devient assez grand.

3. Scyllare antarctique. *Scyllarus antarcticus.*

> S. *pilosus, thorace antennarumque squamis serrato-ciliatis.* F.
> *Scyllarus antarcticus.* Fab. Suppl. p. 399.
> Seba. Mus. 3. tab. 20. f. 1.
> Rumph. Mus. tab. 2. f. C.

* *Cancer ursus major*. Herbst. t. 2 p. 82. pl. 3o. fig. 2.
* *Scyllarus antarcticus*. Latreille. Hist. des Crust. et des Ins. t. 6. p. 181.
* *Ibacus antarcticus*. Edw. Hist. des Crust. t. 2. p. 287.
Habite l'Océan Indien.

4. Scyllare incisée. *Scyllarus incisus*.

S. abbreviatus, subglaber; testá latá, depressá, margine serratá, utroque latere profundè incisá.
Scyllarus incisus. Péron.
* *Ibacus Peronii*. Leach. Zool. Miscel. t. 2. pl. 119.
* Desmarest. Consid. sur les Crust. p. 183. pl. 31. fig. 2.
* Edw. Hist. des Crust. t. 2. p. 287.
Habite les mers de la Nouvelle-Hollande. Espèce remarquable et très distincte. Ses yeux sont médiocrement écartés.
Etc.
Ajoutez le *S. orientalis*. (* Fabr. Supplem. p. 399. — Latr. Encyclop. p. 314. — Desmarest. op. cit. pl. 31. fig. 1. — *Thenus orientalis*. Edw. Hist. des Crust. t. 2. p. 286, et atlas du Règne anim. Crust. pl. 45. fig. 2.) et quelques autres.

† Genre ERYON. *Eryon.*

On a trouvé à l'état fossile un Crustacé très singulier qui ne peut rentrer dans aucune des tribus naturelles, formées par les espèces actuelles, mais qui, à plusieurs égards, se rapproche des Scyllares, et semble devoir prendre place auprès de ces animaux. Ce fossile, dont M. Desmarest a formé le genre ERYON, se fait remarquer par sa carapace très élargie, presque carrée, plus longue que l'abdomen, et fortement dentée en avant. Les antennes internes sont petites et terminées par deux filets multiarticulés, grèles et filiformes; les externes sont courtes, et leur pédoncule est cylindrique et recouvert, suivant M. Desmarest, par une écaille assez large, ovoïde et fortement échancrée. Le cadre buccal paraît être étroit. Les pattes de la première paire sont aussi longues que la carapace, de grosseur médiocre, et terminées par une pince à doigts grêles et arqués. Les pattes des deux paires suivantes sont plus grêles, beaucoup plus courtes, et également terminées en pince; celles des deux dernières paires paraissent être monodactyles. Enfin l'abdomen est aplati et terminé par une nageoire caudale, dont la lame médiane est pointue et les quatre lames latérales moins longues que la médiane et hastiformes.

M. Desmarest a donné à ce Crustacé fossile le nom spécifique d'ERYON DE CUVIER. On le trouve dans le calcaire de Pappenheim, de Solenhofen et d'Aichstedt. (Voyez Desm. Crust. fossiles. p. 129. pl. 10. fig. 4. — Bronn. Lethæa. p. 473 ; etc.)

Le Crustacé fossile, figuré par Schlotheim sous le nom de *Macrourites propinquus* (1), paraît appartenir au même genre que le précédent, dont il se distingue par la forme circulaire de la carapace.

Enfin M. Mayer vient de publier dans les Mémoires des Curieux de la Nature de Bonn, la description de deux espèces nouvelles du même genre, savoir : l'*Eryon Hartmannii* (Mayer. Acta acad. Cœs. Leop. Carol. Nat. Cur. v. XVIII. p. 263. pl. 11. fig. 1. et pl. 12. fig. 2 et 4.), et l'*Eryon Schuberti* (ejusd. op. cit. p. 271. pl. 12. fig. 3, 6.).

E.

GALATHÉE. (Galathea.)

Quatre antennes: les deux intermédiaires courtes, à dernier article bifide ; les latérales longues, sétacées, simples. Rostre court, épineux ou denté.

---

(1) Schloteim. op. cit. p. 35. pl. 3. fig. 2. — *Eryon arctiformis*. Bonn. Lethæa. p. 474. pl. 27. fig. 2.— *Eryon Schlotheimii*. Holl. Pefref. t. 2. p. 150. — Mayer, Mém. de l'ac. des Cur. de la Nat. de Bonn, t. 18. p. 280.

Corps oblong. Queue étendue, quelquefois courbée, ayant à son extrémité une nageoire lamelleuse. Dix pattes : les deux antérieures très grandes, chélifères; les autres graduellement plus courtes.

Antennæ quatuor : intermediis duabus brevibus , articulo ultimo bifidis ; lateralibus longis setaceis simplicibus. Rostrum breve , spinosum aut dentatum.

Corpus oblongum. Cauda extensa , interdùm curva; pinnâ lamellosâ natatoriâ ad apicem. Pedes decem; anticis duobus maximis chelatis; aliis gradatim brevioribus.

OBSERVATIONS. — Comme dans les Ecrevisses, les antennes des *Galathées* sont presque sur le même rang, et les latérales ne sont pas munies d'une lame à leur base. Mais les Galathées n'ont qu'une paire de pattes didactyles; ce sont les antérieures, et elles sont très grandes. Ces crustacés sont souvent chargés d'une multitude de petites écailles, principalement sur leurs pattes antérieures.

[Il est aussi à noter que les pattes de la cinquième paire sont extrêmement grèles et reployées au-dessus des autres, ou même dans la cavité branchiale.   E.

ESPÈCE.

1. Galathée striée. *Galathea strigosa.*

> G. *testâ antrorsùm rugosâ , spinis ciliatâ ; rostro acuto septem dentato.*
>
> *Cancer strigosus.* Lin.
>
> * *Ecrevisse striée.* Degeer. Mém. pour servir à l'hist. des Ins. t. 7. pl. 23. fig. 1.
>
> * Herbst. t. 2. p. 5o. pl. 26. fig. 2.
>
> *Galathea strigosa.* Fab. Suppl. p. 414.
>
> *Galathea strigosa.* Lat. Gen. 1. p. 5o. (* Encyclop. pl. 294. fig. 1. et pl. 326. fig. 1.
>
> Penn. Zool. brit. 4. tab. 14. f. 26.
>
> * *Galathea spinigera.* Leach. Malac. Pod. Brit. pl. 28.
>
> * Desmarest. Consid. sur les Crust. p. 189. pl. 33. fig. 1.
>
> * Roux. Crust. de la Méditerranée. pl. 16.

* Guérin. Iconog. Crust. pl. 17. fig. 3.
* Edwards. Atlas du Règne animal de Cuvier. Crust. pl. 47. fig. 1.
  et Hist. des Crust. t. 2. p. 273.
Habite l'Océan de l'Europe.

2. Galathée longipède. *Galathea rugosa.*

G. pedibus anticis longissimis , squamulosis ; rostro spinoso.
* *Leo.* Rondelet. Poissons. t. 2. p. 390.
Galathea rugosa. Fab. Suppl. p. 415.
Galathea longipeda. Syst. des anim. sans vert. p. 158.
Cancer bamfius. Penn. Zool. brit. 4. t. 13. f. 25.
Herbst. t. 2. p. 58. pl. 27. fig. 3.
* *Manida rugosa.* Leach. Malac. Pod. Brit. pl. 29.
* Desmarest. Consid. sur les Crust. p. 192.
* *Galathea rugosa.* Edwards. Hist. des Crust. t. 2. p. 274.
Habite l'Océan d'Europe et la Méditerranée.
Etc.

[Le genre Grimothée, *Grimothea,* de Leach, ne diffère que fort peu du précédent et pourrait ne pas en être séparé. En effet, la forme générale des Grimothées est essentiellement la même que celle des Galathées, seulement l'article basilaire de leurs antennes internes est claviforme et à peine denté, à son extrémité, et les pattes-mâchoires externe sont très longues et ont leurs trois derniers articles élargis et foliacés, tandis que chez les Galathées le premier article de ces antennes est cylindrique et armé à son extrémité de plusieurs fortes épines ; enfin les pattes-mâchoires externes sont médiocres et sans élargissement vers le bout. Le type de ce genre est la *Galathea gregaria* de Fabricius (Supplém. Ent. Syst. p. 415. — *Grimathea gregaria* Leach. Dict. du Sicen. Nat. t. XVIII, p. 50.—Desmarest. op. cit. p. 188 ; Edw. Hist. des Crust. t. 2 p. 277 et atlas du Règne anim. de Cuv. Crust. pl. 47. fig. 2).   E.

ÉCREVISSE. (Astacus.)

Quatre antennes inégales, disposées presque sur une même ligne transverse: deux intermédiaires plus courtes, profondément bifides, multiarticulées; les latérales simples, plus longues, à pédoncule muni de quelques dents squamiformes.

Corps oblong, subcylindrique ; le test ayant antérieurement un bec saillant. Queue un peu grande, terminée par une nageoire en éventail; les lames latérales divisées en deux. Dix pattes; les six antérieures chélifères : les pinces de la première paire fort grandes.

Antennæ quatuor, inæquales, in eâdem ferè lineâ transversâ insertæ: intermediis duabus brevioribus, profundè bifidis, multiarticulatis; lateralibus longioribus, simplicibus: pedunculo dentibus aliquot squamiformibus instructo.

Corpus oblongum, subcylindricum ; testâ anticè rostro porrecto terminatâ. Cauda majuscula : pinnâ natatoriâ flabelliformi ad apicem. Pinnæ lamellæ laterales bipartitæ. Pedes decem; anticis sex didactylis ; chelis primi paris magnis.

OBSERVATIONS. — Ce genre intéresse, parce que deux de ces principales espèces sont très connues et recherchées sur nos tables. Les *Ecrevisses* sont distinguées de tous les crustacés macroures de la famille des Salicoques, par la disposition de leurs antennes presque sur un même rang, et parce que les antennes latérales ou extérieures n'ont plus à leur base une grande lame allongée, attachée à leur pédoncule (1) Sous cette considération, ces crustacés appartiennent à une famille particulière que nous nommons *Astaciens*. On divise cette famille en deux sections, savoir : 1º celle dont les races ont les deux pattes antérieures plus fortes et terminées par une grande pince [les Ecrevisses

----

(1) Cette lame mobile existe, seulement elle est moins grande que chez les Salicoques.   E.

sont de ce nombre]; 2° celle qui comprend des Astaciens dont toutes les pattes sont presque semblables, et point véritablement chélifères.

Tout ce qui concerne les *Ecrevisses*, comme leurs caractères, leurs habitudes, les faits d'organisation qu'elles présentent, a sans doute beaucoup d'intérêt; mais se trouvant exposé dans différens ouvrages de zoologie', nous sommes obligé, par notre plan, d'y renvoyer le lecteur (1). Nous dirons seulement que ce sont des animaux carnassiers et voraces; que les uns vivent dans les eaux douces, se cachant dans des trous, sous les rives; et que les autres vivent dans la mer.

[Ce groupe, qui correspond à la famille des Astaciens dans la méthode de classification exposée p. 342, a été subdivisé en trois genres : les Ecrevisses proprement dites, les Homards et les Néphrops. (Voy. notre Hist. des Crust. t. 2. p. 328).

ESPÈCES.

1. Ecrevisse homard. *Astacus marinus*.

 A. rostro utroque latere subtridentato ; mánibus interno latere dentibus crassis.

 Cancer gammarus. Lin.

 Astacus marinus. Fab. Suppl. p. 406.

 Herbst. Canc. tab. 25.

 Astacus marinus. Lat. Gen. p. 51.

 Penn. Zool. Brit. vol. 4. tab. 10. fig. 21.

 * *Astacus marinus.* Belon. De Aquatilibus. p. 356.

 * *Astacus verus.* Aldrovande. de Crust. p. 112 et 121.

 * *Cancer gammarus.* Herbst. t. II. p. 42. pl. 25.

 * *Astacus marinus.* Olivier. Encyclop. p. 342.

 * Latreille. Encyclop. pl. 287. fig. 2; Règne anim. de Cuv. t. IV. p. 89, etc.

 * Bosc. t. 2. p. 62. pl. 11. fig. 1.

 * Desmarest. Consid. sur les Crust. p. 211. pl. 41. fig. 1.

 * *Homarus vulgaris.* Edwards. Hist. des Crust. t. 2. p. 334.

 Habite l'Océan Européen. Espèce fort grande, non rare, et que l'on sert fréquemment sur nos tables.

---

(1) Voy. Latreille, Hist. des Crust. et des Insectes. t. 6. — Desmarest, Considérations sur les Crustacés, et notre Hist. nat. des Crustacés.

2. Ecrevisse de rivière. *Astacus fluviatilis.*

A. rostro utroque latere subunidentato ; manibus interno latere muticis, obsoletè granulatis..

Cancer astacus. Linn.

Astacus fluviatilis. Fabr. Suppl. p. 406.

L'écrevisse. Geoff. 2. p. 666. n° 1.

Penn. Zool. Brit. 4. t. 15. f. 27.

Astacus fluviatilis. Lat. Gen. 1. p. 51.

* *Cancer fluviatilis.* Rondelet. Poissons. t. II. p. 210.

* *Astacus fluviatilis.* Gesner. Aquatil. p. 104.

* Baster. opus. subs. t. 2. pl. 1.

* Aldrovande. Crust. p. 129 et 130.

* Junston. Exsan. tab. 3 et 4. fig. 1.

* Roesel. Ins. t. 3. tab. 54 et 61.

* Sulzer. tab. 23. fig. 151.

* *Cancer astacus.* Degeer. Mém. pour servir à l'Hist. des Ins. t. VII. pl. 20. fig. 1.

* *Astacus fluviatilis.* Olivier. Encyclop. t. VII. p. 342.

* Bosc. t. II. p. 62.

* Ejusd. Hist. nat. des Crust. t. 6. p. 235 ; Encyclop. pl. 286. p. 1, 2, 3. et pl. 28. fig. 8 ; Règne anim. de Cuvier. t. 4. p. 90.

* Desmarest. Consid. sur les Crust. p. 211.

* Guérin. Iconog. Crust. pl. 19. fig. 2.

* Edwards. Hist. nat. des Crust. t. 2. p. 330.

Habite les rivières de l'Europe. Commune. On la sert souvent sur nos tables.

L'*Astacus Bartonii*, Fab. p. 407, vit dans les eaux douces de l'Amérique septentrionale, et parait se rapprocher beaucoup de la nôtre.

3. Ecrevisse de Norwège. *Astacus Norwegicus.*

A. thorace antrorsùm aculeato ; manibus prismaticis : angulis spinosis..

* *Astacus mediæ magnitudinis prior.* Aldrovande. op. cit. p. 113. — Pontopidan. Histoire de Norwège, t. 2. pl. 25.

Cancer norwegicus. Linn.

Astacus norwegicus. Fab. Suppl. 407.

Herbst. canc. tab. 26. f. 3.

Penn. Zool. Brit. 4. t. 12. f. 24.

Séba. Mus. 3. tab. 21. fig. 3.

* Degeer. Mém. Ins. t. 7. p. 398. pl. 24. fig. 1.

* Oliv. Encyclop. t. 7. p. 347.

* Latreille. Hist. des Crust. t. 6. p. 241 ; Encyc. pl. 294. fig. 1;
    Règne anim. de Cuv. t. 4. p. 189, etc.
* Bosc. Hist. des Crust. t. 2. p. 62.
* *Nephrops norwegicus.* Leach.
* Malac. Pod. Brit. pl. 36.
* Desmarest. Consid. sur les Crust. p. 213. pl. 37. fig. 1.
* Edwards. Hist. des Crust. t. 2. p. 336.
Habite la mer de Norwège.
Etc.

THALASSINE. (Thalassina.)

Antennes comme dans les Écrevisses ; mais le pédoncule des latérales mutique. Bec du test fort court.

Corps allongé. Queue longue, étroite, subcylindrique, presque nue ; à nageoire terminale petite, ayant ses lames latérales étroites, non divisées. Dix pattes : les quatre antérieures didactyles. La première paire fort grande.

Antennæ ut in astacis ; at pecundulus lateralium muticus. Testæ rostrum anticum breve.

Corpus elongatum. Cauda longa, angusta, subcylindrica, nudiuscula, pinná natatoria terminali parvá ; lamellis lateralibus angustis, indivisis. Pedes decem : anticis quatuor didactylis, primi paris majoribus.

Observations. — Quoique la *Thalassine* soit très voisine des Ecrevisses par ses rapports, sa queue longue, étroite et presque nue, la rend si singulière, que M. Latreille l'en a distinguée comme genre, surtout n'ayant que quatre pattes didactyles; elle semble faire la transition aux paguriens. M. Latreille rapporte à ce genre, ceux que M. *Leach* a désignés sous les noms de *Gebia, Callianassa,* et *Axius.*

ESPÈCE.

1. Thalassine scorpionide. *Thalassina scorpionides.*

Latr. Gen. 1. p. 52. (*Et Encyclop. pl. 317. fig. 1.
An Astacus scaber? Fab. Suppl. p. 407.
* *Cancer anomalus.* Herbst. t. 3. p. 62.

Thalassina scorpionoides. Leach. Zool. Misc. t. 3. pl. 13o.
* Desmarest. Consid. sur les Crust. p. 2o3. pl. 35. fig. 1.
* Guérin. Encyclop. t. 1o. p. 6i3. et Iconogr. Crust. pl. 18.
    fig. 4.
* Edwards. Atlas du Règne anim. de Cuv. Crust. pl. 48. fig. 1. et
    Hist. nat. des Crust. t. 2. p. 3i6.
Habite (* les côtes du Chili.) Se trouve dans la collection du Mu-
    séum.

[Les Thalassines, les Gébies, les Callianasses et quelques
autres Crustacés Macroures dont notre auteur n'avait
pas connaissance, constituent une petite famille naturelle
qui est intermédiaire entre les Ecrevisses et les Paguriens,
et qui est remarquable par le développement de l'abdomen, la mollesse des tégumens et la conformation particulière des pattes. Ces Crustacés n'ont pas de lame ou d'é-
caille mobile à la base des antennes externes, comme
les Salicoques et les Écrevisses; et leur sternum est
presque linéaire dans toute sa longueur et ne constitue
pas de plastron, comme chez les Langoustes, les Scyllares, etc. Ceux dont on connaît les mœurs vivent enfouis
dans le sable.

† Genre GÉBIE. *Gebia.*

Les Gébies ressemblent beaucoup aux Thalassines, mais
s'en distinguent par la conformation de la nageoire caudale, dont les quatre lames latérales, au lieu d'être linéaires, sont foliacées et très larges.

La carapace se termine intérieurement par un rostre
triangulaire, et assez large pour recouvrir presque entièrement les yeux. Les antennes internes sont très courtes,
mais cependant leurs deux filets terminaux sont plus longs
que leur pédoncule. Les pattes-mâchoires externes sont
pédiformes. Les pattes antérieures sont étroites, et terminées par une main allongée et imparfaitement subchéli-

forme; leur doigt mobile est très grand, et, en se repliant
en bas , sa base s'applique contre le bord antérieur de la
main, dont l'angle inférieur se prolonge de manière à
constituer une dent tenant lieu de doigt immobile. Les
pattes suivantes sont comprimées et monodactyles ; celles
de la deuxième paire ont leur pénultième article grand,
élargi et cilié en dessous ; celles des paires suivantes sont
plus grèles. Enfin les branchies sont en brosse et fixées sur
deux rangs.

Esp. Gébie riveraine. *Gebia littoralis.*
> *Thalassina littoralis.* Risso. Crust. de Nice. p. 76. pl. 3. fig. 2.
> *Gebia littoralis.* Desm. Consid. sur les Crust. p. 204.
> *Gebios littoralis.* Risso. Hist. nat. de l'Eur. mérid. t. 5. p. 51.
> *Gebia littoralis.* Edwards. Hist. nat. des Crust. t. 2. p. 313.

Gébie étoilée. *G. stellata.*
> *C. astacus stellatus.* Montagu. Trans. Lin. Soc. t. 9. p. 89. p. 5.
> fig. 5.
> *Gebia stellata.* Leach. Malac. Pod. Brit. pl. 31.
> Desm. op. cit. p. 204. pl. 35. fig. 2.
> Edw. loc. cit.

† Genre **AXIE**. *Axia.*

Les Axies ressemblent beaucoup aux Gébies, par la
forme générale de leur corps, et surtout de leur carapace,
qui est très comprimée et terminée antérieurement par un
petit rostre triangulaire. Mais les pattes des deux premières paires sont terminées par une pince didactyle bien
formée ; celles de la troisième paire sont grèles et point
élargies vers le bout, et celles de la dernière paire sont,
comme d'ordinaire, relevées contre les côtés de l'abdomen.
On n'en connaît qu'une espèce.

> L'Axie stirhynque. *Axia stirhynchus.* Leach. Trans. of the Lin. Soc.
> vol. XI. p. 343. et Malac. Brit. tab. 33.
> Desmarest. Consid. sur les Crust. p. 207. pl. 36. fig. 1.
> Latreille. Règne anim. t. IV. p. 88.
> Guérin. Iconogr. Crust. pl. 18. fig. 5.
> Edwards. Hist. nat. des Crust. t. 2. p. 311. et Atlas du Règne anim.
> de Cuv. Crust. pl. 48. fig. 2.

TOME V. 25

† Genre **CALLIANASSE**. *Callianassa.*

Les Callianasses sont des Crustacés dont les tégumens de toutes les parties du corps, à l'exception des pattes antérieures, sont d'une mollesse très grande. La carapace de ces Macroures est très petite et dépourvue de rostre. Les pédoncules oculaires sont remarquables par leur forme : au lieu d'être cylindriques, comme d'ordinaire, ils sont presque lamelleux, et portent, vers le tiers antérieur de leur face supérieure, une petite cornée transparente, circulaire et presque plate. Les pattes-mâchoires externes sont operculiformes ; leur deuxième et troisième articles sont très larges, et constituent, par leur réunion, un grand disque ovalaire, à l'extrémité antérieure duquel se trouve une petite tige formée par les trois derniers articles ; enfin ces organes manquent de palpe. Les pattes antérieures sont grandes et presque lamelleuses ; celle du côté droit est extrêmement grande ; ses trois premiers articles sont peu élargis, mais le carpe et la main sont très développés, et offrent à-peu-près les mêmes dimensions et la même forme. Les pattes de la seconde paire sont petites et se terminent par une pince didactyle comme chez les Axies ; mais celles de la troisième paire sont très élargies vers le bout ; leur pénultième article surtout est presque ovalaire et constitue une sorte de bêche, à l'aide de laquelle ces Crustacés creusent le sable et s'y enfoncent. Les pattes de la quatrième paire sont aplaties, mais ne présentent rien de remarquable, et celles de la cinquième paire sont grêles et terminées par une main didactyle rudimentaire. L'abdomen est très grand et un peu déprimé ; il s'élargit beaucoup vers son tiers antérieur et ne descend pas latéralement de manière à encaisser la base des fausses pattes. Enfin la nageoire caudale est très large ; sa lame médiane est presque carrée, et les quatre lames latérales sont triangulaires et presque aussi larges que la pièce médiane.

Esp. Callianasse souterraine *Callianassa subterranea.*

 Cancer subterranea. Montagu. Trans. of the Lin. Soc. vol. IX. pl. 3 fig. 1 et 2.

 Callianassa subterranea. Leach. Malacost. Pod. Brit. pl. 32.

 Desmarest. Consid. sur les Crust. p. 205. pl. 36. fig. 2.

 Latreille. Règne anim. de Cuvier, t. 4. p. 87.

 Guérin. Iconogr. Crust. pl. 19. fig. 4.

 Edwards. Hist. des Crust. t. 2. p. 309. et Atlas du Règne anim. de Cuvier. Crust. pl. 48. fig. 3.

 Etc.

 C'est à ce genre que paraît devoir être rapporté le Crustacé fossile Maestricht, auquel M. Desmarest a donné le nom de *Pagurus Taupesii.* (Desm. Crust. foss. p. 127. pl. 11. fig. 2.)

† Genre **GLAUCOTHOÉ**. *Glaucothoe.*

Le genre Glaucothoé établit le passage entre les Paguriens, et les Callianasses. Sa carapace est presque ovoïde et ne présente pas de prolongement rostriforme. Les yeux sont saillans, grands et à-peu-près pyriformes. Les antennes internes sont courtes, coudées comme chez les Pagures, et terminées par deux petits appendices multiarticulés, très courts, dont l'un est garni de beaucoup de longs poils. Les antennes externes s'insèrent plus bas que les précédentes; leur pédoncule est coudé, et présente en dessus une petite écaille, vestige d'un palpe. Les pattes antérieures sont terminées par une grosse main didactyle bien formée, et sont de grandeurs très différentes. Les pattes de la deuxième et de la troisième paire sont grêles et très longues; celles des deux dernières paires sont, au contraire, courtes et relevées contre les côtés du corps, comme chez les Pagures; celles de la quatrième paire sont aplaties, assez larges, et imparfaitement didactyles; le doigt immobile de leur main n'étant formé que par un tubercule peu saillant; enfin les pattes postérieures, encore plus petites que ces

dernières, sont terminées par une petite main didactyle
assez bien formée. L'abdomen est étroit, allongé et parfaitement symétrique; le premier anneau est beaucoup plus
étroit que les suivans, et ne porte pas d'appendices; les
quatre segmens suivans, au contraire, donnent attache
chacun à une paire de fausses pattes natatoires assez grandes, formées par un article basilaire, cylindrique et deux
lames terminales; enfin, la nageoire caudale est grande
et foliacée.

On n'en connaît qu'une espèce.

Le Glaucothoé de Péron. *Glaucothoe Peronii.* Edwards. Ann. des Sc.
nat. t. 19. pl. 8, et Hist. des Crust. t. 2. p. 307.

† Genre CALLIANIDE. *Callianidea.*

Ces crustacés ressemblent beaucoup aux Callianasses
et appartiennent, comme les précédens, à la famille des
Thalassiniens ou Macroures fouisseurs, mais doivent être
rangés dans une tribu particulière, à cause de la structure
remarquable de leurs fausses pattes abdominales, dont les
lames terminales sont garnies tout autour de franges
branchiales, bien qu'il existe, comme d'ordinaire, des branches thoraciques logées sous la carapace. Leur corps est
grêle et très allongé; la carapace n'a guère plus du tiers
de la longueur de l'abdomen, et ne recouvre pas le dernier
anneau thoracique. Il n'y a point de rostre, et le bord
antérieur de la carapace est échancré de chaque côté de
la ligne médiane pour recevoir la base des yeux, dont les
pédoncules sont très courts, et conformés de la même
manière que chez les Callianasses. Les quatre antennes
sont grêles, et s'insèrent à-peu-près sur la même ligne
transversale; celles de la première paire se terminent par
deux filets à-peu-près égaux en longueur, mais dont l'un
est plus gros et légèrement renflé vers le bout. Les pattes
de la première paire sont longues, et l'une d'elles est très

grosse; la main qui termine celle-ci est très grande, et à-peu-près de même forme que chez les Callianasses, si ce n'est que le carpe est plus petit. Les pattes des deux paires suivantes sont petites et aplaties; celles de la quatrième paire sont presque cylindriques, et leur article basilaire est très élargi. Les pattes de la cinquième paire sont presque aussi grandes que ces dernières, et se terminent par une pince imparfaite et rudimentaire. L'abdomen, composé comme d'ordinaire de sept segmens, est à-peu-près de même largeur partout, et porte en dessous cinq paires de fausses pattes; celles de la première paire sont réduites à une simple lame étroite, mais celles des quatre paires suivantes sont très développées et conformées de la manière déjà indiquée. Enfin, la nageoire caudale est disposée comme chez les Callianasses.

Esr. Callianide type. *Callianidea typus.* Edwards. Hist. nat. des Crust. t. 2. p. 320. pl. 25 bis. fig. 8–14.

Le genre Isea, de M. Guérin, ne paraît devoir différer que fort peu du précédent. (Voyez Annales de la soc. Entomol. de France. t. 1. p. 295, et notre Hist. nat. des Crust. t. 11. p. 321). E.

LES PAGURIENS.

Queue nue ou presque nue, sans nageoire au bout, garnie seulement de quelques appendices latéraux : elle n'est point entièrement appliquée sous le ventre, dans le repos de l'animal.

Ces crustacés sont singuliers, offrent des anomalies remarquables, et font en quelque sorte le passage des macroures aux brachyures. Néanmoins, ils appartiennent encore aux premiers, et terminent la première section des crustacés homobranches.

Effectivement, le corps des *paguriens* est encore plus long que large, et leur queue, quoique assez grande ou longue, l'est beaucoup moins que dans les autres macrou·res dont l'extrémité de la queue offre une nageoire lamelleuse, en éventail.

Parmi les *paguriens*, les uns [les hermites] ne sont point du tout nageurs, et n'ont, en effet, aucune patte terminée en lame, tandis que les autres sont de mauvais nageurs, quoiqu'ils aient quelques pattes ou plusieurs paires de pattes terminées en lames, puisque leur queue n'est point propre à la natation. Voici les genres que je rapporte à cette division.

(1) Aucune patte terminée en lame. La queue molle, non crustacée.

Hermite.

(2) Des pattes (quelques-unes ou la plupart) terminées en lames. Tous les tégumens crustacés.

Hippe.
Rémipède.
Albunée.
Ranine.

[Cette division rentre dans la section des Décapodes Anomoures telle que nous l'avons caractérisée page 336 ; mais elle n'est pas naturelle et il faut ranger ces Crustacés dans trois tribus distinctes, les Pagures d'une part, les Hippes etc., d'une autre part, et enfin les Ranines.   E.

HERMITE. (Pagurus.)

Quatre antennes inégales : les deux intermédiaires bi- ou triarticulées ; à dernier article bifide ; les extérieures plus longues, sétacées. Deux yeux pédonculés.

Corps oblong, à test légèrement crustacé. Queue allongée, molle, presque nue, rarement divisée en segmens, et munie à son extrémité de quelques appendices latéraux. Dix pattes : les deux antérieures inégales, terminées en pince ; les quatre postérieures fort petites.

Antennæ quatuor, inæquales : intermediis duabus bi seu triarticulatis ; articulo ultimo bifido ; externis longioribus setaceis. Oculi duo pedunculati.

Corpus oblongum ; testá subcrustaceá. Cauda elongata, mollis, subnuda, raró segmentis divisa, appendicibus aliquot sublateralibus, apice instructa. Pedes decem : anticis duobus inæqualibus chelatis ; posticis quatuor ultimis perparvis.

OBSERVATIONS. — Les *Hermites* ou Pagures vivent en quelque sorte en solitaires, et ont pris l'habitude, les uns de s'enfoncer dans des coquilles univalves vides, et d'y établir leur domicile, les traînant avec eux lorsqu'ils veulent se déplacer; les autres de se loger dans des trous, des Alcyons, etc. Tous changent de demeure lorsqu'ils s'y trouvent trop à l'étroit par l'effet de leur accroissement. La partie postérieure de leur corps, et surtout la queue, se trouvant sans cesse à couvert et à l'abri des frottemens, a réduit les tégumens de ces parties cachées à un état presque membraneux, et a fait avorter les lames natatoires qui n'avaient plus d'usage. Dans ceux qui vivent dans des coquilles, la queue a conservé, vers son extrémité, quelques crochets (1) ou appendices latéraux qui servent à fixer l'animal aux parois intérieures de la coquille. Leur test est divisé transversalement en deux parties inégales.

---

(1) Les parties dont il est ici question sont les mêmes organes qui, chez les Macroures constituent la nageoire caudale, savoir : le dernier segment de l'abdomen et les appendices de l'anneau précédent; seulement, les deux articles qui terminent chacun de ces appendices, au lieu d'avoir la forme de grandes lames horizontales, sont réduits à l'état de crochets gros et courts, dont l'animal se sert ordinairement pour se cramponner dans sa demeure.   E.

On sent que les *Hermites* tiennent encore beaucoup aux Ecrevisses, et surtout aux Thalassines , et qu'ils servent de transition aux Paguriens, raccourcis et plus crustacés, qui eux-mêmes conduisent aux Brachyures.

Les *Hermites* sont nombreux en espèces, principalement ceux qui vivent dans des coquilles.

[Le genre Pagurus de Fabricius, tel que Lamarck l'adopte correspond à la tribu des Paguriens de Latreille et des autres entomologistes les plus récens. Dans ce groupe, l'abdomen, toujours en partie membraneux porte à son extrémité une paire d'appendices mobiles qui ne sont jamais lamelleux, et en général ne sont pas symétriques ; les autres appendices abdominaux manquent quelquefois complètement, et lorsqu'ils existent, la plupart sinon tous ne se voient que d'un seul côté (à gauche). Le plastron sternal est linéaire, et les pattes des deux dernières paires sont très courtes , tandis que celles des deux paires précédentes sont très longues.

Cette tribu a été divisé en quatre genres : les Pagures proprement dits , les Cancelles , les Cénobites et les Birgus. On a réservé le nom de Pagures aux espèces dont l'abdomen est contourné sur lui-même, et porte à son extrémité une paire d'appendices non symétriques, et dont les antennes internes sont courtes, ne dépassent que peu le pédoncule des antennes externes, et sont terminées par deux tigelles multi-articulées , très courtes. Le nombre de ces crustacés est très considérable comme on pourra le voir par le mémoire sur leur classification que nous avons inséré dans les Annales des Sciences naturelles, 2ᵉ série. t. 6.　　　　　　　　　　　　　　　　　　E.

ESPÈCES.

1. Hermite Bernard. *Pagurus Bernhardus.*

P. parasiticus ; chelis scabris , submuricatis : dextrá majore.
Cancer bernhardus. Lin.
Pagurus bernhardus. Fab. Suppl. p. 411.
Pagurus bernhardus. Oliv. Encyclop. no 10.
Penn. Zool. Brit. 4. t. 17. f. 38.
* Latreille. Hist. des Crust. et des Ins. t. 6. p. 160. ; Encyclop. pl. 309. fig. 3.

* *Pagurus streblonyx.* Leach. Malacostr. Pod. Brit. pl. 26. fig. 1-4.

* *P. Bernhardus.* Desm. Consid. sur les Crust. p. 173. pl. 30. fig. 2.

* Edwards. Ann. des Sc. nat. 2e série. t. 6. p. 266; Hist. nat. des Crust. t. 2. p. 215; et Atlas du Règne anim. de Cuvier. Crust. pl. 44. fig. 2.

Habite l'Océan d'Europe, dans les coquilles univalves.

2. Hermite incisé. *Pagurus incisus.*

P. parasiticus ; pedibus manibusque rugis tranversis denticulatis; chelá sinistrá majore.

Pagurus incisus. Oliv. Encycl. n° 8.

* *P. striatus.* Latr. Hist. des Crust. et des Ins. t. 6. p. 163.

* *P. incisus.* Ejusdem. Encycl. pl. 310.

* *P. striatus.* Risso. Crust. de Nice. p. 54.

* Desmarest. op. cit. p. 178.

* Roux. Crust. de la Méditerranée. pl. 10.

* Edw. Ann. des Sc. nat. 2e série. t. 6. p. 270. et Hist. des Crust. t. 2. p. 219.

Habite.... Mus. n°   Grande espèce.

3. Hermite granulé. *Pagurus granulatus.*

P. parasiticus ; chelis subæqualibus gregatim tuberculatis, intersti-tiis hispidis.

Pagurus granulatus. Oliv. Encycl. n° 5.

* Edw. Ann. des Sc. nat. 2e série. t. 6. p. 275. et Hist. des Crust. t. 2. p. 225.

Habite la mer de l'Inde. Mus. n.   Grande espèce.

4. Hermite larron. *Pagurus latro.*

P. rubens ; testæ parte posticá suturis quadrifidá ; caudá latá, subtùs ventricosá.

Cancer latro. Lin.

Pagurus latro. Fab. Suppl. p. 411.

Oliv. Encycl. n° 2.

Séba. mus. 3. t. 21. f. 1.2.

Birgus latro. (1) Leach. (* Trans. of the Linnean society vol. XI.)

---

(1) Le genre Birgus de M. Leach diffère des Pagures proprement dits, par plusieurs caractères, dont les plus remarquables consistent dans le mode de conformation de l'abdomen; la pres-

* Desmarest. Consid. sur les Crust. p. 180. pl. 30. fig. 3.

* Quoy et Gaimard. Voyage de l'Uranie. pl. 80.

» Edw. Hist. des Crust. t. 2. p. 246, et atlas du Règne anim. de Cuvier, Crust. pl. 43. fig. 2.

Habite la mer des Indes, dans les cavités des rochers.

Etc. Voyez, pour ce genre, Fabricius, suppl. et Olivier, Encyclopédie.

Nous avons donné le nom générique de CANCELLE (*cancellus*) à une petite division de la tribu des Paguriens, très voisine des Pagures proprement dite, mais dans laquelle l'abdomen n'est par contourné sur lui-même et a ses appendices terminaux symétriques. (Voy. Ann. des Sc. nat. 2ᵉ série t. VI. p., pl. XIV, fig. III. et notre Hist. des Crust. t. 2. p. 243).

Le genre CÉNOBITE, de Latreille, établit le passage entre les Pagures proprement dits et les Birgus ; l'abdomen est conformé comme chez les premiers, et les Antennes internes, comme chez les derniers ; c'est-à-dire, très longues (leur deuxième article dépassant de beaucoup le pédoncule des antennes externes) et terminées par deux tigelles multiarticulées, dont l'une est assez longue. La conformation des pédoncules oculaires et des pattes antérieures, est également caractéristique chez les Cénobites. Le type de ce genre est le *Pagurus Clypeatus* de Fabricius

---

que totalité de cette portion du corps est recouverte par de grandes plaques cornéo-calcaires qui chevauchent les unes sur les autres, comme chez les Macroures. Il existe aussi chez ces crustacés une disposition très singulière de l'appareil respiratoire qui a été signalée par M. Geoffroy-Saint-Hilaire, et qui paraît destinée à permettre à ces animaux de rester très longtemps hors de l'eau ; la cavité branchiale est très grande, et sa voûte est tapissée par une multitude de végétations vasculaires qui naissent à la surface du chorion, et sont presque entièrement dépourvues d'épiderme.   E.

(Supplêm. p. 413. — *Cancer Clypeatus* Herbst. pl. 23. fig.
2. — *Cenobita Clypeata* Latreille, Règne Anim. de Cuv.
2ᵉ édit. t. 4. p. 77 ; — Edwards, Hist. des Crust. t. 2.
p. 239). On en connaît plusieurs espèces, qui vivent toutes
dans les mers de l'Inde ou de l'Amérique.   E.

HIPPE. (Hippa.)

Quatre antennes, inégales, ciliées : les deux intermédiaires courtes, bifides au sommet ; les deux extérieures
plus longues, roulées en dehors. Les yeux écartés, portés
sur des pédoncules menus.

Test ovale-oblong, convexe, un peu rétréci en devant
où il est tronqué, échancré, à 2 ou 3 dents. Queue
courte, munie de chaque côté, à sa base, d'un appendice : à lobe terminal oblong. Pattes dépourvues de pinces : les deux antérieures terminées par une main lamel·
liforme, adactyle.

*Antennæ quatuor, inæquales, ciliatæ : intermediis dua-
bus brevibus, apice bifidis ; externis longioribus, revolutis.
Oculi remoti ; pedunculis gracilibus.*

*Testa ovato-oblonga, convexa, anticè subattenuata,
truncata, emarginata, bi seu tridentata. Cauda brevis, ad
basim utrinque appendice instructa : lobo terminali oblongo.
Pedes chelis nullis : antici duo manu lamelliformi, adac-
tyla terminati.*

Observations. — Les *Hippes* sont distinguées des Albunées,
principalement par leurs antennes intermédiaires, qui sont bifides et plus courtes que les extérieures, et parce que la main
aplatie des pattes antérieures n'a aucun doigt. Ils ont les antennes rapprochées à leur insertion.

[Les Hippes, les Rémipèdes et les Albunées forment une petite tribu très naturelle qui se compose de crustacés fouisseurs
et appartient à la section des Décapodes anomoures. Chez
tous ces animaux, la carapace moins large que longue, et très

convexe transversalement, se prolonge de chaque côté au-dessus des pattes, qui sont imparfaitement extensibles; celles de la première paire sont médiocres et monodactyles ou subchéliformes celles des trois paires suivantes sont terminées par un article lamelleux, ordinairement hastiforme, et celles de la dernière paire sont filiformes et relevées au-dessus de la base des précédentes; la portion antérieure de l'abdomen est très large et semble compléter en arrière la carapace; enfin, le pénultième anneau abdominal porte une paire de fausses pattes terminées par deux lames ovalaires, à-peu-près comme chez les Macroures, mais qui sont reployées en avant, et le dernier segment de l'abdomen, est en général très grand. Les Hippes se distinguent des deux autres genres dont nous venons de parler, par la longueur de leurs antennes externes dont la tige terminale multi-articulée, est très grosse.]   E.

ESPÈCES.

1. Hippe émérite. *Hippa emeritus.*

H. testá anticè tridentatá.

Cancer emeritus. Linn.

Hippa emeritus. Fab. Suppl. p. 370.

Latr. Gen. 1. p. 45. et Hist. nat. 6. p. 176. pl. 52. fig. 1.

Herbst. Canc. tab. 22. fig. 3.

* Desmarest. Consid. sur les Crust. p. 174. pl. 29. fig. 2.

* Edwards. Hist. nat. des Crust. t. 2. p. 209. et Atlas du Règne anim. de Cuvier. Crust. pl. 42. fig. 2.

* Habite les côtes du Brésil.

RÉMIPÈDE. (Remipes.)

Quatre antennes, peu allongées, ciliées; les intermédiaires recourbées au dessus des extérieures. Les yeux pédiculés, insérés dans les sinus antérieurs du test.

Test ovale. Queue des hippes, à lobe terminal allongé, cilié. Dix pattes toutes natatoires, et terminées par une lame oblongue, un peu en pointe, ciliée.

*Antennæ quatuor, breviusculæ, ciliatæ ; intermediis su-
prà exteriores insertis. Oculi pedunculati, in sinubus anticis testæ.*

*Testa ovata. Cauda Hipparum : lobo terminali elongato,
ciliato. Pedes decem, omnes natatorii, laminá oblongá,
subacutá, ciliatá, terminati.*

OBSERVATIONS. — Les *Rémipèdes* ressemblent beaucoup aux
Hippes; mais toutes leurs pattes, et conséquemment les plus
postérieures sont terminées en lames ciliées. La lame des deux
pattes antérieures finit un peu en pointe.

ESPÈCE.

1. **Rémipède tortue.** *Remipes testudinarius.*

> Habite la mer des Indes. Mus. **n.**
> Latr. Gen. 1. p. 45.
> Cuv. Règne anim. , etc. 3. p. 28. et vol. 4. t. 12. f. 2.
> * Herbst. pl. 12. fig. 4.
> * Latreille. Encyclop. pl. 308. fig. 3.
> * Desmarest. Consid. sur les Crust. p. 175. pl. 29. fig. 1.
> * Guérin. Iconog. Crust. pl. 15. fig. 3.
> * Edwards. Hist. des Crust. t. 2. p. 207. pl. 21. fig. 14-20. et Atlas
> du Règne anim. de Cuvier. Crust. pl. 42. fig. 1.
> Habite les mers de la Nouvelle-Hollande. Mus. nᵒ
> *Obs.* Latreille cite avec doute, dans son *Genera*, l'*Hippa adactyla*
> de Fabricius, suppl. p. 370. Je pense qu'il en est effectivement
> une variété, à corps moins gros, moins large, selon un des indi-
> vidus du Muséum.

ALBUNÉE. (Albunea.)

Deux antennes intermédiaires longues, sétacées, ciliées, avancées, insérées sous les yeux. Pédoncules des
yeux squamiformes, contigus.

Test ovale, un peu plus étroit postérieurement, tronqué
en devant, légèrement convexe. Queue courte, articulée,
à lobe terminal ovoïde, ayant quelques appendices de

chaque côté. Deux pattes antérieures, à main comprimée, monodactyle : le doigt mobile, arqué en faux. Les autres suivantes terminées par une lame en faux. Les dernières très petites, filiformes.

Antennæ duæ intermediæ longæ, setaceæ, ciliatæ, porrectæ, infrà oculos insertæ. Oculorum pedunculi squamiformes.

Testa ovalis, porticè subangustior, anticè truncata, convexiuscula. Cauda brevis, articulata, appendicibus aliquot utrinque instructa : lobo terminali ovato. Pedes duo antici manu compressâ monodactylâ; dactylo mobili falcato. Cœteri sequentes lamellâ falcatâ terminati. Postici ultimi filiformes, minimi.

OBSERVATIONS. — Dans les *Albunées*, ce sont les antennes intermédiaires qui sont les plus longues, les seules mêmes qu'on aperçoive au premier aspect. Elles ne sont point bifides à leur sommet. Quant à la main aplatie des deux pattes antérieures, elle a un doigt mobile, arqué en faux, qui n'existe point dans les Hippes.

ESPÈCES.

1. Albunée symniste. *Albunea symnista.*

> *Albunea symnista.* Fab. Suppl. p. 397.
> *Cancer symnista.* Lin.
> Herbst. Canc. tab. 22. f. 2.
> *Albunea symnista.* Latr. Gen. 1. p. 44.
> * Desm. Consid. sur les Crust. p. 173. pl. 29. fig. 5.
> * Guérin. Iconog. Crust. pl. 15. fig. 1.
> * Edw. Hist. des Crust. t. 2. p. 203. et Atlas du Règne anim. de Cuvier. Crust. pl. 42. fig. 3.
> Habite l'Océan indien.
> Etc.
> L'*albunea scutellata* de Fab. suppl., paraît être aussi de ce genre (* *Albunea scutellata.* Desm. op. cit. p. 273. — Edw. Hist. des Crust. t. 2. p. 204. pl. 21. fig. 9-13). Latreille indique, en outre, le *cancer carabus*, Gmel. p. 2984, comme pouvant y appartenir.

RANINE. (Ranina.)

Quatre antennes courtes : les deux intermédiaires à dernier article bifide.

Test cunéiforme ou oblong, tronqué antérieurement. Queue petite, articulée, étendue, ciliée sur les bords. Dix pattes : les deux antérieures presque en pince, ayant un doigt mobile, arqué en faux ; les autres terminées par une lame natatoire.

Antennæ quatuor, breves, intermediis duabus articulo ultimo bifidis.

Testa cuneiformis vel oblonga, anticè truncata. Cauda parva, extensa, articulata, ad margines ciliata. Pedes decem : antici duo subchelati, digito mobili falcato instructi ; cæteri sequentes lamina natatoria terminati.

OBSERVATIONS. — Les *Ranimes* appartiennent évidemment aux Paguriens, et ont de grands rapports avec les Albunées ; mais elles en sont très distinguées par leurs antennes intermédiaires. Leurs pattes sont rapprochées à leur insertion, chevauchent en partie les unes sur les autres, et semblent tendre à se relever, comme le font plusieurs des pattes postérieures de l'Albunée e de l'Hippe. Ces crustacés forment une transition aux brachyures.

[Les Ranines ressemblent beaucoup aux Albunées par la forme générale de leur corps, mais s'en éloignent par la disposition de leur abdomen, de leurs branchies, de leur appareil buccal et de leur thorax. Chez ces animaux l'abdomen est très petit et complètement dépourvu d'appendices terminaux appartenant au pénultième anneau, les pattes de la cinquième paire sont à-peu-près de même forme que celles des trois paires précédentes ; les pattes-mâchoires sont conformées à-peu-près comme chez les Brachyures ; le plastron sternal est très large à sa partie antérieure ; enfin, les branchies sont disposées de la même manière que chez les Brachyures, mais la cavité qui les renferme est complètement fermée, si ce n'est à ses deux extrémités. Enfin, les vulves occupent, comme d'ordinaire chez les Décapodes Anomoures, l'article basilaire des pattes de la troisième paire. Ces animaux forment le type d'une petite tribu que nous avons désignée sous le nom de Raniniens, et que nous avons divisée en trois genres : les *Ranines proprement dites*, les *Ranilies* et les *Raninoïdes* ; les premières se distinguent par la forme de leur plastron sternal qui devient linéaire entre la base des pattes de la seconde paire et de leurs antennes externes, dont le second article présente en dehors un grand prolongement auriculi-forme.]   E.

ESPÈCE.

1. Ranine dentée. *Ranina serrata.*

> *R. testa cuneatim ovata, planiuscula, antice truncata, serrata; brachiis validè dentatis.*
>
> *Cancer raninus.* Linn.
>
> Fab. Syst. 2. p. 438.
>
> *Albunea scabra ?* Fab. Suppl. p. 398.
>
> *Ranina serrata.* Lam. Syst. des anim. sans vert. p. 156.
>
> Lat. Gen. 1. p. 43. et Hist. nat. 6. p. 133. pl. 51. f. 1.
>
> Rumph. Mus. tab. 7. fig. t. V.
>
> * Latreille. Encyclop. t. 10. p. 286.
>
> * Desmarest. Consid. sur les Crust. p. 140.
>
> * Guérin. Iconog. Crust. pl. 14. fig. 3.
>
> * Edw. Atlas du Règne anim. de Cuv. Crust. pl. 31 ; et Hist. des Crust. t. 2. p. 194. pl. 21. fig. 1.
>
> Habite l'Océan des Grandes-Indes. Mus. n°   Espèce d'une grande taille.

2. Ranine dorsipède. *Ranina dorsipes.*

> *R. testa ovato-oblonga, subcylindrica, glabra; margine antico septem aut novem-dentato.*
>
> *Cancer dorsipes.* Lin.
>
> *Albunea dorsipes.* Fab. Suppl.
>
> *Ranina dorsipes.* Latr. Gen. 1. p. 43.
>
> * Desmarest. Consid. sur les Crust. p. 140. pl. 19. fig. 2.
>
> * *Ranina lœvis.* Latr. Encycl. t. 10. p. 268.
>
> * *Raninoïdes lœvis.* Edw. Hist. des Crust. t. 2. p. 197. (1)

---

(1) Dans le genre RANINOÏDE, la portion antérieure du sternum est conformée comme chez les Ranines, mais au lieu de de-

Habite l'Océan indien et austral. Mus. n°   Rumphius (mus. t. 10.
fig. 3.) en a donné une figure mauvaise. (*Cette figure ne paraît
pas y appartenir.)
* Ajoutez la *Ranina Aldrovandi* (Ranzani. Mem. de storia natural.
p. 73. tab. 5. — Desmarest. Crust. fossiles. pl. 10. fig. 5-7.
pl. 11. fig. 1. — Edw. Hist. des Crust. t. 2. p. 195) espèce qui
n'existe qu'à l'état fossile; et la *Ranina maresiana* (Konig. Icones
fossilium select. p. 2. pl. 1. fig. 14.) qui pourrait bien n'être
qu'une variété de la précédente.

Dans notre genre RANILIE la forme générale du corps
est la même que chez les Ranines, mais les antennes externes ne présentent pas de prolongement auriculiforme;
la disposition des pattes-mâchoires est un peu différente
et le plastron sternal, semblable à celui des Ranines dans
sa partie antérieure, s'élargit entre les pattes de la 3ᵉ et
de la 4ᵉ paire, de manière à y former un disque hexagonal un peu concave. L'espèce d'après laquelle ce genre est
établi a reçu le nom de *Ranilia muricata* (Edw. Hist. des
Crust. t. 2 p. 196).   E.

DEUXIÈME SECTION.

HOMOBRANCHES BRACHYURES.

*Queue toujours plus courte que le tronc, entièrement repliée
et cachée en dessous, dans l'état de repos, et en général
nue, sans nageoires, et sans appendices dans presque
tous.*

Les *Homobranches brachyures*, ou à queue courte, nous

venir linéaire entre les pattes de la deuxième paire, ce bouclier
ventral s'élargit entre ces pattes, et celles de la troisième paire
qui sont très éloignées des précédentes, et il ne devient linéaire qu'entre les pattes de la quatrième paire. Il est aussi à noter que les pattes de la cinquième paire sont presque filiformes.
                                                        E.

paraissent les crustacés les plus perfectionnés, ceux conséquemment qui doivent terminer la classe (1). Ces crustacés sont remarquables par leur corps court, très souvent plus large que long ; par leur test solide, quelquefois
très dur ; enfin par leur queue toujours plus courte que
le test, peu épaisse, plus étroite et plus en pointe dans les
mâles que dans les femelles, articulée et tout-à-fait repliée,
dans l'état de repos, sous le ventre de l'animal, s'y appliquant dans une cavité propre à la recevoir. Cette queue
est nue sur les bords ainsi qu'au sommet, dans la presque
totalité des Brachyures ; dans quelques-uns, néanmoins,
elle est ciliée ; quelquefois même elle offre, à son extrémité,
quelques appendices latéraux peu développés, qui appartiennent à une nageoire peu employée. (2)

Ainsi, sous le rapport de la forme raccourcie de l'animal, et sous celui de sa queue très courte, presque généralement nue, et tout-à-fait repliée sous le ventre, dans
l'état de repos, les *Brachyures* sont bien distingués des
Macroures, et se reconnaissent effectivement au premier
aspect. Leur forme générale rappelle celle de l'araignée.

---

(1) C'est effectivement chez ces Crustacés que la centrali-
sation du système nerveux est portée au maximum (Voyez Rech.
sur le système nerveux des Crustacés par MM. Audouin et Milne
Edwards, insérées dans les annales des sc. nat. 1re série, t. 1)
                                                            E.

(2) Si l'on assigne à cette section les limites que nous avons
indiquées (page   ), on n'y comprendra que les Décapodes
dont l'abdomen est complètement dépourvu d'appendices fixés
à son pénultième anneau. Chez tous ces Crustacés, les ouvertures génitales de la femelle sont situées sur le plastron-sternal,
et il existe une poche copulatrice, tandis que chez les Anomoures et les Macroures, cette poche manque, et les vulves sont
creusées dans l'article basilaire des pattes de la troisième paire.
                                                            E.

Comme dans les autres Homobranches, leurs branchies sont cachées sous les bords latéraux du test, et chacune d'elles forme une pyramide à deux rangées de feuillets vésiculeux. (1)

Le test, d'une seule pièce (2) qui couvre le tronc, porte les yeux, les antennes et les parties supérieures de la bouche. Les antennes, et surtout les intermédiaires, sont petites en général. Celles-ci sont ordinairement repliées et logées dans deux fossettes, sous le bord antérieur du test; elles ont trois articles et sont terminées par des filets courts. Les antennes extérieures sont plus longues, sétacées, en général quadriarticulées; elles s'insèrent, le plus souvent, près du côté interne des yeux. Les pieds-mâchoires inférieurs sont, en général, courts, larges, comprimés, et les extérieurs recouvrent la bouche comme une lèvre inférieure.

Quoique ces crustacés aient, pour la locomotion, dix pattes comme les Macroures, il n'y a guère chez eux que les deux pattes antérieures qui soient munies de pinces. Elles forment ordinairement deux bras avancés, propres à la préhension.

Les *Brachyures* étant nombreux en genres divers, je les diviserai en cinq groupes particuliers, de la manière suivante.

---

(1) Chez tous les Brachyures proprement dits, les branchies sont insérées sur un seul rang, et il n'en existe jamais sur les deux derniers anneaux du thorax; leur nombre est presque toujours de neuf de chaque côté, dont deux rudimentaires fixées aux pattes-mâchoires de la deuxième et troisième paires; quelquefois il y en a moins, mais jamais davantage.   E.

(2) Ce bouclier céphalothoracique se compose de trois pièces (Voyez mon Hist. des Crust. t. 1. p. 27.)

DIVISION
DES HOMOBRANCHES BRACHYURES.

(1) Point de pattes terminées en nageoires. Test presque orbiculaire, ou elliptique.

Les Orbiculés.

(2) Point de pattes terminées en nageoire. Test subtriangulaire, plus large dans sa partie postérieure, rétréci en pointe antérieurement.

Les Trigonés.

(3) Point de pattes terminées en nageoire. Test tronqué antérieurement ou ayant son bord antérieur en ligne droite transverse.

Les Plaquettes.

(4) Des pattes natatoires, c'est-à-dire, terminées par une lame propre à la natation. La forme du test n'est point considérée.

Les Nageurs.

(5) Point de pattes natatoires. Le bord antérieur du test étant simplement arqué, sans être tronqué ni en pointe.

Les Cancérides.

[Le groupe des Brachyures (dont il faut exclure les Porcellanes, les Dromies et les autres Décapodes dont les vulves sont placées sur l'article basilaire des pattes de la troisième paire au lieu d'occuper le plastron sternal) nous paraît devoir être divisé en quatre familles naturelles qui ont reçu les noms d'Oxystomes, de Catométopes, de Cyclométopes et d'Oxyrhynques. Cette dernière famille correspond à la division des Trigonés de Lamarck et comprend les Brachyures à front rostriforme, à épistome très développé et à cadre buccal élargi antérieurement. Les Cyclométopes et les Catométopes ont aussi le cadre buccal large antérieurement, mais leur épistome est presque linéaire et leur front est en général très large et tronqué. Chez les Cyclométopes les ouvertures de l'appareil générateur du mâle sont creusées dans l'article basilaire des pattes postérieures et sont disposées comme d'ordinaire, tandis que chez les Catometopes ces ouvertures sont pratiquées dans le plastron sternal ou bien se continuent chacune avec un canal transversal, creusé dans ce même plastron. Enfin les Oxystomes sont caractérisés par la forme plus ou moins triangulaire du cadre buccal et par plusieurs autres particularités de structure. (Voyez notre histoire des Crustacés t. 1.)

E.

LES ORBICULÉS.

Test presque orbiculaire ou elliptique. Point de pattes terminées en nageoire, ni relevées sur le dos.

Ces Brachyures nous paraissent les plus voisins des Macroures, et surtout des Macroures paguriens. Ils ont à la vérité la queue plus courte que le tronc et tout-à-fait repliée en dessous, au moins dans l'inaction, comme dans tous les autres Brachyures; mais cette queue, souvent, est ciliée en ses bords, ou munie de quelques appendices, paraissant presque natatoires dans certains d'entre eux; plusieurs même ont encore les antennes extérieures fort longues, sétacées, multiarticulées, ce qu'on ne voit plus dans les autres Brachyures.

Nous rapportons à cette coupe, les genres Porcellane, Pinnothère, Leucosie et Coryste, dont l'exposition suit.

PORCELLANE. (Porcellana.)

Quatre antennes : les extérieures fort longues, sétacées, insérées en dehors derrière les yeux; les intermédiaires cachées dans des fossettes.

Corps orbiculaire, presque carré, un peu aplati. Queue

recourbée en dessous, à bord très cilié, rarement munie de quelques appendices au sommet. Dix pattes : les deux antérieures terminées en pinces; les deux postérieures très petites.

Antennæ quatuor : externis prœlongis setaceis, ponè oculos extrinsecùs insertis; intermediis in foveolis receptis.

Corpus orbiculato-quadratum, depressiusculum. Cauda subtus inflexa, margine ciliata, appendicibus aliquot ad apicem raro instructa. Pedes decem : anticis duobus chelatis; ultimis duobus minimis.

OBSERVATIONS. — Les *Porcellanes* sont de petits crustacés qui semblent sur la limite qui sépare les Macroures des Brachyures; néanmoins, ils nous paraissent appartenir plutôt à ces derniers. Leur genre est bien tranché, ces crustacés ayant les antennes extérieures fort longues, sétacées, et insérées en dehors derrière les yeux.

[La plupart des auteurs, au lieu de ranger les Porcellanes parmi les Brachyures, comme le fait Lamarck, les placent dans la section des Macroures : mais dans une classification naturelle, elles ne peuvent entrer ni dans l'un, ni dans l'autre de ces groupes, et doivent faire partie d'une division intermédiaire. En effet, la conformation de l'abdomen et la disposition des branchies et des organes de la génération, éloignent les Porcellanes des Brachyures proprement dits, et d'un autre côté la forme générale du corps, la structure du thorax, celle des appendices abdominaux et plusieurs autres caractères, les séparent des véritables Macroures, tandis que toutes ces particularités de structure les rapprochent des genres dont nous avons formé la section des Anomoures. Quoi qu'il en soit, Lamarck réunit dans le genre Porcellane des espèces qui diffèrent trop entre elles pour qu'on puisse les laisser dans une même division, et on ne doit conserver dans ce groupe que celles dont l'abdomen est terminé par une nageoire en éventail.   E.]

ESPÈCES.

1. Porcellane hérissée. *Porcellana hirta.*

> *P. testâ subovatâ, anticè attenuatâ, hirtâ; chelis latis compressis supernè marginèque hirtis.*
>
> *Porcellana hirta.* Mus. n°
> * Desmarest. Consid. sur les Crust. p. 295.
> * *Lomis hirta.* Edw. Hist. des Crust. t. 2. p. 188.
> **Habite....** du Voyage de Péron et Lesueur.
> (* Ce crustacé, dont nous avons formé le genre *Lomis*, diffère des Porcellanes proprement dites par l'absence complète des appendices du pénultième anneau abdominal, par la disposition des antennes et par plusieurs autres caractères).

2 Porcellane large-pince. *Porcellana platycheles.*

> *P. testâ suborticulatâ, glabrâ; chelis oblongis compressis, margine externo ciliatis.*
>
> *Cancer platycheles.* Oliv. Enc. n° 19.
> *Porcellana platycheles.* Latr. Gen. 1. p. 49.
> Pennant. Zool. brit. 4. tab. 6. fig. 12.
> * Leach. Dict. des Sc. nat. t. 18. p. 55.
> * Desmarest. Consid. sur les Crust. p. 195. pl. 34. fig. 1.
> * Edw. Hist. des Crust. t. 2. p. 255.
> Habite les mers d'Europe.

3. Porcellane longicorne. *Porcellana longicornis.*

> *P. testâ suborbiculatâ, glabrâ; chelis elongatis glabris.*
> *Cancer longicornis.* Oliv. Encyc. n° 25.
> Pennant. Zool. Brit. 4. tab. 1 f. 3.
> * *Pisidia longicornis.* Leach.
> * Desmarest. op. cit.
> * *Porcellana longicornis.* Edw. op. cit. p. 257.
> Habite l'Océan d'Europe. Ce n'est peut-être qu'une variété du *P. hexapus.* Latr.

4. Porcellane verdâtre. *Porcellana virescens.*

> *P. minima, glabra, viridis; testâ orbiculata convexa; chelis brevibus.*
>
> *Porcellana virescens.* Péron. Mus. n°
> **Habite.....** du Voyage de Péron et Lesueur.
> **Etc.** Voyez le *P. galathina* de Bosc. Hist. nat. des Crust. 1. pl. 6. fig. 2.

[Le genre HYMÉNOSOME de Leach a été rangé, par la plupart des auteurs, auprès des Inachus, mais doit prendre place à côté des Pinnothères dans notre famille des Catométopes. De même que chez ces crustacés, les orifices de l'appareil générateur du mâle sont situés sur le plastron sternal. La carapace, très aplatie en dessus, est presque circulaire, mais se termine antérieurement par un rostre étroit et pointu. Les fossettes antennaires sont longitudinales et se continuent, sans interruption, avec les orbites près de l'angle externe desquels s'insèrent les antennes externes ; les pattes-mâchoires externes sont longues et étroites ; enfin l'abdomen du mâle est très petit et n'occupe pas, à beaucoup près, tout l'espace compris entre la base des pattes postérieures. On ne connaît qu'une seule espèce appartenant à ce genre, c'est l'*Hymenosoma orbiculare* Leach ; Desmarest, op. cit. pl. 26, fig. 1 ; Latreille, Règne anim. t. 4, p. 63. — Edw. Hist. des Crust. t. 2, p. 36.

[Nous avons donné le nom générique d'ELAMÈNE à un petit crustacé de la mer Rouge, qui paraît établir le passage entre les Hyménosomes et les Inachus, et qui avait été jusque alors réuni aux premiers sous le nom de *Hymenosoma Mathæi* (Desm. op. cit. p. 63 ; Ruppell Krabben, pl. 5, fig. 1. — Edw. Hist. des Crust. t. 2, p. 35).   E.

† Genre MYCTIRE. *Myctiris.*

Les Myctires, que Latreille a le premier fait connaître, établissent, à plusieurs égards, le passage entre les Pinnothères et les Ocypodes. Leur carapace, extrêmement mince, est presque circulaire et très bombée en dessus. Le front est disposé à-peu-près comme chez les Ocypodes ; mais les yeux, qui sont courts et gros, n'ont point de cavité orbitaire pour se cacher et restent toujours saillans. Les antennes internes sont très petites et placées comme chez les Ocypodes; les externes sont plus longues. La disposition de la bouche est très remarquable. Les pattes-mâchoires externes, au lieu de s'appliquer horizontalement dans le cadre buccal, restent presque verticales et forment, par leur réunion, un cône renversé, court et large, dont le sommet, dirigé en bas est ouvert et garni de poils; leur portion lamelleuse (formée par les deuxième et troisième articles) est très large, et porte l'article suivant à son extrémité antérieure; au-devant de l'apophyse située à la base de ces pattes-mâchoires, et dirigée en dehors pour supporter le fouet, la carapace présente une grande échancrure, de façon que l'ouverture afférente de l'appareil respiratoire est toujours béante. Les pattes de la première paire sont très longues, et se reploient longitudinalement sur la bouche; les pattes suivantes sont longues, grêles et aplaties; enfin l'abdomen a la même forme dans les deux sexes, et s'élargit vers le bout.

Nous ne connaissons qu'une seule espèce de ce genre :

Le *M. longicarpis*. Latr. Encyclop. Atlas. pl. 297. fig. 3. — Desm. op. cit. p. 11. fig. 2. — Guérin. Iconog. Crust. pl. 4. fig. 4. — Edw. op. cit. t. 2. p. 37.

Le genre Doro de M. Dehaan (1) est aussi intermédiaire entre les Pinnothères et les Ocypodes, mais se distingue par la conformation des pattes-mâchoires externes; il ne comprend que le *Cancer sulcatus* de Forskael, dont M. Savigny a donné de très belles figures dans le grand ouvrage de l'Egypte (Crust. pl. 1, fig. 3).

---

(1) Fauna Japonica, 1. livraison, — Edw. Hist. du Crust., t. 2. p. 38.   E.

PINNOTHÈRE. (Pinnotheres.)

Quatre antennes très courtes, insérées entre les **yeux.**
Ceux-ci sont écartés, à pédicules courts.

Corps orbiculaire, rétus antérieurement et postérieurement. Dix pattes : les deux antérieures terminées **en**
pince.

Antennæ quatuor, brevissimæ, intrà oculos insertæ. Oculi
remoti; pedunculis brevibus.

Corpus orbiculare, anticè posticèque retusum. **Pedes**
decem : anticis duobus chelatis.

OBSERVATIONS. Les *Pinnothères* sont de très petits crustacés
orbiculaires, à test presque membraneux, et qui vivent dans
l'intérieur de certaines coquilles bivalves, telles que les moules
et quelques autres, quoique l'animal de la coquille l'habite encore. Ils s'y tiennent à l'abri de tout danger. Leurs antennes
sont insérées dans l'espace qui sépare les yeux. Ces petits crustacés sont glabres.

[La disposition de la bouche est également caractéristique
chez les Pinnothères; le cadre buccal est très large en arrière et décrit un demi-cercle en avant, et la portion élargie
et valvulaire des pattes-mâchoires externes, est formée en entier par le troisième article de ces organes. Les orifices de l'appareil générateur du mâle, sont creusés dans le dernier segment
du plastron sternal, au lieu d'occuper l'article basilaire des
pattes postérieures comme chez la plupart des Brachyures.
Enfin, il paraîtrait, d'après les observations récentes de
M. Thompson, que dans les premiers temps de la vie, ces
Crustacés ont l'abdomen très long et terminé par une nageoire,
la carapace armée de pointes, les yeux très gros et les pattes
natatoires, en un mot qu'ils ressemblent extrêmement à des
Zoés.   E.

ESPÈCES.

1. Pinnothère pois. *Pinnotheres pisum.*

> P. *testâ orbiculato-quadratâ, lævi, molliusculâ; caudâ corporis latitudine.*
>
> Cancer *pisum.* Lin. Fab. Suppl. p. 343.
>
> *Pinnotheres pisum.* Latr. Gen. 1. p. 35.
>
> Herbst. Canc. tab. 2. f. 21.
>
> Pennant. Zool. Brit. 4. tab. 1. f. 1.
>
> * Leach. Malacost. Pod. Brit. pl. 14. fig. 2 et 3 (la femelle);
> *P. varians.* Ejusdem. op. cit. pl. 14. fig. 10-11 (le mâle) et
> *P. Latreillii.* Ejusdem. op. cit. pl. 14. fig. 7 et 8. (jeune femelle).
>
> * *P. pisum.* Desm. Consid. sur les Crust. p. 118. pl. 11. fig. 3.
>
> * Thompson. Entomological magazine. n° X. p. 93. fig. 3.
>
> * Edw. Hist. des Crust. t. 2. p. 31.
>
> Habite les mers d'Europe. Comparez avec le *Pinnotheres cranchii.*
> Leach. *Crust. annulosa.* pl. 21.

2. Pinnothère des moules. *Pinnotheres mytilorum.*

> P *ovato-orbiculata, convexa, albida; manibus ovatis : digitis arcuatis.*
>
> *Pinnotheres mytilorum.* Latr. Gen. 1. p. 35.
>
> *Ejusd.* Hist. nat., etc. 6. p. 83. pl. 48. fig. 1.
>
> Herbst. Canc. t. 2. f. 24.
>
> Habite les mers d'Europe, dans les moules.
>
> * Ce Pinnothère n'est pas une espèce distincte de la précédente,
> mais seulement la femelle du P. Pois.
>
> Etc.

LEUCOSIE. (Leucosia.)

Antennes très petites, rapprochées, insérées entre les yeux, cachées dans des fossettes. Les yeux très petits.

Test arrondi-ovale, très convexe, solide, glabre, à bord antérieur étroit, un peu saillant. Dix pattes; les deux antérieures terminées en pinces; les deux dernières fort petites.

Antennæ minimæ, approximatæ, intrà oculos insertæ, in foveolis occultatæ. Oculi minuti.

Testa rotundato-ovata, valdè convexa, solida, glabra; antico margine brevi, subproducto. Pedes decem : duobus anticis chelatis; posticis minimis.

OBSERVATIONS. — Les *Leucosies* ont un aspect qui les fait aisément reconnaître. Elles sont remarquables par leur test arrondi-ovale, bombé ou très convexe en dessus, presque globuleux, solide, glabre, et qui offre antérieurement une saillie courte, dont le bord est étroit et transverse. Les antennes et les yeux sont très petits, et ne paraissent point lorsqu'on regarde le dessus de l'animal. Les deux pieds-mâchoires extérieurs, dit Latreille, sont pointus et forment ensemble un grand triangle, dont la pointe est en avant.

Les bras des *Leucosies* sont longs, à pinces assez étroites; les quatre autres paires de pattes sont onguiculées. Ces animaux ne angent point, se tiennent au fond de la mer, vers les rives, et ont peu de vivacité dans leurs mouvemens.

[Les Leucosies de Fabricius ou Leucosiens des auteurs les plus récens, constituent une tribu particulièré dans la famille des Oxystomes, et se reconnaissent à la forme de leur carapace, à l'absence d'ouvertures respiratoires au devant de la base des pattes antérieures, à l'état rudimentaire des antennes externes et à quelques autres caractères. Ils sont assez nombreux et ont été subdivisés en douze petits genres, savoir : les Leucosies proprement dites, les Ilia, les Guaia, les Myra, les Phylires, les Mursies, les Ebalies, les Oréophores, les Iphis et les Ixa.

E.

ESPÈCES.

I. Leucosie ponctuée. *Leucosia punctata.*

> *L. testá ovato-globosá, punctis minimis adspersá ; posticè dentibus tribus.*
>
> *Leucosia punctata.* Fab. Suppl. p. 35o.
>
> *Cancer punctatus.* Brown. Jam. p. 422. tab. 42. f. 2.
>
> * *Ilia punctata.* Edwards. Hist. nat. des Crust. t. 2. p. 125. (1)
>
> Habite l'océan des Antilles. Mus. n°   C'est l'espèce la plus grande.

---

(1) Le genre ILIA de M. Leach se compose des Leucosiens à

2. Leucosie craniolaire. *Leucosia craniolaris.*

*L. testá orbiculato-globosá, anticè productiusculá, posticè integrá ;
brachiis crassis, breviusculis.*

Leucosia craniolaris. Fab. Supp. p. 350.

Cancer craniolaris. Lin.

Herbst. Canc. t. 2. f. 17.

Rumph. Mus. t. 10. fig. B. A.

Seba. Mus. 3. t. 19. f. 10.

* Lichtenstein. Berlin magasin. 1816. p. 141.

* Leach. Zool. Miscel. vol. 3. p. 21.

* Desmarest. Consid. sur les Crust. p. 107. pl. 27. fig. 2.

* Edwards. Hist. nat. des Crust. t. 2. p. 122.

Habite l'Océan indien.

* Cette espèce appartient à la division générique des *Leucosies proprement dites*, qui se reconnaissent à la forme circulaire de leur
carapace, à leur cadre buccal, très étroit antérieurement, et terminé en dehors par un bord droit, et à leurs pattes antérieures
courtes et grosses.

3. Leucosie noyau. *Leucosia nucleus.*

*L. testá orbiculato-globosá, anticè bidentatá, posticè quadridentatá
brachiis elongatis gracilibus.*

Cancer nucleus. Lin.

Herbst. Canc. t. 2. f. 14.

Leucosia nucleus. Latr. Gen. 1. p. 36.

* *Ilia nucleus.* Leach. Zool. Miscel. t. 3. p. 24.

* Desmarest. Consid. sur les Crust. p. 169. pl. 27. fig. 3.

* Edwards. Hist. nat. des Crust. t. 2. p. 124 et Atlas du Règne
anim. de Cuvier. Crust. pl. 25. fig. 2.

Habite la Méditerranée. Mus. n°

* Cette espèce appartient au genre ILIA de Leach, qui diffère des
autres Leucosiens à carapace globuleuse et à cadre buccal triangulaire par la forme grèle et allongée des pattes antérieures, et
surtout des pinces qui sont presque filiformes.

Etc.

Ajoutez : *Leuc. porcellana* (1), *L. fugax* (2), *L. cylindrus*, (*Ixa* (3),
Leach.) *L. septemspinosa* (4), et quelques autres (5).

---

carapace circulaire et à cadre buccal très étroit antérieurement,
dont les pattes antérieures sont très longues et terminées par
des doigts presque filiformes. E.

(1) Cette espèce, figurée par Herbst, t. 1, pl. 2, fig. 18, et

Le petit crustacé fossile décrit par M. Desmarest, sous le nom de Leucosia sub-rhomboïdale (Crust. foss. p. 114, pl. 9, fig. 13). appartient à cette subdivision des Leucosies proprément dites, et se rapproche beaucoup par sa forme générale de la Leucosie craniolaire ; il a cependant

---

fréquemment confondue avec la *Leucosia globulosa*, appartient comme cette dernière au genre PHILYRE de Leach, petite division composée de Leucosiens à carapace circulaire et déprimé, dont le cadre buccal est presque aussi large en avant qu'en arrière, et dont les fossettes antennaires sont très étroites et transversales (Voyez notre Hist. nat. des Crust. t. 2, p. 131, et l'atlas de la nouvelle édition du Règne animal. Crust. pl. 24, fig. 4). C'est à ce genre que paraît appartenir le crustacé fossile décrit par M. Desmarest sous le nom de *Leucosia cranium*. (Crust. foss. p. 113. pl. 9. fig. 10. 11 et 12.)

(2) Cette espèce, figurée par Rumph (Amb. pl. 10, fig. 6), par M. Desmarest (Consid. sur les Crust. pl. 28, fig. 2), et par nous (Atlas du Règne animal. Crust. pl. 25, fig. 3), constitue le type du genre MYRA de Leach, division qui est extrèmement voisine des Ilias dont elle se distingue par la courbure que décrit le bord externe des palpes ou branche externe des pattes-mâchoires externes.

Notre genre GUAIA se rapproche beaucoup du précédent, mais la forme des pattes-mâchoires est la même que chez les Ilias, et les pattes antérieures sont longues, mais les pinces sont courtes et grosses. Le type de ce genre est le *Guaia* de Marcgrave (Brésil, p. 182. *Cancer punctatus*. Brown, civil and nat. Hist. of Jamaica, t. 1, pl. 42, fig. 3. — *Cangrejo tortuga*. Parra, Descripcion de differentes piezas di storia natural, pl. 51, fig. 2. — *Cancer mediterraneus*. Herbst., t. 1, pl. 37, fig. 2. — *Guaia punctata*. Edwards, Hist. des Crust. t. 2, p. 127.)

(3) Les singuliers Crustacés, dont Leach a formé le genre IXA, se distinguent au premier coup-d'œil par la forme de leur carapace, dont la portion moyenne est à-peu-près sphérique, et se continue de chaque côté avec une portion cylindrique, triple de sa longueur, qui se porte horizontalement en dehors jusqu'au

le rostre plus court et la carapace allongée. Son gisement est inconnu.

La *Leucosia prevostiana* du même auteur (Desm. Crust. foss. p. 114, pl. 9, fig. 14) est aussi une espèce fossile, mais elle est trop imparfaitement connue pour pouvoir être classée avec certitude.

---

delà de l'extrémité des pattes (Voyez le *Cancer cylindricus.* Herbst., pl. 2, fig. 30 et 31. — *Ixa canaliculata.* Leach, Zool. Miscel. t. 3, pl. 129, fig. 1.—Desmarest, Consid. sur les Crust. pl. 28, fig. 3. — Edwards, atlas du Règne anim. Crust. pl. 24, fig. 1). M. Konig a figuré une espèce fossile de ce genre sous le nom d'*Ixa tuberculata* (Icones fossilium selectæ pl. 2. fig, 24. K. E.

(4) Leach a établi, d'après cette espèce, son genre Iphis qui tient des Ilias par la forme grêle et allongée des pattes, et des Ebalies par la forme générale de la caparace, mais qui n'est encore que très imparfaitement connu.

(5) Savoir :

1° Le genre Arcanie qui se rapproche des Philyres par la disposition de l'appareil buccal, dont le cadre est presque aussi large en avant qu'en arrière, mais qui a la carapace globuleuse et hérissée d'épines, le front relevé, les fossettes antennaires grandes et longitudinales et les pattes grêles et allongées.

> Esp. Arcanie hérisson. *Arcania erinaceus.* (*Cancer erinaceus.*) Herbst fig. pl. 20. 3.
> *Leucosia erinaceus.* Fab. Sup. p. 352.
> *Arcania erinaceus.* Leach. Zool. Miscel. t. 3. p. 24.
> Desmarest. Consid. pl. 28. fig. 1.
> Edw. Atlas du Règne anim. Crust. pl. 24. fig. 2.

2° Le genre Ebalie qui se rapproche beaucoup des Leucosites proprement dites, mais qui a la carapace à-peu-près carrée ou plutôt hexagonale, avec les angles tronqués et disposés sur les lignes médiane et transversale ; le front est assez large, beaucoup plus avancé que chez la

† Genre **ORÉOPHORE**. *Oreophorus*.

Le genre Oréophore, nouvellement établi par M. Ruppell, est très remarquable en ce que les Crustacés dont il se compose, tout en ayant le mode de conformation de la bouche ordinaire chez les Leucosiens, se rapprochent des Calappes par l'élargissement postérieur de la carapace qui constitue de chaque côté, au-dessus de la base des pattes, un prolongement clypéiforme. Sa forme générale est à-peu-près subtriangulaire, avec ses côtés latéraux arrondis, et sa substance est épaisse et rugueuse, presque comme chez les Parthénopes. Le front est étroit et sail-

---

plupart des Leucosiens, et terminé par un bord à-peu-près droit; les fossettes antennaires, complètement cachées sous le front, assez grandes et dirigées très obliquement en dehors; le cadre buccal triangulaire; les pattes antérieures grosses et courtes; la main renflée et les pinces courtes; enfin; les pattes suivantes beaucoup plus courtes encore, mais assez grosses, et se terminant par un article styliforme assez gros.

> Esp. *Ebalia Pennantii*. Leach. Malacost. Pod. Brit. pl. 25. fig. 1–6.
> Desmarest. Consid sur les Crust. p. 165. pl. 27. fig. 1.
> Edw. Hist. des Crust. t. 2. p. 129.
> Etc.

3° Le genre MURSIE qui a beaucoup d'analogie avec les Ébalies, mais qui s'en distingue par les pattes-mâchoires externes dilatées en dehors comme chez les Philyres. (Voyez Leach. Zool. mis. t. 3, p. 20. Desmarest. op. cit. p. 166. — Edw. op. cit. t. 2, p. 137.)

4° Le genre PERSÉPHORE qui n'est que très imparfaitement connu et a la carapace arrondie, déprimée et dilatée de chaque côté; le cadre buccal triangulaire, etc. (Voyez Leach. Zool. mis. t. 3, p. 22; etc.)

lant ; les bords latéraux de la carapace sont très dilatés et ondulés ; les antennes internes se reploient très obliquement sous le front. La disposition du cadre buccal et des pattes-mâchoires est à-peu-près la même que dans le genre Guaia, mais les régions ptérygostomiennes sont larges et renflées. Les pattes antérieures sont courtes et renflées ; la pince est comprimée et finement dentelée. Enfin les pattes suivantes sont très courtes, et leur tarse est styliforme et extrêmement petit.

On n'en connaît qu'une espèce.

> L'*Oreophorus horridus*. Ruppell, Beschreibung und Abbildung von 24 arten Kurzschwanzigen Krabben als Beitrag zur Naturgeschichte des Rothen Meeres. — Edw. Hist. nat. des Crust. t. 2. p. 131. E.

CORYSTE. [(Corystes.)

Quatre antennes : les deux extérieures rapprochées, sétacées, ciliées, fort longues ; les yeux pédonculés, un peu écartés.

Test ovale, plus long que large. Queue repliée sous le tronc dans le repos. Dix pattes : les deux antérieures terminées en pince ; les autres terminées par un ongle allongé pointu.

Antennæ quatuor : externis duabus approximatis, setaceis, ciliatis, longissimis. Oculi remoti, pedunculati.

Testa ovalis, longitudine latitudinem superante. Cauda, in quiete, sub trunco replicata. Pedes decem : anticis duobus chelatis, aliis ungue elongato acuto terminatis.

OBSERVATIONS. — Ce genre, établi par M. Latreille, semble tenir aux Macroures paguriens, et se rapprocher des Albunées et des Hippes. Il appartient néanmoins aux Brachyures, et malgré les deux longues antennes de l'animal, il paraît avoisiner les Leucosies par ses rapports.

Probablement les *Corystes* ne sont pas plus nageurs que les Leucosies; leur test est moins bombé; leur queue est un peu ciliée; les deux bras antérieurs sont plus longs dans les mâles que dans les femelles.

ESPÈCE.

1. **Coryste denteé.** *Corsystes dentata.*

Corystes dentata. Latr. Gen. 1. p. 40.
Albunea dentata. Fab. Suppl. p. 398.
Pennant. Zool. Brit. 4. tab. 7 f. 13. *mas et femina.*
* *Corystes cassivelanus.* Leach. Malac. Pod. Brit. pl. 1.
* *C. dentata.* Desmarest. Consid. sur les Crust. p. 86. pl. 3. fig. 2.
* *Corystes personatus.* Guérin. Iconog. Crust. pl. 6. fig. 3.
* *Corystes dentata.* Edw. Hist. des Crust. t. 2. p. 148.
Habite l'Océan d'Europe, les côtes de France et d'Angleterre.

[Nous avons donné le nom générique de NAUTILOCO-RYSTES à des crustacés qui ressemblent aux Corystes par leur conformation générale, mais qui ont les pattes de la cinquième paire terminées par un article lamelleux très large et en forme de nageoire comme chez les Portuniens; le tarse des pattes des trois paires précédentes est également plus ou moins lamelleux. Cette division ne comprend encore qu'une seule espèce, le *Nautilocorystes ocellatus.* (Edw. Hist. des Crust. t. 2, p. 149.)

Notre genre PSEUDOCORYSTE se rapproche beaucoup du précédent, mais s'en distingue, ainsi que des Corystes, par la forme des pattes-mâchoires externes. (Voyez notre Hist. des Crust. t. 2, p. 150.)

Le genre OEIDIA de M. Dehaan doit prendre place à côté des Pseudocorystes dont il se distingue par la forme des pattes mâchoires-externes, et par quelques autres caractères. (Voyez Fauna japonica. Crust. p. 15, pl. 2, fig. 5, etc.) E.

† Genre **POLYDECTE**. *Polydectus.*

Le genre Polydecte se compose de petits Crustacés, que Latreille rangeait dans le genre Pilumne, mais qui s'éloignaient beaucoup de tous les Cancériens par leur forme générale. Leur carapace presque hexagonale est très bombée; elle se rétrécit plus en avant qu'en arrière; mais est notablement plus large que longue; enfin ses bords sont très obtus. Le front est avancé, lamelleux, droit; les orbites, dirigés très obliquement en dehors, sont incomplets antérieurement; les antennes internes se reploient ransversalement en dehors; l'article basilaire des antennes externes est cylindrique, et placé entre la fossette antennaire et l'orbite; il arrive jusqu'au front, mais ne s'y soude pas; le cadre buccal est rétréci antérieurement, mais sans être triangulaire, et son bord antérieur est très saillant et en forme de W; les pattes-mâchoires externes sont allongées, leur troisième article est à-peu-près de même forme que chez les Atélécycles. Les pattes de la première paire sont grêles et très courtes chez la femelle, la main très petite et les pinces cylindriques. Les pattes suivantes sont à-peu-près cylindriques, et terminées par un article court et pointu; enfin leur longueur augmente jusqu'à la quatrième paire, et celles de la cinquième paire sont plus longues que les secondes.

On ne connaît que la femelle d'une seule espèce de ce genre; c'est un petit crustacé remarquable à cause de trois gros tubercules cupuliformes qui entoure chaque orbite, et qui lui ont valu le nom de Polydecte cupulifère, *Pilumnus cupulifer* Latreille. Encyclop. t. 10, p. 124; *Polydectus cupulifer.* Edwards, His. nat. des crust. t. 2, p. 146.)

E.

LES TRIGONÉS.

*Test triangulaire ou trigono-conique , plus large postérieu-
rement. Point de pattes terminées en nageoires, ni relevées sur le dos.*

Les *Trigonés* ou Oxyrinques ont le test rétréci en pointe
antérieurement, et plus large dans sa partie postérieure;
il est ovale-trigone, ou en triangle allongé, presque conique , d'une consistance solide , et en général rude , raboteux , tuberculeux ou hérissé d'épines. Les antennes de
ces crustacés sont petites, à trois ou quatre articles, paraissant assez souvent toutes les quatre; mais , souvent
aussi, les deux intermédiaires sont repliées et cachés
dans des fossettes. Le troisième article de ces antennes
intermédiaires est terminé par deux filets très courts.

Ces crustacés , qu'on nomme vulgairement *araignées
marines*, constituent évidemment une famille particulière,
dont plusieurs des genres qu'elle comprend sont nombreux en espèces. J'ai cru qu'il était convenable de me
borner à y rapporter ceux qui suivent, savoir : Leptope,
Sténorynque, Parthénope, Lithode, Maia.

[Cette division correspond à-peu-près à la famille des
Oxyrhinques (Voyez page 404), qui se subdivise en trois
tribus : les Macropodiens, les Maiens et les Partheno-
piens (Voyez le premier vol. de notre Hist. des Crust.) E.

LEPTOPE. (Leptopus.)

Quatre antennes, courtes. Les yeux globuleux, non
éloignés de la bouche , séparés par un front subdenté; à
pédoncules courts.

Corps petit. Test arrondi-trigonoïde; à rostre nul ou

très court. Dix pattes onguiculées: les deux antérieures chélifères, plus courtes; les autres fort longues, très grèles, subfiliformes.

Antennæ quatuor, breves. Oculi globosi, ab ore non remoti, fronte subdentato separati; pedunculis brevibus.

Corpus parvum. Testa rotundato-trigonoidea: rostro nullo aut brevissimo. Pedes decem unguiculati: anticis duobus brevioribus chelatis: aliis longissimis, gracilissimis, subfiliformibus.

OBSERVATIONS.—Les *Leptopes* ont, comme les Sténorynques, l'aspect des faucheurs, par leur corps petit, muni de pattes très longues et très menues; mais ils n'offrent point un rostre allongé, portant les yeux et les éloignant de la bouche. Le pédoncule de leurs yeux est droit, et non perpendiculaire à l'axe longitudinal du corps.

[Les genres établis sous les noms d'*Egeria* par Latreille, et de *Leptopus* par Lamarck, ne nous paraissent pas devoir être séparés et forment un petit groupe qui se distingue des autres Décapodes brachyures de la famille des Oxyrhinques, par la longueur extrême de leurs pattes, par la forme de leurs pattes-mâchoires externes, dont le troisième article est presque carré, et donne insertion à l'article suivant à son angle interne, par leurs yeux parfaitement rétractiles, par leur carapace presque cylindrique et par quelques autres caractères.]   E.

ESPÈCES.

1. **Leptope** longipède. *Leptopus longipes.*

> L. *testá rotundatá, tuberculis subspinosis adspersá.; chelis parvis; secundi paris pedibus longissimis.*
>
> *Cancer longipes.* Lin.
> *Inachus longipes.* Fab. Suppl. p. 358.
> (* *Cancer arachnoides.*) Rumph. Mus. tab. 8. f. 4.
> * *Macropus longipes.* Latreille. Hist. nat. des Crust. t. 6. p. 111.
> * *Egeria arachnoïdes.* Latreille. Encyclop. Atlas. pl. 281. fig. 1.
> * *Leptopus longipes.* Latreille. Règne anim. 2e édit. t. 4. p. 62.
> * Griffith. Anim. Kingd. Crust. pl. 9. fig. 3.

* *Egeria arachnoides.* Edwards. Hist. nat. des Crust. t. 1. p. 291.
Habite l'Océan Indien.

Etc. L'Araignée de mer. Seba. Mus. 3. tab. 17. f. 4. est de ce
genre.

[Le genre DOCLÉE, *Doclea*, établi par M. Leach, a la
plus grande analogie avec les Leptopes de Lamarck et forme
le passage entre ce groupe et le genre Libinie. Leurs pattes-
mâchoires sont conformées de la même manière; leurs
yeux sont également rétractiles et la forme de leur carapace
est essentiellement la même que chez les Egéries ou Leptopes, mais leurs pattes sont beaucoup moins longues;
chez les Egéries celles de la seconde paire ont plus de six
fois la longueur de la portion postfrontale de la carapace,
tandis que chez les Doclées elles n'ont qu'environ trois fois
cette longueur.

On en connaît les quatre espèces suivantes :

1. La Doclée brebis. *Doclea ovis.* (*Cancer ovis.* Herbst. t. 1.
p. 210. pl. 13. fig. 82; *Inachus ovis.* Fab. Suppl. p. 355; *Maia
ovis.* Bosc. op. cit. t. 1. p. 256; Latreille. Hist. nat. des Crust. t. 6.
p. 100 ; *Doclea ovis.* Edwards. Hist. nat. des Crust. t. 1. p. 294,
et Atlas du Règne anim. de Cuvier. Crust. pl. 33. fig 2.)

2. La Doclée hybride. *Doclea hybrida.* (*Inachus hybridus.* Fabricius.
Suppl. p. 355 ; *Maia hybridia.* Bosc. loc. cit. ; Latreille. Hist.
nat. des Crust. t. 6. p. 99 ; *Doclea hybrida.* Edw. op. cit. t. 1.
p. 294.)

3. La Doclée de Risso. *Doclea Rissonii.* (*Cancer araneus.* Herbst.
pl. 13. fig. 81 ; *Doclea Rissonii.* Leach. Zool. Miscel. t. 2.
pl. 74 ; Edwards. op. cit. t. 1. p. 295.)

4. La Doclée hérissée. *Doclea muricata.* (*Cancer muricatus.* Herbst.
t. 1. pl. 14. fig. 83 ; *Inachus muricatus.* Fabricius. Suppl. p. 355;
Maia muricata. Bosc. op. cit. t. 1. p. 255; *Doclea muricata.*
Edw. t. 1. p. 295.)   E.

† Genre **LIBINIE**. *Libinia*.

Les LIBINIES ont les plus grands rapports avec les Doclées et les Pises et établissent le passage entre ces deux
genres ; elles diffèrent des premières par le peu de longueur
de leurs pattes et des dernières par leur carapace presque
circulaire et armée en avant d'un petit rostre situé, ainsi
que les orbites, notablement au dessus du niveau du bord
latéral du test; elles se rapprochent aussi des Pises par la conformation de leurs antennes externes, de leurs pinces, etc.

> Esp. Libinie cannelée. *Libinia canaliculata*. Say. Journal of the
> Acad. of Sc. of Philadelphia. vol. 1. pl. 4. fig. 1 ; Edwards. Hist.
> nat. des Crust. t. 1. p. 300, et Atlas du Règne anim. de Cuvier.
> Crust. pl. 33 fig. 1.
> Etc. E.

STÉNORYNQUE. (Stenorynchus.)

Quatre antennes : les deux extérieures plus longues.
Les yeux globuleux, éloignés de la bouche, insérés sur
le rostre et rapprochés dans leur opposition.

Corps petit. Test subtriangulaire, se terminant antérieurement par un rostre long, entier ou bifide. Dix pattes
onguiculées : les deux antérieures plus courtes, chélifères ; les autres longues, très grèles, filiformes : la
deuxième paire étant plus longue.

*Antennæ quatuor : externis longioribus. Oculi globosi,
ab ore distantes, rostro inserti, opposite approximati.*

*Corpus parvum. Testa subtriangularis, rostro longo in-
tegro aut bifido anticè terminata. Pedes decem, unguiculati : anticis duobus brevioribus chelatis ; aliis longis, gracilissimis, filiformibus : pari secundo longiore.*

OBSERVATIONS. — Les *Sténorynques*, qu'on a aussi nommés
Macropes, Macropodes et Leptopodes, ont, ainsi que les Leptopes, l'aspect des Faucheurs. Ce sont des crustacés brachyures
à pattes longues et très grèles, attachées à un petit corps, ce

qui les rend fort remarquables. Mais les *Sténorynques* offrent antérieurement un rostre allongé, quelquefois menu et très long, qui les distingue éminemment des Leptopes. Leurs yeux sont globuleux, éloignés de la bouche, insérés sur le rostre; et leur pédoncule, qui est court, semble perpendiculaire à l'axe de ce rostre. Leurs palpes externes sont menus, saillans.

[Le genre Sténorhynque se distingue facilement des autres Oxyrhynques par les caractères suivans : yeux courts et non rétractiles; troisième article des pattes–mâchoires externes à-peu-près ovalaîre, et plus d'une fois et demie aussi long que large; tige mobile des antennes externes insére au devant du niveau des yeux ; pattes de la seconde paire notablement plus longues que les autres.   E.

ESPECES.

1. Sténorynque faucheur. *Stenorynchus phalangium.*

> St. *testá rotundato-conicá , pubescente; tuberculis raris sub-*
> *spinosis ; rostro bifido; pedibus anticis crassiusculis, lateribus*
> *spinulosis.*
>
> *Inachus phalangium.* Fab. Supp. p. 358.
> Pennant. Zool. Brit. 4. pl. 9. f. 17.
> *Macropus longirostris.* Latr. Gen. 1. p. 39.
> * *Macropus phalangium.* Latreille. Hist. nat. des Crust. , etc. t. 6.
> p. 110.
> * *Macropodia phalangium.* Leach. Zool. Miscel. t. 2. pl. 18. et
> Malacostr. Pod. Brit. pl. 23. fig. 6.
> * Latreille. Encyclop. Atlas. pl. 278. fig. 2. et pl. 298. fig. 6.
> * Desmarest. Consid. sur les Crust. pl. 23. fig. 3.
> * Guérin. Iconog. Crust. pl. 21. fig. 2.
> * Edw. Hist. des Crust. t. 1. p. 279.
> Habite la Méditerranée. Mus. n°

2. Sténorynque séticorne. *Stenorynchus seticornis.*

> St. *testa cordato-conica; rostro longissimo setiformi ; manibus pe-*
> *dibusque longissimis.*
>
> *Cancer seticornis.* Oliv. Encyc. n° 119.
> Herbst. Canc. tab. 15. f. 91.
> *Macropus seticornis.* Latr.
> Habite la Méditerranée. (* Voyez notre *Hist. des Crust.* t. 1. p. 278.)
> Etc.

Voyez l'*Inachus sagittarius* de Fabricius (1) , et le *Macropodia te-nuirostris* de Leach. Trans. Soc. Linn. XI. p. 331. (* *Inachus longirostris*. Fab. Supp. p. 358 ; *Macropodia tenuirostris*. Leach. Malacost. pl. 23. fig. 1-5; Latreille. Encyclop. pl. 298. fig. 1-5. Desmarest. op. cit. p. 154 ; *M. longirostris*. Risso. Hist. nat. de l'Europe mérid. t. 5. p. 27 ; Blainville. Faune française. pl. 8. fig. 1 ; *Stenorhynchus longirostris*. Milne Edwards. op. cit. t. 1. p. 280.)

† Ajouter aussi le *Stenorynchus egyptius*. Milne Edwards. op. cit. t. 1. p. 280 ; Savigny. Egypte. pl. 6. fig. 6.

† Genre **ACHÉE**. *Achœus*.

Leach a désigné, sous ce nom, de petits crustacés de la tribu des Macropodiens, qui ressemblent beaucoup aux Sténorynques, mais qui se distinguent de tous les autres genres de la même famille par la disposition des tarses des pattes des deux dernières paires qui sont presque falci-

---

(1) Ce crustacé constitue le type d'un petit genre très remarquable établi par M. Leach sous le nom de LEPTOPODIE *Leptopodia*; on le reconnaît, au premier abord, par la forme particulière du corps et la longueur excessive de ses pattes; le rostre est extrêmement long et recouvre l'insertion de la tige mobile des antennes externes; les pédoncules oculaires sont courts et non rétractiles ; enfin, le troisième article des pattes-mâchoires externes est presque triangulaire, fortement tronqué en avant, et articulé avec la pièce suivante par son angle externe. On connaît deux espèces de ce genre :

La Leptopodie sagittaire. *Leptopodia sagittaria*. (*Inachus sagittarius*. Fabricius. Suppl. p. 359; — *Cancer seticornis*. Herbst. pl. 55. fig. 2 ; — *Leptopodia sagittaria*. Leach. Zool. Miscel. t. 2. pl. 67; — Latreille. Encyclop. p. 299. fig. 1 ; — Desmarest. Consid. sur les Crust. pl. 16. fig. 1 ; — Guérin. Iconog. Crust. pl. 11. fig. 4; — Griffith. Anim. Kingd. Crust. pl. 16. fig. 4; — Edwards. Hist. des Crust. t. 1. p. 276.)

Et la Leptopodie à éperons. *Leptopodia calcarata*. Say. Journal de l'Acad. de Philadelphie. t. 1. p. 455 ; Edwards. op. cit. t. 1. p. 276.   E.

formes; leur rostre est presque nul et laisse à découvert
le point d'insertion de la tige mobile des antennes externes; de même que dans les divisions précédentes, les
yeux ne sont pas rétractiles, mais le troisième article des
pattes-mâchoires est presque triangulaire.

> Esr. Achée de Cranch. *Achæus Cranchii.* Leach. Malacostr. Pod.
> Brit. pl. 22. C. — Desmarest. Consid. sur les Crust. p. 154. —
> Edw. Hist. nat. des Crust. t. 1. p. 281.   E.

†.Genre CAMPOSCIE. *Camposcia.*

Ce genre, établi par Leach, se rapproche du précédent
par l'existence d'yeux non rétractiles et par l'état rudimentaire du rostre, mais s'en distingue par la forme ovalaire
du troisième article des pattes-mâchoires externes, la
longueur considérable des pattes, et par plusieurs autres
caractères.

> Esr. Camposcie rétuse. *Camposcia retusa.* Latreille. Règne anim.
> 2ᵉ édit. t. 4. p. 60. — Guérin. Iconog. Crust. pl. 9. fig. 1. —
> Edw. Hist. nat. des Crust. t. 1. p. 283. pl. 15. fig. 15 et 16. —
> Griffith. Anim. Kingd. Crust. pl. 11. fig. 1.

† Genre LATREILLIE. *Latreillia.*

Le genre Latreillie de Roux a pour type un crustacé
de la Méditerranée, à pattes longues et filiformes, ressemblant assez à une Léptopodie qui serait privée de son
rostre, et qui serait munie de pédoncules oculaires d'une
longueur extrême; la carapace, de forme triangulaire,
n'atteint pas le niveau du bord postérieur du thorax, et
se termine antérieurement par deux grandes cornes divergentes. Le troisième article des pattes-mâchoires externes est ovalaire, et la tige mobile des antennes externes s'insère en arrière du niveau des yeux.

> Esr. Latreillie élégante. *Latreillia elegans.* Roux. Crust. de la Mé-
> diterranée. 5ᵉ livraison. pl. 22. — Edw. Hist. nat. des Crust.
> t. 1. p. 277.   E.

† Genre **INACHUS**. *Inachus*.

Le genre Inachus, tel que Fabricius l'avait établi, comprenait presque tous les crustacés rangés par Lamarck dans sa division des Trigonés; mais aujourd'hui il a des limites plus restreintes°, et ne se compose plus que d'un petit nombre de Macropodiens dont les yeux sont parfaitement rétractiles et susceptibles de se reployer en arrière pour se loger en entier dans des cavités orbitaires; dont le troisième article des pattes-mâchoires externes est triangulaire et s'articule avec le quatrième article par son angle externe, dont les pattes sont longues, grêles et cylindriques, le rostre court, etc.

Esp. 1° Inachus scorpion. *Inachus scorpio.*
> *Cancer scorpio.* Fabricius. Entom. Syst. t. 2. p. 462.
> *Cancer Dorsettensis.* Pennant. Brit. Zool. t. 4. pl. 94. fig. 18.
> *Inachus scorpio.* Fab. Supp. p. 358.
> *Inachus Dorsettensis.* Leach. Malac. Pod. Brit. pl. 22. fig. 1–6.
> Latreille. Encyclop. pl. 281. fig. 3. et pl. 300. fig. 1.
> *I. scorpio.* Desm. Consid. sur les Crust. pl. 24. fig. 1.
> Edw. Hist. nat. des Crust. t. 1. p. 288.

2° Inachus dorinque. *Inachus dorinchus.* Leach. Malacost. pl. 22. fig. 7–8.
> Latreille. Encyclop. pl. 300. fig. 7–8.
> Desmarest. op. cit. pl. 24. fig. 2.
> Edw. op. cit. t. 1. p. 288.

Etc. E.

† Genre **AMATHIE**. *Amathia*.

Les Amathies sont des Macropodiens à yeux non rétractiles qui ont le troisième article des pattes-mâchoires externes presque carré et donnant insertion au quatrième article par son angle interne; la carapace triangulaire, et épineuse; les pattes des quatre dernières paires grêles, filiformes et sans élargissement vers le bout. On n'en connaît qu'une espèce.

> L'Amathie de Risso. *Amathia Rissoana.* Roux. Crust. de la Méditerranée. pl. 3 ; Edwards, Hist. des Crust. t. 1. p. 286. **E.**

† Genre **EURYPODE**. *Eurypodius.*

Le genre Eurypode de M. Guérin se rapproche des précédens par la disposition des yeux qui sont petits et non rétractiles, par la forme de la carapace, et par la forme des pattes-mâchoires externes, mais s'en distingue par les pattes des quatre dernières paires qui sont comprimées et élargies en dessous, vers le bout et presque subchéliforme. Ces crustacés se rapprochent aussi des Maïens appartenant au genre Halime.

> Esp. Eurypode de Latreille. *Eurypodius Latreillii.* Guérin. Mém. du Muséum. t. 16. pl. 14. et Iconog. Crust. pl. 11. fig. 1 ; — Edw. Hist. des Crust. t. 1. p. 284 ; — Griffith. Anim. Kingd. Crust. pl. 16. fig. 1.   E.

PARTHENOPE. (Parthenope.)

Quatre antennes presque égales : les extérieures sétacées, insérées sous les yeux.

Test trigone, court, subrostré antérieurement, très scabre, inégal, muriqué. Dix pattes onguiculées : les deux antérieures longues, étendues à angle droit de chaque côté ; leurs mains étant inclinées presque parallèlement sur le côté antérieur du bras.

Antennæ quatuor subæquales : externis infrà oculos insertis, setaceis.

Testa trigona, brevis, anticè subrostrata, inæqualis, scaberrima, muricata. Pedes decem unguiculati : anticis duobus longis, chelatis, ad angulum rectum extensis, illorum manibus lateri antico brachii subparallele incumbentibus.

OBSERVATIONS. — Les *Parthénopes,* établies comme genre par Fabricius, ne sont guère distinguées des Maïas que par des caractères de port : néanmoins, ces caractères sont vraiment singuliers. Leur première paire de pattes forme deux grands bras, dont la moitié inférieure ne se dirige point en avant, mais est étendue à angle droit de chaque côté du test, tandis que l'autre moitié se replie sur le côté antérieur du bras. Les deux doigts de leur pince sont courbés en dedans. Leur test trigone n'est pas plus long que large, comme dans les Maïas; il est dur, raboteux, noueux, souvent épineux, et comme horrible à voir.

[Le genre Parthénope de Fabricius a été divisé par M. Leach en deux genres, dont l'un conserve son nom primitif, et l'autre a reçu le nom de Lambre; ces deux groupes se distinguent entre eux par le port et par plusieurs caractères, tels que la disposition des antennes externes; chez les Parthénopes proprement dites, l'article basilaire de ces appendices est assez long et atteint presque le front, tandis que le second article, plus de moitié plus court que le précédent, se loge dans l'hiatus de l'angle interne de l'orbite. Chez les Lambres, au contraire, le premier article des antennes externes est extrêmement petit et guère plus long que large; le second, quoique plus allongé, n'atteint presque jamais le front; mais se loge entre l'article basilaire de l'antenne interne et le bord interne de la paroi orbitaire inférieure; enfin, le troisième article naît dans l'hiatus qui occupe l'angle interne de l'orbite, et le quatrième article, ou filet terminal, est très court (voy. l'atlas du Règne anim. de Cuvier. Crust. pl. 26, fig. 1 a et fig. 2 a). Chez les Parthénopes, l'abdomen se compose de sept segmens distincts dans les deux sexes; tandis que chez les Lambres, on n'en compte quelquefois que six chez la femelle, et on n'en trouve que cinq ou même quatre chez le mâle.

Chez les uns et les autres l'article basilaire de ces antennes ne se soude pas aux parties voisines du test, et ne concourt pas à former la paroi orbitaire inférieure comme chez les Maïas; son extrémité n'atteint pas le front, et la tige mobile de ces appendices prend naissance dans un hiatus de l'angle orbitaire interne.

E.

ESPÈCES.

1. **Parthénope horrible.** *Parthenope horrida.*

P. testá aculeata, nodosa; manibus ovatis; cauda cariosa.
Cancer horridus. Lin.

Parthenope horrida. Fab. Supp. p. 353.
Herbst. Canc. tab. 14. f. 88.
Rumph. Mus. tab. 9.
Maïa horrida. Latr. Gen. 1. p. 37.
Parthenope horrida. Latreille. Encyclop. t. 10. p. 14. pl. 279.
  fig. 3. et. pl. 250.
  * Leach. Zool. Misc. t. 2. p. 98.
  * Desmarest. Consid. sur les Crust. pl. 20. fig. 1.
  * Guérin. Iconogr. Crust. pl. 7. fig. 2.
  * Edw. Hist. des Crust. t. 1. p. 360. et Atlas du Règne anim. de
  Cuvier. Crust. pl. 26. fig. 2.
Habite l'Océan Asiatique.

2. Parthénope longimane. *Parthenope longimana.*

P. testá spinosá : spinis simplicibus ; manibus longissimis.
Parthenope longimana. Fab. Suppl. p. 353.
Rumph. Mus. tab. 8. f. 2.
Seba. Mus. 3. t. 20. f. 12.
Herbst. Canc. tab. 19 f. 105. 106.
  * *Lambrus longimanus.* Leach. Linnean Transactions. t. XI. p. 310.
  * Desmarest. op. cit. p. 85.
  * Edwards. Hist. des Crust. t. 1. p. 354. et Atlas du Règne anim.
Crust. pl. 26. fig. 1.
Habite l'Océan Asiatique.

3. Parthénope girafe. *Parthenope girafa.*

*R. testá spinosá : spinis ramosis ; brachiis longissimis , subtùs tu-
  berculatis.*
Parthenope girafa. Fab. Suppl. p. 352.
Seba. Mus. 3. tab. 19. f. 8.
  * *Cancer echinatus.* Herbst. t. 1. pl. 19. fig. 108 et 109.
  * *Lambrus girafa.* Desm. op. cit. p. 85.
  * *Lambrus echinatus.* Edw. op. cit. t. 1. p. 356.
Habite l'Océan Asiatique.

4. Parthénope spinimane. *Parthenope spinimana.*

*P. testá nodosá , tuberculis echinatá , anticè producto-subacuta ;
  brachiis crassis angulatis spinoso-muricatis.*
Seba. Mus. 3. tab. 19. f. 16. 17 ?
  * *Cancer contrarius.*) Herbst. Canc. tab. 60. f. 3.
  * *Lambrus spinimanus.* Desm. op. cit. pl. 3. fig. 1

* *Lambrus contrarius.* Edw. op. cit. t. 1. p. 354.
Habite les mers de l'Ile-de-France. M. Mathieu.
Etc.

* Ajoutez plusieurs espèces décrites par Roux, etc. Voyez le 2ᵉ vol. de
notre Hist. des Crust. p. 355, etc.)

† Genre EURYNOME. *Eurynoma.*

Le genre EURYNOME de M. Leach établit le passage
entre les Parthénopes et les Maïas, mais se rapproche davantage des premiers. La carapace fortement bosselée et
couverte d'aspérités, a presque la forme d'un triangle à
base arrondie et se termine antérieurement par un rostre
horizontal divisé en deux cornes aplaties ; les pattes de
la première paire sont longues chez le mâle, mais courtes
chez la femelle et guère plus grosses que celles des paires
suivantes ; l'article basilaire des antennes externes va
se souder au front et donne insertion à l'article suivant
par le bord supérieur de son extrémité, de façon que la
tige mobile de ces appendices paraît naître du canthus interne des yeux. Enfin l'abdomen se compose de sept articles dans les deux sexes. On ne connaît qu'une espèce de
ce genre, c'est le *Cancer aspera* de Pennant (British. zool.
t. 4, pl. 9, fig. 20) ou *Eurynome aspera* (Leach. Malacost. Pod. Brit. pl. 17 ; Latreille, Encyclop. pl. 281,
fig. 4, et pl. 301, fig. 1-5 ; Desmarest op. cit. pl. 21,
fig. 2 ; Guérin. Iconogr. crust. pl. 7, fig. 4 ; Edwards. Hist.
des Crust. t. 1, p. 351, pl. 15, fig. 18.)   E.

† Genre EUMEDON. *Emedonus.*

Le genre nouveau auquel nous avons donné le nom
d'EUMEDON se rapproche des Eurynomes et des Sténo-
rhynques. La carapace est presque pentagonale, aplatie
et rejetée en avant de manière à ne pas dépasser le niveau des pattes de la troisième paire ; le rostre est très

large et très avancé ; les yeux très courts , remplissent en
entier l'orbite et ne sont pas rétractiles ; enfin les mains
sont renflées sans être ni triangulaires ni épineuses, et les
pattes sont courtes et comprimées. Le type de cette division générique est l'*Eumedonus niger*. Edw. Hist. nat. des
Crust. t. 1, p. 350, pl. 15, fig. 17.   E.

LITHODE. (Lithodes.)

Quatre antennes presque égales , insérées entre les
yeux. Palpes extérieurs longs et étroits. Yeux peu écartés.

Test subtrigone, postérieurement plus large et arrondi,
rostré antérieurement, très scabre. Dix pattes : les deux
antérieures avancées et terminées en pinces, les deux dernières très petites, comme fausses sans onglet.

*Antennæ quatuor subæquales, intrà oculos insertæ.
Palpi* [*maxilli pedes*] *externi longi, angusti. Oculi parum
distantes.*

*Testa subtrigona, posticè latior et rotundatu, anticè ros-
trata, scaberrima. Pedes decem : anticis duobus chelatis,
porrectis ; duobus ultimis minimis subspuriis unguiculo
nullo.*

OBSERVATIONS. — Les *Lithodes*, très voisines des Maïas, par
leur aspect et leur forme, s'en distinguent par leurs pieds-mâchoires extérieurs, longs et étroits, presque comme ceux des
crustacés macroures , et par les deux pattes postérieures, très
petites, qui sont sans onglet. Latreille, qui les indique comme
genre, ne cite que l'espèce qui suit.

[Les Lithodes diffèrent des Maïas et des autres Oxyrhynques
(ou Trigonés de Lamarck) par une foule de caractères de la plus
haute importance, et c'est à tort que tous les zoologistes les ont
rangées dans cette famille ; elles s'en éloignent évidemment
beaucoup, et se rapprochent des Homoles plus que de tout autre

décapode, mais établissent à quelques égards le passage entre ces crustacés et les Birgus ; aussi dans notre méthode de classi-fication prennent-elles place dans la section des Anomoures. Les branchies, au lieu d'être disposées sur un seul rang comme chez les Brachyures proprement dits, sont groupées par fais-ceaux comme chez les Homoles, et la plupart des Macroures ; les orifices de l'appareil générateur femelle occupent l'article basilaire des pattes de la troisième paire, disposition qui n'existe jamais chez les Brachyures proprement dits ; la con-formation de l'abdomen est anormale, et chez la femelle, il ne paraît exister de filets ovifères que d'un seul côté ; enfin la struc-ture des antennes, de l'appareil buccal et du thorax éloigne aussi les Lithodes des véritables Brachyures, et les rapproche de nos Anomoures. E.

ESPÈCE.

1. **Lithode arctique.** *Lithodes arctica.*

> *Cancer maja.* Lin.
> *Inachus maja.* Fab. Suppl. p. 358.
> Herbst. Canc. tab. 15. f. 87.
> Seba. Mus. 3. tab. 18. n. 10. et tab. 22. f. 1.
> *Lithodes arctica.* Latr. Gen. 1. p. 40.
> Ejusd. Hist. nat., etc., 6. pl. 48. f. 2.
> * Desmarest. Consid. sur les Crust. p. 160. pl. 25.
> * Griffith. Anim. Kingd. Crust. pl. 1. fig. 1.
> * Guérin. Iconog. du Règne anim. Crust. pl. 12. fig. 1.
> * Edw. Hist. des Crust. t. 2. p. 186, et Atlas du Règne anim. de
>   Cuvier. Crust. pl. 37. fig. 1.
> Habite l'Océan de la Norwège.

MAIA. (Maïa.)

Quatre antennes petites : les extérieures sétacées, insé-rées sous le coin interne des yeux ; les intérieures palpi-formes. Les yeux écartés, pédonculés.

Test subtrigone, ovale-conique, plus long que large,

arrondi et plus large inférieurement, rétréci en avant, scabre ou épineux. Dix pattes onguiculées : les deux intérieures dirigées en avant et terminées en pince.

Antennæ quatuor parvula : externis setaceis, in oculorum cantho insertis ; internis palpiformibus. Oculi intervallo majusculo distantes, pedunculati.

Testa subtrigona, ovato-conica, longitudinalis, posticè latior rotunda, anticè angustata, subrostata, scabra aut spinosa. Pedes decem unguiculati : anticis duobus chelatis, porrectis.

OBSERVATIONS. — Les *Maïas* sont nombreuses en espèces; plusieurs d'entre elles deviennent très grandes, et beaucoup d'autres sont de taille moyenne ou même petite. Elles sont remarquables par la forme presque conique de leur corps, qui, plus large postérieurement, se rétrécit vers sa partie antérieure, où il se termine par deux ou quatre dents, plus ou moins séparées, sans former un bec aussi marqué que dans les Sténorynques. La plupart de ces crustacés ont le test dur, raboteux, tuberculeux ou épineux. Les deux pattes antérieures sont ordinairement les plus grandes et toujours avancées, terminées en pinces. Les autres vont en diminuant progressivement de grandeur, et se terminent par un onglet.

[Tous les auteurs récens s'accordent à restreindre davantage les limites de ce genre, et à n'y laisser que les espèces dont les yeux sont rétractiles, la tige mobile des antennes externes inséré dans l'angle intérieur de l'orbite et à découvert, et les pattes cylindriques. Les autres crustacés qui, dans la méthode de Lamarck, prendraient également place ici, constituent divers genres dont nous exposerons plus bas les principaux caractères.

E.

ESPÈCES.

1. Maïa bord-d'épines. *Maia spini-cincta.*

> *M. testá rotundato-trigona, in ambitu aculeatá : dorso mutico ; carpis hemisphæricis chelisque magnis lævibus.*
> (* *Cancer Hispidus.*) Herbst. Cauc. tab. 18. f. 100.

* *Mithrax spinicinctus.* Desmarest. Consid. sur les Crust. p. 150.
pl. 23. fig. 1.

* *Mithrax hispidus.* Edwards. Mag. Zool. de Guérin, et Hist. des
Crust. t. 1. p. 322.

Habite aux Antilles. Mus. n°   Il devient fort grand , et a le doigt
mobile de sa pince arqué. Tous les bras ont des tubercules sub-
épineux.

2. Maïa hérissonnée. *Maia spinosissima.*

*M. testá trigoná , undiquè aculeis muricatá ; pedibus omnibus acu-
leatis ; manibus partim lævibus.*

Cancer aculeatus. Herbst. Canc. tab. 19. f. 104. (1)

* *Cangrejo Denton.* Parra. Descrip. de differ. pieças de Hist. nat.
pl. 51. fig. 1.

* *Mithrax spinosissimus.* Edw. Mag. de Zool. de Guérin. 1831. cl. 7.
pl. 2 et 3, et Hist. des Crust. t. 1. p. 321.

Habite l'Ile-de-France. M. Mathieu. Mus. n°   Il devient aussi fort
grand.

3. Maïa squinado. *Maia squinado.*

*M. testá ovatá , granulis aculeisque asperatá ; spinis periphæriæ va-
lidioribus ; manibus lævibus cylindricis.*

Inachus cornutus. Fab. Suppl. p. 356.

Maia squinado. Latr. Gen. 1. p. 37.

Herbst. canc. tab. 14. f. 84. 85.

Seba. Mus. 3. tab. 18. f. 2. 3.

* Latreille. Encyclop. pl. 277. fig. 1 et 2.

* Leach. Malacost. Pod. Brit. pl. 18.

* Desm. Consid. sur les Crust. pl. 21.

* Edw. Hist. des Crust. t. 1. p. 327, et Atlas du Règne anim. de
Cuvier. Crust. pl. 30. fig. 1.

* Cette espèce constitue le type du genre Maïa proprement dit.

Habite (* l'Océan et peut-être aussi) la Méditerranée. Mus. n°
Il devient très grand ; son test est terminé antérieurement par
deux épines plus fortes que les autres.

4. Maïa taureau. *Maia taurus.*

*M. testá ovatá , ad periphæriam aculeatá : dorso inæquali submu-
tico; spinis duabus frontalibus validissimis.*

Mus. n° Herbst. Canc. tab. 59. f. 6.

---

(1) Cette figure se rapporte à une autre espèce; le *Mithrax
aculeatus.* Edw. op. cit. t. 2. p. 321.   E.

* *Pericera cornuta.* Edw. Hist. nat. des Crust. t. 1. p. 335, et Atlas du Règne anim. de Cuvier. Crust. pl. 30. fig. 2.

Habite .... la Méditerranée? (* les mers des Antilles et pas la Méditerranée). Ses deux pattes antérieures sont grandes , à cuisses hérissées de tubercules : à mains longues, assez étroites, en partie tuberculeuses ; à doigts courts, un peu arqués.

5. Maïa à crête. *Maia cristata.*

M. testá ovato-elliptica , ad periphæriam aculeatá ; dorso granulis tuberculisque scabro; fronte inflexa.

Cancer cristatus. Lin.

Rumph. Mus. tab. 8. f. 1.

* *Cancer bilobus.* Herbst. pl. 18. fig. 98.

* *Maïa cristata.* Latreille. Encyclop. pl. 28. fig. 1.

* *Micippa cristata.* Leach. Zool. Miscel. t. 3. pl. 128.

* Desmarest. op. cit. p. 149.

* Edw. op. cit. t. 1. p. 330.

Habite la mer des Indes. Péron. Pattes non épineuses : les deux antérieures à peine aussi longues que les deux suivantes.

6. Maïa cervicorne. *Maia cervicornis.*

M. testá ovato-oblongá , tuberculis crassis subacutis dorso asperatá ; fronte spinis quatuor elongatis ; oculorum pedunculis longissimis.

Herbst. Canc. tab. 58. f. 2.

* *Stenocionops cervicornis.* Latr. Règne anim. 2ᵉ édit. t. 4. p. 59.

* Guérin. Iconog. Crust. pl. 8 bis. fig. 3.

* M. Edw. Hist. des Crust. t. 1. p. 336.

Habite à l'Ile-de-France. M. Mathieu.

7. Maïa gravée. *Maia sculpta.*

M. minima ; testá rotundato-trigoná , muticá, dorso rugis variis sulcato; carpis orbiculatis manibusque glabris.

* *Cancer rugosus.* Petiver. Perigr. Amer. tab. 20. fig. 6.

Seba. Mus. 3. tab. 19. f. 22. 23.

* *Mithrax sculptus.* Edwards. Magasin Zoologique de M. Guérin. 1831. Crust. pl. 5. et Hist. nat. des Crust. t. 1. p. 322.

Habite.... Mus. n° Cette espèce semble avoir des rapports avec notre *Maia spinicincta* ; ses pinces, en petit, sont semblables; mais elle est mutique , élégamment sculptée en dessus, et ses quatre paires de pattes postérieures sont velues.

Etc.

Ajoutez beaucoup d'autres espèces connues.

[Cette division , extrêmement nombreuse en espèces , correspond à-peu-près à la tribu des Maïens telle que nous l'avons circonscrite dans notre Méthode de classification et a été subdivisée, comme nous l'avons déjà dit, en un grand nombre de genres dont nous nous bornerons à rapporter ici les principaux caractères.

§ 1. *Maïens dont les yeux peuvent se reployer en arrière et se cacher dans une fossette orbitaire post-foraminaire plus ou moins complète.*

Genre Libinie. Voyez p. 423.

Genre Herbstie (*Herbstia* Edw.). Rostre horizontal , petit, très étroit et divisé jusqu'à sa base en deux cornes lamelleuses ; tige mobile des antennes externes cylindrique, insérée tout-à-fait hors de l'orbite, et à découvert en dessus; pinces assez fortes, s'amincissant vers le bout et laissant entre elles un vide lorsqu'elles sont fermées ; tarses à peine épineux en dessous.

> Exemple. Herbstie noueuse. *Cancer condyliatus.* Herbst. pl. 18. fig. 99. A.—*Inachus condyliatus.* Fab. Sup.—*Maïa condyliata.* Latr. Hist. nat. des Crust. t. 6. p. 95. — Risso. Crust. de Nice. p. 42. *Mithrax Herbsti.* Risso. Hist. nat. de l'Europe mérid. t. 5. p. 25. — *Herbstia condyliata.* Edwards. Hist. nat. des Crust. t. 1 p. 302.

Genre Thoé (*Thoea* Bell.). Mêmes caractères que dans le genre précédent, si ce n'est que le rostre est tout-à-fait rudimentaire et que les pattes des quatre dernières paires sont aplaties en dessus et élargies par des crêtes marginales ; carapace très déprimée.

> Exemple. Thoé rugueuse. *Thoea erosa.* Bell. Trans. of the Zoo Soc. of London. t. 2. pl. 9. fig. 4.

Genre Rhodie (*Rhodia* Bell). Mêmes caractères que chez les Herbsties, si ce n'est que les pinces sont grèles, finement dentelées et se touchent dans toute leur longueur.

> Exemple. Rhodie pyriforme. *Rhodia pyriformis.* Bell. loc. cit. pl. 9, fig. 1.

Genre Pise (*Pisa* Leach). Carapace triangulaire et allongée ; rostre horizontal large et divisé en deux grandes cornes coniques très longues ; tige mobile des antennes externes insérée sous le front, tout-à-fait en dehors de l'orbite, et à découvert en dessus; bord orbitaire supérieur se prolongeant antérieurement sous la forme d'une grosse dent; pinces tranchantes, pointues et finement dentelées dans leur moitié terminale ; tarses presque toujours garnis en dessous d'une ou deux rangées de petites pointes.

Exemple. Pise tetraodon. *C. héracléotique.* Rondelet. t. 2. p. 403; —Aldrov. 185.—*C. pagurus fem.* Jonston. Exs. pl. 5. fig. 13.— *Cancer tetraodon.* Pennant Br. Zool. t. 4. pl. 8. fig. 15.—*C. prædo.* Herbst. pl. 42.—*Maïa tetraodon.* et *M. prædo.* Bosc. t. fl. p. 254 et 256 ; — *Blatus tetraodon.* Leach Edimb. Encyc. t. 7. p. 431; — *Pisa tetraodon.* Ejusd. Malac. pl. 20.—Desm. op. cit. pl. 22. fig. 1. — Latr. Encycl. t. 10 p. 142 ; — *Maïa hirticorne.* Blainville. Faune française. pl. 9.—Risso. Crust. de Nice. p. 46.—*Pisa tetraodon.* Edw. Hist. des Crust. t. 1. p. 305.

Genre Pélie (*Pelia* Bell.). Mêmes caractères que chez les Pises, si ce n'est que l'angle intérieur de l'orbite est obtus, que l'article basilaire des antennes externes s'avance beaucoup au-delà de l'orbite, etc.

Exemple. Pélie mignonne. *Pelia pulchella.* Bell. loc. cit. pl. 9. fig. 2.

Genre Lissa (*Lissa* Leach). Même conformation que chez les Pises , si ce n'est que les cornes du rostre sont lamelleuses, très larges et tronquées au bout, et que les tarses sont dépourvus d'épines.

Exemple. Lissa gouteuse. — *C. chiragra. Herbst.* pl. 17. fig. 96.— *Inachus chiragra.* Fabr. Sup. p. 357. — *Lissa chiragra.* Leach. Zool. Misc. t. 1. pl. 83.—Desm. p. 47.—Risso. Hist. nat. de l'Europe mérid. t. 5.—*Pisa chiragra.* Latr. Encyc. t. 10. p. 143.— *Lissa chiragra.* Edw. Hist. nat. des Crust. t. 1. p. 310. et Atlas du Règne anim. de Cuv. Crust. pl. 29. fig. 1.

Genre Hyade (*Hyas* Leach). Mêmes caractères que les Pises et les Lissas, si ce n'est que le bord orbitaire supérieur est voûté en avant et ne forme sur les côtés du rostre ni épines, ni dents, que le premier article de la tige mobile des antennes externes est aplati et élargi en dehors ; et que les cornes du rostre sont aplaties, médiocres, pointues et convergentes.

> Exemple. HYADE ARAIGNÉE. *C. araneus.* Linn. Mus. Lud. Ulr. p. 439 ; — Penn. op. cit. t. 4. pl. 9. fig. 16 ; — *C. Buffo.* Herb. pl. 17. fig. 95. — *Inachus araneus.* Fabr. Sup. p. 356. — *Hyas araneus.* Leach. Malac. pl. 21. A ; — Desm. p. 148. — Latr. Encyc. pl. 278. fig. 3 (copiée d'après Pennant.) — Edw. Hist. nat. des Crust. t. 1. p. 312.

Genre NAXIA (*Naxia* Edwards). Mêmes caractères que chez les Pises, si ce n'est que la tige mobile des antennes externes est insérée sous le rostre et en majeure partie cachée par ce prolongement, que les cornes du rostre sont longues et tronquées au bout ; et que les orbites sont presque circulaires et sans hiatus à leur bord inférieur.

> Exemple. NAXIE SERPULIFÈRE. *Naxia serpulifera.* Edw. Hist. des Crust. t. 1. p. 313. — *Pisa serpulifera.* Guérin. Iconog. du Règne anim. Crust. pl. 8. fig. 2. — Griffith. Anim. Kingd. Crust. pl. 2. fig. 2.

Genre CHORINE (*Chorinus* Leach). Mêmes caractères que chez les Naxies, si ce n'est que le rostre est conformé comme chez les Pises et que les orbites sont très incomplètes, leur paroi inférieure étant presque nulle ou interrompue par un large hiatus.

> Exemple. CHORINE HÉROS. — *Cancer heros.* Herb. pl. 42. fig. 1 ; — *Maia heros.* Bosc. t. 1. p. 251. — *Pisa heros.* Latr. Encyc. t. 10. p. 139 ; — *Chorinus heros.* Leach. Latr. loc. cit. — Edw. Hist. des Crust. t. 1. p. 315, et Atlas du Règne anim. de Cuvier. Crust. pl. 29. fig. 1.

Genre MITHRAX (*Mithrax* Leach). Carapace très large presque circulaire ; rostre horizontal très large, mais très court et divisé en deux cornes arrondies ; tige mobile des antennes externes insérée sous le front, mais pas recouverte par le rostre ; pinces élargies vers le bout, arrondies et profondément creusées en cuiller.

Exemples :
MAIA BORDS ÉPINEUX. (ci-dessus, page 434 n° 1.)
MAIA HÉRISSONÉE. (ci-dessus, page 435 n₀ 2.)
MAIA GRAVÉE. (ci-dessus , page 436 n° 7.)

Genre PARAMITHRAX (*Paramithrax* Edw.) Rostre horizontal large et composé de deux grosses cornes de ongueur médi ocre ; tige mobile des antennes externes cylindriques et disposées comme chez les Pises ; bord orbitaire supérieur, voûté en avant et ne formant pas de cornes sur les côtés du rostre ; pinces pointues, arrondies et ne présentant ni dentelures ni cuiller.

Exemple. PARAMITHRAX BARBICORNE. — *Pisa barbicornis*: Latreille. Encyc. t. 10. p. 141. — *Paramithrax barbicornis*. Edw. Hist. nat. des Crust. t. 1. p. 324.

Genre MAIA proprement dit. Rostre horizontal composé de deux cornes arrondies ; tige mobile des antennes externes insérée dans le canthus interne des orbites et à découvert ; pinces pointues et ne présentant ni dents, ni cuiller.

Exemple. MAIA SQUINADE. (ci-dessus page 435 n₀ 3.)

Genre MICIPPE (*Micippe* Leach). Rostre presque perpendiculaire reployé en bas et formant avec l'axe du corps un angle presque droit ; pédoncules oculaires de longueur ordinaire ; orbites complètes.

Exemple. MICIPPE A CRÈTE. (ci-dessus page 436 n° 5.)

Genre CRIOCARCIN (*Criocarcinus* Guérin). Rostre comme dans les Micippes ; pédoncules oculaires extrêmement longs ; orbite sans paroi inférieure.

Exemple. CRIOCARCIN A SOURCILS, — *Cancer superciliosus*. Herbst. pl. 14. fig. 89. — *Criocarcinus superciliosus*. Guérin. Collect. du Muséum. — Edw. op. cit. t. 1, p. 332.

§ 2. *Maïens dont les yeux sont peu ou point mobiles et ne peuvent se reployer en arrière ; point de portion postforaminaire de l'orbite.*

Genre PARAMICIPPE (*Paramicippa* Edw'.). Yeux très saillans, dépassant de beaucoup les bords de l'orbite ; rostre reployé en bas, presque vertical.

> Exemple. PARAMICIPPE PLATIPÈDE. — *Micippa platipes.* Ruppell. Crust. de la mer Rouge. pl. 1. fig. 4. — *Paramicippa platipes.* Edw. Hist. nat. des Crust. t. 1. p. 333.

Genre OTHONIE (*Othonia* Bell). Yeux très saillans et dirigés en avant ; rostre horizontal et rudimentaire ; tige mobile des antennes externes insérée sur le bord du front et ayant son premier article très élargi ; carapace presque circulaire.

> Exemple. OTHONIE A SIX DENTS. *Othonia sex dentata.* Bell. Trans. of the Zool. Soc. of London. t. 2. pl. 12. fig. 1.

Genre STÉNOCIONOPS (*Stenocionops* Latreille). Pédoncules oculaires excessivement longs et dépassant de beaucoup les bords de l'orbite ; rostre composé de deux grandes cornes horizontales.

> Exemple. MAÏA CERVICORNE. (ci–dessus , page 436 n° 6.)

Genre TYCHE (*Tiche* Bell.). Yeux ne dépassant que peu le bord orbitaire supérieur, mais à découvert en dessous dans une longueur considérable ; rostre horizontal et composé de deux cornes médiocres ; antennes externes, ayant leur article basilaire très étroit et leur tige mobile grêle et à découvert. Carapace très élargie antérieurement ; pattes grêles et cylindriques.

> Exemple. TYCHE FRONT LAMELLEUX. *Tyche lamellifrons.* Bell. loc. cit. pl. 12. fig.

Genre PERICÈRE (*Pericera.* Lat.). Yeux dépassant à peine les bords de l'orbite qui est circulaire ; article basi-

laire des antennes externes extrêmemeut large antérieurement ; rostre composé de deux grandes cornes horizontales.

Exemple. MAIA TAUREAU. (ci–dessus, page 435 n° 4.)

Genre MÉNOETHIE *(Menœthia* Edw.). Yeux dépassant à
peine les bords orbitaires ; antennes externes ayant leur
article basilaire très étroit en avant et leur tige mobile à
découvert sur les côtés du rostre qui est long, simple et très
étroit ; pattes des quatre dernières paires cylindriques.

Exemple. MÉNOETHIE LICORNE.— *Pisa monoceros.* Latreille. Encycl.
t. 10. p. 139. — *Inachus arabicus.* Ruppell. Crust. de la mer
Rouge. pl. 5. fig. 4. — *Menœthia monoceros.* Edw. Hist. des
Crust. t. 1. p. 339.

Genre HALIME (*Halimus* Latr.). Yeux et antennes externes comme chez les Ménœthies ; rostre large et composé
de deux cornes divergentes, pattes des quatre dernières
paires comprimées et élargies en dessous vers le bout ;
leur avant-dernier article tronqué en dessous près de son
extrémité, mais ne portant près de son extrémité aucun
tubercule ou autre vestige d'un doigt immobile.

Exemple. HALIME BÉLIER. *Halimus aries.* Latreille. — Guérin. Icon.
Crust. pl. 9. fig. 2. — Edw. op. cit. t. 1. p. 341.

Genre ACANTHONYX (*Acanthonyx* Latreille). Mêmes caractères que chez les Halimes, si ce n'est que les pattes,
très courtes, ont leur pénultième article échancré en
dessous vers le bout et armé d'une dent pilifère contre lequel le tarse vient se replier en manière de pince.

Exemple. ACANTHONYX LUNULÉ.—*Maia lunato.* Risso Crust. de Nice.
vl. 1. fig. 4. — *Acanthonyx lunatus.* Latreille. Règne anim. 2e éd.
t. 4. p. 58. — Guérin. Iconog. Crust. pl. 8. fig. 1; — Griffith.
Anim. Kingd. Crust. pl. 2. fig. 1; — Edw. Hist. des Crust. t. 1.
p. 342. et Atlas du Règne anim. de Cuv. Crust. pl. 27 fig. 2.

Genre EPIALTE (*Epialtus* Edw.). Yeux peu saillans ; antennes externes ayant leur article basilaire très étroit en

avant et leur tige mobile insérée sous le rostre; rostre court et très étroit; pattes des quatre dernières paires sans crête en dessus et présentant vers le bout de leur pénultième article sur leur bord inférieur un petit tubercule.

> Exemples. EPIALTE DENTÉ. *Epialtus dentatus.* Edw. Hist. des Crust. t. 1. p. 345.
>
> EPIALTE MARGINÉ. *Epialtus marginatus.* Bell. Trans. of the Zool. Societ. vol. 2. pl. 11. fig. 4. et pl. 13.

Genre LEUCIPPE (*Leucippa* Edw.). Yeux à peine saillans et un peu mobiles, antennes comme chez les Epialtes; rostre très large; des vestiges d'une portion post-foraminaire de l'orbite; pattes armées en dessus d'une crête lamelleuse longitudinale.

> Exemple. LEUCIPPE PENTAGONE. *Leucippa pentagona.* Edw. Ann. de la Soc. Entomol. t. 2. pl. 188. et Hist. des Crust. t. 1. p. 347. pl. 15. fig. 9 et 10.   E.

LES PLAQUETTES.

Test carré ou en cœur, en général aplati, ayant toujours son bord antérieur tronqué ou en ligne droite transverse. Point de pattes terminées en nageoire.

La plupart des crustacés qui constituent cette coupe sont remarquables par leur test plat, quelquefois peu épais, comme dans les Plagusies et les Grapses, rarement hérissé d'épines, souvent même d'une consistance assez peu solide et orné, dans plusieurs, de couleurs très vives.

Les *Plaquettes* sont fort nombreuses, et paraissent former une famille particulière. Les yeux de ces crustacés occupent toujours les angles latéraux du front ou du chaperon, lequel très souvent est infléchi ou incliné en bas. Tantôt le chaperon occupe une grande partie du

bord antérieur du test , et alors les pédicules des yeux
sont courts ; et tantôt ce chaperon est petit et n'occupe
qu'une petite portion du bord , celle du milieu , et dans
ce cas, les yeux ont de longs pédicules.

Ceux de ces crustacés qui ont le corps bien aplati se
tiennent ordinairement sous les pierres ; d'autres se cachent en partie sous le sable; enfin d'autres se retirent
dans des terriers. Ces derniers sont des coureurs, vont
sur la terre, grimpent quelquefois sur les arbres , et parmi eux, il s'en trouve qui vivent habituellement sur la
terre. Nous divisons cette famille de la manière suivante.

* Les deux ou les quatres pattes postérieures relevées sur le dos. Point
de chaperon incliné.

Doripe.

** Aucune patte postérieure relevée sur le dos. Le bord antérieur du
test ou le chaperon incliné en bas.

(1) Pédicules des yeux courts, se logeant dans les fossettes circonscrites.

(a) Test carré , bien aplati.

Plagusie.
Grapse.

(b) Test cordiforme , souvent épais et renflé antérieurement.

Tourlourou.

(2) Pédicules des yeux fort allongés , se logeant dans une gouttière
frontale.

(a) Les yeux latéraux sur leur pédicule. Antennes intermédiaires cachées sous le test.

Ocypode.

(b) Les yeux terminaux ou au bout de leur pédicule. Les quatre antennes apparentes.

Rhombille.

[Cette division correspond à-peu-près à notre famille
des Brachyures Catométopes; les Doripes seuls nous parais-

sent devoir en être retirés et rapprochés des Oxystomes. Un des caractères les plus remarquables de cette famille est la disposition anormale des organes copulateurs du mâle qui, au lieu de sortir par un trou creusé dans l'article basilaire des pattes postérieures, naissent presque toujours du plastron sternal, ou du moins se logent dans une gouttière transversale creusée dans ce plastron, lorsqu'ils sortent comme d'ordinaire de la base des pattes ; il est aussi à remarquer que la base de l'abdomen du mâle est en général beaucoup plus étroite que le bord postérieur du thorax, que la carapace est plus ou moins quadrilatère ou ovalaire et n'est rétrécie ni en avant comme chez les Oxyrhynques, ni en arrière comme chez les Cyclométopes, que le front est en général très large et très incliné, que l'épistome est très étroit, etc.

Cette famille nous paraît devoir être divisée en six tribus, savoir : les Grapsoïdiens, les Ocypodiens, les Gonoplaciens, les Gécarciniens, les Thelphusiens et les Pinnothériens.

E.

DORIPE. (Doripe.)

Quatre antennes toutes apparentes : les extérieures plus longues, sétacées ; les intermédiaires pliées, à dernier article bifide. Les yeux écartés, pédonculés ; les pieds-mâchoires extérieurs étroits, allongés.

Test en cœur renversé, déprimé, inégal, à front tronqué et denté. Dix pattes : les deux antérieures terminées en pince ; les quatre postérieures dorsales, relevées, prenantes.

Antennæ quatuor, conspicuæ : externis longioribus, setaceis ; internis plicatilibus, articulo ultimo bifidis. Oculi remoti, pedunculati. Maxilli-pedes exteriores angusti elongati.

Testa obversè cordata, depressa ; dorso inæquali ; fronte truncatá , dentatá. Pedes decem : anticis duobus chelatis ; posticis quatuor dorsalibus , sublatis , prehensilibus.

OBSERVATIONS. — Les *Doripes* semblent tenir encore un peu des Trigonés, car plusieurs d'entre elles ont le corps plus long que large, se rétrécissant un peu antérieurement; mais leur test est tronqué en devant , ce qui les en distingue. L'aplatissement de leur corps, la troncature de leur bord antérieur, et l'écartement des yeux, les font placer parmi les Plaquettes, malgré leur singularité. Les divisions de leur bord antérieur semblent annoncer le voisinage des Plagusies.

Il paraît que ces crustacés ont des habitudes particulières. On croit qu'ils cachent leur corps dans le sable; et comme leurs pattes postérieures sont dorsales, relevées et terminées par un crochet, on suppose qu'ils saisissent, par leur moyen, soit leur proie, soit quelques corps propres à les garantir des dangers.

[Les Doripes ressemblent assez aux Plagusies par la forme générale de leur corps, mais s'en éloignent par la position des verges, la structure de l'appareil buccal, et plusieurs autres caractères qui les rapprochent des Orythies, des Calappes, etc., et qui nous ont porté à les ranger dans la famille des Oxystomes, où elles constituent le type d'une tribu particulière caractérisée par la grandeur des antennes externes, la petitesse et la disposition anormale des pattes postérieures, la forme circulaire du plastron sternal, etc. Le caractère le plus remarquable des Doripes consiste dans la disposition des ouvertures afférentes des cavités branchiales, qui sont formées par une grande échancrure de la région ptérygostomienne de la carapace, et séparées de la base des pattes antérieures par un prolongement de cette région, tandis que chez les autres Doripiens, et même chez tous les autres crustacés, les ouvertures, ainsi placées, sont bornées en arrière par la base des pattes antérieures.   E.

ESPÈCE.

1. **Doripe laineuse.** *Doripe lanata.*

> D. *testá trigoná, utroque latere unidentatá ; fronte quadridentatá; pedibus hirsutis.*

Cancer lanatus. Lin. Planch. conch. p. 36. tab. 5. f. 1.

Cancer hirsutus , etc. Aldrov. Crust. 2. cap. 19.

* Herbst. t. 1. pl. 11. fig. 61.

* *Cancer fachino.* Ejusd. pl. 11. fig. 68 (le mâle).

* *Dorippe lanata.* Latr. Encycl. pl. 306. fig. 2.

* Desmarest. Consid. sur les Crust. pl. 17. fig. 2.

* Edw. Hist. nat. des Crust. t. 2. p. 155.

Habite la Méditerranée. Test jaunâtre, pubescent.

2. Doripe noduleuse. *Doripe nodulosa.*

D. testá oblongo-ovatá, anticè truncato-dentatá ; dorso eminentiis variis inæqualibus ; brachiis tuberculis asperatis.

Doripe nodulosa. Per. Mus. n°.

An doripe quadridens? Fab. Suppl. p. 361.

* *Cancer frascone.* Herbst. pl. 11. fig. 70.

* *Doripe quadridentata.* Latreille. Encyc. pl. 306. fig. 1.

* Desmarest. Consid. sur les Crust. p. 135.

* *D. nodulosa.* Guérin. Iconog. Crust. pl. 13. fig. 2.

* *Doripe quadridentata.* Edw. op. cit. t. 2. p. 156.

Habite les mers Australes. Péron. Voyez Herbst. tab. XI. f. 70.

3. Doripe atropos. *Doripe atropos.*

D. testá oblongo-ovatá, anticè truncatá, dorso subnoduloso ; brachiis pedibusque muticis glabris.

Doripe facchino. Mus. n°.

An Inachus mascaronius? Rœmer. Gen. Ins. t. 31. f. 1. (1)

Habite.... l'Océan Indien ?

* Cette Doripe n'est pas une espèce distincte de la précédente, mais seulement un individu femelle.

---

(1) Cette figure se rapporte à un crustacé qui ne doit même pas rester dans le genre Doripe, et qui constitue le type du genre ETHUSE de Roux. Ce genre se distingue facilement des Doripes par le mode de conformation des ouvertures afférentes de la cavité respiratoire, lesquelles présentent ici la disposition normale. La carapace est à-peu-près quadrilatère; les yeux sont portés sur des pédoncules très longs et non rétractiles; le cadre buccal est triangulaire, comme chez les autres Oxystomes; les pattes de la seconde et de la troisième paires sont très longues; enfin celles des deux dernières paires sont très courtes, insé-

4. Doripe front-épineux. *Doripe spinifrons*.

> *D. testâ oblongâ, anticè tuberculis spinosis echinatâ ; pedibus hirsutis : femoribus spinosis.*
>
> *Doripe fronticornis.* Mus. n°
> *Cancer barbatus.* Fab. Syst. Ent. p. 460.
> *Homola.* Leach. Lat. (1)
> * *Homola spinifrons.* Leach. Zool. Miscel. t. 2. pl. 88.
> * Latreille. Encyclop. pl. 277. fig. 4.
> * Desmarest. op. cit. pl. 17. fig. 1.
> * Edwards. op. cit. t. 2. p. 183. pl. 22. fig. 1.
> Habite la Méditerranée.

† Genre CYMOPOLIE. *Cymopolia*.

M. Roux, naturaliste distingué de Marseille, mort pendant un voyage scientifique dans l'Inde, a fait connaître sous ce nom un Crustacé très remarquable, qui semble établir un passage entre les Doripes et les Grapsoïdiens, et qui se trouve dans la Méditerranée. Il se rapproche des premières par la forme générale du corps, la petitesse et la disposition des pattes postérieures et la structure de la bouche, mais s'en distingue par la conformation des ouvertures afférentes de la cavité respiratoire, lesquelles

---

rées au-dessus des précédentes, et terminées par un tarse très court, crochu et subchéliforme.

> L'Éthuse mascarone (*Cancer mascarone.* Herbst. t. 1. p. 192. pl. 11. fig. 69. — *Doripe calida?* Latr. Encycl. pl. 278. fig. 4. — *D. mascarona.* Rœmer. loc. cit. — *Ethusa mascarone.* Roux. Crust. de la Méditerranée. pl. 11. — Edw. op. cit. t. 2. p. 162) est la seule espèce connue de ce genre.   E.

(1) Les HOMOLES sont des Décapodes Anomoures qui se rapprochent assez des Dromies, mais s'en distinguent par leur carapace quadrilatère, leurs longs pédoncules oculaires, leurs antennes internes non rétractiles et dépourvues de fossettes, leurs antennes externes très longues, leurs pattes-mâchoires externes subpédiformes, etc.   E.

sont placées, comme d'ordinaire, immédiatement devant la base des pattes antérieures. La carapace de cet animal est déprimée, plus large que longue, quadrilatère et très inégale. Le front est très large et dentelé; les yeux se reploient dans les orbites; les antennes externes se reploient transversalement sous le front, et les fossettes qui les logent sont séparées des orbites par l'article basilaire des antennes externes; le second et le troisième article de ces derniers organes sont longs et cylindriques, et supportent une tige pluriarticulée assez longue. Le cadre buccal est presque carré, mais est incomplet en avant, et les pattes-mâchoires internes paraissent devoir dépasser les externes et se prolonger jusqu'aux fossettes antennaires. Les pattes-mâchoires externes sont beaucoup trop courtes pour clore en entier le cadre buccal; leur troisième article est très petit, et fortement tronqué à sa partie antérieure et interne pour l'insertion de l'article suivant, qui est assez grand. Les pattes antérieures sont inégales et la main est petite et renflée. Les pattes des trois paires suivantes sont aplaties, et successivement de plus en plus longues; leur tarse est étroit, mais aplati et de forme un peu lancéolée. Les pattes de la cinquième paire sont presque rudimentaires; elles naissent au dessus des quatrièmes, et n'atteignent pas l'extrémité de leur troisième article. Le tarse de ces organes est grêle, styliforme et presque droit. Enfin, l'abdomen se recourbe en bas immédiatement derrière le bord postérieur de la carapace, et se compose de sept articles distincts dans les deux sexes.

On ne connaît qu'une espèce de ce genre.

La Cympolie de Caron. *Cymopolia Caronii.* Roux. Crust. de la Médit. pl. 21. — Edw. op. cit. t. 2. p. 159. E.

† Genre **CAPHYRE**. *Caphyra.*

Ce genre, établi par M. Guérin, paraît se rapprocher encore davantage des Grapsoïdiens par la conformation de la bouche. La forme générale est à-peu-près la même que chez les Doripes et les pattes des deux dernières paires sont relevées sur le dos ; mais il diffère des précédens en ce que la conformation de ces pattes est la même que celle des pattes de la deuxième et de la troisième paire.

On n'en connaît qu'une espèce.

Le Caphyre de Roux. *Caphyra Rouxii.* Guérin. Ann. des Sc. nat. t. 25. p. 286. pl. 8. **A.** — Edw. op. cit. t. 2. p. 160.   **E.**

PLAGUSIE. (Plagusia.)

Quatre antennes courtes : les deux intérieures sortant souvent par les fentes du chaperon. Les yeux à pédicules courts, écartés, situés aux extrémités latérales du chaperon dans un sinus.

Test aplati, presque carré, un peu rétréci en devant. Chaperon entaillé de deux fentes. Dix pattes : les deux antérieures plus courtes, terminées en pinces.

Antennæ quatuor, breves : internis duabus per fissuras clypei sæpe exsertis. Oculi remoti, pedunculis brevibus, extremitatibus lateralibus clypei in sinu inserti.

Testa depressa, subquadrata, anticè subangustata : clypeo fissuris binis inciso. Pedes decem : anticis duobus brevioribus, chelatis.

OBSERVATIONS. — Les *Plagusies* tiennent de très près aux Grapses ; c'est, de part et d'autre, un corps très aplati, presque carré, émoussé ou arrondi aux angles, à test peu épais, écailleux ou granuleux, le plus souvent denté sur les côtés, comme antérieurement. Mais elles en sont éminemment distinguées par leur chaperon entaillé, tandis que celui des Grapses est rabattu et entier.

[Les Plagusies constituent un genre très naturel qui doit prendre place dans la tribu des Grapsoïdiens.   E.

ESPÈCES.

1. Plagusie écailleuse. *Plagusia squamosa.*

> **P.** *testâ tuberculis inæqualibus, depressis, ad interstitia ciliatis adspersâ, manibus angustis.*
> Cancer. Petiv. Gaz. tab. 75. f. 11. *Bona.*
> *An cancer depressus ?* Fab. Suppl. p. 343.
> Herbst. Canc. tab. 20. f. 113.
> *Plagusia squamosa.* Latr.
> * Ejusd. Encyclop. t. 10. p. 73.
> * Edw. Hist. nat. des Crust. t. 2. p. 94.
> Habite.... probablement l'Océan Indien.

2. Plagusie sans taches. *Plagusia immaculata.*

> **P.** *unicolor, pallidè albida ; tuberculis testæ inæqualibus depressis, nudis, sparsis ; pedibus angulatis, ad angulos crenulatis.*
> *Plagusia depressa.* Mus. no.
> * *Grapsus depressus.* Latr. Hist. nat. des Crust. t. 6. p. 66.
> * *Plagusia depressa.* Ejusd. Encyc. t. 10. p. 147.
> * Desmarest. Consid. sur les Crust. p. 126.
> * Edw. Hist. nat. des Crust. t. 2. p. 93.
> Habite.... la Méditerranée ? * Je la crois de l'Océan indien.

3. Plagusie serripède. *Plagusia serripes.*

> **P.** *albida rubro maculata; pedibus compressis : femoribus hinc serrato-spinosis.*
> Seba. Mus. 3. tab. 19. f. 21.
> Mus. n°.
> Habite les mers australes. Péron. Elle est très aplatie, a son front un peu épineux.
> * Cette Plagusie ne me paraît pas différer spécifiquement de la suivante.

4. Plagusie clavimane. *Plagusia clavimana.*

> **P.** *spadicea; testæ dorso lituris hieroglyphicis; pedum femoribus serrato-spinosis; chelis turgidis.*

* *Cancer platissimus.* Herbst. pl. 59. fig. 3.
Plagusia clavimana. Latr. Gen. 1. p. 34.
* Desmarest. Consid. sur les Crust. pl. 14. fig. 2.
* Edwards. op. cit. t. 2. p. 92.
Habite les mers australes. Péron. Mus. n°. Elle a les pattes rayées
de blanc.

5. Plagusie tuberculée. *Plagusia tuberculata.*

P. *rubro albidoque varia ; testá punctatá, tuberculis subacervatis
instructá ; manibus angustis.*
Mus. n°.
Habite les mers de l'Ile–de–France. M. Mathieu. Grande et belle
espèce, voisine de la Plagusie écailleuse, mais distincte.
* Cette Plagusie ne me paraît pas être une espèce distincte de la
P. écailleuse.

GRAPSE. (Grapsus.)

Quatre antennes courtes, cachées sous le chaperon.
Les yeux aux angles latéraux du chaperon, à pédoncules
courts.

est aplati, presque carré, souvent arrondi aux angles.
Chaperon transversal, rabattu en devant, non divisé. Dix
pattes ; les deux antérieures terminées en pince.

*Antennæ quatuor, breves, sub clypeo absconditæ. Oculi
adangulos laterales clypei : pedunculis brevibus.*

*Testa depressa, subquadrata, ad angulos sæpe rotundata :
clypeo transverso integro subtus inflexo. Pedes decem :
duobus anticis chelatis.*

OBSERVATIONS. — Les *Grapses* constituent un genre très naturel, très beau et fort nombreux en espèces, parmi lesquelles
il y en a qui sont agréablement et très vivement colorées. Ils
sont remarquables par leur corps aplati, leur front souvent un
peu plissé, et leur chaperon entier, abaissé ou rabattu au-devant. Ils diffèrent des Plagusies par leur chaperon non entaillé,
et parce que leur test n'est point rétréci en devant. Ces crustacés se tiennent, en général, sous les pierres.
[Le genre Grapse a été établi par Lamarck pour recevoir une

partie du genre Cancer, tel que Fabricius l'avait circonscrit, et a été adopté par tous ses successeurs; mais la plupart des auteurs y ont rangé des espèces que nous ne croyons pas devoir y laisser. Celles auxquelles nous conservons ce nom sont pour la plupart remarquables par l'aplatissement extrême de leur corps, et ont la carapace notablement plus large que longue, et à bords minces et presque droits. Leurs pattes-mâchoires externes sont fortement échancrées en dedans, de façon à laisser entre elles un espace vide en forme de losange, et ont leur troisième article fortement tronqué en avant, sans crête saillante, plus court, ou à-peu-près de la longueur du second et à-peu-près aussi large que long. Les tarses des pattes des quatre dernières paires sont gros et épineux. Enfin, le front est très large et incliné, et les régions ptrygostomiennes ne sont pas réticulées, et ne sont pas creusées sous le bord latéral de la carapace, d'une gouttière horizontale en communication avec les orbites. Les Grapsoïdiens qui ne présentent pas ces caractères constituent les genres Sésarme, Pseudograpse, Cyclograpse, Nautilograpse et Varune.　　　　　　　　　　　　　　　　E.

ESPECES.

1. Grapse peint. *Grapsus pictus.*

> *G. testá pedibusque rubro et albo variegatis; fronte plicis quatuor anticè dentatis; testæ lateribus posticis obliquè striatis.*
>
> Herbst. Canc. tab. 3. f. 33.
>
> Seba. Mus. 3. t. 18. f. 5. 6.
>
> *Cancer grapsus.* Lin. Fab. Suppl. p. 342.
>
> *Grapsus pictus.* Latr. Gen. 1. p. 33.
>
> * *Pagurus maculatus.* Catesby. Hist. nat. de la Caroline. t. 2. pl. 36. fig. 1.
>
> * *Cangrejo de arrecife.* Parra. Descripcion de diferentes piezas de Historia natural. tab. 48. fig. 3.
>
> *Grapsus pictus.* Latr. Hist. nat. des Crust. t. 6. p. 69; Encycl. t. 10. p. 147, etc.
>
> * Desmarest. Consid. sur les Crust. p. 130. pl. 16. fig. 1.
>
> * Edwards. Atlas du Règne anim. de Cuvier. Crust. pl. 22. et Hist. nat. des Crust. t. 2. p. 86.
>
> Habite les mers de l'Amérique méridionale.

2. Grapse ensanglanté. *Grapsus cruentatus.*

G. albido-fulvus, maculis rubro-sangineis variegatus ; testæ lateribus obliquè striatis , fronte plicis quatuor edentulis.
Grapsus cruentatus. Latr. Gen. 1. p. 33.
* *Cancer ruricola.* Degeer. Mém. pour servir à l'Hist. des Ins. t. 7. p. 417. pl. 25.
* *Grapsus cruentatus.* Desmarest. Consid. sur les Crust. p. 132.
* Edw. Hist. des Crust. t. 2. p. 85.
Habite les mers de l'Amérique méridionale. **Mus.** n°.

. Grapse raies-blanches. *Graspus albo-lineatus.*

G. testá tetragono-orbiculatá , rubrá , albo-maculatá ; fronte plicis quatuor asperis; pedibus fulvis immaculatis.
Mus. n°.
Habite les mers de l'Ile-de-France. M. Mathieu. Les côtés postérieurs de son test sont rayés de blanc , à raies obliques.
* Cette espèce me paraît être le *Grapsus strigosus* de Latreille. (Voyez mon Hist. nat. des Crust. t. 2. p. 87.)

. Grapse masqué. *Grapsus personnatus.*

G. testá albidá , lævi , pone frontem tuberiulis granulatá ; dorso striis transversis subobliquis ; pedibus rubrofuscis.
Mus. n°.
* *Cancer variegatus.* Fab. Suppl. p. 343.
* *Grapsus variegatus.* Latr. Hist. nat. des Crust. t. 6. p. 71.
* *G. personatus.* Ejusd. Encyclop. t. 10. p. 147.
* *G. variegatus.* Guérin. Iconog. Crust. pl. 6. fig. 1.
* Griffith. Anim. Kingd. Crust. pl. 15. fig. 1.
* Edw. Hist. des Crust. t. 2. p. 87.
Habite les mers de la Nouvelle-Hollande. Péron. Grande et belle espèce , dont les pattes seules sont fortement colorées.

5. Grapse porte-pinceau. *Grapsus penicilliger.*

G. albido-cinereus , immaculatus; brachiis crassis; chelis penicillatim barbatis.
Mus. no.
Cuv. le Règne animal , etc. vol. 4. pl. 12. f. 1.
Rumph. Mus. tab. 10. f. 2.
* Latreille. Encyclop. t. 10. p. 148.
* Desm. Consid. sur les Crust. pl. 15. fig. 1.

* *Pseudograpsus penicilliger.* Edw. op. cit. t. 2. p. 82. (1)
Habite l'Océan Asiatique.
Etc.

[La petite division générique à laquelle nous avons
donné le nom de NAUTILOGRAPSE, est extrêmement voisine
des Grapses proprement dits, mais s'en distingue par la
forme de la carapace qui est plus longue que large, et
bombée en dessus; le front au lieu d'être recourbé en
bas, est avancé, lamelleux et simplement incliné; les
pattes sont courtes, etc.

Je ne connais qu'une seule espèce de ce genre qui se
voit dans presque tous les parages et se rencontre en
haute mer, souvent flottant sur le *fucus natans* ou sur de
grands animaux marins, c'est le :

Nautilograpse minime. *Nautilograpsus minutus.*
(*Cancellus marinus minimus quadratus.* Sloane Jamaica. vol. 11.
pl. 245. fig. 1. — *Turtle crabe.* Brown. Jamaica. p. 421.
pl. 42. fig. 1. — *Cancer minutus.* Fabricius. Ent. Syst. v. 2.
p. 443. et Suppl. p. 343. — Linneus. Mus. Ad. Fred. 1, 8, 91;
et Itin. W. Goth. tab. 3. fig. 1-2. — Herbst. t. 1. pl. 2. fig. 32.
— *Grapsus minutus.* Latreille. Hist. nat. des Crust. t. 6. p. 68.
— *Grapsus cinereus.* Say. op. cit. p. 99.—*Grapse uni.* Lamarck.
Galerie du Muséum. —*Nautilograpsus minutus.* Edw Hist. nat.
des Crust. t. 2. p. 90.)
Nous ne voyons aucune raison suffisante pour distinguer de cette
espèce le *Grapsus testudinum* de Roux (Crust. de la Méditerranée.
pl. 6. fig. 1-6).

----

(1) Notre genre PSEUDOGRAPSE se distingue facilement de
tous les autres Grapsoïdiens par la conformation des pattes-mâchoires externes qui se terminent en dedans par un bord droit,
et se touchent presque de façon quelles ne laissent pas entre
elles un grand espace vide en forme de losange, comme
chez les Grapses, les Sésarmes, etc. Il est aussi à noter qu'ici le
corps est épais et la carapace convexe en dessus, et assez régulièrement arrondie sur les côtés.   E.

Le genre SÉSARME (*Sesarma* Say) comprend dans notre distribution méthodique des Crustacés les Grapsoïdiens qui ont la carapace quàdrilatère et très élevée en avant ; le front très large et brusquement reployé en bas ; les orbites profondément échancrés au dessous de leur angle externe et se continuant ainsi avec une gouttière horizontale creusée sous le bord latéral de la carapace ; les régions ptérygostomiennes granulées ou réticulées d'une manière ordinairement très remarquable ; les pattes-mâchoires disposées comme chez les Grapses, mais ayant leur troisième article plus long que le second, plus long que large, ovalaire, peu ou point tronqué antérieurement et garni sur sa face externe d'une crête oblique ; enfin les tarses styliformes, garnis de duvet et presque toujours complètement dépourvus d'épines.

> Exemple. SÉSARME TÉTRAGONE. *Sesarma tetragona.*
> *Cancer tetragonus?* Fab. Suppl. p. 341. — *C. fascicularis.* Herbst. pl. 47. fig. 5.—*Ocypode tetragone.* Olivier Encyclop. t. 8. p.418. —*Grapsus tetragonus.* Latreille, Hist. nat. des Crust. t. 6. p. 71. —*Sesarma tetragona.* Edwards, Hist. des Crust. t. 2. p. 73.

Le genre CYCLOGRAPSE (*Cyclograpsus* Edw.) se compose de Grapsoïdiens, dont la carapace est plutôt ovalaire que quadrilatère, et beaucoup moins aplatie que chez les Grapses, auxquels il ressemble par la conformation des pattes-mâchoires externes, si ce n'est qu'on voit d'ordinaire une crête oblique, sur le troisième article de ces organes. Presque toujours les orbites se continuent en dehors avec une gouttière située sous le bord latéral de la carapace, comme chez les Sésarmes, et les régions ptérygostomiennes sont ordinairement granulées ou même presque réticulées. Enfin les tarses sont styliformes et presque toujours complètement dépourvus d'épines.

> Exemple. CYCLOGRAPSE PONCTUÉ. *Cyclograpsus punctatus.*
> Edw. op. cit. t. 2. p. 78.

Enfin nous avons établi le genre Varune (*Varuna* Edw.)
pour recevoir un Crustacé, confondu jusque alors avec les
Grapses, mais qui se distingue de tous les autres animaux
de la même famille, par l'existence de pattes natatoires.
Dans la méthode adoptée par Lamarck ce genre devrait par
conséquent prendre place dans la division des Nageurs
à côté des Portunes et des Matutes; mais, par l'ensemble
de l'organisation, il se rapproche tellement des Grapses,
qu'on ne peut l'en éloigner sans violer les principes des
classifications naturelles.

> Le type de ce genre est la Varune lettrée.
> *Cancer litteratus*. Fabr. Suppl. p. 342.
> Herbst. t. 3. p. 58. pl. 48. fig. 4.
> *Grapsus litteratus*. Bosc. t. 1. p. 203.
> *Varuna litterata*. Edwards. Dict. class. d'hist. nat. t. 16. p. 511. et
> Hist. nat. des crust. t. 2. p. 94.   E.

TOURLOUROU. (Gecarcinus.)

Quatre antennes courtes; les deux intermédiaires rarement apparentes. Pédoncules des yeux courts, un peu
épais, écartés à leur insertion, se logeant dans des fossettes arrondies ou elliptiques; les yeux subterminaux.

Test cordiforme, plus large et plus renflé antérieurement; à chaperon obtus, rabattu. Dix pattes: les deux
antérieures terminées en pince.

*Antennæ quatuor, breves : intermediis duabus rarò con-
spicuis. Oculorum pedunculi breves, crassiusculi, insertione
distantes, in fossulis, cavis rotundatis vel ellipticis recepti :
oculis subterminalibus.*

*Testa cordiformis anticè latior sæpeque turgidior : cly-
peo obtuso, deflexo. Pedes decem : anticis duobus chelatis.*

Observations. — Les *Tourlourous*, séparés récemment des
Ocypodes, en sont effectivement bien distingués; mais il ne

faut pas trop particulariser les caractères de leur genre, vraiment naturel, car on le démembrerait sans utilité, et l'on en séparerait des espèces qui lui appartiennent réellement, quoique on puisse les distinguer. Ici, le chaperon, rabattu, est toujours un peu large, plus ou moins, et c'est à ses extrémités latérales que sont situées les fossettes dans lesquelles se logent les yeux. On serait donc exposé à confondre plusieurs des espèces de ce genre avec celles des Grapses, si leur forme non arrondie, mais en cœur un peu renflé, ne dirigeait leur détermination. Dans les uns, les pieds-mâchoires extérieurs s'écartent et ne recouvrent pas entièrement la bouche ; dans quelques autres, que nous n'en séparons pas, ces pieds-mâchoires la recouvrent tout-à-fait.

Les *Toulourous* vont souvent à terre et respirent l'air avec leurs branchies sans inconvénient pour eux; quelques espèces même vivent habituellement sur la terre, se cachant le jour dans des terriers, et sortant le soir pour chasser ou chercher leur nourriture. Ils vont seulement une fois l'année, faire leur ponte à la mer, et reviennent ensuite. Ces animaux carnassiers courent très vite, saisissent souvent le gibier tué par des chasseurs, et l'emportent dans leur terrier. Il y en a qui vivent dans des cimetières.

[Les Toulourous proprement dits ou GÉCARCINIENS, forment une tribu très naturelle et fort remarquable tant par leur structure que par leurs mœurs. Les cavités branchiales sont très développées, et s'élèvent en une voûte très haute, ce qui donne à la carapace beaucoup de largeur, en renfle les parties latérales, et en rend la forme ovalaire ; le front est presque aussi large que le cadre buccal et fortement recourbé en bas ; les orbites sont ovalaires et les fossettes antennaires transversales et presque linéaires ; la conformation des pattes-mâchoires varie, mais toujours leur tigelle terminale s'insère à l'angle externe du troisième article, ou est cachée sous sa face interne ; les pattes sont longues et terminées par une tarse pointue et quadrilatère ; enfin, l'abdomen du mâle atteint presque toujours la base des pattes postérieures et les verges prennent naissance sur le plastron sternal.

On a divisé cette tribu en quatre genres, savoir.

1° Les GÉCARCINS proprement dits, qui ont la tige terminale

des pattes-mâchoires externes insérée sur la face interne du troisième article près de son sommet, et complètement cachée sous lui, tandis que dans les autres genres, cette tige est toujours complètement à découvert.

2° Les Gécarcinoïdes, chez lesquels cette tigelle s'insère dans une échancrure profonde du troisième article de ces organes.

3° Les Cardisomes, chez lesquels cette même tigelle s'insère à l'angle externe du troisième article, et chez lesquels la portion operculaire de ces organes est fortement échancrée sur le bord interne, de façon que les deux pattes-mâchoires laissent toujours entre elles un espace vide en forme de losange, disposition qui se voit aussi dans les genres précédens.

4° Les Ucas, chez lesquels la tigelle terminale des pattes-mâchoires s'insère aussi sur l'angle externe du troisième article, mais chez lesquels le bord interne de la portion élargie de ces organes est droit et se joint exactement à celui du côté opposé, de façon à fermer complètement la bouche.   E.

ESPÈCES.

1. Tourlourou ruricole. *Gecarcinus ruricola.*

> *G. testá lævi rubro tinctá, turgida; marginibus rotundatis; oculorum fossulis rotundatis.*

Cancer ruricola. Lin. Fab. Suppl. p. 339.

Ocipode tourlourou. Latr. Gen. 1. p. 31.

Seba. Mus. 3. pl. 20. f. 5.

Herbst. Canc. tab. 3. f. 36. tab. 49. f. 1.

* *Cancer terrestris.* Sloane. Voyage to Madera, Jamaica, etc. t. I. pl. 2.

* *Crabe violet.* Labat. Nouv. voyage aux îles d'Amérique, t. II, p. 175.

* *Black or mountain Crab.* Brown. Hist. of. Jamaica, p. 123.

.* *Cangrejos ajaes terrestres.* Parra. op. cit. pl. 58.

*. *Gecarcinus ruricola.* Latr. Règ. anim. 1re éd. t. III. p. 17; ejusd. Encycl. t. X. p. 685. pl. 296. fig. 2.

* Desmarest. op. cit. 113. pl. 12. fig. 2.

* Edwards. Hist. nat. des crust. t. II, p. 26, et Atlas du Règne anim. de Cuvier, crust. pl. 21. fig. 1.

Habite l'Amérique méridionale, les Antilles. Les carpes et les tarses des pattes sont dentés en scie sur leurs angles.

2. Tourlourou des fanges. *Gecarcinus uca.*

> *G. testa lævi, turgidá: lateribus marginatus; dorso litterá H impresso; oculorum fossulis oblongis.*

* *Uca una.* Margrave. Hist. nat. Brésil. p. 184.

Cancer uca. Lin.

* *Cancer uca.* Lin. Syst. nat. 12° éd. t. II. p. 1041. n° 13.

* *Cancer cordatus.* Ejusdem loc. cit. p. 1039. n° 4, et Amæn. Acad. t. 6. p. 414.

Ocypode. uca. Lat. Gen. 1. p. 31.

Ocypode fossor. Mus.

Seba. Mus. 3. pl. 20. f. 4.

Herbst. Tab. 6. f. 38.

* *Cangrejo ajaes terrestres.* Parra. op. cit. p. 164. pl. 58.

* *Ocypode cordata.* Latr. Hist. nat. des crust. et insect. t. VI. p. 37. pl. 46. fig. 3 (d'après Seba).

Uca una. Latr. Encycl. méth. t. X. p. 685. pl. 269. fig. 4 (d'après Seba).

* Guérin. Iconogr. Crust. pl. 5. fig. 5.

* Edwards, op. cit. t. II. p. 22.

Habite l'Amérique méridionale, aux endroits vaseux ou fangeux des bords de la mer. Ses pattes sont velues, mais ses tarses ne sont point dentés.

3. Tourlourou fluviatile. *Gecarcinus fluviatilis.* (1)

G. testâ cordiformi; lateribus anticis marginatis, crenulatis, subtuberculatis; dorso lævi.

* *Cancer fluviatilis.* Belon. De Aquatilibus, l. II. p. 372.

* Rondelet. Hist. des poissons, 2e part. p. 153. pl. 30. fig. 2.

* Crabe de rivière. Oliv. Voyage, etc. pl. 30. f. 22.

* *Crabe fluviatile.* Bosc. t. I. p. 177.

* *Ocypode fluviatilis.* Latr. Hist. des crust. et ins. t. VI. p. 39.

Potamophile. Latr. Cuv. Règne anim. 3. p. 18.

----

(1) Le genre THELPHUSE, auquel cette espèce appartient, diffère beaucoup des Gécarciens, et établit à plusieurs égards le passage entre ces animaux et les Cancérimens. La disposition des organes de la génération, est la même que chez ces derniers, ainsi que la forme des pattes-mâchoires; enfin la forme générale de plusieurs Thelphuses diffère peu de celles des Ériphies; mais la structure de leur appareil respiratoire, et d'autres caractères que le zoologiste ne peut négliger, les éloignent de ces groupes naturels, et ne permettent pas de les séparer des autres Catométopes. Dans notre distribution méthodique des crustacés, ils forment

* Savigny. Egypte, Crustacés, pl. 2. fig. 5.
* *Potamophilus edulis.* Latr. Encyc. atlas. pl. 297. fig. 4.
* *Thelphusa fluviatilis.* Latr. Encycl. méth. t. X. p. 563. pl. 13
  fig. 2. etc.
* Desmarest. Considérations sur les crustacés, p. 128. pl. 15. fig. 2.
* Edwards. Hist. nat. des crust. t. II. p. 12, et Atlas du Règne
  Anim. Crust. pl. 15. fig. 1.
Mus. n°
Habite les lacs et les rivières de l'Europe méridionale, de l'Italie.

.le type d'une division particulière de cette famille que nous
avons désigné sous le nom de tribu des Thelphusiens.

Le genre Boscia (Edw.) ou Potamie (Latr.) appartient aussi à
la tribu des Thelphusiens, et se distingue du précédent par la disposition du front qui est brusquement reployé en bas et par la
forme des pattes-mâchoires externes, dont le troisième article ,
au lieu d'être carré et échancré à son angle interne pour l'insertion du quatrième article, est rétréci antérieurement et porte
l'article suivant au milieu de son bord antérieur. Le type de
ce genre est :

La Boscie dentée.
Cancer fluviatilis. Herbst. t. I. p. 183. pl. 10. fig. 61.
Bosc. op. cit. t. I. p. 177.
Thelphusa dentata. Latr. Encycl. t. X. p. 564.
T. serrata. Desmarest. Consid. sur les crust. p. 128.
Boscia dentata. Edwards. Hist. nat. des crust. t. II , p. 15. pl. 18.
  fig. 14–16.

Le genre Trichodactyle de Latreille se compose d'un Thel-
phusien qui établit le passage entre les genres précédens et la
tribu des Grapsoïdiens. La carapace, presque horizontale en
dessus, est beaucoup moins large que chez les Thelphuses. Le
front est large, lamelleux, et simplement incliné; les orbites
sont presque circulaires; les bords latéraux de la carapace
courbes. Les antennes sont disposées à-peu-près comme chez
les Thelphuses; mais la forme des pattes-mâchoires externes est
très différente ; leur troisième article est presque triangulaire ,
avec son sommet dirigé en dedans, et il s'articule avec l'article
suivant par son angle antérieur et externe. Les pattes ont à-

. Tourlourou pattes-velues. *Gecarcinus hirtipes.*

> *G. testâ cordiformi; lateribus anticis granulatis subspinosis; clypeo denticulato; pedibus hispidis.*
>
> *Ocypode hirtipes.* Mus. no.
>
> Habite à l'Ile-de-France. M. *Mathieu*, et du Voyage de *Péron.* Il avoisine le précédent par ses rapports. (* Nous paraît être le *Cardisoma Carnifex.* Voyez notre Hist. des crust. t. II. p. 23.)

OCYPODE. (Ocypode.)

Quatre antennes courtes : les intermédiaires cachées sous le test. Les yeux latéraux sur leurs pédoncules, étant situés au dessous de leur sommet qui quelquefois les dépasse ; les pédoncules longs, se longeant dans une fossette allongée.

Test carré, **un** peu aplati; à chaperon étroit, rabattu. Dix pattes : les deux antérieures terminées en pince.

Antennæ quatuor, breves : intermediis sub testæ absconditis. Oculi in pedunculis laterales infra illorum apices adnatı; pedunculis longis, in canali aut fossulæ elongatæ receptis, apicibus interdùm productis.

Testa quadrata, subdepressa ; clypeo angusto deflexo. Pedes decem : anticis duobus chelatis.

OBSERVATIONS. — Les *Ocypodes* avoisinent beaucoup les Rhombilles par leurs rapports. On les en distingue néanmoins

---

peu-près la même forme que chez les précédens. On ne connaît encore qu'une espèce de ce genre.

Le TRICHODACTYLE CARRÉ.

T. quadrata. Latr. Coll. du Mus.

T. fluviatilis. Ejusd. Encyclop. t. X. p. 705.

T. quadrata. Edw. Hist. nat. des crust. t. II. p. 16, et Atlas du Règne Anim. Crust. pl. 15. fig. 2.   E.

en ce que les yeux ne terminent point véritablement leurs pédoncules, mais sont latéraux et adnés, sous leur sommet, à une
portion de leur longueur. Ces pédoncules sont moins grêles que
dans le genre des Rhombilles, et quelquefois leur pointe dépasse
l'œil. Ces crustacés forment une transition aux Tourlourous.

ESPÈCES.

1. Ocypode chevalier. *Ocypode ippeus.*

> *O. testá quadratá, scabrá, anticè utrinque angulatá; oculis peni-
> cillo terminatis.*

Ocypode ippeus. Oliv. Encycl. p. 410. no 1.

Crabe cavalier. Oliv. Voy. dans l'Emp. ottom. 2. p. 234. tab. 30. f. 1.

Belon. de la Nat. des poiss. liv. 2. p. 367.

* Savigny. Egypte. Crust. pl. 1. fig. 1.

* Desmarest. Consid. sur les crust. p. 121.

* Edwards. Hist. des crust. t. 2. p. 47.

Habite les côtes de Syrie, d'Egypte. Il court très vite, de côté, et va
à terre.

2. Ocypode cératophthalme. *Ocypode ceratophthalmus.*

> *O. testá quadratá, anticè utrinque angulatá; oculis spiná termina-
> tis; manibus inæqualibus punctato granulatis.*

Cancer ceratophthalmus. Pall. Spicil. zool. fasc. 9. p. 83. t. 5. f. 7.

Ocypode ceratophthalma. Fab. Suppl. p. 347.

* Latreille. Encyclop. pl. 274. fig. 1.

* Desmarest. Consid. sur les crust. p. 121. pl. 12 fig. 1.

* Edwards. Hist. nat. des crust. t. 2. p. 48 et Atlas du règne anim.
de Cuvier. Crust. pl. 17. fig. 1.

3. Ocypode blanc. *Ocypode albicans.*

> *O. testá quadratá, anticè sinuatá; manibus tuberculatis ad margines
> dentatis, oculis spiná terminatis.*

Ocypoda albicans. Bosc. Hist. nat. des crust. 1. p. 196. pl. 4. f. 1.

* Cette espèce me paraît être la même que l'OCYPODE DES SABLES.
(*Cancer arenarius.* Catesby, Latr. Hist. of south Carolina. vol. 2. pl.
35. fig.— *Ocypoda quadrata.* Bosc. t. 1. p. 194. pl. 4. fig. 91.—
Fabr. Suppl. p. 347. — *O. albicans.* Latr. Encyc. pl. 285. fig. 1.
(cop. d'après Catesby). — *Ocypoda quadrata.* Latr. Hist. nat. des
crust. t. 6. p. 49.— *O. arenaria.* Say. op. cit. p. 69. — Edwards.
Hist. nat. des crust. t. 2. p. 44. pl. 19. fig. 13.)

Habite les côtes de la Caroline.

RHOMBILLE. (Gonoplax.)

Quatre antennes apparentes. Les yeux terminaux, posés d'une manière droite ou oblique au bout de leurs pédoncules ; ces pédoncules étant longs, rapprochés à leur insertion, et se logeant dans une gouttière antérieure.

Test carré ou rhomboïdal, déprimé, tronqué en devant ; à chaperon très petit. Dix pattes : les deux antérieures terminées en pince.

Antennæ quatuor, conspicuæ. Oculi terminales, ad apicem pedunculorum rectè aut obliquè insidentes ; pedunculis longis, insertione approximatis, in canali antico receptis.

Testa quadrata aut rhomboidalis, depressa, anticè truncata ; clypeo minimo. Pedes decem : anticis duobus chelatis.

OBSERVATIONS. — Les *Rhombilles* sont un démembrement nouveau des Ocypodes, et s'en rapprochent effectivement. Néanmoins ils s'en distinguent : 1° parce que les yeux sont posés au sommet de pédoncules longs, grèles, et qui atteignent les angles antérieurs et externes du test ; 2° parce que leur chaperon est si petit, qu'il permet aux antennes intermédiaires de se déployer et de se montrer.

[Lamarck réunit ici deux genres très distincts : les GONOPLACES ou Rhombilles proprement dits, et les GÉLASIMES. Ces derniers se rapprochent beaucoup des Ocypodes auxquels ils ressemblent par l'étroitesse de leur front, par la position verticale des antennes internes qui sont logées en grande partie dans l'angle orbitaire interne et par la conformation des pattes-mâchoires externes, dont le quatrième article s'insère à l'angle externe de l'article précédent ; ils s'en distinguent par leurs pédoncules oculaires extrêmement grèles, et la petitesse de la cornée transparente ; la grandeur et l'inégalité des pattes antérieures chez le mâle, etc. Les Gonoplaces ont le front large et avancé, les antennes internes horizontales, et logées sous le front ; le quatrième article des pattes-mâchoires externes inséré à l'angle interne du troisième article comme chez les Cancériens, etc. Ce dernier genre correspond à la seconde subdivision indiquée ci-dessous par notre auteur, et doit constituer le type d'une tribu particulière qui a reçu nom de Gonoplaciens, et qui renferme les genres Macrophthalme, Cléistotome et Pseudorhombille].

E.

ESPÈCES.

(Pinces très inégales.)

*(* Genre Gélasime.)*

1. Rhombille appelant. *Gonoplax vocans.*

> *G. testá quadratá integrá; lineis impressis dorsallbus; brachio altero altero màximo : manibus lœvibus.*
> * *Ciecie etc.* Margrave. p. cit. op. 185.
> *Cancer vocans?* Lin. Fab. Suppl. p. 340.
> * *Cancer vocator.* Herbst. pl. 59. fig. 1, et *Cancer vocans minor?* pl. 1. fig. 10.
> *Ocypode vocans.* Latr. Hist. nat. 6. p. 45.
> Degeer. Ins. 7. pl. 26. f. 12.
> * *Ocypode vocans* et *O. pugilator?* Bosc. op. cit. t. 1. p. 197 et 198.
> * *Ocypode pugilator.* Say. jour. of the Acad. of Sc. of Philadelphia. vol. 1. p. 71.
> * *Gelasimus vocans* et *G. pugilator.* Desmarest. Consid. p. 123.
> * Edwards. Hist. nat. des Crust. t. 2. p. 54.
> Habite l'Océan indien.

2. Rhombille maracoan. *Gonoplax maracoani.*

> *G. testá quadrato rhombeá ; lineis impressis dorsalibus ; brachio al-tero maximo : manibus granulatis digitis valdè compressis.*
> *Ocypode maracoani.* Latr. Hist. nat. 6. p. 46.
> Pison. Bras. p. 77. t. 78.
> Seba. Mus. 3. t. 78. f. 8.
> * *Gelasima maracoani.* Latreille. Encyclop. pl. 296. fig. 1.
> * Edwards. op. cit. t. 2. p. 51.
> Habite l'Amérique méridionale.
> Etc. *G. grandimanus*, *G. manchus*, *G. porrector* (espèces inédites).

(Bras longs, presque égaux.)

*(* Genre Rhombille proprement dit.)*

3. Rhombille anguleux. *Gonoplax angulatus.*

G. *testá rhombeá, ad angulos anticos bidentatá ; manibus longissimis.*
Cancer angulatus. Fab. Suppl. p. 341.
Ocypode angulata. Lat. Hist. nat. 6. p. 44.
Herbst. Canc. tab. 1. f. 13.
Pennant. Zool. Brit. 4. pl. 5. f. 10.
 * *Gonoplax bispinosa.* Leach. Malacost. Pod. Brit. pl. 13.
* Latreille. Encyclop. t. 10. p. 293. pl. 273. fig. 5.
* Desmarest. Consid. sur les crust. p. 125.
* Edwards. op. cit. t. 2. p. 61.
Habite dans la Manche, sur les côtes d'Angleterre.

4. Rhombille longimane. *Gonoplax longimanus.*

G. *testá rhombeá lævi ; angulis anticis unispinosis ; brachiis longis-*
  simis.
Cancer rhomboides. Linn. Fab. Suppl. p. 341.
Herbst. tab. 1. f. 12. (* et tab. 45. fig. 5.)
Ocypode longimana. Latr. Hist. nat. 6. pl. 45. f. 3.
* *G. bispinosa.* Latr. Encyclop. t. 10. p. 293. pl. 272. fig. 2.
* *Gonoplax rhomboides.* Desm. p. 125. pl. 13. fig. 2.
* Risso. Hist. nat. de l'Eur. mérid. t. 5. p. 13.
* Roux. Crust. de la Méditer. pl. 9.
* Edwards. op. cit. t. 2. p. 62.
Habite la Méditerranée.
Ec.

[Parmi les Crustacés fossiles que M. Desmarest rapporte avec doute au genre Gonoplace, il en est un qui se rapproche des espèces récentes par la forme du front, et qui pourrait bien appartenir au même groupe ; mais sa carapace est carrée, au lieu d'être trapézoïdale, et les bords latéraux en sont arquées. C'est le GONOPLAX INCERTA (Desm. Crust. foss. p. 104, pl. 8, fig. 9).   E.

————

Le genre MACROPHTHALME a été établi par Latreille

pour recevoir quelques Crustacés qui ont le port des Gonoplaces, mais qui s'en distinguent par la forme des pattes-
mâchoires, et surtout par la longueur des pédoncules
oculaires. Leur carapace est rhomboïdale et très large. Le
front est recourbé en bas, très étroit et assez semblable à
celui des Ocypodes; il n'occupe qu'environ le cinquième
du diamètre transversal de la carapace et ne recouvre pas
complètement la portion basilaire des pédoncules oculaires; ceux-ci sont très longs, grèles et terminés par une
cornée ovalaire et très petite. Les orbites ont la forme
d'une rainure transversale creusée sous le bord antérieur
de la carapace et dirigée obliquement en haut; en dedans,
leur bord inférieur est beaucoup plus saillant que leur
bord supérieur, mais manque au-dessous de l'angle externe, de façon que dans ce point leur cavité n'est pas
close. Les pattes-mâchoires externes ne se rencontrent pas
tout-à-fait; leur deuxième article est très large, et le troisième, beaucoup moins grand, surtout en avant, porte
à l'angle externe de son bord antérieur la tigelle terminale.
Le plastron sternal est à-peu-près de la même forme que
chez les Gonoplaces, mais beaucoup plus large, et, chez
le mâle, au lieu de présenter des gouttières transversales
pour loger les verges qui, chez ces derniers, sortent par
la base des pattes postérieures, il est lui-même perforé
très loin du bord pour livrer directement passage à ces
appendices terminaux des conduits spermatiques. Quant
à la disposition des pattes, elle est à-peu-près la même
que chez les Gonoplaces.

Le type de ce genre est le :

MACROPHTHALME TRANSVERSAL. *Gonoplax transversus.* Latr. Encyc.
méth. atlas. pl. 297. fig. 2. et Nouv. Dict. d'Hist. nat. 2ᵉ édit.
Desm. op. cit. p. 125.
Edwards. Hist. nat. des crust. t. 2. p. 64. et Atlas du Règne animal
de Cuvier. Crust. pl. 16. fig. 2.

La plupart des Gonoplaciens fossiles décrits par M. Desmarest nous paraissent devoir se rapporter à ce genre plutôt qu'à celui des Gonoplaces, car la forme de leur front et même celle de la carapace en général est tout-à-fait celle des Macrophthalmes, et diffère notablement de celle de ces derniers. Tels sont :

> Le MACROPHTHALME INCISÉ. (*Cancer lapidescens.* Rumph. Rarit-Kamer. tab. 60. fig. 1 et 2. — Knorr. Monum. du Déluge. t. 1. pl. 16. A. B. — *Gonoplax incisa.* Desmarest. Crust. fossiles. p. 100. pl. 9. fig. 5 et 6. — *Macrophthalmus incisus.* Edwards. Hist. des crust. t. 2. p. 66.
>
> Le MACROPHTHALME ÉCHANCRÉ. (*Gonoplax emarginata.* Desmarest. op. cit. p. 101. pl. 9. fig. 7 et 8. — *Macrophthalmus emarginatus.* Edw. op. cit. t. 2. p. 65.)
>
> Le MACROPHTHALME DE LATREILLE. (*Gonoplax Latreillii.* Desmar. op. cit. p. 99. pl. 9. fig. 1–4. — *Macrophth. Latreillii.* Edw. loc. cit.)

Le genre CLÉISTOTOME de M. Dehaan se compose de Crustacés très voisins des Macrophthalmes, mais qui ont le front très large et peu incliné, les pédoncules oculaires gros et de longueur médiocre et les pattes antérieures courtes dans les deux sexes. (Voyez *Fauna japonica* de Siebold, 1re livraison des Crustacés par M. Dehaan ; et notre Hist. nat. des Crust. t. 2, p. 67.)

Notre genre PSEUDORHOMBILLE tient le milieu entre les Crabes et les Gonoplaces. En effet, la forme de la carapace se rapproche de celle des Panopés et de quelques autres Cancériens, car elle est légèrement arquée en avant, et entre les orbites et les bords latéraux il existe une portion assez considérable de son contour qui se recourbe en arrière à la manière du bord latéro-antérieur de la carapace des Cyclométopes ; mais cependant sa forme générale est celle d'un rhombe, et son bord postérieur occupe plus du tiers de son diamètre. Le corps est très épais et très élevé antérieurement. Le front est presque horizontal et divisé en deux lobes tronqués très larges. Les yeux, les antennes, l'épistome et les pattes-mâchoires externes présentent la même disposition que chez les Crabes. Le plastron sternal est beaucoup plus large que long et assez fortement courbé d'avant en arrière; à sa partie postérieure, qui est très large, on remarque de chaque côté, chez le mâle, un canal d'un calibre assez grand, qui loge les verges dont l'origine se voit à la base des pattes postérieures. Enfin les pattes antérieures sont très fortes et très longues chez le mâle; et les suivantes ne présentent rien de remarquable.

Ce genre ne renferme encore qu'une seule espèce.

> Le Pseudorhombille quadridenté. *P. quadridentata.*
> Edw. Hist. nat. des crust. t. 2. p. 59. *Melia quadridentata.* Latr.
> Encyclop. t. 10. p. 706.   E.

LES NAGEURS.

Des pattes natatoires, c'est-à-dire terminées par une lame
propre à la natation. (1)

Les *crustacés nageurs*, parmi les brachyures, sont très voisins des Cancérides par leurs rapports, mais ils s'en distinguent parce qu'ils ont des pattes propres à la natation; aussi ne se rencontrent-ils pas constamment près des rivages et se tiennent-ils au large dans les mers. La plupart de ces crustacés ont le corps court, large, arqué

---

(1) L'existence d'un tarse lamelleux aux pattes de la dernière paire dont la forme est par conséquent natatoire, a été considéré par Latreille aussi bien que par Lamarck comme caractéristique d'une grande famille naturelle, mais n'a pas la valeur que ces zoologistes y attachaient, et se retrouve dans plusieurs types d'organisation très différens; ainsi les pattes postérieures sont natatoires dans deux genres nouveaux, très voisins des

antérieurement et souvent épineux sur les côtés. Outre leurs bras antérieurs terminés en pince, les uns n'ont que leur dernière paire de pattes qui soit propre à nager, tandis que les autres ont toutes leurs pattes terminées par une lame natatoire. Nous rapportons à cette division, avec M. Latreille, les quatre genres qui suivent, savoir : les Podophthalmes, les Portunes, les Orithyes, les Matutes.

PODOPHTHALME. (Podophthalmus.)

Quatre antennes inégales, articulées, simples : les deux intérieures pliées. Pédicules des yeux très longs, très rapprochés à leur insertion, s'étendant jusqu'aux angles latéraux du bord antérieur, et se logeant dans une gouttière frontale.

Test court, transverse, déprimé, biépineux de chaque côté : l'épine supérieure très grande. Bord antérieur arqué, entier, ayant au milieu un chaperon étroit, rabattu, terminé par deux branches ou lobes ouverts. Dix pattes : les deux supérieures terminées en pince, et les deux postérieures par une lame ovale.

Antennæ quatuor, inæquales, articulatæ, simplices : internis duabus plicatis. Oculorum pedunculi longissimi,

---

Corystes, et dans un Grapsoïdien, dont j'ai formé le genre Varune. D'un autre côté les Matutes et les Orythies réunies ici aux Portunes et aux Podophthalmes, s'en éloignent beaucoup et se rapprochent des Hépates et des Mursies, etc. Nous regardons par conséquent cette division comme n'étant pas naturelle et comme ne devant pas être conservée; mais les Podophthalmes et les Portunes de notre auteur forment, avec quelques autres brachyures dont il ne fait pas mention, un groupe qui nous semble très naturel, et que nous avons désigné sous le nom de *tribu des Portuniens.*   E.

insertione proximi, a medio marginis antici ad angulos laterales ejusdem usque producti, ac in canali antico receptı.

Testa brevis, transversa, depressa, utroque latere bispinosa; spinâ superiore maximâ. Margo anticus arcuatus integer; medio clypeo angusto, deflexo, lobis duobus patentibus terminato. Pedes decem : duobus anticis chelatis; posticis duobus lamellâ ovatâ terminatis.

OBSERVATIONS. — Les *Podophthalmes* ne sont que des Ocypodes ou plutôt que des Rhombilles exagérés, et tiennent davantage à ces crustacés qu'aux Portunes, quoiqu'ils soient nageurs. Ainsi, c'est à tort qu'on a dit, qu'à l'exception des yeux, il n'y a pas de parties, dans les Podophthalmes, qui diffèrent essentiellement de celles des Portunes (1). Le bord antérieur entier, le chaperon rabattu, aux angles latéraux duquel s'insèrent les pédicules des yeux, et la gouttière qui reçoit ces pédicules, ne permettent point cette assertion. Néanmoins, quelques rapports qu'ils aient avec les Rhombilles, la forme particulière de leur test, et leurs pattes postérieures natatoires, en font le type d'un genre très distinct, parmi les crustacés nageurs, qu'ils lient avec les derniers genres des Plaquettes.

ESPÈCE.

1. **Podophthalme épineux.** *Podophthalmus spinosus.*

Syst. des Anim. sans vert. p. 152.

Podophtalmus spinosus, Latr. Gen. 1. p. 25. tab. 1. et tab. 2. f. 1.

* Ejusd. Hist. nat. des Crust. t. 6. p. 54. pl. 46; — Règne animal, 2ᵉ éd. t. 4. p. 33. — Encyclop. méthod. pl. 308. fig. 1; etc.

Portunus vigil. Fab. Suppl. p. 363.

---

(1) Un caractère très important, la disposition des organes extérieurs de la génération du mâle, éloigne les Podophthalmes des Ocypodes, des Rhombilles, et de nos autres Catométopes, pour les rapprocher des Portunes avec lesquels ils ont une très grande analogie. **E.**

* *Podophthalmus vigil.* Leach. Zool. Misc. vol. 2. pl. 118.

* *Podophthalmus spinosus.* Desmarest. Consid. sur les Crust. pl. 6. fig. 1.

* *Podophthalmus vigil.* Guérin, Iconogr. du règne anim. Crust. pl. 1. fig. 3.

* Griffith. Anim. Kingd. Crust. pl. 12. fig. 3.

* Edw. Hist. nat. des Crust. t. 1. p. 467, et Atlas du **Règne anim.** Crust. pl. 9. fig. 1.

Habite l'Océan indien.

Mus. n°

† Ajoutez le *Podophthalmus Defrancii.* (Desmarest, Hist. **nat.** des Crust. foss. p. 88. pl. 5. fig. 6-8.)

Espèce fossile dont on ignore le gisement.

PORTUNE. (Portunus.)

Quatre antennes inégales, médiocres, articulées : les extérieures sétacées, plus longues. Les yeux écartés, à pédicules courts, insérés dans des fossettes latérales, sous le front.

Test large, déprimé, tronqué postérieurement, à bord antérieur un peu arqué, denté en scie. Dix pattes : les deux antérieures terminées en pince, et les deux postérieures par une lame ovale.

Antennœ quatuor, inœquales, mediocres, articulatœ : externis setaceis, longioribus. Oculi remoti; pedunculis brevibus, in fossulis lateralibus infrà frontem receptis.

Testa lata, depressa, posticè truncata; margine antico subarcuato, serrato. Pedes decem : anticis duobus chelatis; duobus ultimis lamellá ovatá terminatis.

OBSERVATIONS. — Les *Portunes* constituent un genre nombreux en espèces, les unes indigènes de nos mers, et les autres exotiques. Ce sont des crustacés fort rapprochés de nos cancérides; mais qui tous sont nageurs, et s'éloignent plus aisément du rivage. Ils en sont effectivement distingués, parce qu'ils ont les deux pattes postérieures terminées par une lame plate et ovale, qui leur sert à nager, et qui est toujours distincte de l'ongle pointu, plus ou moins plat, qui termine les autres pattes. **Le bord antérieur du test est toujours divisé en un certain nombre de dents qui souvent s'étendent jusqu'au milieu des bords latéraux. Il y en a, surtout parmi les espèces exotiques, dont le test, très court, est fortement transversal, et dont chaque côté se termine par une pointe fort aiguë.**

[Latreille et Leach ont établi aux dépens du genre Portune de Fabricius plusieurs divisions génériques nouvelles, qui nous paraissent devoir être adoptées, et qui peuvent être caractérisées de la manière suivante.

Le genre Portune, ainsi circonscrit, ne renferme plus que les Portuniens à pédoncules oculaires courts, dont la suture médiane du sternum occupe les deux derniers segmens de ce plastron; dont la tige mobile des antennes externes ne se compose que de deux articles pédonculaires, leur article basilaire étant soudé au front, et séparant complètement l'orbite des fossettes antennaires; dont le tarse des pattes de la deuxième, troisième et quatrième paires sont styliformes, et dont la carapace peu élargie n'est armée latéralement que de 5 ou même de 4 dents.

Le genre Lupée (*Lupea* Leach) se distingue facilement par la longueur de la suture médiane du sternum, qui occupe les trois derniers segmens du plastron sternal, et par l'insertion de la tige mobile des antennes externes, sur le bord de leur article basilaire, de manière à occuper l'angle interne de l'orbite et à pouvoir se reployer dans cette cavité. La carapace est aussi très élargie et armée de 9 dents latéro-antérieures.

Le genre Thalamite (*Thalamita* Latreille) ressemble au genre Lupée par la disposition de la suture sternale, mais s'en distingue par celle de la tige mobile des antennes externes qu s'insère sur la face inférieure de l'article basilaire de ces organes sous le front et non sur le bord de l'orbite; la carapace est aussi très large, et armée latéralement de quatre à sept dents.

Le genre Platyonique (*Platyonichus* Latr.) est caractérisé par une suture sternale médiane semblable à celle des Portunes, par des antennes externes composées de trois articles pédonculaires mobiles et semblables entre eux, et par la forme des tarses des

deuxième, troisième et quatrième paires qui ne sont pas natatoires ; la carapace est aussi presque circulaire, et l'orbite com-
munique avec les fossettes antennaires , l'article basilaire des
antennes externes n'étant pas soudé au front.

Enfin le genre POLYBIE (*Polybius* Leach.) ne diffère du genre
Platyonique que par la forme natatoire des tarses des pattes des
quatre dernières paires.   E.

ESPÈCES.

*Quatre à six dents de chaque côté du test , au-delà des
yeux , la dernière étant proportionnelle aux autres.*

1. Portune étrille. *Portunus puber.*

>   P. *testá pubescente, pone oculos utrinque quinque dentatá ; fronte
>   denticulatá ; manibus sulcatis ; digitis apice nigris.*
>   *Cancer puber.* Linn.
>   *Portunus puber.* Fab. Suppl. p. 365.
>   Penn. 4. pl. 4. f. 8.
>   Herbst. cauc. tab. 7. f. 49.
>   *Portunus puber.* Latr. Gen. 1. p. 27.
>   * Leach. Malacos. Podoph. Brit. pl. 6.
>   * Desmarest. Consid. sur les Crust. pl. 6. fig. 5.
>   * De Blainville. Faune franc. Crust. atlas.
>   * Edw. Hist. nat. des Crust. t. 1. p. 441.
>   Habite les mers d'Europe. On estime sa chair.

2. Portune froncé. *Portunus corrugatus.*

>   P. *testá transversè plicato-rugosá ; dentibus lateralibus utrinque quin-
>   que ; frontalibus tribus obtusis , basi latis.*
>   *Cancer corrugatus.* Penn. Zool. brit. 4. pl. 5. f. 9.
>   * Herbst. pl. 7. f. 50.
>   * *Portunus corrugatus.* Leach. Malac. brit. pl. 7. f. 1. et 2.
>   * *Portunus puber.* Blainville. Faun. Franc. Atlas. Crust. pl. sans nu-
>   méro. fig. 1.
>   * Edw. op. cit. t. 1. p. 443.
>   Habite les mers d'Europe. Mus. n°. Il est très différend de celui qui
>   précède.

3. Portune dépurateur. *Portunus depurator.*

>   P. *testá lævi, utrinque quinquedentatá ; dentibus frontalibus acutis ;
>   manibus angulatis subcompressis.*
>   *Cancer depurator.* Linn.

Portunus depurator. Fab.

Latr. Gen. 1. p. 26.

Penn. Zool. brit. 4. pl. 2. f. 6 (*A.)

* Deux espèces de Portuniens ont été confondus sous ce nom :

L'une est le PORTUNE PLISSÉ, *Portunus plicatus.* Risso Crust. de Nice.

P. depurator. Leach. Malac. p. 9. f. 1.

Latr. Encycl. t. 10. p. 193.

Edw. op. cit. p. 442.

L'autre est le PLATYONIQUE LATIPEDE. *Platyonichus latipes.*

Cancer latipes. Penn. t. 4. pl. 1. f. 1.

Herbst. pl. 21. f. 126.

Portumnus variegatus. Leach. Malac. pl. 4.

Desmarest. Consid. sur les Crust. pl. 4. f. 2.

Platyonichus depurator. Latr. Encycl. t. 10. p. 151.

Platyonichus latipes. Edw. op. cit. t. 1. p. 436.

Habite l'Océan d'Europe.

* Le *Portunus marmoreus* de M. Leach (Malac. pl. 8. Encycl. pl. 304)
ne paraît être qu'une variété de l'espèce précédente.

4. Portune doigts-rouges. *Portunus erythrodactylus.*

*P. testâ dentibus frontalibus octo acutis; lateralibus utrinque quinque
(* inæqualibus); manibus aculeatis; digitis rubris nigro tinctis.*

P. erythrodactylus. Péron.

* *Thalamita erythrodactyla.* Edw. op. cit. t. 1. p. 464.

Habite les mers australes. Mus. n° Il avoisine le *P. holosericeus.*
Fab.; mais il en est distinct.

Etc.

*Neuf dents de chaque côté du test, au-delà des yeux, la
dernière, non proportionnelle, étant prolongée en épine.*

5. Portune pélagique. *Portunus pelagicus.*

*P. testâ utrinque novemdentatâ; rugis variis appressis margine den-
ticulatis; manibus prismaticis : angulis granulatis.*

Cancer pelagicus? Lin. *Portunus pelagicus?* Fab. Suppl. p. 367.

Latr. Gen. 1. p. 26.

Rumph. Mus. tab. 7. fig. R.

* Forskael. Descrip. anim. p. 89.

* *Cancer reticulatus.* Herbst. pl. 50. et *Cancer cedonulli.* Ejusdem.
pl. 39.

* *Lupa pelagica.* Leach. Edinb. Encycl. art. Crustaceology.

* Savigny. Descript. de l'Égypte. Crust. pl. 3. f. 1.
* Desmarest. Consid. sur les Crust. p. 98. pl. 8. f. 2.
* Edw. op. cit. t. 1. p. 450.

Habite l'Océan, surtout celui de l'Inde.

6. Portune cedo-nulli. *Portunus cedo-nulli.*

P. testâ rubente, maculis undatis albis variegatâ, punctis elevatis ad-
spersâ, utrinque novemdentatâ ; manibus prismaticis nudis.

Mus. n° Herbst. Canc. tab. 39.

Habite l'Océan austral.

* Ne me paraît pas différer spécifiquement du Portune pélagique.

7. Portune crible. *Portunus cribrarius.*

P. testâ utrinque novemdentatâ, lœvissimâ, rubente, maculis mini-
mis albis cribratâ ; brachiorum maculis majoribus.

* *Lupa cribraria.* Edw. op. cit. t. 1. p. 452. pl. 18. f. 1.

Mus. n₀

Habite les mers du Brésil. M. Lalande. Espèce jolie, fort remarquable. Ses dents frontales sont petites, ses pattes ciliées, ses mains
mutiques, subanguleuses.

8. Portune sanguinolent. *Portunus sanguinolentus.*

P. testâ lœvi sanguineo albidoque tinctâ, utrinque novemdentatâ ;
brachiis lividis : manibus angulatis lœvibus.

An portunus sanguinolentus ? Fab. Suppl. p. 367.

* Herbst. t. 1. p. 161. pl. 8. f. 56 et 57.
* Latr. Encycl. t. 10. p. 190.
* *Lupea sanguinolenta.* Edw. op. cit. t. 1. p. 451, et Atlas du Règne
anim. Crust. pl. 10. fig. 1.

Habite l'Océan du Brésil. M. Lalande.

9. Portune rouge. *Portunus ruber.*

P. testâ subrubrâ, albido-punctulatâ ; dentibus utrinque novem inæ-
qualibus : postico mediocri ; manibus aculeatis ; digitis apice nigris.

* *Ciri apoa.* Marggraf. Hist. rerum nat. Bras. p. 183.
* *Lupa rubra.* Edw. op. cit. t. 1. p. 454.

Mus. n°

Habite l'Océan du Brésil. M. Lalande.

Etc. Ajoutez les *P. defesor, forceps* (* Herbst. pl. 12. fig. 1. *Lupa*
forceps. Leach, Zool. misc. t. 1. pl. 54. Desmarest, Consid. sur les
Crust. p. 99. Edw. t. 1. 456. etc. de Fabricius.)

* Voyez pour les autres espèces de Portuniens le premier volume de
notre Hist. des Crustacés, et les Crustacés de la *Fauna japonica,*
par M. Dehaan.

ORITHYE. (Orithya.)

Quatre antennes courtes, articulées, apparentes. Les yeux écartés, à pédoncules coniques.

Test ovale, un peu plus long que large, presque tronqué antérieurement, muriqué sur le front et sur les côtés. Dix pattes : les deux antérieures terminées en pince, et les deux dernières par une lame ovale.

Antennæ quatuor breves, articulatæ, distinctæ. Oculi remoti; pedunculis conicis.

Testa ovata, longitudine latitudinem paulò superans ; anticè subtruncata; fronte lateribusque muricatis. Pedes decem : anticis duobus chelatis; duobus ultimis lamellâ ovatâ terminatis.

OBSERVATIONS. — Par sa forme, le test de l'*Orithye* semble tenir de celui des Leucosies ou des Doripes; mais il est moins aplati que dans ces derniers, et n'a point de pattes dorsales. Au reste, c'est un crustacé nageur, ayant, comme les Portunes, les deux pattes postérieures natatoires.

[Les Orithyes nous paraissent devoir prendre place entre les genres Matute et Mursie, dans la tribu des Calappiens, famille des Oxystomes.   E.

ESPÈCE.

1. Orithye mamelonnée. *Orithya mamillaris.*

> *Orithya mamillaris.* Fab. Suppl. p. 363.
> Latr. Gen. 1. p. 42. et Hist. nat. 6. p. 130. pl. 50. f. 3.
> Herbst. Canc. t. 18. f. 101.
> * Latr. Encycl. t. 8. p. 537. pl. 306. fig. 4; Règne anim. etc.
> * Desmarest. Consid. sur les Crust. p. 143. pl. 19. f. 1.
> * Guérin. Iconog. du Règne anim. Crust. pl. 1. f. 2.
> * Griffith. Anim. Kingd. Crust. pl. 12. fig. 2.
> * Edw. Règne anim. de Cuvier, Crust. pl. 8. f. 1. et Hist. nat. des
>   Crust. t. 2. p. 112.
> Habite les mers de la Chine.
> Mus. n°

MATUTE. (Matuta.)

Quatre antennes courtes : les deux extérieures peu ap
parentes ; les intermédiaires pliées, palpiformes, à dernie
article bifide. Les yeux séparés par la saillie trilobée d
front ; à pédicules courts, subconiques.

Test suborbiculaire, déprimé, denté sur les côtés antérieurs, ayant une forte épine de chaque côté. Dix pattes
les deux antérieures terminées en pince, et toutes les autres par des lames.

*Antennæ quatuor breves : externis parùm conspicuis ; in-
termediis plicatis, palpiformibus ; ultimo articulo bifido.
Oculi frontis productione trilobatá separati ; pedunculis
brevibus subconicis.*

*Testa suborbicularis, depressa, lateribus anticis dentata ;
spina valida utroque latere. Pedes decem : anticis duobus
chelatis ; aliis omnibus lamellá terminatis.*

OBSERVATIONS. — Les *Matutes* ne sont pas très éloignées des
Portunes par leurs rapports, quoique leur test soit plus orbiculaire, et ces crustacés semblent plus nageurs, puisqu'à l'exception de leurs bras, toutes leurs pattes sont terminées par des
lames. Ces lames, néanmoins, sont inégales ; ce sont toujours
celles des deux dernières pattes qui sont les plus larges et les plus
arrondies.

[La conformation de la bouche est essentiellement la même
que chez les Hépates et les Leucosies, et c'est dans la famille
des Oxystomes que ces crustacés nous paraissent devoir être
rangés.]   E.

ESPÈCES.

1. Matute vainqueur. *Matuta victor.*

M. testá punctatá, posticè non striatá.
(a) *Punctis testæ sparsis. Matuta victor.* Gen. 1. Latr. p. 42.
Matuta victor. Fab. Suppl. p. 369.
Rumph. Mus. tab. 7. fig. 8.

* *Cancer lunaris*. Herbst. t. 1. p. 140. pl. 6. f. 44.
* *Matuta victor*. Latr. Encycl. pl. 273. f. 3 et 4? (d'après Seba).
* *M. Lesueurii*. Leach. Zool. Miscel. t. 3. p. 14.
* *M. victor*. Desmarest. op. cit. p. 101. pl. 7. f. 2.
* Edw. Atlas du Règne anim. de Cuvier, 3e éd. Crust. pl. 7. f. 1. et
Hist. nat. des Crust. t. 2. p. 115.
(*b*) *Var. Testa punctis reticulatim dispositis.*
Matuta lunaris. Mus. no.
* Herbst. pl. 48. fig. 6.
* Leach. Zool. Miscel. t. 3. pl. 127. fig. 3.
* *M. Planipes*. Desmarest. Consid. sur les Crust. p. 102.
* *M. Peronii*. Guérin. Iconogr. Crust. pl. 1. fig. 1.
* Edwards. Hist. des Crust. t. 2. p. 114.
Habite l'Océan indien. La var. (*b*) à l'Ile-de-France. **M. Mathieu.**

2. Matute striée. *Matuta planipes.*

> *M. testá posticè striatá.*
> *Matuta planipes*. Fab. Suppl. p. 369.
> Habite l'Océan indien.

LES CANCÉRIDES.

Toutes les pattes onguiculées ; le test arqué antérieurement.

Cette division est la dernière des Brachyures et celle qui termine la classe des Crustacés. Elle embrasse la section des Arquées de M. Latreille et quelques autres genres les plus analogues aux Crabes, qui en font également partie.

Les *Cancérides* sont littorales, ne nagent point, et ont leur test arqué antérieurement. Il est en général évasé en devant, rétréci et tronqué en arrière. Dans les uns, les pieds-mâchoires extérieurs recouvrent toute la bouche ; ils s'écartent dans quelques autres et ne la recouvrent pas. Quoique l'on ait distingué, parmi ces Crustacés, quelques genres que nous n'avons pas adoptés, parce que leurs caractères ne nous sont pas assez connus, et que nous tenons beaucoup à ne pas trop multiplier les genres sans une véritable nécessité, nous nous bornons à présenter ici les cinq genres suivans, savoir : Dromie, OEthre, Calappe, Hépate et Crabe.

DROMIE. (Dromia.)

Quatre antennes : deux extérieures, sétacées plus longues ; deux intermédiaires à sommet bifide. Les yeux à pédoncules courts.

Test ovale-arrondi, bombé, velu ou hérissé. Dix pattes onguiculées : les deux antérieures terminées en pince : les quatre postérieures relevées sur le dos, ayant un double crochet, et prenantes.

Antennæ quatuor : externis setaceis longioribus ; intermediis apice bifidis. Oculi pedunculis brevibus.

Testa ovato-rotundata, valdè convexa, villosa aut hirta. Pedes decem unguiculati : anticis duobus magnis chelatis ; posticis quatuor dorsalibus biunguiculatis prehensilibus.

OBSERVATIONS. — Quoique les *Dromies* aient des pattes postérieures dorsales, relevées et prenantes, comme les Doripes et quelques autres, elles nous paraissent néanmoins appartenir à la division des Cancérides. Leur corps est convexe ou bombé, velu, plus large et arqué antérieurement, et leurs pattes dorsales leur servent à saisir, soit des Alcyons, soit des valves de coquilles ou d'autres corps, dont elles se couvrent, et qu'elles transportent avec elles, pour se cacher à leurs ennemis. Les doigts de leurs pinces ont, à leur face interne, des dents qui s'engrènent. Les femelles ont sous la queue des lanières longues et ciliées d'un côté.

[La conformation des organes de la génération, des branchies, du thorax, des antennes, etc. ne permet pas de laisser les Dromies parmi les Cancérides ni même dans la division des Brachyures ; dans une classification naturelle, elles doivent prendre place à côté des Homoles et nous les rangeons dans la section des Anomoures. Dans le jeune âge, leur abdomen est terminé par une nageoire comme chez les Macroures.]   E.

ESPÈCES.

1. Dromie de Rumphe. *Dromia Rumphii.*

> *D. testá subgibbá, hirtá, utrinque quinquedentatá; brachiis pedi-busque enodibus.*
> *Cancer dromia.* Linn.
> *Dromia Rumphii.* Fab. Suppl. p. 359.
> *Dromia Rumphii.* Latr. 1. p. 27.
> Herbst. t. 18. f. 103.
> Rumph. Mus. tab. 11. f. 1.
> Seba. Mus. 3. t. 18. f. 1.
> * Latr. Encycl. pl. 278. f. 1.
> * Edw. Hist. nat. des Crust. t. 2. p. 174. et Atlas du Règne anim. Crust. pl. 40. fig. 1.
> Habite l'Océan indien, et la Méditerranée. Elle se couvre souvent de l'Alcyon domuncule. C'est la plus grosse connue de ce genre.

2. Dromie très velue. *Dromia hirsutissima.*

> *D. pilis longis rufis hirsutissima; testá rotundatá, turgidá, anticè subtrilobá, utrinque quinquedentatá.*
> *Dromia hirsutissima.* Mus. n°
> * Desmarest. Consid. sur les Crust. p. 137. pl. 18. f. 1.
> * Edw. op. cit. t. 2. p. 176.
> Habite les mers du Cap de Bonne-Espérance. Elle a un sinus large de chaque côté, qui sépare le front des bords latéraux antérieurs et qui fait paraître le test trilobé. Elle est plus bombée que la D. de Rumphe.

3. Dromie globuleuse. *Dromia globosa.*

> *D. tomento brevissimo obducta; testá globulosá: marginibus deflexis.*
> *Dromia globosa.* Mus. n°
> *Au cancer caput mortuum ?* Linn.
> Habite.....
> Etc. le *D. nodipes* du Mus. paraît être le *D. ægagropila* de Fab.; le *D. fallax* du Mus. est une petite espèce qui vient de l'Ile de France; enfin le faux Bernard-l'Hermite de Nicolson, Hist. nat. de St-Domingue, p. 338. pl. 6. f. 3. et 4, est une espèce nouvelle, à test submembraneux qui se couvre d'une valve de coquille.

[Notre genre DROMILITE se rapproche beaucoup des Dromies, et se compose d'un Crustacé fossile de l'argile tertiaire de l'île de Sheppy, qui a la carapace plus carrée que les Dromies et les régions branchiales divisées en deux par un sillon transversal.

Le genre DYNAMÈNE (*Dynamena*) de Latreille est extrêmement voisin des Dromies, mais s'en distingue facilement en ce que les pattes de la quatrième paire sont semblables aux précédentes, et que celles de la cinquième paire seules sont petites et relevées sur les côtés du corps.

On n'en connaît qu'une espèce :

> Le DYNAMÈNE HISPIDE. Desmarest. Consid. sur les Crust. p. 133. pl. 18. f. 2.
> Latr. Règne anim. 2ᵉ édit. t. 4. p. 69.
> Guérin. Iconogr. Crust. pl. 14. f. 2.
> Edw. Hist. nat. des Crust. t. 2. p. 180. et Atlas du Règne anim. de Cuvier. Crust. pl. 40 f. 2.

Nous avons donné le nom générique d'OCYDROMITE à un petit Crustacé fossile du terrain jurassique, trouvé aux environs de Verdun par M. Moreau. Ce Crustacé appartient à la tribu des Dromiens, et paraît se rapprocher des Dynamènes plus que de tous les autres Décapodes, mais s'en distingue par quelques particularités dans la disposition des régions de la carapace, des orbites, etc.   E.

OETHRE. (OEthra.)

Antennes . . . . . les yeux séparés par la saillie du front et à pédicules courts, comme dans les Calappes. Le second article des palpes extérieurs presque carré.

Test aplati, clypéiforme, transversal, noueux ou très raboteux sur le dos. Les deux pattes antérieures se terminant en pince, à mains comprimées et en crête ; les autres courtes se retirant sous le test dans le repos.

Antennæ . . . . . oculi pedunculis brevibus, eminentiâ frontali separati ut in Calappis. Palporum externorum articulus secundus subquadratus.

Testa planulata, clypeiformis, transversa; dorso nodoso, scaberrimo. Pedes duo antici chelati: manibus compressis, cristatis; alii posteriores breves, in quiete, sub testâ replicati.

OBSERVATIONS. — Quoique je ne connaisse qu'une espèce de ce genre, que M. Leach a établi, sa forme est trop particulière, pour ne pas la distinguer des Calappes. Le test, au moins dans cette espèce, n'est plus trigone, ni bombé; il est aplati, sans abaissement d'aucun bord, et semble un bouclier en ellipse transverse, à bords latéraux arrondis, libres, relevés même.

Les OEthres s'éloignent beaucoup des Dromies et des Calappes par leur structure, et semblent établir le passage entre les Cancériens ordinaires et les Parthénopiens.   E.

ESPÈCE.

1. OEthre déprimé. *OEthra depressa.*

> *OE. testá alba, depressá, elliptico-transversá; marginibus laterali-
> bus rotundatis, plicato-dentatis.*
>
> *Calappa depressa.*
>
> **Mus. n^o**
>
> (* *Cancer polynome.*) Herbst. Can. tab. 53. f. 4. 5.
>
> * *OEthra depressa.* Desmarest. Consid. sur les Crust. p. 110. pl. 10.
> fig. 2.
>
> * Edw. Hist. nat. des Crust. t. 1. p. 371. et Atlas du Règne anim.
> Crust. 38. fig. 2.
>
> * Griffith. Anim. King. Crust. pl. 1. fig. 3.
>
> Habite les mers de l'Ile-de-France. M. Mathieu.
>
> Etc. Ajoutez le *Parthenope fornicata* de Fabricius (1), et comparez
> avec l'espèce n° 1, le *Cancer scruposus* de Linné.

---

(1) Ce singulier Crustacé établit le passage entre les OEthres et les Lambres, et constitue un genre particulier auquel nous avons donné le nom de CRYPTOPODIE (*Cryptopodia*). Voyez notre Histoire naturelle des Crustacés, t. 1, p. 360.   E.

CALAPPE. (Calappa.)

Quatre antennes semblables à celles des Crabes : les deux intérieures pliées sous le chaperon.

Test court, convexe, plus large postérieurement, ayant ses côtés postérieurs creusés en-dessous en demi-voûte et leur bord tranchant. Dix pattes : les deux antérieures terminées en pince, à mains très grandes, comprimées, en crête sur le dos ; les autres pattes retirées, dans le repos, sous les bords postérieurs du test.

Antennæ quatuor, antennis Cancerum similibus ; internis sub clypeo plicatis.

Testa brevis, convexa, posticè latior ; lateribus posticis subtùs excavatis, semi-fornicatis, margine acutis. Pedes decem : anticis duobus chelatis ; manibus maximis compressis, dorso cristatis ; aliis infrà latera postica in quiete contractis.

OBSERVATIONS. — Les *Calappes* constituent un genre tranché et très distinct, par la forme de leur test et des mains qui terminent leurs bras ; ils sont d'ailleurs remarquables par la manière dont ils contractent leurs parties lorsqu'ils sont dans le repos. Alors, ils appliquent leurs bras sur la face antérieure du corps, et couvrent avec leurs larges mains, leur bouche, comme avec un bouclier ; en même temps, ils resserrent toutes leurs autres pattes sous les deux voûtes postérieures de leur test. Comme ils ont ce test assez dur, ils craignent moins leurs ennemis dans cet état de contraction.

[Les Calappes nous paraissent devoir être rapprochés des Matutes et des Orithyes, et prendre place avec ces crustacés dans la famille des Oxystomes.   E.]

ESPÈCES.

1. Calappe migrane. *Calappa granulata.*

C. *testâ tuberculis inæqualibus dorsalibus obtusis ; lateribus posticis crenato-dentatis ; postico margine subsexdentato.*

* Crabe Migrane. Rondelet. Poissons. 2ᵉ partie. p. 403.

Cancer granulatus. Lin.

Calappa granulata. Fab. Suppl. p. 346.

* Herbst. t. 1. p. 200. pl. 12. f. 75 et 76.

Calappa granulata. Latr. Gen. 1. p. 28.

* Latr. Hist. nat. des Crust. et des Insectes. t. 5. p. 392. pl. 43. f. 1
et 2; et Règne anim. 2e édit. t. 4. p. 66.

* Desmarest. op. cit. p. 109.

* De Blainville. Faune française. Crust. pl. 3.

* Edw. Hist. nat. des Crust. t. 2. p. 103 et Atlas du Règne anim. de
Cuvier. Crust. pl. 38. f. 1.

Habite la Méditerranée.

Mus. n°

2. Calappe tuberculé. *Calappa tuberculata.*

*C. testâ verrucosa. margine dentatâ; lateribus posticis abruptè pro-
minulis.*

Calappa tuberculata. Fab. Suppl. 345.

Herbst. Tab. 13. f. 78.

* Latr. Hist. des Crust. etc. t. 5. p. 393.

* Desmarest. op. cit. p. 109. pl. 10. f. 1.

* Guérin. Iconogr. Crust. pl. 12. f. 2.

* Edw. Hist. des Crust. t. 2. p. 106.

Habite l'Océan asiatique.

Mus. n°

3. Calappe marbré. *Calappa marmorata.*

*C. testâ granulis minimis arenulatâ, flammis roseis pictâ; lateribus
posticis dentibus tribus majusculis.*

Calappa marmorata. Fab. Suppl. 346.

Herbst. Canc. t. 40. f. 2.

* *C. chelis crassissimis.* Catesby. op. cit. t. 2. t. 36. f. 2.

* *Calappa flammea.* Bosc. op. cit. t. 1. p. 185.

* *Calappa marmorata.* Latr. Hist. nat. des Crust. t. 5. p. 393 et
Encycl. Méthod. pl. 270. fig. 1 (copiée d'après Catesby).

* Desmarest. op. cit. p. 109.

* Edw. Hist. des Crust. t. 2. p. 104.

Habite les mers d'Amérique, à la Trinité. M. Robin.

Etc. Ajoutez le *C. fornicata* et quelques autres.

† Genre **MURSIE**. *Mursia*.

Les Mursies de Leach ont la plus grande analogie avec les Calappes, mais s'en distinguent facilement par la forme de leur carapace, qui est presque circulaire, et ne se prolonge pas en manière de bouclier au-dessus des pattes ambulatoires ; sa surface supérieure est bombée et inégale, et vers le milieu du bord latéral se trouve une longue dent spiniforme. Le front est triangulaire, et les orbites presque circulaires à-peu-près comme chez les Calappes ; la disposition des antennes est aussi à-peu-près la même, ainsi que celle du cadre buccal. Les pattes antérieures ont aussi à-peu-près la même forme que chez ces derniers, et les mains, garnies en dessus d'une crête élevée, s'appliquent aussi contre la bouche, de façon à se cacher sous la partie antérieure du corps. Les pattes suivantes sont longues et de force médiocre ; le tarse qui les termine est styliforme, cannelé et très long. Enfin l'abdomen du mâle ne présente que cinq segmens mobiles.

On n'en connaît qu'une espèce.

La MURSIE A CRÊTE. — *M. cristimanus*. Desmarest. Consid. sur les Crust. p. 108. pl. 9. f. 3.

Latr. Règ. anim. 2ᵉ éd. t. 4. p. 39.

Edw. Atlas du Règne anim. de Cuvier. Crust. pl. 13. f. 1 et 1*a*, et Hist. nat. des Crust. t. 2. p. 109.

---

† Genre **PLATYMÈRE**. *Platymera*.

Nous avons établi cette nouvelle division générique pour un Crustacé très remarquable qui lie entre eux les Calappes et les Mursies, d'une part, et se rapproche aussi par d'autres caractères de la tribu des Cancériens.

La carapace est très large, et assez régulièrement elliptique, seulement de chaque côté, elle se prolonge en une forte dent spiniforme; ses bords latéro-postérieurs ne se prolongent pas au-dessus des pattes comme chez les Calappes. Le front est triangulaire et disposé de même que dans les genres précédens. Les orbites sont ovalaires, profonds, et de grandeur médiocre; on remarque une fissure au milieu de leur bord inférieur. Les antennes internes et externes sont disposées à-peu-près comme chez les Mursies. Le cadre buccal est beaucoup plus large antérieurement que dans les autres genres de la tribu des Calappiens, et la petite portion de l'espace prélabial qui dépasse les pattes-mâchoires externes n'est pas divisée par une cloison médiane, et n'est qu'imparfaitement recouverte par les prolongemens lamelleux des pattes-mâchoires internes. Les pattes-mâchoires externes sont très larges antérieurement; leur troisième article, de la longueur du second, se termine par un bord antérieur assez large, et présente, au-dessous de son angle antérieur et interne, une grande et profonde échancrure, dans laquelle s'insère le quatrième article; ce dernier est à découvert et très grand, mais n'arrive pas au niveau de l'extrémité antérieure du troisième article; enfin l'appendice basilaire de ces organes, qui sert de valvule pour boucher les ouvertures afférentes des cavités branchiales, est lamelleux, très grande et semilunaire. Le plastron sternal est ovalaire. Les pattes de la première paire ont à-peu-près la même forme et la même disposition que chez les Calappes, mais les mains sont plus longues et moins élevées. Les pattes suivantes sont très longues et très comprimées; leur troisième article ou cuisse est remarquablement large et presque lamelleux; les tarses sont longs et styliformes; les pattes de la troisième paire sont un peu plus longues que les secondes et les quatrièmes; enfin les cinquièmes sont beaucoup plus courtes que toutes es autres. L'abdomen du mâle se compose de cinq articles distincts, dont le troisième présente en arrière une crête transversale très forte.

Le type de ce genre est :

Le PLATYMÈRE DE GAUDICHAUD. — *P. Gaudichaudii.* Edw. Hist. nat. des Crust. t. 2. p. 108.   E.

HÉPATE. (Hepathus.)

Quatre antennes semblables à celles des Crabes. Le second article des palpes extérieurs pointu au sommet.

Test, comme dans les Crabes, n'ayant point ses côtés postérieurs voûtés en dessous. Les pinces des bras comprimées et en crêtes.

Antennæ quatuor, antennis Cancerum similes. Palporum externorum articulus secundus apice acutus.

Testa ut in Canceribus ; lateribus posticis subtùs non fornicatis. Brachiorum chelæ supernè compresso-cristatæ.

OBSERVATIONS.—Les *Hépates* ne forment point un genre bien remarquable, et tiennent de très près aux Crabes. Néanmoins, on les en distingue assez facilement, parce qu'ils ont les mains des deux pattes antérieures dilatées en dessus et en forme de crête, presque comme celles des Calappes; parce que le bord antérieur du test est finement dentelé; enfin, parce que le second article de leurs pieds-mâchoires extérieurs est terminé en pointe.

[Les Hépates de même que les genres précédens, appartiennent à la famille des Oxystomes, tribu des Calappiens.   E.]

ESPÈCE.

1. Hépate calappoïde. *Hepathus calappoides.*

H. testá planulatá, anticè latissimá, arcuatá, tenuissimè denticulatá; pedibus fasciatis.

Calappa angustata. Fab. Suppl. p. 347.

Cancer princeps. Herbst. Canc. t. 38. f. 2.   ‹

Hepathus fasciatus. Latr. Gen. 1. p. 29.
  * Desmarest. Consid. sur les Crust. p. 107. pl. 9. f. 2.
  * Edw. Atlas du Règne anim. de Cuvier, Crust. pl. 15. f. 2 et Hist.
    nat. des Crust. t. 2. p. 117.
Habite l'Océan des Antilles. *Canc. calappoides.*
Mus. no
Etc.

CRABE. (Cancer.)

Quatre antennes petites : les extérieures sétacées, insérées près du coin interne de la fossette des yeux; les intermédiaires pliées, reçues dans des fossettes sous le front. Second article des palpes extérieurs presque carré, avec une échancrure à l'angle interne de son sommet.

Test court, transverse, planiuscule, se rétrécissant postérieurement, à bord antérieur arqué. Dix pattes onguiculées : les deux antérieures plus grandes, terminées en pince.

Antennæ quatuor, parvulæ : externis setaceis, oculorum propè canthum internum insertis ; intermediis complicatis, in foveolis sub frontè receptis. Palporum externorum articulus secundus subquadratus, apice interno emarginatus.

Testa brevis, transversa, planiuscula, posticè angustata; antico margine arcuato. Pedes decem unguiculati : anticis duobus majoribus chelatis.

OBSERVATIONS. — Le genre des *Crabes*, malgré les réductions qu'on lui a fait subir, est encore un des plus beaux et des plus nombreux en espèces, parmi les crustacés ; il est dans notre méthode, celui qui termine les *homobranches brachyures*, et par suite la classe même. Linné, en traçant sa magnifique esquisse d'un *Systema naturæ*, ne put indiquer que des masses principales, et son grand génie fit en cela tout ce qu'on en pouvait attendre. Son genre *Cancer* embrassa donc tous nos crustacés *homobranches*, et une grande partie des *hétérobranches*. Par la suite, à mesure que l'on fit des études plus particulières de ces

masses, on sentit la nécessité de multiplier les divisions et les
genres, en sorte que celui des *Crabes* a été successivement réduit. Ce genre, tel que nous le présentons ici, est à-peu-près le
même que celui qu'a institué M. *Latreille*, et nous croyons qu'il
est convenable maintenant de le conserver sans le réduire davantage. Là, comme ailleurs, un excès serait un tort, et nuisi-
ble à la science.

Les *Crabes* sont des crustacés marins, ayant une sorte de ressemblance avec l'Araignée, par leur forme extérieure. Ils ont la
tête, le corselet et l'abdomen confondus (1), et la réunion de ces
parties se trouve couverte, enveloppée même, par une carapace
dure, presque osseuse, à laquelle on donne le nom de *test*. Ici,
ce test est court, plus large que long, arqué ou arrondi antérieurement, se rétrécissant vers sa partie postérieure. Il est déprimé en dessus, avec des bords tantôt arrondis, tantôt tranchans, et souvent dentés.

Tous les Crabes vivent dans la mer, près des rivages, entre ou
sur les rochers. Ils se trouvent ordinairement par bandes, et aucun d'eux ne saurait nager comme les Portunes, etc., aucun
n'ayant de pattes véritablement natatoires. Ils marchent avec
agilité sur le fond de la mer, sur le sable des rivages, ou même
sur les rochers, tant en avant que de côté ou à reculons.

Ces animaux, ainsi que tous les autres crustacés, changent de
peau ou de test une fois chaque année : c'est au printemps qu'ils
se dépouillent de leur vieille robe : on les appelle encore *Crabes
boursiers*, et ils se tiennent cachés dans le sable jusqu'à ce qu'ils
aient recouvré assez de consistance dans leur nouveau vêtement,
pour se garantir contre divers dangers. Ils sont très voraces,
mangent les animaux marins qu'ils peuvent saisir, et surtout les
cadavres, autour desquels ils se réunissent en grand nombre.
Les *Crabes* sont beaucoup plus nombreux et plus variés dans
les mers des climats chauds, que dans celles des autres régions.
On y en trouve qui sont d'une taille quelquefois énorme. On en
mange différentes espèces, mais il y en a qui ont la chair très
coriace et difficile à digérer.

---

(1) L'abdomen est distinct du thorax et simplement reployé
sous le plastron, comme chez tous les brachyures.   E.

[Depuis la publication de cet ouvrage, le nombre d'espèces appartenant au groupe des Cancériens, a beaucoup augmenté, et en étudiant avec plus de soin qu'on ne l'avait fait jusque alors la conformation de ces crustacés, on a été conduit à les subdiviser beaucoup. Voici le résumé des caractères qui distinguent entre eux ces divers genres nouveaux, tels que nous avons proposé de les circonscrire dans notre Hist. nat. des Crustacés.

§. **Cancériens arqués.**

Carapace beaucoup plus large que longue, arquée en avant et tronquée en arrière ; bord fronto-orbitaire étroit ; point de prolongement clypéiforme au-dessous des pattes.

† Troisième article des pattes-mâchoires externes portant l'article suivant à son angle interne, ne le dépassant pas notablement, et s'appliquant exactement contre le bord antérieur du cadre buccal.

A. Bord inférieur de l'orbite ne se joignant pas au front et laissant sous l'angle interne de cette cavité un hiatus rempli par la portion basilaire de l'antenne externe.

B. Tige mobile des antennes externes naissant de l'angle interne de l'orbite dont elle n'est séparée par rien ; antennes internes transversales.

C. Bord antérieur du 3ᵉ article des pattes-mâchoires externes entier.

D. Premier article des antennes externes grand, 2 ou 3 fois aussi long que le second et se joignant au front.

E. Espace prélabial sans crêtes ni gouttières notables.

F. Carapace très élevée vers le milieu ; fortement bombée dans tous les sens, très large et en général presque ovoïde.

G. Pinces point creusées en cuiller.

H. Pattes courtes comprimées et garnies d'une crête élevée et d'une série d'épines. Tarse très court.

Cancer.

HH. Pattes assez longues et cylindriques, sans crête ni épines en dessus ; tarse grêle et allongé.

Carpillus.

GG. Pinces creusées en cuiller; pattes en général courtes.

Zozymus.

FF. Carapace peu ou point élevée au milieu, presque plane transversalement, peu bombée d'avant en arrière et fortement tronquée en arrière.

f. Pinces tranchantes ou arrondies.

f.' Point d'hiatus au-dessous de l'angle orbitaire externe.

Xanthus.

f.'' Un hiatus au-dessous de l'angle orbitaire ex-rne.

Panopeus.

ff. Pinces élargies vers le bout, arrondies et profondément creusées en cuiller.

Chlorodius.

EE. Espace prélabial divisé longitudinalement par deux crêtes tranchantes et obliques.

Ozius.

DD. Premier article des antennes externes petit ou médiocre et ne se joignant pas au front; le second presque aussi long que le premier et occupant presque toute son extrémité antérieure.

d. Second article des antennes externes logé dans la fossette antennaire comme le premier et atteignant à peine le front.

Pseudocarcinus.

dd. Second article des antennes externes logé dans le canthus orbitaire externe et dépassant le front.

Pilumnus.

CC. Bord antérieur du 3$_e$ article des pattes-mâchoires externes profondément échancré.

Lagostoma.

BB. Tige mobile des antennes externes naissant sous le front et complètement hors de l'orbite dont elle est séparée par un prolongement de l'article basilaire de ces mêmes antennes, lequel se soude au front et remplit l'hiatus orbitaire interne.

b. Pinces profondément creusées en cuiller.

Etisus.

bb. Pinces obtuses ou pointues et jamais creusées en cuiller.
Platycarcinus.

AA. Bord inférieur de l'orbite se joignant au front de façon à exclure complètement de cette cavité l'antenne externe.
Ruppellia.

†† Troisième article des pattes-mâchoires externes donnant insertion
à l'article suivant par son bord interne, se prolongeant beaucoup au-devant de lui et s'avançant notablement sur l'épistome.
Perimela.

§§. Cancériens quadrilatères.
Carapace peu ou point arquée sur les côtés, à peine tronquée en
arrière et médiocrement large ; bord fronto-orbitaire très large;
point de prolongement clypéiforme au-dessus des pattes.

a. Bord inférieur de l'orbite se joignant au front de manière à
exclure de cette cavité l'antenne externe.

a'. Front rabattu; bord orbitaire inférieur à-peu-près sur la
même ligne que le front.
Eriphia.

a''. Front horizontal; bord orbitaire inférieur dépassant à
peine le niveau de l'épistome.
Trapezia.

aa. Bord inférieur de l'orbite ne se joignant pas au front et
laissant un hiatus rempli par l'antenne externe.
Melia.

C'est aussi dans la tribu des Cancériens qui nous semblent
devoir prendre place les OEthres. Ils y forment une troisième division, celle des Cancériens cryptopodes, reconnaissable
aux prolongemens latéraux de la carapace au-dessus des
pattes.   E.

ESPÈCES.

1. Crabe tourteau. *Cancer pagurus.*

C. testá læviusculá, utrinque novemplicatá ; manibus apice nigris.
* *C. manas.* Rondelet. t. 2. p. 400.
Cancer pagurus. Lin.
* Mus. Adol. Fréd. t. 1. p. 85, etc.
Fab. Suppl. p. 334.
Latr. Gen. 1. p. 29.
Herbst. Canc. tab. 9. f. 59.
Pennant. Zool. Brit. 4. tab. 3. f. 7.

* *Cancer fimbriatus.* Olivi. Zool. Adriat. pl.

* *C. pagurus.* Leach. Malac. pl. 10.

* Desmarest. Consid. sur les Crust. p. 103. pl. 8. f. 1.

* *Platycarcinus pagurus* (1). Edw. Hist. nat. des Crust. t. 1. p. 413.

Habite l'Océan d'Europe. Le front offre cinq dents entre les yeux. Ce crabe devient quelquefois fort grand.

2. Crabe ménade. *Cancer mœnas.*

C. testá læviusculá, utrinque quinque dentatá; fronte trilobá.

Cancer mænas. Linn.

Fab. Suppl. p. 334.

Latr. Gen. 1. p. 30.

Herbst. Canc. tab. 7. f. 46. 47.

* Pennant. Brit. Zool. t. 4. pl. 2. f. 3.

* Latr. Encycl. pl. 273. f. 1.

* *Carcinus mænas.* Leach. Malac. Pod. Brit. pl. 5. (2)

* Desmarest. Consid. sur les Crust. p.

* Edw. op. cit. t. 1. p. 434.

Habite l'Océan d'Europe et la Méditerranée. Il est commun, moins grand que le C. tourteau et bon à manger.

3. Crabe front-épineux. *Cancer spinifrons.*

C. testá lævi, utrinque quinquedentatá : dente secundo tertioque bifidis ; fronte manibusque multispinosis.

Cancer spinifrons. Fab. Suppl. p. 339.

Lat. Gen. 1. p. 31. Eriphie. Lat.

---

(1) Ce genre établi par Latreille sous le nom de TOURTEAU, puis désigné par le même auteur sous le nom de PLATYCARCIN, diffère essentiellement des Crabes proprement dits, par la disposition des antennes. M. Bell propose d'y conserver le nom générique de *Cancer*, et de désigner par un autre nom le groupe qui le porte maintenant. 　　　　E.

(2) Ce crustacé qui est l'unique espèce appartenant au genre CARCIN, *Carcinus*, de M. Leach, diffère beaucoup des Crabes, et se rapproche davantage des Portuniens. On reconnaît cette petite division générique aux caractères suivans : tarse des pattes postérieures lamelleuse et de forme lancéolée mais étroit; carapace presque aussi longue que large, et armée de chaque côté de cinq dents; front avancé. 　　　　E.

Herbst. Canc. tab. 11. f. 65.

* Savigny. Egypte. Crust. pl. 4. fig. 7.

* *Eriphia spinifrons*. Desmarest. Consid. sur les Crust. pl. 14. fig. 1.

* Edw. op. cit. p. 426.

Habite l'Océan d'Europe, la Méditerranée. Ses antennes externes sont distantes des pédicules oculaires.

* Cette espèce est le type du genre Eriphie qui a, par la forme générale, établi le passage entre les Crabes et les Thelphuses.

4. Crabe bronzé. *Cancer œneus.*

C. testá utrinque quadrilobá, fronte obtusá; dorso rugis inæqualibus, variis curvis sculpto ; manibus tuberculato-rugosis.

Cancer œneus. Lin. Fab. Suppl. p. 335.

Cancer floridus. Mus. n°

Seba. Mus. 3. tab. 19. f. 18.

* *C. floridus*. Herbst. pl. 3. fig. 39. et pl. 21. fig. 120.

* *C. amphitrite.* Ejusdem. pl. 58. fig. 1.

* *C. œneus.* Latreille. Hist. nat. des crust. t. 5. p. 375, etc.

* Desmarest. op. cit. p. 104.

* Quoy et Gaymard. Voyage de l'*Uranie.* pl. 76. fig. 1.

* *Zozymus œneus.* Edw. op. cit. t. 1. p. 385.

· Habite les mers des Indes Orientales. Il est blanchâtre ou roussâtre, quelquefois tacheté de rouge, et a son test comme ciselé sur le dos, avec deux lobes obtus au front. Il a quelques variétés assez remarquables.

5. Crabe vermoulu. *Cancer vermiculatus.*

C. testá pedibusque rugis variis lateribus denticulatis ; pedibus ciliatis.

Cancer vermiculatus. Mus. n$_o$

* *Xanthus vermiculatus.* Edw. op. cit. t. 1. p. 591.

Habite. . . . . . Comparez avec le Crabe d'Herbst. tab. 52. f. 2. Taille médiocre.

6. Crabe miliaire. *Cancer miliaris.*

C. rubro maculatus ; testá pedibusque rugis crassis variis brevibus : granulis minimis adspersis.

Cancer miliaris. Mus. n°

Bosc. Hist. nat. des crust. 1. p. 179.

Habite à l'Ile-de-France. M. *Mathieu.* Taille médiocre.

7. Crabe denté. *Cancer dentatus.*

C. fulvo-rubens; testá dentibus utrinque inæqualibus subseptem ; chelarum digitis aduncis spatulatis; pedibus aliis echinulatis.

Cancer dentatus. Herbst. t. 1. p. 186; pl. 11. fig. 66.

Mus. n°

* *Etisus dentatus.* Edwards. op. cit. t. 1. p. 411.

Habite à l'Ile-de-France. M. *Mathieu.* Quatre dents au front, dont les deux du milieu sont larges et tronquées.

8. Crabe livide. *Cancer lividus.*

C. testá variegatá , lividá, utrinque quadridentatá; dente primo secundoque obtusis ; pedibus ciliatis.

* *Xanthus lividus.* Edwards. op. cit. t. 1. p. 393.

Mus. n°

Habite les mers de l'Ile-de-France. M. *Mathieu.* Front presque comme dans le précédent.

9. Crabe imprimé. *Cancer impressus.*

C. albo luteoque varius; testá inaqualiter impressá ; utrinque lobis quatuor obtusis; pedibus glabris.

Mus. n°

* *Xanthus impressus.* Edwards. op. cit. t. 1. p. 393.

Habite les mers de l'Ile-de-France. M. *Mathieu.* Les doigts des pinces très noirs.

10. Crabe corallin. *Cancer corallinus.*

C. testá lœvi, utrinque unidentatá ; fronte trilobá.

Cancer corallinus. Fab. Suppl. 337.

Herbst. tab. 5. f. 40.

Seba. Mus. 3. t. 19. f. 2. 3.

* *C. maculatus.* Latreille. Hist. nat. des crust. t. 6. p.

*Desmarest. Consid. sur les crust. p. 104.

* *Carpilius corallinus.* Milne Edw. op. cit. t. 1. p. 381.

Habite l'Océan Indien. Il est jaunâtre, avec une large tache rouge et de petites taches blanches.

11. Crabe maculé. *Cancer maculatus.*

C. testá lœvi, utrinque unidentatá ; dorso maculis sanguineis rotundis fronte trilobá.

Cancer maculatus. Lin. Fab. Suppl. 338.

Rumph. Mus. t. 19. f. 1.

Seba. Mus. 3. t. 19. f. 12.

* Herbst. pl. 6. fig. 41.; pl. 21. fig. 118 et pl. 60. fig. 2.

* Latreille. Hist. nat. des crust. t. 5. p.

*Desmarest. Consid. sur les crust. p. 104.

* *Carpilius maculatus.* Milne Edw. t. 1. p. 382.

Habite l'Océan des Grandes-Indes. Ses pattes sont lisses.

12. Crabe très entier. *Cancer integerrimus.*

> *C. testá lævi ; lateribus integerrimis ; pedibus muticis ; digitis chela-*
> *rum fuscis.*
> *Cancer integerrimus.* Péron. Mus. n°
> * Edwards. op. cit. t. 1. p. 374.
> Habite les mers Australes. *Péron* et *Lesueur.*

13. Crabe géant. *Cancer gigas.*

> *C. maximus, crassissimus, luteo–aurantius ; testá gibbosulá, utrinque*
> *decemdentatá : dentibus parvis inæqualibus ; carpis brachiorum*
> *bidentatis.*
> *Cancer gigas.* Mus. n°
> * *Pseudocarcinus gigas.* Edw. op. cit. t. 1. p. 409.
> Habite les mers de la Nouvelle-Hollande au port Jackson. *Péron* et
> *Lesueur.* Le test de l'individu entier, a dix pouces de largeur ;
> mais d'après une patte antérieure rapportée, et qui est de la grosseur
> des bras d'un homme, il devient d'une grandeur énorme. Le front
> du test a quatre petites dents. Ses côtés postérieurs ont de petits
> tubercules épars. Les articulations inférieures des pattes sont un
> peu épineuses.
> Etc. Ajoutez le *C. undecimdentatus* de Fabricius (1). Il est dans la col-
> lection du Muséum, qui en possède beaucoup d'autres espèces en-
> core inédites.

---

(1) Ce crustacé appartient au genre ATÉLÉCYCLE de Leach,
division qui établit le passage entre les Eriphies et les Corystes,
et qui se reconnaît à sa carapace arquée en avant comme chez
les Crabes, mais beaucoup moins large, son front étroit armé
de cinq dents et recouvrant des fossettes antennaires longitudinales, ses antennes externes disposées à-peu-près comme chez
les Platycarcins, et ses pattes-mâchoires externes qui s'avancent
jusque sur l'article basilaire des antennes internes, et ont leur
trois articles tronqués obliquement en avant, et échancrés vers
le milieu de son bord interne pour l'insertion de l'article suivant. Il est aussi à noter que la disposition des pattes se rapproche un peu de celle des Hépates.

Le type de ce genre et l'ATÉLÉCYCLE HÉTÉRODON. *Cancer*
hippa septemdentatus. Montagu Trans. of the Lin. soc. vol. 9. pl. 1,
fig. 1.—*Atelecyclus heterodon.* Leach. Malacostr. Pod. Brit. pl. 2.

† Genre THIE. (*Thia.*)

Le genre Thie de Leach devait, dans la méthode de Lamarck, prendre place à côté des Crabes dont il se rapproche par la forme arquée de la carapace; mais dans la réalité il a plus d'affinité avec les Corystes et les Atélécycles, et il doit être considéré comme établissant le passage entre ces crustacés et les Cancériens. La carapace est horizontale d'avant en arrière, mais fortement courbée transversalement et sans sillons indiquant des régions; le front est large et lamelleux; les orbites sont très petites; les antennes internes se replacent transversalement sous le front, et les externes insérées dans l'hiatus de l'angle orbitaire interne, sont grandes et ciliées; le troisième article des pattes-mâchoires externes s'avance jusqu'à la base des antennes internes, et donne insertion à l'article suivant par une large échancrure de son angle interne; le plastron sternal est extrêmement étroit; enfin, les pattes sont très courtes, celle de la première paire assez grosses et comprimées, les suivantes terminées par un article droit et très aigu.

Les Thies sont de petite taille et vivent enfoncés dans le sable; on n'en connaît avec quelque certitude qu'une espèce, la

> THIE POLIE. *Thia polita.* Leach. Zool. Mescel. t. 2. pl. 103. — Latreille. Encyclop. pl. 303. fig. 6. — Guérin. Iconogr. Crust. pl. 2. fig. 3. — Edw. op. cit. t. 2. p. 144.

—Latreille. Encyclop. pl. 303, fig. 1 et 2.—*Atelacyclus septemdentatus.* Desmarest. Consid. sur les Crust. pl. 4. fig. 1. *A. hétérodon.* Edw. op. cit. t. 2, p. 143.

M. Desmarest a fait connaître sous le nom d'*Atelecyclus rugosus,* une espèce fossile qui se trouve dans le calcaire tertiaire de Montpellier (Crust. foss. pl. 111. pl. 9 fig. 9).

CLASSE NEUVIÈME.

LES ANNELIDES (Annelides.)

Animaux mollasses, allongés, vermiformes, nus ou habitant dans des tubes : ayant le corps muni, soit de segmens, soit de rides transverses; souvent sans tête, sans yeux et sans antennes; dépourvus de pattes articulées; mais la plupart ayant à leur place des mamelons sétifères rétractiles, disposés par rangées latérales. Bouche subterminale, soit simple, orbiculaire ou labiée, soit en trompe souvent maxillifère.

Une moelle longitudinale noueuse et des nerfs pour le sentiment et le mouvement; le sang rouge (1), circulant par des artères et des veines ; respiration par des branchies, soit internes, soit externes, quelquefois inconnues.

Animalia mollia, elongata, vermiformia, nuda, vel tubos habitantia : corpore segmentis rugisve transversis instructo ; capite oculis antennisque sæpe destituto ; pedi-

______

(1) L'existence de sang rouge ne paraît pas être un caractère aussi important que l'avaient pensé Lamarck, Cuvier et plusieurs autres naturalistes. M. de Blainville a fait remarquer que chez l'Aphrodite, le liquide nourricier est jaune, et nous avons observé la même exception chez les Polynés, les Sigalions et les Phyllodocés ; enfin, d'autres zoologistes ont trouvé ce liquide transparent et incolore chez les Clepsines et les Hœmocares. D'un autre côté, j'ai trouvé dans la Méditerranée un animal très voisin des Planaires, mais dont le sang était rouge.

E.

32.

bus articulatis nullis, at in plurimis pedum loco mammillis setiferis retractilibus per series laterales ordinatis. Os sub-terminale, vel simplex, orbiculare aut labiatum, vel pro-boscideum sæpe maxilliferum.

Medulla longitudinalis nodosa nervique pro sensu et mo-tu; sanguis ruber arteriis venisque circulans, respiratio branchiis vel internis vel externis, interdùm ignotis.

OBSERVATIONS. — Les *Annelides* paraissent provenir origi-nairement des vers; mais elles en diffèrent par une organisation beaucoup plus avancée dans sa composition. En considérant leur forme générale, on sent que ces animaux ne proviennent nullement des crustacés, et qu'ils ont pris leur origine dans une autre source. Ils semblent même, à certains égards, plus im-parfaits que les crustacés, les arachnides et même les insectes; puisqu'un grand nombre, parmi eux, paraît comme sans tête et sans yeux; que beaucoup d'entre eux sont dépourvus d'antennes, qu'aucun d'eux n'est muni de pattes articulées, qu'ils semblent même n'avoir point de cœur bien distinct pour effectuer la cir-culation de leurs fluides. Ils appartiennent néanmoins à la bran-ches des *animaux articulés*, en ont effectivement le système nerveux, et, quant à leur ordre de formation, nous les consi-dérons comme un rameau latéral provenant des vers, qu'il a fallu placer convenablement dans notre distribution générale des animaux.

Pour les mettre en ligne dans la série, nous avons trouvé des motifs qui nous autorisent à les placer après les crustacés, quoi-qu'ils interrompent les rapports que ces derniers ont avec les *Cirrhipèdes*, parce qu'il eût été très inconvenable de les ranger ailleurs.

Sans doute les *Annelides* ne l'emportent pas sur les crustacés en perfectionnement d'organisation, et néanmoins elles sont réellement supérieures aux insectes sous ce point de vue, ayant une circulation pour leurs fluides, et respirant par des branchies locales. Assurément la série qui embrasse les insectes, les arach-nides et les crustacés, ne saurait être raisonnablement inter-rompue par l'intercalation des Annelides; ne pouvant donc pla-cer ces dernières avant les insectes, il faut bien les ranger après les crustacés. Qui ne sent ici l'inconvénient d'être obligé de former une série simple, lorsque la nature n'en a pu faire une semblable dans l'ordre de ses productions! Voyez à la page 431 du premier volume, le *Supplément* à la distribution générale des animaux, concernant l'ordre réel de leur formation. (1)

L'organisation des *annelides* nous paraît donc la suite du plan commencé dans les *vers*, plan que la cause modifiante a partagé en deux branches, savoir : celle des épizoaires, qui a amené les trois classes d'animaux munis de pattes articulées, et celle des *annelides*, que nous n'observons encore qu'après une lacune assez considérable.

Ce qui a effectivement paru très singulier, ce fut de trouver que les *annelides*, quoique moins perfectionnées en organisation que les mollusques, avaient cependant le sang véritablement rouge, tandis que celui des mollusques, des crustacés, etc., n'a pas encore cette couleur qui dépend de son état et de sa composition, et qui est celle du sang de tous les animaux vertébrés. On sent bien que, parmi les animaux que nous rapportons à notre classe des Annelides, ceux qui se trouveraient n'avoir pas, dans leur organisation, le caractère classique, n'infirment point ce caractère, et ne sont ici placés qu'en attendant que leur organisation nous soit mieux connue.

C'est aux observations de M. *Cuvier* que l'on est redevable du principal de ce que l'on sait sur l'organisation intérieure des Annelides. Ne considérant auparavant que leur forme générale, on les confondait avec les vers, et dans mon *Système des animaux sans vertèbres*, je ne les distinguais que comme des vers externes; en cela, au moins, très différens des vers intestins.

Cependant, par un ouvrage dont j'ignorais l'existence, et qui est de M. *Thomas*, anatomiste distingué de Montpellier, on connaissait déjà, pour la sangsue, l'existence de trois vaisseaux

---

(1) C'est avec beaucoup de raison que Lamarck fait observer que les Annelides ont d'étroites liaisons avec les Helminthes, et paraissent être inférieures en organisation aux crustacés et aux arachnides ; mais nous ne partageons pas son opinion, lorsqu'il considère ces animaux comme étant supérieurs aux insectes. E.

sanguins; lesquels communiquent ensemble par des branches latérales, savoir : un de chaque côté, et le troisième tout-à-fait dorsal. On savait, que le sang se meut, dans ces vaisseaux, par des contractions de systole et de diastole; on savait, en outre, par les observations du même savant, qu'il y a, sur les côtés de la sangsue, des espèces de sacs membraneux, renflés comme des vessies, qui ne paraissent contenir que de l'air, et qui viennent s'ouvrir au-dehors par de petits trous à la peau. Ces poches ou vessies particulières sont, sans doute, les organes respiratoires de l'animal, quoique on l'ait contesté, et paraissent analogues à celles que l'on trouve dans les scorpions et les araignées. Aussi, sur les parois internes de ces vessies, trouve-t-on des vaisseaux capillaires sanguins qui y viennent se ramifier en quantité innombrable. Ces mêmes vessies, ou poches branchiales ne communiquent point entre elles, et occupent, de chaque côté, presque toute la longueur de l'animal. Enfin l'on savait, par la même voie, qu'un cordon médullaire noueux s'étend de la bouche jusqu'à l'extrémité postérieure, et que de chacun de ses nœuds ou ganglions partent des filets nerveux qui se divisent ensuite en d'autres filets plus petits.

Néanmoins, M. *Cuvier* rectifia et perfectionna depuis nos connaissances sur l'organisation intérieure de la sangsue et de la plupart des autres *annélides*. Il nous apprit que, dans la sangsue, un système vasculaire, composé de quatre vaisseaux sanguins, et non de trois, s'étend d'une extrémité à l'autre de l'animal; que ces quatre vaisseaux sont disposés de manière que deux sont latéraux et fournissent des ramifications latérales qui s'anastomosent; tandis que les deux autres sont, l'un dorsal et l'autre ventral, et paraissent, par leur nature et leurs dispositions différentes, faire les fonctions de veines. Ainsi, M. *Thomas* n'avait manqué que l'observation du vaisseau ventral. (1)

---

(1) Voyez pour plus de détails sur la circulation des Annelides, le Mémoire de M. Dugès, inséré dans le quinzième volume des Annales des Sciences naturelles, et des observations nouvelles que nous avons communiquées à l'Académie des Sciences, le 23 septembre 1837, et qui sont mentionnées dans les comptes rendus.   E.

M. *Cuvier* nous ayant fait connaître les faits d'organisation qui concernent la sangsue, les Néréides, l'animal des Serpules, etc., assigna à ces animaux le nom de *vers à sang rouge.* Mais, reconnaissant la nécessité de les écarter considérablement des vers, et de leur assigner un rang plus élevé qu'aux insectes (1), j'en formai de suite une classe particulière que je présentai dans mes cours, à laquelle je donnai le nom d'*annelides*, que je plaçai à la suite des crustacés, et dont je n'eus occasion de consigner les déterminations, par l'impression, que dans l'*Extrait de mon Cours*, qui parut en 1812.

Depuis que nous avons acquis de M. *Montègre* des détails intéressans sur le lombric terrestre, détails qui sont consignés dans le premier volume des Mémoires du Muséum; et nous en trouvons d'autres, sur le même animal, exposés par M. *Spix*, dans les actes de l'Académie royale des Sciences de Munich, année 1813.

Enfin, récemment, M. *Savigny*, dont l'extrême sagacité dans l'observation est bien connue, a présenté à l'Académie royale des Sciences de l'Institut de France, un Mémoire plein d'intérêt sur les généralités des *annelides*, et particulièrement sur la division de celles qu'il nomme *serpulées*. Plus récemment encore, ce savant vient de lui offrir un second mémoire, traitant non-seulement des généralités des *annelides*; mais, en outre, plus particulièrement de celles qui ont des antennes qu'il nomme *annelides néréidées*. Dans ces deux ouvrages, M. *Savigny* ne s'est presque point occupé de l'organisation intérieure des animaux de cette classe, nos connaissances à cet égard étant déjà fort avancées; mais il a donné une attention particulière aux organes extérieurs de ceux de ces animaux qui en offrent, organes variés, compliqués même, qui, en général, servent aux mouvemens de ces annelides, indiquent leurs habitudes, et qui étaient mal connus. Il les a déterminés et caractérisés avec une précision admirable, et maintenant, la classe des Annelides

---

(1) Les Annelides nous paraissent au contraire devoir prendre place dans la partie inférieure de la série des animaux articulés.

E.

n'est plus en arrière des autres, sous le rapport des vrais caractères des objets qu'on y rapporte. Mais, parmi les objets observés et mentionnés dans les ouvrages des naturalistes, il y en a beaucoup qui exigent actuellement des observations nouvelles, non-seulement pour décider la classe à laquelle ils appartiennent, comme les Naïades, les Thalassèmes, etc., mais encore pour fixer leur genre, leur ordre, en un mot, leur rang dans la classe.

Comme les travaux de M. *Savigny* nous paraissent importans, qu'ils sont, à nos yeux, un modèle de la manière d'observer, et qu'ils nous offrent, sur les annelides et leurs caractères, les détails desirables, nous nous empresserons de mettre à profit ses observations. Néanmoins, la nature de notre ouvrage ne nous permet d'en donner qu'un extrait très resserré; nous nous permettrons même de diminuer le nombre des ordres qu'il établit parmi les Annelides, et de les ranger selon notre manière et notre plan. (1)

Parmi les parties des Annelides, que M. Savigny a détermi-

---

(1) Depuis la publication des beaux travaux de M. Savigny, sur la structure extérieure et la classification des Annelides, l'histoire anatomique et zoologique de ces animaux a été étudiée par plusieurs naturalistes parmi lesquels nous devons surtout mentionner M. de Blainville (article Vers du Dict. des Sc. nat.) Treviranus (sur l'anatomie de l'Aphrodite, Vermis. Schriften fur. Physiologie. 3 Band.) Moquin-Tandon (Monog. des Hirudinées.) Dugès, sur les Annelides abranches (Ann. des Sc. nat. t. 15). Morren (de Lumbrici terrest. hist. nat.) etc. et M. Dellechiaje (mém. sur les Anim. sans vert. de Naples.) M. Audouin et moi avons également publié un travail sur la classification et l'organisation extérieure de ces animaux (Ann. des Sc. nat. t. 27 à 30) et j'ai donné dans une Encyclopédie anglaise un résumé de nos connaissances sur leur anatomie et leur physiologie (Cyclopedia of Anatomy and Physiology, vol. 1. p. 164); enfin, au moment de mettre cette feuille sous presse, je viens d'adresser à l'Académie des Sciences des observations nouvelles sur le même sujet qui paraîtront dans un des prochains cahiers des annales des Sciences naturelles.   E.

nées avec sa sagacité connue, nous définirons d'abord celles qui appartiennent à la tête de l'animal, ou à sa partie antérieure, comme les antennes, les tentacules, la trompe, les mâchoires, les yeux, observant que ces parties ne sont point générales, mais particulières à certaines races. Ces parties seront indiquées dans l'exposition des genres; ensuite nous dirons seulement un mot de celles que le corps des Annelides peut nous présenter.

Le resserrement que notre plan exige ne nous permettra pas de les détailler ailleurs.

La *tête*, dans les espèces qui en sont pourvues, est un petit renflement antérieur qui porte les antennes et les yeux, et qui est distinct du premier segment.

Les *antennes* sont des filets articulés, quelquefois courts et épais, insérés sur la tête, et dont le nombre n'est pas au-delà de cinq.

Les *yeux*, au nombre de deux ou quatre, sont aussi insérés sur la tête, et placés derrière les antennes, entre celles-ci et le premier segment.

Les *tentacules* sont des filets inarticulés, qui s'insèrent sur la tête ou à la partie antérieure du corps, quelquefois ce sont des papilles plus ou moins allongéés en filets, situées à l'orifice de la bouche.

La *trompe* est une partie charnue, contractile, constituant la bouche de l'animal. Elle est composée, tantôt d'un seul anneau, tantôt de deux anneaux distincts, renfermant souvent des mâchoires : elle est retirée dans l'inaction.

Les *mâchoires* sont des parties dures, circonscrites, cornées ou calcaires, enfermées dans la trompe, au moins au nombre de deux en opposition, et quelquefois au nombre de sept ou neuf, étant alors sur deux rangs, les unes au-dessus des autres, fixées sur les deux tiges.

Le corps des Annelides est tantôt nu, c'est-à-dire, sans soies quelconques, tantôt muni de soies, mais sans mamelons, et tantôt il offre, sur les côtés, des rangées de mamelons sétifères. Toutes les soies qui se trouvent sur un corps sans mamelons ne sont point rétractiles; mais tous les mamelons sétifères le sont généralement. Ces mamelons ne sont que des gaînes charnues qui renferment chacune un paquet ou faisceau de soies subulées et souvent, en outre, un acicule. Ces parties traversent le mamelon et pénètrent jusqu'aux muscles qui sont sous la peau, et auxquels elles s'unissent.

M. *Savigny* donne le nom de pied à chaque paire de mamelons sétifères, et de là, il divise chaque pied en deux rames : une supérieure ou dorsale : une inférieure ou ventrale. La rame ventrale est la plus saillante, la mieux organisée pour le mouvement progressif. On observe à chaque rame : 1° le cirre ; 2° les soies.

Les *cirres* sont des filets tubuleux, subarticulés, communément rétractiles, fort analogues aux antennes : ce sont les antennes du corps. Les cirres des rames dorsales, ou *cirres supérieurs*, sont en général plus longs que les cirres inférieurs.

Les *soies* de chaque rame, auxquelles on a donné le nom de *soies subulées*, sont des aiguilles assez dures, raides, opaques, et qui brillent d'un éclat métallique, communément celui de l'or. Elles forment, à chaque rame, un paquet ou faisceau mobile, que l'animal peut émettre ou faire rentrer avec son fourreau [le mamelon] dans l'intérieur du corps.

Les *soies subulées* dont il s'agit doivent être elles-mêmes distinguées en soies proprement dites et en *acicules*. Les soies proprement dites sont toujours grêles, nombreuses, rassemblées par rang ou par faisceaux qui ont chacun leur gaîne, et sortent du sommet de chaque rame (1). La rame ventrale n'a communément qu'un seul de ces rangs ou faisceaux. La rame dorsale en a souvent deux ou davantage.

Les *acicules* sont des soies plus grosses que les autres, droites, coniques, très aiguës, contenues dans un fourreau particulier dont l'orifice se reconnaît à sa saillie. Il n'y en a ordinairement qu'un seul à chaque rame; celui de la rame ventrale est constamment le plus fort. Dans quelques genres, les acicules manquent.

Outre les soies subulées, certaines Annelides en possèdent

---

(1) Ces soies varient beaucoup dans leur forme et dans leur structure, et servent souvent comme des armes offensives. (Voy. à ce sujet le Mémoire publié par M. Audouin et moi, dans les **Annales des Sc. nat. t. 27. p. 367.**)   E.

d'une autre sorte, auxquelles M. Savigny donne le nom de *soies à crochets*. Ce sont des soies aplaties, armées en dessous de hameçons très aigus. Elles sont aussi rétractiles, et restent contenues dans l'épaisseur de la peau, lorsque l'animal n'en fait pas usage; il n'y a que les Annelides sédentaires qui en soient munies.

Les *cirres tentaculaires* sont ceux de la première paire de pieds, ou même des deux ou trois paires suivantes qui souvent manquent de soies, et ne conservent que leurs cirres. Ces cirres alors acquièrent plus de développement, et prennent l'apparence de tentacules.

La dernière paire de pieds constitue, par une transformation analogue, les deux filets qui terminent postérieurement le corps de certaines annelides. (1)

Souvent le premier segment du corps, soit seul, soit réuni à quelques-uns des suivans, forme un anneau plus grand que les autres, plus apparent que la tête, et que l'on prend communément pour elle. Enfin, le dernier segment offre un anus plissé, tourné en dessus.

Telles sont les principales parties déterminées par M. Savigny, soit en parlant de ses Annelides néréidées, soit en traitant de celles qu'il nomme *serpulées*, les mêmes que nos sédentaires.

D'après ce qui vient d'être exposé, l'on voit que les *annelides* sont des animaux tout-à-fait particuliers; car, quoique leur système nerveux soit le même que celui des animaux articulés, quoique leur corps soit aussi divisé en articulations, segmens ou rides transverses, ceux de ces animaux qui ont des organes

---

(1) Les antennes, les cirres tentaculaires, les cirres proprement dits, et les styles ou filamens caudaux, sont des modifications d'un seul et même système appendiculaire qui, dans l'état normal, se montre sur chacun des anneaux dont le corps de l'Annelide se compose; quelquefois ces organes remplissent les fonctions des branchies dont ils diffèrent très peu par leur structure, et ils constituent avec elles un ensemble d'appendices que nous avons cru devoir désigner sous un nom collectif tel que celui d'*appendices dermoïdes* ou *d'appendices mous*.   E.

extérieurs pour se déplacer, présentent, dans ces organes, des parties qui n'ont aucune analogie avec les pattes des insectes, des arachnides et des crustacés. Leurs mamelons sétifères, qui ne sont que des gaines rétractiles, et les soies qu'ils renferment, ne sont point comparables aux pattes des animaux que nous venons de citer, et ne sont point de véritables pattes, mais des organes d'une nouvelle sorte qui en tiennent lieu. Ce sont pour nous des mamelons pédiformes ou de fausses pattes [*pedes spurii*] et leur nombre n'est point borné. Ces animaux ne peuvent que ramper sur la terre ou sur les corps marins, ou que nager dans les eaux.

Toutes les Annelides respirent sans doute par des branchies; car toutes doivent respirer; aucune n'a de trachées; et elles vivent habituellement, soit dans les eaux, soit dans la vase, le sable ou la terre humide. Ainsi, quoique dans plusieurs les branchies soient encore inconnues ou indéterminées, on ne doit jamais dire qu'elles en manquent (1). Ces branchies varient beaucoup dans leur situation, leur taille et leur forme. Lorsqu'elles sont connues, ont les voit néanmoins, tantôt distribuées dans la longueur du corps ou dans une partie de cette longueur, et tantôt situées seulement à l'une des extrémités du corps, au moins à l'antérieure.

Ce qu'on nomme *yeux* n'est, dans certaines Annelides, que des points oculaires qui ne leur donnent pas la faculté de voir. Je crois que l'on peut penser ainsi, tant qu'une *cornée* bien distincte ne sera pas observé à l'égard de ces points. (2)

---

(1) Chez un grand nombre de ces animaux, il ne paraît y avoir aucun organe particulier pour la respiration, et cette fonction paraît s'effectuer par la surface générale du corps, ou du moins par la peau de diverses parties où les vaisseaux capillaires sont le plus abondans. Les appendices que l'on désigne sous le nom de branchies ne sont souvent que de faibles auxiliaires de la peau des parties voisines.   E.

(2) La structure de ces organes a été étudiée depuis peu par M. Muller de Berlin, et paraît être très simple; on n'y trouve ni cristallin, ni corps vitré analogue au cône vitré des Insectes et

Certaines *Annelides* vivent à nu, soit dans les eaux, soit dans la terre humide, soit dans le sable ou les fonds vaseux recouverts par les eaux. Mais beaucoup d'autres se construisent des fourreaux ou des tuyaux plus ou moins solides, dans lesquels elles habitent sans y être attachées. Ces fourreaux ou tuyaux sont, les uns membraneux ou cornés, le plus souvent incrustés, à l'extérieur, de grains de sable et de parcelles de coquillages; tandis que les autres sont solides, calcaires ou homogènes. Dans quelques familles, on croit que les habitans de ces fourreaux peuvent en sortir et y rentrer; mais il paraît que, dans d'autres familles, les habitans des fourreaux ou des tuyaux n'en sortent jamais. Enfin, il y a des Annelides qui habitent entre les pierres ou sous les pierres des rivages qui sont sous l'eau, entre les rochers ou dans leurs crevasses, et d'autres qui errent vaguement dans la mer.

La plupart des Annelides sont carnassières, sucent le sang des autres animaux. Quelques-unes néanmoins paraissent vivre de différens détritus qu'elles avalent. Ces animaux sont hermaphrodites, mais ont besoin d'un accouplement réciproque.

En instituant cette classe, j'entendis n'y rapporter que ceux des animaux vermiformes qui posséderaient un système de circulation pour leurs fluides. Je savais que l'existence de ce système dans une organisation, entraînait, pour les animaux sans vertèbres, celle d'une respiration par branchies, et celle encore d'un système pour les sensations. J'ai senti depuis que la classe ainsi fondée était exposée aux déterminations arbitraires des fonctions attribuées aux parties de l'organisation des animaux; que, par cette cause, il y aurait peu d'accord entre les auteurs à l'égard des objets qu'on devrait y rapporter; enfin, que je serais moi-même très embarrassé par l'imperfection de nos connaissances, relativement à l'organisation de certaines races.

Par exemple, M. *Cuvier* qui, dans son ouvrage intitulé le

---

des Crustacés, mais seulement un petit ganglion terminal du nerf optique, recouvert par un pigment ordinairement noir, et placé immédiatement sous la peau qui, dans ce point, est mince et transparente. E.

Règne animal, etc., admet dans l'organisation des Annelides, un système de circulation, rapporte à cette classe le *gordius aqua-ticus*. Or, en ayant examiné plusieurs, j'ai de la peine à me persuader que ce naturaliste ait raison. Ce savant dit qu'on distingue à l'intérieur de l'animal un système nerveux à cordon noueux. Cela ne suffit pas, les insectes en possèdent un semblable, et on ne leur reconnaît point de circulation pour leurs fluides.

Les *Naïdes* sont peut-être dans le même cas; on prétend même qu'en les coupant en plusieurs portions, les parties séparées continuent de vivre, et se rétablissent dans leur intégrité, comme il arrive aux hydres, dans les mêmes circonstances (1). J'ai donc cru pouvoir reléguer ces animaux à la fin de la classe des vers, et rapporter à la même classe les Planaires, quoiqu'il puisse se trouver, parmi les uns et les autres, des races qu'il faudra peut-être reporter aux Annelides, ou à une coupe nouvelle.

Nous avons dit plus haut et ailleurs, que les *Annelides*, quoique beaucoup plus avancées dans la composition de leur organisation, tiraient leur source des vers; que ceux-ci, par une branche, avaient produit les épizoaires et tous les animaux à pattes articulées, et, par une autre branche, avaient amené les Annelides; qu'enfin, entre celle-ci et les vers, il y avait un grand *hiatus*. Maintenant nous soupçonnons que, parmi les animaux déjà observés, il s'en trouve qui appartiennent à une coupe particulière qui n'a pas été saisie, qui est moyenne pour l'état de l'organisation des animaux, entre les vers et les Annelides, et qui doit remplir, au moins en partie, l'*hiatus* dont nous venons de parler.

Ne serait-ce pas à cette coupe [qu'on pourrait nommer celle des helminthoïdes] qu'appartiendraient les Naïdes, notre Stylaire,

---

(1) Ce singulier phénomène s'observe aussi lorsqu'on coupe en deux un lombric terrestre (Voyez les Observations de Réaumur et de Bonnet, qui ont été vérifiées récemment par M. Dugès Ann. des Sc. nat. t. 15), et par M. Sangiovanni de Naples.

E.

nos Tubifex, les Dragonaux même, etc.? Peut-être aussi devrait-on y rapporter certaines Hirudinées qui n'ont pas complètement l'organisation des Annelides.

Ayant égard aux caractères observés par M. Savigny, relativement aux Annelides, je partage cette classe d'animaux en trois ordres de la manière suivante.

DIVISION PRIMAIRE DES ANNELIDES.

ORDRE Ier. *Annelides apodes.*

> Point de pieds, c'est-à-dire, point de mamelons sétifères rétractiles et pédiformes. Point de tête antennifère. Les branchies, lorsqu'elles sont connues, disposées dans la longueur du corps, à l'intérieur. (1)

Les Hirudinées.
Les Échiurées.

ORDRE IIe. *Annelides antennées.*

> Une tête antennifère, munie d'yeux. Une trompe protractile, souvent armée de mâchoires. Des mamelons sétifères, pédiformes et rétractiles. Point de soie à crochets. Les branchies, lorsqu'elles sont connues, disposées dans la longueur du corps, au dehors.

Les Aphrodites.
Les Néréides.
Les Eunices.
Les Amphinomes.

ORDRE IIIe. *Annelides sédentaires.*

> Point de tête antennifère; point d'yeux; jamais de mâchoires. Des mamelons sétifères, pédiformes et rétractiles; des soies à crochets, pareillement rétractiles. Les branchies, lorsqu'elles sont connues,

---

(1) Quelquefois à l'extérieur, comme chez Branchellions.

E.

disposées le plus souvent à une des extrémités du corps ou auprès. Toutes habitent dans des tubes dont elles ne sortent jamais entièrement.

Les Dorsalées.
Les Maldanies.
Les Amphitritées.
Les Serpulées.

[La classe des Annelides nous paraît devoir être divisée d'une manière un peu différente de celle indiquée par notre auteur. Ces animaux semblent conformés d'après deux types principaux, et par conséquent doivent être séparés d'abord en deux groupes ou sous-classe qu'on peut nommer les ANNÉLIDES CHÉTOPODES (1) et les ANNELIDES APODES ou SUCEURS. Les premiers se reconnaissent à l'existence de soies servant à la locomotion et ordinairement portées sur des tubercules pédiformes, garnis de divers appendices dermoïdes; les seconds, à l'absence complète de soies et à l'existence de deux cavités préhensiles terminales en forme de ventouse.

Les ANNELIDES APODES ou SUCEURS comprennent les Hirudinées et les Branchellions.

La division des ANNELIDES CHÉTOPODES est beaucoup plus nombreuse, et nous paraît devoir être subdivisée de la manière suivante.

1º Les ANNELIDES CÉPHALOBRANCHES ou TUBICOLES.

Tronc terminé antérieurement par la bouche et dépourvu de tête;

---

(1) Ces noms ont été introduits dans la science par M. de Blainville, mais dans sa méthode de classification, la classe des Annelides n'existe pas, et chacun des groupes dont il est ici question, est élevé au rang de classe, et par conséquent séparé autant l'un de l'autre qu'ils le sont des Insectes ou des Arachnides; mode de distribution qui nous semble peu naturel.   E.

d'yeux, ou de mâchoires, mais garni d'appendices dermoïdes rassemblés en totalité ou en majeure partie sur l'extrémité antérieure, et portant des soies presque toujours de deux sortes (subulées et à crochets), portées sur des tubercules pédiformes dépourvus de cirres ou n'en ayant qu'un seul.

Siphostomes.
Amphitrites.
Hermelles.
Terebelles.
Sabelles.
Serpules, etc.

2° Les ANNELIDES MÉSOBRANCHES.

Tronc dépassant en dessus l'ouverture orale et terminé presque toujours par une tête distincte, garnie fréquemment d'yeux et de mâchoires. Appendices dermoïdes nuls ou répartis dans toute la longueur du tronc, soies presque toujours d'une seule espèce.

FAMILLE DES TERRICOLES.

Tronc dépourvu d'appendices dermoïdes, et n'ayant ni tête bien distincte, ni yeux, ni antennes, ni mâchoires.

TRIBU DES THALASSÉMIENS.

Thalassèmes.
Sternapses.

TRIBU DES LOMBRICIENS.

Naïs.
Tubifex.
Lombric.

TRIBU DES CLYMÉNIENS.

Clymène.

FAMILLE DES ARÉNICOLIENS.

Tronc pourvu d'appendices dermoïdes branchiformes, tête peu ou point distincte, point de mâchoires, ni d'antennes, ni ordinairement de cirres tentaculaires.

TRIBU DES ARÉNICOLIDES.

Arénicoles.
Chétoptère.

TRIBU DES ARICIENS.

Cirratule.
Ophélie.
Aricie.
Aonie.

FAMILLE DES CÉPHALÉES.

Tronc terminé par une tête bien distincte, garnie d'antennes plus ou moins développées, d'yeux, et presque toujours d'une trompe armée de mâchoires.

A. Point de cirres insérés vers la base des pieds.

TRIBU DES PÉRIPATIENS.

Péripates.

TRIBU DES CAMPONTIENS.

Camponties.

B. Pieds garnis de cirres.

TRIBU DES NÉRÉIDIENS.

Glycère.
Nephtys.
Phyllodoce.
Myriane.
Alciope.
Hésione.
Syllis.
Lyndice.
Néréide , etc.

TRIBU DES EUNICIENS.

Ænone.
Aglaure.

Lombrinère.
Lysidie.
Diopâtre.
Onuphis.
Eunice.

TRIBU DES AMPHYNOMIENS.

Hiponoé.
Euphrosine.
Amphynome.
Chloé.

TRIBU DES APHRODISIENS

Sigalion.
Acoète.
Palmyre.
Polynoé.
Aphrodite, etc.   E.

ORDRE PREMIER.

ANNELIDES APODES.

*Point de pieds, c'est-à-dire, point de mamelons setiferes et
rétractiles. Point de tête antennifère. Les branchies ,
lorsqu'elles sont connues, disposées dans la longueur du
corps , à l'intérieur (*ou à l'extérieur).*

Aucune Annelide n'a de véritables pattes, ou du moins
n'en a point qui soient articulées et analogues à celles des
animaux des trois classes précédentes; mais la plupart des
Annelides sont munies , sur les côtés du corps , de mamelons sétifères , rétractiles , qui servent à la locomotioı

33.

de ces animaux, et que l'on peut considérer comme des espèces de pattes. Or, les animaux dont il s'agit ici sont les seuls de la classe qui n'aient ni mamelons sétifères, ni soies rétractiles : ce sont donc des *Annelides Apodes*.

C'est parmi ces Annelides qu'on a remarqué et reconnu, pour la première fois, une circulation dans ces animaux, ainsi que le sang rouge. Dès-lors il ne fut plus possible de les laisser parmi les vers, et il ne l'est pas de douter qu'ils ne respirent pas par des branchies. Mais ces mêmes animaux peuvent être considérés comme les plus imparfaits de leur classe, car ils sont sans tête, sans tentacules, sans antennes, sans mamelons pédiformes, sans vestiges de parties paires semblables ; aussi leurs branchies sont-elles intérieures, dans la peau ou sous la peau, et, dans certaines races, elles sont si petites que, jusqu'à présent, l'on n'a pu les distinguer ou les reconnaître. D'après cette dernière considération, je les avais nommés *Annelides Cryptobranches*, expression moins impropre que celles d'Annelides Abranches. Dans celles où l'on a cru apercevoir les branchies, on a pensé, avec raison, qu'elles se trouvaient dans de petites cavités vésiculaires et internes, qui s'ouvrent au dehors par des pores peu apparens et rangés longitudinalement au dessous du corps, en deux séries. On en connaît ailleurs d'analogues dans des animaux où la circulation, nouvellement établie, les distingue de plusieurs autres qui ne la possèdent pas, et néanmoins qui y tiennent par d'autres rapports.

Les *Annelides apodes* rappellent plus que toutes autres, la source dont elles proviennent. Ces animaux vermiformes sont nus, ou munis au dehors de spinules ou de soies non rétractiles. Ils sont vagans et vivent librement, les uns dans l'eau, les autres dans la vase ou la terre humide. Les genres que l'on rapporte à cet ordre sont en-

core en très petit nombre : je les partage en deux familles
savoir :

1° En *hirudinées*, ou celles qui n'ont point de soies
quelconques en saillie au dehors.

2o En *Échiurées*, ou celles qui ont des soies non rétractiles, en saillie au dehors.

[Les Echiurées diffèrent trop des Hirudinées pour que
l'on puisse les laisser dans le même ordre, et se rapprochent
beaucoup des annelides céphalées.   E.

LES HIRUDINÉES.

*Corps n'ayant point de soies quelconques en saillie au
dehors.*

Les *Hirudinées*, dont M. Savigny forme un ordre,
dans son second mémoire sur les Annelides, ne sont considérées par nous que comme une famille; encore est-elle
si voisine des Échiurées ou Lombricinées par ses rapports, qu'elle ne s'en distingue guère que parce que ces
Annelides n'ont aucune soie véritable, saillante à l'extérieur. Ces animaux sont en général aquatiques ; cependant
on en a observé à Madagascar qui sont constamment terrestres, attachés aux herbes, et qui se fixent aux jambes,
piquant très fort et suçant le sang. C'est aux dépens du
genre *Hirudo* de Linné, que l'on a divisé en plusieurs
genres particuliers, que nous composons cette famille.
M. de Blainville, ayant bien voulu nous communiquer
les caractères de ces genres, nous avons adopté les suivans :

1. Corps cylindracé ou cylindrique.

Sangsues.
Trochétie.
Piscicole.

2. Corps aplati.

Phylliné.

Erpobdelle.

[La division des Hirudinées de Lamarck correspond à l'ordre des Annelides suceuses dont les caractères ont été exposés dans le tableau général p. 312. Suivant M. de Blainville, ces animaux devraient être complètement séparés des Annelides ordinaires auxquelles il donne le nom de Chétopodes et devraient être réunis aux Vers intestinaux. Il existe en effet de grandes analogies entre les Annelides suceuses et certains Helminthes; cependant les premiers tiennent par des liens encore plus étroits aux Annelides chétopodes, et ne nous paraissent pas devoir en être distraits ; mais, d'un autre côté, on ne peut dans une classification naturelle, les considérer comme une simple famille d'une division des Annelides qui comprendrait en même temps les Lombrics, les Cirratules, etc., et nous croyons qu'il faut en former un ordre distinct ou peut-être même une sous-classe qui servirait à établir le passage entre les Annelides ordinaires et les Planariées, etc.

Quoi qu'il en soit, ce groupe naturel doit se subdiviser en deux familles, savoir :

1. Les HIRUDINIENS,

dont le corps est complètement dépourvu d'appendices.

2. Les BRANCHELLIONIENS,

dont le corps est garni d'appendices membraneux.

La famille des *Branchellioniens* ne comprend encore qu'un seul genre celui des Branchellions.

La famille des Hirudinées se compose de plusieurs genres et a été subdivisée par M. Savigny en deux tribus qu'on peut désigner sous le nom de:

1 ALBIONNIDES.

Ventouse orale d'une seule pièce, séparée du corps par un fort étranglement et l'orifice sensiblement longitudinal.

Pontobdelle ou Albione.

Pisicole ou Hœmocharis.

2° LES BDELLÉOÏDES.

> Ventouse orale de plusieurs pièces, peu ou point séparée du reste
> du corps; ouverture transverse comme à deux lèvres, dont l'infé-
> rieure retrécie.

Sangsue.

Bdelles.

Erpobdelles ou Clépsines et Nephelis.

Pour plus de détails sur l'anatomie et la physiologie des
Hirudinées, on peut consulter la monographie des Hirudinées par M. Moquin-Tandon, in-4°, Montpellier 1827;
l'article Sangsue du Dictionnaire des sciences naturelles
par M. de Blainville (t. 47) et l'article Vers du même (op.
cit. t. 57); l'article Sangsue du Dictionnaire classique
d'hist. naturelle par M. Audouin; un mémoire de M. Dugès sur les Annelides abranches, inséré dans le 15ᵉ vol.
des Annales des Sciences naturelles; un mémoire de M.
Filippi sur les Sangsues, in-4°, Milan, 1837; etc.   E.

SANGSUE. (Hirudo.)

Corps oblong, mutique, un peu déprimé, s'élargissant
postérieurement, composé de segmens nombreux, très
contractile, et ayant l'extrémité postérieure terminée par
un disque large, préhensile. Bouche nue, dilatable, armée à l'intérieur de trois dents ou mâchoires cornées,
longitudinales. Point d'yeux. Anus supérieur, près du
disque postérieur.

*Corpus oblongum, muticum, subdepressum, posterius
laticescens, segmentis numerosis compositum, valdè contractile: extremitate posticá disco lato, prehensili. Os nudum, dilatabile, intùs dentibus seu maxillis tribus elongatis corneis armatum. Oculi nulli. Anus superus, propè
extremitatem posticam.*

OBSERVATIONS. — Les *Sangsues*, réduites aux espèces dont la bouche est armée de dents cartilagineuses ou cornées, sont de véritables Annelides. Elles ont le sang rouge, jouissent d'une circulation pour leurs fluides, et possèdent deux rangées de poches branchiales. Ce qu'on nomme leurs dents est plutôt des espèces de mâchoires, analogues à celles qui s'observent chez plusieurs annelides antennées. Leur corps est un peu déprimé, visqueux, très glissant et extrêmement contractile. Ayant postérieurement un disque propre à se fixer sur les corps, lorsque l'animal ne nage point, il se déplace en fixant alternativement chacune de ses extrémités.

Ces Annelides sont libres, vagabondes, vivent dans les eaux douces, et nagent à la manière des anguilles, par un mouvement onduleux. On sait qu'une espèce assez commune est utilement employée en médecine, pour faire des saignées locales.

[Les Hirudinées que notre auteur réunit ici ont la ventouse orale peu concave et la lèvre supérieure très avancée, presque lancéolée ; les mâchoires grandes ; dix yeux disposés sur une ligne courbe, les quatre postérieurs isolés ; et la ventouse anale obliquement terminale. M. Savigny en a formé deux genres qui diffèrent principalement par la conformation des mâchoires; chez les unes, auxquelles ce naturaliste conserve le nom de Sangsues, ces organes sont très comprimés et armés de deux rangs de denticules nombreux et serrés, tandis que chez les autres qu'il nomme *Hœmopsis*, les mâchoires sont ovalaires, non comprimées, et armées de deux rangs de denticules peu nombreux; dans le système de nomenclature adopté par M. de Blainville, la première de ces divisions est désignée sous le nom d'*Iatrobdelle* et la seconde sous celui de *Hippobdelle*.   E.

ESPÈCES.

1. Sangsue médicinale. *Hirudo medicinalis.*

> *H. elongata, nigricans : suprà lineis versicoloribus; subtùs maculis flavis.* Mull.
> *Hirudo medicinalis.* Lin.
> Leach. *Verm. annulosa.* pl. 2.

* *Hirudo medicinalis,* Leach. Encyclop. britan. Suppl. t. 1. pl. 26. fig. 2.

* Carena. Monog. del gen. Hirudo. p. 282. pl. 11. fig. 1-3.

* *Sanguisuga medicinalis.* Savigny. Syst. des annel. p. 114.

* *Sanguisuga officinalis.* Moquin–Tandon. Monogr. des Hirudinées. p. 114. pl. 5. fig. 2.

* Huzard. Journ. de pharmacie, 1825. pl. 3. fig. 18 à 20.

* *Iatrobdella medicinalis.* De Blainville. Dictionnaire des Sc. nat. t. 47. p. 254. et. t. 57. p. 560. pl. 35. fig. 4.

* *Hirudo medicinalis.* Filippi. Memoria Sulla Fam delle Sanguisughe. p. 26.

Habite en Europe, dans les marais, les étangs, les petites rivières peu courantes : c'est l'espèce employée.

2. Sangsue noire. *Hirudo sanguisorba.*

H. elongata, nigra, subtùs cinereo virens : maculis nigris. Mull.

Hirudo sanguisorba. Linn. Mull. Hist. Verm. p. 38.

* *Hæmopsis sanguisorba.* Savigny. Syst. des annel. p. 115.

* *Hirudo sanguisuga.* Carena. Monogr. p. 286. pl. 10. fig. 8.

* *Hirudo vorax* et *H. nigra.* Rawlins-Johnson. Treat. on the medical Leech. p. 132. fig. 5.

* *Hirudo vorax.* Huzard. Journ. de pharmacie, 1825. p. 121.

* *Hæmopsis vorax.* Moquin–Tandon. Monogr. p. 108. pl. 4. fig. 5.

* *Hippobdella sanguisuga.* De Blainville. Dict. des Sc. nat. t. 47. p. 252 et t. 57. p. 561.

* *Hæmopsis vorax.* Filippi. op. cit. p. 25.

Habite en Europe, dans les étangs, les fossés aquatiques. Elle est plus grande que la précédente, et quelquefois dangereuse par les plaies qu'elle fait.

* M. de Blainville pense que deux espèces ont été confondues ici ; l'une serait la véritable sangsue de cheval, qu'il range dans son genre *Hippobdella ;* l'autre la sangsue noire des environs de Paris (ou

---

(1) Le genre Pseudobdelle de M. de Blainville est caractérisé de la manière suivante : « Corps allongé, subcylindrique ou peu déprimé, composé d'anneaux nombreux, égaux, assez longs et bien réguliers ; tête peu distincte, à ventouse bilabiée, et portant cinq paires de points pseudo-oculaires, dont trois très rapprochés sur le premier anneau, et deux latéraux plus isolés ; bouche très grande, pourvue à l'entrée de l'œsophage de trois plis bifides, un supérieur et deux latéraux inférieurs ; anus fort

Hæmopsis sanguisorba. Sav.) qui rentre dans son genre *Pseudobdella* [1].

[Le genre Bdelle de M. Savigny, ou *Limnatis* de M. Moquin-Tandon, et *Palæobdella* de M. de Blainville est extrêmement voisin de la division des Sangsues proprement dites ; il est caractérisé de la manière suivante : Ventouse anale assez concave, à lèvre supérieure demi circulaire, creusée par dessous d'un canal en triangle ; mâchoires grandes, ovales, sans denticules ; huit yeux disposés sur une ligne courbe ; les deux postérieurs un peu isolés ; ventouse anale obliquement terminale.

On ne connaît qu'une espèce la

Bdelle du Nil. *Bdella nilotica.*

> Savigny. Syst. des annel. p. 113, et Atlas de l'ouvrage sur l'Egypte. Annel. pl. 5. fig. 4.
>
> *Limnatis Nilotica.* Moquin. op. cit. p. 22.
>
> *Palæobdella Nilotica.* De Blainville. Dict. des Sc. nat. t. 59. p. 563. pl. 35. fig. 3.   E.

TROCHÉTIE. (Trochetia.)

Corps oblong, cylindrique antérieurement, plus large et un peu déprimé postérieurement, et terminé à l'extrémité postérieure par un disque contractile. Un anneau circulaire, large, un peu relevé, au tiers antérieur du corps. Bouche bilabiée, à lèvre supérieure plus grande, obtuse. Points de dents ou mâchoires. Point d'yeux. Anus supérieur, près du disque postérieur du corps.

---

grand, et semi-lunaire ; orifice des organes de la génération situés, l'un entre le 24ᵉ et le 25ᵉ anneaux, l'autre entre le 29 et le 30ᵉ. »

M. de Blainville pense que le genre *Aulastoma* de M. Moquin-Tandon ne diffère pas de celui-ci, et en effet, les caractères assignés à ces deux divisions sont à-peu-près les mêmes.   E.

Corpus oblongum, anticè cylindricum, posticè latius et subdepressum; disco contractili ad extremitatem posticam. Annulus circularis, latus, subprominulus ad corporis partem tertiam anticam. Os bilabiatum: labio superiore majore obtuso; dentibus seu maxillis nullis. Oculi nulli. Anus superus propè discum posticum.

OBSERVATIONS. — Les *Trochéties* avoisinent beaucoup les Sangsues, et elles en ont extérieurement l'aspect; mais elles en sont très distinguées, puisque leur bouche est bilabiée, et qu'elle n'offre aucune trace de dents ou de mâchoires. Elles ont d'ailleurs un anneau circulaire un peu protubérant, qui leur donne un rapport avec le lombric terrestre. Enfin, M. *Dutrochet* qui en a fait la découverte et qui a établi leur genre, nous apprend qu'elles périssent si on les tient dans l'eau, parce qu'elles ne peuvent respirer que l'air libre. On ne leur trouve point ces deux rangées de poches respiratoires qui existent dans les sangsues.

[Ce genre n'est encore qu'imparfaitement connu, et n'a pas été adopté par MM. Savigny et Moquin, qui le réunissent au genre Néphélie, M. de Blainville, au contraire, l'admet et le désigne sous le nom nouveau de *Géobdelle.*   E.

ESPÈCE.

1. Trochétie verdâtre. *Trochetia subviridis.*

> *Trochetia subviridis.* Dutroch. Mém. Mss. (*Bulletin de la Soc. Philomatique, 1817. p. 130.)
> * *Nephelis Trochetia.* Moquin. Monograph. p. 129.
> * *Geobdella Trochetii.* De Blainville. Dict. des Sc. nat. t. 47. p. 246. pl. 34. fig. 6.
> Habite en France, près de Châteaurenaud, dans les lieux humides, les canaux souterrains, où elle poursuit les Lombrics, dont elle fait sa nourriture. Longueur huit centimètres. Elle a l'orifice de l'organe mâle percé dans l'anneau circulaire.

PONBDELLE. (Pontobdella.)

Corps allongé, cylindrique, garni de verrues ou de tubercules épineux, à anneaux très distincts, ayant ses extrémités dilatées par un disque préhensile. Bouche dépourvue de dents, ou mâchoires. Point d'yeux. Anus supérieur, près du disque postérieur.

Corpus elongatum, cylindricum, verrucis aut tuberculis spiniformibus instructum: annulis distinctissimis ; extremitatibus disco prehensili dilatatis. Os dentibus seu maxillis nullis. Anus superus, propè discum posticum.

OBSERVATIONS. — Ce genre avait été d'abord établi par M. *Ocken*, sous le nom allemand de *Gôl;* mais nous lui avons préféré celui de *Pontobdella* de M. Leach, ainsi que les caractères déterminés par le naturaliste anglais, dont M. de Blainville nous a donné communication.

Les *Ponbdelles* ayant le corps cylindrique, verruqueux ou tuberculeux, la bouche dépourvue de dents, et n'offrant point de *clitellum ;* c'est-à-dire, cet anneau circulaire protubérant des Trochéties, constituent un genre bien distinct des deux qui précèdent. Ce sont d'ailleurs des Annélides marines.

ESPÈCES.

1. Ponbdelle verruqueuse. *Pontobdella muricata.*

P. teres ; corpore verrucoso: verrucis in annulos digestis.
Hirudo muricata. Lin.
Hirudo piscium. Bast. opusc. subs. 2. p. 95. t. 10. f. 2.
Encyclop. pl. 52. f. 5.
Pontobdella verrucosa. Leach.
* Ejusd. Zool. miscel. t. 2. p. 11. pl. 64. f. 1 et 2.
* *Albione verrucata.* Savigny. Syst. des Annel. p. 111.
* Moquin-Tandon. Monogr. p. 137. pl. 7. f. 8.
* *Pontobdella verrucata.* De Blainville. op. cit. t. 47. p. 242.
Habite l'Océan d'Europe.

2. Ponbdelle épineusc. *Pontobdella spinulosa.*

> P. *corpore spinuloso ; spinulis remotiusculis, subserialibus.*
> *Pondobdella spinulosa.* Leach. Miscel. Zool. 13. p. 12. t. 65.
> Ejusd. Verm. annul. pl. 26.
> * *Hirudo marina.* Rondelet. Hist. des Poiss.
> * *Hirudo muricata.* Linn. Syst. nat.
> * Pennant. Brit. Zool. t. 4. pl. 20. f. 14.
> * *Albione muricata.* Savigny. Syst. p. 110.
> * Moquin-Tendon. op. cit. p. 136. pl. 7. f. 4.
> * *Pontobdella spinulosa.* De Blainville. op. cit. t. 47. p. 242. pl. 34.
> fig. 2.
> Habite l'Océan boréal d'Europe : elle suce le sang des raies.

PISCICOLE. (Piscicola.)

Corps cylindrique, allongé, atténué antérieurement, ayant ses extrémités dilatées. Bouche dépourvue de dents. Quatre yeux.

Corpus teres, elongatum, anticè attenuatum; extremitatibus dilatatis. Os absque dentibus. Oculi seu puncti oculares quatuor.

Observations.—M. *de Blainville* donne à ce genre le nom de Piscicole que nous adoptons, et M. *Ocken* l'a établi sous le nom allemand de *Ihl.* La *Piscicole* nous semble tenir plus aux véritables Hirudinées que les deux genres qui suivent; cependant, il n'est pas certain qu'elle soit une Annelide. Ses deux extrémités dilatées par une membrane presque arrondie, et son corps cylindrique la caractérisent suffisamment.

ESPÈCE.

1. Piscicole des poissons. *Piscicola piscium.*

> *Hirudo piscium.* Mull. Hist. Verm. 1. 2. p. 41. Gmel. p. 3097.
> *Hirudo geometra.* Lin.
> * Pennant. Brit. Zool. t. 4. pl. 20. f. B.

Hirudo piscium. Roes. Ins. t. 3. 3a.
Encycl. pl. 5r. f. 12-19.
* *Hæmocharis piscium*. Savigny. Annel. p. 112.
* *Piscicola geometra*. Moquin-Tandon. Monogr. p. 131. pl. 7. f. 1.
* *Ichthiobdella geometra*. De Blainville. Dict. des Sc. nat. t. 47.
    p. 244. pl. 34. fig. 5.
Habite en Europe, dans les eaux douces : elle se déplace comme les
    Chenilles arpenteuses.

PHYLLINÉ. (Phylline.)

Corps aplati, court presque ovale, gélatineux, terminé
postérieurement par un disque contractile, grand et armé
de crochets.

*Corpus complanatum, breve, subovale, gelatinosum, disco
contractili magno uncinis armato posticè terminatum.*

OBSERVATIONS. — Ce genre est établi par M. *Ocken*, sous le
nom que nous lui conservons ; et néanmoins, M. de Blainville
qui l'avait déjà reconnu, lui assigna celui d'*Entobdella*, dans ses
manuscrits. Il comprend des animaux parasites qui se fixent,
par leur disque postérieur, sur d'autres animaux marins. Nous
doutons que ce soient des Annelides, n'en ayant probablement
pas les caractères classiques ; et nous les croyons voisins, par
leurs rapports, du Holystome de M. de la Roche, et des Planaires. Ils nous confirment dans la nécessité d'établir une coupe
particulière d'animaux qui soient moyens entre les vers et les
Annelides. Ici nous les mentionnons, afin de ne pas les oublier.

ESPÈCE.

1. Phylliné de l'hippoglosse. *Phylline hippoglossi.*

> *Ph. dilatata, albida ; medio corporis ocello didymo candido.*
> *Hirudo hippoglossi.* Mull. Zool. dan. tab. 54. fol. 1-4.
> Encycl. pl. 52. f. 11-14.
> Past. op. subs. 2. tab. 8. fol. 11.

* *Epibdella hippoglossi.* De Blainville. Dict. des Sc. nat. t. 47. p. 269.
et t. 57. p. 567.
Habite sur le *Pleuronecte hippoglosse.*
Etc. Ajoutez l'*Hirudo grossa.* Mull. Zool. dan. tab. 21. Encycl. pl. 52.
f. 6-9. (1)

ERPOBDELLE. (Erpobdella.)

Corps rampant, aplati , terminé postérieurement par un disque préhensile. Bouche dépourvue de dents ou mâchoires. Des points oculaires.

Corpus repens, complanatum, disco prehensili posticè terminatum. Os dentibus seu maxillis nullis. Puncti oculares.

OBSERVATIONS. — Ce genre fut établi par M. Ocken sous le nom de Helluo, que M. Blainville a changé en celui d'*Erpobdella.* Nous doutons fort que les espèces qui en font le sujet soient des Annelides. Elles ont évidemment beaucoup de rapports avec les Planaires , et certaines d'entre elles en sont peut-être réellement des espèces. Parmi les *Erpobdelles ,* nous citerons les suivantes.

[Notre auteur réunit ici des Hirudinées qui diffèrent beaucoup entre elles, et qui, de l'avis unanime des zoologistes plus récens, doivent être séparés en deux genres. L'un de ces groupes qui, dans la méthode de M. de Blainville, conserve le nom d'Erpobdelle , correspond au genre *Nephelis* de M. Savigny et se distingue par les caractères suivans : ventouse orale peu concave, à lèvre supérieure avancée en demi-ellipse; mâchoires réduites à trois plis saillans; huit yeux, les quatre postérieurs rangés de chaque côté sur une ligne transverse ; ventouse anale obliquement terminale.

Le second groupe constitue le genre *Clepsine* de M. Savigny,

---

(1) Cette espèce, très imparfaitement connue par la figure de Muller, constitue le type du genre Malacobdella de M. de Blainville (Dic. des Sc. nat. t. 57. p. 466.)

ou *Glossobdella* de M. de Blainville, et se distingue du précédent par les yeux au nombre de deux, quatre ou six seulement et disposés sur deux lignes longitudinales et par sa ventouse anale exactement inférieure. Il est aussi à noter que dans cette dernière division, le sang, au lieu d'être rouge, comme chez la plupart des Annélides, est incolore.   E.

ESPÈCES.

1. Erpobdelle commune. *Erpobdella vulgaris.*

E. elongata, flavo-fusca; oculis octo : serie lunata.
Mull. Hist. Verm. 1. 2. p. 40. n° 170.
Hirudo octoculata. Lin.
Hirudo vulgaris. Gmel. p. 3096.
* *Nephelis tessellata.* Savigny. Syst. p. 117.
* *Nephelis vulgaris.* Moquin-Tandon. Monogr. p. 126. pl. 6. f. 4.
  et 8.
* *Erpobdella vulgaris.* De Blainville. Dict. des Sc. nat. t. 57. p. 564.
  pl. 36. fig. 4.
Habite en Europe, sur les plantes aquatiques, dans les eaux douces.

2. Erpobdelle bioculée. *Erpobdella bioculata.*

E. elongata, cinerea; oculis duobus.
Hirudo bioculata. Mull. Hist. Verm. 1. 2. p. 41.
Hirudo bioculata. Gmel.
Hirudo stagnalis. Lin.
* *Glossiphonia perata.* R. Johnston. Medical leech. p. 26.
* *Glossopora punctata.* Ejusd. Phil. Trans. 1817. pl. 17. f. 11–13.
* *Clepsine bioculata.* Savigny. Syst. p. 119.
* Moquin-Tandon. op. cit. p. 102. pl. 4. f. 2.
* *Erpobdella bioculata.* De Blainv. Dict. des Sc. nat. t. 47. p. 265.
* *Glossobdella bioculata.* Ejusd. op. cit. t. 57. p. 565. pl. 37. fig. 3.
* *Clepsina bioculata.* Filippi. Monogr. p. 27.
Habite en Europe, dans les étangs, les fossés aquatiques.

3. Erpobdelle aplatie. *Erpobdella complanata.*

E. dilatata, cinerea; lineâ dorsi duplici tuberculatâ; margine serrato.
Mull. Hist. Verm. 1. 2. p. 47.
Hirudo complanata. Gmel. p. 3097.
Encycl. p. 51. f. 20 et 21.
* Carena. Monogr. p. 297. f. 17.

* *Hirudo crenata.* Kirby. Trans. of the Linn. Soc. t. 2. p. 316. pl. 29.
* *Clepsina complanata.* Savigny. Syst. p. 120.
* *Glossopara tuberculata.* R. Johnston. Phil. Trans. 1817. pl. 17. f. 1-10. etc.
* *Clepsina complanata.* Moquin. op. cit. p. 101. pl. 4. f. 1.
* *Erpobdella complanata.* De Blainv. Dict. des Sc. nat. t. 47. p. 263.
* *Glossobdella complanata.* Ejusd. Dict. des Sc. nat. t. 57. p. 565. pl. fig. 1 et 2.
* *Clepsina complanata.* Filippi. op. cit. p. 27.

Habite en Europe, dans les rivières. Elle a six points oculaires sur deux rangs.

Etc. Ajoutez les *H. tessulata*, *hyalina*, *marginata* et *lineata*.

Voyez Sangsue pulligère et Sangsue bicolore. Daudin. Recueil de Mém. etc. p. 19. avec fig.

[Le genre Branchiobdelle (*Branchiobdella*) de M. Odier se rapproche des précédens, et a pour caractères distinctifs : corps très contractile, un peu aplati composé de 17 anneaux; tête oblongue garnie de deux lèvres; bouche armée de 2 mâchoires triangulaires; point d'yeux. Il ne renferme qu'une seule espèce, le *B. astaci*, qui vit sur les branchies de l'écrevisse commune. (Voy. Odier Mém. de la Soc. d'Hist. nat. de Paris. t. 1. p. 69. pl. 4.)

Genre BRANCHELLION. *Branchellion.*

Ce genre, établi par Rudolphi dans sa collection sous le nom de *Brancheobdellion* est extrêmement remarquable, et doit constituer le type d'une famille particulière dans l'ordre des Annelides suceurs; car son corps, au lieu d'être complètement dépourvu d'appendices comme chez les Hirudineés, porte en dessus une double rangée d'appendices branchiaux foliacés ou rameux très développés. Le corps est déprimé et formé de segmens nombreux, dont les premiers sont très petits et sans appendices, et les suivans plus grands et garnis chacun d'une paire de branchies; la ventouse orale est petite, mais parfaitement distincte, et séparée du corps par un étranglement, la bouche est circulaire et dépourvue de mâchoires ; enfin la ventouse anale est grande et très concave.

· Le type de ce genre est le

> BRANCHELLION DE LA TORPILLE. — *Branchellion torpedinis.* Savigny. Syst. p. 109.
>
> *Branchiobdella torpedinis.* De Blainv. Dict. des Sc. nat. t. 57. p. 556. pl. 34. f. 1.
>
> On y rapporte aussi le *Hirudo branchiata* de Menzies. Trans. of the Linn. Soc. t. 1. p. 18n. pl. 1. fig. 3. *Branchellion pinnatum.* Savigny. Soc. cit. *Branchiobdella Menziei.* De Blainv. loc. cit.
>
> E.

LES ÉCHIURÉES.

Corps ayant des soies non rétractiles , en saillie au dehors.

Les *Echiurées* ou Lombricinés constituent la deuxième famille de nos Annelides apodes. Elles ont à la vérité des soies saillantes à l'extérieur ; mais ces soies, rarement fasciculées, ne sont point rétractiles, n'ont point de gaîne rentrante, et aucune en effet n'offre de mamelons pédiformes, servant de gaîne à des faisceaux de soies rétractiles, comme dans toutes les Annelides des deux ordres qui suivent.

C'est aux dépens du genre *Lumbricus* de Linné, ou d'une partie de ce genre, que nous formons nos *Echiurées*. Mais comme l'organisation intérieure de beaucoup de ces animaux n'a pas encore été suffisamment examinée, notre travail est fort imparfait, et ne peut être considéré que comme provisoire.

Les Echiurées vivent dans la terre humide, ou dans les vases de la mer. Leurs branchies ne sont pas connues. Voici les trois genres que nous y rapportons.

LOMBRIC. (Lumbricus.)

Corps contractile, long, cylindrique, annelé; à anneaux garnis de très petites épines dirigées en arrière.

Bouche subterminale, nue, bilabiée; à lèvre supérieure plus grande, avancée. Point d'yeux. Anus à l'extrémité postérieure.

Corpus contractile, longum, cylindricum, annulatum: annulis spinulis minimis retrorsùm versis.

Os subterminale, nudum, bilabiatum: labio superiore majore porrecto. Oculi nulli. Anus ad extremitatem posticam.

OBSERVATIONS. — Les *Lombrics*, dont une espèce, très commune, est connue de tout le monde sous le nom de *ver-de-terre*, sont des Annelides sans tête distincte, sans yeux, sans tentacules, en un mot, sans membres quelconques.

Le corps de ces animaux est composé d'un grand nombre d'anneaux étroits, fort rapprochés les uns des autres, et qui semblent n'être que des rides transverses que forment les muscles circulaires qui sont sous la peau, en la contractant.

Dans les Lombrics terrestres, on observe, vers le tiers de leur longueur, quelques anneaux serrés, plus colorés et protubérans, formant une ceinture qu'on a nommée le *bât* [*clitellum*] et qui sert à l'individu à se fixer contre un autre pendant la copulation. Dans l'accouplement, les individus sont disposés en sens contraire, et la ceinture de l'un ne s'applique point sur celle de l'autre. Les Lombrics sont hermaphrodites, paraissent se féconder eux-mêmes, et, selon les apparences, l'accouplement ne leur est nécessaire que comme excitant la fécondation.

Les *Lombrics* sont luisans, rougeâtres, et enduits d'une humeur visqueuse. Ils vivent dans la terre humide, se nourrissent de débris de végétaux et d'animaux, et viennent la nuit à la surface du sol pour s'accoupler. On ne connaît point leurs branchies; mais elles existent nécessairement, et sont sans doute intérieures et très petites.

[Dans ces dernières années, M. Dugès a donné d'intéressantes

observations sur la circulation et la génération de ces animaux,
ainsi que sur la distinction des espèces dans le quinzième volume des Annales des Sciences naturelles, et M. Morren a publié un traité *ex professo* sur leur histoire.(v. De Lumbrici terrestris Historia naturali nec non anatomia tractatus, in-4°,
Bruxelles, 1829). On doit aussi à M. Léon Dufour des observations sur les œufs de ces animaux. (Voy. Ann. des Scienc. nat.
1 série, t. 5. p. 17. et t. 14. p. 216.)

M. Savigny a proposé la division de ce groupe en trois genres
d'après le nombre des rangées de soies, et quelques autres caractères de peu d'importance ; il désigne ces genres nouveaux sous
les noms d'*Enterion*, d'*Hypogeon* et de *Clitellio*.   E.

ESPÈCES.

1. Lombric terrestre. *Lumbricus terrestris.*

> *L. ruber, octofariam aculeatus, clitello cinctus.*
> *Lumbricus terrestris.* Lin. Mull. Hist. verm. p. 24.
> Montègre. Mém. du Mus. 1. p. 242. pl. 12.
> * *Enterion terrestre.* Savigny. Syst. p. 103.
> * *Lumbricus terrestris.* De Blainville. Dict. des Sc. nat. t. 57. p. 495.
> pl. 22. f. 1.
> * Morren. op. cit. pl. 1. f. 1. 2. 3. etc.
> Habite en Europe, dans la terre humide des jardins, etc. Très com-
> mun.

2. Lombric armé. *Lumbricus armiger.*

> *L. ruber ; lamellis ventris lanceolatis, geminatis, anticè nullis.*
> *Lumbricus armiger.* Mull. Zool. dan. p. 22. tab. 22. f. 4. 5.
> * Encyclop. vers. pl. 34. fig. 4 et 5.
> * *Scoiopos armiger.* Blainville. Dict. des Sc. nat. t. 57. p. 493.
> pl. 25. fig. 1.
> Habite les fonds vaseux de la mer de Norwége. Il n'a point de cein-
> ture. (* Cette annelide ne peut rester dans cette famille et nous
> paraît devoir prendre place dans le genre Aricie de M. Savigny. (1)

---

(1) Le genre ARICIE se compose d'Annelides à corps cylindrique, dont la tête est très petite, conique et dépourvue d'antennes et de mâchoires, et dont les pieds sont de deux sortes, et

3. Lombric nain. *Lumbricus minutus.*

> *L. rubicundus ; cingulo e levato pallido ferè medio ; ventre bifariam aculeato.*

Lumbricus minutus. Oth. Fabr. Faun. Groënl. p. 281. f. 4.

* *Clitellio minutus.* Savigny. op. cit. f. 104.

* *Lumbricus minutus.* Blainv. Dict. des Scienc. nat. t. 57. p. 495.

Habite les côtes de la mer du Groënland, entre les pierres et les racines des fucus.

Etc.

THALASSÈME. (Thalassema.)

Corps mou, allongé, subcylindrique, annelé, obtus postérieurement; les derniers anneaux postérieurs garnis

relevés sur le dos; ceux de la partie antérieure du corps composés de deux rames écartées, dont la supérieure, petite, et pourvue d'un tubercule sétifère et d'un cirre lamelleux, et l'inférieure très grande, comprimée et armée d'une rangée de grosses soies courtes à-peu-près comme dans les pieds portant des soies à crochets; les pieds de la partie moyenne et postérieure du corps sont composés de deux rames semblables entre elles, et analogues à la rame dorsale des pieds antérieurs ; il existe aussi sur la plupart de ces derniers organes un ou deux petits appendices branchiaux ; enfin, il n'y a point de cirres tentaculaires :

> Exemple *Aricia Cuvierii.* Audouin et Edwards. Ann. des Scienc. nat. t. 29. p. 397. et t. 27. pl. 15. fig. 5-13.

Le genre Aonie établit le passage entre les Aricies et les Phylodocés, etc., et a pour caractères principaux : tête très petite, mais distincte et surmonté d'un petit tubercule impair (qu'on peut considérer comme une antenne unique), point de cirres tentaculaires; pieds similaires, pourvus d'un seul cirre foliacé et composés de deux rames sétifères garnies chacune d'un lobe lamelleux; point de branchies proprement dites.

> *Aonia foliacea.* Audouin et Edwards. Ann. des Sc. nat. t. 29. p. 402. p. 18. fig. 9-13.   E.

de spinules. Deux épines en crochet et brillantes, sous le cou.

Bouche nue, charnue, en forme d'oreille ou de cuilleron, contractile, un peu grande, terminant un petit cou.

Corpus molle, elongatum, subcylindricum , annulatum , posticè obtusum : annulis posticis ultimis spinulosis. Spinæ duæ uncinatæ, nitidæ infrà collum.

Os nudum , carnosum , auriforme vel cochleariforme , contractile, majusculum , collum parvum terminans. Oculi nulli.

Observations. — La bouche des *Thalassèmes*, conformée en oreille d'âne ou en grand cuilleron, est trop remarquable pour n'avoir point fait distinguer ces animaux du genre des Lombrics. D'ailleurs, la plupart des anneaux de leur corps sont nus, sans épines ou soies courtes, et il n'y en a que deux ou trois rangées à leur extrémité postérieure. On leur voit en outre deux épines en crochets sous le cou. Toutes ces épines sont courtes, et ont le brillant de l'or. L'anus termine l'extrémité postérieure.

ESPÈCE.

1. **Thalassème échiure.** *Thalassema echiura.*

> *Lumbricus echiurus.* Pall. Miscell. Zool. p. 146. t. xi. f. 1-6.
> *Lumbricus echiurus.* Gmel. p. 3085. Encyclop. pl. 35. fol. 3-6.
> *Thalassema.* Cuv. Règne anim. 2. p. 529.
> * *Thalassema echinus.* Bosc. Hist. des Vers. t. 1. pl. 8. fig. 2 et 3.
> * *Thalassema aquatica.* Leach. Encyclop. brit. Suppl. t. 1. p. 451.
> * *Thalassema vulgaris.* Savigny. Syst. des Annelides. p. 102.
> * *Thalassima echiurus.* Blainville. Dict. des Sc. nat. t. 57. p. 499.
> Habite l'Océan d'Europe, les côtes de France, sur les fonds sablonneux. Les pêcheurs s'en servent d'appât pour prendre le poisson.

---

† Genre **STERNAPSE**. *Sternapsis.*

Ce genre, établi par M. Otto d'après un animal déjà observé par Plancus et par Ranzani, a beaucoup d'analogie avec les Thalassèmes. Le corps est peu allongé, obtus et arrondi en arrière, et terminé en avant par une partie étroite, subannelée et proboscidiforme, à la base de laquelle se trouvent en dessus deux petits tubercules semi-lunaires poreux. Au dessous de cette partie est une paire de plaques réunies en manière de bouclier ovalaire, garnies tout autour de soies raides. Vers le tiers postérieur, on voit également en dessous une paire de mamelons perforés, et autour de l'extrémité postérieure se trouvent de chaque côté trois rangées de soies raides. Enfin l'anus est terminal, ainsi que la bouche.

On n'en connaît qu'une seule espèce, savoir le :

STERNAPSE THALASSÉMOÏDE (*Mentula Cucurbitacea Marina* Plancus append. 2. chap. 20. p. 110. pl. 5. fig. D et E. — *Echinorhynchus scutatus.* Renieri Catal. — *Thalassema scutatum* Ranzan Memoric. — *Sternapsis Thalassemoïdes.* Mém. de l'acad. des Curieux de la Nat. de Bonn. t. 10. pl. 5o. — Blainville. Dict. des Scienc. nat. t. 57. p. 5o1. pl. 26. fig. 1. — Cuvier. Règne anim. t. 3. p. 245. E.

CIRRATULE. (Cirratulus.)

Corps allongé, cylindrique, annelé, garni, sur les côtés du dos, d'une rangée de cirres sétacés très longs, étendus, presque dorsaux. et de deux rangées d'épines courtes situées au-dessous. Deux faisceaux opposés de cirres aussi très longs, avancés, sont insérés au-dessous du segment antérieur.

Bouche sous l'extrémité antérieure, avec un opercule arrondi (*ou plutôt tubercule céphalique) : des yeux aux extrémités d'une ligne en croissant situé sur le segment capitiforme.

Corpus elongatum, teres, annulatum ; cirris ad latera setaceis longissimis expansis subdorsacibus, et subtus aculeis brevibus biserialibus. Cirrorum longissimorum fasciculi duo oppositi, porrecti, infra segmentum anticum.

Os sub extremitate anticâ, cum operculo rotundato. Oculi ad extremitates lineæ lunatæ suprà segmentum caput referens.

OBSERVATIONS. — Je crois devoir présenter, comme un genre particulier, l'animal singulier que je nomme *Cirratule*, et que l'on a rangé parmi les Lombrics. Ses caractères me paraissent, sinon l'éloigner des Lombrics, du moins l'en distinguer suffisamment.

Cet animal, long de deux à trois pouces, et de la grosseur d'un Lombric terrestre médiocre, est remarquable par ses cirres latéraux, sétacés, très longs, et par les deux paquets antérieurs d'autres cirres, aussi très longs, qui s'avancent comme deux faisceaux de tentacules. Au-dessus des cirres latéraux, deux rangées d'épines courtes [quatre sur chaque anneau] les distinguent aussi éminemment. Les segmens des extrémités sont sans cirres et sans épines; celui qui est postérieur est terminé par un anus.

ESPÈCE.

1. Cirratule boréal. *Cirratulus borealis.*

>*Lumbricus cirratus.* O. Fab. Fauna Groenland. p. 281. f. 5.
>Encycl. pl.
>Stroem. *Acta nidr.* 4. p. 427. t. 14. f. 7.
>* Blainville. Dict. des Sc. nat. vers. pl. 25. fig. 4.
>Habite les mers du nord, dans le sable, sous et entre les pierres des rivages. Si les longs cirres sont des branchies, alors le *cirratule* devra être reporté parmi les annelides dorsibranches ou antennées (1); mais O. Fabricius ne nous dit point que les épines courtes soient rétractiles. Le *Terebella tentaculata* de Montagu, Act. de la Soc. linnéenne, vol. 9. p. 110. t. 6. f. 2, semble avoir des rapports avec ce genre.
>Ajoutez *Cirrhatulus Lamarkii.* Audouin et Edwards. Ann. des Sc. nat. t. 29. p. 410. et t. 27. pl. 15. fig. 1-4.
>Etc.

---

(1) Ces appendices remplissent en effet les fonctions de branchies.   E.

[Le genre *Cirrhinère* de M. de Blainville ne paraît pas différer beaucoup du précédent. Suivant ce naturaliste, il s'en distinguerait par l'absence d'appendices filiformes sur le dos et n'aurait que des cirres. Voy. le Dict. des Scienc. nat. t. 57. p. 488.]   E.

[Le genre Ophélie (*Ophelia*) établi par M. Savigny, mais mal caractérisé par ce savant, doit prendre place auprès des Cirratules, dont cependant il se distingue ainsi que de tous les autres Annelides par les caractères suivans. La tête est conique, peu distincte, dépourvue d'antennes et garnie de deux points oculiformes; les pieds sont très courts et divisés en deux rames dont la ventrale est dépourvue de cirre, et dont la dorsale porte dans la partie moyenne du corps un long cirre filiforme; il n'y a point de branchies proprement dites. Enfin, l'extrémité postérieure du corps que M. Savigny avait pris pour la tête, est entourée d'appendices tentaculiformes.

(Voyez Savigny. Syst. des Annelides. p. 38; Blainville. Dict. des Sc. nat. t. 57. p. 479; — Audouin et Edwards. Ann. des Sc. nat. t. 29. p. 406. pl. 17. fig. 7-9; — Saars. Annales des Sciences naturelles. 2. série, t. 7. p.   E.

ORDRE SECOND.

ANNELIDES ANTENNÉES.

Une tête antennifère , munie d'yeux. Une trompe protractile, souvent armée de mâchoires. Des mamelons sétifères, pédiformes et rétractiles. Point de soies à crochet.

Les branchies, lorsqu'elles sont connues , disposées dans la longueur du corps.

Les *annelides antennées* sont fort nombreuses, et paraissent les plus perfectionnées de la classe, puisqu'elles ont une tête distincte, des antennes qui manquent rarement, et qu'elles sont munie d'yeux. Ce sont les *néréidés* de M. Savigny, et il les place en tête de sa distribution. Comme nous suivons un ordre inverse dans toutes nos classes, nous eussions dû terminer celle-ci par ces annelides. Mais persuadé que les branchies de nos Annelides apodes sont intérieures et disposées dans la longueur du corps, quoiqu'elles ne soient encore que peu ou point connues, nous avons préféré placer après les apodes, les Annelides dont il s'agit ici, parce que leurs branchies sont disposées dans la longueur du corps.

Toutes ces Annelides ont une tête constituée par un petit renflement antérieur qui porte les antennes et les yeux. Leurs antennes au nombre de cinq; mais elles n'existent pas toujours toutes les cinq simultanément. Les pieds ou mamelons pédifères sont rétractiles, sétifères, disposés par rangées latérales. Chaque pied se divise en deux rames : une dorsale, et l'autre ventrale. Chaque rame est munie d'un faisceau de soies subulées et d'un cirre. Très souvent elle porte en outre un acicule, quelquefois plusieurs; mais dans quelques genres les acicules manquent. Les yeux sont au nombre de deux ou de quatre. La bouche est une trompe exsertile, ordinairement retirée dans le corps quand l'animal n'en fait pas usage. Elle est assez souvent armée de mâchoires.

Les *annelides antennées* sont fort nombreuses en races diverses, toutes marines, et la plupart ont, en quelque sorte, l'aspect, soit de Scolopendres, soit de Chenilles hérissés, souvent brillantes par leurs soies. M. *Savigny* les divise en quatre familles nommées et disposées de la manière suivante.

DIVISION DES ANNELIDES ANTENNÉES.

Branchies, soit en petites crêtes, petites lames simples ou languettes, soit en filets pectinés d'un seul côté: quelquefois peu apparentes.—Des acicules.

(a) Branchies et cirres supérieurs alternant, dans leur position, jusqu'à la vingt-troisième ou la vingt-cinquième paire de mamelons pédiformes.

Les Aphrodites.

(b) Branchies, lorsqu'elles sont distinctes, et cirres supérieurs existant sans interruption à toutes les paires de mamelons pédiformes. — Deux mâchoires ou aucune.

Les Néréidées.

(c) Branchies, lorsqu'elles sont distinctes, et cirres supérieurs existant sans interruption à toutes les paires de mamelons pédiformes. — Mâchoires nombreuses; celles du côté droit moins que celles du côté gauche. — Première paire de mamelons pédiformes nulle.

Les Eunices.

(d) Branchies et cirres supérieurs existant à toutes les paires de mamelons pédiformes. — Point de mâchoires.

Les Amphinomes.

[Depuis la publication du travail de M. Savigny, on a découvert de nouvelles espèces d'*Annelides* antennées qui ont nécessité l'établissement d'un plus grand nombre de divisions. (Voy. page 514.)　　　　　E.]

LES APHRODITES. (Aphroditæ.)

Branchies et cirres supérieurs alternant, dans leur position, jusqu'à la vingt-troisième ou la vingt-cinquième paire de mamelons pédiformes.—Quatre mâchoires.

Les *Aphrodites* constituent la première famille des Néréidées de M. Savigny, la première aussi de nos Annelides antennées. Ces Annelides sont en général le corps plus court, quelquefois plus large et plus comprimé que celui des autres animaux de cette classe. Elles sont quelquefois très hérissées de soies fines qui ont des couleurs variées et métalliques très brillantes, et leurs branchies, quoique externes, sont ordinairement cachées sous deux rangées d'écailles dorsales, caduques. Dans quelques espèces, ces écailles sont elles-mêmes cachées sous un feutre qui les couvrent et les contient.

Mais ce qui caractérise particulièrement les animaux de cette famille, selon M. *Savigny*, c'est d'avoir leurs branchies alternant dans leur position, jusqu'à la vingt-troisième ou la vingt-quatrième paire de mamelons pédiformes. Ces branchies et cirres supérieurs sont nuls à la seconde paire, à la quatrième et à la cinquième paire de mamelons ; ensuite nuls encore à la septième, la neuvième, la onzième et ainsi de suite jusqu'à la vingt-troisième ou la vingt-cinquième paire inclusivement. Leur trompe est armée de quatre mâchoires, soit cartilagineuses, soit cornées. M. Savigny y rapporte les trois genres qui suivent.

[Cette tribu est très naturelle, mais la découverte de nouvelles espèces qui doivent nécessairement y prendre place nous a obligé d'en modifier la définition. On peut y assigner pour caractères d'avoir une tête bien distincte et garnie d'antennes ; une trompe en général armée de 4 mâchoires réunies par paires ; pieds très développés, et portant des appendices dermoïdes (tels que des élytres et des cirres dorsaux) qui paraissent et disparaissent alternativement de segment en segment dans une certaine étendue du corps ; dos en général garni d'élytres; branchies rudimentaires. Dans toutes les espèces dont on a examiné le sang, on a trouvé ce liquide incolore ou légèrement jaunâtre. Les genres dont cette division se compose sont:

Les Palmyres.

Les Aphrodites ou Halithées.
Les Polynoés.
Les Acoètes.
Les Polyodontes.
et les Sigalions.   E.

PALMYRE. (Palmyra.)

Point de tentacules à l'orifice de la trompe. Mâchoires demi cartilagineuses. Antennes extérieures plus grandes que les trois autres. Deux yeux. Point d'écailles dorsales.

Tentacula ad orificium proboscidis nulla. Maxillæ semicartilagineæ. Antennæ exteriores aliis tribus majores. Oculi duo. Squamæ dorsales nullæ.

·OBSERVATIONS. — Le corps des *Palmyres* est oblong, composé d'anneaux peu nombreux, et manque d'écailles, ce qui nous paraît le caractériser singulièrement. Les branchies sont peu visibles, et cessent d'alterner après la vingt–cinquième paire de mamelons pédiformes. Leur genre est encore caractérisé par le défaut de tentacules à l'orifice de la trompe. L'antenne impaire, quoique plus courte que les extérieures, est un peu plus longue que les deux mitoyennes.

ESPÈCE.

1. Palmyre aurifère. *Palmyra aurifera.*

> *Palmyra aurifera.* Sav. Mss. (*Syst. des Annel. p. 16.)
> * De Blainville. Dict. des Sc. nat. t. 57. p. 463.
> * Audouin et Edwards. Ann. des Sc. nat. t. 27. p. 445. pl. 10. fig. 1.
> * Cuvier. Règne anim. t. 3. p. 206.
> * Edwards. Atlas du Règne anim. de Cuvier. Annelides pl. 18. fig. 1;
> Habite à l'Ile–de–France, envoyée par M. Mathieu. Belle espèce, brillant de l'éclat d'or par les faisceaux supérieurs de ses rames dorsales, qui offrent des soies, s'élargissant en palmes obtuses à leur sommet, comme imbriquées, voûtées, très éclatantes. Son corps est obtus aux deux bouts, et n'a que trente segmens. Point de branchies ni de cirres supérieurs à la vingt–huitième paire de mamelons pédiformes.

HALITHÉE. (Halithea.)

Tentacules divisés, subrameux, couronnant l'orifice de
la trompe, et en houppe. Mâchoires cartilagineuses, à peine
visibles. Antenne impaire subulée, petite; les mitoyennes
comme nulles; les extérieures plus grandes. Deux yeux
distincts. Des écailles couchées sur le dos.

*Tentacula divisa, subramosa, proboscidis orificium coro-
nantia, penicillata. Maxillæ cartilagineæ, vix conspicuæ.
Antennâ impari parvâ, subulatâ; intermediis subnullis; exterioribus majoribus. Oculi duo distincti. Squamæ dorso
incumbentes.*

OBSERVATIONS. — Les *Halithées* sont bien distinctes des Palmyres, puisqu'elles ont des tentacules à l'orifice de la trompe,
et des écailles couchées sur le dos. Leur corps est ovale ou elliptique, formé d'anneaux peu nombreux. Il se termine antérieurement par une tête convexe en dessus, à front comprimé
et saillant, sous forme de feuillet, entre les antennes. Celles-ci
ne paraissent qu'au nombre de trois. Les branchies, facilement
visibles, cessent d'alterner après la vingt-cinquième paire de
mamelons pédiformes.

ESPÈCES.

Écailles dorsales couvertes par une voûte de soies feutrées.

1. Halithée hérissée. *Halithea aculeata.*

> *H. ovato oblonga, hirsuta, aculeata, nitidissima; squamis dorsalibus,
> fusco-punctulatis.*
> *Aphrodita aculeata.* Lin. Brug. Dict. n° 1.
> Pall. Miscell. Zool. p. 77. tab. 7. f. 1-13.
> Encycl. pl. 61. fig. 6.14.
> * *Physalus.* Swammerdam. Biblia naturæ. tab. 10. fig. 8.
> * *Histrix marina.* Redi opuscula. t. 3. pl. 35.
> * *Eruca marina.* Seba. t. 3. pl. 4. fig. 7 et 8.
> * *Aphrodita aculeata.* Baster. opus. subs. tab. 11. pl. 6. fig. 1-4.

* Pennant, Brit. zool. vol. 4. pl. 23. fig. 25.

* Herbst. Vers. t. 1. pl. 11.

* Cuvier. Dict. des Scienc. nat. t. II. p. 282. et Règne anim. t. 3. p. 206.

* *Halithea aculeata.* Savigny. Syst. des Annelides. p. 19.

* *Aphrodita aculeata.* Blainville. Dict. des Sc. nat. art. Vers. pl. 9. fig. 1 et 2.

* Treviranus. Zeitschrift fur physiologie. t. 3.

* Audouin et Edwards. Ann. des Sc. nat. t. 27. p. 402. pl. 8. fig. 7.

* Dellechiaje. Anim. senza verteb. pl. 68. fig. 10.

Habite l'Océan européen. C'est la plus grande et la plus brillante du genre. On la nomme vulg. la *Chenille de mer.*

2. Halithée soyeuse. *Halithea sericea.*

H. ovalis, suprà virescens , nitida sericea ; squamis dorsalibus immaculatis.

Halithea sericea. Sav. Mss. (* Syst. des Annel. p. 19.)

* Audouin et Edw. loc. cit. p. 404.

Habite... Collect. du Mus. Celle-ci est presque de deux tiers plus petite que la précédente.

Ecailles dorsales découvertes.

3. Halithée hispide. *Halithea hystrix.*

H. oblonga , depressa, luteo-fucescens ; squamis dorsalibus nudis , cinereo-ferrugineis.

Halithea histrix. Sav. Mss.

* *Hermione hystrix.* De Blainville. loc. cit. p. 457 (pas la figure).

* *Aphrodita histrix.* Audouin et Edwards. loc. cit. p. 406. pl. 7, fig. 1-9.

Habite les mers d'Europe.

POLYNOE. (Polynoe.)

Tentacules simples, coniques, couronnant l'orifice de la trompe. Mâchoires cornées. Cinq antennes dont l'impaire manque quelquefois. Quatre yeux. Des écailles dorsales, (ou élytres au nombre de 12 paires ou davantage fixé sur des pieds qui ne portent ni cirres supérieurs ni branchies, et qui alternent régulièrement jusqu'au 23e anneau avec des pieds dépourvus d'élytres, mais garnis d'un cirre dorsal et de branchies ; les élytres suivantes lorsqu'il en existe paraissent et disparaissent dans un ordre différent.

Tentacula simplicia, conica, proboscidis orificium coronantia. Maxillæ corneæ. Antennæ quinque ; interdùm impari nullâ. Oculi quatuor. Squamæ dorsales.

Les *Polynoés* tiennent aux Halithées, surtout à la seconde divison de ces dernières, par beaucoup de rapports; mais leur tentacules sont simples et disposés en cercle à l'orifice de la trompe; leurs mâchoires sont cornées, facilement visibles, dentées au côté interne, et leurs yeux au nombre de quatre. Leurs branchies, faciles à voir, cessent d'alterner après la vingt-troisième paire de mamelons pédiformes. Quant à leur corps, il varie dans sa forme générale, car il est ovale dans les uns, allongé et presque linéaire dans les autres. La tête est déprimée, un peu convexe en dessus, carénée par dessous en avant de la bouche.

ESPÈCES.

Antenne impaire nulle. Points de filets ou cirres allongés près de l'anus.

1. Polynoé épineuse. *Polynoe muricata.*

> P. *ovalis, depressa; squamis dorsalibus incumbentibus fuscis, reticulatis, lineâ longitudinali nigrescente notatis : posticè spinosis.*
> *Polynoe muricata.* Sav. Mss. et fig... (*Syst. des Annelides. p. 21, et Descript. de l'Egypte. pl. 3. fig. 1.)
> * *Eumolpe muricata.* De Blainville. art. Vers. Dict. des Sc. nat. t. 57. p. 459. pl. XI. fig. 1.
> Habite les mers de l'Ile-de-France. M. *Mathieu.* Mus. n°.

Antenne impaire distincte. Deux filets près de l'anus.

2. Polynoé écailleuse. *Polynoe squamata.*

> P. *oblongo-linearis, depressa, extremitatibus obtusa ; squamis dorsalibus duodecim paribus, subasperis, non imbricatis.*
> *Aphrodita squamata.* Pall. Miscell. Zool. p. 91. t. 7. f. 14.

* Baster Opuscul. Subsc. t. 2. lib. 11. pl. 6. fig. V. A. C.

Polinoe squamata. Sav. Mss. * Syst. des Annelides. p. 22.

* *Eumolpe squamata.* De Blainville. Dict. des Sc. nat. t. 57. p. 458 f. pl. 9. fig. 2.

Polynoe squammata. Audouin et Edwards. Ann. des Sc. nat. t. 27. p. 416. pl. 7. fig. 10-16.

Habite les mers d'Europe. Bruguière l'a confondue avec une autre dans son Aphrodite, n° 4.

3. Polynoé houppeuse. *Polynoe floccosa.*

P. oblonga, posticè angustato-acuta, cinereo-violascens ; fasciculorum superiorum setis tomentosis.

Polynoe floccosa. Sav. Mss. (* Syst. des Ann. p. 23.)

* *Eumolpe floccosa.* De Blainville. op. cit.

* *Polynoe floccosa.* Aud. et Edw. loc. cit. p. 424.

Habite... les côtes de France?

4. Polynoé feuillée. *Polynoe foliosa.*

P. oblongo-linearis, subdepressa; squamis glabris medium dorsi non occupantibus.

Polynoe foliosa. Sav. Mss. (* Syst. p. 23.)]

* *Eumolpe imbricata.* De Blainville. loc. cit. p. 459.

* *Polynoe foliosa.* Aud. et Edw. loc. cit. p. 425.

Habite les côtes de Nice. Aurait-elle des rapports avec l'*Aphrodita clava?* Montag. Act. Soc. linn. 9. p. 108. t. 7. fol. 3.

5. Polynoé vésiculeuse. *Polynoe impatiens.*

P. oblonga, albo cœrulescens ; squamis dorsalibus mollibus, fornicatis, subvesiculosis, duodecim paribus.

Polynoe impatiens. Sav. Mss et fig. (* Syst. p. 24. et Descript. de l'Égypte. Annél. pl. 3. fig. 2.)

* *Eumolpe impatiens.* De Blainv. op. cit. pl. 10. fig. 1.

Habite le golfe de Suez.

6. Polynoé très soyeuse. *Polynoe setosissima.*

P. oblonga, posticè angustior; capite lateribus turgido; setis longis, albo-auratis.]

Polynoe setosissima. Sav. Mss. (*Syst. p. 25.)]

* *Eumolpe setosissima.* De Blainv. op. cit. p. 459.

* *Polynoe setosissima.* Aud. et Edw. op. cit. p. 426.

Habite... Sa couleur générale est d'un gris fauve avec des reflets de nacre.

TOME V.

† Genre **ACOETE**. *Acoetes.*

Corps très allongé, vermiforme; tête garnie de 5 antennes et d'une grande trompe couronnée d'un cercle de tentacules et armée de mâchoires fortes et cornées ; pieds pourvus d'élytres, mais n'ayant pas de cirre dorsale alternant régulièrement avec des pieds dépourvus d'élytres mais garnis d'un cirre dorsal ; des branchies turberculeuses sur tous les segmens du corps.

Ces Annelides dont on ne connaît qu'une seule espèce vivent dans des tubes formés d'une matière coriace. Acoète de Plée. *Acoetes Pleei.*

> Audouin et Edwards. Ann. des Sc. nat. t. 27. p. 437. pl. 10. fig. 2-7-11. — Cuvier. Règne animal. t. 3. p. 207.

[Le genre Polyodonte de M. Renieri est très voisin du précédent, mais s'en distingue par l'existence de deux antennes seulement et l'absence de branchies. Le type de cette division est le :

> Polyodonte maxillé. — *Phyllodoce maxillosa.* Ranzani. Memorie di Storia naturale, deca. prima. p. 1. pl. 1. fig. 1-9. — *Polyodontes maxillosa.* Regnieri.—*Eumolpe maxima.* Oken. Isis.—*Phyllodoce maxillosa.* De Blainville. Dict. des Sc. nat. t. 57. p. 461. pl. 12. fig. 1.—*Polyodonte maxillosa.* Aud. et Edw. Ann. des Sc. nat. t. 27. p. 423.

† Genre **SIGALION**. *Sigalion.*

Corps très allongé, grêle, vermiforme; tête garnie de cinq antennes ; trompe armée de quatre mâchoires; pieds pourvus en même temps d'élytres et d'un cirre dorsal, alternant avec des pieds sans élytres jusqu'au 27ᵉ anneau et se succédant ensuite sans interruption jusqu'à l'extrémité postérieure du corps.

ESPÈCES.

Sigalion mathilde. *Sigalion Mathildœ.*
S. squammis medium dorsi tegentibus.
Audouin et Edwards. Ann. des Sc. nat. t. 27. p. 441. pl. 9. fig. 1-9.
Cuvier. Règne anim. t. 3. p. 207.
Edwards. Atlas du Règne anim. de Cuvier. Annelides. pl. 20. fig. 1.
Habite dans le sable sur nos côtes.
Sigalion herminie. *S. Herminia.*
Audouin et Edw. loc. cit. p. 443. pl. 8. fig. 1-6.
Etc.   E.

LES NÉRÉIDÉES. (Nereides.)

*Branchies, lorsqu'elles sont distinctes, et cirres supérieurs
existant sans interruption à toutes les paires demamelons
pédiformes. Deux mâchoires ou aucune.* (1)

Les *Néréidées*, seconde famille de M. *Savigny*, ont toujours le corps allongé, étroit, déprimé, composé de beaucoup de segmens. Leurs branchies n'alternent point
comme celles des Aphrodites ; elles sont petites et consistent en une ou plusieurs languettes qui font partie des
rames, et sont comprises entre les deux cirres, paraissant
quelquefois suppléées par les cirres eux-mêmes. Leurs antennes sont généralement courtes, et en nombre incomplet ; les mitoyennes manquent quelquefois, et l'impaire
presque toujours. Les yeux, lorsqu'ils sont distincts, sont
au nombre de quatre.

La trompe des *Néréidées* est grande, ouverte à son ex

---

(1) Ce caractère n'est pas constant, car la plupart des Glycères ont quatre mâchoires. Il est aussi à noter que chez ces
Annelides, il existe presque toujours des cirres tentaculaires.

                                                  E.

trémité, et souvent garnie de points saillans ou de petits
tentacules. Dans les unes, les mâchoires sont au nombre
de deux seulement, et dans les autres elles sont tout-à-fait
nulles. On les divise en six genres, auxquels j'ajoute les
Spios en appendice.

(a) Des mâchoires. Antennes courtes, de deux articles : l'impaire
nulle.

Lycoris.
Nephtys.

(b) Point de mâchoires. Antennes courtes, de deux articles : l'impaire nulle.

Glycère.
Hésione.
Phyllodocé.

(c) Point de mâchoires. Antennes longues, composées de beaucoup
d'articles. Une impaire.

Syllis.

(d) Appendice.

Il faut aussi ranger dans cette tribu les genres **Lysidice,**
Alciope, Myriane, et **Goniade.**   E.

LYCORIS. (Licoris.)

Trompe épaisse à la base, divisée en deux articles, char-
gée en dehors de points saillans et durs, sans tentacules
à son orifice. Deux mâchoires cornées, dentelées, arquées
en faux, avancées. Antennes extérieures plus grandes,
plus épaisses: l'impaire nulle. Les deux premières paires
de mamelons pédiformes changées en cirres tentaculaires.

Proboscis basi crassa, articulis binis divisa; extùs punc-
tis prominulis duris ; orificio tentaculis nullis. Maxillæ duæ

*corneæ, denticulatæ, falcatæ, porrectæ. Antennæ exte-
riores majores, crassiores: impari nullâ. Mamillarum pedi-
formium par primum secundumque in cirros tentaculares
mutata.*

Observations. — Les *Lycoris*, ainsi que les Nephtys, sont
distinguées des autres Néréidées, parce qu'elles ont des mâchoires; et on ne peut confondre entre eux ces deux genres,
les *Lycoris* n'ayant point de tentacules à l'orifice de la trompe,
comme les Nephtys, et ayant quatre paires de cirres tentaculaires, dont les Nephtys sont dépourvues. Les yeux des Lycoris
sont très distincts, latéraux; au nombre de quatre : deux de chaque côté. Trois languettes branchiales à chaque pied ou mamelon (1). La queue se termine par deux filets dans presque
toutes. Ce genre est nombreux en espèces. Voici la citation de
celles que M. de Savigny a observées.

[La plupart des auteurs ont conservé à ce genre le nom de
Néréide.   E.

ESPÈCES.

1. Lycoris lobulée. *Lycoris lobulata.*

L. pallidè grisea; aciculis maxillisque nigris.

Lycoris lobulata. Sav. Mss. (* Syst. des Annelides. p. 30.)

* *Nereis lobulata.* De Blainville. Dict. des Sc. nat. t. 44. p. 430,
et t. 57. p. 469.

* Audouin et Edwards. Ann. des Scienc. nat. t. 29. p. 213. pl. 15.
fig. 7 et 8.

Habite les côtes de Nice. Le corps a 105-107 segmens, selon l'âge et
la taille des individus. Languettes branchiales égales en longueur.

2. Lycoris podophylle. *Lycoris podophylla.*

*L. pallidè fulva; maxillis fuscis subdentatis; ligulis branchialibus
inæqualibus : superiore longiore.*

---

(1) Nous pensons que c'est à tort que M. Savigny considère
ces appendices comme étant des branchies, car ils ne reçoivent
que fort peu de vaisseaux sanguins, et c'est un lacis vasculaire
situé vers la base des pieds qui nous paraît être le siège principal de la respiration.   E.

Lycoris podophylla. Sav. Mss. (* Système des Annelides. p. 3o.)
* *Nereis podophylla.* De Blainville. Dict. des Sc. nat. t. 14. p. 431,
et t. 57. pl. 469.
* Audouin et Edwards. Ann. des Sc. nat. t. 29. p. 21. pl. 15. fig. 13.
Habite... Nereis.. Mus. n°. Corps formé de 108 anneaux. Il en
manquait quelques-uns. La languette branchiale supérieure de
chaque pied ou mamelon, est plus longue que les autres. La portion du mamelon qui supporte cette languette, ainsi que le cirre
supérieur, est comprimée en forme de feuille, et plus longue que
les gaînes.

3. Lycoris égyptienne. *Lycoris ægyptia.*

*L. 'griseo-rubescens; segmento antico majore; maxillis intense ni-
gris; ligulis branchialibus divaricatis.*
Lycoris ægyptia. Sav. Mss. fig. 1. (* Système des Annelides. p. 37,
et Atlas de l'ouvr. de l'Egypte. Annelides. pl. 4. fig. 1.
* *Nereis ægyptia.* Blainville. Dict. des Sc. nat. t. 57. p. 470.
Habite la Mer Rouge. Son corps est formé de 116 segmens dans les
individus adultes.

4. Lycoris nacrée. *Lycoris margaritacea.*

*L. grisea, margaritacea, nitore varia; mamillis, ligulis branchiali-
bus cirrisque breviusculis.*
Nereis margaritacea. Leach. verm. annul. pl. 26. fig. (* Encycl. brit.
Supplém. V. 1. p. 45. pl. 26.
Lycoris margaritacea. Sav. Mss. (* Syst. p. 33.)
* *Nereis margaritacea.* Blainville. Dict. des Sc. nat. t. 57. p. 470.
* Audouin et Edwards. Ann. des Sc. nat. t. 29. p. 217.
Habite les côtes d'Angleterre. Le corps est formé de 95 segmens. Les
mâchoires ont cinq dents.

5. Lycoris messagère. *Lycoris nuntia.*

*L. grisea, margaritacea, nitore varia; ligulis branchialibus longis,
subæqualibus; cirro superiore altero semper majore.*
Lycoris nuntia. Sav. Mss. et f. 2 (* Système. p. 33. pl. 4. fig. 2.)
* *Nereis nuntia.* Blainville. loc. cit. pl. 14. fig. 1.
* Guérin. Iconogr. du Règne animal. Annel. pl. 7.
* Audouin et Edwards. loc. cit. p. 219.
Habite la Mer Rouge. Corps long, assez étroit, ayant 118 segmens
et davantage. Des deux cirres de chaque mamelon, le supérieur
est toujours plus long que l'autre.
Etc. Ajoutez les *Lycoris folliculata, fucata, nubila, fulva, rubida*

et *pulsatoria* du manuscrit de M. *Savigny*, dont la rédaction des différences spécifiques exige la vue des objets, et que l'espace ne me permet pas d'insérer ici.

(* Et quelques espèces nouvelles décrites dans les Annales des Sciences naturelles, t. 29 ; et par M. Dellechiaje, dans son ouvrage sur les Animaux sans vertèbres du royaume de Naples.)

† Genre **LYCASTIS**. *Lycastis.*

Les Lycastis sont extrêmement voisins des Néréides (ou Lycoris), mais s'en distinguent par la conformation de leurs pieds qui les rapprochent des Syllis. On peut les reconnaître aux caractères suivans.

Trompe armée de deux grosses mâchoires cornées ; antennes externes beaucoup plus grosses que les mitoyennes; cirres tentaculaires très développés , pieds uniramés ou formés de deux rames à peine distinctes et pourvus de deux cirres filiformes; point de languettes ni de mamelons branchiaux. Le type de ce genre est le :

LYCASTIS BREVICORNE. *Lycastis brevicornis.*
Audouin et Edwards. Ann. des Sc. nat. t. 29. p. 223 pl. 14 fig. 6-12.   E.

NEPHTYS. (Nephtys.)

Trompe amincie à la base, partagée en deux anneaux : l'inférieur long, claviforme, hérissé à son sommet de petits tentacules pointus; le supérieur très court, ouvert longitudinalement, à orifice garni de deux rangs de tentacules. Mâchoires renfermées , petites, cornées , courbées , très pointues. Antennes petites, à deux articles, l'impaire nulle. Les yeux peu distincts.

Proboscis basi attenuata, segmentis binis divisa : inferiore longo , claviforme , supernè tentaculis parvis acutisque echinato; superiore brevissimo, longitudinaliter hiante , ori-

ficio tentaculis biordinatis instructo. Maxillæ inclusæ, parvæ, corneæ, curvæ, peracutæ. Antennæ biarticulatæ, parvæ : impari nulla. Oculi vix distincti.

OBSERVATIONS. — Les *Nephtys* n'ont point de cirres tentaculaires bien saillans, comme les Lycoris ; ils en sont d'ailleurs bien distingués par la forme de leur trompe, et surtout parce que son orifice est muni de tentacules. N'ayant point d'antenne impaire, ils n'offrent que quatre antennes, les deux mitoyennes et les deux extérieures qui sont petites et à-peu-près égales. Les trois premières paires de pieds ou mamelons n'ont point de branchies ; les autres en présentent, mais ces branchies ne consistent qu'en une seule languette attachée au sommet de chaque rame dorsale. Ces Néréidées ont la tête rétuse, libre, le corps linéaire, à segmens très nombreux.

ESPÈCE.

1. Nephtys de Homberg. *Nephtys Hombergii.*

Nephtys Hombergii. Sav. Mss. (Syst. des Annel. p. 34.)
* Cuvier. Règne anim. t. 3, p. 203.
* De Blainville. Dict. des Sc. nat. t. 57, p. 483.
* Audouin et Edwards. Ann. des Sc. nat. t. 29. p. 257. pl. 17. fig. 1-6.

Habite les côtes de France, au Havre de Grâce. *Homberg.*
Corps trétraèdre, formé de 125-131 segmens, sillonnés des deux côtés en dessus. Soies jaunes, longues et fines ; acicules noirs. Une baudelette longitudinale et brillante sous le ventre.

GLYCÈRE. (Glycera.)

Trompe longue, cylindrique, subclaviforme ; sans tentacules à son orifice. Point de mâchoires (1). Antenne im-

---

(1) Dans la plupart des espèces que nous avons cru devoir ranger dans ce genre, la trompe est armée de quatre mâchoires crochues, situées à égales distances entre elles.　　　E.

paire nulle: les mitoyennes et les extérieures fort petites ,
divergentes, biarticulées (1). Point de cirres tentaculaires.

Proboscis longa, cylindrica , subclavata; orificio tentaculis destituto. Maxillæ nullæ. Antennæ impar nulla : intermediis externisque minimis , divaricatis , biarticulatis. Cirri tentaculares nulli.

OBSERVATIONS. — Les *Glycères*, ainsi que les Néréidées des trois genres qui suivent, n'ont point de mâchoires, ce qui les distingue des Lycoris et des Nephtys. Ce sont les seules de ces Néréidées sans mâchoires qui soient privées de cirres tentaculaires. Leurs yeux sont peu distincts. Leurs branchies consistent, pour chaque mamelon pédiforme, en deux languettes charnues, finement annelées, réunies par leur base (2). La trompe est d'un seul anneau.

ESPÈCE.

1. Glycère unicorne. *Glycera unicornis.*

> *Glycera unicornis.* Sav. Mss. (* Syst. p. 37.)
> *Nephtys unicornis.* Cuv. collect.
> Habite.... Tête élevée en cône pointu. Corps cylindrique, linéaire,
> un peu renflé vers sa partie antérieure, à segmens très nombreux
> et serrés. Couleur fauve-bronzée.
> * Ajoutez : *Glycera Meckelii.* Audouin et Edwards. Ann. des Sc.
> nat. t. 27. pl. 14. fig. 1-4. etc.

[Le genre GONIADE ressemble aux Glycères par la conformation générale du corps, mais s'en distingue par la structure des pieds et par quelques autres caractères. La tête est conique et porte à son sommet quatre antennes

---

(1) Rudimentaires et réunis en manière d'étoile, au sommet du cône formé par la tête ; suivant M. de Blainville, elles manqueraient quelquefois.　　　　　　　　　　　E.

(2) Ces appendices manquent quelquefois dans le *Glycère de Roux,* par exemple, voy. Ann. des Sc. nat. t. 29. p. 264, et t. 27. pl. 14. fig. 5-10.　　　　　　　　　　　E.

rudimentaires ; la trompe est extrêmement longue et garnie près de sa base de deux plaques cornées, denticulées à son extrémité; il existe aussi quelquefois deux petites mâchoires cornées. Il n'y a point de cirres tentaculaires. Enfin, les pieds sont composés de deux rames bien distinctes, qui sont d'autant plus éloignées entre elles, qu'on les examine plus loin de la tête ; tandis que chez les Glycères, ces organes sont uniramés.

Exemple :

GONIADE VÉTÉRANT. *Goniada emerita.*

Audouin et Edwards. Ann. des Sc. nat. t. 29. p. 268. pl. 18.
fig. 1-4.   E.

HÉSIONE. (Hesione.)

Trompe grosse, subconique, à deux anneaux ; ayant l'orifice circulaire dépourvu de tentacules. Point de mâchoires. Antenne impaire nulle : les mitoyennes et les extérieures égales. Huit paires de cirres tentaculaires. Tous les cirres longs, filiformes, rétractiles : les inférieurs néanmoins plus courts (* pieds uniramés ; point de branchies).

Proboscis crassa, subconica, annulis binis divisa ; orificio circulari tentaculis destituto. Maxillæ nullæ. Antenna impar nulla : intermediis externisque æqualibus. Cirri tentaculares paribus octo. Cirri omnes prælongi, filiformes, retractiles : inferioribus tamen brevioribus.

OBSERVATIONS. — Les *Hésiones* sont remarquables par leurs cirres longs, filiformes et rétractiles. Ceux qui constituent leurs cirres tentaculaires résultent des soies des quatre premières paires de mamelons pédiformes converties en longs cirres. Ces mamelons ne sont point propres à la locomotion. Le corps des Hésiones est plutôt oblong que linéaire, à segmens peu nombreux, à tête rétuse, comme divisée par un sillon longitudinal. Les branchies ne sont point saillantes.

ESPÈCES.

1. Hésione éclatante. *Hesione splendida.*

> *H. cinereo-margaritacea, nitore varia ; mamillarum setis apice la-
> mellá cultriformi mobilique auctis.*
>
> *Hesione splendida.* Sav. Mss. et fig. (* Syst. p. 40. Atlas. Annel.
> pl. 3. fig. 3.
>
> * De Blainville. Dict. des Sc. nat. t. 57. p. 482. pl. 17. fig. 1.
>
> * Audouin et Edwards. Ann. des Sc. nat. t. 29. p. 235. pl. 15.
> fig. 1-3.
>
> Habite la Mer Rouge, M. *Savigny*, et se trouve à l'Ile-de-France,
> M. *Mathieu.* Corps un peu rétréci vers son extrémité antérieure,
> à environ 18 segmens apparens.

2. Hésione parée. *Hesione festiva.*

> *A. proboscide conicá ; mamillarum setis apice nudis subtruncatis.*
>
> *Hesione festiva.* Sav. Mss. (Syst. p. 40.)
>
> Habite le golfe de Nice. M. *Risso.* Le corps a un peu moins de
> reflets que celui du précédent, et ses anneaux sont un peu plus
> allongés.

† Genre **ALCIOPE**. *Alciopa.*

Corps court, étroit et un peu aplati ; tête très large,
portant de chaque côté un renflement garni d'un point
oculiforme ; quatre antennes très courtes ; point de mâchoires ; quatre paires de cirres tentaculaires insérés
près de la bouche ; pieds uniramés, formés d'un gros
tubercule sétifère, portant, en dessus et en dessous de
grands cirres foliacés, et plus en dedans, en dessous
comme en dessus un appendice branchial vésiculeux.

> ALCYOPE DE REYNAUD. *Alciopa Reynaudii.*
>
> Audouin et Edwards. Ann. des Sc. nat. t. 29. p. 238. pl. 15.
> fig. 6-10.   E.

PHYLLODOCÉE. (Phyllodoce.)

Trompe grosse, claviforme, ayant à son orifice une
rangée de petits tentacules. Point de mâchoires. Antenne

impaire nulle (1); les mitoyennes et les extérieures courtes, subbiarticulées. Huit paires de cirres tentaculaires
allongés, subulés, inégaux. Les autres cirres comprimés,
veineux, foliiformes, non rétractiles (* pieds uniramés;
point de branchies.)

*Proboscis crassa, claviformis; orificio tentaculis parvis,
ordine unico. Maxillæ nullæ. Antenna impar nulla : intermediis externisque brevibus, subbiarticulatis. Cirri tentaculares elongati, subulati, inæquales : paribus octo. Cirri
alii compressi, venosi, foliiformes, non retractiles.*

OBSERVATIONS. — Les *Phyllodocés* sont singulières par les
cirres de leur corps qui sont aplatis, minces, veinés, semblables à des feuilles, et qui paraissent branchifères. Leurs yeux
sont latéraux, mais les postérieurs sont peu apparens. Ces Néréidées ont le corps linéaire, à segmens très nombreux. Un
seul acicule à chaque mamelon pédiforme.

Chez ces animaux, le sang n'est pas rouge comme chez les
Annelides ordinaires, mais jaunâtre.

ESPÈCE.

1. Phyllodocé lamelleuse. *Phyllodoce laminosa.*

Phyllodoce laminosa. Sav. mss. (*Syst. p. 43.)
* *Nereiphylla laminosa.* De Blainville. Dict. des Sc. nat. t. 57. p. 466.
* *Phyllodoce lamellosa.* Audouin et Edwards, Ann. des Sc. nat.
   t. 29. p. 244. pl. 16. fig. 1-8.
* Cuvier. Règne anim. t. 3. p. 202.
Habite les côtes de Nice. Corps très long, presque cylindrique, de
   325-338 segmens, brun avec des reflets pourpres et violets.
Ajoutez :
* *Nereiphylla Paretti.* Blainville. Dict. des Sc. nat. t. 57. p. 466.
   pl. 13. fig. 1.
* *Phyllodoce clavigera.* Audouin et Edwards. Ann. des Sc. nat.
   t. 29. p. 248. pl. 16. fig. 9-13.
Etc.

---

(1) Ou très petite et placée sur le sommet de la tête.   E.

[Le genre **Myriane** de M. Savigny (ou *Nereimyra* de M. de Blainville) paraît être très voisin des Phyllodocés, mais s'en distingue par la disposition des cirres qui sont filiformes à la rame ventrale et en lanières élargies vers le bout à la rame dorsale (Voyez Savigny , Système, p. 41 ; — De Blainville , Dict. des Sc. nat. t. 57, p. 468 ; — Audouin et Edwards, Ann. des Sc. nat. t. 29, p. 238.)

E.

SYLLIS. (Syllis.)

Trompe médiocre, divisée en deux anneaux, à orifice sans tentacules , mais qui soutient une petite corne solide, avancée. Point de mâchoire. Trois antennes multiarticulées, moniliformes : les mitoyennes nulles. Deux paires de cirres tentaculaires et moniliformes. Les autres cirres ayant le supérieur moniliforme, plus long, et l'inférieur inarticulé, conique.

Proboscis mediocris, annulis binis divisa; orificio tentaculis privato corniculum solidum porrectum sustinente. Maxillæ nullæ. Antennæ tres , multiarticulatæ , moniliformes : intermediis nullis. Cirri tentaculares moniliformes paribus duobus. Aliorum cirrorum superiore longiore moniliformi; inferiore inarticulato, conico.

Observations. — Ce qu'il y a de bien remarquable dans les *Syllis*, c'est de voir tant de parties diverses moniliformes, puisque les trois antennes, les cirres tentaculaires, et, parmi les autres cirres du corps, le supérieur de chaque paire offrent tous une forme semblable. Le corps de ces Néréidées est composé de segmens très nombreux, à mamelons simples, n'ayant qu'un seul faisceau de soies, et qu'un seul acicule. Les yeux sont apparens, mais les branchies ne le sont point.

ESPÈCE.

1. Syllis monilaire. *Syllis monilaris.*

Syllis monilaris. Sav. Mss. et égypt. Zool. (*Annel. pl. 4. fig. 3);

* *Nereisyllis monillaris.* De Blainville. Dict. des Sc. nat. t. 57. p. 473. pl. 17. fig. 2.

* *Syllis monilaris.* Cuvier. Règne animal. t. 3. p. 203.

* Audouin et Edwards. Ann. des Sc. nat. t. 29. p. 227. pl. 14. fig. 1-5.

Habite la Mer Rouge. Corps très long, peu déprimé, aminci insensiblement vers la queue, que terminent deux filets grèles et moniliformes. Il a 341 segmens courts.

SPIO. (Spio.)

Corps allongé, articulé, grèle, ayant de chaque côté une rangée de faisceaux de soies très courtes. Branchies latérales, non divisées, filiformes.

Deux tentacules extrêmement longs, filiformes ou sétacés, imitant des bras. Bouche terminale. Deux ou quatre yeux.

Corpus elongatum, articulatum, gracile; utroque latere fasciculis setarum brevissimarum serie unicâ digestis. Branchiæ laterales, indivisæ, filiformes.

Tentacula duo, longissima, filiformia vel setacea, brachia æmulantia. Os terminale. Oculi duo aut quatuor.

OBSERVATIONS. — Les *Spios* sont de petites Néréidées qui vivent dans des tubes enfoncés dans le limon du fond de la mer. Elles agitent continuellement, comme deux bras, les deux longs tentacules que porte leur tête, et pêchent les petits animaux marins qu'elles peuvent saisir, pour les sucer. Je présume que ces deux tentacules sont de véritables antennes; il y en a quelquefois quatre.

[Le genre Spio est trop imparfaitement connu pour qu'on puisse en donner une définition précise, et il est évident que les auteurs ont décrit sous ce nom des Annelides appartenant à des groupes très distincts.   E.]

ESPÈCES.

1. Spio séticorne. *Spio seticornis.*

S. *tentaculis tenuibus striatis.* O. Fabr. Berl. Schr. 6. t. 5. fig. 1-7.

Nereis seticornis. Lin. Syst. nat. 2. p. 1085. n. 4.
Bast. opusc. subs. 2. p. 134. t. 12. fig. 2.
Habite l'Océan européen.

2. Spio filicorne. *Spio filicornis.*

S. tentaculis crassis annulatis. O. Fabr. Berl. 6. t. 5. fig. 8-12. Gmel.
p. 3110.
Habite les côtes du Groenland.

3. Spio à queue. *Spio caudatus.*

S. depressus, semi-hyalinus; corpore posticè subcaudato.
Polydora cornuta. Bosc. Hist. nat. des vers. 1. p. 150. t. 5. fig. 7.
Habite les côtes de la Caroline, entre les pierres et les coquillages.
Il se fait un fourreau membraneux couvert de vase.

4. Spio quadricorne. *Spio quadricornis.*

S. tentaculis quatuor : externis filiformibus longissimis; intermediis
crassis brevissimis.
Diplotis hyalina. Montag. Act. soc. lin. xi. p. 203. t. 14. fig. 6-7.
(* Lamarck s'en est laissé imposer par une erreur d'impression,
lorsqu'il cite le *Diplotis hyalina* comme étant un Spio; c'est évidemment le *S. crenaticornis* représenté sous le n[6] 3 dans la même
planche, dont il a voulu parler.)
Habite les côtes d'Angleterre, près de *Devon.*

LES EUNICES. (Eunicæ.)

Branchies, lorsqu'elles sont distinctes, existant à tous les
pieds ou mamelons pédiformes sans interruption. Mâ-
*choires nombreuses, toujours au-delà de deux (* de 7 à 9),*
celles du côté droit en moindre nombre que celles du côté
gauche (1). Première paire de pieds nulle.

Les *Eunices* tiennent de très près aux Néréidées par leurs
rapports, et néanmoins elles en sont bien distinctes, puisque non-seulement elles ont toujours des mâchoires, mais
qu'elles en ont constamment plus de deux et sur deux

---

(1) Ce caractère n'est pas constant; chez les Lombrinères, il
existe quatre mâchoires de chaque côté.   F.

rangs, et qu'en outre le nombre de ces mâchoires est plus grand d'un côté que de l'autre. La trompe de ces annelides antennées est très courte, fendue longitudinalement, très ouverte, et n'a point de tentacules à son orifice. Les mâchoires qu'elle renferme sont calcaires ou cornées, articulées les unes au-dessus des autres, et ne sont ni en nombre égal des deux côtés, ni tout-à-fait semblables entre elles. Les deux rangées de ces mâchoires se rapprochent inférieurement, et dans chacune ; les mâchoires diminuent de taille à mesure qu'elles sont plus voisines du sommet de la rangée. Une lèvre inférieure calcaire ou cornée et composée de deux pièces allongées et réunies, vient se joindre au support double des deux mâchoires les plus inférieures. Les yeux de ces animaux tantôt sont indistincts, et tantôt sont bien apparens, mais seulement au nombre de deux. Les branchies, lorsqu'elles se montrent, ne consistent qu'en un simple filet pectiné tout au plus d'un côté, et attaché à la base supérieure des rames dorsales. M. *Savigny* partage les Eunices en quatre genres, que l'on pourrait réduire à deux pour plus de simplicité. J'en vais néanmoins faire une exposition succincte, les divisant en deux tribus distinctes.

(1) Ceux qui ont sept mâchoires, et la tête libre, tout-à-fait découverte.

Léodice.
Lysidice.

(2) Ceux qui ont neuf mâchoires, et la tête cachée sous le premier segment.

Aglaure.
Ænone.

[Cette tribu est devenue plus nombreuse qu'elle ne l'était lors de la publication de l'ouvrage de Lamarck, et a été subdivisé en un plus grand nombre de genres, qu'on peut répartir en deux groupes de la manière suivante :

Eunicoides branchifères.

Antennes généralement très développées ; des branchies pectinées.

Léodice ou Eunice,

Onuphis.

Diopatre.

Eunicoides abranches.

Point de branchies; antennes rudimentaires ou nulles.

Lysidice.

Lombrinère.

Aglaure.

Ænone.   [E.]

LÉODICE. (Leodice.)

Sept mâchoires : trois du côté droit, et quatre du côté gauche; les inférieures très simples. Cinq antennes filiformes, plus longues que la tête, inégales. La tête tout-à-fait découverte. Deux yeux très distincts.

Maxillæ septem : tres in ordine dextro, quatuor in sinistro; inferioribus simplicissimis. Antennæ quinque filiformes, inæquales, capite longiores. Caput penitùs detectum. Oculi duo valdè distincti.

OBSERVATIONS.—Les *Léodices* (ou *Eunices* proprement dites) ont la tête plus large que longue, libre, découverte, divisée par devant en deux ou quatre lobes. Leur corps est long, linéaire, presque cylindrique; à segmens courts et nombreux. Leurs branchies sont filiformes, pectinées d'un côté. Les yeux sont grands; l'antenne impaire est plus grande que les autres; les deux extérieures sont les moins longues. Ce genre paraît nombreux en espèces, et il y en a d'une longueur extraordinaire.

ESPÈCES.

1. Léodice gigantesque. *Leodice gigantea.*

> *L. longissima, tereti-depressa; cirris tentacularibus an obus segmento primo brevioribus; capite quadrilobo.*

* *Nereis aphroditois.* Pellas. Nov. Acta. Petrop. t. 11 p. 229. pl. 5. fig. 1-7.

An terebella aphroditois? Gmel. p. 3114.
Eunice. Cuv. Règne anim. 2. p. 525.
Leodice gigantea. Sav. Mss. (* Syst. p. 49.)
* *Nereis gigantea.* Blainville. Dict. des Sc. nat. t. 47. p. 426.
* *Nereidonte aphroditois.* Ejusdem. op. cit. t. 57. p. 476.
* *Eunice gigantea.* Cuv. Règne anim. t. 3. 199.
* Edwards. Atlas du Règne anim. de Cuv. Annelides. pl. 10. fig. 1.
Habite la mer des Indes. Mus. n°   . Corps long de quatre à six
   pieds et plus, formé de 448 segmens. Cinq antennes, non arti-
   culées, du double plus longues que la tête. Branchies nulles aux
   quatre premières paires de mamelons, pectinées à toutes les autres,
   ayant des filets serrés et nombreux : elles se simplifient vers la
   queue. Couleur gris-cendré avec des reflets d'opale.

2. Léodice antennée. *Leodice antennata.*

    *L. cinereo-rubescens : nitore cupreo; corpore anticè turgidiore; capite
    bilobo.*
Leodice antennata. Sav. Mss. et Egypt. Zool. (* pl. 5. fig. 1.)
* *Nereidonta antennata.* De Blainville. Dict. des Sc. nat. t. 57. p. 476.
   pl. 15. fig. 1.
* *Leodice antennata.* Audouin. Dict. Class. d'Hist. nat. pl. 74.
* *Eunice antennata.* Cuv. Règne anim. t. 3. p. 200.
* Guérin. Iconog. Annel. pl. 5. fig. 1.
Habite le golfe de Suez. Ses antennes sont articulées. Le corps a jus-
   qu'à 119 segmens, dont celui de la queue se termine par deux
   filets articulés. Les branchies sont pectinées d'un côté, n'ont que
   trois à sept filets ou dents, et se simplifient vers la queue. Elles
   manquent aux cinq à six premières paires de mamelons.

3. Léodice française. *Leodice gallica.*

    *L. grisea, margaritacea; antennis inarticulatis; branchiis anticis
    simplicibus, aliis bifidis, ad segmenta posteriora nullis.*
Leodice gallica. Sav. Mss. (* Syst. p. 50.)
Habite les côtes de France. Corps formé de 71 segmens, dont les cinq
   premiers, ni les dix-huit derniers n'ont point de branchies.

4. Léodice norvégienne. *Leodice norwegica.*

    *L. convexa, sublutea; antennis inarticulatis, branchiis pectinatis;
    cirris superioribus branchiis multò longioribus.*
Nereis pennata. Mull. Zool. dan. 1. p. 30. tab. 29. fig. 1–3.
Nereis norwegica. Gmel. p. 3116. Encycl. pl. 56 fol. 5–7.
Leodice norwegica. Sav. Mss. (* Syst. p. 51.)

* *Nereidonta norwegica.* De Blainville. Dict. des Sc. nat. t. 57. p. 476.

* *Eunice norwegica.* Audouin et Edwards. op. cit.

Habite les mers du nord. Son corps a 126 segmens, et se termine par deux filets.

5. Léodice pinnée. *Leodice pinnata.*

L. convexa, rufa; antennis articulatis; branchiis pectinatis brevibus; cirris superioribus prælongis.

Nereis pinnata. Mull. Zool. Dan. 1. p. 31. tab. 29. fig. 4-7.

Encycl. pl. 56. fig. 1-4.

Leodice pinnata. Sav. Mss. (* Syst. p. 51.)

* *Nereidonta pinnata.* De Blainville. loc. cit.

* *Eunice pinnata.* Audouin et Edwards. loc. cit.

Habite les mers du Nord. Les deux filets de la queue sont courts et épais.

6. Léodice espagnole. *Leodice hispanica.*

L. gracilis, griseo-rubella; antennis inarticulatis; branchiis bi seu trifidis; cirro superiore brevioribus.

Leodice hispanica. Sav. Mss. (*Syst. p. 51.)

**Nereidonta Parreto?* De Blainville. Dict. des Sc. nat. t. 57. p. 476.

Habite les côtes d'Espagne.

7. Léodice opaline. *Leodice opalina.*

L. cinereo-cœrulescens, nitore varia; antennis inarticulatis; branchiis anterioribus posticisque simplicibus : aliis bifidis, trifidis e quadrifidis.

Leodice opalina. Sav. Mss. (* Syst. p. 51.)

Habite.... celle-ci n'a point de cirres tentaculaires sur le cou, les précédentes en sont munies. Son corps un peu renflé près de la tête, a jusqu'à 285 segmens. (* Cette espèce ne doit pas être distinguée de la suivante.)

8. Léodice sanguine. *Leodice sanguinea.*

L. branchiis pectinatis, versùs medium corporis longioribus; segmentis posticis subnudis; caudá bisetá.

Nereis sanguinea. Act. Soc. Lin. vol. xi. p. 20. t. 3. fig. 1-3.

* *Nereidonta sanguinea.* De Blainville. Dict. des Sc. nat. t. 57. p. 477. pl. 15. fig. 2.

* *Eunice sanguinea.* Audouin et Edwards. Ann. des Sc. nat. t. 28. p. 220.

Habite....

* Ajoutez :

Eunice Harssii. Audouin et Edwards. Ann. des Sc. nat. t. 28. p. 215
    et t. 27. pl. 1. fig. 5, 6, 7, etc.

Eunice Bellii. Audouin et Edwards. op. cit. t. 28. p. 223 et t. 27.
    pl. 10. fig. 1-4.

Etc.

† Genre ONUPHIS. *Onuphis.*

Corps grèle; tête petite, portant quatre antennes, dont
deux mitoyennes très petites et deux externes longues et
grosses; trois cirres tentaculaires antenniformes recouvrant la tête; mâchoires, pieds et branchies conformés de
la même manière que dans le genre précédent.

Ces Annelides, qu'on croirait au premier abord pourvues
de cinq grosses antennes annelées, vivent dans des tubes
de consistance cornée et ont probablement été confondus
avec les Spios.

ONUPHIS HERMITE. *Onuphis eremita.*
Audouin et Edwards. Ann. des Sc. nat. t. 28. p. 226. pl. 10.
    fig. 1-5.

Etc.

† Genre DIOPATRE. *Diopatra.*

Branchies formées par une frange contournée en spirale
et simulant un pinceau très touffu. Appendices antenniformes au nombre de neuf, dont quatre assez courtes et
cinq très grosses et très longues; mâchoires comme dans
les genres précédens.

DIOPATRE D'AMBOINE. *Diopatra amboinensis.*
Audouin et Edwards. Ann. des Sc. nat. t. 28. p. 229 et pl. 8. fig. 6-8.
E.

LYSIDICE. (Lysidice.)

Sept mâchoires : trois du côté droit et quatre du côté
gauche; les inférieures très simples. Trois antennes cour-

tes, inégales, inarticulées : les deux extérieures nulles. Tête tout-à-fait découverte, à front arrondi. Deux yeux distincts. Point de cirres tentaculaires. Branchies inconnues.

Maxillæ septem : tres in ordine dextro; quatuor in sinistro; inferioribus simplicissimis. Antennæ tres breves, inæquales, inarticulatæ : exterioribus duabus nullis. Caput penitùs detectum, fronte rotundatá. Oculi duo distincti. Cirri tentaculares semper nulli. Branchiæ ignotæ.

OBSERVATIONS. — Ce n'est guère que par le nombre des antennes et par leurs branchies inconnues que les *Lysidices* sont distinguées des Léodices. Les unes et les autres ont le corps linéaire, cylindracé, à segmens très nombreux, et la tête libre, plus large que longue.

ESPÈCES.

1. Lysidice valentine. *Lysidice valentina.*

> L. *gracilis, margaritacea; antennis subulatis; oculis nigris.*
> *Lysidice valentina.* Sav. Mss. (Syst. p. 53.)
> * *Nereidice valentina.* De Blainville. Dict. des Sc. nat. t. 57. p. 475.
> * *Lysidice valentina.* Audouin et Edwards. Ann. des Sc. nat. t. 28. p. 236.
> Habite les côtes de l'Espagne.

2. Lysidice olympienne. *Lysidice olympia.*

> L. *griseo-albida; antennis subulatis; corporis parte posticá in caudam conicam et subnudam attenuatá.*
> *Lysidice olympia.* Sav. Mss. (* Syst. p. 53.)
> Habite les côtes de France. Un petit mamelon conique, derrière l'antenne impaire. Les 12 derniers anneaux du corps forment une queue conique, ciliée par deux rangs de pieds presque imperceptibles, et terminée par deux filets courts. Avant cette queue, l'on compte 55 segmens.

3. Lysidice galathine. *Lysidice galathina.*

> L. *lactea; segmentis tribus primis aureo-rufis; antennis brevissimis ovalibus.*
> * *Lysidice galathina.* Sav. Mss. (* Syst. p. 54.)

Habite les côtes de France. Corps plus épais que dans la précédente.
Un large mamelon derrière l'antenne impaire.

Ajoutez :

* *Lysidice Ninetta*. Audouin et Edwards. loc. cit. t. 28. p. 235, et
t. 27. pl. 12. fig. 1-8.

* *Lysidice parthenopeia*. Dellechiaje Mem. sulla storia e notomia
degli animali senza vertebre di Napoli. t. 3. p. 175. pl. 44.
fig. 2-11.

† Genre LOMBRINÈRE. *Lombrineries.*

Tête à découvert et en forme de mamelon unilobé.
Huit mâchoires portées sur une double tige très courte;
antennes nulles ou rudimentaires, et ayant la forme de
deux petits tubercules. Pieds très petits; cirres gros et
très courts. Point de branchies.

Ce genre établi par M. De Blainville, mais caractérisé par
ce savant d'une manière qui ne nous paraît pas exacte,
établit le passage entre les Lysidices et les Lombrics. La
disposition des mâchoires est essentiellement la même
que dans les genres précédens, seulement la mâchoire
impaire manque. La lèvre cornée calcaire est également
conformée de la même manière que chez les Lysidices.

LOMBRINÈRE D'ORBIGNY. *Lombrineries Orbignyi.*
Audouin et Edwards. Ann. des Sc. nat. t. 27. pl. 12 fig. 9-12, et
t. 28. p. 240.
LOMBRINÈRE SCOLOPENDRE. *Lombrineries scolopendra.*
De Blainville. Dict. des Sc. nat. t. 5. p. 486. pl. 20 fig. 2.
Audouin et Edwards. loc. cit. p. 243.
Etc.   E.

AGLAURE. (Aglaura.)

Neuf mâchoires : quatre du côté droit et cinq du côté
gauche; les inférieures fortement dentées. Trois antennes
courtes, couvertes : les deux extérieures nulles. Tête cachée sous le premier segment; à front bilobé. Les yeux
peu distincts. Branchies inconnues.

Maxillæ novem : quatuor in ordine dextro, quinque in sinistro , inferioribus exquisitè dentatis. Antennæ tres breves , obtectæ : exterioribus duabus nullis. Caput segmento antico occultatum : fronte bilobá. Oculi vix distincti. Branchiæ ignotæ.

OBSERVATIONS.—L'*Aglaure*, ainsi que l'*OEnone*, est bien distinguée des annelides des deux genres précédens, parce qu'elle a neuf mâchoires , et que sa tête est cachée sous le premier segment du corps. Sauf les deux mâchoires terminales qui sont petites et en Y, toutes les autres mâchoires de l'Aglaure sont fortement dentées en scie au côté intérieur, et terminées par un crochet. Point de cirres tentaculaires.

ESPÈCE.

1. Aglaure éclatante. *Aglaura fulgida.*

> Sav. Mss. et Eg. Zool. Annel. pl. 5 fig. 2.
> * De Blainville. Dict. des Sc. nat. t. 57. p. 481.
> * Cuvier. Règne anim. t. 3. p. 201.
> * Audouin et Edwards. Ann. des Sc. nat. t. 28 p. 245.
> Habite les côtes de la Mer Rouge. Corps très long , convexe, composé de 253 segmens , et d'une couleur cendrée bleuâtre , à reflets d'opale, éclatans.

OENONE. (OEnone.)

Neuf mâchoires : quatre du côté droit, et cinq du côté gauche; les inférieures fortement dentées. Point d'antennes en saillie. Tête cachée et sous le premier segment, qui est grand et arrondi par devant. Les yeux peu distincts. Les branchies inconnues.

Maxillæ novem : quatuor in ordine dextro; quinque in sinistro; inferioribus valdè dentatis. Antennæ prominulæ nullæ. Caput segmento primo magno anticè rotundato occultatum. Oculi parùm distincti. Branchiæ ignotæ.

OBSERVATIONS. — Ce n'est guère que par le défaut d'antennes saillantes que l'*OEnone* se distingue de l'*Aglaure*. La forme générale, l'aspect et les mâchoires de l'animal paraissent entièrement les mêmes. Point de cirres tentaculaires, et de part et d'autre les mamelons pédiformes courts.

ESPÈCE.

1. OEnone brillante. *OEnone lucida.*

Sav. Mss. et Egypt. Zool. Annel. pl. 5. fig. 3.
* De Blainville. op. cit. t. 57. p. 491. pl. 16. fig. 2.
* Guérin. Iconogr. Annel. pl.   .
* Audouin et Edwards. op. cit. p. 247.
Habite les côtes de la mer Rouge. Corps long, linéaire, un peu renflé vers la tête, formé de 142 segmens, et d'un cendré bleuâtre très brillant.

----

§§. *Branchies en forme de feuilles très compliquées, ou de houppes, ou d'arbuscules très rameux, toujours grandes et très apparentes. Point d'acicules.*

LES AMPHINOMES *Amphinomæ*

Branchies et cirres supérieurs existant sans interruption à toutes les paires de mamelons pédiformes. Jamais de mâchoires.

Les *Amphinomes* constituent la quatrième et dernière famille de nos Annelides antennées, c'est-à-dire, des Néréidées de M. Savigny, et sont très remarquables par leurs branchies et par leur défaut d'acicules.

Leurs *branchies* sont grandes, compliquées, situées sur la base supérieure des rames dorsales ou derrière cette base, s'étendant quelquefois jusqu'aux rames ventrales. Elles ressemblent à des feuilles pinnatifides, ou à des houppes, ou à des arbuscules qui, communément, se divisent dès leur origine en plusieurs troncs, soit coalescens, soit séparés, et plus ou moins éloignés les uns des autres.

Ces animaux ont une trompe courte, ouverte longitudinalement à l'extrémité, dépourvue de papilles tentaculaires, et de mâchoires. Leurs yeux sont au nombre de deux ou de quatre. Tous ont des antennes dont le nombre naturel est de cinq. L'impaire ne manque jamais, et s'insère sur le devant d'une caroncule dont la base s'étend par derrière jusqu'au troisième et quatrième anneau du corps ; mais les antennes mitoyennes et les extérieures manquent quelquefois.

Pieds à rames grandes, séparées, munies chacune d'un seul faisceau de soies et privées d'acicules. Les cirres sont très apparens, subulés, et insérés à l'orifice des gaînes, derrière le faisceau de soies.

Le corps de plusieurs Amphinomes est moins allongé, et plus large que celui des Néréidées et des Eunices, ce qui semble devoir les rapprocher de certaines Aphrodites ; mais leurs branchies composées les en éloignent. M. Savigny partage cette famille en trois genres : dans les deux premiers, les antennes sont complètes, c'est-à-dire, au nombre de cinq, et dans le troisième, l'antenne impaire existe seule.

[On connaît aujourd'hui un quatrième genre qui doit prendre place dans cette tribu, et qui n'a pas les pieds biramés comme ceux dont il vient d'être question.

E.]

CHLOÉ. (Chloeia.)

Trompe... (1), cinq antennes subulées, biarticulées : les

---

(1) Trompe terminée par un bourrelet épais, et présentant

mitoyennes rapprochées, insérées sous l'antenne impaire; les deux extrêmes écartées. Branchies en forme de feuilles tripinnatifides, écartées de la base des rames supérieures. Un cirre surnuméraire aux rames supérieures des quatre ou cinq premières paires de pieds. Deux yeux distincts.

Proboscis..... antennæ quinque subulatæ, biarticulatæ : intermediis infrà antennam imparem insertis; exterioribus duabus remotis. Branchiæ folia tripinnatifida simulantes, è basi ramorum superiorum distantes. Cirrus ultrà numerum ad remos superiores pariorum primorum quatuor seu quinque pedum. Oculi duo distincti.

OBSERVATIONS. — Les *Chloës* se distinguent des Pléiones par la forme et la position de leurs branchies, et parce qu'elles ont aux rames supérieures des quatre ou cinq premières paires de pieds, un cirre surnuméraire petit, inséré sur l'extrémité de chaque rame dorsale. Les deux autres cirres fort longs. Les branchies sont sur les côtés du dos, près de la base supérieure des rames dorsales. Les deux filets de la queue sont cylindriques, épais, courts.

ESPÈCE.

1. Chloe chevelue. *Chloeia capillata.*

> *Aphrodita flava.* Pall. Miscell. Zool. p. 98. tab. 8. fig. 7-11.
> *Amphinome capillata.* Brug. Dict. n° 1.
> Encyclop. pl. 60. fig. 1-5.
> Cuvier. Règne anim. 2. p. 527.
> * *Terebella flava.* Gmel. p. 3114.
> * *Amphinome flava.* Cuvier. Dict. des Sc. nat. t. 2. p. 71.
> * *Chloeïa capillata.* Savigny. Syst. p. 58.
> * *Chloeïa flava.* De Blainville. Dict. des Sc. nat. t. 57. p. 452. pl. 7. fig. 1.

---

dans son intérieur une grosse masse charnue, presque foliacée, qui en occupe la moitié inférieure, et qui a été considérée par M. Savigny comme une langue ou une sorte de palais.   E.

* *Amphinome flava*. Ejusd. loc. cit. pl. 7. fig. 1.

* *Chloeïa capillata*. Audouin et Edwards. Ann. des Sc. nat. t. 28. p. 194. pl. 9. fig. 11 et 12.

* Edwards. Atlas du Règne anim. de Cuvier. Annel. pl. 9. fig. 1.

Habite la mer de l'Inde. Mus. n°   . Belle et assez grande espèce, remarquable par ses longs faisceaux de soies d'un jaune brillant, et par ses branchies pourpres, tripinnatifides. Son corps, long d'environ quatre pouces, est aplati en dessous, un peu convexe sur le dos, d'une forme oblongue, se rétrécissant vers sa partie postérieure, et a 42 segmens.

PLÉIONE. (Pléïone.)

Trompe pourvue d'un double palais saillant, ayant des plis dentelés. Cinq antennes biarticulées, subulées; les mitoyennes rapprochées et insérées sous l'impaire; les extérieures écartées. Branchies rameuses, subfasciculées, entourant la base supérieure des rames dorsales. Point de cirres surnuméraires. Quatre yeux; les deux postérieurs peu distincts.

Probosci palato duplici prominulo instructa; plicis serrulatis. Antennæ quinque biarticulatæ, subulatæ; intermediis approximatis, infrà imparem insertis; exterioribus remotis. Branchiæ ramosæ, subfasciculatæ, remorum dorsalium basim superam cingentes. Cirri ultrà numerum nulli. Oculi quatuor; posticis parùm distinctis.

OBSERVATIONS. — Peut-être que, par son palais double ou bifide, la trompe des *Pléïones* est différente de celle de la Chloë; mais les Pléïones s'en distinguent au moins par la position et la forme de leurs branchies, et parce qu'elles n'ont point de cirres surnuméraires. Leurs cirres d'ailleurs sont inégaux, tandis que ceux de la Chloë sont presque semblables.

[La plupart des auteurs conservent à ce genre le nom d'*Amphinones*.   E.]

ESPÈCES.

1. Pléione tétraèdre. *Pleïone tetraedra.*

> *Pl. elongata, quadrangularis, posticè attenuata; branchiis densè fasciculatis.*

Aphrodita rostrata. Pall. Miscel. Zool. p. 106. tab. 8. fig. 14-18.

Amphinome tetraedra. Brug. Dict. n° 4.

Encyclop. pl. 61. fig. 1-5.

Terebella rostrata. Gmel.

* *Pleïone tetraedra.* Savigny. Syst. des Annel. p. 60.

* *Amphinome tetraedra.* De Blainville. Dict. des Sc. nat. t. 57. p. 450.

* Audouin et Edwards. Ann. des Sc. nat. t. 28. p. 197.

Habite la mer des Indes. Mus. n°　. Son corps a jusqu'à un pied de longueur; il est formé de 55 à 60 anneaux. Chaque pied a deux faisceaux de soies très inégaux.

2. Pléione caronculée. *Pleïone carunculata.*

> *Pl. depresso-quadrangularis; pedum fasciculis gemellis subæqualibus; carunculá lamellis divisá.*

* *Millepeda marina amboinensis. Seba.* Thés. t. 1. pl. 81. fig. 7.

Aphrodita carunculata. Pall. Miscel. Zool. p. 102. tab. 8. fig. 12-13.

Amphinome carunculata. Brug. Dict. n° 2.

Encycl. pl. 60. fig. 6-7.

Terebella carunculata. Gmel.

Pleïone carunculata. Savigny. (*Syst. p. 61.)

Habite la mer des Indes.

3. Pléione éolienne. *Pleïone eolides.*

> *Pl. depresso-quadrangularis; pedum fasciculis inæqualibus; carunculá indivisá.*

Pleïone eolides. Sav. Mss. (* Syst. p. 62.)

Habite.... Mus. n°　. Elle est plus aplatie que la précédente. Sa caroncule est ovale-oblongue, lisse.

4. Pléione alcyonienne. *Pleione alcyonea.*

> *Pl. linearis, depressa, cœruleo-violacea; antenná impari aliis breviore; carunculá ovatá.*

Pleïone alcyonea. Sav. Mss. et Egypte. Zool. (* Ann. pl. 2. fig. 3.)

* *Amphinome alcyonea.* De Blainville. Dict. des Sc. nat. vers. pl. 7. fig. 2.

Habite le golfe de Suez. Petite espèce. Corps formé de soixante-sept segmens plus larges que longs. Faisceaux de soies de chaque pied inégaux.

5. Pléione aplatie. *Pleione complanata.*

Pl. compressa, utrinque attenuata.
Aphrodita complanata. Pall. Miscel. Zool. p. 109. tab. 8. fig. 19-26.
Amphinome complanata. Brug. Dict. n° 3.
Encycl. pl. 60. fig. 8-15.
Terebella complanata. Gmel.
* *Pleïone complanata.* Savigny. Syst. p. 62.
Habite la mer des Antilles. Le *Nereis* de Brown (Jam. Hist. p. 395.
    tab. 39. fig. 1.) nous paraît différent de l'espèce décrite par Pallas.
* Ajoutez : *Pleïone vagans.* Sav. Syst. p. 60 ; *Amphinome vagans.*
    Audouin et Edwards. Ann. t. 28. p. 196.
Etc.

EUPHROSINE. (Euphrosine.)

Trompe sans palais saillant et sans plis dentelés. Antennes extérieures et mitoyennes nulles ; l'impaire subulée. Branchies divisées en sept arbuscules rameux, situés
derrière les pieds et s'étendant d'une rame à l'autre. Un
cirre surnuméraire à toutes les rames supérieures. Deux
yeux.

Proboscis palato prominulo plicisque denticulatis orbata.
Antennæ exteriores intermediæque nullæ : impari subulatá.
Branchiæ in arbusculas septem ramosas divisæ, ponè pedes
insertæ, spatium inter remos occupantes. Cirrus ultrà nu-
merum ad remos superiores. Oculi duo.

OBSERVATIONS. — Les *Euphrosines* constituent un genre éminemment caractérisé par les branchies de ces animaux : elles
occupent un assez grand espace, s'étendent derrière les pieds
d'une rame à l'autre, et consistent en sept arbuscules rameux,
séparés, et alignés depuis les rames dorsales jusqu'aux rames
ventrales. Ce genre est en outre remarquable en ce que l'animal n'a qu'une antenne, qui est l'impaire ; les deux mitoyennes
et les deux extérieures manquant tout-à-fait. La tête des *Eu-*
phrosines est étroite, rejetée en arrière, et garnie par dessus

d'une coronule déprimée, qui se prolonge jusqu'au quatrième ou cinquième segment. Le corps est oblong ou ovale-oblong, obtus aux deux bouts.

ESPECES.

1. **Euphrosine laurifère.** *Euphrosine laureata.*

> *E. rubro-violacea, ovato-oblonga, depressa; branchiis setis longioribus, ramosissimis, apice foliiferis.*
> *Euphrosine laureata.* Sav. Mss. et Eg. Zool. Ann. pl. 2. fig. 1.
> * De Blanville. Dict. des Sc. nat. t. 57. p. 453. pl. 8. fig. 1.
> * Cuvier. Règne anim. t. 3. p. 199.
> * Guérin. Iconogr. Annel. pl. 4 bis. fig. 2.
> * Audouin et Edwards. Ann. des Sc. nat. t. 28. p. 201.
> Habite les côtes de la Mer Rouge. Le corps est formé de 41 segmens. La coronule qui est au-dessus de la tête est ovale, et relevée sur son milieu d'une petite crête longitudinale.

2. **Euphrosine myrtifère.** *Euphrosine myrtosa.*

> *E. intensè violacea, oblonga; branchiis setis brevioribus, parcè ramosis, foliiferis.*
> *Euphrosine myrtosa.* Sav. Mss. et Eg. Zool. Ann. pl. 2. fig. 2.
> Habite les côtes de la Mer Rouge. Espèce plus petite et à corps plus étroit que la précédente. Ce corps a 36 segmens.
> * Ajoutez :
> *Euphrosyna foliosa.* Audouin et Edwards. loc. cit. t. 28. p. 200. pl. 9. fig. 1-4.

† Genre HIPPONOÉ. *Hipponoa.*

Corps court; tête petite sans caroncule; cinq antennes. Pieds uniramés et pourvus seulement d'un cirre ventral. Branchies insérées derrière les pieds, et ayant la forme de houppes rameuses.

> HIPPONOÉ DE GAUDICHAUD. *Hipponoa Gaudichaudii.*
> Audouin et Edwards. Ann. des Sc. nat. t. 20. p. 156. pl. 3. fig. 1-5, et t. 28. p. 202. — Guérin. Iconogr. Annel. pl. 4 bis. fig. 3.

E.

Les Annelides dont on a formé les genres Péripate et Campontie . doivent prendre place dans l'ordre que nous venons de passer en revue ; mais ne peuvent rentrer dans aucune des tribus adoptées par notre auteur.

† Genre **PERIPATE**. (*Peripates*.)

Corps presque cylindrique et composé d'un petit nombre d'anneaux, qui à leur tour sont subdivisés en plusieurs segmens. Tête bien distincte , portant deux grosses antennes et une petite trompe armée de deux mâchoires ; pieds très gros , coniques, armés au sommet de quelques soies et dépourvues de cirres et d'autres appendices dermoïdes.

L'animal , d'après lequel ce genre a été établi par M. Lansdown-Guilding, a d'abord été pris pour un mollusque et a été considéré récemment comme appartenant à la classe des myriapodes, mais nous paraît devoir prendre place dans l'ordre des Annelides mésobranches. A la base de chaque pied on voit une petite ouverture qui est probablement un orifice aquifère. Mais pour lever tous les doutes relatifs aux affinités naturelles des Péripates , il faudrait étudier anatomiquement leur structure intérieure.

On ne connaît qu'une seule espèce, le :

PÉRIPATE JULIFORME. *Peripatis juliformis.*
Lansdown-Guilding. Zoological journal. vol. 2. pl. 14. fig. 1. et Isis. t. 21. pl. 2. — Audouin et Edwards. Ann. des Sc. nat. t. 30. p. 413. pl. 22. fig. 5.

† Genre **CAMPONTIE**. (*Campontia.*)

Corps cylindrique et composé d'un petit nombre d'articles. Tête bien distincte portant quatre yeux , deux antennes et deux mâchoires cornées. Deux gros tubercules pédiformes, rétractiles et garnis de grosses soies : crochets épars, fixés sur le premier anneau postcéphalique : pénultième anneau, garni en dessus de deux faisceaux divergens de soies subulées ; dernier anneau portant deux gros tubercules pédiformes, garnis chacun d'un cercle de crochets.

Ce singulier animal a été découvert sur les côtes de l'Angleterre, par M. Johnston, et ne serait suivant M. Mac Leay qu'une larve de quelque insecte diptère, mais ayant eu l'occasion de l'observer à l'état vivant, dans la rade de Toulon, nous ne croyons pas devoir adopter cette opinion, et nous sommes portés à considérer ce genre comme établissant le passage entre les Néréidiens et certains Helminthes. L'espèce unique observé jusqu'ici a reçu le nom de

Campontia eruciformis. Johnston. Loudon's Magasin of natural history. vol. 3. p. 179.   E.

ORDRE TROISIÈME.

ANNELIDES SÉDENTAIRES.

L'animal habite toujours dans un tube d'où il ne sort jamais entièrement, et n'a point d'yeux.
Branchies toujours à l'une des extrémités du corps ou près d'elle, à moins que le tube de l'animal ne soit ouvert d'un côté dans toute sa longueur.

Les *Annelides sédentaires* constituent un ordre remarquable et qui nous paraît naturel, parce que toutes sont constamment renfermées dans des tubes ou des tuyaux dont elles ne sortent point, qu'elles n'ont jamais d'yeux, et que toutes celles dont les tubes ne sont point ouverts longitudinalement d'un côté, ont toujours leurs branchies à l'une des extrémités du corps, en général à l'antérieure. Ces animaux vivant continuellement dans des fourreaux ou dans des tubes d'où ils ne sortent point, et qui sont presque toujours fermés sur les côtés, il leur eût été fort difficile de respirer, si leurs branchies eussent été disposées dans la longueur de leur corps, comme dans presque toutes les Annelides vagantes, ou sur la partie moyenne de leur dos, comme dans l'*Arénicole*. Il a donc été nécessaire que les branchies des Annelides sédentaires fussent disposées, soit à la partie antérieure de leur corps, lorsque leur tube n'est ouvert qu'en cet endroit, ou qu'elles pussent l'être, au moins à leur partie postérieure lorsque leur tube est ouvert aux deux bouts. Aussi, cette nécessité cesse, lorsque le tuyau qui contient l'animal est ouvert d'un côté dans toute sa longueur, ce dont un seul genre offre l'exemple. Ceux qui étudient la nature, concevront que c'est la nécessité même dont je parle, qui a ici donné lieu à la disposition des branchies, et non un plan prémédité.

Les tubes ou tuyaux des *Annelides sédentaires*, presque toujours fixés sur les corps marins sont, les uns membraneux ou cornés, plus ou moins incrustés au dehors de grains de sable et de fragmens de coquilles, les autres solides, calcaires et homogènes. Leurs habitans sont des animaux allongés, vermiformes, à corps garni, sur les côtés, de faisceaux de soies subulées, en général fort courts, qui manquent aux premiers et derniers anneaux, et en outre de soies à crochets, qui servent à l'animal pour se mouvoir dans son tube, auquel il n'est point attaché.

[Cette division se compose non-seulement d'Annelides qui n'ont entre elles que fort peu de ressemblance, mais aussi de plusieurs genres qui n'appartiennent pas à cette classe, et qui doivent rentrer dans l'embranchement des Mollusques. Pour la distribution naturelle des Annélides que notre auteur rassemble ici, voyez le tableau, p. 513.   E.

DIVISION DES ANNELIDES SÉDENTAIRES.

(1) Branchies dorsales ou disposées dans la longueur du corps.

Les Dorsalées.

(2) Branchies, connues ou supposées, disposées à une des extrémités du corps ou auprès.

(a) Branchies indéterminées, supposées à la partie postérieure du corps.

Le tube de l'animal ouvert aux deux bouts.

Les Maldanies.

(b) Branchies, en général connues, disposées à la partie antérieure du corps, ou auprès.

(+) Branchies non séparées ni recouvertes par un opercule.

Les Amphitritées.

(++) Branchies séparées ou recouvertes par un opercule. Tube solide et calcaire.

Les Serpulées.

LES DORSALÉES.

Branchies dorsales ou disposées dans la longueur du corps.

Il est singulier de trouver parmi les Annelides qui habitent continuellement dans des tubes, des animaux à branchies dorsales ou disposées dans la longueur du corps; disposition qui n'est point favorable à la respiration, si les tubes ne sont pas ouverts latéralement; aussi les exemples de ceux qui sont dans ce cas, sont-ils peu nombreux.

D'après cette disposition des branchies, j'ai dû placer

ces Annelides en tête des Sédentaires, afin de les rapprocher de celles de l'ordre précédent qui ont une disposition semblable dans leurs branchies. Les *Dorsalées* ne comprennent que deux genres, savoir : celui de l'*Arénicole* et celui des *Siliquaires*. Par leur rapprochement, ils forment une association dont probablement personne ne se serait douté.

[Le premier de ces genres établit le passage entre les Annelides céphalobranches ou tubicoles, et les Annelides mésobranches; le second appartient à la classe des Mollusques.   E.

ARÉNICOLE. (Arenicola.)

Corps mou, long, cylindrique, annelé, nu postérieurement, garni de deux rangées de faisceaux de soies dans sa partie moyenne et antérieure. Des branchies externes en houppes ou arbuscules, dans la partie moyenne du dos, au bas des faisceaux de soies.

Bouche terminale, nue. Point d'yeux.

Corpus molle, longum, annulatum, cylindricum, posticè nudum; setarum fasciculi biseriales in parte mediâ anticâque. Branchiarum externarum arbusculæ aut penicilli ad basim fasciculorum dorsalium.

Os terminale, nudum. Oculi nulli.

OBSERVATIONS. — Les branchies externes et bien apparentes de cette Annelide ne permettaient pas de laisser cet animal parmi les Lombrics; il a donc fallu en faire le type d'un genre particulier qui est très distinct. Dans le tiers postérieur du corps de l'*Arénicole*, il n'y a ni faisceaux de soies, ni branchies dans le tiers antérieur, il n'y a que des faisceaux de soies; enfin, ce n'est que dans la partie moyenne dorsale que se trouvent les deux rangées de houppes branchiales. La bouche ne s'allonge point en trompe.

37.

M. *Savigny* place ce genre parmi ses Annelides serpulées ; il assure que l'animal a des soies à crochets ; et qu'il habite dans un tube. S'il en est ainsi, l'animal sort donc habituellement et souvent de son tube pour respirer ; ou bien, son tube est, soit perméable à l'eau, soit fendu d'un côté comme celui de la Siliquaire.

[Ces Annelides, comme leur nom l'indique, vivent enfouies dans le sable du rivage de la mer ; elles y creusent des cavités cylindriques très profondes qui communiquent ordinairement au-dehors par les deux extrémités, et qui sont tapissées d'une légère couche de matière gluante, sécrétée par le corps de l'animal. La tête des Arénicoles n'est pas bien distincte, et ils n'ont ni antennes, ni yeux ni mâchoires, mais au-dessus de l'extrémité céphalique, on voit un petit caroncule rétractile qui paraît représenter la tête, et la bouche est armée d'une petite trompe charnue dont la surface est hérissée de tubercules coniques. Enfin, les pieds sont formés de deux rames bien distinctes, dont l'inférieure est garnie de soies à crochets.]

E.

ESPECE.

1. Arénicole du pêcheur. *Arenicola piscatorum.*

> *Lumbricus marinus.* Lin.
> *Nereis lumbricoides.* Pall. Nov. act. Petrop. 2. t. 1. fig. 19-29.
> Encycl. pl. 34. fig. 16.
> *Arenicola carbonaria*, Leach.
> * *Arenicola piscatorum.* Cuvier. Dict. des Sc. nat. t. 2. p. 473, et Règne anim. t. 3. p. 198.
> * Savigny. Syst. p. 96.
> * De Blainville. Dict. des Sc. nat. t. 57. p. 447. pl. 6. fig. 1.
> * Audouin et Edwards. Ann. des Sc. nat. t. 30. p. 420. pl. 22 fig. 8-12.
> Habite en Europe, dans le sable des bords de la mer. Les pêcheurs en font des provisions, et s'en servent, comme d'appât, pour prendre le poisson.

† Genre **CHÆTOPTÈRE.** (*Chætopterus.*)

Point de tête distincte ; corps grèle et terminé antérieurement par une espèce de disque, portant en dessous une bouche dépourvue de trompe et de mâchoires; deux appendices tentaculaires plus ou moins développés. Pieds de quatre sortes ; ceux de la partie antérieure du corps fixés sur l'écusson céphalique et composés seulement d'une rame dorsale, ayant l'aspect d'un cornet membraneux au fond duquel sortirait un faisceau de soies; ceux de la seconde sorte ayant une rame dorsale assez analogue aux précédentes, mais pourvue aussi d'une rame ventrale, composée d'un lobe charnu qui souvent se confond avec celui du côté opposé, de façon à former à la face inférieure du corps, un tubercule ou bourrelet transversal impair. La rame dorsale de l'une de ces paires de pieds extrêmement développée, et formant de chaque côté du corps des espèces d'ailes. Pieds de la troisième sorte placés à la suite des précédens, ayant la rame ventrale disposée de même, mais ayant la rame dorsale remplacée par une grande membrane branchiale, froncée et réunie à son congenère, de façon à constituer sur ·le dos une espèce de sac vésiculaire impair; enfin, les pieds de la quatrième sorte, qui occupent toute la partie postérieure du corps, composés d'une rame dorsale semblable à celle des pieds de la première et de la seconde espèces, et d'une rame ventrale composée de deux tubercules charnus.

CHÆTOPTÈRE A PARCHEMIN. *Chætopterus pergamentaceus.*
Cuvier. Règne anim. t. 3. p. 208. — Audouin et Edwards. Ann. des
    Sc. nat. t. 30. p. 417. pl. 22. fig. 1-4. — Edwards. Atlas du
    Règne anim. de Cuvier. Annel. pl. 20. fig. 2.
CHÆTOPTÈRE NORWÉGIEN. *Chætopterus norwegus.*
Sars Beskrivelser og Jagttagelser. p. 54. pl. 11. fig. 29.

SILIQUAIRE. (Siliquaria.)

Corps tubicolaire, inconnu.

Test tubuleux, irrégulièrement contourné, atténué

postérieurement, quelquefois en spirale à sa base, ouvert à son extrémité antérieure; ayant une fente longitudinale, subarticulée, qui règne dans toute sa longueur.

Corpus tubicolare, ignotum.

Testa tubulosa, irregulariter contorta, posticè attenuata, ad basim interdùm spirata, apice pervia; fissurâ longitudinali, subarticulatâ, per totam longitudinem currente.

OBSERVATIONS. — Les *Siliquaires* avaient été confondues avec les Serpules par Linné; ce fut Bruguière qui, le premier, les en sépara avec raison. Quoique l'on ne connaisse pas encore l'organisation de l'animal des Siliquaires, on ne saurait douter qu'il appartienne à la classe des Annelides, et qu'il soit sédentaire dans son tube. Mais probablement, ses branchies sont latérales, c'est-à-dire, placées sur l'animal dans sa longueur; et comme l'animal paraît ne point quitter son tube, il a donc fallu que ce tube fût ouvert latéralement par une fente courante, pour qu'il pût respirer. Par la disposition de ses branchies, il appartient à l'ordre des Annelides vagantes; mais, d'après l'habitude que nous lui attribuons d'être sédentaire, nous le plaçons ici provisoirement. L'animal se déplaçant dans son tube, on y trouve quelquefois des cloisons transverses. Dans certaines espèces, la fente latérale est peu apparente, et laisse le genre presque indécis.

[Les Siliquaires, distingués d'abord par Guettard, sous le nom de *Ténagode*, et considérés jusqu'à ces dernières années comme étant des Annelides fort voisines des Serpules, appartiennent à la classe des Mollusques, et doivent prendre place auprès des Vermets. D'après la conformation de leur coquille tubiforme, M. Savigny avait déjà émis des doutes sur la justesse de l'opinion généralement reçue à leur égard, et M. de Blainville a été plus loin, car il a reconnu que ces animaux devaient appartenir à la classe des Mollusques gastéropodes, détermination que les découvertes ultérieures ont pleinement confirmée. En effet, M. Audouin ayant eu l'occasion d'observer un de ces animaux, a constaté que leur mode d'organisation se rapproche beaucoup de celle propre aux Vermets. Le corps est de forme allongée et contourné en spirale sans qu'on puisse l'étendre en ligne droite;

antérieurement on voit un opercule très épais formé par l'em-
pilement de lamelles cornées et fixé sur un pied musculaire qui
présente supérieurement une sorte d'appendice très comprimé
en arrière duquel s'élève une tête distincte, munie de deux petits tentacules légèrement renflés au sommet, et pourvus chacun à leur base d'un œil assez saillant. Immédiatement après la
tête, on observe le manteau qui est fendu supérieurement dans
toute sa longueur, jusqu'à la base du tortillon qui est bien distinct, et termine le corps. Le lobe droit du manteau est réduit
à une frange très étroite, qui est bordée en dedans par un petit sillon étendu de la tête à la naissance du tortillon; le lobe
gauche est beaucoup plus large dans toute son étendue. Les
branchies n'existent que d'un seul côté, et consistent en filamens simples, fixés à la face interne du lobe gauche du
manteau dans toute sa longueur. Enfin, le tortillon est assez
court, et renferme le foie et les organes générateurs, lesquels
se terminent à une petite échancrure qui se remarque sur le
lobe gauche du manteau.

La coquille des Siliquaires diffère principalement du tube
des Serpules par la fente qui se voit sur le bord de son ouverture, et qui se prolonge postérieurement en une gouttière percée de trous à travers lesquels l'eau nécessaire à la respiration
arrive aux branchies situées au-dessous. La coupe transversale
de cette coquille est parfaitement circulaire, et elle est contournée en spirale lâche et irrégulière, si ce n'est au sommet, ou
son enroulement est en général assez régulier. Enfin, dans
l'état frais, on y trouve à l'extérieur une sorte d'épiderme, et
ses parois sont fixés aux corps étrangers avec bien moins de
force que chez la plupart des Serpules. (V. De Blainville Manuel de Malacologie. p. 432 et 653 ; et Dict. des Sc. nat. t. 49,
p. 210; Audouin. Ann. des Sciences nat. 1829. Revue, p. 31, et
Dict. classique d'hist. nat. t. 15. p. 428.)					E.

ESPECES.

1. Siliquaire anguine. *Siliquaria anguina.*

> *S. testá tereti, muticá, transversè striatá, longitudinaliter sulcatá ;*
> *anfractibus baseos subcontiguis, spiram formantibus.*

Serpula anguina. Lin. Syst. nat. p. 1267.

Born. Mus. p. 440. tab. 18. fig. 15.

* De Blainville. Dict. des Sc. nat. t. 49. p. 212.

* Cuvier. Règne anim. t. 3. p. 110.

* Deshayes. Encycl. méthod. vers. t. 3. p. 951.

* Habite la mer des Indes. Mus. n°   . Son tuyau est blanchâtre; sa spirale inférieure est presque régulière. On en trouve des portions fossiles, à Saint-Clément au nord. d'Angers. M. [*Ménard.*

2. Siliquaire muriquée. *Siliquaria muricata.*

S. testá tubulosá contortá irregulari longitudinaliter costatâ; costis squamis fornicatis seriatim muricatis.

Serpula muricata. Born. Mus. p. 440. t. 18. fig. 16.

Rumph. Mus. tab. 41. fig. H.

* De Blainville. loc. cit.

* Deshayes. op. cit. t. 3. p. 952.

(B) *Var. violacea; costis pluribus submuticis; squamis aliarum minimis.* Mus. n°

Habite la mer des Indes. Son tuyau est anguleux, ne forme point de spirale régulière : il est d'un blanc rougeâtre, et dans la variété B, d'un violet rosé.

3. Siliquaire lisse. *Siliquaria lævigata.*

S. testá tereti, obsoletè costatá, laxè convolutá; rimá articulatá.

An Martin. Conch. 1. tab. 2. fig. 13. c?

* De Blainville. op. cit. t. 49. p. 213.

* Desmarest. loc. cit.

Habite.... Mus. n°   . Tuyau blanchâtre.

† *a.* 3. Siliquaire australe. *Siliquaria australis.*

S. testá rectá regulariter spirali, subcylindricá, transversim rugosá; longitudinaliter tenuissime sulcatá, albá postice rubente.

Quoy et Gaimard. Voyage de l'*Astrolabe.* t. 3. p. 302.

Habite la Nouvelle-Hollande.

4. Siliquaire tire-bouchon. *Siliquaria terebella.*

S. testá tereti, lævi, spiratá; rimá subarticulatá.

* Defrance. Dict. des Sc. nat. t. 49. p. 215.

Habite.... Fossile de Saint-Clément de la Plaie, à trois lieues d'Angers. *Ménard.*

5. Siliquaire lactée. *Siliquaria lactea.*

S. testá, contortá, parvulá, semi-pellucidá, candidá, lævissimá; fissurá inarticulatá.

Mus. n°
Habite.... la mer de l'Inde? Voyage de *Péron.*

6. Siliquaire lime. *Siliquaria lima.*

S. testá tereti, per longitudinem multistriatá, laxè contortá; striis squamulis asperatis.
* Defrance. Dict. des Sc. nat. t. 49. p. 215.
* Deshayes. op. cit. p. 952.
Habite.... Fossile de Grignon. Mon cabinet.

7. Siliquaire épineuse. *Siliquaria spinosa.*

S. testá tereti, subcontortá, echinatá; costis longitudinalibus, squa-mato-spinosis.
Faujas. Géologie. vol. 1. pl. 3. fig. 6.
* Deshayes. cit.
* *Agatirse furcelle.* Denis de Montfort. Conch. Syst. p. 399.
* Defrance. Dict. des Sc. nat. t. 49. p. 216.
Mus. n°
Habite.... Fossile de Grignon. Mon cab. Par sa fente latérale souvent peu apparente, on la confond avec la Serpule hérissée. Elle est plus ou moins cloisonnée à l'intérieur.
* Ajoutez :
* *S. squammata.* De Blainville.Dict. des Sc. nat. t. 49. p. 213.
* *S. polygona.* Ejuds.loc. cit.
* *S. rosea.* Ejusd. loc. cit.
* *S. florina.* Defrance. Dict. des Sc. nat. t. 49. p. 216. Fossile du Calcaire grossier de Néhou, département de la Manche.
Etc.

LES MALDANIES.

Branchies indéterminées, supposées à la partie postérieure du corps. Le tube de l'animal ouvert aux deux bouts.

M. *Savigny* ne rapporte qu'un genre à sa division des *Maldanies,* celui de la Clymène, et j'y en ajoute un autre, celui des Dentales, quoique l'animal en soit moins connu. Les *Maldanies* ne sont pas moins singulières que les Dorsalées; mais elles le sont sous d'autres rapports. En effet, comme dans la plupart des Annelides sédentaires, les branchies sont situées à la partie antérieure du corps de 'animal; on les y a cherchées en vain dans les Clymènes, et M. Savigny en a conclu qu'elles n'en avaient point. En réfléchissant à cette singularité de la Clymène, je portai aussi mon attention sur une autre, savoir : que le tube ou fourreau qui contient l'animal est ouvert aux deux bouts; et bientôt je compris que la situation des branchies devait en être la cause. Alors, quoique l'animal de la Clymène ne me soit pas directement connu, et qu'à l'égard de celui des Dentales, mes notions soient encore vagues, je ne balançai pas à les rapprocher sous la considération de leur tube et sous celle de la disposition supposée de leurs branchies à l'extrémité postérieure de leur corps. Ce rapprochement paraîtra tout aussi singulier, qu'a dû le paraître celui des Siliquaires et de l'Arénicole.

[Ce rapprochement est en effet tout aussi peu fondé, car les Clymènes sont des Annelides qui établissent le passage entre les Arénicoles et les Lombrics, tandis que les Dentales sont des Mollusques.   E.

CLYMÈNE. (Climene.)

Corps tubicolaire, grèle, cylindrique, ayant de chaque côté une rangée de mamelons sétifères.

Extrémité antérieure rétuse, oblique, ayant un rebord demi circulaire qui s'avance au-dessus de la bouche. Celle-ci traverse, plissée, bilabiée; à lèvre inférieure très renflée. Point de tentacules.

Extrémité postérieure dilatée, formant un entonnoir, à limbe découpé formant plusieurs petites dents égales et pointues; à intérieur muni de rayons élevés (les branchies?) qui se prolongent jusqu'à l'anus. Celui-ci situé au fond de l'entonnoir et entouré de papilles charnues.

Tube grêle, ouvert aux deux bouts, et incrusté au dehors de grains de sable et de fragmens de coquilles.

Corpus tubicolare, gracile, cylindricum ; utroque latere mamillis setiferis universalibus.

Extremitas anterior retusa, obliqua ; margine semi-circulari os obumbrante. Os transversum, plicatum, bilabiatum : labio inferiore turgidissimo. Tentaculata nulla.

Posterior extremitas dilatata, orbiculatim expansa, infundibulum simulans : limbo dentibus pluribus æqualibus acutisque fisso ; intùs radiis (branchiæ ?) elevatis ad anum usque porrectis. Anus fundum infundibuli occupans, papillis carnosis circumvallatus.

Tubulus gracilis, utráque extremitate pervius, extus arenulis fragmentisque conchyliorum incrustatus.

OBSERVATIONS. — En nous faisant connaître le genre singulier des *Clymènes*, M. Savigny nous a éclairé sur un mode particulier auquel on ne pensait point à l'égard des Annelides. J'aperçois maintenant ce que peut, ce que doit être l'animal des Dentales. M. Savigny ayant cherché sans succès des branchies à l'extrémité antérieure des *Clymènes*, en a conclu qu'elles en manquaient, comme si cela était possible. Si nous ne connaissions point les *Doris*, peut-être aurions-nous quelque peine à croire que les branchies pussent être transportées autour de l'anus. Dans les Annelides toujours renfermées dans un tube qui n'est ouvert qu'à l'extrémité antérieure, il fallait bien que les branchies de l'animal fussent placées à cette extrémité de son corps ou auprès; mais ce n'est assurément pas sans raison que le tube des *Clymènes* est ouvert aux deux bouts, et l'appareil de l'entonnoir qui environne l'anus, indique assez que c'est là que sont situées les branchies.

Le corps des *Clymènes* a les segmens de sa partie moyenne plus longs que ceux qui sont vers ses extrémités. Ses mamelons latéraux sont transverses, portent chacun un petit faisceau de soie lées, et après les trois paires antérieures, ils ont en outre des soies à crochets.

ESPECE.

1. Clymène amphistome. *Clymene amphistoma.*

> Sav. Mém. Mss. (* Syst. des Annel. p. 93. et Atlas de l'ouv. sur l'E-
> gypte. Annel. pl. 1. fig. 1.)
> * De Blainville. Dict. des sc. nat. t. 57. p. 445. pl. 6. fig. 2.
> * Cuv. Règne anim. t. 3. p. 212.
> Habite sur les côtes de la mer Rouge, dans les crevasses des rochers.
> Les petits tubes qu'elle se forme sont onduleux, et ouverts aux
> deux bouts pour le passage de l'extrémité antérieure et pour celui
> de l'entonnoir.
> * Etc.

DENTALE. (Dentalium.)

Corps tubicolaire, très confusément connu, ayant son extrémité antérieure exsertile en un bouton conique, entouré d'une membrane en anneau. Bouche terminale.

Extrémité postérieure dilatée, évasée orbiculairement : à limbe divisé en cinq lobes égaux.

Tube testacé, presque régulier, légèrement arqué, atténué insensiblement vers son extrémité postérieure, et ouvert aux deux bouts.

Corpus tubicolare, obscurè notum : extremitate anticâ in gemmam conicam exsertili, membranâ annulari circumdatâ. Os terminale, nudum.

Extremitas posterior dilatata, orbiculatim patula : limbo lobis quinque æqualibus diviso.

Tubus testaceus, subregularis, leviter arcuatus, versùs extremitatem posticam sensìm attenuatus, utráque extremitate pervius.

OBSERVATIONS. — D'Argenville ne nous a donné que des notions très imparfaites de l'animal des *Dentales*, dont il figure les extrémités dans sa Zoomorphose. Selon les observations communiquées par M. *Fleuriau de Belle-Vue*, l'animal des

Dentales approche beaucoup, par sa forme, des Amphitrites et
des Sabellaires; il a, de chaque côté du corps, une rangée de
petits faisceaux à deux soies; mais il n'a point les panaches
branchiaux des Amphitrites, ni les paillettes en peigne des Sabellaires. Si l'on s'en rapporte à l'épanouissement en rosette de
la partie postérieure de l'animal des Dentales, selon D'Argenville, cette rosette est un entonnoir fort analogue à celui des
Clymènes de M. Savigny. Ce serait au fond de cet entonnoir
que se trouverait l'anus, et probablement les branchies l'entou-
reraient. En attendant que cet animal soit mieux connu, nous
continuerons de le rapporter aux Annelides; nous croyons même
qu'il doit avoisiner les Clymènes par ses rapports.

Les Dentales sont assez nombreuses en espèces, d'après les
différens tubes de ces animaux que l'on voit dans les collections,
on en connaît aussi plusieurs dans l'état fossile.

[Tant que l'on ne connaissait que le tube calcaire des Dentales, on ne pouvait déterminer avec précision la place qu'elles
doivent occuper dans une méthode naturelle, et la plupart des
auteurs les rapprochaient des Serpules, tandis que quelques
autres les plaçaient auprès des Patelles; mais aujourd'hui que
l'animal lui-même a été décrit avec soin, tant sous le rapport
des formes extérieures que relativement à son organisation intérieure, il ne peut rester aucun doute concernant les affinités
naturelles de ces êtres, et on voit que ce ne sont pas des Annelides, mais bien des Mollusques gastéropodes, ainsi que l'a dé-
montré M. Deshayes dans une Monographie du genre Dentale,
publiée il y a quelques années dans le 2e volume des Mémoires
de la Société d'histoire naturelle de Paris, et reproduite en majeure partie dans l'Encyclopédie méthodique. (vers. t. 2.)

Ces animaux ont le corps allongé, conique, tronqué antérieurement, et enveloppé d'un manteau terminé antérieurement
par un bourrelet sphinctéroïde, frangé ou plissé; le pied, antérieur, proboscidiforme, terminé par un appendice conique reçu
dans une sorte de calice à bords festonnés; la tête distincte et
pédiculée; les lèvres munies de tentacules; point d'yeux ni de
tentacules ocuifères; les branchies cirreuses disposées en deux
paquets cervicaux, symétriques; une paire de mâchoires latérales cornées, ovales, fendues; l'anus terminal, médian et logé

dans une sorte de pavillon infundibuliforme postérieur, pouvant sortir de la coquille.

Suivant MM. Deshayes et de Blainville, les Dentales doivent prendre place auprès des Nucléobranches, et ce dernier naturaliste a établi, pour les recevoir, un ordre particulier dans sa sous-classe des Paracéphalophores hermaphrodites , division qu'il désigne sous le nom de *Cirrhobranches*. (Voy. Dict. des Sc. nat. t. 32. p. 286, et Manuel de Malacologie.)   E.

ESPECES.

(a) *Tubes à côtes ou stries longitudinales.*

1. Dentale éléphantine. *Dentalium elephantinum.*

D. testá decemangulatá, subarcuatá, striatá.

Linn. Syst. nat. p. 1263. Gmel. p. 3736.

D'Argenv. Conch. t. 3. fig. H, et Zoomorph. t. 1. fig. H.

Martin. Conch. 1. t. 1. f. 4 A. et 5 A.

(b) *Idem ? testá fossili, subduodecim costatá; costis sex majoribus.*

Habite les mers de l'Inde et l'Europe. C'est l'une des plus grandes du genre ; elle est verdâtre, nuancée de brun, blanche vers sa pointe tronquée. On la trouve fossile en Italie.

* Suivant M. Deshayes on aurait confondu ici deux espèces bien distinctes, savoir :

1° Le *D. elephantinum.* (*Testá duodecim costatá, angulata, subrectá, albidá; costá minore unicá inter alias.*)

D. eleph. Linné. Gmel. Syst. nat. p. 3730, et *D. rectum.* ejusd. p. 3738.

Lister. Synopsis. Conchyl. pl. 547. fig. 1.

D'Argenville. Lithol. pl. 3. fig. *h. h.* et Zoomorph. tab. 1. fig. *h.*

Bonani. Mus. Kinker. 1re part. fig. 8.

Gaultieri. Index. test. tab. 10. fig. *h.*

Scilla Vana Specul. tab. 18. fig. 6. (fossile.)

Brocchi. Conchil. Subap. p. 260. n° 1.? (foss.)

Mercati. Metallo. vat. p. 302. fig. sup. (foss.)

Aldrovande. De Testaceis. p. 283. n° 1.

Martini. Conchil. Cabin. t. 1. pl. 1. fig. 4 a,

Guettard. Mém. sur les arts et sc. t. 2. pl. 69. fig. 7.

Petiver. Amboin. tab. 16. fig. 33.

Knorr. Délices des yeux. 1e p. tab. 29. fig. 3.

Deshayes. Mém. de la Soc. d'hist. nat. de Paris. t. 2. p. 347. pl. 17. fig. 7.

2° Le *D. arcuatum* (*testá albo-virescente, tereti, arcuatá, decem costatá, costis inferioribus, majoribus; striá unicá inter costas.*

Linné. Gm. p. 3738. n. 16.

D. elephantium. Lamarck. n. 1.

Sowerby. Genera. n. 15. fig. 1.

Gualtieri. Ind. test. tab. 10. fig. G. I.

Rumph. Mus. tab. 41. fig. I.

Martini. Conchil. cab. tab. 1. fig. 5. A.

Deshayes. op. cit. p. 349. pl. 16. fig. 3, 4, 7 et 8.

2. Dentale corne de bouc. *Dentalium aprinum.*

D. testá subsulcatá, decem duodecimque costatá; striis transversis subnullis.

Martin. Conch. 1. tab. 1. fig. 5 B.

List. Conch. t. 547. f. 1. *inferior*.

An dentalium aprinum? Lin. Syst. nat. p. 1263. Gmel. n° 2.

* Brocchi. Conchil. Subap. p. 264. n° 10.

* Deshayes. op. cit. p. 351. pl. 16. fig. 18, 19.

(b) *Idem, testá albidá.* Martin. Ibid. f. 4. B.

Habite la mer de l'Inde. Mus. n°. Elle est plus grèle, plus subulée que l'espèce n° 1. La var. B. se trouve fossile au Piémont.

* M. Deshayes considère le *D. striatulum* de Linné. (Syst. nat. p. 3738. n. 13) comme étant une variété de cette espèce.)

3. Dentale sillonnée. *Dentalium sulcatum.*

D. testá costis longitudinalibus subæqualibus duodecim ad quindecim sulcatá.

* Deshayes. op. cit. p. 354. pl. 18. fig. 15.

Mus. n°.

Habite... Fossile de Grignon.

4. Dentale fasciée. *Dentalium fasciatum.*

D. testá griseá seu fusco-cærulescente, obscuriùs fasciatá; anticá parte læviusculá, posticá, costatá.

Dentalium fasciatum. Gmel. n° 10. Martin. Conch. 1. t. 1. f. 3. B.

Habite la mer de Sicile. Mus. n°. (* M. Deshayes a constaté que cette Dentale ne diffère pas spécifiquement de la *D. novemcostatum*, décrite ci-dessous n. 7.)

5. Dentale octogone. *Dentalium octogonum.*

D. testá albidá subarcuatá octogoná : costis octonis.

* Deshayes. op. cit. p. 352. pl. 16. fig. 5 et 6.

Mus. n°.

Habite la mer de la Chine. Elle varie à interstices des côtes sillonnées. Mon cabinet.

† 5. *a*. Dentale raccourcie. *Dentalium abbreviatum.*

D. *testâ minutâ, abbreviatâ, subrectâ, extremitate recurvâ, septem
angulatâ, crassâ ; aperturâ rotundâ, rectâ, incrassatâ.*

Deshayes. op. cit. p. 352. pl. 18. fig. 21 et 22.

Fossile des sables des environs de Soissons.

† 5. *b*. Dentale variable. *Dentalium variabile.*

D. *testa tereti, subarcuatâ, albida, luteolâve ; quinque ad novem costatâ ; striis exiguis interpositis.*

Deshayes. op. cit. p. 352. pl. 16. fig. 30.

Habite les mers de l'Inde ?

6. Dentale difforme. *Dentalium deforme.*

D. *testæ truncis inæqualibus, subcurvatis ; costis septem subobliquis.*
Mon cabinet.

Habite.... Fossile des environs de la Sarthe. M. *Ménard.* * M. Deshayes pense que ce fossile appartient au genre Serpule.

7. Dentale à neuf côtes. *Dentalium novemcostatum*

D. *testâ parvulâ, albido-viridulâ, novem costatâ, striis transversis
subdecussatâ.*

* Deshayes. op. cit. p. 356. pl. 16. fig. 11 et 12.

Mon cabinet.

Habite aux environs de la Rochelle. M. *Fleuriau de Belle-Vue.* L'a-
nimal a, de chaque côté, une rangée de faisceaux à deux soies
courtes. (* Si cette observation est exacte, l'animal en question
n'est pas une Dentale, mais une Annelide.)

8. Dentale sexangulaire. *Dentalium sexangulare.*

D. *testâ duodecim costatâ : costis sex eminentioribus : striis transversis minimis.*

An Dentalium sexangulum ? Gmel. p. 3739.

Broc. foss. 2. p. 262 ?

* Knorr. Pétrif. t. 1. 2e part. pl. J. *a.* fig. 5 F.

* *Dentalium elephantium.* Sowerby. Genera. n. 15. fig. 2.

* Deshayes. op. cit. p. 350. pl. 17. fig. 4. 5. 6.

Habite.... Fossile d'Italie, du Plaisantin. *Ménard.*

† 8. *a*. Dentale fossile. *Dentalium fossile.*

D. *testâ vix arcuatâ, longitudinaliter striatâ ; crebris striis regularibus, obtusis æqualibus.*

Lin. Gm. p. 3738.
Brocchi. Conchil. Subap. p. 261.
Deshayes. op. cit. p. 355. pl. 17. fig. 12.
An *D. costatum.* Sowerby. Miner. Conchil. pl. 70. fig. 8.
Fossile des terrains subapennins des environs de Sienne.

† 8. *b.* Dentale de Boué. *Dentalium Bouei.*

D. testá tereti subarcuatá longitudinaliter tenuissimè striatá, striis transversalibus decussatá.
Deshayes. op. cit. p. 355. pl. 18. fig. 8.
An *D. interruptum?* Lin. Gmel. p. 3739.
An *D. decussatum?* Sowerby. Min. Conch. pl. 7 *a.* fig. 5.
Fossile des argiles bleues de Bade, près Vienne, en Autriche.

† 8. *c.* Dentale de Lesson. *Dentalium Lessoni.*

D. testá subrectá, tereti, albido-griseá, octo ad decem costatá, costis obtusis, depressis, ad aperturam evanescentibus.
Deshayes. op. cit. p. 357. pl. 16. fig. 13.
Habite les mers de la Nouvelle-Guinée.

† 8. *d.* Dentale à côtes aiguës. *Dentalium acuticosta.*

D. testá tereti, subarcuatá, subulatá, duodecim ad sexdecim costatá; costis tenuibus angustis, acutis, ad aperturam evanescentibus.
Deshayes. op. cit. p. 357. pl. 18. fig. 3.
D. striatum. Sowerby. Min. Conch. pl. 70. fig. 4.
Fossile de l'argile de Londres.

† 8. *e.* Dentale pseudo - sexagone. *Dentalium pseudo-sexagonum.*

D. testá tereti, subulatá, subarcuatá, grisea, tenuè striatá, extremitate posticá sex angulatá.
Deshayes. op. cit. p. 358. pl. 16. fig. 14, 15 et 16.
Patrie?

† 8. *f.* Dentale à stries nombreuses. *Dentalium multistriatum.*

D. testá tereti, subrectá, albidá, multistriatá; striis tenuibus, confertissimis, aliquantisper seriatim submaculatis.
Deshayes. op. cit. p. 358. pl. 18. fig. 11.
An *D. fasciatum?* Lin. Gm. p. 3737.
Habite les mers de l'Inde?

† 8. *g.* Dentale à fils. *Dentalium filosum.*

> *D. testá gracili, tenui, albá, filis octo longitudinalibus, striis trans-*
> *versis creberrimis ; long. 2 o/10 poll. lat. 2 o/10 poll.*
> Broderip et Sowerby. Zoological journal. vol. 5. p. 48.
> Hab. la côte de Tennasserim.

9. Dentale striée. *Dentalium striatum.*

> *D. testá longitudinaliter striatá : striis crebis obtusis æqualibus.*
> *(* Extremitate posticá profundè fissá).*
> *An dentalium fossile?* Gmel.
> * Deshayes. op. cit. p. 364. pl. 18. fig. 4, 5.
> Habite.... Fossile d'Italie, des environs de Sienne en Toscane.
> M. *Ménard.* On la trouve vivante dans le golfe de Tarente, mais
> plus grande et à stries plus grosses. (* Lamarck confond ici le
> *D. striatum* avec l'espèce suivante.)

† 9. *a.* Dentale grande taille. *Dentalium grande.*

> *D. testa magná, tereti subarcuatá, striatá ; striis numerosissimis con-*
> *fertis tenuibus ; fissurá posticali profundá, angustá.*
> Deshayes. op. cit. p. 365. pl. 17. fig. 1, 2, 3.
> Fossile de Grignon, confondue par Lamarck avec le *D. striatum.*

9. *b.* Dentale courte fente. *Dentalium brevifissum.*

> *D. testá tereti, subrectá, posticè costatá, anticè lævigatá; costis tre-*
> *decim ad sexdecim, obtusis, extremitate eminentioribus ; rimulá*
> *angustá abbreviatá.*
> Deshayes. op. cit. p. 366. pl. 17. fig. 13, 14.
> Fossile des environs d'Angers et des Faluns de la Touraine.

† 9. *c.* Dentale substriée. *Dentalium substriatum.*

> *D. testá tereti subrectá, anticè lævigatá, posticè læviter striatá ; striis*
> *minutissimis ; rimá abbreviatá subangustá.*
> Deshayes. op. cit. p. 366. pl. 18. fig. 1 et 2.
> *Dentalium fissura.* Sowerby. Genera. n. 15. fig. 3, 4.
> Fossile des environs de Paris.

† 9. *d.* Dentale demi-triée. *Dentalium semi-stratum.*

> *D. testá tereti, subarcuatá, extremitate posticè recurvá striatá ; parte*
> *anticá lævigatá ; fissurá subprofunda, angustá.*
> Deshayes op. cit. p. 367. pl. 17. fig. 15, 16.
> Fossile aux environs de Paris.

† 9. *e.* Dentale coupée. *Dentalium sectum.*

> D. *testá tereti, angustá, subrectá, albidá , subtranslucidá, postice te-*
> *nuissimè striatá, obliquè sectá, rimá angustá in sectione.*

Deshayes. op. cit. p. 367. pl. 18. fig. 12, 13, 14.

Paraît habiter les mers d'Asie.

10. Dentale à petites côtes. *Dentalium dentalis.*

> D. *testá tereti, subarcuatá, costellatá; costellis octodenis aut vigenti :*
> *alternis minoribus.*

Dentalium dentalis. Linn. Born. Mus. t. 18. f. 13.

* Olivi Zoologia adriatica. p. 192. n. 3.

* Von Born. Mus. Cæs. Vind. tab. 18. fig. 13.

* Deshayes. op. cit. p. 353. pl. 16. fig. 9 et 10.

(B) *Id? costis majoribus planulatis.*

* *Dent. attenuatum.* Say. Journ. of the Acad. of sc. of Philadelphia
t. 4. p. 154. pl. 8. fig. 3.

Habite la Méditerranée. Mus. n°. La variété B. est fossile, et se trouve
en Piémont, près d'Annone. (* Et dans le Maryland, aux Etats-
Unis d'Amérique.)

11. Dentale fausse-antale. *Dentalium pseudo-antalis.*

> D. *testá tereti subarcuatá ; anticè lœvi; posticè costellis sulcatá.*

* Deshayes. op. cit. p. 358. pl. 17. fig. 21.

Mus. n°.

Habite... Fossile de Grignon *des Faluns de la Touraine et de Bordeaux.

12. Dentale radicule. *Dentalium radicula.*

> D. *testá tereti, undatá, subarcuatá; striis longitudinalibus, crebris*
> *granulatis.*

An dentalium radula ? Gmel. n° 18.

Habite... Fossile de Grignon. Mon cabinet. *(Suivant M. Deshayes
ce fossile appartiendrait au genre Serpule. Voy. Mém. de la Soc.
d'hist. nat. t. 2. p. 338.)

(b) *Tubes n'ayant ni côtés, ni stries longitudinales.*

13. Dentale lisse. *Dantalium entalis.*

> D. *testá tereti, subarcuatá, continuá, lœvi.*

Dentalium entalis. Lin. Syst. nat. p. 1263.

Bonan. rec. 1. f. 9.

D'Argenv. Conch. t. 3. fig. KK.

Gualt. Conch. t. 10. fig. E.

* Olivi. Zool. Adriat. p. 192.
* Pennant. Brit. Zool. t. 5. pl. 9. fig. 154.
* Martini. Conchil. Cab. tab. 1. fig. 1.
* Brocchi. Conchil. Subap. p. 263.
* Scilla Vana Specul. tab. 15. et pl. 18. fig. 7-8.
* Sowerby. Miner. Conch. tab. 70. fig. 3 ?
* Burtin. Oryctol. des env. de Bruxelles. pl. 8. fig. **T.** fig. 5. et pl. 17. fig. O ?
* Deshayes. op. cit. p. 359. pl. 15. fig. 7, et pl. 16. fig. 2.
(b) *Id.? testá fossili, maximá.* Mus. n°.
Habite l'Océan d'Europe et celui de l'Inde. La variété fossile se trouve à Dax et à Grignon, mais moins grande.

14. Dentale de Tarente. *Dentalium tarentinum.*

D. testá tereti, subarcuatá, lævi; basi rubescente.
 (B) *Id. testá basi subtilissimè striatá.*
* *D. tarentinum.* Sowerby. Zool. journ. n. 4. p. 197.
Habite le golfe de Tarente. Mon cabinet.
* M. Deshayes a constaté que cette Dentale est une variété de l'espèce précédente.

15. Dentale cornée. *Dentalium corneum.*

D. testá tereti, subarcuatá, cinerea, interruptá, opacá; aperturá coarctatá: tubi margine antico inflexo.
Dentalium corneum. Lin. Gmel. n° 6.
Schroet. Einl. in Conch. 2. p. 523. t. 6. f. 6.
* *D. incrassatum.* Sowerby. Min. Conch. pl. 79. fig. **3. 4.**
* *D. strangulatum.* Deshayes. op. cit. p. 372. pl. 16. fig. 28.
Habite les mers d'Afrique. Mus. n°.

† 15. *a.* Dentale épaisse. *Dentalium crassum.*

D. testá arcuatá, abbreviatá, crassá, septem costatá; aperturá, coarctatá.
Deshayes. op. cit. p. 373. pl. 18. fig. 20.
Fossile de la craie des environs de Mons.

16. Dentale noire. *Dentalium nigrum.*

D. testá tereti, subulatá, regulariter arcuatá, opacá, nigricante; aperturá patulá; tubi margine antico recto.
Mus. n°.
Habite.... Du voyage de *Péron.* Très distincte de la précédente.
* M. Deshayes pense que ce tube est un étui de quelque larve de Frigane.

17. Dentale polie. *Dentalium politum.*

> **D.** *testá tereti, subarcuatá, continuá; striis annularibus confertissimis, tenuissimis.*
> **Dentalium politum.** Lin.
> Gualt. tab. 10. fig. F.
> Martini. Conch. 1. t. 1. f. 3. A.
> * Olivi. Zool. adriat. p. 192.
> * Rumph. Mus. pl. 41. fig. 5.
> * Deshayes. op. cit. p. 361. pl. 16. fig. 17.
> Habite la mer de l'Inde. Mus. n₀. Voyage de *Péron.*

† **17.** *a.* Dentale de Dufresne. *Dentalium Dufresnii.*

> **D.** *testá tereti, arcuatá, lævigatá, continuá, acuminatá.*
> Deshayes. op. cit. p. 361. pl. 17. fig. 18.
> Fossile de Marcigny en Bourgogne.

† **17.** *b.* Dentale translucide. *Dentalium translucidum.*

> **D.** *testá tereti subrectá, translucidá, hyalina, glaberrimá, nitidá, subviridulá.*
> Deshayes. op. cit. p. 362. pl. 16. fig. 26.
> Patrie inconnue.

† **17.** *c.* Dentale lactée. *Dentalium lacteum.*

> **D.** *testá tereti, subarcuatá, lævigatissimá, nitidissimá, albidá, lacteá, subtranslucidá.*
> Deshayes. op. cit. p. 362. pl. 16. fig. 28.
> Habite l'Inde.

† **17.** *d.* Dentale incertaine. *Dentalium incertum.*

> **D.** *testá tereti, angustá, subarcuatá; apice acutissimá, lævigatá nitidá.*
> Deshayes. op. cit. p. 362. pl. 17. fig. 17.
> *An D. nitens ?* Sowerby. Min. Conch. pl. 70. fig. 1, 2.
> Fossile des environs de Bordeaux et de Paris.

† **17.** *e.* Dentale rougeâtre. *Dentalium rubescens.*

> **D.** *testá tereti; subarcuatá, translucidá, rubescente, lævigatá, acuminatá; extremitate intus sulco dorsali.*
> Deshayes. op. cit. p. 363. pl. 16. fig. 23 et 24.
> **Paraît habiter la Méditerranée,**

† 17. *f.* Dentale double. *Dentalium duplex.*

>D. *testá tereti, angustissimá, subcylindricá, extremitate duplicatá.*
>Defrance. Dict. des Sc. nat. t. 13. p. 71.
>Deshayes. op. cit. p. 363. pl. 18. fig. 9. 10.
>Fossile des environs de Paris.

† 17. *g.* Dentale bicarénée. *Dentalium bicarinatum.*

>D. *testá tereti, angustissimá, subrectá, ovato-subcylindricá, intus duabus carinis oppositis instructá.*
>Deshayes. op. cit. p. 364. pl. 18. fig. 16. 17.
>Fossile des environs de Paris.

18. Dentale ivoire. *Dentalium eburneum.*

>D. *testá tereti, subarcuatá, nitidá : striis annularibus remotis. (*Apice fissurá tenuissimá prælongá).*
>*Dentalium eburneum.* Lin.
>*An Schroet.* Einl. Conch. 2. t. 6. f. 17?
>* Sowerby. Genera of Schels. n. 15. fig. 16.
>* Defrance. Dict. des Sc. nat. t. 13. p. 72.
>* Deshayes. op. cit. p. 368. pl. 17. fig. 8, 9, 10, 11.
>* Var. a *testá angustiore; striis annularibus creberrimis; fissura longiore.* Deshayes. loc. cit.
>* *D. circinatum.* Sowerby. loc. cit. fig. 5.
>Habite dans l'Inde, et se trouve fossile à Grignon.

19. Dentale massue. *Dentalium clava.*

>D. *testá tereti, clavatá, subarcuatá; striis transversis inæqualibus; aperturá anticá strictiore.*
>Mon cabinet.
>* Deshayes. op. cit. p. 374. pl. 18. fig. 19.
>Habite... Fossile de Cypli, aux environs de Mons. M. *Ménard.* Elle ressemble à une petite corne de bœuf.

20. Dentale entaille. *Dentalium fissura.*

>D. *testá tereti, lævi, subarcuatá; fissurá laterali versùs extremitatem posticam.*
>* Deshayes. op. cit. p. 368. pl. 18. fig. 6. 7.
>Mon cabinet.
>Habite (* les mers de l'Inde et).... Fossile de Grignon. Longueur, 15 lignes. M. Ménard en possède une variété à tube annelé.

† 20. *a.* Dentale acuminée. *Dentalium acuminatum.*

>D. *testá tereti, minutá, subrectá, acutissimá, lævigatá; fissurá capillari, profundá.*

Deshayes. op. cit. p. 369. pl. 17. fig. 19. 20.
Fossile des environs de Paris.

† 20. *b.* Dentale nébuleuse. *Dentalium nebulosum.*

D. testá albidá, lævissimá subarcuatá, extremitate posticá maculatá , viridulá, subtilissime striatá ; maculis albidis, opacioribus ; fissurá posticá laterali.
Linné. Gm. p. 3738. n° 11 ?
Deshayes. op. cit. p. 369. pl. 16. fig. 20.
Habite les mers de l'Inde.

† 20. *c.* Dentale inverse. *Dentalium inversum.*

D. testá tereti, subarcuatá, subulatá , angustá, hyalinlá, postice tenuissimè striatá, rubescente, anticè lævigatá, albidá ; fissurá an-gustissimá, profundá, ventrali.
Deshayes. op. cit. p. 370. pl. 16. fig. 21. 22.
Patrie ignorée.

† 20. *d.* Dentale opaque. *Dentalium opacum.*

D. testá subrectá, attenuatá, rapidè majori, 17 vel 18 costatá, fissurá posticá brevi, dorsali.
Sowerby. Zool. journ. V. 4. p. 198.
Habite les mers du Sud.

† 20. *e.* Dentale annulaire. *Dentalium annulare.*

D. testá tenui, elongatá, lævi, striis annularibus tenuissimis, confer-tissimis annulis subprominentibus, distantibus.
Sowerby. op. cit. p. 199.
Habite les mers de l'Inde.

21. Dentale rétrécie. *Dentalium coarctatum.*

D. testá subfusiformi, tereti, lævi, subarcuatá ; postice sensim atte-nuatá (bifida) anticè coarctatá (* non marginatá).*
* *Dentalium gadus.* Sowerbi. Genera. n° 15. fig. 7. 8.
* *D. coarctatum.* Deshayes. op. cit. p. 371. pl. 18. fig. 18.
Dentalium coarctatum. Brocch. Conch. 2. p. 264. t. 1. f. 4. (* Sui-vant M. Deshayes cette fig. se rapporte à la *D. corneum* n° 15.)
Habite..... Fossile des environs de Dax. et d'Italie. Mus. n°.
Etc. De jeunes et très petits individus du *D. coarctatum* nous sem-blent avoir donné lieu au *Dentalium minutum* de Linné.
Voyez le *D. tetragonum.* Brocch. ibid. f. 26.

LES AMPHITRITÉES.

Branchies connues, non séparées ni recouvertes par un opercule, et disposées à la partie antérieure du corps ou auprès.

Tube membraneux ou corné, plus ou moins arénacé.

Parmi les Annelides sédentaires, les *Amphitritées* constituent une famille déjà assez nombreuse en objets observés qui s'y rapportent. Linné n'en connut que quelques espèces dont il fit des *Sabella*, et Gmelin réunit celles dont il eut connaissance, dans son genre *Amphitrite*, en reproduisant quelques-unes des mêmes parmi ses *Sabella*.

Ces Annelides vivent toutes dans des tubes non solides, membraneux ou coriaces, plus ou moins incrustés à l'extérieur, de grains de sable et de fragmens de coquilles, et qui ne sont ouverts qu'à l'extrémité antérieure. Elles n'en sortent point entièrement, quoiqu'elles n'y soient pas attachées ; leur extrémité postérieure étant très atténuée, il leur serait difficile d'y rentrer si elles en sortaient.

Les *Amphitritées* ont les branchies disposées à leur extrémité antérieure ou après, tantôt grandes et fort en saillie au-dessus de la bouche, tantôt courtes, dans le voisinage de la bouche, ou sur les côtés et plus bas qu'elle. Plusieurs ont des tentacules ; aucune n'a d'yeux, ni de trompe, ni de mâchoires. Toutes les races sont munies sur les côtés de mamelons pédiformes, rétractiles, qui offrent des faisceaux de soies subulées ; en outre elles ont des soies à crochets, qui sont aussi rétractiles : nous les divisons de la manière suivante :

(1) Branchies courtes, jamais avancées. Les tentacules, soit courts, soit nuls.

Pectinaire.
Sabellaire.

(1) Des branchies ou des tentacules d'une assez grande taille, s'avançant antérieurement, soit en aigrette, soit en panache flabelliforme.

Térébelle.

Amphitrite.

[Les Amphitritées et les Serpulées de Lamarck constituent la presque totalité de l'ordre des Tubicoles ou Annelides céphalobranches, dont les caractères sont indiqués
page 512.   E.

PECTINAIRE. (Pectinaria.)

Corps tubicolaire, subcylindrique, atténué postérieurement, ayant de chaque côté une rangée de mamelons sétifères : les soies courtes, fasciculées.

Partie antérieure large, rétuse, oblique, offrant deux
peignes de paillettes dorées, très brillantes, transverses.
Bouche allongée, bilabiée, entourée de tentacules courts
et nombreux. Quatre branchies en peigne, situées en dehors sur le second et le troisième segment du corps.

Le tube en cône renversé, membraneux ou papyracé,
arénacé, non fixé.

*Corpus tubicolare, subcylindricum, posticè attenuatum ;
papillis setiferis serie unicá utrinque dispositis : setis fasciculatis brevibus.*

*Extremitas anterior lata, retusa, obliqua ; pectinibus
duobus paleaceis auratis, nitidissimis, transversis. Os elongatum, bilabiatum, tentaculis brevibus numerosis obvalla-
tum. Branchiæ quatuor pectinatæ, ad corporis segmentum
secundùm tertiumque extant.*

*Tubus obversè conicus membranaceus aut chartaceus,
arenosus, non affixus.*

OBSERVATIONS. — Sous ce nom, j'ai établi dans mes leçons et
cité dans *l'extrait de mon Cours* [p. 96] un genre particulier
avec des animaux dont *Pallas* faisait des Néréides, *Gmelin* des

Sabelles, et *Muller* des Amphitrites; ces animaux offrent des caractères tout-à-fait singuliers, qui les séparent des genres que je viens de citer. (1)

Les *Pectinaires* ne sont sédentaires que parce que, comme les autres annelides de cet ordre, elles ne sortent point de leur fourreau; mais ce fourreau n'est point fixé, et si l'animal ne le déplace pas lui-même, il peut être déplacé par le mouvement des eaux. Il est incrusté de petits cailloux ou de grains de sable et quelquefois comme papyracé, mince et transparent.

Le corps des *Pectinaires* est allongé en cône inverse, et régulier comme le tube qu'il habite. Il est extrèmement remarquable par les deux peignes raides à paillettes dorées et très brillantes qui terminent son extrémité antérieure; une membrane demi circulaire, et en demi-voûte, s'avance au-dessus de la bouche. Plus bas, et en dehors, sont deux filets, un de chaque côté. Au-dessous, deux paires de branchies petites, pectinées, et un peu pendantes, sont attachées aux segmens antérieurs du corps. Outre les faisceaux de soies subulées qui sont sur les côtés du corps, il y a aussi des soies à crochets, disposées sur des lames transversales. (2)

ESPECES.

1. Pectinaire d'Europe. *Pectinaria belgica.*

> *P. tubo inversè conico, membranaceo, ex arenulis contexto, subtriunciali.*
>
> *Nereis cyl. Belgica.* Pall. Miscell. 9. p. 122. tab. 9. f. 3–5.
>
> * *Ver à tuyau conique.* Diquemare. Journ. de phys. 1779. pl. 2. fig. 1–12.
>
> *Sabella granulata.* Linn. Syst. nat. éd. 12. t. 1. p. 262. p. 1268.
>
> *Amphitrite auricoma.* Mull. Zool. dan. p. 26. tab. 26.

---

(1) Ce genre a été nommé plus tard *Chrysodon* par M. Oken, *Cistena* par Leach, *Amphictène* par M. Savigny, et *Amphitrite*, par Cuvier, qui le réunit à tort au genre suivant.

(2) La rame ventrale de tous les pieds est garnie de ces soies à crochets.   E.

Amphitrite n₀ 4. Brug. Dict. encycl. pl. 58. f. 10-15.

* Othon Fabricius. Fauna Grœnl. p. 289.

* Cuvier. Dict. des Sc. nat. t. 2. p. 521, et Règne animal, t. 3, p. 195.

* *Cistena Pallasii.* Leach. Encyc. brit. Sup. 1. p. 452. pl. 26. fig. 6.

* *Amphictena auricoma.* Savigny. Syst. p. 89.

* *Pectinaria auricoma.* De Blainv. Dict. des Sc. nat. t. 57. p. 436.

* *Amphitrite auricoma.* Delle Chiaje. op. cit. t. 3. p. 88. fig. 5-7.

Habite les mers d'Europe.

2. **Pectinaire de l'Inde.** *Pectinaria capensis.*

P. tubo subcylindrico, tenui, diaphano, quincunciali.

Nereis cyl. Capensis. Pall. Miscell. 9. p. 118. tab. 9. f. 1. 2.

Amphitrite n° 5. Brug. Dict. encycl. pl. 58. f. 1-9.

* *Amphitrite capenis.* Cuvier. Dict. des Sc. nat. t. 2. p. 78, et Règ. anim. t. 3. p. 195.

* *Amphictene capensis.* Savigny. Syst. p. 91.

* *Pectinaria capensis.* De Blainville. Dict. des Sc. nat. t. 57. p. 437. pl. 34 2.

Habite les mers des grandes Indes.

Etc. M. Savigny en a observé une autre espèce dans la mer Rouge.

(**Amphictene ægyptiaca.* Sav. Syst. p. 90. Atlas de l'Egypte. Annel. pl. 1. fig. 4.)

SABELLAIRE. (Sabellaria.)

Corps tubicolaire, subcylindrique, atténué postérieurement, ayant de chaque côté des faisceaux de soies subulées, sur un seul rang, et en outre des soies spatulées, et des lames transverses bordées de soies à crochets.

Extrémité antérieure tronquée obliquement, elliptique, couronnée par six rangées de paillettes très brillantes, trois de chaque côté; les extérieures très ouvertes; les intérieures relevées, presque conniventes. Bouche en fente allongée, bilabiée, située sur les paillettes intérieures. Branchies très petites, composées de plusieurs rangées de lanières, dans le voisinage de la bouche.

Tubes nombreux, réunis en une masse commune, alvéolaire en dessus, et composée de grains de sable et de fragmens de coquilles : à orifices des tubes évasés en godets.

Corpus tubicolare, subcylindricum , posticè attenuatum .
utroque latere setis subulatis fasciculatis, serie unicâ ; præ-
tereà setis spatulatis lamellisque transversis, setis hamatis
margine armatis.

Extremitas anterior obliquè truncata, elliptica, palea-*
rum nitidissimarum seriebus senis coronata ; utrinque tri-
bus ; externis patentissimis, internis erectis subconniven-
tibus. Os in fissuram elongatum, bilabiatum, infrà paleas
interiores. Branchiæ minimæ propè os, lacinularum serie-
bus pluribus compositæ. Tentacula nulla.

Tubuli numerosi in massam communem supernè favosam
aggregati, ex arenulis conchyliorumque fragmentis agglu-
tinatis compositi: orificiis cyathiformibus.

OBSERVATIONS. — Trouvant ici des caractères très particuliers, non-seulement dans les masses sablonneuses qui résultent
de la réunion des tubes de ces annelides, mais encore dans la
couronne singulière de paillettes brillantes qui termine l'extrémité antérieure de ces animaux, j'en ai formé un genre particulier, sous le nom de *Sabellaire*, l'exposant chaque année dans
mes leçons (*Extrait du Cours*, page 96). Dans un de ses Mémoires sur les Annelides, M. Savigny vient de présenter ce
même genre, sous le nom d'*Amymona,* avec des détails intéressans sur l'animal. (1)

Les *Sabellaires* tiennent d'assez près aux pectinaires ; mais
elles en sont bien distinguées par leur défaut de tentacules, par
la forme et la position de leurs branchies, par leur couronne
terminale plus composée et qui brille aussi de l'éclat de l'or , et
parce que ces Annelides vivent en troupe, logée et fixée dans
une masse de table et de fragmens de coquilles agglutinés, le
dessus de cette masse offrant presque l'apparence d'un gâteau
d'abeilles. Par les exemplaires différens que je possède de ces
tubes réunis, je vois qu'il en existe plusieurs espèces dont je ne
citerai cependant que les deux suivantes,

-----

(1) M. Savigny a substitué à ce nom celui de *Hermelle.*

E.

ESPECES.

1. Sabellaire alvéolée. *Sabellaria alveolata.*

> S. *tubis angustis in massam depressam variè immersis remotiusculis ;*
> *orificiis cyathiformibus.*
>
> *Tubularia arenosa anglica.* Ellis. cor. 'go. tab. 36.
>
> *Sabella alveo lata.* Lin. Syst. nat. 2. p. 1268.
>
> Vers à tuyau. Réaum. Mém. de l'Acad., année 1711. p. 165.
>
> Psamatote. Guettard. Mém. vol. 3. p. 69. pl. 69. f. 2.
>
> • *Amphitrite alveolata.* Cuvier. Dict. des Sc. nat. t. 2. p. 521, et
> Règne anim. t. 3. p. 195.
>
> * *Hermella alveolata.* Savigny. Syst. p. 82.
>
> * *Sabellaria alveolata.* De Blainville. Dict. des Sc. nat. t. 57. p. 435.
> pl. 4. fig. 1.
>
> Habite l'Océan d'Europe. Mon cabinet.

2. Sabellaire grands tubes. *Sabellaria crassissima.*

> S. *tubis longis crassis subparallelis contiguis : orificiis obsoletè pa-*
> *tulis.*
>
> Pennant. Zool. Brit. 4. pl. 92. f. 162.
>
> Habite près de la Rochelle. *Fleuriau de Belle-Vue.* Mon cabinet.
> Elle forme des masses plus épaisses et moins aplaties en dessus
> que la précédente.
>
> Etc.

[Le genre SIPHONOSTOMÉde M. Otto, (*Siphostoma* Cuv.
Blainv. etc.) se rapproche un peu des Sabellaires ou Hermelles, et paraît établir un passage entre ces Annelides et
les Terricules. Le corps est garni de quatre rangées de
testicules pédiformes, peu saillans et ornés de soies simples, ou bien d'une seule soie à crochet; autrement il se
termine par deux lames garnies de soies, et par un paquet
de borbillons tentaculaires. Enfin de chaque côté de la
bouche se trouve un gros appendice qui paraît devoir être
considéré comme une branchie.

Le type de ce genre est le :

> Siphonostome diplochaise, *Siphonostom adiplochaitus.* Otto. Mém. de

l'Acad. des Curieux de la nature de Bonn. t. 10 pl.51.—Blainville.
Dict. des Sc. nat. t. 57. p. 494. pl. 2. fig. 21. — Cuvier. Règne
animal. t. 3. p. 196.   E.

Le genre PHÉRUSE (1) de M. De Blainville ne paraît
pas différer essentiellement du précédent, et a été établi
après un Annelide décrite par Muller sous le nom de:

Amphitrite plumosa. Muller. Zool. Dan. t. 3. pl. 90. fig. 1 et 2. —
Pherusa Mulleri. De Blainville. Dict. des Sc. nat. t. 57. p. 440.
                                                            E.

TÉRÉBELLE. (Terebella.)

Corps tubicolaire, allongé, cylindrique-déprimé, atténué postérieurement, à peine annelé par ses segmens
transverses, ayant de chaque côté une rangée de mamelons noduleux et sétifères.

Des tentacules nombreux, filiformes, tortillés, avancés,
entourent la bouche, et terminent sa partie antérieure.
Deux rangées de branchies rameuses, et en forme d'arbuscules, sont disposées d'un côté au-dessous des tentacules.

Tube allongé cylindracé, atténué et pointu à la base,
membraneux, agglutinant des grains de sable et des fragmens de coquilles.

*Corpus tubicolare elongatum, cylindraceo-depressum,
postice attenuatum, segmentis transversis subannulatum,
mamillis nodulosis setiferisque, utrinque serie unicâ.*

*Tentacula numerosa filiformia contortiliaque, porrecta,
partem anticam terminant et os circumvallant. Branchiæ
duplici ordine, ramosæ, arbusculæ formes, infrà tentacula
hinc dispositæ.*

---

(1) Le nom de Phéruse avait déjà été employé par Leach,
pour un genre de crustacées amphipodes.   E.

Tubus elongatus, cylindraceus, basi attenuato acutus, membranaceus, arenulas fragmentaque conchyliorum agglutinans, apice tantùm parvius.

OBSERVATIONS. — M. *Cuvier* a fixé le genre *Térébelle*, en lui assignant pour caractères, ceux de l'espèce décrite par Pallas. Maintenant, ce genre est très distinct des précédens, et ne saurait se confondre avec nos amphitrites, les tentacules étant plus avancés et plus saillans en avant que les branchies. Ces tentacules diffèrent en longueur, les uns plus longs, les autres graduellement plus courts. La bouche est labiée, imparfaitement terminale. Les branchies sont d'un beau rouge.

ESPECES.

1. **Térébelle coquillière.** *Terebella conchilega.*

> *T. tubis è testacearum fragmentis compilatis ; branchiis utrinque tribus.*
>
> *Nereis conchilega.* Pall. Miscell. Zool. 9. p. 131. t. 9. f. 14—22.
> Encycl. p. 57. f. 5-12.
> Amphitrite, n° 2. Brug. Dict.
> * *Terebella Conchiliga.* Lin. Gmel. Syst. nat. t. 1. part. 6. p. 3113.
> * *Terebella prudens ?* Cuvier. Dict. des Sc. nat. t. 2. p. 81.
> * *Terebella Conchiliga.* Savigny. Syst. p. 85.
> * De Blainville. Dict. des Sc. nat. t. 57. p. 438. pl. 4, fig. 2.
> Habite les côtes de la Hollande.

2. **Térébelle papilleuse.** *Terebella cristata.*

> *T. tubo fragili , flexuoso, è limo testarumque fragmentis composito ; branchiis binis.*
>
> *Amphitrite cristata.* Mull. Zool. dan. tab. 70. f. 1-4.
> Encycl. pl. 57 f. 1-4. Brug. Dict. n° 1.
> *Terebella cristata.* Savigny. Syst. p. 87.
> * De Blainv. loc. cit.
> Habite les côtes de la Norwège.

3. **Térébelle ventrue.** *Terebella ventricosa.*

> *T. corpore anticè crasso , subventricoso ; branchiis majusculis.*
> *Amphitrite ventricosa.* Bosc. Hist. nat. des vers. tab. 6. f. 4—5.
> * *Terebella ventricosa.* Savigny. loc. cit.

Habite les côtes de la Caroline .

* Ajoutez *Terebella medusa.* Savigny. Syst. p. 85. Atlas. pl. 1. fig. 3 , et plusieurs espèces décrites par Montagu , dans le volume des Transactions de la Société Linnéenne de Londres.

[Le genre TÉRÉBELLIDE de M. Sars , se compose d'Annelides qui, avec l'organisation générale de Térébelles ordinaires, ont quatre branchies pectinées. Il a pour type le

Térébellides stroemii. Sars Beskrivelser og iagttagelser. p. 48. pl. 13. fig. 31.

L'Annelide décrite par le même naturaliste sous le nom de *Sabella octocirrata* (op. cit. p. 51. pl. 13. fig. 32), me paraît devoir constituer un genre particulier intermédiaire entre les Térébelles et les Sabelles, qu'on pourrait appeler *Sabellide;* de même que chez les Sabelles, l'extrémité antérieure du corps est couronnée d'appendices garnis de barbillons; et un peu plus en arrière, il existe aussi quatre paires de branchies tentaculiformes.   E.

AMPHITRITE. (Amphitrite.)

Corps tubicolaire, allongé, cylindracé, atténué postérieurement, à segmens nombreux, ayant une rangée de mamelons sétifères : des soies subulées en faisceaux, et des soies à crochets sur le bord d'une lame.

Deux branchies terminales, fort remarquables, partagées en digitations très grêles, disposées en éventail, formant quelquefois l'entonnoir ou s'étalant en disque. Deux filets courts, subulés, insérés à la base interne des branchies. Bouche subterminale, entre les branchies.

Tube allongé, cylindracé, s'amincissant vers sa base, membraneux ou coriace, nu en dehors dans la plupart.

Corpus tubicolare, elongatum, cylindraceum, posticè attenuatum, segmentis multis annulatum; utrinque mamillarum sectiferarum serie unicâ : setis subulatis in fasciculos digestis; aliis uncinatis ad marginem lamellæ.

Branchiæ duæ terminales, valdè spectabiles, digitationibus gracilissimus partitæ, flabellatæ, interdum infundibuliformes, aut in discum expansæ. Filamenta duo brevia, ad basim internam branchiarum affixa. Os subterminale, intrà branchias.

Tubus elongatus, cylindraceus, posticè attenuatus membranaceus vel coriaceus, extùs in plurimis nudus.

OBSERVATIONS.— Il s'agit ici de véritables *Amphitrites*, de ces Annelides qui avoisinent les Serpules par leurs rapports, et qui sont si remarquables par les beaux panaches que leurs branchies, colorées et souvent plumeuses, forment à la partie antérieure de l'animal. Ces branchies sont amples, forment un double panache, dont les deux parties sont tantôt très distinctes et tantôt partiellement réunies ou connées. Elles servent à-la-fois pour la respiration et pour saisir les alimens.

Les *Amphitrites*, quoique non attachées dans leur tube, y sont sédentaires, s'y déplacent facilement, replient la partie postérieure de leur corps vers l'orifice du tube pour évacuer leurs excrémens, et il est probable qu'elles n'en sortent pas entièrement, car il leur serait difficile d'y rentrer. Leur genre paraît nombreux en espèces, et même la plupart sont grandes et fort remarquables. On a donné récemment à ce beau genre, un nom qui me paraît inconvenable, celui de *Sabella*. Ces animaux n'ont rien de commun avec les caractères que Linné donne de son genre *Sabella*. Outre la nature de leur tube, ils diffèrent des Serpules en ce qu'ils n'ont point d'opercule entre les branchies.

[Dans les genres précédens les rames ventrales sont d'une seule sorte, et portent toutes des soies à crochets, tandis que chez ces Annelides, de même que chez les Serpules, ces rames sont de deux sortes; celles de la partie antérieure du corps sont garnies de soies à crochets, tandis que les suivantes ont des soies subulées, et que la rame dorsale de ces mêmes pieds (qui suivent la huitième ou neuvième paire) ont des soies à crochets à la rame dorsale.

MM. Cuvier, Savigny, désignent ce genre sous le nom de Sa-
BELLE.   E.

ESPÈCES.

1. **Amphitrite éventail.** *Amphitrite ventilabrum.*

> *A. stylis branchiarum tenuissimis ; branchiis plumosis flabellatis ; corpore subdepresso.*
> *Corallina tubularia melitensis.* Ellis. Corall. 92. tab. 34.
> Bast. op. subs. 2. p. 77. tab. 9. fig. 1. A. B.
> *Sabella penicillus.* Lin. Syst. nat. p. 1269.
> Amphitrite pinceau. Brug. Dict. et Encycl. pl. 59.
> * *Sabella ventilabrum.* Savigny. Syst. p. 81.
> * Amphitrite Ventilabrum. De Blainville. Dict. des Sc. nat. vers. pl. 2. fig. 2.
> Habite la Méditerranée.

2. **Amphitrite pinceau.** *Amphitrite penicillus.*

> *A. stylis branchiarum setaceis ; branchiis pectinatis flabellatim radia tis ; corpore teretiusculo.*
> *Tubularia penicillus.* Mull. Zool. dan. 3. p. 13. tab. 89. f. 1—2.
> Oth. Fabr. Faun. Groenl. p. 438.
> Amphitrite réniforme. Brug. Dict. no 7.
> * *Sabella pavonia.* Savigny. Syst. p. 79.
> Habite les mers du nord de l'Europe. Ses branchies s'épanouissent en queues de paon et paraissent panachées de blanc et de rouge.

3. **Amphitrite splendide.** *Amphitrite magnifica.*

> *A. stylis branchiarum brevibus crassis ; branchiis orbiculatim ex-*
> *pansis : cirris numerosissimis nudis albo rubroque variis.*
> *Tubularia magnifica.* Transact. Soc. Lin. 5. p. 228. tab. 9. f. 1.
> Shaw. Miscell. vol. 12. tab. 450.
> * *Sabella magnifica.* Savigny. Syst. p. 78.
> Habite les îles de l'Amérique sur les côtes , dans les creux des rochers, à la Jamaïque. Très belle espèce, à corps presque nu, à tube cylindrique, onduleux, glabre.

4. **Amphitrite vésiculeuse.** *Amphitrite vesiculosa.*

> *A. branchiis pectinatis, crispis, subpatentibus ; tubo squarroso.*
> *Amphitrite vesiculosa.* Transact. Soc. linn. XI. p. 19. tab. 5. f. 1.
> Habite les côtes de l'Angleterre. Des débris de coquilles rendent le tube très raboteux.

5. **Amphitrite spiribranche.** *Amphitrite volutacornis.*

> *A. branchiis in rachide singulá spiraliter convolutis, fimbriatis.*
> *Amphitrité volutacornis.* (* Montagu.) Act. Soc. lin. 7. p. 80. tab.
> 7. f. 10.
> Habite l'Océan d'Europe, les côtes d'Angleterre.

6. **Amphitrite entonnoir.** *Amphitrite infundibulum.*

> *A. branchiis infundibulum margine radiatum formantibus ; singulis*
> *in membranam semi-circularem limbo fimbriatam coœdunatis ; cor-*
> *pore tereti, subnudo.*
> *Amphitrite infundibulum.* Montag. Act. Soc. linn. IX. p. 109.
> tab. 8.
> Habite les mers d'Angleterre.
> * Ajoutez plusieurs espèces décrites par M. Savigny dans son *Sys-*
> *tème des Annelides.*

[M. De Blainville a établi, sous le nom de Fabricie (*Fabriria*), une nouvelle division générique pour un petit Annelide imparfaitement connu par la description et la figure qu'en a donné Othon Fabricius. Cet animal a le corps composé d'une douzaine d'anneaux garnis de faisceaux de soies rétractiles, et sa tête, assez distincte, porte six appendices pinnés, disposés comme ceux des Amphitrites, et paraissent constituer les branchies.

> Esp. Fabricie stellaire. *Tubularia fabricia.* Othon Fabricius.
> Faena Groenlandica. p. 440. — *Fabricia stellaria.* Blainville. Dict.
> des Sc. nat. t. 37. p. 439. E.

LES SERPULEES.

Branchies séparées ou recouvertes par un opercule.
Tube solide et calcaire.

Les *Serpulées* avoisinent sans doute les Amphitritées par leurs rapports ; néanmoins, elles constituent une famille particulière très distincte. Elles ont aussi les branchies disposées à la partie antérieure de leur corps, formant le plus souvent de beaux panaches en avant et saillans au-dessus de la bouche ; mais ces panaches, divisés en **deux** corps, sont séparés par un opercule pédiculé, membraneux, se terminant en massue ou en entonnoir ; ou , dans un genre particulier dont les animaux paraissent avoir des branchies plus courtes, la partie antérieure du corps est recouverte par un opercule solide qui cache ses parties, lorsque l'animal est retiré dans son tube.

Ces Annelides n'ont point de tentacules, point d'yeux, point de mâchoires ; leur corps est garni sur les côtés de mamelons pédiformes, sétifères, et de soies à crochets rétractiles, comme toutes celles qui sont sédentaires. Le tube qu'elles habitent est toujours solide, calcaire, ouvert à son extrémité antérieure, et fixé sur les corps marins. Il est ordinairement irrégulièrement contourné, plus atténué vers sa base, et offre souvent quelques cloisons qui divisent postérieurement sa cavité intérieure, en quelques loges inégales. Nous rapportons à cette famille les genres *Spirorbe*, *Serpule*, *Vermilie*, *Galéolaire* et *Magile*.

[Les Magiles sont des Mollusques, et quant aux divisions qu'il convient d'établir parmi les véritables Serpulées, on ne sait presque rien de positif ; car la structure de ces Annelides a été peu étudiée, et les caractères tirés de la forme de leur tube sont tout-à-fait insuffisans pour la distinction des genres. Dans bien des cas, il est même difficile de distinguer les espèces d'après ces derniers caractères, et il est probable que dans le nombre de celles décrites par les auteurs, il existe un grand nombre de doubles emplois. E.

SPIRORBE (Spirorbis.)

Corps tubicolaire, subcylindrique, atténué postérieurement. Six branchies pinnées, rétractiles, disposées **en** rayons à l'extrémité antérieure. Un opercule pédicellé, **en** plateau à son sommet, situé entre les branchies.

Tube testacé, contourné en spirale orbiculaire, dis-
coïde, aplati et fixé en dessous.

*Corpus tubicolare, subcylindricum, posticè attenuatum.
Branchiæ sex pinnatæ, retractiles, radiatìm expansæ ad
extremitatem anticam. Operculum pedicellatum, apice pel-
tatum, intrà branchias.*

*Tubus testaceus, in spiram orbicularem discoideam
convolutus : infernâ superficie planulatâ et affixâ.*

OBSERVATIONS. — Les *Spirorbes* sont sans doute très voisines
des Serpules par leurs rapports ; mais, outre que les branchies
de ces animaux présentent quelques particularités distinctives,
leur tube formant constamment une spirale orbiculaire, dis-
coïde comme celle des Planorbes, nous avons cru devoir les
distinguer comme constituant un genre particulier.

Presque toutes les *Spirorbes* sont des Annelides extrêmement
petites, que l'on trouve fixées sur les fucus, les coquillages et
autres corps marins, souvent en grand nombre sur le même
corps, mais toujours isolées. L'ouverture de leur tube est terminale, arrondie, quelquefois trigone. L'animal qui les habite
est d'un rouge de sang.

[Les zoologistes s'accordent assez généralement à ne pas séparer génériquement ces Annelides des Serpules. Elles nous paraissent cependant devoir en être distinguées, car à en juger
par le S. nautiloïde, la disposition et le nombre de leurs appendices tentaculiformes seraient très différentes de ce qui se
voit chez les Serpules proprement dites.   E.

ESPÈCES.

1. **Spirorbe nautiloïde.** *Spirorbis nautiloides.*

> *S. testá discoideâ, subumbilicatâ ; anfractibus suprà rotundatis, læ-
> vibus, subrugosis.*
>
> *Serpula spirorbis.* Lin. Syst. nat. p. 1265.
> Mull. Zool. dan. 3. p. 8. tab. 86. f. 1-6.
> List. Conch. p. 553. f. 5.
> * *Serpula spirorbis.* Savigny. Syst. p. 74.
> * *Spirorbis borealis.* De Blainville. Dict. des Sc. nat. t. 5o. p. 3o1.
> pl. 2. fig. 2.

Habite l'Océan, sur les fucus, etc. Mon cabinet.

2. Spirorbe transparente. *Spirorbis spirillum.*

S. testá discoideá, pellucidá; anfractibus teretibus nitidis lævius-
culis.
Serpula spirillum. Lin. Syst. nat. p. 1264.
* Blainv. loc. cit.
Mus. n°.
Habite l'Océan, sur des sertulaires, etc.

3. Spirorbe carénée. *Spirorbis carinata.*

S. testá discoideá; centro concavo; anfractibus carinatis.
Mus. n°.
* Blainv. loc. cit.
Habite les mers de la Nouv. Hollande, à l'île King. *Péron.*

4. Spirorbe lamelleuse. *Spirorbis lamellosa.*

S. testá discoideá, subumbilicatá; anfractibus costis longitudinalibus
lamellosis denticulatis, ad interstitia striatis.
Mus. n°.
Habite les mers de la Nouv. Hollande, à l'île King. *Péron.*

5. Spirorbe tricostale. *Spirorbis tricostalis.*

S. testá anfractibus subdiscoideis; costis tribus rotundatis; aperturá
subrotundá.
* Blainv. op. cit. p. 302.
Mus. n°.
Habite la Nouvelle-Hollande, au port du roi Georges. **On en trouve**
une presque semblable, dans la Manche, près du Croisic. **M. Mé-**
nard.

6. Spirorbe conoïde. *Spirorbis conoidea.*

S. testá in discum conoideum contortá; anfractibus contiguis : ultimo
anticè disjuncto.
* Defrance. Dict. des Sc. nat. t. 5o. p. 3o3.
Habite... Fossile de Grignon. Mus. n°.
Etc. Voyez le *Spirorbis transversus.* Daud. rec. p. 48. f. 26. 27.

7. Spirorbe cornicule. *Spirorba corniculum.*

S. testá exiguá, in discum umbilicatum convolutá, anfractibus tribus
subrugosis.
Serpulá corniculum. Goldfuss. op. cit. p. 242. pl. 71. f. 14.
Spirorbis spirilliformis. Munster. ap. Goldfuss. loc. cit.

Fossile du calcaire grossier des environs de Paris et des environs de Cassel.

Il me paraît assez probable que cette espèce n'est pas distincte de la précédente.

† 8. Spirorbe umbiliciforme. *Spirorba umbiliciformis.*

S. testá sinistrorsum in discum umbilicatum regularem convolutá, affixa carinatá; cariná acutá, orificio orbiculari.

Spirillum umbiliciforme. Munster. ap. Goldfuss.

Serpula umbiliciformis. Goldfuss. op. cit. p. 240. pl. 71. f. 7.

Fossile du Calcaire tertiaire de la Westphalie.

† 9. Spirorbe sinueux. *Spirorbis anfracta.*

S. testá compressá lævi, in spiram planam convolutá, anfractibus quinque vel sex.

Serpula anfracta. Goldfuss. op. cit. p. 242. pl. 71. fig. 13.

Fossile du grès vert de la Bavière orientale.

† 10. Spirorbe planorbiforme. *Spirorbis planorbiformis.*

S. testá tetragoná læviusculá, in discum planum convolutá, anfractibus contiguis, ultimo basi valde expanso, orificio disjuncto erecto.

Serpula planorbiformis. Goldfuss. op. cit. p. 231. pl. 63. fig. 12.

Fossile du calcaire jurassique de Streitberg.

† 11. Spirorbe aplatie. *Spirorbis complanata.*

S. testá tenuissimá lævi in discum planum contortá, anfractibus crebris omnibus contiguis.

Serpula complanata. Gold. loc. cit. p. 227. pl. 67. fig. 10.

Spirorbis complanata. Munster. ap. Goldf. loc. cit.

Fossile du Lias des montagnes de Baireuth.

12. Spirorbe rotule. *Spirorbis rotula.*

S. testá compressá, postice sessili et in discum regularem planam convolutá, anfractibus carinatis basi contiguis in latere sulcatis.

Serpula rotula. Goldfuss. op. cit. p. 237. pl. 70. fig. 7.

Fossile du sable vert des environs de Ratisbonne.

13. Spirorbe subcarinée. *Spirorbis subcarinata.*

S. testá subcompressá lævi convexá subcarinatá, in discum regularem umbilicatum convolutá, anfractibus quinis.

Serpula subcarinata. Goldfuss. op. cit. p. 241. pl. 71. f. 9.

Fossile du terrain tertiaire de la Bavière orientale.

† i4. Spirorbe ammonie. *Spirorbis amonia.*

> *S. testâ tereti spiratâ, anfractibus tribus contiguis sensim incrassatis;
> costis crassis distantibus.*
> *Serpula ammonia.* Goldf. op. cit. p. 2a5. pl. 67. fig. 2.
> Fossile du calcaire de transition de l'Eifel.

† i5. Spirorbe omphalode. *Spirorbis omphalodes.*

> *S. testâ subcompressâ, spiratâ lævi, anfractibus tribus repente incras-
> satis, orificio recto ovali.*
> *Serpula omphalodes.* Goldfuss. loc. cit. pl. 67. fig. 3.
> Même gisement.

† i6. Spirorbe valvulée. *Spirorbis valvata.*

> *S. testâ tereti spiratâ lævi; anfractibus binis repente incassatis, ori-
> ficio obliquo.*
> *Serpula valvata.* Goldfuss. op. cit. t. i. p. 2a6. pl. 67. fig. 4.
> *Spirorb valvata.* Munster, op. Goldfuss. loc. cit.
> Fossile du calcaire conchylien des environs de Baireuth.
> * M. Defrance a décrit aussi d'une manière succincte plusieurs es-
> pèces fossiles, appartenant aux terrains tertiaires des environs de
> Paris; mais il n'en a pas donné de figures (Voyez le Dict. des Sc.
> nat. t. 5o. p. 3o3).

SERPULE. (Serpula.)

Corps tubicolaire, allongé, un peu déprimé, atténué
postérieurement; à segmens nombreux et étroits. De
petits faisceaux de soies subulées sur un seul rang de
chaque côté, et des soies à crochets.

Deux branchies terminales, en éventail, fendues profondément chacune en digitations très menues, pennacées
ou plumeuses. (i) Bouche terminale, située entre les bran-

(i) Les barbules de ces filamens branchiaux sont garnis de
cils vibratiles.   E.

chies, et surmontée d'un opercule pédicellé, infundibuliforme ou en massue.

Tubes solides, calcaires, irrégulièrement contournés,
groupés ou solitaires, fixés; à ouverture terminale, arrondie, très simple.

*Corpus tubicolare, elongatum, depressiusculum, posticè
attenuatum : segmentis numerosis angustis. Setarum subu-
latarum fasciculi perparvi serie unicá utrinque præstant
setisque uncinatis.*

*Branchiæ duæ terminales, flabellatæ digitationibus
tenuissimis pennaceis aut plumosis profundè fissæ. Os intrà
branchias terminale, operculo pedicellato infundibuliformi
aut clavato superatum.*

*Tubuli solidi, calcarii, irregulariter contorti, aggregati
vel solitarii, affixi ; aperturá terminali rotundatá, simpli-
cissimá.*

OBSERVATIONS. — *Linné* et presque tous les naturalistes plaçaient les *Serpules* parmi les Mollusques testacés, parce que alors
on attachait moins d'importance à l'organisation des animaux
que nous ne le faisons actuellement, et que le véritable caractère des Mollusques n'était pas encore complètement déterminé.

Maintenant que l'animal des Serpules est bien connu, nous
savons que c'est une véritable Annelide; que cette Annelide est
même très voisine des Amphitrites par ses rapports, et qu'elle
n'en diffère guère que parce que l'un des deux filets qui s'insèrent à la base interne des branchies se trouve ici transformé en
un opercule, que l'animal emploie à fermer son tube lorsqu'il y
fait rentrer toutes ses parties antérieures. Cet opercule, par conséquent, n'est point calcaire.

Les *Serpules* constituent un genre très nombreux et varié en
espèces, dont la plupart sont abondantes dans les mers, même
celles de l'Europe. Les tuyaux ou tubes de ces Annelides sont
toujours solides, homogènes, calcaires, fixés sur les corps marins, tantôt seulement par leur extrémité postérieure, et tantôt
semblent ramper sur ces corps, y étant attachés plus ou moins
complètement par un de leurs côtés. Ces tuyaux, ondés ou tor-

tueux, sont toujours irrégulièrement contournés, ne forment jamais une spirale partout régulière, et on en voit souvent qui sont groupés, diversement mélangés ou entortillés ensemble; ils ne sont ouverts qu'à leur extrémité antérieure, et leur ouverture est toujours simple.

L'animal des Serpules est très contractile, a le sang rouge, et se nourrit d'animalcules aquatiques, qu'il saisit à l'aide de ses branchies. Son corps a une espèce de corselet, et des segmens fort nombreux. Comme il se déplace dans son tube, sans en sortir entièrement, il y forme quelquefois des cloisons peu nombreuses et inégalement espacées. Les espèces sont difficiles à indiquer, parce qu'on n'a que très peu de figures passables. Outre cet embarras, n'observant que des tubes dans les collections, on est exposé à rapporter aux *Serpules* des animaux qui appartiennent à d'autres genres : les races à tube rampant, qui ont un opercule calcaire, sont dans ce cas.

[On ne sait presque rien sur la coïncidence qui existe probablement entre la forme des tubes construits par les Serpules et les différences spécifiques que ces animaux présentent; aussi plusieurs des espèces vivantes mentionnées ci-dessous et toutes les espèces fossiles décrites par les auteurs sont-elles caractérisées d'une manière très douteuse, et on trouvera certainement parmi elles un grand nombre de doubles emplois.

E.

ESPÈCES.

1. **Serpule vermiculaire.** *Serpula vermicularis.*

> *S. testâ repente, tereti-subulatâ, curvatâ, non spirali; interdùm subcarinatâ.*
>
> *Serpula vermicularis.* Lin. Syst. nat. p. 1267.
> *Tubus vermicularis.* Ell. Corall. tab. 38. f. 2.
> (b) *Serpula vermicularis.* Mull. Zool. dan. tab. 86. f. 7-9.
> * Savigny. Syst. des Annelides. p. 73.
> * Blainville. Dict. des Sc. nat. t. 48. p. 553. pl. 1. fig. 1.
> Habite l'Océan d'Europe. Mus. n°. Mon cabinet.

2. **Serpule fasciculaire.** *Serpula fascicularis.*

> *S. testis teretibus, undato-erectis, in massam cæspitosam fasciculatim aggregatis, transversè rugosis.*
>
> * De Blainville. op. cit. p. 554.

Mus. n⁰.

Habite... Les tubes sont assez longs, blancs, un peu teints de rose.

3. Serpule intestin. *Serpula intestinum.*

S. testá tereti, longá, undato-tortá, lœviusculá, modo serpente ; modo ascendente.

* De Blainville. loc. cit.

Mus. n°.

Habite les mers d'Europe. Mon cabinet.

4. Serpule boyau-de-mer. *Serpula contortuplicata.*

S. testis teretibus, transversìm rugoso-striatis, repando-inflexis et contortuplicatis ; carinis obsoletis.

Serpula contortuplicata. Lin.

Argenv. t. 4. fig. D.

Martin. Conch. 1. tab. 3. fig. 24. A.

* Ellis. Corall. p. 117. pl. 38. fig. 2.

* Savigny. Syst. p. 73.

* De Blainville. Dict. des Sc. nat. t. 48. p. 553.

Habite la Méditerranée et l'Océan d'Europe. Mon cabinet.

5. Serpule plicaire. *Serpula plicaria.*

S. testis teretibus, variè contortis, implicitè aggregatis ; plicis transversis inæqualibus.

* De Blainville. op. cit. p. 554.

Mus. n°.

Habite l'Océan Indien. Sur le *Mytilus margaritiferus.* Lin. La Pintadine.

6. Serpule glomérulée. *Serpula glomerata.*

S. testis teretibus, decussato rugosis, contortis, glomeratis anticè læviusculis

Serpula glomerata. Lin. Syst. nat. p. 1266.

Gualt. Conch. tab. 10. fig. T.

Favann. Conch. pl. 6. fig. F. 1.

Martin. Conch. 1. tab. 3. fig. 23.

Bonan. recr. 1. tab. 1. fig. E.

* De Blainville. loc. cit.

(b) *Eadem testis subsolitariis, basi in spiram attenuatam desinentibus, anticè elongato-porrectis.*

Habite l'Océan Asiatique, à l'Ile de France. Mus. no. Elle offre beaucoup de variétés. La Serpule B doit peut-être constituer une espèce. Mon cab. (*Suivant M. de Blainville on confondrait sous ce nom deux espèces, et la variété *b* serait un tube de Vermet.

7. Serpule treillissée. *Serpula decussata.*

S. testá decussatim-striatá longitudinaliter subrugosá , contortá, cir-
culis pluribus obliquè incumbentibus ; latere infero planulato.
Gualt. Conch. tab. 10. fig. Z.
Serpula decussata. Gmel. List. Conch. t. 547. fig. 4.
* De Blainville. op. cit. p. 555.
Habite l'Océan des Antilles. Mus. n°. Elle est d'un rouge-brun.
* M. de Blainville pense que cette espèce pourrait bien ne pas diffé-
rer du *Vermetus goreensis* d'Adanson.

8. Serpule étendue. *Serpula protensa.*

S. testá tereti, solitariá, rectá aut subflexuosá , rugis transversis sub-
plicatá, versùs finem parùm attenuatá.
Rumph. Mus. t. 41. f. 3.
Martin. Conch. 1. t. 2. f. 12. A.
* De Blainv. loc. cit.
* Defrance. Dict. des Sc. nat. t. 28. p. 567.
Habite les mers de l'Inde, de l'Amérique et dans la Méditerranée. On
la trouve fossile en Italie. (* Plusieurs espèces paraissent avoir été
confondues sous ce nom, et M. de Blainville s'est assuré que la
figure de Rumph appartient à un Vermet.)

9. Serpule entonnoir. *Serpula infundibulum.*

S. testá tereti, transversìm striatá, subcarinatá, undato-repente vel
in gyros contortá, ex infundibulis pluribus sese recipientibus con-
flatá.
Serpula infundibulum. Gmel. p. 3745.
(b) *Eadem? Minor ; carinis subquinis exiguis interruptis.*
* De Blainville. loc. cit.
Habite la mer de l'Inde. Mon cab. La variété (b) vient de l'île King.
Péron.

10. Serpule annelée. *Serpula annulata.*

S. testis teretibus, gracilibus , annulatim plicatis, porrecto-flexuosis,
glomeratis.
* De Blainville. op. cit. p. 556.
Mus. n°.
Habite... Elle est blanche, et sa masse ressemble à un paquet de pe-
tits intestins allongés.

11. Serpule pain-de bougie. *Serpula cereolus.*

S. testá tereti, multoties contortá, gracillimá ; striis transversis mini-
mis, punctato-asperulis.

Serpula cereolus. Gmel. Davila catal. t. t. 4. fig. F.
Favan. Conch. tab. 6. fig. D.
* De Blainville. loc. cit.
Habite les côtes de l'Amérique. Mus. n°. Mon cab.

† **11. *a.* Serpule tournoyant.** *Serpula circinnalis.*

> *S. testá tereti læviusculá, antice disjunctá flexuosá, postice in spiram planam discoideam contortá, anfractibus multis.*
Goldf. op. cit. p. 227. pl. 67. fig. 9.
Fossile du Lias des montagnes de Bamberg.

† **11. *b.* Serpule spirolinite.** *Serpula spirolinites.*

> *S. testá lævi, antice in arcum flexá, postice in spiram planam contiguam convolutá, lateribus planis, cariná æquali continuá.*
Goldfuss. op. cit. p. 229. pl. 68. fig. 5.
Fossile du calcaire jurassique de Baireuth.

† **11. *c.* Serpule spirographe.** *Serpula spirographis.*

> *S. testá lævi, postice in spiram discoideam convolutá, antice elongatá capitatá.*
Goldfuss. op. cit. p. 239. pl. 70. f. 17.
Fossile du sable-vert de la Westphalie.

† **11. *d.* Serpule rampant.** *Serpula humulus.*

> *S. testá subtetragoná, transversim rugose substriatá, postice in discum planum convolutá anfractibus contiguis, antice disjunctá flexuosá.*
Goldfuss. op. cit. p. 241. pl. 71. f. 10.
Fossile du terrain tertiaire de la Westphalie.

12. Serpule filograne. *Serpula filograna.*

> *S. testis capillaribus, fasciculatis : fasciculis glomeratis, cancellato-ramosis.*
Serpula filograna. Lin. Syst. nat. p. 1265.
Planc. Conch. app. t. 19. fig. A. B.
Seba mus. 3. tab. 100. f. 8.
(b) *Glomi cæspitiformes; fasciculis tenuibus, apice divaricatis.*
* De Blainville. loc. cit.
Habite la Méditerranée. Mus. n°. La variété (b) vient des mers de la Nouv. Hollande, port du roi Georges. *Péron.*
* M. Berkley a formé avec cette espèce un genre particulier, qu'il désigne sous le nom de *Filogana*, et qu'il caractérise principale-

ment d'après la forme du tube et le nombre des appendices tentaculaires qui est de huit, dont deux garnis d'un opercule infundibuliforme.

† 12. *a.* Serpule sociale. *Serpula socialis.*

> *S. testá filiformi elongatá lævi laxá; pluribus in fasciculum aggre-
> gatis.*
>
> Goldfuss. op. cit. p. 235. pl. 69. fig. 12.
>
> Fossile du calcaire de transition de l'Eifel, du calcaire jurassique de
> Wurtemberg et de la Bourgogne, et du sable vert des environs de
> Ratisbonne.

13. Serpule vermicelle. *Serpula vermicella.*

> *S. testis filiformibus, teretibus, transversim rugosis, flexuosis, in mas-
> sam crassam congestis.*
>
> Lipse. Adans Seneg. p. 164. t. 11. f. 2.
>
> Fav. t. 6. fig. B.
>
> * *Vermetus vermicella.* De Blainville. Dict. des Sc. nat. t. 57. p.
> 324.
>
> (b) *Eadem.? Testis brevioribus, laxioribus, varié contortis.*
>
> * De Blainville. loc. cit.
>
> Habite l'Océan Africain, à l'île de Gorée. Mus. n°. Peut-être faudra-
> t-il distinguer la serpule (b).

14. Serpule filaire. *Serpula filaria.*

> *S. testis tenuissimis, filiformibus, serpentibus numerosissimis ; rugis
> transversis distantibus.*
>
> * De Blainville. Dict. des Sc. nat. t. 48. p. 557.
>
> Mus. n°.
>
> Habite les mers de la Nouv. Hollande, à l'île King, sur les pierres
> qu'elle couvre. *Péron* et *Lesueur.*
>
> *Goldfuss a décrit sous le même nom une espèce fossile provenant de
> l'oolite de Grafenberg, qui ne paraît pas avoir de rapport avec
> celle dont il vient d'être question. Il la caractérise de la manière
> suivante :
>
> *S. testá filiformi lævi, postice in spiram discoideam convolutá, anticè
> flexuosá elongatá sensim incrassatá.* (Goldfuss. op. cit. p. 235.
> pl. 69. fig. 11.)

† 14. *a.* Serpule plexiforme. *Serpula plexus.*

> *S. testis cylindraciis, levibus, contortis, in massam densam aggregatis*
>
> Sowerby. Mineral Conchology. vol. 6. p. 201. pl. 598. fig. 1.
>
> Fossile de la craie du Sussex.

15. Serpule transparente. *Serpula pellucida.*

S. testá tereti , rugosá , pellucidá; in spiram irregularem contortá; anticè extremitate sursùm porrectá.

Mus. n°.

(b) *Eadem testá læviore; anfractibus irregulariter glomeratis.*

An serpula vitrea? Fabr. Faun. Groenl. p. 382.

* De Blainv. loc. cit.

Habite.... du voyage de Péron. La var. b. vient des mers de la Chine. L'ouverture est ronde, à bord non épaissi.

16. Serpule entortillée. *Serpula intorta.*

S. testá tereti-angulatá, subcostatá, in spiram deformem contortá, subglomeratá; plicis transversis crebris.

Mus. n°.

Habite.... Fossile des environs de Plaisance. M. Cuvier , et se trouve en France, près de Dax. (* Parait appartenir au genre Vermet.)

22. Serpule à crête. *Serpula cristata.*

S. testá tereti; costellis plurimis denticulatis ; extremitate anticá sub-porrectá ; posticá in spiram discoideam contortá.

(b) Var. *Costellis rarioribus, muticis.*

* Defrance. Dict. des Sc. nat. t. 48. p. 564.

Habite... Fossile de Grignon. Mon cabinet.

23. Serpule spirulée. *Serpula spirulæa.*

S. testá compressá , læviusculá, subinæquali, in spiram discoideam margiye acutam contortá ; anticá extremitate disjunctá.

An Dautin? Adans. Seneg. p. 165. t. 11. f. 4. a. b.

* Goldfuss. Pétrif. t. 1. p. 241. pl. 71. fig. 8...

Habite... Fossile des environs de Bayonne et de Montbart. Mus. n°. Mon cabinet.

* Devra probablement être rapportée au genre Vermet.

† 24. Serpule quadricarénée. *Serpula quadricarinata.*

S. testá quadrangulari transversim striatá , in spiram umbilicatam vertice affixam convolutá, antice disjunctá.

Goldfuss. op. cit. p. 237. pl. 70. f. 8.

Fossile du sable vert de Ratisbonne.

† Serpule tétragone. *Serpula tetragona.*

S. testá serpentiná elongatá, quadrangulari; angulis præminentibus.

Sowerby. Mineral conchology. vol. 6. p. 203. pl. 599. fig. 2.

Fossile du calcaire du Bedfondshire, en Angleterre.

† 25. Serpule vertébrale. *Serpula vertebralis.*

S. testá obtuse quadrangulari, subtilissime transversim striatá, postice reflexá antice liberá rectá angulisque nodosis; nodis verticillatis plus minusve crebris et regularibus.

Goldfuss. op. cit. p. 23r. pl. 68. fig. 10.

Sowerby Mineral conchology. t. 6. p. 204. pl. 599. fig. 5.

Fossile du calcaire jurassique de l'Alsace.

Le *Serpula articulata* de Sowerby (loc. cit. pl. 399. fig. 4) est un fossile du sable vert supérieur, qui a la plus grande ressemblance avec l'espèce dont il vient d'être question.

† 26. Serpule à cinq crêtes. *Serpula quinque cristata.*

S. testá acute quinquangulari antice disjunctá, angulis cristatis cris-pis, lateribus binis planis cœteris canaliculatis, per intervalla dense transversim striatis.

Goldfuss. loc. cit. pl. 67. fig. 7.

Fossile du lias du Bamberg.

† 27. Serpule à cinq sillons. *Serpula quinque sulcata.*

S. testá obtuse quinquangulari lœvi subtorquatá antice disjunctá.

Goldfuss. loc. cit. pl. 67. fig. 8.

Fossile du même terrain.

† 28. Serpule sexangulaire. *Serpula sexangularis.*

S. testá sexangulari, postice uncinatá affixá striis transversis con-fertis undulatis subtilissimis.

Goldfuss. op. cit. p. 238. pl. 71. fig. 12.

Fossile de la formation crétacée des environs de Munster.

† 29. Serpule subtorquatienne. *Serpula subtorquata.*

S. testá obtuse quinquangulari subtortili transversim et in longitudi-nem subtilissime striatá postice affixá, anticè coarctatá disjunctá subrectá.

Goldfuss. op. cit. p. 238. pl. 71. fig. 11.

Même gisement.

30. Serpule quadrangulaire. *Serpula quadrangularis.*

S. testá subcompressá, quadrangulari, basi spiratá; anticá extremi-tate rectiusculá.

Cabinet de M. *Ménard.*

* Defrance. Dict. des Sc. nat. t. 48. p. 48.

Habite... Fossile des environs du Mans et de ceux du Féez, en Nor-mandie.

20. Serpule très petite. *Serpula minima.*

> **S.** *testis capillaribus, minimis, intricatis, in massam simplicem glomeratis.*
> *An serpula intricata?* Lin.
> (b) *Eadem fossilis; massá exiguá.*
> * De Blainville. Dict. des Sc. nat. t. 48. p. 557.
> Habite la Méditerranée, près de Civita Vecchia. M. *Ménard.*
> La var. b. se trouve à Grignon.

21. Serpule hérissée. *Serpula echinata.*

> **S.** *testá subtereti, repente, flexuosá; costellis pluribus sulcatá : dorsali eminentiore aculeato-muricatá.*
> *Serpula echinata.* Gmel. Gualt. t. 10. fig. R.
> Martin. Conch. 1. t. 2. f. 8.
> * De Blainville. loc. cit.
> (b) **Var.** *costellis crebris minimis subspinosis.*
> (c) **Var.** *costellis distantibus.* Brocc. Conch. 2. t. 15. f. 24.
> Habite la Méditerranée. Les variétés b. et c. sont fossiles. Une troisième variété, non fossile, se trouve au port d'Ancône. M. *Ménard.*

22. Serpule sillonnée. *Serpula sulcata.*

> **S.** *testá tereti, infernè contortá, subglomeratá, anticè porrectá; costellis longitudinalibus numerosis, subdentatis.*
> *An Dofan?* Adans. Seneg. p. 164. pl. 11. f. 3.
> * De Blainville. loc. cit.
> Habite les mers de la Nouvelle Hollande, etc. Se trouve fossile dans la Touraine.

23. Serpule costale. *Serpula costalis.*

> **S.** *testá angulatá, laxè contortá, basi subspiratá; costellis striisque longitudinalibus, inæqualibus, muticis.*
> * De Blainville. loc. cit.
> Mus. n°.
> Habite... Tubes solitaires.

24. Serpule dentifère. *Serpula dentifera.*

> **S.** *testá tereti, contortá; costellis longitudinalibus duabus tribusve dentiferis.*
> Mus. n°.
> * *Vermilus dentiferus.* Quoy et Gaim. Voyage de l'*Astr.* t. 3. p. 291. pl. 67. fig. 27 et 28.

TOME V. 40

(b) *Eadem testis majoribus subsolitariis.* **Mus. n₀.**

(c) *Eadem fossilis, testis obsoletè cancellatis.*
An serpula polythalamia? Broch.

(d) *Eadem? testis subangulatis, glomeratis.* Mon cabinet.

Habite les mers de l'Asie australe. La variété (c) se trouve en Italie. Cette espèce devient grande (* et appartient au genre *Magile.*)

25. Serpule siphon. *Serpula sipho.*

S. testá tereti, longá, undato-curvá, versùs basim obsoletè cancellatá; spirá baseos congestá, subtùs planulatá.

An Gualt. Conch. t. 10. fig. L. ?

Dargenv. Conch. t. 4. fig. H.

Masier. Adans. Seneg. pl. 11. f. **5.**

Habite l'Océan des Indes, à Timor. **Mus. n₀.** Elle varie beaucoup, et néanmoins je la crois distincte de la suivante.

26. Serpule grand-tube. *Serpula arenaria.*

S. testá anticè tereti, rectiusculá; posticè subangulatá, contorto-spiratá, subtùs planulatá.

Serpula arenaria. Lin. Syst. nat. p. 1266.

Gualt. Conch. t. 10. fig. N?

Bonan. Recr. 1. t. 20. fig. C.

Martin. Conch. 1. t. 3. fig. 19. B. C.

* *Vermetus arenarius.* Quoy et Gaimard. Voyage de l'*Astrol.* t. 3. p. 289. pl. 67. fig. 8-10.

Habite la mer des Indes. Mus. n°. Elle offre aussi différentes variétés.

Etc. Voy. le *Terebella madroperarum* Shaw. Miscell. 8. pl. 139, et le *Serpula gigantea* de Pallas, qui est peut-être un Magile. (* Cette dernière espèce observée par M. Savigny (Syst. p. 74) est une Serpule de la division des Cymospires, groupe que M. de Blainville élève au rang de genre. (Voyez Dict. des Sc. nat. t. 57. p. 431.)

† 27. Serpule flasque. *Serpula flaccida.*

Serpula testá elongatá filiformi laevi flaccidá flexuosá.

Goldfuss. Petrefacta. p. 234. pl. 69. fig. 6.

Fossile du calcaire jurassique de l'Alsace, de la Suisse, etc.

† 28. Serpule lisse. *Serpula lœvis.*

S. testá subtereti reflexá, cristá caudali angustissimá.

Goldfuss. op. cit. p. 236. pl. 70. fig. 3.

Fossile du sable vert de la Westphalie.

† 29. Serpule amphisbène. *Serpula amphisbœna.*

S. testá lœvi elongatá ampiá undato-serpentiná, varicibus obsoletis annulatá.

Goldfuss. op. cit. p. 239. pl. 70. f. 16.

Fossile du sable vert de la Westphalie, etc., et de la marne crayeuse de Maestricht.

† **30. Serpule fouet.** *Serpula flagellum.*

S. testá posticè attenuatá flexuosá læviuscula, antice subadscendente, varicibus lamellosis perfoliatis.

Goldfuss. op. cit. p. 233. pl. 69. fig. 5.

Fossile du calcaire jurassique des environs de Streitberg.

31. Serpule substriée. *Serpula substriata.*

S. testá serpentiná, sulcis tribus longitudinalibus striisque transversalibus subtilissimis confertis insculpta.

Goldfuss. op. cit. p. 234. pl. 69. fig. 6

Même gisement.

† **32. Serpule de Noggerath.** *Serpula Noggerathii.*

S. testá transversim subtilissimè striatá, postice in spiram affixam convolutá, antice disjunctá elongatá subrectá cingulatá, cingulis elatis æqualibus.

Goldfuss. op. cit. p. 238. p. 70. fig. 14.

Fossile de la craie des environs de Munster.

La *Serpula ampulacea* de Sowerby (mineral Conchyology, t. 6. p. 194. pl. 597. fig. 1-5.) ne paraît pas devoir être séparée spécifiquement de la précédente.

† **33. Serpule draconocéphale.** *Serpula draconocephala.*

S. testá lævi subcarinatá, in spiram simplicem affixam convolutá, antice adscendente costisque arcuatis supra aperturam notatá.

Goldfuss. op. cit. p. 236. p. 70. fig. 5.

Fossile de la craie de Maestricht.

† **34. Serpule de Deshayes.** *Serpula Deshajesii.*

S. testá subtereti rugosá subrecta; postice affixá curvatá, sulcis tribus vel quinque et crista plicata evanescente.

Goldfuss. op. cit. p. 232. pl. 68. fig. 18.

Fossile du calcaire jurassique de Streitberg.

† **35. Serpule grande.** *Serpula grandis.*

S. testá arcuatim flexuosá, antice rotundatá adscendente, postice basi effusá, cristá dorsali obtusá vel plicata, lateribus convexis sulco notatis.

Goldfuss. op. cit. p. 227. pl. 67. fig. 11.

Fossile du calcaire jurassique de Wurtenbourg et de la Haute-Saône.

† **36. Serpule limace.** *Serpula limax.*

40.

S. testá serpentiná, antice tereti transversim striatá, postice trique-
trá, cariná rectá, lateribus subconvexis.
Goldf. loc. cit. pl. 67. fig. 12.
Fossile du calcaire jurassique de Baireuth.

† 37. Serpule conforme. *Serpula conformis.*

S. testá serpentiná vel flexá conformi, cariná continuá æquali, late-
ribus subangulatis.
Goldfuss. op. cit. p. 228. pl. 67. fig. 13.
Fossile du calcaire jurassique de l'Alsace.

38. Serpule à trois crêtes. *Serpula tricristata.*

S. subpentagoná, antice subrectá, postice flexá, costis acutis remotis,
cristis tribus dorsalibus mediá rectá lateralibus plicatis.
Goldfuss. op. cit. p. 226. pl. 67. fig. 6.
Fossile du lias des montagnes de Bamberg.

† 39. Serpule en arc. *Serpula arcuata.*

S. testá pentagoná arcuatá, postice affixá, transversim rugoso-striatá,
carinis lateralibus obtusis, dorsali acutiore.
Goldfuss. op. cit. p. 237. pl. 70. fig. 10.
Fossile du sable vert de Ratisbonne.

† 40. Serpule anguleuse. *Serpula angulata.*

S. testá reflexá basi expansá lateribus planá, cristá dorsali elatá pli-
catá utrinque sulco exiguo circumscripto.
Goldfuss. op. cit. p. 240. pl. 71. f. 5.
Fossile du terrain tertiaire de la Westphalie.

† 41. Serpule bicanaliculée. *Serpula bicanaliculata.*

S. testá reflexá, lateribus convexiusculis, cristá dorsali æquali utrin-
que canaliculo antice evanescente circumscriptá.
Goldfuss. op. cit. p. 240. pl. 71. f. 6.
Fossile du calcaire tertiaire de la Westphalie.

† 42. Serpule limée. *Serpula limata.*

S. testá serpentiná, striis transversalibus undulatis subtilissime sca-
bra, lateribus convexis, costis arcuatis remotis acutis, carina con-
tinuo tenui.
Goldfuss. op. cit. p. 229. pl. 68. fig. 1.
Fossile du calcaire jurassique des environs de Sreitberg.

† 43. Serpule pliable. *Serpula plicatilis.*

S. testá laxá vel curvatá, lateribus subconvexis læviusculis, costis ar-
cuatis per paria approximatis, cariná continuá rectá.

Goldfuss. op. cit. p. 229. pl. 68. fig. 2.

Fossile de l'oolite de Grafenberg et de Streitberg.

Cette serpule ne diffère que fort peu de la précédente et pourrait
bien ne pas en être distincte spécifiquement.

† 44. Serpule noduleuse. *Serpula nodulosa.*

*S. testá laxá lævi subcompressá, lateribus planis, costis obliquis no-
dulosis, cariná integrá acutá.*

Goldfuss. op. cit. p. 229. pl. 68. fig. 4.

Fossile du calcaire jurassique de Streitberg. Ne diffère que fort peu
des deux espèces précédentes.

† 45. Serpule lophiode. *Serpula lophioda.*

*S. testá substriatá convexá postice uncinatá, cariná dorsali æquali
tenuissima.*

Goldfuss. op. cit. p. 236. pl. 70. fig. 2.

Fossile du sable vert de Westphalie.

† 46. Serpule bossue. *Serpula gibbosa.*

*S. testá uncinatá, lateribus subcanaliculatis, costis gibbosis regular-
bus, cristá continuá acutá.*

Goldfuss. op. cit. p. 229. pl. 68. fig. 3.

Fossile du calcaire jurassique de Muggendorf.

† 47. Serpule quinquangulaire. *Serpula quinquangularis.*

*S. testá lævi quinquangulari uncinatá repente incrassatá transversim
sulcatá vel lamellosá, carinis lateralibus obtusis, crist adorsali
plicata.*

Goldfuss. op. cit. p. 230. pl. 68. fig. 8.

Fossile du Kimmeridge clay de Langres, etc.

† 48. Serpule à quatre lignes. *Serpula quadrilatera.*

*S. testá acute quadrangulari, subtilissime transversim striatá, postice
subflexá carinaque dorsali tenui instructá.*

Goldfuss. op. cit. p. 230. pl. 68. fig. 10.

Fossile de l'oolite de Baireuth.

† 49. Serpule triangulaire. *Serpula triangularis.*

*S. testá serpentiná convexá, lateribus sulco longitudinali obsoleto
striisque transversalibus undulatis notatis, cristá dorsali plicatá.*

Goldfuss. op. cit. p. 236. pl. 70. fig. 4.

† 50. Serpule tricarénée. *Serpula tricarinata.*

*S. testá serpentiná lævi quinquetrá, carinis approximatis æqualibus
acutis.*

Goldfuss. op. cit. p. 230. pl. 68. fig. 6.
Fossile de l'oolite de l'Alsace, etc.

† 51. Serpule quadricanaliculée. *Serpula quadricanaliculata.*

S. testâ reflexâ quadricarinatâ, canaliculis lateralibus nodulosis, late-
ribus basi concinne plicatis, orificio lævi ascendente.
Goldfuss. op. cit. p. 241. pl. 71. f. 11.
Fossile du calcaire tertiaire de la Westphalie.

† 52. Serpule pentagonale. *Serpula pentagona.*

S. testâ flexâ vel uncinatâ pentagonâ lævi, carinis remotis, media
acutâ, lateralibus obtusis.
Goldfuss. op. cit. p. 230. pl. 68. fig. 7.
Calcaire jurassique de Streitberg.

† 53. Serpule froncée. *Serpula corrugata.*

S. testâ subtereti rugosâ subcarinatâ elongatâ serpentinâ vel in spi-
ras convolutâ, carinâ obsoletâ nodulosâ rugis lateralibus con-
fertis.
Goldfuss. op. cit. p. 241. pl. 71. fig. 12.
Fossile du terrain tertiaire de la Westphalie.

† 54. Serpule trachine. *Serpula trachinus.*

S. testâ lævi, postice uncinatâ lateribus, convexâ, cristâ altâ crispâ,
antice in sulcum dorsalem desinente.
Goldfuss. op. cit. p. 235. pl. 70. fig. 1.
Fossile du sable vert de la Westphalie.

† 55. Serpule déprimée. *Serpula depressa.*

S. testâ depressâ lævi convexâ, postice in discum irregularem convo-
lutâ, antice serpentinâ, ore porrecto contortâ, carinâ dorsali
æquali.
Goldfuss. op. cit. p. 236. pl. 70. fig. 6.
Fossile du terrain tertiaire de la Westphalie.

† 56. Serpule gordiale. *Serpula gordialis.*

S. testâ elongatâ lævi filiformi serpentinâ vel in glomerulum seu spi-
ram convolutâ.
Goldfuss. op. cit. p. 234. pl. 69. fig. 8.
Fossile du calcaire jurassique du Wurtenbourg, de l'Alsace, etc.
Var. serpentina : testâ serpentinâ, gyris numerosis conduplicatis.
Goldfuss. op. cit. p. 240. pl. 71. fig. 4.
Fossile de la formation crétacée de la Westphalie, de la Bavière et de
la Saxe.

Je doute beaucoup que cette espèce, ainsi que les quatre suivantes, appartiennent bien réellement au genre Serpule ; elles ont beaucoup d'analogie avec des coquilles tubuleuses provenant de mollusques d'un genre nouveau, que M. Deshayes distingue des Vermets et se propose de décrire dans la suite de cet ouvrage.

† 57. Serpule interrompue. *Serpula intercepta.*

S. testá lævi tenui moniliformi-intercepta in glomerulum convoluta.
Goldfuss. op. cit. p. 234. pl. 69. fig. 9.
Fossile du calcaire jurassique de Streitberg.

† 58. Serpule Ilion. *Serpula Ilium.*

S. testá filiformi gracili lævi, in spiram irregularem elongatam interruptam vel in glomerulum convolutá.
Goldfuss. op. cit. p. 234. pl. 69. fig. 10.
Calcaire jurassique de Streitberg?

† 59. Serpule parvule. *Serpula parvula.*

S. testá exiguá, in spiram conico-elongatam deformem convolutá, anfractibus irregularibus contiguis creberrimis.
Goldfuss. op. cit. p. 239. pl. 71. f. 18.
Fossile du sable vert de la Westphalie.

† 60. Serpule flagellée. *Serpula vibricata.*

Serpula testá glomeratá varie convolutá, rugis transversis annularibus divisisve.
Goldfuss. op. cit. p. 240. pl. 71. fig. 3.
Même gisement.
Fossile de la formation crayeuse de la Westphalie.

* Ajoutez le *Serpula carinella* de Sowerby (Min. Conch. t. 6. p. 201. pl. 598. fig. 2.), espèce fossile des Sablevert ; le *Serpula antiquata* du même (loc. cit. p. 202. pl. 598. fig. 4.) ; quelques espèces décrites par M. Defrance, dans le Dictionnaire des Sciences naturelles. t. 6. p. 564, etc.

Les fossiles décrits par M. Goldfuss sous les noms de : *Serpula lituiformis* (Petrefacta pl. 67 fig. 15); *Serpula delphinula* (op. cit. pl. 67. fig. 16); *Serpula convoluta* (pl. 67. fig. 14); *Serpula trochleata* (pl. 68. fig. 13); *Serpula macrocephala* (pl. 68. fig. 14); *Serpula heliceformis* (pl. 68. fig. 15); *Serpula canaliculata* (pl. 69. fig. 1); *Serpula volubilis* (pl. 69. fig. 2); *Serpula spiralis* (pl. 69. fig. 3); *Serpula subrugosa* (pl. 71. fig. 1); *Serpula cretato-striata* (pl. 71. fig. 2); *Serpula tortrix* (pl. 70.fig. 16), paraissent devoir être considérés comme des Vermets plutôt que des Serpules; il en est de même du *Serpula granifera* de Say. (jour. of the Acad. of Philad. vol. 4. p. 154. pl. 8. fig. 4). Je doute aussi beaucoup que le *Serpula cingulata* (Goldfuss op. cit. pl. 69. fig. 4), et le *Serpula erecta* pl. 70. fig. 15) du même auteur, appartiennent à ce genre; son *Serpula epithonia* est probablement le tube de quelques Annelides de la famille des antennées.

Enfin, le fossile décrit par M. Goldfuss sous le nom de *Serpula colubrina* (Petref. t. 1. p. 226. pl. 77. fig. 5) n'est certainement pas un tube de Serpule, et me paraît être une agglomération d'œufs de Mollusques, semblable à celles qu'on trouve souvent sur nos côtes.   E.

VERMILIE. (Vermilia.

Corps tubicolaire, allongé, atténué vers sa partie postérieure, muni extérieurement d'un opercule testacé, orbiculaire, très simple.

Tube testacé, cylindracé, insensiblement atténué vers sa partie postérieure, plus ou moins contourné, et fixé par le côté sur les corps marins. Ouverture ronde, à bord souvent muni d'une à trois dents.

Corpus tubicolare, elongatum, posticè sensim attenuatum, operculo testaceo, orbiculato simplicique anticè instructum.

Tubus testaceus, cylindraceus, posticè sensim attenuatus, plùs minusvè contortus, repens, corporibus marinis latere affixus. Apertura rotunda; margine dento unico vel dentibus duobus tribusve sœpè armato.

OBSERVATIONS.—Les Serpulées, auxquelles nous donnons maintenant le nom de *Vermilies,* étaient confondues parmi les serpules. Ce fut Daudin qui, le premier, s'aperçut que ces Annelides, toujours rampantes, étaient munies d'un opercule calcaire. Il les sépara des Serpules et en fit des Vermets, ne considérant pas que le *Vermet* d'Adanson est réellement un mollusque et non une Annelide. Ayant vu moi-même, dans quelques espèces, l'opercule calcaire de ces Serpulées, je les ai réunies d'abord avec la Galéolaire, qui est pareillement operculée; mais depuis, considérant que ces animaux n'ont ni le port, ni l'opercule de la Galéolaire, j'ai cru devoir les en séparer pour en former un genre particulier. L'opercule des Vermilies est orbiculaire à sa base, à dos convexe, le plus souvent conique.

[Ce genre n'est encore qu'imparfaitement connu et n'a pas été adopté par M. Savigny, mais a été admis par M. de Blainville, qui le caractérise de la manière suivante :

« Corps, tête, thorax, bouche et anus comme dans les Serpules. Branchies flabelliformes, composées de cirrhes garnies d'un seul rang de barbes. Deux tentacules, dont un seul se développe en une masse proboscidiforme, recouverte à sa partie supérieure par une pièce calcaire conoïde et simple. Tube calcaire, solide, épais, triquètre, adhérant par toute l'étendue d'une de ses faces aplaties à des corps marins. »

Si par la suite ce genre vient à être définitivement adopté, il faudra probablement y rapporter plus des fossiles rangés ci-dessus parmi les Serpules.　　　　　　　　　　E.

ESPÈCES.

1. **Vermilie à bec.** *Vermilia rostrata.*

> *V. testá tereti, lævigatá, madreporibus incrustatá; aperturá dent. acuto rostriformi.*
>
> * Blainville. Dict. des Sc. nat. t. 57. p. 329.
>
> Mus. n.º
>
> Habite les mers de la Nouvelle-Hollande, dans l'épaisseur d'une Porite. Son tube est assez gros, rouge, et paraissait vide.

2. **Vermilie triquètre.** *Vermilia triquetra.*

> *V. testá repente, flexuosá, triquetrá; dorso cariná simplici.*
>
> *Serpula triquetra.* Lin Gmel. p. 3740.
>
> Born. Mus. p. 436 tabl. 18. f. 14.
>
> * Blainville. Dict. des Sc. nat. t. 57. p. 329 et p. 430. pl. 1. fig. 3.
>
> (b) *Var. testá lineá rubrá utroque latere carinæ.*
>
> Habite l'Océan Européen et la Méditerranée. Mus. n.º Elle rampe et serpente sur les corps marins, y étant fixée dans toute ou presque toute sa longueur. Son opercule est conique.
>
> La variété b se trouve sur un Peigne des mers australes.

3. Vermilie bicarinée. *Vermilia bicarinata.*

V. testá repente, flexuosá, subtriquetrá, rubrá; dorso bicarinato; aperturá lobo bicorni.

Mus. n.º

* De Blainville. op. cit. t. 57. p. 329.

Habite les mers de la Nouvelle-Hollande, sur les fucus. Elle est d'assez petite taille, à carènes ondées, subdentées.

4. Vermilie chenille. *Vermilia eruca.*

V. testá repente, tereti-subulatá, transversè rugosá, albidá; lineis binis rufis dorsalibus.

* De Blainville. loc. cit.

Mus. no.

Habite les mers australes. Elle n'est lisse sur aucun point de son tube; ses rides transverses sont les termes de ses divers accrois-semens.

5. Vermilie subcrénelée. *Vermilia subcrenata.*

V. testá repente, flexuosá, albidá; cariná dorsalis carinisque late-ralibus aculeato-crenatis; operculo brevissimè conico.

* De Blainville. loc. cit.

Mon cabinet.

Habite l'Océan Indien, sur le Spondyle mutique. Elle se creuse un lit sur la coquille.

6. Vermilie plicifère. *Vermilia plicifera.*

V. testá repente, flexuosá, cylindricá; cariná dorsali minimá; late-ribus plicis creberrimis tenuissimis arcuatis.

* De Blainville. loc. cit.

Mon cabinet.

Habite la Méditerranée, sur un Peigne; tube d'un blanc rougeâtre.

7. Vermilie scabre. *Vermilia scabra.*

V. testá repente, tereti, gracili, flexuosá; dorso carinis subquinis, minimis, denticulatis.

* De Blainville. loc. cit.

Mon cabinet.

Habite dans la Manche, près la Rochelle, sur un Peigne. Elle est différente du *Vermetus 5-costatus* de Daudin.

8. Vermilie rubanée. *Vermilia tœniata.*

V. testá repente, contortá, subriquetrá, albâ; fasciis duabus dorsa-libus rubro-violaceis.

* De Blainville. loc. cit.

Mus. n.°

Habite sur une Monodonte des mers australes, à la terre de Diémen.

Etc. Voyez les Vermets de Daudin, recueil de Mém. p. 44.

* *Vermilia? obtorta.* Defrance. Dict. des Sc. nat. t. 57. p. 330.

Fossile des Vaches-Noires, près de Honfleur.

* *Vermilia? punctata.* ejusd. loc. cit.

Fossile de la même localité.

* *Vermilia? murena.* ejusd. loc. cit.

Fossile du calcaire apolypeux des environs de Caen.

[Le genre SPIRAMELLE de M. de Blainville correspond à la division des Serpules spiramelliens de M. Savigny, et se compose d'une espèce dont les branchies conformes en peigne à un seul rang, se contournent en vis à plusieurs tours de spire ; dont la division imberbe de ces organes est également courte et pointue de chaque côté, et dont l'écusson membraneux du thorax est peu rétréci en arrière et présente les sept premières paires de pieds, disposées sur deux lignes parallèles.

Spiramelle bispirale.

Urtica marina singularis sebathes. t. 1. p. 45. pl. 29. fig. 1 et 2. — *Serpula bispiralis.* Savigny. Syst. p. 75. — *Spiramilla bispiralis.* De Blainville. Dict. des Sc. nat. t. 57. pl. 32.   E.

GALÉOLAIRE (Galeolaria.)

Corps tubicolaire.... muni antérieurement d'un opercule testacé, composé.

Tubes testacés, très nombreux, cylindracés, subanguleux, droits, ondés, serrés en touffes, fixés par leur base, ouverts à leur sommet. Ouverture orbiculaire, à bord se terminant d'un côté par une languette spatulée. Opercule orbiculaire, galéiforme, armé en dessus de pièces testacées diverses, au nombre de cinq à neuf, dont une au milieu est linéaire tronquée, et toutes attachées à son bord d'un seul côté.

Corpus tubicolare.... anticè operculo testaceo composito instructum.

Tubuli testacei, numerosissimi, cylindraceo-angulati, erecto-undati, conferti, cæspitosi, basi affixi, extremitate superiore pervii. Apertura orbicularis ; margine in lingulam spatulatam hinc terminato. Operculum orbiculare, galei-forme, valvis testaceis variis supernè armatum. Valvæ quinque ad novem, operculi margine hinc affixæ : unicâ medianâ lineari-truncatâ aliis majore.

OBSERVATIONS. — La *Galéolaire* tient sans doute de très près aux Vermilies ; aussi d'abord je les réunissais toutes dans le même genre. Cependant la considération de leur port tout-à-fait particulier, celle de la languette de leur ouverture, et sur-tout celle de leur singulier opercule, m'ont décidé à les distin-guer comme genre, étant persuadé que l'animal doit offrir dans ses caractères des particularités qui autoriseront cette distinc-tion. La pièce orbiculaire de leur opercule n'est point conique, mais squamiforme ; elle supporte neuf petites pièces testacées, quatre de chaque côté et une au milieu. Celle-ci est dentelée à la troncature de son sommet ; les autres le sont un peu sur leur bord interne.

ESPÈCES.

1. Galéolaire en touffe. *Galeolaria cæspitosa.*

G. testis angulosis, breviusculis, in cæspitem latam confertis ; aver-turæ ligulâ posticè canaliculatâ.

* De Blainville. Dict. des Sc. nat. t. 57. p. 431. pl. 1. fig. 4.
Mus. n.°
Habite les mers de la Nouvelle-Hollande. Péron et Lesueur.
Mon cabinet. Les touffes sont un peu diffuses.

2. **Galéolaire allongée.** *Galeolaria elongata.*

> G. *testis elongatis, tereti-angulatis, in massam crassam coalitis; aperturâ ligulâ posticè planulatâ.*
>
> Mus. no.°
>
> Habite.... les mers de la Nouvelle-Hollande ? Ce n'est peut-être qu'une variété de la précédente ; mais elle est très remarquable. Ses tubes sont trois fois plus longs que ceux de l'autre.

† 3. **Galéolaire prolifère.** *Galeolaria prolifera.*

> G. *testá obtuse quadrangulari, posticè curvâ affixâ, antice recta liberâ, ore et suturis tri-vel quadridentatis.*
>
> *Serpula prolifera.* Goldfuss. op. cit. p. 231. pl. 68. fig. 2.
>
> Fossile du calcaire jurassique du Baireuth.
>
> * Ajoutez *Galeolaria decumbens.* Sowerby. Genera.

[Le genre *Ditrupa* de M. Berkeley ne paraît pas différer essentiellement des Serpules par la structure des animaux, mais s'en distingue par la conformation des tubes, qui est libre, conique, un peu arquée, ouverte aux deux extrémités et toutefois semblable à celle de quelques Onuphis. Le type de ce genre a été pendant long-temps confondu avec les Dentales, sous le nom de *D. subulatum* (Desh. Mém. de la Sc. d'Hist. nat. t. 2. p. 373. pl. 16. fig. 29. — *Ditrupa subulata.* Berk. Zool. journ. vol. 5. p. 424. pl. 19. fig. 2.). Le *Serpula libera* de M. Sars (op. cit. p. 32. pl. 12. fig. 33) présente les mêmes caractères.   E.

MAGILE (Magilus.)

Test ayant sa base contournée en une spirale courte, ovale, héliciforme ; à quatre tours contigus, convexes, dont le dernier est plus grand et se prolonge en tube dirigé en ligne droite ondée. Le tube convexe en dessus, cariné en dessous, un peu déprimé et plissé sur les côtés : à plis lamelleux, serrés, ondés, verticaux, plus épais d'un côté que de l'autre.

Animal inconnu.

Testa basi in spiram brevem ovatam heliciformem convoluta; anfractibus quatuor contiguis convexis : ultimo majore, in tubum elongatum undato rectum porrigente. Tubus suprà convexus , infernè carinatus , ad latera subdepressus plicatus; plicis lamellosis confertis undatis verticalibus , in altero tubi latere crassioribus.

Animal ignotum.

OBSERVATIONS.— Le singulier test du *magile* offre, à sa base, une spirale héliciforme, ordinairement enchâssée dans l'épaisseur d'un corps madréporique. Le dernier tour de cette spirale s'allonge progressivement en un tube de la forme ci-dessus indiquée , et qui acquiert quelquefois une longueur considérable. Il paraît que l'animal est contourné en spirale dans ses premiers développemens, et qu'ensuite il s'allonge en ligne droite ondée, s'enveloppant d'un tube, s'y déplaçant successivement , et remplissant de matière testacée l'espace qu'il abandonne à mesure qu'il se déplace. Il en résulte qu'au lieu de former derrière lui quelques cloisons séparées, comme dans plusieurs serpules, cet animal remplit d'abord la spirale qu'il a quittée, remplit après la portion du tube qu'il n'occupe plus, et se trouve toujours contenu dans la cavité restante de son tube. Cette cavité est arrondie , très lisse en ses parois, et offre inférieurement une gouttière qui correspond à la carène du tube. Au rapport de M. *Mathieu*, on observe assez souvent ce corps testacé à l'Ile-de-France , et quelquefois son tube a jusqu'à trois pieds de longueur.

En considérant la description que Pallas donne de son *Serpula gigantea* (Miscell. Zool. p. 139. t. 10. f. 2-10.), il me paraît hors de doute que cette Serpule est une espèce du genre *Magile.* S'il en est ainsi, l'animal des *Magiles* serait connu dans ses caractères principaux, celui de Pallas étant déjà distinct des Serpules, par ses branchies spirales resserrées en massue , et par les petites cornes de son opercule.

[On connaît aujourd'hui l'animal du Magile qui, de même que le Vermet, est un mollusque gastéropode. M. Carus vient d'en donner une description anatomique dans le second volume du *Museum Senckenbergianum.*   E.

ESPÈCE.

1. **Magile antique.** *Magilus antiquus.*

> Campulote. Guett. Mém. vol. 3. p. 540 pl. 71. f. 6.
> *Magilus antiquus.* Montfort. Conch. 2. p. 43. *figura mala.*
> * Ruppell. Mém. de la Soc. d'Hist. nat. de Strasbourg. t. 1. n° 25. pl.
> * Deshayes. Atlas du Règne anim. de Cuvier. Mollus. pl. 62. fig. 4.
> * Carus. Museum Senckenbergianum. t. 2. pl.
> Mus. n.° Mon cabinet.
> Habite.... Je crois que c'est celle de l'Ile-de-France. Les exemplaires du Muséum ne sont point fossiles.
> *Nota.* MM. Peron et Lesueur ont rapporté la spirale seulement d'un Magile jeune, renfermé dans l'épaisseur d'une Astrée. Cette spirale est à test mince, finement lamelleux, et n'a pas encore de tube. Je crois qu'elle appartient à une espèce particulière que je nommerai provisoirement, Magile de Péron, *Magilus Peronii.*

CLASSE DIXIÈME.

LES CIRRHIPÈDES (Cirrhipeda.)

Animaux mollasses, sans tête et sans yeux, testacés, fixés. Le corps comme renversé, inarticulé, muni d'un manteau, ayant en dessus des bras tentaculaires, cirreux, multiarticulés.

Bouche presque inférieure, non saillante ; à mâchoires transversales, dentées, disposées par paires. Les bras en nombre variable, inégaux, disposés sur deux rangs, et composés chacun de deux cirres sétacés, multiarticulés, ciliés, à peau cornée, portés sur un pédicule commun. L'anus terminant un tube en forme de trompe.

Une moelle longitudinale noueuse ; des branchies externes, quelquefois cachées ; circulation par un cœur et des vaisseaux.

Coquille soit sessile, soit élevée sur un pédicule tendineux, flexible; composée de plusieurs valves inégales,
tantôt mobiles, tantôt soudées, tapissées intérieurement
par le manteau.

*Animalia mollia, capite oculisque carentia, testacea,
fixa. Corpus subresupinatum, inarticulatum, tegumenti appendice involutum, desuper brachiis tentacularibus, cirra-
tis, multiarticulatis instructum.*

*Os subinferum, non prominulum : maxillis transversa-
libus dentatis per paria dispositis. Brachia numero varia,
inæqualia, biordinata : singula cirris geminatis, cetaceis,
multiarticulatis, ciliatis, tegmento corneo indutis, pediculo impositis. Anus tubum proboscideum terminans.*

*Medulla longitudinalis nodosa ; branchiæ externæ, in-
terdum absconditæ ; circulatio corde vasculisque confecta.*

*Testa vel sessilis vel pediculo flexili tendineo elevata ;
valvis pluribus modò mobilibus, modò ferruminatis, tegumenti appendice intùs vestitis.*

OBSERVATIONS.—Des animaux qui ont une moelle longitudinale
noueuse, des bras ou cirres articulés, à peau cornée, et plusieurs
paires de mâchoires qui se meuvent transversalement, ne sont
assurément pas des *Mollusques ;* des animaux dont le corps est,
à l'extérieur, enveloppé d'un manteau en forme de tunique, sans
offrir d'anneaux transverses, ni de faisceaux de soies, ne sau-
raient être des *Annelides;* enfin des animaux qui n'ont point de
tête, point d'yeux, et dont le corps, muni d'un manteau, se
trouve enfermé dans une véritable coquille, ne peuvent être non
plus des *Crustacés.* Les animaux dont il s'agit appartiennent
donc à une classe particulière, puisqu'on ne peut les rapporter
convenablement à aucune de celles déjà établies : or, c'est le cas
des *cirrhipèdes* dont j'ai effectivement formé une coupe classique, qui me paraît devoir être conservée. A la vérité, en établissant la classe des Crustacés, j'en formais alors le premier
ordre de cette classe, sous le nom de Crustacés aveugles ; mais
peu d'années après, je les en séparai et les rapportai à la fin des
Mollusques, ce qui ne valait pas mieux.

Sans doute ces mêmes animaux ont des rapports avec ceux des mollusques que nous appelons *Conchifères*, puisque leur corps est pareillement muni d'un manteau, quoique différent par sa forme et son usage; et on les a crus voisins des *Brachiopodes*. Mais ils ont des rapports fort remarquables avec des animaux d'autres classes; et dans ce cas, il nous semble qu'on doit peser la valeur de ces rapports. Si, par exemple, l'on considère ceux de leurs caractères que fournissent les plus importans de leurs organes, on trouvera sans contredit que c'est des crustacés que les *Cirrhipèdes* sera pprochent le plus; car ils en ont le système nerveux; ils ont même des mâchoires analogues à celle des crustacés, et leurs bras tentaculaires semblent tenir des antennes des astaciens : ce sont aussi des filets sétacés, à peau cornée, partagés en une multitude d'articulations.

Les *Cirrhipèdes* complètent et terminent l'énorme branche des animaux articulés (1). Si leur corps n'offre plus d'articulations ni de peau solide, leurs bras en présentent encore; or, c'est uniquement parmi les animaux articulés que l'on trouve une moelle longitudinale noueuse ou ganglionnée dans toute sa longueur. Ils ne se lient donc pas réellement avec les animaux de la classe suivante.

----

(1) Notre auteur avait des vues très justes relatives aux affinités naturelles des Cirrhipèdes et les découvertes récentes sont venues confirmer le rapprochement qu'il fait entre ces animaux et les crustacés. Dans la classification de M. Cuvier les *Cirrhopodes* (nom que Lamarck a changé en Cirrhipèdes) sont rangés dans l'embranchement des mollusques comme y formant une classe distincte à la suite des Brachiopodes. M. de Blainville les désigne sous le nom de *Nematopodes* et les réunit aux Oscabrions pour en former un sous-type particulier celui des *Malentozoaires* ou des *Molluscarticulés* qui établirait le passage entre les mollusques proprement dit et les animaux articulés. Mais aujourd'hui il ne peut guère y avoir de doute que ce ne soit dans la série des animaux articulés comme le voulait Lamarck et entre les Annelides et les Crustacés que les Cirrhipèdes trouvent leur place naturelle. M. Burmiester voudrait même les réunir aux crustacés ; mais cette marche ne nous paraît pas devoir être adoptée.   E.

Après eux, le système nerveux change de mode, la moelle longitudinale noueuse ne reparaît plus, et, dans les conchifères et les mollusques qui suivent, la moelle épinière ne se montre pas encore. Ce fut pendant la production de ces derniers que la nature prépara le nouveau plan d'organisation des animaux vertébrés qui devait amener l'existence des animaux les plus parfaits.

Le corps des *Cirrhipèdes* est toujours fort raccourci ; mais tantôt presque immobile et enfermé dans un test immédiatement fixé, il n'offre aucun prolongement inférieur, et tantôt il est élevé sur un prolongement inférieur, tubuleux et mobile, qui est fixé par sa base, lui permet divers mouvemens, et doit être distingué du corps qui contient les viscères.

Ainsi, tous les *Cirrhipèdes* sont adhérens et fixés par leur base sur des corps étrangers et marins. Mais dans les uns, la coquille adhère immédiatement aux corps marins sur lesquels elle est fixée ; tandis que, dans les autres, la coquille, dont les valves sont toujours distinctes, mobiles, entourant complètement ou incomplètement le corps, se trouve portée, avec ce corps, par un pédicule tubuleux, tendineux, souple, mobile, plus ou moins contractile, et qui est fixé par sa base. Il ne paraît pas que l'animal ait la faculté de changer son attache, pour se déplacer et aller se fixer ailleurs. (1)

---

(1) Cela est très vrai pour les adultes ; mais il paraît bien certain que, dans le jeune âge, les Cirrhipèdes sont libres et jouissent de la faculté de la locomotion ; ils diffèrent alors beaucoup de ce qu'ils deviennent plus tard, et ressemblent extrêmement à certains crustacés. La découverte de ce fait curieux est due à **M. Thompson**, naturaliste irlandais. Ce savant fit ses premières observations sur des Balanes, et pense que lors de leur sortie de l'œuf, ces animaux ont le corps renfermé dans un test bivalve comme celui des Nébalies, des yeux et des pattes sétifères ; car ayant placé un certain nombre d'êtres conformés de la sorte dans un verre avec de l'eau dans laquelle ils nageaient librement, il fut surpris, au bout de quelque temps, de ne plus les trouver et de voir à leurs places de très jeunes Balanes. C'est par le dos que le jeune animal paraît se fixer, et le point

Dans les uns, la tunique qui constitue le manteau de ces Cirrhipèdes n'enveloppe qu'une grande portion du corps, et fournit le tégument externe du pédicule de ceux qui ne sont pas sessiles; dans les autres, comme dans les *Otions* et les *Cinéras*, la tunique enveloppe tout le corps et ne laisse qu'une ouverture antérieure pour la sortie des bras; dans aucun, cette tunique

d'adhérence s'élargit d'abord, puis s'élève en un cône tronqué qui se revêt de six lames calcaires et qui laisse voir à son sommet tronqué les deux valves tégumentaires primitives. Enfin suivant M. Thompson la petite Balane n'aurait encore à cette période de son existence que deux articulations à chacune de ses six paires de bras bifides; mais par les mues successives le nombre des articles dont ces appendices se composent s'augmenterait peu-à-peu. Depuis la publication de ces premières observations le même naturaliste a étudié le développement des Anatifes, des Cinéras et des Otions, et a confirmé ainsi ses premiers résultats, car il a vu que les œufs pondus par ces animaux donnaient naissance à des êtres ayant la plus grande ressemblance avec certains crustacés inférieurs. Enfin des recherches faites à Paris par M. Audouin, et en Allemagne par M. Wagner, et par M. Burmeister viennent encore à l'appui des opinions de M. Thompson, et prouvent jusqu'à l'évidence que, dans le jeune âge, les Cirrhipèdes éprouvent des métamorphoses. Les recherches de M. Burmeister sont les plus complètes bien qu'elles paraissent avoir été faites principalement sur des Anatifes conservés dans l'alcool. Il distingue dans le développement de ces animaux cinq périodes. La *première période* est celle pendant laquelle ils sont à l'état d'œuf. La *deuxième période* est celle pendant laquelle le jeune nouvellement né jouit de la faculté locomotrice. Par sa conformation extérieure, le jeune Anatife ressemble alors beaucoup aux larves des Cyclopes, des Daphnies et des Lernées ; il est pourvu de deux longues antennes et de trois paires de pattes sétifères, dont les deux paires postérieures sont biramées ; enfin son corps se termine par un abdomen bilobé et sétifère à son extrémité; M. Burmeister n'a pu distinguer des yeux ; mais il croit cependant que ces organes existent. La *troisième période* est celle pendant laquelle l'animal se fixe et s'en-

n'est partagée en deux lobes, comme dans beaucoup de conchifères et de mollusques.

Les *Cirrhipèdes* ont un cœur que *Poli* a vu battre très distinctement, un foie, des branchies hors de l'abdomen, attachées
sous le manteau, et renfermées dans la coquille, au moins pour
les races dont le corps n'est pas élevé sur un pédicule.

Leurs bras varient en nombre et vont jusqu'à vingt-quatre;
c'est-à-dire, douze paires, six de chaque côté : ils sont grèles,

---

toure d'une coquille, mais il nous paraît bien probable que l'a-
nimal subit d'autres changemens avant que de passer de sa première forme à celle que M. Burmeister décrit ici. Quoi qu'il
en soit, à cette époque de son développement le jeune animal
porte sur le dos un test composé d'une seule pièce et ayant la
consistance du cuir; une protubérance charnue sert de pédoncule, et ce sont les antennes qui fixent l'animal au corps sur
lequel il adhère. En arrière de ces appendices se trouvent
deux yeux très volumineux; puis viennent les trois paires
de pattes (ou bras) qui sont moins longs proportionnellement
que dans la première période, et laissent voir deux articulations
distinctes; enfin l'abdomen est également plus court qu'auparavant
et se trouve renfermé comme les membres dans l'intérieur du
test. Pendant la *quatrième période* les jeunes prennent la forme
qu'ils doivent conserver. Peu après s'être fixés ils éprouvent
une mue, et en changeant de peau ils perdent complètement
leurs yeux et leurs antennes; et une substance pultacée qui
remplit une grande partie de l'intérieur du test, s'introduit dans
l'espèce de poche cœcale du manteau, laquelle constitue le pédoncule. Il existe à cette époque six paires de pattes sétifères
à trois articles, et l'abdomen se montre sous la forme d'un petit
appendice bi-articulé. Enfin le dépôt de matière calcaire destiné
à constituer la coquille, commence à s'effectuer. Pendant la
cinquième période, l'animal augmente de volume; ses membres
s'allongent et acquièrent un plus grand nombre d'articles; enfin
il prend la forme qu'il doit toujours conserver. (Voyez à ce
sujet, Thompson, Zoological Researches in-8°, Cork, 1830; et
Philosophical transactions 1835, et Burmeister Berträge zur
Naturgeschiste der Rankenfüsser. Berlin 1834.)   E.

longs, inégaux, articulés, ciliés ; à peau cornée et disposés par
paires. Les plus longs se trouvent au sommet du corps. Ils diminuent ensuite graduellement de longueur, de manière que les
plus courts sont près de la bouche. Les uns et les autres se
roulent en spirale, lorsque l'animal cesse de les étendre et n'en
fait point usage. Ces bras n'ont aucune analogie avec les tentacules des mollusques, ni même avec ceux des céphalopodes,
dont le propre est d'être sans articulation. Ils seraient plutôt
des espèces d'antennes, étant analogues à celles des crustacés
macroures ; mais l'animal n'ayant point de tête, je les considère
comme des bras. (1)

Le propre de la coquille des *Cirrhipèdes* est d'être plurivalve.
Néanmoins, dans le plus grand nombre de celles qui sont fixées
immédiatement, la coquille paraît univalve, parce que ses
pièces, qui nous semblent au nombre de quatre à six, sont ordinairement soudées ensemble par les côtés. Cette coquille est conique ou tubuleuse, fixée par sa base, tronquée et ouverte à
son sommet. Dans l'ouverture, qui est terminale, on aperçoit
deux ou quatre valves mobiles que l'animal écarte et ouvre à son
gré, lorsqu'il veut étendre ses bras, qu'il resserre et referme
dans le cas contraire, et qui constituent ce qu'on nomme l'*opercule* de la coquille. Mais dans les *Cirrhipèdes* qui ne sont fixés
que par l'intermède d'un pédicule tubuleux qui soutient le corps
et sa coquille, alors cette coquille est constamment plurivalve.
Son caractère est toujours fort différent de celui de la coquille
immédiatement fixée. En effet, cette coquille plurivalve consiste,
dans le plus grand nombre, en un assemblage de cinq pièces
testacées, inégales et qui forment, lorsque la coquille n'est pas
ouverte, un cône comprimé sur les côtés. Dans certaines espèces,

---

(1) Les bras des Cirrhipèdes sont évidemment les analogues
des pattes des crustacés ; ils sont au nombre de six paires, et sont
composés chacun de deux appendices multi-articulés. Pendant
la vie de l'animal ils sortent et rentrent continuellement, et
servent ainsi à amener vers la bouche les animalcules dont les
Cirrhipèdes se nourrissent et à diriger vers les branchies l'eau
nécessaire à la respiration.   E.

dont on a formé un genre particulier, on voit, outre les cinq pièces principales, beaucoup d'autres plus petites, inégales, situées au-dessous des premières, et que l'on peut considérer comme des pièces accessoires. Dans quelques Cirrhipèdes à corps pédiculé, les pièces de la coquille sont isolées ou très séparées, ne couvrent point entièrement le corps, et ne font qu'y adhérer. Quelquefois même, il n'y en a que deux en tout.

Quelque grande que soit la différence entre la coquille des Cirrhipèdes sessiles et celle de ceux qui sont pédiculés, on remarque néanmoins que les animaux des uns et des autres ont entre eux beaucoup de rapports, et qu'ils sont liés classiquement par une organisation analogue.

Dans aucun de ces coquillages, on ne voit jamais deux valves, soit principales, soit uniques, réunies d'un côté, s'articulant en charnière; et on ne connaît point de ligament propre pour contenir les valves dans ce point de réunion, et pour les ouvrir. Ces valves sont uniquement maintenues dans leur situation, les unes par leur adhérence à la membrane qui les tapisse à l'intérieur, les autres par celle qui les fixe autour de l'extrémité supérieure du pédicule du corps. Cette disposition des valves, qui jamais ne s'articulent en charnière, montre une grande différence entre la coquille plurivalve des *Cirrhipèdes* et celle essentiellement bivalve des *Conchifères*.

Ceux qui ont un tube qui soutient la coquille reçoivent, dans ce tube, les œufs qui se séparent de leur double ovaire. Ils s'y perfectionnent; et comme ce tube n'est point simple et qu'il a des parties musculeuses à l'intérieur, les œufs remontent ensuite dans la coquille et sont rejetés au dehors. (1)

On ne connaît encore qu'un petit nombre de genres appartenant à cette classe d'animaux, quoiqu'on les ait multipliés en

---

(1) Pour plus de détails sur l'anatomie des Cirrhipèdes voy. Cuvier, Mémoire pour servir à l'histoire des Mollusques. — Martin St.-Ange, Mémoire sur l'organisation des Cirrhipèdes, in-4°, Paris 1824. — Burmeister, Beitræge zur Naturgeschichte der Rankenfüsser, Berlin 1834. — Wagner, über die Zeugungsorgane der Cirrhipèden, Archiv für Anat., von Müller.

considérant mieux les caractères de races déjà observées. Cependant, comme ces animaux sont marins, il est à présumer qu'il en existe un grand nombre que nous n'avons pu encore recueillir, parce que les circonstances dans lesquelles ils se trouvent, les ont fait échapper à nos recherches. Je partage les Cirrhipèdes en deux ordres qui sont extrêmement distincts l'un de l'autre ; en voici le tableau :

DIVISION DES CIRRHIPÈDES.

ORDRE PREMIER.

CIRRHIPÈDES SESSILES.

Leur corps n'a point de pédoncule, et se trouve enfermé dans une coquille fixée sur les corps marins. La bouche est à la partie supérieure et antérieure du corps.

(1) Opercule quadrivalve.

> Tubicinelle.
> Coronule.
> Balane.
> Acaste.

(2) Opercule bivalve.

> Pyrgome.
> Creusie.

ORDRE SECOND.

CIRRHIPÈDES PÉDONCULÉS.

Leur corps est soutenu par un pédoncule tubuleux, mobile ;

dont la base est fixée sur les corps marins. La bouche est presque inférieure.

(1) Corps incomplètement enveloppé par sa tunique. Sa coquille, composée de pièces contiguës, laisse à l'animal une issue libre, lorsqu'elle s'ouvre.

Anatife.
Pouce-pied.

(2) Corps tout-à-fait enveloppé par sa tunique, mais qui offre une ouverture antérieure. Sa coquille, formée de pièces séparées, n'a pas besoin de s'ouvrir pour la sortie des bras de l'animal.

Cinéras.
Otion.

[Ces deux divisions, sont généralement adoptées ; seulement on les désigne par des noms variés. Ainsi les *Cirrhipèdes sessiles* de Lamarck prennent le nom de *Acamplomosata*, dans les écrits de Leach, et sont appeles *Glands de mer*, par Cuvier, et *Balanides*, par M. de Blainville. Tandis que les *Cirrhipèdes pédonculés* de notre auteur, sont les *Anatifes* de Cuvier, les *Camplosomata* de Leach et les *Lépadiens* de M. de Blainville. Les noms de Balanides et de Lépadiens nous paraissent mériter la préférence.   E.

ORDRE PREMIER.

CIRRHIPÈDES SESSILES.

Leur corps n'a point de pédoncule, et se trouve enfermée dans une coquille fixée immédiatement sur les corps marins. La bouche est à la partie supérieure et antérieure du corps.

Si l'on ne savait, par l'observation, que l'organisation

des animaux de cet ordre est fort analogue à celle des Cirrhipèdes pédonculés, à peine oserait-on les ranger tous dans la même classe, tant, à l'extérieur, les deux sortes de coquillages qu'ils présentent sont différentes.

En effet, la coquille des *Cirrhipèdes sessiles* n'est jamais comprimée sur les côtés, paraît en général d'une seule pièce, ressemble à un cône ou à un tube tronqué au sommet, et offre constamment à l'intérieur un opercule formé de deux ou quatre pièces mobiles que l'animal écarte lorsqu'il veut faire sortir ses bras tentaculaires. Cette coquille, solide et calcaire, ainsi que les pièces de son opercule, est toujours fixée sans intermède sur les corps, et ne saurait se déplacer. Par ces différens caractères, elle diffère considérablement de celle des Cirrhipèdes pédonculés. Néanmoins les rapports entre les Cirrhipèdes, sessiles et pédonculés, sont si grands, que Linné les réunissait tous dans un seul genre celui de *Lepas*. Mais *Bruguières*, sentant la nécessité de diviser le genre *Lepas*, au moins en deux genres particuliers, établit à ses dépens ses *Balanus* et ses *Antifa*, qui forment actuellement nos deux ordres. Nous rapportons, au premier de ces ordres, les six genres qui suivent.

TUBICINELLE. (Tubinicella.)

Corps renfermé dans une coquille, et faisant saillir supérieurement des bras petits, sétacés, cirreux, inégaux.

Coquille univalve, operculée, tubuleuse, droite un peu atténuée vers sa base, entourée de bourrelets en anneaux, tronquée aux deux bouts, ouverte au sommet, et fermée à la base par une membrane. Opercule à quatre valves obtuses.

Corpus in testá inclusum, supernè brachia, parva, setacea, cirrata inæqualiaque exerens.

Testa univalvis, operculata, cylindraceo-tubulosa, recta, versùs basim subattenuato, costis transversis annulatim cincta, utrinque truncatâ, apice pervia, membrana postice clausa. Operculum quadrivalve, valvulis obtusis.

OBSERVATIONS. — En attendant que les particularités de l'animal de la *Tubicinelle* soient plus connues, nous savons que sa coquille est fort différente de toutes celles des autres cirrhipèdes; qu'elle présente un tube droit, testacé, cylindracé, un peu attenué vers sa base, tronqué aux deux bouts, et muni de bourrelets transverses, en anneaux, qui sont les indices de ses divers accroissemens, chaque bourrelet ayant été d'abord le bord même de l'ouverture de la coquille. Cette coquille semble ouverte aux deux bouts; mais sa troncature inférieure est, pendant la vie de l'animal, fermée par une membrane dont on aperçoit les restes. Cette même coquille est fixée sur le corps des baleines, s'y enfonce partiellement à mesure qu'elle grandit, pénétrant à travers la peau, jusque dans l'épaisseur de la graisse de ces cétacés. Son ouverture est orbiculaire. Les valves de son opercule sont trapézoïdes, obtuses, mobiles, et insérées dans la partie supérieure de la paroi interne de la coquille. La *Tubicinelle* a évidemment de grands rapports avec les Coronules, et néanmoins sa coquille est très différente de la leur.

ESPÈCE.

1. Tubicinelle des baleines. *Tubicinella balænarum.*

Annales du Mus. vol. 1. p. 461. tab. 30. f. 1.
Mus. vormianum. p. 281.
Tubicinella Lamarckii. Leach. Cirrhip. acampt. f. 1. |
* *Tubicinella anulata.* Ranzani. Mém. di Stor. nat. p. 54.
* *Tubicinella tracheales.* Gray. Ann. of Philosophy. vol. 10. p. 105.
* *Coronule tubicinella.* De Blainville. Dict. des Sc. nat. t. 32. p. 380. et t. 56. p. 15. Atlas. pl. 117. fig. 5.
* *Tubicinella balænarum.* Sowerby. Genera. pl.
* Guérin. Iconographie du Règne anim. Mollus. pl. 38. fig. 14.
Habite sur les baleines des mers de l'Amérique méridionale.

CORONULE. (Coronula.)

Corps sessile, enveloppé dans une coquille, faisant saillir supérieurement des bras petits, sétacés et cirreux.

Coquille sessile, paraissant univalve, suborbiculaire, conoïde ou en cône rétus, tronquée aux extrémités, à parois très épaisses, intérieurement creusées en cellules rayonnantes. Opercule de quatre valves obtuses.

Corpus sessile, testâ operculatâ involutum, supernè brachia parva, setacea cirrataque exerens.

Testa sessilis, suborbicularis, valvam indivisam simulans conoidea, aut conico-retusa. extremitatibus truncata ; parietibus crassissimis , intùs cellulis radiantibus excavatis. Operculum quadrivalve : valvis obtusis.

OBSERVATIONS. — Ici, le bord de l'ouverture n'étant jamais renflé en bourrelet, la coquille n'est point cerclée transversalement par des bourrelets en anneaux, comme dans la Tubicinelle. Son ouverture est toujours régulière, arrondie-elliptique, légèrement hexagone, et les valves de l'opercule, qui tiennent plutôt à l'animal qu'à sa coquille, ont leur insertion voisine de la base de la paroi interne. La lame testacée qui tapisse la paroi interne de la coquille, s'étend jusqu'en bas dans les *Coronules*, et ne s'arrête pas à moitié, comme dans les Balanes. L'épaisseur de la coquille va en s'agrandissant inférieurement, et se trouve divisée dans son intérieur en quantité de cellules rayonnantes, grandes ou petites, qui montrent que cette coquille a une structure très particulière. Sa troncature inférieure n'a point de lame calcaire pour clorre cette extrémité ; mais une membrane que fournit l'animal y supplée. Les Coronules vivent sur le corps de certains animaux marins, comme les baleines, les cachalots, les tortues de mer, s'enfonçant en partie par leur base dans l'épaisseur de ces corps, lorsque leur tégument n'a pas trop de dureté. On en trouve néanmoins qui vivent sur des corps durs, comme des coquilles, etc.

[M. de Blainville réunit les Tubicinelles et les Coronules dans un même genre auquel il conserve ce dernier nom ; mais d'autres naturalistes ont cru devoir suivre une marche contraire et ont porté les divisions même plus loin que ne l'avait fait Lamarck. Ainsi M. Ranzani forme un genre *Diadema* des espèces dont la partie tubuleuse de la coquille est presque globuleuse, à aires presque égales, à parois très épaisses inférieurement et à orifice très grand, subcirculaire, ou plutôt hexagonal, et à lames internes rayonnantes, enfin dont l'opercule est bivale. Ce genre, qui correspond aux Coronules proprement dites de M. Leach, a été adopté par Cuvier, mais il n'en est pas de même du genre *Cetopirus* de Ranzani, division qui comprend les espèces dont la coquille est conique, déprimée, à aires proéminentes, subégales, à ouverture presque circulaire et dont l'opercule est garni de quatre valves à sommets obtus. M. Ranzani réserve le nom de *Coronule* aux espèces dont l'ouverture est ovalaire et l'opercule à quatre valves. M. Leach a donné le nom générique de *Chelonobia* aux espèces dont la coquille est déprimée et conique et dont l'opercule est garni de quatre grandes valves égales. Enfin M. Gray a proposé le nom de *Plalylepas* pour la plupart des Chélonobies de Leach et pour les autres Coronules dont le corps est déprimé, la bouche ovale, les valves bilobées extérieurement, et médio-carénées à l'intérieur, et l'opercule garni de valves subégales. Ces subdivisions nous paraissent peu importantes.

Quant à la structure intérieure des Coronules, elle vient d'être étudiée avec beaucoup de soin par M. Burmeister, qui a donné dans le mémoire sur les Cirrhipèdes déjà cité, une description anatomique de la Coronule diadème.   E.

ESPÈCES.

1. Coronule diadème. *Coronula diadema.*

   C. testá ventricoso-cylindraceá, truncatá; angulis sex, quadricostatis : costis longitudinalibus transversè striatis.

   Lepas diadema. Lin. Born. Mus. p. 10. t. 1. f. 5. 6.

   Chemn. Conch. 8. p. 319. t. 99. f. 843. 844.

   Balanus diadema. Brug. Dict. n° 18. Encycl. pl. 165. f. 13. 14.

   * *Coronula diadema.* Leach. Encyclop. Britannica. Supplém. t. 3. p. 171.

   * Deshayes. Dict. class. d'hist. nat. t. 4. p. 507.

* De Blainville. Dict. des Sc. nat. t. 10. p. 499. et t. 32. p. 380. pl.
117. fig. 4.
* Sowerby. Genera. pl. fig. 1.
* Cuvier. Règne anim. t. 3. p. 179.
* Burmeister. Beitrage zur Naturgeschichte der Rankenfüsse. p. 34.
pl. 2. fig. 1-14.
* *Polylepas diadema.* Gray. Ann. of Phil. 10. 105.
* *Diadema vulgaris.* Schumacher. Nouv. syst. de vers. p. 91.
* **Genre** *Diadema.* Ranzani. Memorie di Storia naturale. p. 52.
* Cuvier. Règne anim. t. 3. p. 179.

Habite sur les baleines, etc.

2. Coronule rayonnée. *Coronula balænaris.*

C. *testá orbiculato-convexa; radiis sex angustis transversè striatis; interstitiis sulcatis : sulcis radiantibus.*

Lepas balænaris. Gmel.

Pediculus balænaris. Chemn. Conch. 8. t. 99. f. 845. 846.

Annales du Mus. vol. 1. p. 468. tab. 30. f. 2. 3. 4.

* *Cetopirus balænaris.* Ranzani. op. cit. p. 52.
* *Polylepas vulgaris.* Gray. op. cit. p. 105.
* *Coronula balænaris.* Deshayes. Dict. class. d'hist. nat. t. 4. p. 507.
* De Blainville. loc. cit. pl. 117. fig. 3.
* Sowerby. loc. cit. fig. 2.
* Guérin. Iconogr. Mollus. pl. 38. fig. 13.

Habite sur les baleines. Encycl. pl. 165. f. 17. 18.

3. Coronule des tortues. *Coronula testudinaria.*

C. *testá elliptico-convexa; radiis sex angustis transversè striatis; interstitiis lævibus.*

Lepas testudinarius. Lin. Gualt. Conch. t. 106. fig. m. n. o.

Chemn. Conch. 8. t. 99. f. 847. 848.

Balanite des tortues. Brug. Dict. nº 19.

Encycl. pl. 165. f. 15. 16.

* Poli. t. 1. p. 26. pl. 5. fig. 8.
* Tilesius Jahrbuch. p. 343.
* Ranzani. op. cit. p. 50.
* Deshayes. Dict. class. d'hist. nat. t. 4. p. 508.
* De Blainville. Dict. des Sc. nat. t. 32. p. 380. pl. 117. fig. 2.
* Sowerby. loc. cit. fig. 3.
* *Astrolepas testudinaria.* Gray. op. cit. p. 105. (1)

----

(1) Le genre *Astrolepas* de M. Gray est caractérisé de la ma-

Habite la Méditerranée, l'Océan, sur les tortues de mer, etc. Elle est
très distincte de la précédente. Les cellulosités de son épaisseur
sont très fines. (* Suivant M. Gray on aurait confondu sous ce
nom deux espèces distinctes.

✝ 4. Coronule touffue. *Coronula patula.*

> *C. tubo conico cylindrico, breviusculo, basi ovali, apertura suprema
> magna; arcis prominentibus in longum et transversim subtilissime
> striatis, striis vix conspicuis; areis depressis transversim striatis,
> striis exilissimis. Operculo grandiusculo, valvis anterioribus trian-
> gularibus, marginibus vix sinuatis, valvis posterioribus mitræfor-
> mibus; utrisque externe convexiusculis, nec non transversim
> striatis* (Ranzani).

Ellis. Phil. Trans. t. 5o. fig. 13.
Gaultieri. Ind. Test. tab. 1o6. fig. **P.**
Ranzani. Mém. de Stor. nat. p. 51. pl. 3. fig. 25-28.
Habite les mers d'Amérique.

[Le genre CHTHAMALE (*Chthamalus*) établi par Ranzani
et adopté par MM. de Blainville et Rang, se compose des
Balanides, dont la base est membraneuse comme chez les
Coronules et les Tubicinelles, dont le tube offre à l'extérieur des aires saillantes presque égales, et a son ouverture tétragonale, dont la lame interne est très courte, et
dont l'opercule composé de quatre valves, est à peine
pyramidal et fixé par une membrane.

> ESP. 1. CHTHAMALE ÉTOILÉ. (*Lepas stellata.* Poli. op. cit. t. 1. pl. 5.
> fig. 18-20. — *Chthamalus stellatus.* Ranzani. op. cit. p. 49. pl. 5.
> fig. 18-20. — De Blainville. Dict. des Sc. nat. t. 32. p. 379.)
> 2. CHTHAMALE DÉPRIMÉ. (*Lepas depressa.* Poli. op. cit. t. 1. p. 27.
> pl. 5. fig. 12-17. — *Chthamalus glaber.* Ranzani. op. cit. p. 48.

BALANE. (Balanus.)

Corps sessile, enfermé dans une coquille operculée.

---

nière suivante. Corps déprimé; bouche hexagonale; valves
épaisses subsolides, à base dentelée, rugueuses; opercule à valves égales. Ce naturaliste y rapporte aussi la *Coronula denticu-
lata* de Say (Jour. of the acad. of Philad.)

Bras nombreux , sur deux rangs, inégaux, articulés, ciliés, composés chacun de deux cirres soutenus par un pédicule, et exsertiles hors de l'opercule. Bouche sans saillie, ayant quatre mâchoires transverses, dentées, et en outre quatre appendices velus, ressemblant à des palpes.

Coquille sessile, fixée, univalve, conique, tronquée au sommet, fermée au fond par une lame testacée adhérente. Ouverture subtrigone ou elliptique. Opercule intérieur, quadrivalve: les valves mobiles , insérées près de la base interne de la coquille.

Corpus sessile, testâ operculatâ inclusum. Brachia numerosa , biordinata , inæqualia , articulata , ciliata, cirris gemellis pedunculo impositis composita, extrà operculum exsertilia. Os non prominulum : maxillis quatuor transversis dentatis ; præcereà appendicibus quatuor hirsutis palpos simulantibus.

Testa sessilis, affixa, univalvis, conica, apice truncata : fundo lamellâ testaceâ adhærente clauso. Apertura subtrigona aut elliptica. Operculum internum, quadrivalve : valvis mobilibus, propè basim internam testæ insertis.

Observations. — Ce n'est point de toutes les Balanites de *Bruguières* dont il s'agit ici, mais seulement de celles dont la coquille est tout-à-fait univalve par la soudure de ses pièces, fermée inférieurement par une lame testacée, et qui a un opercule quadrivalve. Nos *Balanes* embrassent une grande partie de ces coquillages marins que l'on trouve fixés sur les rochers, les coraux, les coquilles diverses, et qu'on nomme vulgairement *glands de mer*. Comme ceux-ci sont très nombreux et fort diversifiés dans les mers, il nous a paru qu'ils constituaient plutôt un ordre qu'un seul genre ; et en effet, nous avons déjà distingué parmi eux plusieurs genres particuliers qui facilitent leur étude.

La coquille des *Balanes* est immobile dans toutes ses parties externes ; c'est un cône en général court, quelquefois allongé, fixé sans intermède sur les corps marins, et qui paraît univalve, les pièces qui le composent étant bien soudées ensemble. Ce cône est tronqué et ouvert à son sommet, et son ouverture, souvent un peu irrégulière, est trigone ou elliptique. Comme les parois de ce cône sont immobiles, l'animal serait à découvert et exposé dans sa partie supérieure, si la nature ne l'avait pourvu d'un opercule dont les pièces mobiles pussent s'ouvrir à son gré, pour le passage de ses bras cirreux et des alimens qu'il veut saisir. Les pièces de cet opercule, ici au nombre de quatre, s'articulent tantôt près de la base interne des parois de la coquille, et tantôt vers le milieu de ces parois. Elles forment, en se réunissant, un cône intérieur souvent pointu, qui cache alors la partie supérieure de l'animal. Une lame testacée, en grande partie libre, tapisse la partie supérieure et interne de la coquille, et ne descend point jusqu'en bas.

Dans les *Cirrhipèdes* du second ordre, la coquille proprement dite n'existe plus, selon nous, mais seulement l'opercule qui en tient lieu et que la nature a varié dans le nombre et la disposition des pièces, suivant les genres.

Le test des *Balanes* est médiocrement poreux dans l'épaisseur de ses parois, et comme la paroi interne de ce test est lisse, il n'est pas probable qu'aucune des parties du manteau de l'animal pénètre dans ces pores. Il n'en est pas de même des *Coronules*, dont le fond de la coquille n'est point fermé par une lame testacée, et dont les chambres nombreuses des parois du test sont ouvertes inférieurement.

On aperçoit sur le cône des *Balanes*, les indices de ses accroissemens en hauteur, et sur la lame de son fond, ceux de ses accroissemens en largeur. Probablement à chaque station d'accroissemens, l'animal désunit les pièces de sa coquille, et ensuite les soude entre elles de nouveau. Les pièces du cône nous paraissent au nombre de six (1), à quoi ajoutant celle du fond, la coquille en offre sept.

Les valves réunies se recouvrent les unes les autres par leurs bords latéraux, s'enchâssent même quelquefois, et offrent sou-

---

(1) Les auteurs les plus récens s'accordent à exclure du genre Balane les espèces dont le cône n'est pas formé comme d'ordinaire par six valves.   E.

vent entre elles, sur leurs côtés, des espaces allongés, verticaux, plus enfoncés que le test, et qui s'élargissent supérieurement : c'est à ces espaces particuliers que Bruguières a donné le nom de rayons.

ESPÈCES.

1. Balane anguleuse. *Balanus angulosus.*

> *B. testâ albidâ, conicâ, longitudinaliter costatâ ; costis subacutis inæ- qualibus ; radiis transversè striatis.*
>
> **Mus. n°.**
>
> Habite les mers d'Europe, sur le *Cancer pagurus.* Elle est multangulaire et se rapproche de la suivante.

2. Balane sillonnée. *Balanus sulcatus.*

> *B. testâ albidâ, conicâ, longitudinaliter sulcatâ, sulcis obtusis, ra- diis transversè striatis.*
>
> *Lepas balanus?* Lin. Syst. nat. p. 1107.
>
> **Poli.** Test. 1. t. 4. f 5.
>
> *Lepas balanus.* Born. Mus. p: 8. t. 1. f. 4.
>
> Chemn. Conch. 8. p. 3o1. t. 97. f. 820.
>
> *Balanus sulcatus.* Brug. Dict. n° 1. Encycl. pl. 164. f. 1.
>
> * Duvernoy. Dict. des Sc. nat. t. 3. p. 410.
>
> * Ranzani. Memorie di Storia naturale. p. 38.
>
> (B) *Var. foss. ex Italiâ.*
>
> Habite les mers d'Europe. Mus. n°. Elle tient à la Balane-tulipe, et conserve quelquefois une teinte rougeâtre. La base de la coquille est comme plissée. La variété fossile se trouve en Piémont et dans le Plaisantin. M. *Ménard.*

3. Balane tulipe. *Balanus tintinnabulum.*

> *B. testâ purpurascente, conica, subventricosâ, longitudinaliter li- neatâ ; radiis transversè striatis ; operculo postice rostrato.*
>
> *Lepas tintinnabulum.* Lin. S. nat. p. 1108.
>
> (a) *Testâ conicâ, basi latâ.*
>
> Gualt. Conch. t. 106. fig. II.
>
> Chemn. Conch. 8. t. 97. f. 83o.
>
> (b) *testâ conicâ, ventricosâ, obliquatâ.*
>
> Rumph. Mus. t. 41. fig. A.
>
> Chemn. Conch. 8. t. 97. f. 829. (* Ranzani pense que cette figure se rapporte plutôt au *B. gigas.*)
>
> (c) *testâ elongato-conicâ, vix ventricosa.*

TOME V. 42

D'Argenv. Conch. t. 3o. fig. A.
Knorr. Vergn. 5. t. 3o. f. 1.
Chemn. Conch. 8. t. 97. t. 828.
Encycl. pl. 164. f. 5.
* Tilesius. Jahrbuch der naturgeschichte. p. 334.
* Schumacker. Essai d'un nouveau système des Vers testacés. p. 90.
* Ranzani. op. cit. p. 33. pl. 2. fig. 2, 3, 4.
* Gray. Ann. of Philos. v. 10. p. 104.
* Sowerby. Genera. pl. fig. 1.
Habite l'Océan d'Europe, d'Amérique et de l'Inde. Mus. n_o. Espèce
commune dans les collections, assez grande et qui varie beaucoup.
On la trouve fossile en Italie.

† 3ᵃ. Balane tulipoïde. *Balanus tulipa.*

*B. tubo conico parum obliquo, areis prominentibus sæpius læviuscu-
lis, interdum in longum striatis, transverse striatis. Operculo flavo
externe transverse striato, valvarum posteriorum apicibus ad anti-
cam recurvatis non unguiculatis, plus minusve exertis.*
Ranzani. op. cit. p. 35.
Var. a. *Lepas Balanus.* Poli. Test. Sicil. t. 1. pl. 4. fig. 5.
Ellis. Phil. Trans. t. 5o. pl. 37. fig. 20.
Var. b. *Lepas tulipa.* Poli. op. cit. pl. 5. fig. 1.
Ellis. loc. cit. pl. 37. fig. 10-17.
Var c. *Lepas fistulosa.* Poli. op. cit. pl. 6. fig. 1.
Var. d. *Lepas spongites.* Poli. op. cit. pl. 6. fig. 3-6.
Lepas perforata. Renier. Tavola alfabetica delle conchiglie adria-
tiche. n° 10.
Habite la Méditerranée.

† 3ᵇ. Balane géante. *Balanus gigas.*

*B. tubo conico, obliquo, ad latera compresso, aperturá mediocri;
areis prominentibus in longum sulcatis, sulcis confertis, profundis;
areis depressis transversim profunde striatis. Operculi valvis omnibus transversim lamellatis, lamellis undulatis, spatiis intermediis lævibus, posterioribus tantum, apice unguiculatis, unguibus
ad anticam recurvatis.*
? Chemnitz. t. 8. pl. 97. fig. 829.
Ranzani. op. cit. p. 31. pl. 2. fig. 5, 6, 7.
Habite la Nouvelle-Hollande.

4. Balane noirâtre. *Balanus nigrescens.*

B. testá violaceo-nigrá, subconicá, elongata; sulcis profundis lon-

gitudinalibus; radiis transversè striatis; operculo postice ros-
trato.

Mus. n°.

Habite les mers de la Nouvelle-Hollande . Voyage de *Péron.*

5. Balane cylindracée. *Balanus cylindraceus.*

B. testá basi angustiore, elongatá, subventricosa, albidá vel purpu-
rascente radiis transversè striatis.

List. Conch. tab. 443. f. 285.

Knorr. Vergn. 2. t. 2. f. 6.

(b) *Var. testá cylindraceá, longissimá.*

Gualt. Conch. tab. 106. fig. **E.**

(c) *Var. foss. testis aggregatis.*

Habite l'Océan d'Europe et d'Amérique. Mus. n$_0$. Quoique voisine
de la Balane-tulipe, sa coquille n'est point conique ; sa base est
moins large qu'ailleurs.La variété (b) a quelquefois jusqu'à quatre
pouces de longueur. La variété (c) se trouve près de Turin.

† 5. Balane cylindrique. *alanus cylindricus.*

B. tubo conico-cylindrico , obliquo incurvato ; apertura laterali
magna, angulo posteriore non admodum acuto ; areis prominen-
tibus irregulariter et raro in longum striatis ; areis depressis vix
transverse striatis ; operculi valvis anterioribus externe transver-
sim lamellatis, spatiis intermediis lœvibus ; valvis posterioribus ex-
terne transversim striatis, in apice unguiculatis, unguibus subula-
tis ad anticam recurvatis.

Lepus cylindrica. Lin. Gm.

Ellis. Phil. Tr. 50. pl. 34. fig. 14.

B. cylindricus. Ranzani. op. cit. p. 42.

Habite la côte d'Afrique.

6. Balane caliculaire. *Balanus calycularis.*

B. testá ovatá, ventricosá, basi coarctatá ; radiis lœvibus ; valvis su-
pernè distinctis, subdisjunctis.

Mon cabinet.

Habite les mers d'Amérique , sur des racines. Opercule obliquement
pyramidal, à peine rostré, à valves antérieures longues, très sillonnées.

7. Balane rose. *Balanus roseus.*

B. testá obliquè conicá, ventricosá, roseo-purpurascente ; radiis non
striatis..

Mus. no.

Habite l'Océan de la Nouvelle-Hollande, à l'île Saint-Pierre, Saint-François. Voyage de Péron.

8. Balane œuvée. *Balanus ovularis.*

B. testâ gregali, cylindraceo-ventricosâ, truncatâ, albâ, lœvi; aperturâ dilatatâ; radiis lœvibus; operculi valvis subacutis.

An lepas balanoides ? Lin. Syst. nat. p. 1108.

(a) *Testa breviuscula; altitudine aperturæ latitudinem paululùm superante.*

(b) *Testa oblonga ; altitudine aperturæ latitudinem duplo superante.*

* Guérin. Iconographie du Règne anim. Mollusques. pl. 38. fig. 1.

Bonan. Recr. 2. f. 14. *pessima.*

Chemn. Conch. 8. t. 97. f. 824.

(c) *Testa majuscula, subventricosa.*

Habite les mers d'Europe, sur les corps marins. Les individus nombreux et serrés les uns à côté des autres, ont l'aspect d'œufs rassemblés et très blancs. Les valves de l'opercule ne sont point sillonnées. Mus. n°.

9. Balane chétive. *Balanus miser.*

B. testâ gregali, brevi, truncatâ; valvis rectis, dorso lœvibus aut longitudinaliter divisis ; aperturâ dilatatâ ; operculi valvis acutis.

Chemn. Conch. 8. t. 97. f. 821. Encycl. pl. 64. f. 4.

(b) *Eadem paulò longior, cylindrica, dorso infernè 2. seu 3 sulcato.*

Habite les mers de l'Europe. Mus. n°. On l'a confondue avec le *Lepas balanoides*, dont elle diffère beaucoup. La var. b. habite dans la Manche, et se trouve fossile en Italie.

10. Balane amphimorphe. *Balanus amphimorphus.*

B. testa gregali, purpurascente, ovatâ, subventricosâ ; radiis parvis ; aperturâ subdilatatâ.

Mus. n°.

Habite... Celle-ci n'est peut-être qu'une variété de la B. tulipe; mais elle tient de très près à la suivante, sauf son ouverture peu resserrée. Elle varie à la couleur blanche; les individus ne viennent point les uns sur les autres. On la trouve fossile en Italie.

11. Balane perforée. *Balanus perforatus.*

B. testâ gregali, purpuro-violaceâ, ovato-conicâ ; radiis albis angustis ; aperturâ coarctatâ.

(c) *Testa conica substriata.* Mon cabinet.

Chemn. Conch. 8. t. 97. f. 822. Encycl. pl. 164. f. 2.

(b) *Testa ventricosa-conica.* Mus. n°.

Bonan. Recr. 1. f. 11.

Chemn. Conch. 8. t. 98. f. 840. Encycl. pl. 164. f. 12. in-f.

Balanus perforatus. Brug. Dict. n₀ 9.

Habite la Méditerranée, les côtes de Barbarie, celles du Séné-
gal, etc.

12. Balane lisse. *Balanus lævis.*

B. testá conicá, lævi; aperturá coarctatá; radiis angustis insculptis.

* Ranzani. op. cit. p. 44.

* *Creusia lævis.* De Blainville. Dict. des Sc. nat. t. 32. p. 378.

* Guérin. Iconographie du Règne anim. Mollusq. pl. 38. fig. 5.

Balanus lævis. Brug. Dict. n° 2.

(b) *Var. testá tenui, striis longitudinalibus crebris minimis.*

Habite l'Océan atlantique austral, les côtes du Brésil. Taille petite ou
médiocre. Coquille mince, blanche, en cône oblique.

13. Balane épineuse. *Balanus spinosus.*

*B. testá albo-rubescente, ovato-conicá, spinis tubulosis echinatá; ra-
diis transversè striatis.*

Lepas spinosa. Gmel. p. 3213.

Chemn. Conch. 8. p. 317. tab. 98. f. 840 et t. 99. f. 841.

Balanus spinosus. Brug. n° 8. Encycl. pl. 164. f. 10.

* Ranzani. op. cit. p. 40.

* Sowerby. Genera. pl. fig. 2.

* De Blainville. Dict. des Sc. nat. t. 32. p. 376. pl. 116. fig. 1.

Habite l'Océan atlantique austral. Mus. n°. Et mon cabinet.

14. Balane radiée. *Balanus radiatus.*

B. testá conicá, lineis violaceis pictá; radiis lævibus.

Chemn. Conch. 8. p. 319. t. 99. f. 842.

Encycl. pl. 164. f. 15. *Balanus radiatus.* Brug. n₀ 12.

* Ranzani. op. cit. p. 39.

* *Tetraclita radiata.* Gray. Ann. of Philos. vol. 10. p. 104.

* *Conia radiata.* De Blainville. Dict. des Sc. nat. t. 32. p. 378. Atlas.
pl. 116. fig. 7. (1)

Habite les mers des grandes Indes. Mon cabinet.

---

(1) Le genre *Conia*, établi par Leach se rapproche des Creusies

15. Balane palmée. *Balanus palmatus.*

> *B. testâ depresso-conicâ, lævi ; valvis infernè fissis, **digitato-palmatis.***
>
> *An balanus striatus?* Brug. Dict. n° 3. *Lepas palmipes?* Gmel.
>
> Habite les mers d'Europe, sur des moules. Mon cabinet. Coquille petite, blanche. J'en possède une variété à côtes, dont la circonférence inférieure est à peine divisée.

16. Balane stalactifère. *Balanus stalactiferus.*

> *B. testâ conoideâ, obliquâ, infernè crassiore, cellulosâ ; extùs sulcis filiformibus creberrimis, adpressis ; radiis nullis ; aperturâ coarctatâ.*

---

et se compose de Balanides, dont la base se moule sur le corps auquel elle adhère et dont le cône est quadripartite, à valves égales et l'opercule bipartite. M. de Blainville y fait entrer le genre *Asemus* de Ranzani, et y assigne les caractères suivans. «Animal comme dans les Balanes ordinaires. Coquille conique, déprimée ; la partie coronaire formée de quatre pièces seulement plus ou moins distinctes, presque égales et ordinairement situées de la base au sommet, avec ou sans aires distinctes; support plat, fort mince ou membraneux; opercule articulé, pyramidal, composé comme dans les Balanes de deux pièces de chaque côté, mobiles ou soudées l'une à l'autre.» Ce groupe ainsi étendu correspond au genre *Tetraclita* de Schumacker et de M. Gray.

Les *Asemes* de M. Ranzani n'ont pas les valves distinctes à l'extérieur et n'offrent pas d'aires déprimées comme les Conies de Leach.

Enfin le genre *Elminius* de Leach se rapproche aussi beaucoup des précédens ; de même que chez les Conies la portion pariétale de l'enveloppe testacée se compose de quatre valves seulement, mais celles-ci au lieu d'être épaisses et poreuses sont minces et compactes; enfin il n'existe pas de lame basilaire et l'opercule est quadrivalvulaire (Voy. l'*Elminius Leachii*. King. Zool. journ. vol. 5. p. 334 ; Sowerby. Genera. pl.). Du reste, ces distinctions ne paraissent reposer que sur des caractères d'une importance très secondaires.　　　　　　　　E.

Balanus squamosus. Brug. n° 17.

Encycl. pl. 165. f. 9-10.

An balanus cranchii? Leach. Cirrip. pl.

* *Asemus porosus.* Ranzani. op. cit. p. 29. pl. 2. fig. 32. 33.

* *Conia porosa.* Sowerby. Genera. pl. fig. 42 et 43.

* *Tetraclita stalactifera.* Gray. op. cit. p. 104.

* *Conia stalactifera.* De Blainville. Dict. des Sc. nat. t. 32. p. 376.

(b) *Var. sulcis granulosis.*

Habite les mers de Saint-Domingue. *Pagès.* Elle vit aussi dans les mers des grandes Indes. Elle tient à la suivante et à la B. crépue par ses rapports. Sa coquille est d'un gris bleuâtre; ses sillons ressemblent à des stalactites filiformes, inégales, serrées.

17. Balane plissée. *Balanus plicatus.*

B. testá depresso-conicá, plicis inæqualibus longitudinalibusque radiatá; aperturá tetragoná; radiis quatuor transversè rugosis.

[a] *Testa valdè depressa, stelliformis.*

[b] *Testa conica.*

[c] *Testa conica scaberrima; plicis tuberculato-granosis.*

Habite les mers de la Nouvelle-Hollande. *Péron* et *Lesueur.* Mus. n°. Son test est épais et très poreux dans l'épaisseur de sa base. Le fond de la coquille parait dépourvu de lame testacée. Les valves de l'opercule ont leur bord supérieur ondé, sublobé.

18. Balane double-cône. *Balanus duploconus.*

B. testá parte supremá univalvi, indivisá, convexá: inferiore turbinatá, non clausá; aperturá ellipticá.

Balanus duploconus. Péron.

Habite les mers de la Nouvelle-Hollande, port de l'Ouest, sur un madrépore. L'exemplaire est sans opercule et incomplet.

19. Balane patellaire. *Balanus patellaris.*

B. testá depresso-conicá, rudi, cinereo-violascente; plicis inæqualibus radiantibus; aperturá ellipticá.

Cabinet de M. *Ménard.* *Lepas stellata?* Poli. Test. 1. t. 5. f. 18.

Habite la rade de Villefranche, près de Nice, sous les rochers submergés. Petite espèce qui tient de la B. plissée. Son bord inférieur est festonné, mince, sans cellulosité distincte.

20. Balane demi-plissée. *Balanus semiplicatus.*

B. testá ovato-conicá; valvis supernè sulcato-plicatis; radiis transversè striatis.

Habite l'Océan atlantique méridional. Taille petite ou médiocre; individus groupés, nombreux. Mon cabinet. Elle varie à plis prolongés jusqu'au bas.

21. Balane des gorgones. *Balanus galeatus.*

B. testá ovato-obliquatá, subconicá; aperturá obliquá, trigoná. Lepas galeata. L. Mant. 2. p. 544. Gmel. p. 3209.

Schroet. Einl. in die Conch. 3. p. 518. t. 9. f. 20.

Balanus galeatus. Brug. Dict. n° 16. Encycl. pl. 165. f. 7. 8.

* Sowerby. Genera. pl.   . fig. 6, 7 et 8.

* *Conolepa elongata.* Say. (1)

* Groy. Ann. of Phil. t. 10. p. 103.

Habite l'Océan asiatique, sur des Gorgones qui l'encroûtent. Son ouverture n'est point latérale; mais la position de la coquille sur la Gorgone lui donne cette apparence.

22. Balane subimbriquée. *Balanus subimbricatus.*

B. testá conoideá; costis crassis carinato-imbricatis; operculi valvis sinuato-lobatis.

Mus. n°.

Habite les mers de la Nouvelle-Hollande, baie des Chiens marins. *Péron* et *Lesueur.*

23. Balane ridée. *Balanus rugosus.*

B. testá albo-rubescente, conoideá, longitudinaliter rugosá; aperturá minimá.

Mus. n°.

Habite.... Du voyage de Péron, sur une pointe d'Oursin. Ce n'est point le *Lepas rugosa.* Mont. Act. soc. lin. 8. p. 25. t. 1. f. 5, qui ne m'est pas connu.

24. Balane plancienne. *Balanus plancianus.*

B. testá albá, conicá, brevi, lævigatá; aperturá dilatatá; operculo compresso : valvis obtusissimis.

Plancus. Conch. p. 29. tab. 5. f. 12.

* *Lepas balanoïdes.* Poli. op. cit. t. 1. p. 23. pl. 5. fig. 2.

* *Balanus balanoïdes.* Ranzani. op. cit. p. 43.

---

(1) Le genre *Conoplea* de Say diffère principalement des Balanes par l'existence d'une portion basilaire, allongée et carénée.

E.

Habite la mer Adriatique. Collect. de M. *Ménard*. Cette espèce nous paraît différente de notre Balane œuvée, n₀ 8.

* M. Defrance mentionne sous le nom de *Balanus virgatus* une espèce fossile du terrain tertiaire de Docée, qui, dit-il, a la plus grande analogie avec le *B. Balanoïde*. (Dict. des Sc. nat. t. 3. Sup. p. 166.)

25. Balane pustulaire. *Balanus pustularis.*

B. testâ brevi, subconicâ; valvis lævibus; radiis sex : duobus solitariis; aliis per paria remota geminatis.

Habite.... Fossile d'Andona en Piémont. Cabinet M. *Ménard.*

26. Balane crêpuë. *Balanus crispatus.*

B. testâ conicâ, truncatâ; radiis quinque; valvulis apice nudis, infernè muricata-crispatis.

Lepas crispata. Schroet. Einl. in Conch. 3. p. 534. t. 9. f. 21.

Balanus crispatus. Brug. Dict. n° 7.

Encycl. pl. 164. f. 11.

* Ranzani. op. cit. p. 40.

Habite.... On la trouve fossile en Italie (* Voy. Defrance. Dict. de Sc. nat. t. 3. p. 169). Cette espèce a l'aspect du *B. conoïdeus*, n° 16; mais elle a des rayons bien appareus.

27. Balane ponctuée. *Balanus punctatus.*

B. tectâ conicâ, transversè striatâ, albo punctatâ; radiis lævibus; operculo posticè bicorni. Br.

Balanus punctatus. Brug. n° 11. Encycl. pl. 164. f. 14.

* Ranzani. op. cit. p. 40.

Chemn. Conch. 8. tab. 97. f. 827.

Habite l'Océan des Indes.

28. Balane fistuleusë. *Balanus fistulosus.*

B. testâ tubulosâ, elongatâ, striatâ; valvulis supernè dehiscentibus; aperturâ patulâ.

Lepas elongata. Chemn. Conch. 8. tab. 98. f. 838.

Balanus fistulosus. Brug. n° 6. Encycl. pl. 164. f. 7. 8.

Habite l'Océan boréal.

29. Balane large. *Balanus latus.*

B. testâ brevi, conicâ, truncatâ; basi latâ, lobatâ; valvis sub tabulâ externâ decidua sulcatissimis.

Balanus major, latus. List. Conch. tab. 442. f. 284.

Habite l'Océan des Antilles. Mon cabinet.

Etc. Ajoutez le *Balanus patelliformis* de Bruguières. n° 14. et d'autres encore.

† 30. Balane discordant. *Balanus discors.*

B. tubo conico , superne coarctato ; valva prominente anteriora in longum, lateralibus et posteriore oblique sulcatis, omnibus squamosis; valvis depressis angustis, vix transverse striatis, omnibus squamosis; operculi valvis anterioribus externe bifoveolatis , posterioribus in apice acutis, non unguiculatis, utrisque transverse striatis.

Ranzani. op. cit. p. 41. pl. 3. fig. 9-13.

† 31. Balane du Dauphiné. *Balanus Delphinus.*

B. testá longitudinaliter substriata, radiis transverse striatis.
Knorr. Vol. 2. tab. K.
Defrance. Dict. des Sc. nat. t. 3. Supplém. p. 166.
Fossile de Saint-Paul-Trois-Châteaux en Dauphiné.

† 32. Balane écailleux. *Balanus squamosus.*

B. striis transversalibus squamosis diversis.
Defrance. loc. cit.
Fossile du terrain subappennin de l'Italie.

† 33. Balane en dent. *Balanus dentiformis.*

B. testá gregali ; aperturá ovali ; basi dentiformi longitudinaliter striatá.
Defrance. loc. cit.
Knorr. t. 2. pl. K. 1. fig. 4.
Fossile des environs de Marseille?

† 34. Balane cannelé. *Balanus striatus.*

B. testá longitudinaliter striatá ; aperturá dentatá ; operculi valvis duobus subtriangularibus, et aliis striis undulatis.
Defrance. op. cit. p. 167.
Fossile des environs de Plaisance.

† 35. Balane cerclé. *Balanus circinatus.*

B. testá a summo ad imum lineis griseis cincta , radiis longitudinaliter striatis.
Defrance. loc. cit.
Sowerby. Genera. pl. fig. 3.
Fossile des Falunières de Hauteville, département de la Manche.

† 36. Balane commune. *Balanus communis.*

B. testá ad basim sulcatá ; apertura magná ; operculi valvis substriatis.

Defrance. loc. cit.
Fossile des terrains tertiaires de Paris.

† 37. Balane pustule. *Balanus pustula.*

B. testâ parvâ, levi extrinsecus, intus ad basim longitudinaliter striatâ.

Defrance. op. cit. p. 168.
Fossile......

† 38. Balane marqueté. *Balanus tesselatus.*

B. testâ obliquè conicâ, tenui, valvis levibus subcostatis; radiis tesselatis; aperturâ ovali.

Sowerby. Mineral Conch. vol. 1. pl. 84. fig. 1.
Fossile du Crag de Norfolk.

† 39. Balane épais. *Balanus crassus.*

B. testâ crassâ, obliquè conicâ; valvis subcostatis; aperturâ triangulari.

Sowerby. op. cit. pl. 84. fig. 1.
Fossile des environs d'Ipswich.

† Ajoutez plusieurs espèces fossiles décrites par Schlotheim sous le nom de *Lépadites* (Petrifactenkunde. p. 170, etc.)

ACASTE. (Acasta.)

Animal . . . . .

Coquille sessile, ovale, subconique, composée de pièces séparables. Cône formé de six valves latérales, inégales, réunies; ayant pour fond une lame orbiculaire, concave au côté interne, et ressemblant à une patelle ou à un gobelet. Opercule quadrivalve.

Animal. . . . .

Testa sessilis, ovata, subconica, partibus separabilibus composita. Conus ex valvis senis lateralibus coadunatis; fundo lamellâ seu valva orbiculatâ, latere interno concava, patellam vel pocillum simulante. Operculum quadrivalve.

OBSERVATIONS. — Les *Acastes* ne sont point fixées sur des corps solides ou durs, et paraissent vivre toutes dans des Éponges.

Dans une espèce que j'avais observée, j'apercevais des motifs de distinction pour un genre particulier, et j'attendais la confirmation de ce genre dans l'observation de quelque autre espèce offrant les mêmes caractères. M. Leach vient d'établir ce genre sous le nom d'*Acasta*, que je m'empresse d'adopter.

Les valves des *Acastes* ont peu d'adhérence entre elles, surtout celles du fond ; et comme elles sont inégales, l'ouverture de la coquille est irrégulière. Cette coquille posée ne peut se tenir debout, la valve de sa base étant convexe en dehors, quelquefois conoïde.

[M. Sowerby et M. de Blainville n'admettent pas ce groupe comme genre, mais ce dernier auteur en fait une subdivision des Balanes. En effet la conformation de la base de l'enveloppe tégumentaire de ces animaux varie extrêmement, suivant les circonstances dans lesquelles ils se sont développés, et les différences de cette nature ne sont pas assez important pour motiver des distinctions génériques.   E.

ESPÈCES.

1. Acaste de Montagu. *Acasta Montagui.*

> *A. testá valvis acutis , transversè striatis, extùs spinulis ascendentibus muricatis.*
>
> *Acasta montagui.* Leach. Cirrip. Acampt. pl. f. (* Encyclop. britan. Suppl. t. 3. p. 171. pl. 57.)
>
> * *Balanus Montagui.* Sowerby. Genera. pl. fig. 4 et 5.
>
> ' Guérin. Iconogr. Mollus. pl. 38. fig. 4.
>
> Habite.... Valve inférieure patelliforme.

2. Acaste gland. *Acasta glans.*

> *A. ovalis ; testá supernè spinulosá, transversim substriatá ; valva baseos cyathiformi, margine sex-dentatá.*
>
> Mus. n°.
>
> Habite à la Nouvelle-Hollande, à l'île *King*, dans des Éponges. *Péron.* Elle est rougeâtre, peu épineuse, et les six dents de sa valve inférieure sont inégalement espacées : quatre sont par paires écartées ; les deux autres sont solitaires.

3. Acaste sillonnée. *Acasta sulcata.*

> *A. testá oblongá, longitudinaliter sulcatá ; sulcis scabriusculis ; valvá baseos pocillatá, margine crenulatá.*

Mus. n°.

Habite la baie des Chiens marins, à la Nouvelle-Hollande, dans les
Éponges. *Péron.* Petite, blanche, presque transparente.

Etc. Ajoutez le *lepas spongites.* (*A. spongites*). Poli. Test. 1. p. 25.
tab. 6. f. 5.

* *Acasta spinulosa.* Desh. Guérin. Iconographie du Règne animal.
Mollusques. pl. 58. fig. 4.

[M. Sowerby a établi sous le nom d'Octomère (*octomeris*)
un genre nouveau pour une Balanide, dont la portion tubulaire se compose de huit valves inégales, et dont l'opercule offre comme chez les Balanes 2 pièces de chaque côté.

Esp. *O. angulos* Sowerby. Genera. pl.   . fig. 1-11.
O. Stuchburii. Gray. Ann. of Philos. V. 10. p. 104.

Le genre Catophragmus du même auteur se rapproche
beaucoup du précédent, tant par la forme générale que
par le nombre des pièces testacées principales, car l'opercule présente quatre valves et le cône huit ; mais en dehors
de ces derniers se trouvent un grand nombre de petites
pièces testacées, disposées par rangées transversales, dont
le nombre paraît augmenter avec l'âge. L'espèce remarquable qui a servi à l'établissement de ce genre, a reçu le
nom de *Catophragmus imbricatus.* Sowerby (loc. cit. pl.
fig. 1-6.)

* * *

CREUSIE. (Creusia.)

Corps sessile, subglobuleux, enfermé dans une coquille
operculée. Trois ou quatre paires de bras tentaculiformes.
Bouche sans saillie, à la partie antérieure et supérieure du
corps.

Coquille sessile, fixée, orbiculaire, convexe-conique,
composée de quatre valves : les valves inégales, réunies,
distinctes par leurs sutures. Opercule intérieur, bivalve.(1)

---

(1) M. Gray a constaté que dans les échantillons, décrits par
Leach, il existe deux valves de chaque côté de l'opercule.   E.

*Corpus sessile, subglobosum, testâ operculatâ inclusum.
Brachiorum tentaculiformium paria tria vel quatuor. Os
non prominulum, in anticâ et supremâ corporis parte.*

*Testa sessilis, fixa, orbiculata, convexo-conica, quadri-
valvis : valvis inæqualibus, coadunatis ; suturis distinctis.
Operculum internum, bivalve.*

OBSERVATIONS. — Parmi le petit nombre de Glands de mer
dont l'opercule est bivalve, on ne connaît encore que deux genres, les *Creusies* et les *Pyrgomes* ; ce sont, en général, des coquilles fort petites, fixées sur des madrépores ou sur d'autres corps
marins. Le genre des *Creusies* a été établi par M. Leach ; il se
distingue des Pyrgomes, par la coquille composée de quatre
valves bien distinctes par leurs sutures.

M. Gray a proposé de restreindre le genre Creusie aux espèces dont les pièces du cone sont au nombre de quatre et
distinctes, dont la gaine de l'opercule est presque aussi longue
que ses valves, enfin dont l'opercule est conique et garni de
quatre valves triangulaires ; il donne le nom générique de *Me-
gathrema* à celles dont les quatre pièces du cone sont soudées
entre elles, dont la gaine de l'opercule est presque aussi long
que les valves, et dont l'opercule est conique et garni de quatre
valves subtriangulaires ; enfin il a établi sous le nom de *Daracia*
un genre particulier pour les espèces, qui diffèrent des Mega-
thrèmes par l'absence d'une gaine de l'opercule et par la conformation de celui-ci, le nombre de ses valves n'étant que de deux.

E.

ESPÈCES.

1. Creusie de Strome. *Creusia Stromia.*

> *C. testâ conico-convexâ ; valvis sulcis radiatis ; suturis duabus ser-
> ratis.*
>
> *Lepas stromia.* Mull. Zool. dan. 3. p. 21. tab. 94. f. 1-4.
>
> * *Verruca Stroëmi.* Schumacher. op. cit. p. 91.
>
> * *Ochthosia Stroemii.* Ranzani. op. cit. p. 30. (1)

---

(1) Le genre OCHTHOSIE de Ranzani se compose des Balanides qui ont l'opercule articulé et plus ou moins vertical comme

* De Blainville. Dict. des Sc. nat. t. 32. p. 377.
* Guérin. Iconogr. Mollus. pl. 38. fig. 12.
* Ajoutez à l'espèce mentionnée ci-dessus le *Clitia lœvigata*. Sowerby.
Genera. pl. . fig. 1 et 3.
Habite les mers du Nord. Ouverture trigone.

2. Creusie spinuleuse. *Creusia spinulosa.*

*C. testá turbinatá, convexá, suturis quatuor signatá ; sulcis minimis ,
radiantibus, spinulosis.*

Creusia spinulosa. Leach. Cirrip. acampt. pl. f. (* Encyclop. brit.
Sup. p. 170. pl. 57.)
* De Blainville. Dict. des Sc. nat. pl. 116. fig. 6.
* Guérin. Iconogr. Mollus. pl. 38. fig. 9.
Habite les mers de l'Inde, sur un madrépore. L'opercule est oblique-
ment pyramidal. Ses valves , plus larges qu'élevées , sont sillonnées
transversalement en dehors. Ouverture ronde.

3. Creusie verrue. *Creusia verruca.*

C. testá depressá, obliquè lamelloso-striatá ; aperturá subquadratá.
Lepas striata. Pennant. Zool. brit. 4. pl. 38. f. 7.
Lepas verruca. Chemn. Conch. 8. t. 98. f. 834.
Balanus verruca. Brug. no 13. Encycl. pl. 164. f. 16. 17.
* *Clisia striata.* Leach. Encyclop. britan. Supplém. t. 3. p. 171 . (1)
* *Clisia verruca.* Sowerby. Genera. pl. . fig. 2.
* *Verruca striata.* Gray. op. cit. p. 105.
Habite les mers du Nord.
* Ajoutez *Creusia gregaria.* Sowerby. Genera. pl. fig. 1-6.

PYRGOME (Pyrgoma.)

Animal. . . .
Coquille sessile, univalve, subglobuleuse, ventrue, con-

----

chez les Balanes proprement dites, et le tube formé de trois valves seulement avec l'ouverture trigone.

(1) Le genre *Clisic*, établi par M. Savigny dans ses manuscrits et adopté par Leach, comprend les Balanides, dont la base
est diversiforme comme chez les Balanes, dont la coquille est
composée de quatre valves comme chez les Conies, et dont les
valves de l'opercule ne sont pas divisées. E.

vexe en dessus, percée au sommet. Ouverture petite, elliptique. Opercule bivalve.

Animal. . . .

Testa sessilis, univalvis, globoso-ventricosa, supernè convexa, apice forata. Apertura parva, elliptica. Operculum bivalve.

OBSERVATIONS. — M. Savigny est le premier qui ait reconnu, distingué et nommé ce genre, et probablement il nous éclairera sur l'animal, lorsqu'il en publiera la description,

Le *Pyrgome* diffère fortement des *Creusies*, au moins par sa coquille qui paraît entièrement univalve, subglobuleuse, et dont le paroi intérieure est sillonnée longitudinalement. Le dos convexe de cette coquille offre un espace elliptique, circonscrit par un bord crénelé, et c'est presque au milieu de cet espace que se trouve l'ouverture. La coquille est enchâssée dans l'épaisseur d'un polypier pierreux, de notre genre *Astrea.*

ESPÈCE.

1. **Pyrgome rayonnante.** *Pyrgoma cancellata.*

    * *P. testá longitudinaliter costatá.*

    Pyrgoma cancellata. Leach. Cirrhip. * Encyclop. brit. Supplém. t. 3. p. 171. pl. 57.

    * Gray. Ann. of Philos. t. 10. p. 102.

    Pyrgoma. Sav. Mss.

    Habite... la mer Rouge? De l'ouverture au bord de l'espace dorsal, partent des sillons convexes et en rayons. C'est la substance du polypier qui les rend échinés.

† 2. **Pyrgome lobe.** *Pyrgoma lobata.*

    P. testá transverse striatá. Gray. loc. cit.

    Habite.

    * Ajoutez [*Pyrgoma crenatum.* Sowerby. Genera. pl. fig. 1-6; et *Pyrgoma anglicum.* Ejusd. loc. cit. fig. 7.

ORDRE SECOND.

CIRRHIPÈDES PÉDONCULÉS.

Leur corps est soutenu par un pédoncule tubuleux, coriace, mobile, dont la base est fixée sur les corps marins. La bouche est presque inférieure.

Sauf ce qui constitue l'essentiel de l'organisation intérieure, les *Cirrhipèdes pédonculés* sont si différens de ceux de notre premier ordre, qu'il est étonnant que Linné les ait réunis les uns et les autres dans le même genre. Malgré son autorité, *Bruguières* a distingué ceux dont il s'agit ici, et en a formé son genre Anatife.

Il semble d'abord que ce soit surtout par la coquille que les Cirrhipèdes de cet ordre sont si différens des Cirrhipèdes sessiles; mais si l'on considère que le tube qui soutient cette coquille est réellement une partie même de l'animal, on sentira que les différences entre les animaux des deux ordres, embrassent différens rapports. Dans ma manière de juger les choses, la coquille, analogue ou correspondante à celle des Cirrhipèdes sessiles, n'existe plus ici; son opercule seul subsiste après avoir changé de forme et de composition. C'est donc lui seul qui protège maintenant les parties essentielles de l'animal; et comme il est composé de plusieurs pièces inégales, mobiles, susceptibles de s'ouvrir pour les besoins de l'animal qu'il recouvre, nous le verrons lui-même s'atténuer peu-à-peu et presque disparaître, en parcourant les genres qu'il a paru nécessaire d'établir.

Les *Cirrhipèdes pédonculés* vivent tous dans la mer.

Leurs bras sont cirreux, inégaux, articulés, à peau cornée ou coriace. Leur support tubuleux est organisé, vivant, musculeux intérieurement, reçoit les œufs qui s'y développent et que l'animal fait ensuite remonter pour leur évacuation. Quoiqu'ils n'offrent point de véritable transition aux conchifères, c'est de ces animaux inarticulés qu'il faut les rapprocher, et particulièrement des *Conchifères brachiopodes.* Ils ne tiennent nullement aux *Pholadaires :* voici les quatre genres qui divisent cet ordre.

[Voyez pour plus de détails sur l'organisation de ces animaux, le mémoire de G. Cuvier et celui de M. Martin St.-Ange.   E.

ANATIFE; (Anatifa.)

Corps recouvert d'une coquille, et soutenu par un pédoncule tubuleux et tendineux. Bras tentaculaires nombreux, longs, inégaux, articulés, ciliés, sortant d'un côté sous le sommet du corps.

Coquille comprimée sur les côtés, à cinq valves : les valves contiguës, inégales; les inférieures des côtés étant les plus grandes.

Corpus testá oblectum, pedunculo tubuloso tendineoque impositum. Brachia tentacularia numerosa, longa, inæqualia, articulata, ciliata, sub corporis apice hinc exsertilia.

Testa lateribus compressa, quinquevalvis : valvis contiguis, inæqualibus ; laterum inferioribus majoribus.

OBSERVATIONS. — Quoique cela ne soit pas très nécessaire, je réduis ici le genre Anatife de *Bruguières,* aux espèces dont la coquille n'a que cinq valves; et, en cela, , 'imite M. *Leach,* qui distingue aussi ces Cirrhipèdes.

Linné, qui n'a pu faire qu'un dégrossissement, et qui l'a fait partout en homme de génie, rassemblait dans un seul genre tous nos Cirrhipèdes. Ce fut Bruguières qui, le premier, commença les nouvelles distinctions que les progrès de la science rendaient indispensables (1). Il distingua tous les Glands de mer sous le nom de *Balanus*, et donna à tous les Cirrhipèdes qui ont un pédoncule tubuleux, le nom d'*Anatifa*. C'est d'une partie de ces Anatifes dont il s'agit ici.

La coquille de nos *Anatifes* est composée de cinq valves, deux de chaque côté, et la cinquième sur le bord dorsal. Celle-ci est plus longue et plus étroite que les autres. Ces valves sont réunies les unes aux autres par une membrane qui les borde et les maintient dans leur situation. Dans la coquille fermée, ces mêmes valves sont rapprochées en un cône aplati, qui est soutenu sur un pédicule tubuleux, tendineux, flexible, susceptible de s'allonger et de se contracter pendant la vie de l'animal et dont la base est fixée sur quelques corps marins. Les mouvemens divers que l'animal fait exécuter au tube qui le soutient, le mettent à portée de se procurer plus aisément les alimens qui lui conviennent.

L'animal de l'Anatife lisse (*Lepas anatifera*, Linn.) est décrit et figuré dans l'histoire des testacés de Poli; il a douze paires de bras, et sa bouche est armée de deux paires de mâchoires dentelées et transverses, ainsi que de deux autres paires mutiques, molles et velues, que Poli considère comme des palpes.

Les branchies des Anatifes, selon *G. Cuvier*, sont des appendices en pyramides allongées, adhérentes à la base extérieure des cirres, auxquels nous donnons le nom de bras. Ce caractère des branchies fournit un nouveau rapport entre ces Cirrhipèdes et les Crustacés brachyures.

ESPÈCE.

Anatife lisse. *Anatifa lævis.*

> *A. testá compressá, lævi; tubo pedunculiformi longo, transversè rugoso.*
>
> *Lepas anatifera.* Lin. Syst. p. 1109.
> Chemn. Conch. 8. p. 340. t. 100. f. 853.

---

(1) Lister avait déjà employé cette division.

Pennant. Zool. brit. 4. pl. 38. f. 9.

Seba. Mus. 3. tab. 16. f. 1.

Anatife. n° 2. Brug. Dict.

Encycl. pl. 166. f. 1.

* *Lepas anatifera*. Tilesius. Jahrbuch. p. 298.

* *Anatifa lævis*. Schumacher. Essai d'un nouv. syst. des habitations des Vers testacés. p. 97.

* *Anatifa vulgaris*. Gray. Annal. of Philosophy. vol. 10. p. 100.

* *Pentalasmis anatifera*. Leach. Encyclop. brit. Suppl. t. 3. p. 170. (1)

* Sowerby. Genera. pl. fig. 1 et 2.

* *Pentalepas lævis*. De Blainville. Dict. des Sc. nat. t. 32. p. 374 pl. 115. fig. 3.

* *Lepas anatifera*. Cuvier. Règne anim. t. 3. p. 176.

* *Pollicipes lævis*. Guérin. Iconogr. Moll. pl. 37. fig. 1.

Habite les mers d'Europe et ailleurs. Espèce commune, vulgairement appelée *Conque anatifère* ou *Bernache*. Son pédicule a jusqu'à 9 pouces de longueur.

2. **Anatife velue.** *Anatifa villosa.*

A. *testá compressá, lævi ; tubo pedunculiformi villoso.*

Anatifa villosa. Brug. Dict. no 1.

* *Pollicipes villosus*. Sowerby. Genera. fig. 3.

Habite la Méditerranée.

3. **Anatife dentelée.** *Anatifa dentata.*

A. *testá compressá, lævi ; valvulá dorsali carinato-dentatá.*

Concha anatifera margine muricata. List. Conch. t. 439. f. 282.

Anatifa dentata. Brug. Dict. n° 3.

Habite la Méditerranée. Voyez Sloan. Jam. hist. 1. tab. X.

4. **Anatife striée.** *Anatifa striata.*

A. *testá parvá triangulari subcompressá ; valvis argute striatis.*

---

(1) Le genre *Pentalasmis* de Leach correspond à-peu-près au genre Anatifa de Lamarck et a pour caractère : «Polypédiens ayant la partie supérieure du corps garnie de cinq écailles dont l'inférieure très grande, la supérieure allongée, et acuminée en arrière ; les postérieures linéaires et courbes ; pédoncule nu. » M. de Blainville n'adopte ni ce genre ni celui des Anatifes, et réunit les Pentalasmes de Leach avec certains Pouce-pieds de Lamarck sous le nom générique de Pentalepes (*Pentalepas*).   E.

Gualt. Conch. tab. 106. f. 2. 3.

List. Conch. tab. 440. f. 283.

Anatifa striata. Brug. Dict. no 4.

Encycl. pl. 166. f. 2.

Lepas anserifera. Lin. Syst. nat. p. 1109.

Pentalasmis striata. Leach. Cirrhip. campyl. pl. f.

Habite l'océan Atlantique et Américain.

5. Anatife vitrée. *Anatifa vitrea.*

A. testá subventricosá, lævi tenuissimá, pellucidá; valvá dorsali medio angulatá, basi latiore, rotundatá.

Mon cabinet.

Habite les côtes de la Manche, près de Noirmoutiers. Communiquée par M. *Latreille.* Cette espèce est très différente de l'Anatife lisse. Sa coquille est courte, enflée, trigone comme celle de l'Anatife striée, mince, transparente, à valve dorsale coudée et anguleuse dans son milieu, dilatée et arrondie à son extrémité inférieure. Le *Lepas fascicularis* de Montagu, communiqué par M. Leach, ne me paraît qu'une variété de cette espèce.

† 6. Anatife sillonnée. *Anatifa sulcata.*

A. crassa, subtriangularis, profunde sulcata, albido-cœrulescens; basi tribus seriebus granosis; pedunculo lævi, brevissimo.

Quoy et Gaimard. Voy. de l'*Astrol.* p. 538. pl. 93. fig. 18—20.

Habite la Méditerranée.

† 7. Anatife tricolore. *Anatifa tricolor.*

A. testá maxime compressá, ovali, lævi, cærulescente, nigro et rubro variegatá; pedunculo nigro.

Quoy et Gaimard. Annales des S. nat. 1ᵉ série. t. 10. pl. 7. fig. 7. et Voyage de l'*Astrol.* t. 3. p. 631. pl. 93. fig. 4.

Habite la Méditerranée.

† 8. Anatife allongée. *Anatifa elongata.*

A. testá compressá, elongato-ovali, postice subtruncatá, cinereo-cærulescente, margine luteá; pedunculo mediocri, tuberculato.

Quoy et Gaimard. op. cit. p. 635. pl. 93. fig. 6.

Habite les côtes de la Nouvelle-Zélande.

† 9. Anatife sessile. *Anatifa sessilis.*

A. testá triangulari vel mitratá subacutá; tenuissime radiatá albido-cærulescente; dorso rubro; pedunculo brevissimo, rubente.

Quoy et Gaimard. Voy. de l'*Astrol.* t. 3. p. 632. pl. 93. fig. 11.

Habite les parages de la Nouvelle-Guinée.

† 10. Anatife pélagienne. *Anatifa pelagica.*

> *A. subcartilaginea griseo-cœrulea, crassa, subtriangularis; valvis undulatis, radiatim striatis, dorsali valde incurvata basi patula, pediculo breve et levi simili suo juncto.*

Quoy et Gaimard. Voy. de l'*Astrol.* t. 3. p. 633. pl. 93. fig. 21.

Trouvée en pleine mer entre les îles Mariannes et Sandwich.

POUCE-PIED. (Pollicipes.)

Corps recouvert d'une coquille, et soutenu par un pédoncule tubuleux et tendineux. Plusieurs bras tentaculaires, comme dans les Anatifes.

Coquille comprimée sur les côtés et multivalve : les valves presque contiguës, inégales, au nombre de treize ou davantage; les inférieures des côtés étant les plus petites.

Corpus testâ obtectum, pedunculo tubuloso tendineoque impositum. Brachia plura tentacularia, ut in Anatifis.

Testa lateribus compressa, multivalvis : valvis subcontiguis, inæqualibus, tredecim aut ultrà ; laterum inferioribus minoribus.

OBSERVATIONS. — Les *Pouce-pieds* ont un aspect assez particulier, qui les rend facilement reconnaissables. Les pièces inférieures des côtés aplatis de leur coquille, sont toujours plus petites que les supérieures et quelquefois sont très nombreuses. Le pédicule qui soutient le corps et sa coquille est le plus souvent fort court et en général chagriné, écailleux même, ridé, assez raide. M. *Leach* a le premier établi ce genre, dont néanmoins il distingue le *Lepas scalpellum.*

ESPÈCES.

1. Pouce-pied groupé. *Pollicipes cornucopia.*

> *P. congesta ; pedunculo brevi, coriaceo, squamoso; testæ valvis numerosis, lævibus, inæqualibus.*

Lepas pollicipes. Gmel. p. 3213.

D'Argenv. Conch. t. 26. fig. D.

List. Conch. t. 439. f. 281.

Chemn. Conch. 8. tab. 100. f. 851. 852.

* Tilesius. op. cit. p. 284.

Anatifa pollicipes. Brug. Dict. n⁰ 6.

Ejusd. Encyclop. pl. 166. f. 10. 11.

* *Romphidione vulgaris.* Schumacher. op. cit. p. 97.

Pollicipes cornucopia. Leach. Cirrhip. pl. f. campyl.

* Ejusd. Encyclop. brit. Suppl: t. 3.

* *Pentalepas pollicipes.* De Blainville: Dict. des Sc. nat. t. 32. p. 374. pl. 115. fig. 3.

* Gray. Ann. of Philos. Vol. 10. p. 101.

* Sowerby. Genera. pl. fig. 1.

* *Pollicipes cornucopia.* Guérin. Iconog. Mollus. pl. 37. fig. 2.

Habite les côtes de la Manche, la Méditerranée. Mus. n⁰.

2. Pouce-pied couronne. *Pollicipes mitella.*

P. pedunculo squamoso; testá multivalvi compressá : valvis transversè striatis.

Lepas mitella. Lin. Syst. nat. p. 1108.

Rumph. Mus. tab. 47. fig. M.

Chemn. Conch. 8. tab. 100. f. 849. 850.

Anatifa mitella. Brug. Dict. n⁰ 7.

Encyclop. pl. 166. f. 9.

* *Polylepas mitella.* De Blainville. Dict. des Sc. nat. t. 32. p. 375.

* *Capitulum mitella.* Gray. op. cit. p. 101.

* *Pollicipes mitella.* Sowerby. Genera. pl. fig. 2.

* *Polliceps mitella.* Guérin. Iconogr. Mollus. pl. 37. fig. 3.

Habite les mers de l'Inde. Mus. n⁰.

3. Pouce-pied scalpel. *Pollicipes scalpellum.*

P. pedunculo squamoso, infernè attenuato; testá compressá, tredecimvalvi læviusculá.

Lepas scalpellum. Lin. p. 1109. Gmel. p. 3210.

Mull. Zool. dan. 3. p. 23. t. 94. f. 1. 2.

Chemn. Conch. 8. vign. p. 294. f. a. A. et p. 338.

Anatifa scalbellum. Brug. Dict. n⁰ 5.

Encyclop. pl. 166. f. 7. 8.

* *Lepas scalbellum.* Tilesius. Jahrbuch der Naturgeschichte. p. 273.

Scalpellum vulgare. Leach. cirrhip. * Encyclop. britan. Supplém. t. 3. p. 170. pl. 57. (1)

---

(1) Le genre *Scalpellum* de Leach comprend les Pollicipédiens

* Gray. op. cit. p. 100.

* Sowerby. Genera. fig.

* *Polylepas vulgaris.* De Blainville. Dict. des Sc. nat. t. 32. p. 375. pl. 115. fig. 4.

Habite les mers du nord de l'Europe.

Etc. Ajoutez le *Pollicipes villosus.* Leach. Cirrhip.

†4. Pouce-pied épineux. *Pollicipes spinosa.*

> *A. testá compressá, triangulari; valvis ovalibus senis albidis; basi plurimis spinosis cinctis; pedunculo, crasso, squamoso.*
>
> *Anatife spinosa.* Quoy et Gaimard. op. cit. p. 629. pl. 93. fig. 17.
>
> Habite la Nouvelle-Zélande.

†5. Pouce-pied oblique. *Pollicipes obliqua.*

> *A. testá valde compressá, subquadratá, apice oblique truncatá; valvis tredecim luteis; pedunculo crasso, conico levi.*
>
> *Anatifa obliqua.* Quoy et Gaimard. Voyage de l'*Astrolabe.* t. 3. p. 628. pl. 93. fig. 16.
>
> Habite la Nouvelle-Hollande.

---

ayant la partie supérieure du corps garnie de treize écailles dont la postérieure linéaire. Les supérieures semi-circulaires et les cinq inférieures de chaque côté petites; et ayant le pédoncule garni de rides cornées, dans les interstices desquelles les tégumens sont poilus. M. de Blainville n'adopte pas ce genre, mais le fait rentrer dans son genre Polylèpe (*Polylepas*) qui est caractérisé de la manière suivante :

«Corps à-peu-près de même forme que dans le genre Pentalèpe, enveloppé dans un manteau entièrement couvert par treize pièces ou valves, dont six principales, une dorsale, une ventrale et deux paires de latérales; le pédoncule plus ou moins allongé et également squameux.»

Enfin le genre *Smilium* de M. Gray ne diffère aussi que fort peu du précédent comme on pourra en juger par la caractéristique suivante donnée par ce naturaliste: «*Smilium-Laniènæ testacea 13; quarum paria 5, laterales subtriangulares, anteriores 2, dorsalis ventralisque triangulares, incurvæ; posterior dorsalis linearis, geniculatus; omnes glabræ: pedunculus pilosus.*» L'espèce qui a servi à l'établissement de ce genre a reçu le nom de *Smilium peronii.* Gray. spicilegia Zoologica. p. 7. pl. 3. fig. 11. E.

6. Pouce-pied polymère. *Pollicipes polymerus.*

> P. *testá obtusè subtrigoná; valvis lævibus, substriatis, superioribus quatuor majoribus convexis, subtrapeziformibus, apice postice acuminato, basi subtruncato, reliquis plurimis plerumque subtrigonis; pedunculo squamulis minimis resupinatis obtecto.*
>
> Sowerby. Proceedings of the zoological. Soc. Part. 1. 1833. p. 74.
>
> Habite les côtes de la Californie.

†7. Pouce-pied rouge. *Pollicipes ruber.*

> P. *testá irregulariter subtrigoná, rubrá, antice subtùsque pallidiore; valvis superioribus majoribus, planulatis, subtrapeziformibus, supernè acuminatis; dorsali magno, sagittato; dorso rotundato-carinato; pedunculo squamulis minimis obtecto.*
>
> Sowerby. loc. cit.
>
> Habite les côtes du Pérou.

†8. Pouce-pied sillonné. *Pollicipes sulcatus.*

> P. *valvis longitudinaliter striatis.*
>
> Sowerby. Mineral Conchology. vol. 6. tab. 606. fig. 1. 2 et 7.
>
> Fossile de la craie d'Angleterre.

†9. Pouce-pied très grand. *Pollicipes maximus.*

> P. *valvis terminalibus rhomboïdalibus, sublævibus medio-carinatis; valvo posteriore recurvato lanceolato, elongato.*
>
> Sowerby. Min. Conch. vol. 6. tab. 506. fig. 3-6.
>
> Fossile du même terrain.

†10. Pouce-pied recourbé. *Pollicipes reflexus.*

> P. *valvis lateralibus lævibus, subplanis; valvo posteriore lanceolato*
>
> Sowerby. loc. cit. pl. 606. fig. 8.
>
> Fossile de l'île de Wight.

M. Gray a établi sous le nom d'IBLA, un genre particulier, comprenant des Lépadiens, dont le corps est garni de quatre valves, savoir : deux lames dorsales allongées et légèrement courbées, et deux lames ventrales courtes et triangulaires, et dont le pédoncule est cylindrique et pilifère. Cette division avait déjà été indiquée par Cuvier (Règne anim. 1ʳᵉ édit. t. 2. p. 507), et a été plus tard désignée par ce dernier naturaliste, sous le nom de *Tetra-lasmis*.

L'espèce qui doit avoir servi de type à ce genre est le :

> *Lepas quadrivalvis.* Cuvier. Mém. pour servir à l'histoire des Mollusques. Anatifes. p. 13. fig. 14. — *Tetralasmis hirsutus ejusdem.* Règne anim. 2ᵉ édit. t. 3. p. 117. — Guérin. Iconog. Mollusques. pl. 37. fig. 7. — *Anatifa hirsuta.* Quoy et Gaim. Voy. de l'*Astr.* t. 3. p. 639. pl. 93. fig. 7-10.
>
> L'*Ibla cuvieriana* de M. Gray. (Ann. of Philos. t. 10. p. 101., et *Spicilegia zoologica.* p. 7. pl. 3. fig. 10). ne parait pas différer de l'espèce précédente.

Le genre CONCHOTRYA de M. Gray est aussi bien distinct et mérite d'être généralement adopté comme tendant à établir le passage entre les Lépadiens et les Balanides. Il se compose de Lépadiens à pédoncule court et rugueux, dont le corps est garni de cinq valves, disposées sur un seul rang, à-peu-près comme chez les Balanes.

> Esp. *Conchotrya Valentia.* Gray. Annal. of Philos. t. 10. p. 102.
>
> L'*Anatife truncata* de MM. Quoy et Gaimard. (Voyage de l'*Astrol.* t. 3. p. 636. pl. 93. fig. 12-15.) appartient aussi à ce genre.

Le genre BRISNEUS du même auteur est caractérisé par des valves disposées, comme chez les précédens, sur un seul rang, mais au nombre de sept ; le corps est cylindrico-conique ; enfin on ne connaît pas la conformation du pédoncule.

> Esp. *Brismeus rhodiopus.* Gray. Ann. of Philos. t. 10. p. 102, et Spicil. zool. p. 7. pl. 6. fig. 17.

Enfin il donne le nom générique d'OCTALASMIS à des Lépadiens, ayant le corps subcomprimé et garni de huit petites lames testacées ; savoir trois paires latérales, dont les intermédiaires triangulaires et les supérieures formant par leur réunion un angle central, une dorsale unique, ovalaire et étroite, et une ventrale linéaire.

> Esp. *Octalasmis Warwickii.* Gray. loc. cit. pl. 6. fig. 16.

Le genre LITHOTRIE *(Lithotria)* de Sowerby ou *Litho-*

lepe de M. de Blainville, se compose d'un Lépadien qui habite dans des trous de rochers et a été caractérisé de la manière suivante : « Animal comprimé. Coquille irrégulièrement subpyramidale, comprimée, portée à l'extrémité d'un pédicule tubuleux, tendineux, ayant à sa base un appendice testacé, ressemblant à une potelle renversée, formée de huit valves contiguës, inégales : six latérales dont les inférieures très petites, une dorsale grande, ligulée, et une ventrale également très petite. » Quelques naturalistes et notamment M. Sander-Rang pensent que cet animal n'est qu'une véritable Anatife, qui se serait fixée sur une valve de Vénérupe, dans le fond d'une des cavités que celles-ci creusent ordinairement dans les rochers. Nous n'avons pas eu l'occasion de l'observer.

Esp. Lithotrée dorsale. *Lithotria dorsalis.* Sowerby. Genera. pl.
Litholipas du mont Serrat. De Blainville. Dict. des Sc. nat. t. 32.
p.   pl. 115. fig. 6.

CINÉRAS. (Cineras.)

Corps pédonculé, tout-à-fait enveloppé dans une tunique membraneuse ; la tunique enflée supérieurement, ayant antérieurement une ouverture au-dessous de son sommet. Plusieurs bras menus, articulés, ciliés, sortant par l'ouverture antérieure.

Coquille : cinq valves testacées, oblongues, séparées, ne couvrant pas entièrement le corps ; dont deux aux côtés de l'ouverture, et les autres dorsales.

Corpus pedunculatum, tunicâ membranacea penitùs obvolutum : tunica supernè turgida, infrà apicem anticè apertura hiante. Brachia plura tenuia, articulata ciliata, per aperturam anticam exsertilia.

Testa : valvæ testaceæ quinquæ, oblongæ, separatæ, corpus non penitùs tegentes : duabus ad latera aperturæ : alteris dorsalibus.

OBSERVATIONS.—Le genre *Cinéras*, établi par M. Leach, partage avec le suivant (les Otions) ce caractère remarquable, d'avoir des valves testacées, étroites et tellement séparées, qu'elles ne peuvent recouvrir entièrement le corps de l'animal. On voit même que ce corps, de part et d'autre, est tout-à-fait enveloppé d'une membrane qui, par un prolongement, revêt le pédoncule, puisqu'il offre une ouverture antérieure pour la sortie des bras. Les Cinéras se distinguent des Otions, parce qu'ils ont cinq valves testacées, et qu'ils ne présentent point à leur sommet les deux cornes tubuleuses et tronqués des Otions de ces derniers.

[M. De Blainville réunit les Otions et les Cinéras dans un même genre auquel il donne le nom de *Gymnolepas*.

ESPECE.

1. Cinéras flambé. *Cineras vittata.*

> *Lepas coriacea.* Poli. Test. 1. tab. 6. fig. 20.
> * *Senoclita fasciata.* Schumacher. op. cit. p. 98.
> * *Lepas membranacea.* Montagu. Trans. of the Linn. Soc. vol. 11. p. 182. pl. 12. fig. 2.
> *Cineras vittata.* Leach. *cirrhip. campylosomata.* pl. f. * Encyclop. Britan. Supplém. vol. 3. p. 170. pl. 57.
> * Sowerby. Genera. pl.
> * *Senoclita fasciata.* Gray. Ann. of Philos. t. 10. p. 100.
> Habite ... L'Océan Britannique ? Communiqué par M. Leach.

OTION. (Otion.)

Corps pédonculé, tout-à-fait enveloppé d'une tunique membraneuse, ventrue supérieurement. Deux tubes en forme de cornes, dirigés en arrière, tronqués, ouverts à leur extrémité, et disposés au sommet de la tunique. Une ouverture latérale, un peu grande. Plusieurs bras articulés, ciliés, sortant par l'ouverture latérale.

Coquille : deux valves testacées, petites, semi-lunaires, séparées, et adhérentes près de l'ouverture latérale.

Corpus pedunculatum, tunicâ membranaceâ supernè ventricosa obvolutum. Tubi duo, corniformes, retrorsùm versi, truncati, extremitate pervii, ad apicem tunicæ. Apertura lateralis, majuscula. Brachia plura, articulata, ciliata, per aperturam lateralem exsertilia.

Testa : valvæ duæ, testaceæ, parvulæ, semilunatæ, separatæ, propè aperturam lateralem adhærentes.

OBSERVATIONS.— BRUGUIÈRES avait déjà remarqué que l'organisation du *Lepas aurita* de Linné s'éloignait beaucoup de celle de ses Anatifes; qu'il y avait même erreur de ce qu'il disait de sa coquille, et qu'il fallait distinguer ce Cirrhipède comme un genre particulier. C'est ce qu'a fait M. *Leach*, en établissant ce genre sous le nom d'*Otion.*

Effectivement les *Otions* sont les plus singuliers des Cirrhipèdes, ceux qui ont la coquille la plus réduite, puisqu'elle ne consiste qu'en deux valves oblongues, presqu'en croissant et séparées, une de chaque côté de l'ouverture qui donne issue aux bras. Quant aux deux cornes tubuleuses et tronquées qui se trouvent au sommet de la tunique, elles sont plus singulières encore, et il semblerait que les branchies de l'animal reçoivent l'eau par les ouvertures de ces cornes, qui font partie de l'enveloppe particulière du corps.

ESPÈCE.

1. Otion sans taches. *Otion Cuvieri.*

> *O. corpore cornibusque immaculatis.*
> *Lepas aurita.* Lin. Syst. nat. p. 1110.
> Ellis. Act. angl. 1758. t. 34. f. 1.
> * Tilesius Jahrbuch der naturgeschichte. p. 253.
> *Lepas leporina.* Poli. Test. t. 6.f. 21.
> Seba. Mus. 3. tab. 16. f. 5.
> Martin. Conch. 8. p. 345. tab. 100. f. 857. 858.
> *Lepas aurita.* Brug. Dict. p. 66.
> *Otion Cuvieri.* Leach. Cirrhip. campyl. pl. f. (* Encycl. brit. Suppl. f. 3. p. 170. pl. 57.
> * *Malacotta bivalvis.* Schumacher. op. cit. p. 38.
> * Gray. Ann. of Philosophy. V. 10. p. 100.
> * *Otion Cuvierii.* Sowerby. Genera. pl. fig. 1-4.
> Habite l'Océan septentrional.

2. Otion tacheté. *Otion Blainvillii.*

> *O. corpore cornibusque maculatis.*
>
> * *Lepas cornuta.* Montagu. Trans. of the Linn. Soc. vol. 11. p. 179. pl. 12. fig. 1.
>
> *Otion Blainvillii.* Leach. Cirrhip. *ibid.* pl. f. (* Encyclop. brit. Supp. vol. 3. p. 178. pl. 57.
>
> *Conchoderma.* Olfers. Magaz. de Berlin. 1814.
>
> Habite la mer de Norwège. Cette espèce est plus grêle dans toutes ses parties que la précédente.
>
> *Nota.* M. de Blainville a décrit ce genre dans le *Dict. des Sciences naturelles,* sous le nom d'*Aurifera.*

† 3. Otion déprimée. *Otion depressa.*

> *Corpus ad basim depressum, effusum. Processus perforati : valvulæ majores sub-rhomboideæ; apices elevatæ, infra excavatæ; valvulæ superiores lineares; posterior ovalis, minutissima.*
>
> Coates. Journal of the academy. of nat. Sc. of Philadelphia. vol. 6 p. 132.
>
> Habite les côtes de la Chine.

† 4. Otion sacutifère. *Otion sacutifera.*

> *Corpus inflatum. Processus bursæformes imperforati. Valvulæ majores subtriangulares, infra acuminatæ, in medio carenatæ; superiores minutæ, subtriangulares; posterior minutissima.*
>
> Coates. op. cit. p. 134.
>
> Trouvé près du Cap de Bonne-Espérance.

[Le genre PAMINA de M. Gray diffère du précédent par l'existence d'un seul appendice charnu situé entre les plaques postérieures Esp. *P. trilineata.* Gray. Ann. of Philos. t. 10. p. 100.

M. Sander-Rang a établi sous le nom D'ALEPE *(Alepas)* un genre nouveau pour recevoir les Lépadiens complètement dépourvus de pièces testacées. Il le caractérise de la manière suivante. «Animal ovale, comprimé, falciforme, arrondi près du pédicule; celui-ci médiocrement allongé; cirres un peu courts, se recourbant à peine à leur sommet et composés d'environ dix à douze articles hispides à leur base. Coquille remplacée par une enveloppe d'une seule pièce, épaisse, subgélatineuse et un peu diaphane, sans autre ouverture que celle qui sert de passage aux cirres, se continuant avec le pédicule et ne présentant aucune trace de pièces testacées.» Ces Lépadiens paraissent être les *Tritons* de Linné ; il serait possible que l'absence de pièces testacées ne soit dépendante que du jeune âge des individus observés.

1. Alèpe parasite. *Alepa parasita.*

> *Anatife univalve.* Quoy et Gaimard. Annales des Sciences naturelles. t. 10. pl. 7. fig. 8. — *Alepas parasita.* Rang. Manuel de l'Hist. nat. des Mollusques. p. 364. pl. 8. fig. 5. — *Anatifa parasita.* Quoy et Gaimard. Voyage de *l'Astrolabe.* t. 3. p. 641. pl. 93. fig. 1-3.
>
> Trouvée sur une Méduse, près du détroit de Gibraltar.

2. Alèpe tubulé. *Alepa tubulosa.*

> *Anatifa tubulosa.* Quoy et Gaimard. Voy. de *l'Astr.* t. 3. p. 643. pl. 93. fig. 5.
>
> Trouvée sur les côtes de la Nouvelle-Zélande. E.

FIN DU CINQUIÈME VOLUME.

TABLE

DES

MATIÈRES CONTENUES DANS CE VOLUME.

TOME V. 44

FIN DE LA TABLE.